中国核科学技术进展报告

（第七卷）

——中国核学会 2021 年学术年会论文集

第 7 册

同位素分卷

辐射研究与应用分卷

核技术工业应用分卷

核农学分卷

辐照效应分卷

放射性药物分卷

中国原子能出版社

图书在版编目(CIP)数据

中国核科学技术进展报告. 第七卷，中国核学会2021年学术年会论文集. 第七分册，同位素、辐射研究与应用、核技术工业应用、核农学、辐照效应、放射性药物 / 中国核学会主编. —北京 ：中国原子能出版社，2022.3

ISBN 978-7-5221-1867-3

Ⅰ. ①中… Ⅱ. ①中… Ⅲ. ①核技术—技术发展—研究报告—中国 Ⅳ. ①TL—12

中国版本图书馆CIP数据核字(2021)第254261号

内容简介

中国核学会2021学术双年会于2021年10月19日—22日在山东省烟台市召开。会议主题是“庆贺党百年华诞 勇攀核科技高峰”，大会共征集论文1400余篇，经过专家审稿，评选出573篇较高水平论文收录进《中国核科学技术进展报告(第七卷)》，报告共分10册，并按28个二级学科设立分卷。

本册为同位素、辐射研究与应用、核技术工业应用、核农学、辐照效应和放射性药物分卷。

中国核科学技术进展报告(第七卷) 第7册

出版发行 中国原子能出版社(北京市海淀区阜成路43号 100048)
策划编辑 付 真
责任编辑 胡晓彤
特约编辑 朱彦彦 刘思岩
装帧设计 侯怡璇
责任校对 宋 巍
责任印制 赵 明
印 刷 北京卓诚恒信彩色印刷有限公司
经 销 全国新华书店
开 本 890 mm×1240 mm 1/16
印 张 27.125 **字 数** 803千字
版 次 2022年3月第1版 2022年3月第1次印刷
书 号 ISBN 978-7-5221-1867-3 **定 价** **120.00元**

网址：http://www.aep.com.cn **E-mail：atomep123@126.com**
发行电话：010-68452845

中国核学会2021年
学术年会大会组织机构

主办单位 中国核学会

承办单位 山东核电有限公司

协办单位 中国核工业集团有限公司 国家电力投资集团有限公司
中国广核集团有限公司 清华大学
中国工程物理研究院 中国科学院
中国工程院 中国华能集团有限公司
中国大唐集团有限公司 哈尔滨工程大学

大会名誉主席 余剑锋 中国核工业集团有限公司党组书记、董事长

大会主席 王寿君 全国政协常委 中国核学会理事会党委书记、理事长
祖 斌 国家电力投资集团有限公司党组副书记、董事

大会副主席 （按姓氏笔画排序）

王 森 王文宗 王凤学 田东风 刘永德 吴浩峰
庞松涛 姜胜耀 赵 军 赵永明 赵宪庚 詹文龙
雷增光

高级顾问 （按姓氏笔画排序）

丁中智 王乃彦 王大中 杜祥琬 陈佳洱 欧阳晓平
胡思得 钱绍钧 穆占英

大会学术委员会主任 叶奇蓁 邱爱慈 陈念念 欧阳晓平

大会学术委员会成员 （按姓氏笔画排序）

王 驹 王贻芳 邓建军 卢文跃 叶国安
华跃进 严锦泉 兰晓莉 张金带 李建刚
陈炳德 陈森玉 罗志福 姜 宏 赵宏卫
赵振堂 赵 华 唐传祥 曾毅君 樊明武
潘自强

大会组委会主任 刘建桥

大会组委会副主任 王 志 高克立

大会组织委员会委员 （按姓氏笔画排序）

马文军 王国宝 文 静 石金水 帅茂兵
兰晓莉 师庆维 朱 华 朱科军 伍晓勇

刘　伟　刘玉龙　刘蕴韬　孙　晔　苏　萍
苏艳茹　李　娟　李景烨　杨　辉　杨华庭
杨来生　张　建　张春东　陈　伟　陈　煜
陈东风　陈启元　郑卫芳　赵国海　郝朝斌
胡　杰　哈益明　昝元锋　姜卫红　徐培昇
徐燕生　桑海波　黄　伟　崔海平　解正涛
魏素花

大会秘书处成员 （按姓氏笔画排序）

于　娟　于飞飞　王　笑　王亚男　朱彦彦　刘思岩
刘晓光　刘雪莉　杜婷婷　李　达　李　彤　杨　菲
杨士杰　张　苏　张艺萱　张童辉　单崇依　徐若珊
徐晓晴　陶　芸　黄开平　韩树南　程　洁　温佳美

技术支持单位 各专业分会及各省核学会

专业分会 核化学与放射化学分会、核物理分会、核电子学与核探测技术分会、核农学分会、辐射防护分会、核化工分会、铀矿冶分会、核能动力分会、粒子加速器分会、铀矿地质分会、辐射研究与应用分会、同位素分离分会、核材料分会、核聚变与等离子体物理分会、计算物理分会、同位素分会、核技术经济与管理现代化分会、核科技情报研究分会、核技术工业应用分会、核医学分会、脉冲功率技术及其应用分会、辐射物理分会、核测试与分析分会、核安全分会、核工程力学分会、锕系物理与化学分会、放射性药物分会、核安保分会、船用核动力分会、辐照效应分会、核设备分会、近距离治疗与智慧放疗分会、核应急医学分会、射线束技术分会、电离辐射计量分会、核仪器分会、核反应堆热工流体力学分会、知识产权分会、核石墨及碳材料测试与应用分会、核能综合利用分会、数字化与系统工程分会、核环保分会（筹）

省级核学会 （按照成立时间排序）

上海市核学会、四川省核学会、河南省核学会、江西省核学会、广东核学会、江苏省核学会、福建省核学会、北京核学会、辽宁省核学会、安徽省核学会、湖南省核学会、浙江省核学会、吉林省核学会、天津市核学会、新疆维吾尔自治区核学会、贵州省核学会、陕西省核学会、湖北省核学会、山西省核学会、甘肃省核学会、黑龙江省核学会、山东省核学会、内蒙古核学会

中国核科学技术进展报告
（第七卷）

核农学分卷
编　委　会

辐照效应分卷
编　委　会

放射性药物分卷
编　委　会

前　言

《中国核科学技术进展报告(第七卷)》是中国核学会 2021 学术双年会优秀论文集结。

2021 年中国核科学技术领域发展取得重大进展。中国自主三代核电技术“华龙一号”全球首堆福清核电站 5 号机组、海外首堆巴基斯坦卡拉奇 K-2 机组相继投运。中国自主三代非能动核电技术“国和一号”示范工程按计划稳步推进。在中国国家主席习近平和俄罗斯总统普京的见证下,江苏田湾核电站 7 号、8 号机组和辽宁徐大堡核电站 3 号、4 号机组,共四台 VVER-1200 机组正式开工。江苏田湾核电站 6 号机组投运;辽宁红沿河核电站 5 号机组并网;山东石岛湾高温气冷堆示范工程并网;海南昌江多用途模块式小型堆 ACP100 科技示范工程项目开工建设;示范快堆 CFR600 第二台机组开工建设。核能综合利用取得新突破,世界首个水热同产同送科技示范工程在海阳核电投运,核能供热商用示范工程二期——海阳核电 450 万平方米核能供热项目于 2021 年 11 月投运,届时山东省海阳市将成为中国首个零碳供暖城市。中国北山地下高放废物地质处置实验室开工建设。新一代磁约束核聚变实验装置“中国环流器二号 M”实现首次放电;全超导托卡马克核聚变实验装置成功实现 101 秒等离子体运行,创造了新的世界纪录。

中国核学会 2021 双年会的主题为“庆贺党百年华诞 勇攀核科技高峰”,体现了我国核领域把握世界科技创新前沿发展趋势,紧紧抓住新一轮科技革命和产业变革的历史机遇,推动交流与合作,以创新科技引领绿色发展的共识与行动。会议为期 3 天,主要以大会全体会议、分会场口头报告、张贴报告等形式进行,同期举办核医学科普讲座、妇女论坛。大会现场还颁发了优秀论文奖、团队贡献奖、特别贡献奖、优秀分会奖、优秀分会工作者等奖项。

大会共征集论文 1 400 余篇,经专家审稿,评选出 573 篇较高水平的论文收录进《中国核科学技术进展报告(第七卷)》公开出版发行。《中国核科学技术进展报告(第七卷)》分为 10 册,并按 28 个二级学科设立分卷。

《中国核科学技术进展报告(第七卷)》顺利集结、出版与发行,首先感谢中国核学会各专业分会、各工作委员会和 23 个省级(地方)核学会的鼎力相助;其次感谢总编委会和

28个（二级学科）分卷编委会同仁的严谨作风和治学态度；再次感谢中国核学会秘书处和出版社工作人员，在文字编辑及校对过程中做出的贡献。

《中国核科学技术进展报告（第七卷）》编委会

2022年3月

同位素
Isotope

目　录

基于稳定同位素的上海地产蔬菜种植模式及产地判别

刘 星,钱群丽,姚春霞,周佳欣,宋卫国
(上海市农业科学院农产品质量标准与检测技术研究所,上海 201403)

摘要:为保护蔬菜的优质优价及质量安全,以上海9个农业产区(宝山区、崇明区、奉贤区、嘉定区、金山区、闵行区、浦东新区、青浦区和松江区)蔬菜为研究对象,分析不同产区蔬菜的 $\delta^{15}N$ 值差异及其对种植模式(常规、绿色或有机种植)的指示;对 $\delta^{13}C$、$\delta^{15}N$、$\delta^{2}H$ 和 $\delta^{18}O$ 值进行单因素方差分析,并应用主成分分析(PCA)、偏最小二乘判别分析(PLS-DA)及支持向量机(SVM)方法,建立上海地产蔬菜产地判别模型。结果表明,宝山区、松江区和嘉定区蔬菜的 $\delta^{15}N$ 值占前三,且分别与 $\delta^{15}N$ 值最低的浦东新区蔬菜(4.44‰)存在显著差异,且仅有浦东新区蔬菜可能为绿色或有机种植的比例低于50%;$\delta^{13}C$、$\delta^{2}H$ 和 $\delta^{18}O$ 值只在部分产区间差异显著,PCA可初步实现浦东新区蔬菜与其他8个产区的鉴别;PLS-DA最优模型可以很好地实现浦东新区蔬菜产地判别(预测准确率为98.80%),SVM最优模型可以很好地实现宝山区(预测正确率96.38%)、嘉定区(预测正确率92.77%)和青浦区(预测正确率91.57%)蔬菜的产地判别,SVM最优模型可以较好地实现金山区、松江区、崇明区和奉贤区蔬菜的产地判别。本研究结果为上海地产蔬菜种植模式及产地判别提供了参考方法,并为其溯源和质量安全保护提供了基础数据。

关键词:上海地产蔬菜;稳定同位素;种植模式;产地;化学计量学方法

随着我国农业向高质量方向发展,绿色兴农已成为农业高质量发展的应有之义和当然内容。上海作为我国现代农业和都市农业发展的先行者,其地产绿色食品认证率已达20%[1]。蔬菜作为上海市民饮食的重要组成部分,约占主副食品的25.71%,其绿色食品认证在10%左右[2]。目前上海有9个行政区(宝山区、崇明区、奉贤区、嘉定区、金山区、闵行区、浦东新区、青浦区和松江区)涉及蔬菜种植,由于各区可供蔬菜种植的面积存在差异以及蔬菜产值在各区经济总产值中所占的份额不同,各区蔬菜绿色种植面积也不相同,如蔬菜产量占前三的崇明区、浦东新区和青浦区,拥有绿色认证证书的比例差异却较大,分别为73.75%、1.85%和11.87%[3]。由于高质量绿色蔬菜种植成本高,市场上销售价格一般是普通蔬菜的2~3倍,且随着上海市民消费水平的不断提高,高质量蔬菜颇受消费者欢迎,一些生产经营者为谋取利润会以本公司生产的普通蔬菜来假冒本公司经过绿色认证的绿色蔬菜,或故意错标蔬菜产地,将普通产区的蔬菜标识为消费者熟知的高质量蔬菜产区,消费者和蔬菜质量安全监管人员很难辨别真伪,这些现象不仅损害消费者的合法权益和消费信心,也给蔬菜质量安全监管带来隐患。因此,迫切需要利用溯源技术来实现对上海地产蔬菜的种植模式(常规、绿色或有机种植)及产地进行准确鉴别,并构建相关数据库,保障上海地产蔬菜的真实性和质量安全。

目前,常用的溯源技术包括信息溯源[4]和稳定同位素[5]、多元素[6]、光谱[7]、有机成分[8]等溯源分析技术。其中,稳定同位素自然丰度能客观地反映农产品生产过程的产地环境、气候环境等情况,如农产品碳稳定同位素($\delta^{13}C$ 值)受到其光合作用类型[C3植物、C4植物或景天酸代谢(crassulacean and metabolism,CAM)植物]、水分胁迫、光照强度、环境污染(汽车尾气等)影响,氮稳定同位素($\delta^{15}N$ 值)主要受土壤投入品(主要是肥料)、大气污染状况(NH_3 或 NO_x 等污染物)和气候条件(降雨、温度等)的影响,氢、氧稳定同位素($\delta^{2}H$ 和 $\delta^{18}O$ 值)主要受土壤或灌溉水源水、大气的水蒸气影响[9-10],所以该技术($\delta^{13}C$、$\delta^{15}N$、$\delta^{2}H$ 和 $\delta^{18}O$)已被广泛应用于青菜[11]、大白菜[12]、生菜[13]、芹菜[14]、黄瓜[14]、茄子[14]、辣椒[13-14]、番茄[13,15]、土豆[16]、胡萝卜[17]等蔬菜的产地判别,且 $\delta^{15}N$ 值被广泛应用于蔬菜的常

作者简介:刘星(1986—),女,江苏连云港,博士,助理研究员,主要从事农产品溯源与食品化学研究

基金项目:上海市农业科学院学科建设项目(农科应基2021〈10〉),上海市农产品质量安全工程中心项目(19DZ2284100),上海市农业科学院农产品质量标准与检测技术研究所"雏鹰"计划项目(〈2020〉第1-4)

规种植和有机种植鉴别[17-20]，但利用稳定同位素技术评价上海不同产区蔬菜的种植模式并鉴别蔬菜产区的研究尚鲜见。上海北界长江、东濒东海、南临杭州湾、内有黄浦江及其支流贯穿，使得9个农业区地理气候环境存在差异，且不同产区的蔬菜种植模式也不同。因此，本研究以上海地产蔬菜为对象，依据不同产区蔬菜种植模式（常规、绿色或有机种植）和地理气候环境差异，将 $\delta^{13}C$、$\delta^{15}N$、$\delta^{2}H$ 和 $\delta^{18}O$ 值与多元统计学和化学计量学方法结合，对上海不同产区蔬菜种植模式进行初步判别，并构建识别不同产区蔬菜模型，以保证上海地产蔬菜优质优价，促进其向高质量方向发展。

1 材料与方法

1.1 试验材料

2017年9月至2018年1月，共采集上海9个农业区具有代表性的蔬菜样品341份，具体见表1。其中，9个农业区为宝山区（Baoshan District，BS）、崇明区（Chongming District，CM）、奉贤区（Fengxian District，FX）、嘉定区（Jiading District，JD）、金山区（Jinshan District，JS）、闵行区（Minhang District，MH）、浦东新区（Pudong New District，PD）、青浦区（Qingpu District，QP）、松江区（Songjiang District，SJ）。

表1 上海不同产区蔬菜分布

产区	样本数	蔬菜种类
宝山区 BS	19	白菜、菠菜、鸡毛菜、辣椒、萝卜、茄子、芹菜、青菜、生菜、茼蒿、油麦菜
崇明区 CM	56	白菜、甘蓝、菠菜、番茄、花菜、黄瓜、鸡毛菜、空心菜、辣椒、萝卜、苋菜、茄子、芹菜、青菜、生菜、茼蒿、莴笋、油麦菜
奉贤区 FX	57	白菜、甘蓝、扁豆、菠菜、菜心、花菜、黄瓜、空心菜、辣椒、萝卜、苋菜、茄子、芹菜、青菜、生菜、茼蒿、西兰花、油麦菜
嘉定区 JD	28	白菜、甘蓝、菠菜、鸡毛菜、辣椒、萝卜、茄子、芹菜、青菜、生菜、茼蒿、芋艿
金山区 JS	33	白菜、黄瓜、空心菜、辣椒、萝卜、茄子、芹菜、青菜、生菜、茼蒿、莴笋、西兰花、油麦菜
闵行区 MH	24	白菜、甘蓝、菠菜、番茄、花菜、辣椒、萝卜、茄子、芹菜、青菜、生菜、茼蒿、油麦菜
浦东新区 PD	65	白菜、甘蓝、刀豆、番茄、黄瓜、鸡毛菜、豇豆、韭菜、空心菜、辣椒、芦笋、苋菜、茄子、芹菜、青菜、生菜、丝瓜、茼蒿、油麦菜
青浦区 QP	23	白菜、甘蓝、菠菜、芥蓝、萝卜、苋菜、青菜、生菜、茼蒿、莴笋、油麦菜
松江区 SJ	36	菠菜、黄瓜、鸡毛菜、萝卜、茄子、芹菜、青菜、生菜、茼蒿、油麦菜、芝麻菜

稳定同位素标准物质IAEA-CH-6（蔗糖，$\delta^{13}C_{V-PDB}=-10.449‰\pm0.033‰$）、IAEA－600（咖啡因，δ13CV－PDB＝－27.771‰±0.043‰，$\delta^{15}N_{air}=1.0‰\pm0.2‰$）、IAEA-N-2（硫酸铵，$\delta^{15}N_{air}=20.3‰\pm0.2‰$）、IAEA-601（苯甲酸，$\delta^{18}O_{V-SMOW}=23.14‰\pm0.19‰$）、IAEA-602（苯甲酸，$\delta^{18}O_{V-SMOW}=73.35‰\pm0.39‰$）和IAEA-CH-7（聚乙烯，$\delta^{2}H_{V-SMOW}=-100.3‰\pm2.0‰$），均购于奥地利国际原子能机构；B2203（$\delta^{2}H_{V\text{-}SMOW}=-25.3‰\pm1.1‰$）、B2155（$\delta^{15}N_{air}=5.94‰\pm0.08‰$）和B2174（$\delta^{13}C_{V-PDB}=-37.421‰\pm0.017‰$），均购于英国ElementalMicroanalysis公司；锡杯、银杯等购于德国艾力蒙塔公司。

1.2 主要仪器与设备

Vario PYRO cube元素分析仪、Isoprime 100型同位素比质谱仪，德国艾力蒙塔公司；XP6型电子天平，梅特勒-托利多国际贸易（上海）有限公司；SCIENTZ－18N冷冻干燥机，宁波新芝生物科技股份有限公司；PB936奥克斯食品料理机，中山市欧麦斯电器有限公司；HK－02A型粉碎机，广州旭朗机械设备有限公司。

1.3 试验方法

1.3.1 样品制备 将采集的蔬菜样品去杂后，打浆置于－18 ℃冰箱预冻 6 h，再置于－54 ℃冷冻干燥至少 72 h，干燥后置于干燥器中备用。

1.3.2 蔬菜中碳和氮稳定同位素测定参考聂晶等[6]和邵圣枝等[21]的方法，称取 4.0 mg 左右蔬菜样品于锡杯(4 mm×4 mm×11 mm)中，编号后置于元素分析仪的自动进样盘上进行分析；样品中碳、氮元素经燃烧分别转化为 CO_2 和 N_2，稀释后进入稳定同位素比质谱仪检测。仪器参数：元素分析仪燃烧炉温度 920 ℃，还原炉温度 600 ℃，He 吹扫流量 250 mL・min^{-1}，同位素比质谱仪检测时间 550 s。

1.3.3 蔬菜中氢和氧稳定同位素测定参考聂晶等[6]和邵圣枝等[21]的方法，称取 1.0 mg 左右蔬菜样品于银杯(4 mm×4 mm×11 mm)中，编号后放入元素分析仪自动进样盘中，待蔬菜样品中氢、氧元素高温裂解分别转化为 H_2 和 CO 后，进入稳定同位素比质谱仪进行检测。仪器参数：元素分析仪裂解炉温度 1 450 ℃，He 流量 150 mL・min^{-1}，同位素比质谱检测时间 950 s。

1.3.4 稳定同位素比率稳定同位素比率的计算是将已知同位素比率的标准品作为参照，计算未知样本稳定同位素比率的相对值：

$$\delta X=(R_{样品}/R_{标准}-1)\times 1\ 000‰$$

式中，$R_{样品}$ 为所测样品中重同位素与轻同位素的丰度比，即 $^{13}C/^{12}C$、$^{15}N/^{14}N$、$^{2}H/^{1}H$ 和 $^{18}O/^{16}O$；$R_{标准}$ 为国际标准样品中重同位素与轻同位素的丰度比。测试数据均采用两点校正法进行处理定值，即 $\delta^{13}C_{V\text{-}PDB}$ 采用 IAEA-CH-6、IAEA-600 标准物质值校正，$\delta^{15}N_{air}$ 采用 IAEA-N-2、IAEA-600 标准物质值校正，$\delta^{18}O_{V\text{-}SMOW}$ 采用 IAEA-601、IAEA-602 标准物质值校正，$\delta^{2}H_{V\text{-}SMOW}$ 采用 B2203、IAEA-CH-7 标准物质值校正。

1.4 数据分析和模型建立

上海不同产区蔬菜的 $\delta^{13}C$、$\delta^{15}N$、$\delta^{2}H$ 和 $\delta^{18}O$ 值间总差异应用 Matlab R2009a 软件进行方差分析[22]，$P<0.05$ 表明统计学上差异显著；不同产区和不同种类蔬菜间稳定同位素比值差异分布通过 Microsoft Office 365 Excel 中的箱线图进行描述性分析；采用 SIMCA14.1 通过主成分分析(principal component analysis，PCA)来分析不同产区蔬菜的分类情况[23]；采用 Matlab R2009a 利用偏最小二乘判别分析(partial least squares discriminant analysis，PLS-DA)[24]和支持向量机(support vector machines，SVM)[25]来构建不同产区蔬菜的溯源判别模型。SVM 建立分类模型时，先将训练集和验证集归一化到[0,1]区间，再进行建模，所建模型的正确率受惩罚参数 c(c 为回归误差的权重)和径向基核函数参数 g 的影响，常采用交互验证(Cross validation，CV)意义下的网格搜寻法(Grid search)、遗传算法(Genetic algorithm，GA)和粒子群优化算法(Particle swarm optimization，PSO)来优化 c 和 g 值[25]。在建立 PLS-DA 和 SVM 溯源判别模型之前，借助 Kennard-Stone (KS)法[26]将数据划分为训练集(75%)和验证集(25%)。

2 结果与分析

2.1 上海蔬菜不同产区种植模式判别

已有大量文献报道氮稳定同位素是判别蔬菜种植模式(常规、绿色或有机种植)的有效指标[19,20,27-29]。由表 2 可知，宝山区、松江区和嘉定区蔬菜的 $\delta^{15}N$ 值排前三，分别为 9.64‰、8.68‰和 8.48‰，且均与浦东新区蔬菜的 $\delta^{15}N$ 值(4.44‰)存在显著差异($P<0.05$)。9 个蔬菜产区的 $\delta^{15}N$ 值范围分别为宝山区 3.43‰～21.25‰，崇明区－5.28‰～29.67‰，奉贤区－4.73‰～19.66‰，嘉定区 0.96‰～25.83‰，金山区－1.24‰～16.25‰，闵行区 1.60‰～16.51‰，浦东新区－4.38‰～25.30‰，青浦区－3.34‰～19.31‰和松江区 2.62‰～22.56‰，可以看出同一产区蔬菜的 $\delta^{15}N$ 值变化范围很广，说明不同产区之间和同一产区内蔬菜的种植模式均存在差异。

表 2 上海不同产区蔬菜的碳、氮、氢、氧稳定同位素比值/‰

产区	$\delta^{13}C$ 值	$\delta^{15}N$ 值	$\delta^{2}H$ 值	$\delta^{18}O$ 值
宝山区 BS	−30.59 ± 1.30	9.64 ± 4.89a	−85.06 ± 13.97bcd	19.86 ± 1.55b
崇明区 CM	−28.63 ± 2.33ab	6.74 ± 5.61abcd	−73.64 ± 14.19abc	19.65 ± 1.77b
奉贤区 FX	−29.24 ± 2.35bcd	6.43 ± 5.23abcd	−78.88 ± 15.45abcd	19.98 ± 1.71b
嘉定区 JD	−29.87 ± 1.27cd	8.48 ± 6.35abc	−80.02 ± 14.46abcd	19.63 ± 1.63b
金山区 JS	−29.12 ± 1.40abc	6.85 ± 4.78abcd	−71.24 ± 12.37a	20.43 ± 1.53b
闵行区 MH	−29.61 ± 1.17bcd	6.99 ± 4.17abcd	−79.23 ± 15.29abcd	20.66 ± 1.76b
浦东新区 PD	−27.34 ± 4.20a	4.44 ± 4.51d	−72.80 ± 18.38ab	25.34 ± 2.52a
青浦区 QP	−29.63 ± 3.60cd	7.02 ± 5.31abcd	−84.35 ± 11.27bcd	19.30 ± 1.81b
松江区 SJ	−30.04 ± 0.95cd	8.68 ± 5.00ab	−84.11 ± 11.12d	20.29 ± 1.19b

注：同列不同小写字母表示地区间差异显著（$P<0.05$）。

一般施用有机肥的土壤氮素通过分馏转移到非固氮蔬菜中的 $\delta^{15}N$ 值约为＋5‰，而合成肥料的氮素向非固氮蔬菜转移的 $\delta^{15}N$ 值通常低于＋3‰[19]。依照这个准则，所采蔬菜中，除了浦东新区蔬菜 $\delta^{15}N$均值低于＋5‰，其他 8 个区蔬菜 $\delta^{15}N$ 均值均高于＋5‰，且 9 个产区蔬菜 $\delta^{15}N$ 值高于＋5‰的比例分别为：宝山区 68.42％，崇明区 62.50％，奉贤区 61.40％（除固氮蔬菜后 62.50％），嘉定区 64.28％，金山区 60.61％，闵行区 58.33％，浦东新区 36.92％（除固氮蔬菜后 38.09％），青浦区65.22％，松江区75.00％；而 9 个产区蔬菜 $\delta^{15}N$ 值低于＋3‰的比例分别为：宝山区 0％，崇明区 21.43％，奉贤区 22.81％（除固氮蔬菜后 21.43％），嘉定区 17.86％，金山区 21.21％，闵行区 8.33％，浦东新区 44.61％（除固氮蔬菜后 44.44％），青浦区 8.69％，松江区 5.55％（见图 1），其中松江区、宝山区和青浦区蔬菜可能为绿色或有机种植的比例占前三，也是蔬菜中可能为常规种植比例较少的区，除了浦东新区蔬菜外，其他产区蔬菜可能为绿色或有机种植的比例均超过一半，也进一步证实了上海地产蔬菜具有相对较高的质量。

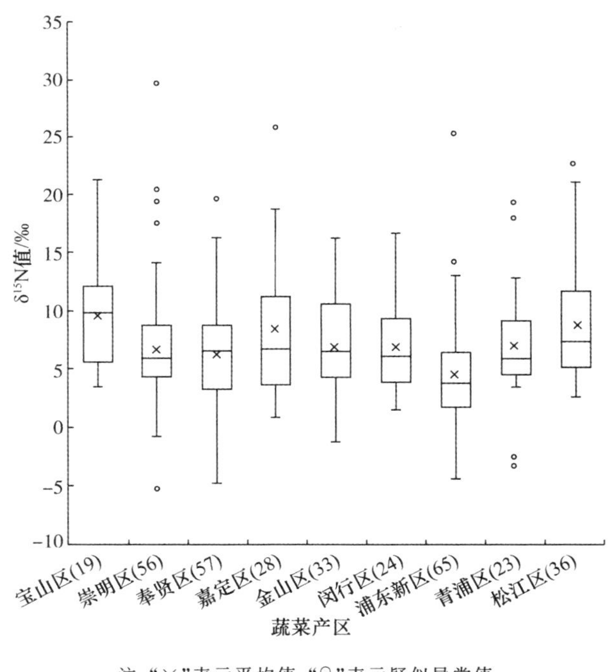

注："×"表示平均值，"○"表示疑似异常值

图 1 不同产区蔬菜的氮同位素比值分布

2.2 碳、氢、氧稳定同位素比值判别上海地产蔬菜的产区

氮稳定同位素比值可以用于反映蔬菜是常规种植还是绿色或有机种植，而碳、氢、氧稳定同位素比值可以用于蔬菜产地判别[9-10, 30]。由表 2 可知，浦东新区蔬菜有最高的 $\delta^{13}C$ 值（均值为 －27.34‰）、$\delta^{18}O$ 值（均值为 25.34‰）和较高的 $\delta^{2}H$ 值（－72.80‰），且除了崇明区和金山区外，浦东新区蔬菜的 $\delta^{13}C$ 值与其他 6 个产区蔬菜差异均显著，浦东新区蔬菜的 $\delta^{2}H$ 值与松江区蔬菜存在显著差异，浦东新区蔬菜的 $\delta^{18}O$ 值与其他 8 个产区蔬菜均差异显著；金山区蔬菜有最高的 $\delta^{2}H$ 值（－71.24‰），且与宝山区、青浦区和松江区蔬菜存在显著差异；崇明区蔬菜有较高的 $\delta^{13}C$ 值（－28.63‰）和 $\delta^{2}H$ 值（－73.64‰），其 $\delta^{13}C$ 值与宝山区、嘉定区、青浦区和松江区蔬菜存在显著差异，其 $\delta^{2}H$ 值与松江区蔬菜差异显著；宝山区蔬菜有最低的 $\delta^{13}C$ 值（－30.59‰）和 $\delta^{2}H$ 值（－85.06‰），其 $\delta^{13}C$ 值与金山区蔬菜（－29.12‰）差异显著。

不同产区蔬菜的 $\delta^{13}C$、$\delta^{2}H$ 和 $\delta^{18}O$ 均值存在一定的差异，同一产区蔬菜稳定同位素比值的变化范围也较大（见图 2）。不同产区蔬菜的 $\delta^{13}C$ 值基本落在 C3 植物的正常范围内（－22‰～－35‰）[7]，除了属于 C4 植物的苋菜，其 $\delta^{13}C$ 值范围为－14.54‰～－12.97‰。所有产区 C3 蔬菜中 $\delta^{13}C$ 值低于－30‰的比例分别为：宝山区 63.16％，崇明区 16.36％，奉贤区 42.86％，嘉定区 50.00％，金山区 18.18％，闵行区 50.00％，浦东新区 6.67％，青浦区 50.00％，松江区 50.00％。由此可见，浦东新区、崇明区和金山区的大部分蔬菜较其他 5 个产区蔬菜的 $\delta^{13}C$ 值更高一些，依据 $\delta^{13}C$ 值，只可以初步将 9 个产区蔬菜分为两大类。

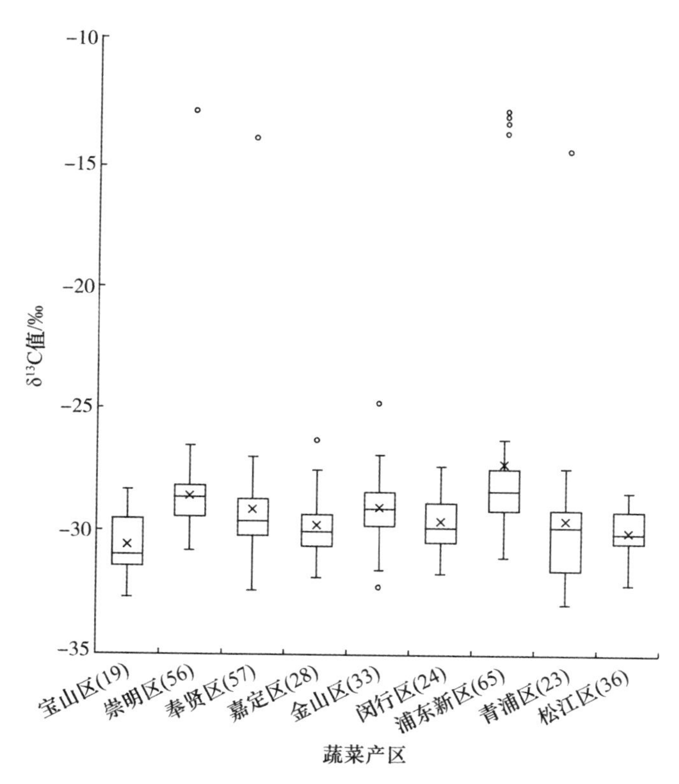

图 2　不同产区蔬菜的碳氢氧稳定同位素分布

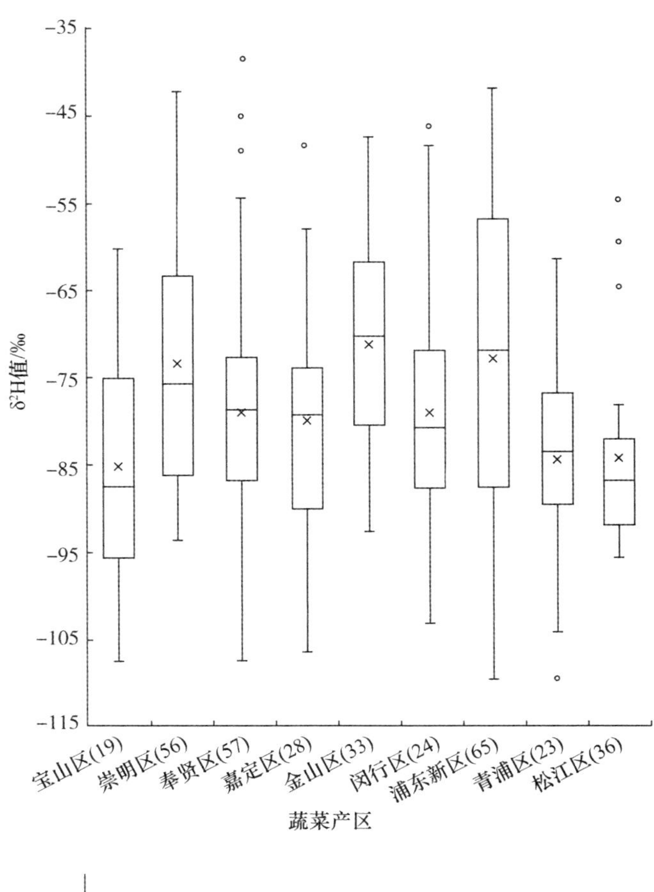

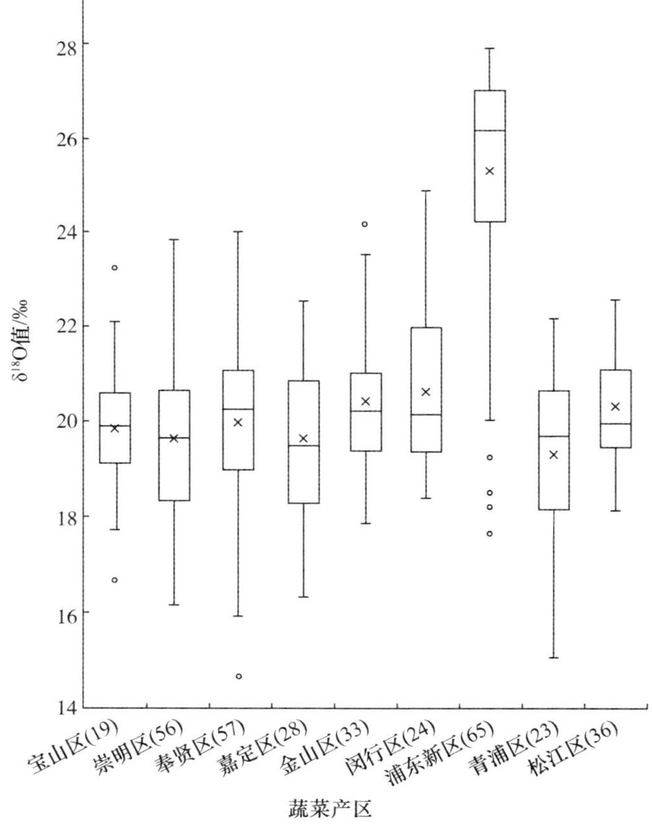

图 2　不同产区蔬菜的碳氢氧稳定同位素分布(续)

同一产区 δ^2H 值变化范围也较大(见图 2),9 个产区的 δ^2H 值高于 −80‰的蔬菜占比分别为:宝山区42.10%、崇明区 58.93%、奉贤区 52.63%、嘉定区 53.57%、金山区 72.73%、闵行区 45.83%、浦东新区 64.61%、青浦区 30.42%、松江区 16.67%。由此可知,金山区和浦东新区蔬菜的 δ^2H 值较青浦区和松江区蔬菜更高,基于 δ^2H 值可以将大部分金山区、浦东新区蔬菜和青浦区、松江区蔬菜区分。对于 δ^{18}O值,9 个产区的 δ^{18}O 值高于 22‰的蔬菜占比分别为:宝山区 10.53%、崇明区 10.71%、奉贤区 10.53%、嘉定区 10.71%、金山区 15.15%、闵行区 25.00%、浦东新区 90.77%、青浦区 4.35%、松江区 11.11%。由此可知,浦东新区蔬菜 δ^{18}O 值最高,闵行区次之,青浦区最低,其他产区相近。因此,利用蔬菜的 δ^{18}O 值可以将浦东新区的蔬菜和其他产区的蔬菜进行较好的鉴别。

综上所述,上海不同产区及同一产区蔬菜的碳、氮、氢、氧稳定同位素比值变化复杂,依据单个同位素比值很难将 9 个产区的蔬菜进行精确判别,因此,需要应用可以将所有同位素信息综合起来的化学计量学方法来提高蔬菜不同产区判别的正确率。

2.3 基于化学计量学的上海地产蔬菜产区判别

不同产区蔬菜的 PCA 得分图及载荷变量见图 3。宝山区、嘉定区、青浦区和松江区蔬菜多分布在第 1 主成分的左侧,浦东新区蔬菜多分布在第 1 主成分的右侧,其他 4 个区蔬菜比较均匀地分布在 4 个象限内,所以通过 PCA 的前 2 个主成分得分图可以初步将浦东新区蔬菜与其他 8 个产区蔬菜加以区分,尤其是与金山区、嘉定区、青浦区和松江区蔬菜区分效果相对较好。由图 3-B 可以看出,对第 1 主成分[对原变量解释能力(R2X)为 0.425]影响大的变量为 δ^{13}C、δ^{18}O 和 δ^2H 值,对第 2 主成分(对原变量解释能力为 0.248)影响大的变量为 δ^{15}N 值,前 2 个主成分的累积解释能力为 67.3%,基本包含了碳氮氢氧同位素的数据信息,但是 PCA 作为一种无监督算法,很难将所有产区蔬菜正确分类。因此,需要运用有监督的算法 PLS-DA 和 SVM 来进一步提高不同产区蔬菜产地判别的正确率。由于苋菜(小圈内蔬菜)为 C4 植物,其 δ^{13}C 值高于其他 C3 蔬菜,由图 3-A 可见,8 个苋菜(来自崇明区、奉贤区、浦东新区和青浦区)远离其他大部分蔬菜,为了提高产地判别模型的稳健性和预测能力,建模时去掉苋菜数据。

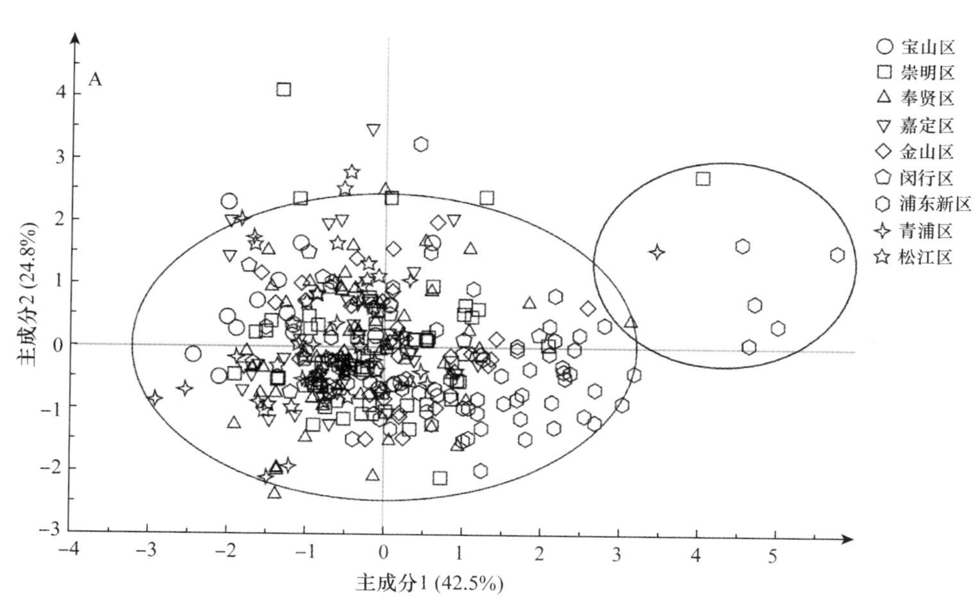

图 3 PCA 得分图(A)及载荷变量图(B)

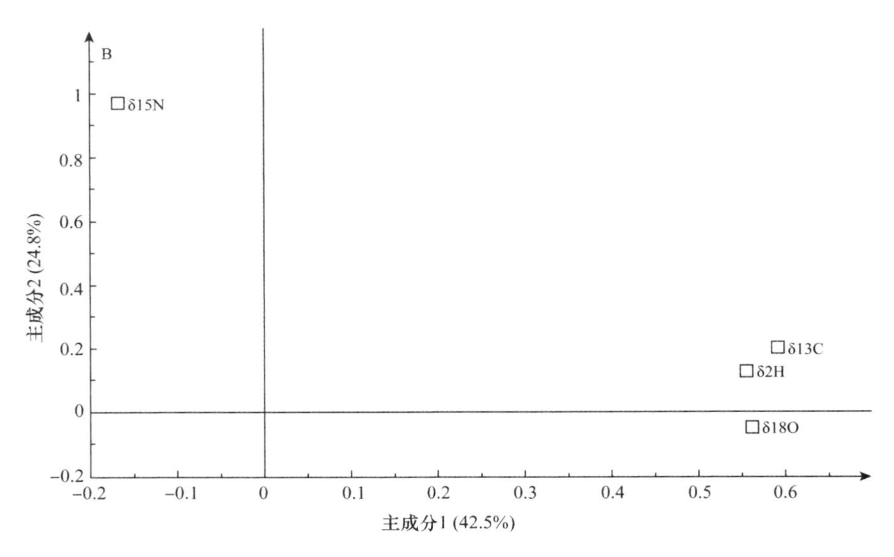

图 3　PCA 得分图(A)及载荷变量图(B)(续)

采用 KS 法来划分训练集(75%)和验证集(25%)[26]，本研究选取了 250 个样品为训练集，83 个样品为验证集，其平均值、标准偏差(standard deviation，SD)和含量范围见表 3。验证集各变量丰度值范围落在训练集范围内，说明此划分方法所得训练集和验证集是合理的，所建模型具有通用性。

表 3　训练集和验证集的划分

变量	训练集			验证集		
	样本数	均值±标准偏差/‰	范围/‰	样本数	均值±标准偏差/‰	范围/‰
$\delta^{13}C$ 值	250	−29.37±1.41	−33.03～−24.88	83	−29.51±0.96	−31.91～−27.09
$\delta^{15}N$ 值	250	6.84±5.82	−5.28～29.67	83	6.75±3.27	−2.35～14.37
$\delta^{2}H$ 值	250	−76.78±16.29	−109.56～−38.62	83	−80.99±11.39	−108.99～−48.52
$\delta^{18}O$ 值	250	21.08±2.99	14.63～27.92	83	20.43±1.99	17.66～27.34

建模时把目标产区作为一类，其余 8 个产区作为另一类，结果见表 4。综合模型正确率和预测正确率，9 个产区蔬菜模型预测能力高低顺序为：浦东新区蔬菜 PLS-DA 模型(预测正确率 98.80%)＞宝山区蔬菜 SVM-Grid 模型(预测正确率 96.38%)＞嘉定区蔬菜 SVM-Grid 模型(预测正确率 92.77%)＞青浦区蔬菜 SVM-GA 模型(预测正确率 91.57%)＞金山区蔬菜 SVM-GA 模型(预测正确率 86.75%)＞松江区蔬菜 SVM-PSO 模型(预测正确率 84.34%)＞崇明区蔬菜 SVM-Grid 模型(预测正确率 84.34%)＞奉贤区蔬菜 SVM-Grid 模型(预测正确率 84.34%)，说明碳氮氢氧同位素结合 PLS-DA 或 SVM 可以较好的将上海不同产区蔬菜判别。

表 4　PLS-DA 和 SVM 模型参数和正确率

产区	建模方法	最优建模参数		模型正确率/%	预测正确率/%
		Best c	Best g		
宝山区 BS	PLS-DA	—	—	96.39	93.60
	SVM-Grid	1.74	24.25	94.00	96.38
	SVM-GA	2.47	13.13	94.00	96.38
	SVM-PSO	0.10	1 000	93.60	96.38

续表

产区	建模方法	最优建模参数		模型正确率/%	预测正确率/%
		Best c	Best g		
崇明区 CM	PLS-DA	—	—	84.34	84.34
	SVM-Grid	1.00	32.00	84.40	84.34
	SVM-GA	1.63	67.85	84.80	83.13
	SVM-PSO	1.33	155.41	84.00	81.93
奉贤区 FX	PLS-DA	—	—	82.80	84.34
	SVM-Grid	1.00	0.25	82.80	84.34
	SVM-GA	0.03	0.05	82.80	84.34
	SVM-PSO	0.10	773.51	82.80	84.34
嘉定区 JD	PLS-DA	—	—	91.20	92.77
	SVM-Grid	4.00	0.25	91.20	92.77
	SVM-GA	0.01	1.22	91.20	92.77
	SVM-PSO	0.10	761.84	91.20	92.77
金山区 JS	PLS-DA	—	—	91.20	86.75
	SVM-Grid	2.00	0.06	91.20	86.74
	SVM-GA	0.90	6.31	91.60	86.75
	SVM-PSO	0.10	777.28	91.20	86.74
闵行区 MH	PLS-DA	—	—	93.60	90.36
	SVM-Grid	2.83	128.00	94.00	90.36
	SVM-GA	0.15	23.21	93.60	90.36
	SVM-PSO	0.10	471.17	93.60	90.36
浦东新区 PD	PLS-DA	—	—	95.60	98.80
	SVM-Grid	4.00	0.71	95.20	98.79
	SVM-GA	25.02	0.63	94.80	98.79
	SVM-PSO	13.34	2.06	94.80	98.79
青浦区 QP	PLS-DA	—	—	94.00	91.57
	SVM-Grid	1.00	0.03	94.00	91.57
	SVM-GA	6.53	6.99	94.40	91.57
	SVM-PSO	15.13	3.99	94.40	91.57
松江区 SJ	PLS-DA	—	—	91.60	81.93
	SVM-Grid	1.41	181.02	92.00	84.34
	SVM-GA	1.95	57.16	92.40	84.34
	SVM-PSO	1.47	176.35	92.80	84.34

注:“—”表示无数据。

3 讨论

蔬菜的 $\delta^{15}N$ 值主要受土壤中所施用肥料类型的影响，一般有机或绿色蔬菜的氮稳定同位素比值相对高于常规蔬菜，因为常规种植一般使用化学合成肥料，而绿色或有机种植更多使用有机肥料（绿肥、粪肥、堆肥等），由于化学合成肥料中 $\delta^{15}N$ 值与大气氮稳定同位素比值（0‰）相近，而有机肥施入土壤后，经过土壤微生物矿化、硝化和反硝化作用后，轻的 ^{14}N 同位素优先挥发，使得土壤富集 ^{15}N 同位素，进而使得所种蔬菜（除自身固氮的豆科蔬菜外）有更高的 $\delta^{15}N$ 值，对于非固氮蔬菜，该值一般高于+5‰[19,20,27-29,31]。由表 2 和图 1 可知，宝山区（9.64‰）、松江区（8.68‰）和嘉定区（8.48‰）蔬菜的 $\delta^{15}N$ 均值占前三，青浦区、闵行区、金山区、崇明区、奉贤区蔬菜的 $\delta^{15}N$ 均值依次减小，除了浦东新区蔬菜的 $\delta^{15}N$ 均值（4.44‰）低于+5‰外，其他蔬菜产区均高于+5‰，说明不同产区蔬菜种植模式存在较大差异；而蔬菜 $\delta^{15}N$ 值高于+5‰比例占前三的产区分别为松江区（75.00%）、宝山区（68.42%）和青浦区（65.22%），说明同一产区内蔬菜种植模式差异也较大；9 个农业产区中，只有浦东新区蔬菜 $\delta^{15}N$值高于+5‰的比例低于 50%，这与其获得绿色认证证书比例低（1.85%）是相对应的，说明浦东新区作为上海蔬菜的主要产区（蔬菜产量占第二）[3]，其绿色或有机种植的比例需要进一步提高，这对于上海蔬菜整体绿色或有机种植率的提升具有重要意义。

由于上海特殊的地理位置，其 9 个农业产区地理气候环境存在一定差异，所以不同产区蔬菜的 $\delta^{13}C$、$\delta^{2}H$ 和 $\delta^{18}O$ 值存在一定差异；且不同农业区蔬菜绿色种植面积推广的程度不同，不同产区蔬菜的 $\delta^{15}N$ 值存在差异。由中国气象数据网的中国地面累年值旬值数据集数据[32]可知，在采样时间段（9 月至次年 1 月），浦东新区在 9 个农业产区中有最高平均气温，因而该产区蔬菜有最高的 $\delta^{13}C$ 值（−27.34‰），这可能归因于蔬菜的 $\delta^{13}C$ 值一般是随着气温升高而提高；同时，地表水中的 $\delta^{2}H$ 和$\delta^{18}O$ 值均存在纬度效应（随着纬度的增加而减小）和大陆效应（随着向内陆延伸而减小）[9,10,33]，浦东新区与黄浦江、东海和杭州湾相邻，沿江和海岸线长，该产区蔬菜的 $\delta^{2}H$ 和 $\delta^{18}O$ 值也相对更高；崇明区四面环水，作为农业生态岛，该区蔬菜受化石燃料燃烧产生的 CO_2（其 $\delta^{13}C$ 值更负）影响较小，且冬季降水相对较少[34]，所以该区所产蔬菜的 $\delta^{13}C$ 值（−28.63‰）和 $\delta^{2}H$ 值（−73.64‰）相对较高；金山区因位于上海市西南方，杭州湾以北，处于相对低的纬度[35]，具有最高的 $\delta^{2}H$ 值（−71.24‰）；宝山区地处黄浦江和长江的交汇点，纬度相对较高，且为上海工业企业的较密集区[36]，空气中化石燃料燃烧产生的 CO_2 占比可能更多，可能是该区蔬菜 $\delta^{13}C$ 值（−30.59‰）和 $\delta^{2}H$ 值（−85.06‰）较低的原因[37]；其他几个产区蔬菜的 $\delta^{13}C$、$\delta^{2}H$ 和 $\delta^{18}O$ 值差异较小，且在统计学上差异不显著。

虽然上海市 9 个蔬菜产区小范围气候环境、种植模式等存在一定的差异，但是各个产区之间也有毗邻部分，这部分所产蔬菜的差异，通过单个稳定同位素比值很难区分，因此，需要运用可以整合 4 个稳定同位素差异的化学计量学方法来进行判别。PCA 作为一种无监督算法可以将组间差异明显的样本区分[11,12]，如浦东新区蔬菜与其他 8 个区蔬菜，尤其是与金山区、嘉定区、青浦区和松江区蔬菜区分效果相对较好，但很难将组间差异不明显的蔬菜进行产区判别，如崇明区和奉贤区蔬菜，因此，选用有监督算法 PLS-DA 和 SVM 来建模。由于有些产区如宝山区、青浦区、闵行区蔬菜样品相对较少，而 SVM 对于中小数量的样本进行建模也会有相对高的鲁棒性[25]，所以在 9 个农业产区所建的产地判别模型中，除了浦东新区蔬菜是 PLS-DA 模型为最优，模型预测准确率为 98.80%，其他 8 个产区蔬菜均以 SVM 所建模型为最优。其中，浦东新区蔬菜模型为预测准确率最高，松江区、崇明区和奉贤区蔬菜模型预测准确率最低（均为 84.34%），后续可以通过进一步增加相应产区的蔬菜种类及蔬菜数量来提高模型的预测准确率。

4 结论

本研究通过 $\delta^{13}C$、$\delta^{15}N$、$\delta^{2}H$ 和 $\delta^{18}O$ 值结合单因素方差分析、箱线图、PLS-DA 和 SVM 对上海 9 个农业产区的地产蔬菜种植模式（常规、绿色或有机种植）及产地进行判别。结果表明，除了浦东新区蔬菜可能为绿色或有机种植($\delta^{15}N$ 值＞+5‰)的比例低于 50%，其他 8 个产区均高于 50%，说明提升浦东新区蔬菜的绿色或有机种植比例对于提升上海蔬菜整体绿色或有机种植率具有重要意义。PLS-DA 模型很好地实现了浦东新区蔬菜的产地判别(预测正确率为 98.80%)，SVM 模型很好地实现了宝山区、嘉定区和青浦区蔬菜的产地判别，但是金山区、松江区、崇明区和奉贤区蔬菜的 SVM 模型仍需进一步改善。综上，稳定同位素技术结合多元统计学和化学计量学方法可以实现蔬菜种植模式识别及产地判别，并可为其他农产品种植模式识别及产地判别提供参考方法，但因部分产区(如宝山区、闵行区等)所采集的蔬菜数量和种类有限，后续需要不断增加其数量和种类来提高蔬菜产地判别模型的通用性。

参考文献：

[1] 农产品质量安全监管处. 我市召开农产品质量安全工作会议[EB/OL].(2019-12-13)[2020-11-26].http://nyncw.sh.gov.cn/zwxw/20191222/e578111de9b24a0b890ecc8289bf2481.html.

[2] 孙占刚，杨娟，彭飚，等. 上海蔬菜市场状况与市场开拓建议[J]. 中国蔬菜，2020(9)：13-18.

[3] 孙占刚，张瑞明，李珍珍，等. 2018 年上海蔬菜绿色认证情况调查研究[J]. 上海蔬菜，2019(5)：83-85.

[4] 任守纲，何自明，周正己，等. 基于 CSBFT 区块链的农作物全产业链信息溯源平台设计[J]. 农业工程学报，2020，36(3)：279-286.

[5] Zhao X D, Liu Y, Li Y, Zhang X F, Qi H R. Authentication of the sea cucumber (*Apostichopus japonicus*) using amino acids carbon stable isotope fingerprinting [J]. Food Control, 2018, 91: 128-137.

[6] 聂晶，张永志，赵明，等. 山东茶叶轻稳定同位素和矿物元素特征与产地识别化学计量学分析[J]. 核农学报，2019，33(11)：2237-2245.

[7] 钱丽丽，宋雪健，张东杰，等. 基于近红外光谱技术对多年际建三江、五常大米产地溯源[J].食品科学，2018，39(16)：321-327.

[8] Lima M J R, Santos A O, Falcão S, et al. Serra da Estrela cheese's free amino acids profiles by UPLC-DAD-MS/MS and their application for cheese origin assessment [J]. Food Research International, 2019, 126: 108729.

[9] Carter J F, Chesson L A. Food Forensics: Stable Isotopes as a Guide to Authenticity and Origin [M]. Boca Raton: CRC Press, 2017.

[10] 林光辉. 稳定同位素生态学[M]. 北京：高等教育出版社，2013.

[11] Liu X, Liu Z, Qian Q L, et al. Isotope chemometrics determines farming methods and geographical origin of vegetables from Yangtze River Delta Region, China [J]. Food Chemistry, 2020,342: 128379.

[12] Bong Y S, Shin W J, Gautam M K, et al. Determining the geographical origin of Chinese cabbages using multielement composition and strontium isotope ratio analyses [J]. Food Chemistry, 2012, 135 (4): 2666-2674.

[13] Opatić A M, Nečemer M, Lojen S, et al.Stable isotope ratio and elemental composition parameters in combination with discriminant analysis classification model to assign country of origin to commercial vegetables-A preliminary study [J]. Food Control, 2017, 80: 252-258.

[14] Cristea G, Feher I, Magdas D A, et al. Characterization of vegetables by stable isotopic and elemental signatures [J]. Analytical Letters, 2017, 50(17): 2677-2690.

[15] Opatić A M, Nečemer M, Lojen S, et al. Determination of geographical origin of commercial tomato through analysis of stable isotopes, elemental composition and chemical markers [J]. Food Control, 2018, 89: 133-141.

[16] Chung I M, Kim J K, Jin Y I, et al. Discriminative study of a potato (Solanum tuberosum L.) cultivation region by measuring the stable isotope ratios of bio-elements [J]. Food Chemistry, 2016, 212: 48-57.

[17] Magdas D A, Feher I, Dehelean A, et al. Isotopic and elemental markers for geographical origin and organically grown carrots discrimination [J]. Food Chemistry, 2018, 267: 231-239.

[18] Kelly S D, Bateman A S. Comparison of mineral concentrations in commercially grown organic and conventional crops-tomatoes (Lycopersicon esculentum) and lettuces (Lactuca sativa) [J]. Food Chemistry, 2010, 119 (2): 738-745.

[19] Rogers K M. Nitrogen isotopes as a screening tool to determine the growing regimen of some organic and nonorganic supermarket produce from New Zealand [J]. Journal of Agricultural and Food Chemistry, 2008, 56

(11): 4078-4083.
[20] Laursen K H, Mihailova A, Kelly S D, et al. Is it really organic? -multi-isotopic analysis as a tool to discriminate between organic and conventional plants [J]. Food Chemistry, 2013, 141 (3): 2812-2820.
[21] 邵圣枝，聂晶，刘志，等. 茶叶加工与样品制备对同位素分馏和测定的影响[J]. 核农学报，2020，34(1)：78-84.
[22] 谢中华. MATLAB 统计分析与应用：40 个案例分析[M]. 北京：北京航空航天大学出版社，2010.
[23] Pomerantsev A L. Chemometrics in Excel [M]. New Jersey: John Wiley & Sons, Inc., 2014.
[24] Ballabio D, Consonni V. Classification tools in chemistry. Part 1: linear models. PLS-DA [J]. Analytical Methods, 2013, 5(16): 3790-3798.
[25] 史峰，王小川，郁磊，等. MATLAB 神经网络：30 个案例分析[M]. 北京：北京航空航天大学出版社，2010.
[26] Kennard R W, Stone L A. Computer aided design of experiments [J]. Technometrics, 1969, 11(1): 137-148.
[27] Dawson T E, Mambelli S, Plamboeck A H, et al. Stable isotopes in plant ecology [J]. Annual Review of Ecology and Systematics, 2002, 33: 507-559.
[28] Bateman A S, Kelly S D, Jickells T D. Nitrogen isotope relationships between crops and fertilizer: implications for using nitrogen isotope analysis as an indicator of agricultural regime [J]. Journal of Agricultural and Food Chemistry, 2005, 53(14): 5760-5765.
[29] Bateman A S, Kelly S D. Fertilizer nitrogen isotope signatures [J]. Isotopes in Environmental and Health Studies, 2007, 43(3): 237-247.
[30] Wüst M. Authenticity Control of Natural Products by Stable Isotope Ratio Analysis [M] Cham: Springer International Publishing, 2018.
[31] Kerley S J, Jarvis S C. Preliminary studies of the impact of excreted N on cycling and uptake of N in pasture systems using natural abundance stable isotopic discrimination[J]. Plant and Soil, 1996, 178(2): 287-294.
[32] 国家气象信息中心(中国气象局气象数据中心). 中国地面累年值旬值数据集(1981-201) [2020.11.26].http://data.cma.cn/dataService/cdcindex/datacode/A.0029.0003/show_value/normal.
[33] Dansgaard W. Stable isotopes in precipitation [J]. Tellus, 1964, 16(4): 436-468.
[34] 穆海振，史军，杨涵洧，等. 崇明生态岛气候变化及影响评估研究[J]. 气象科技进展，2017，7(6)：143-149.
[35] 侯路瑶. 城市建成因素对于城市气候影响[D]. 上海：华东师范大学，2017.
[36] 施旭荣. 上海市宝山区挥发性有机化合物排放治理效果评价与对策研究[D]. 乌鲁木齐：新疆大学，2019.
[37] Li Y H, Yan Y L, Hu D M, et al. Source apportionment of atmospheric volatile aromatic compounds (BTEX) by stable carbon isotope analysis: A case study during heating period in Taiyuan, northern China [J]. Atmospheric Environment, 2020, 225: 117369.

Stable isotopes determine farming methods and geographical origin of Shanghai local vegetables

LIU Xing, QIAN Qun-li, YAO Chun-xia, ZHOU Jia-xin, SONG Wei-guo

(Institute for Agri-products Standards and Testing Technology, Shanghai Academy of Agricultural Sciences, Shanghai 201403, China)

Abstract: To protect the high quality and high price and the quality and safety of vegetables, nine agricultural production areas (Baoshan District, Chongming District, Fengxian District, Jiading District, Jinshan District, Minhang District, Pudong New District, Qingpu District and Songjiang District) in Shanghai were taken as the research objects. The difference of $\delta^{15}N$ values among vegetables grown in different regions and its indication of farming method (conventional, green or organic farming) were analyzed. One-way ANOVA was used to analyze the $\delta^{13}C$, $\delta^{15}N$, $\delta^{2}H$ and $\delta^{18}O$ values, and principal component analysis (PCA), partial least squares discriminant analysis (PLS-DA) and support vector machine (SVM) were applied to establish discriminant models of vegetable producing regions in Shanghai. The results showed that the $\delta^{15}N$ values of vegetables in Baoshan District, Songjiang District and Jiading District accounted for the top three, and there was a significant difference from $\delta^{15}N$ value of vegetables in Pudong New District with the lowest value (4.44‰), respectively, and only Pudong New District is likely to have less than 50% of its vegetables grown green or organically. The $\delta^{13}C$, $\delta^{2}H$ and $\delta^{18}O$ values were only significantly different in some producing areas, and PCA could preliminarily realize the identification of vegetables from the other 8 producing areas in Pudong New District; the optimal PLS-DA model could well realize the geographical origin discriminant of Pudong New District vegetables (prediction accuracy of 98.80%), the optimal SVM models could well realize the geographical origin discriminant of Baoshan District vegetables (prediction accuracy of 96.38%), Jiading District vegetables (prediction accuracy of 92.77%), and Qingpu District vegetables (prediction accuracy of 91.57%), and the optimal SVM models also could be better implementation the geographical origin discriminant of Jinshan District vegetables, Songjiang District vegetables and Chongming District vegetables. These results provide reference methods for the farming method and geographical origin discriminant of Shanghai local vegetables, and also do basic data for their traceability and quality and safety protection.

Key words: Shanghai local vegetables; stable isotopes; farming methods; geographical origin; chemometrics methods

BNCT药物BPA及F-BPA量子化学计算

李凤林，罗志福
（中国原子能科学研究院，北京 102413）

摘要：本文采用Gaussian 03W程序，分别用HF、DFT方法，在不同水平上对BNCT药物BPA及其氟化物2-F-BPA和3-F-BPA进行结构优化，对最优构型进行Mulliken电荷布局分析、原子轨道构成分析、前线分子轨道分析、分子振动频率分析等量子化学分析，得到了三个分子的电荷布局、HOMO、LUMO轨道能量及分子能量、分子振动频率、红外光谱等量子化学参数，并对其结构与反应活性的相关性进行了分析。计算结果显示三个分子基态稳定，氟取代后分子稳定性增加，其中2-F-BPA结构最稳定。BPA的化学反应活性较大，易发生苯环上的亲电取代反应，在形成新的化学键时，苯环C的反应活性是比较大的。氟取代后分子的化学反应活性有所降低，分子中硼羟基氧原子、羰基氧原子和氨基氮原子均带有较多的负电荷，表明这几个位点是反应活性中心，且F原子的取代并没有影响这些位点的电荷分布。
关键词：硼中子俘获治疗；对二羟硼苯丙氨酸；氟化对二羟硼苯丙氨酸；量子化学计算

硼中子俘获治疗（Boron neutron capture therapy，BNCT）是一种用于癌症治疗的二元靶向疗法，其原理是将与肿瘤有特异性亲和力的^{10}B化合物（硼携带剂）注入人体，经中子束局部照射使聚集在肿瘤组织中的^{10}B与热中子发生核反应，生成7Li与α粒子。产生的α粒子能量可达1.7 MeV，理论上几个α粒子释放的能量足以使瘤细胞致死[1]。7Li和α粒子的射程分别为5 μm和10 μm，而肿瘤细胞的直径<10 μm，因此在细胞内发生的电离辐射可杀伤吸收了硼化物的肿瘤细胞及与之相邻的肿瘤细胞，而对正常组织的损害甚小，处于治疗中的患者不需要特殊防护[2]。使用的^{10}B能与多种载体相结合，可通过生物结合或代谢途径进入靶组织，除可治疗脑内恶性肿瘤外，还可治疗肝、肺和骨等组织中的其他恶性肿瘤[3,4]。此法成为目前治疗恶性脑胶质瘤和黑色素瘤最有效的方法之一。

对二羟硼苯丙氨酸（p-Boronophenylalanine，BPA）是国际上应用最多的BNCT药物，BPA自1987年应用于临床试验以来，治疗效果良好，其有效性和安全性都有保障[5,6]。BPA是酪氨酸的类似物，可以借助血脑屏障上的氨基酸载体进入脑内，并通过胶质细胞瘤高度表达的酪氨酸羟化酶选择性地在癌细胞中聚集。用正电子核素^{18}F标记BPA不仅能研究BPA在体内的代谢过程，更能通过PET显像实时掌握BPA在体内的生物分布状态[7-9]，这对BNCT治疗的时间选择、治疗效果评价有重要意义。

本文采用Gaussian 03W程序，对BNCT药物BPA及其氟化物2-F-BPA和3-F-BPA进行量子化学计算，得到三个化合物的最优分子构型，获得其结构与反应活性的相关性[10]，并将计算结果用于指导F-BPA的合成路线的设计及反应条件的优化，理论与实际相结合，以期减少有机合成的工作量，为F-BPA合成方法的进一步研究及未来其他BNCT药物的筛选及结构优化提供基础。

1　计算方法及模型

本文采用Gaussian 03W程序对BPA及其氟化物2-F-BPA、3-F-BPA进行量子化学计算研究，化合物初始结构由Gauss View构图软件构造。由于没有实验数据支持，且考虑到三个化合物分子量比较小，因此本文首先选用从头计算法HF法[11]，在3～21g水平上对分子进行结构优化，接着选用理论计算量小的DFT计算方法，在B3LYP/ 6-31g(d)和B3LYP/6-311(d)水平上对分子进行进一步结构

作者简介：李凤林（1983—），女，山东潍坊人，博士，研究员，主要从事放射性药物研究工作
基金项目：中核集团领创科研项目

优化，并在得到最优构型后对其分子轨道及原子轨道构成进行分析，计算分子前线轨道能量，得到最高占据轨道（HOMO）、最低空轨道（LUMO）等轨道信息，对轨道电荷密度分布进行分析，以预测该化合物的反应活性及配位活性区域[12,13]。

2 结果与讨论

2.1 结构优化和能量分析

BPA 结构优化首先选用 HF/3-21g 计算法开始，经 28 次迭代计算，力及力的均方根达到收敛标准，位移及位移均方根达到收敛标准，得到了 BPA 初步优化构型，接着用 DFT 方法选用更大的基组 B3LYP/6-31g 和 B3LYP/6-311g (d)做进一步的结构优化以得到最佳构型。DFT/B3LY P/6-31g 经 45 次迭代计算，达到收敛标准得到了 BPA 进一步优化构型，DFT/B3L YP/6-311g(d)经 39 次迭代计算，达到收敛标准得到了 BPA 最佳优化构型。三种计算法优化得到了 BPA 结构参数键长、键角、二面角数据，对比数据发现，HF/3-21g 方法与 DFT/B3LYP /6-31g 和 DFT/B3L YP/6-311g(d)法计算所得参数值相差比较大，而 DFT/B3-LYP/6-31g 和 DFT/B3LYP/6-311g(d)法计算所得参数值接近，说明 DFT/B3LYP /6-311g(d)法对 BPA 结构的进一步优化能力有限。

由于随所选基组的增加，计算量大幅增加，计算所耗费的时间也大幅增加，而根据对 BPA 结构优化的结果分析表明，DFT/B3LYP/6-31 g 与 DFT/B3LYP/6-311 g(d)对 BPA 的结构优化没有显著性差异，因此综合考虑优化效果和优化时间等因素，本文最终仅用 HF/3-21 g、DFT/B3LYP /6-31g 两种方法对 F-BPA 的结构进行优化。2-F-BPA、3-F-BPA 结构优化首先选用 HF/3-21 g 计算法开始，分别经 20 次和 15 次迭代计算，力及力的均方根达到收敛标准，位移及位移均方根达到收敛标准，得到了 2-F-BPA 和 3-F-BPA 的初步优化构型。接着用 DFT 方法以更大的基组 B3LYP/6-31 g(d)做进一步的结构优化以得到最佳构型。DFT/B3LYP/6-31(d)g 法分别经 17 次和 20 次迭代计算，达到收敛标准得到 2-F-BPA 和 3-F-BPA 最终优化构型。计算所涉及原子数、基函数、原始高斯函数、α 电子、β 电子等参数见表 1。

表 1 BPA 及 F-BPA 量子化学计算参数

化合物	基组	原子	基函数	原始高斯函数	α 电子	β 电子
BPA	HF/3-21g	27	159	261	55	55
	DFT/B3LYP/6-31g	27	166	396	55	55
	DFT/B3LYP/6-311(d)	27	231	450	55	55
F-BPA	HF/3-21 g	27	166	273	59	59
	DFT/B3LYP/6-31g(d)	27	166	396	59	59

三个分子的优化结构式如图 1 所示。优化得到的 BPA、2-F-BPA 及 3-F-BPA 的键长数据见表 2，由表中数据可知，2-F-BPA 中 R5 为 C—F 键，键长为 1.407 Å，3-F-BPA 结构中 R7 为 C—F 键，键长为1.392 9 Å，而 BPA 中相对应的 C—H 键键长分别为 1.080 1 Å、1.081 9 Å，F 原子取代 H 原子后键长变长，除此键外，其他键长没有发生显著变化，键角和二面角也没有显著性改变，说明 F 取代对 BPA 的结构影响较小。

以最优构型，计算得到 BPA、2-F-BPA 和 3-F-BPA 分子总能量分别为－730.787 962 8 a.u.、－829.805 834 2 a.u.和－829.801 032 9 a.u.，均为负值，表明三个分子的基态都比较稳定；2-F-BPA 的分子总能量均小于 3-F-BPA 的分子总能量，表明 2-F-BPA 的结构比 3-F BPA 更稳定。

偶极矩显示分子中电荷分布的分散性，偶极矩越大，分子的极性越大。本文计算得到 BPA 分子的总偶极矩为 8.245 6×10^{-30} C·m，各方向上的分量分别为 X＝4.960 3×10^{-30} C·m，Y＝5.244×

10^{-30} C·m，Z=3.985 8×10^{-30} C·m，表明 BPA 是极性较大的化合物。2-F-BPA 的总偶极矩为 1.186 9×10^{-29} C·m，各方向上的分量分别为 X=1.072 7×10^{-29} C·m，Y=1.690×10^{-31} C·m，Z=5.083 3×10^{-30} C·m，3-F-BPA 的总偶极矩为 1.732 0×10^{-30} C·m，各方向上的分量分别为 X=−7.665×10^{-31} C·m，Y=−0.619 1×10^{-31} C·m，Z=1.424 6×10^{-30} C·m，偶极矩对比可知三个化合物的偶极矩的大小顺序为 2-F-BPA＞BPA＞3-F-BPA，因此三个分子的极性大小顺序为 2-F-BPA＞BPA＞3-F-BPA。

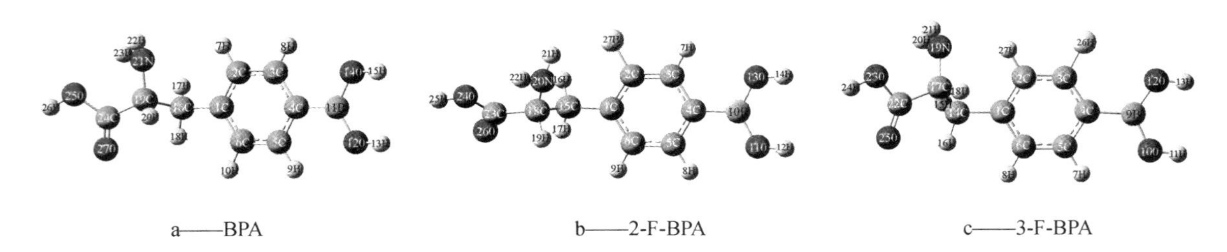

a——BPA　　b——2-F-BPA　　c——3-F-BPA

图 1　优化分子结构式

表 2　BPA 和 F-BPA 键长

序号	键长/Å			序号	键长/Å		
	BPA	2-F-BPA	3-F-BPA		BPA	2-F-BPA	3-F-BPA
R1	1.405 5	1.397 4	1.404 1	R15	0.965 7	0.971 4	0.971 4
R2	1.404 2	1.405 3	1.407 4	R16	0.965 7	0.971 3	0.972 1
R3	1.515 9	1.509 6	1.517 6	R17	1.094 5	1.096 3	1.101 5
R4	1.394 1	1.384 6	1.390 4	R18	1.090 4	1.093 1	1.093 6
R5	1.080 1	1.407 0	1.083 0	R19	1.542 2	1.552 9	1.546 7
R6	1.408 5	1.409 4	1.401 6	R20	1.090 7	1.103 7	1.100 3
R7	1.081 9	1.082 9	1.392 9	R21	1.470 3	1.446 9	1.460 0
R8	1.406 9	1.409 5	1.413 5	R22	1.524 4	1.533 9	1.535 4
R9	1.549 8	1.550 6	1.552 6	R23	1.012 5	1.010 7	1.015 3
R10	1.394 9	1.397 3	1.394 8	R24	1.010 5	1.009 6	1.013 5
R11	1.081 8	1.084 3	1.084 0	R25	1.385 0	1.380 2	1.381 6
R12	1.083 8	1.086 4	1.086 0	R26	1.231 6	1.235 3	1.234 1
R13	1.383 6	1.389 1	1.394 7	R27	0.977 2	0.982 3	0.982 1
R14	1.383 4	1.389 0	1.383 9				

2.2　频率计算及红外光谱性质分析

为了验证结构优化的合理性，分别对 BPA、2-F-BPA 和 3-F-BPA 优化后的分子构型进行频率计算，通过频率计算得到了各构型的振动频率、红外强度及红外谱图。由谱图（见图 2）可看出，BPA 在 3 501 cm^{-1}、3 621 cm^{-1}处出现 ν(N-H)伸缩振动谱带，3 158 cm^{-1}—3 199 cm^{-1}处出现 ν(Ar-H)伸缩振动谱带，1 705 cm^{-1}处出现 ν(C=O)伸缩振动谱带，1 147 cm^{-1}处出现 ν(C—N)伸缩振动谱带，1 088 cm^{-1}处出现 ν(C—O)伸缩振动谱带，916 cm^{-1}、872 cm^{-1}处出现 O-H 振动谱带；2-F-BPA 和 3-F-BPA 分子分别在 3 741 cm^{-1}、3 736 cm^{-1}和 3 714 cm^{-1}、3 701 cm^{-1}处出现 ν(BO-H) 伸缩振动谱带，在 3 705 cm^{-1}、3 581 cm^{-1}和 3 590 cm^{-1}、3 475 cm^{-1}处出现 ν(N-H) 伸缩振动谱带，3 247 cm^{-1}、

3 229 cm^{-1}、3 193 cm^{-1}和 3 178 cm^{-1}、3 171 cm^{-1}、3 134 cm^{-1}处出现 ν(Ar-H)伸缩振动谱带，3 605 cm^{-1}处出现ν(O-H)伸缩振动谱带，1 729 cm^{-1}和 1 687 cm^{-1}处出现 ν(C=O) 伸缩振动谱带，1 183 cm^{-1}和 1 153 cm^{-1}处出现 ν(C—N) 伸缩振动谱带，1 118 cm^{-1}和 1 109 cm^{-1}处出现 ν(C—O) 伸缩振动谱带，889 cm^{-1}和 910 cm^{-1}处出现 O-H 振动谱带；这些计算值均可与实验值进行比较以确定理论计算的准确度。

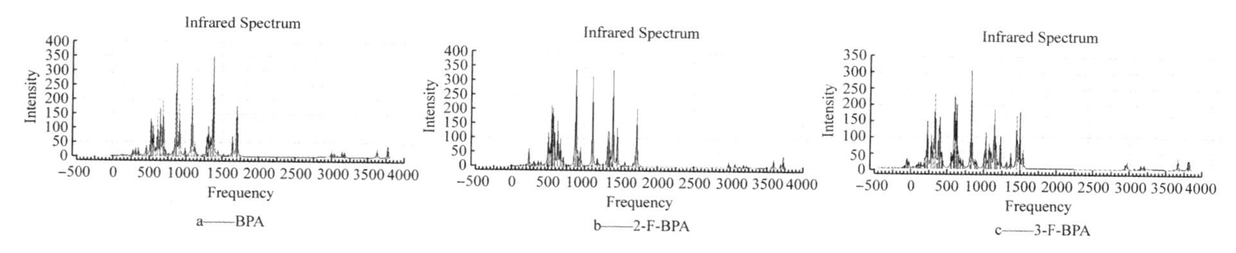

图 2　BPA 和 F-BPA 的红外谱图

2.3　前线轨道分析

根据分子轨道理论，分子间反应主要发生在前线轨道——最高占据分子轨道(HOMO)和最低空分子轨道(LUMO)及附近的轨道上，这些分子轨道对化合物的稳定性和反应活性的贡献最大。E_{HOMO}与分子的电离势相关，可作为分子给电子能力的量度，E_{HOMO}越小，轨道中电子越稳定，分子给电子的能力就越弱。E_{LUMO}为负表示易得到电子，有较强的反应活性，对于亲电反应，反应活性中心是分子轨道中电荷较大的部分。

BPA、2-F-BPA 及 3-F-BPA 的部分前线轨道能量及其最高占据轨道与最低空轨道的能量差 ΔE 列于表 3，由表中数据可看出三个分子的前线占据轨道的能量均为负值，表明 BPA 及 F-BPA 在该状态下是稳定的。其中 BPA 最高占据轨道能量 E_{HOMO}为－0.235 36 a.u.，最低空轨道能量 E_{LUMO}为－0.026 94 a.u.，二者能量差 ΔE 为 0.262 3 a.u.，由计算结果可看出 BPA 具有较小的 ΔE 和较高的 E_{HOMO}，表明 BPA 给电子能力较强，易发生亲电反应。此外，较小的 ΔE 使得 BPA 易发生电子跃迁，而显示出一定的生物活性。2-F-BPA 的 E_{HOMO}最小，因此 2-F-BPA 相对 3-F-BPA 更稳定。同时 2-F-BPA 和 3-F-BPA 的 E_{HOMO}均小于 BPA，这说明氟取代后 F-BPA 的稳定性大于 BPA，而 BPA 的化学反应活性更大；从能级差($\Delta E=E_{HOMO}-E_{LUMO}$)也能得出一样的结论，由于 ΔE 越小越易被激发，化学活性越大，三个化合物中 BPA 的 ΔE 最小，因此 BPA 的化学反应活性最大，这一点与实验结果是吻合的，有机合成中 BPA 的一氟取代反应是比较容易发生的，而二氟、三氟取代反应则较难发生。

表 3　BPA 和 F-BPA 部分分子前线轨道能量 E

化合物	分子前线轨道能量 E/a.u.							
	E_{HOMO-3}	E_{HOMO-2}	E_{HOMO-1}	E_{HOMO}	E_{LUMO}	E_{LUMO+1}	E_{LUMO+2}	E_{LUMO+3}	ΔE
BPA	−0.304 82	−0.245 38	−0.241 16	−0.235 36	−0.026 94	−0.020 95	0.005 41	0.007 16	0.262 3
2-F-BPA	−0.460 68	−0.362 24	−0.338 97	−0.328 21	0.114 69	0.159 02	0.185 91	0.230 99	0.442 9
3-F-BPA	−0.465 27	−0.382 07	−0.333 07	−0.325 87	0.120 16	0.162 50	0.175 64	0.239 07	0.446 0

图 3、图 4 为计算所得的 BPA、2-F-BPA 和 3-F-BPA 的分子前线轨道电荷分布图。由图中轨道在分子骨架上的分布可见 BPA、2-F-BPA 和 3-F-BPA 中 HOMO 的主要成分是苯环、羧基、氨基；LUMO 的主要成分几乎遍布除氢原子和羧基外的整个化合物，尤其以苯环和硼羟基基团上的分布为主，说明这些原子核基团的空轨道可作为电子的接受体，成为反应的活性中心。

为进一步考察化合物的活性部位和反应成键能力，对三个分子进行了自然键轨道(NBO) 分析，

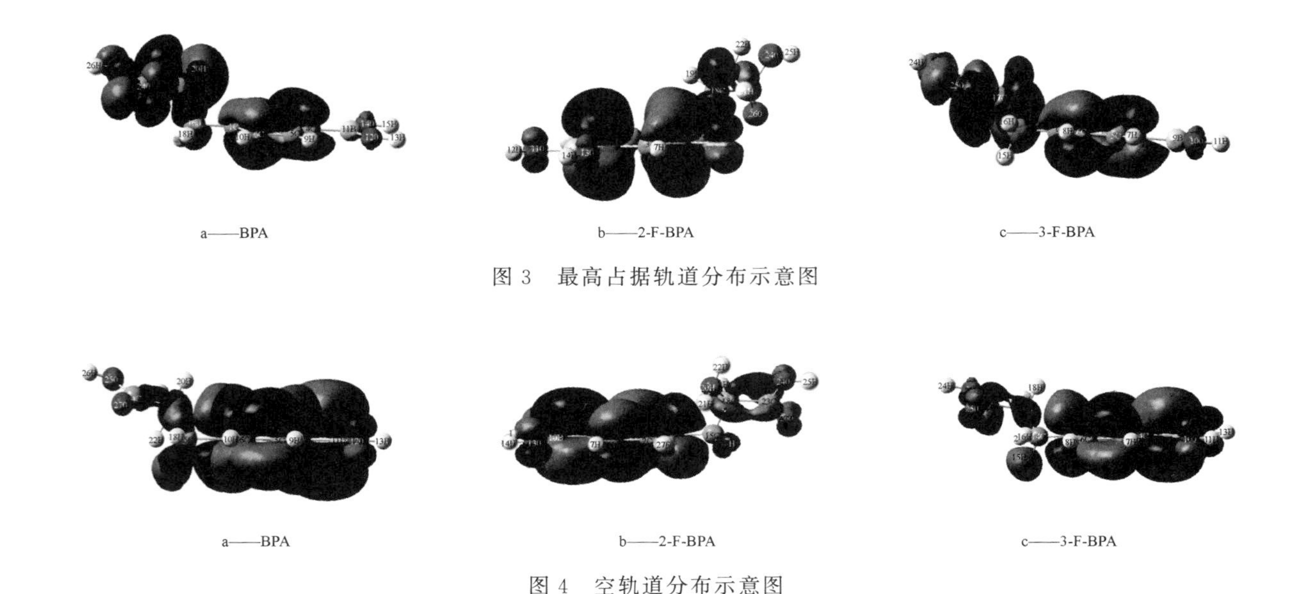

a——BPA　　b——2-F-BPA　　c——3-F-BPA

图 3　最高占据轨道分布示意图

a——BPA　　b——2-F-BPA　　c——3-F-BPA

图 4　空轨道分布示意图

然后用参与组合的各类原子轨道系数的平方和，经归一化得到的结果来表示该类原子轨道在其分子轨道中的贡献。原子轨道数值越大，该原子轨道对分子轨道所做贡献就越大，由此可看出分子轨道的主要成分。通过对计算数据分析可知，三个化合物的分子轨道构成很类似，占据轨道的主要贡献来源于苯环上 C 原子以及 N 和 O 等杂原子，说明在形成新的化学键时，这些部位的原子参与成键的可能性较高。占据轨道 HOMO－2、HOMO－1、HOMO 以及空轨道 LUMO、LUMO＋1、LUMO＋2 中苯环上 C 原子对分子轨道的贡献均比较大，说明苯环 C 的反应活性是比较大的，易发生苯环上的取代反应。

2.4　Mulliken 电荷布局分析

Mulliken 布局分析得到分子中各原子净电荷布局，BPA、2-F-BPA 和 3-F-BPA 分子的 Mulliken 电荷布局见图 5，图中数字为净电荷的电子电量值。计算结果显示三个分子的总电荷均为 0，表明三个分子均呈中性，BPA 的硼羟基氧原子、羰基氧原子和氨基上氮原子均带有较多的负电荷，分别达到 O(12)：－0.658 462e，O(14)：－0.657 991e，O(25)：－0.569 878e，O(27)：－0.362 144e，N(21)：－0.673 952e，表明这几个位点易与亲电原子的空轨道形成化学键，也易于金属表面原子的空轨道形成配位键，是反应活性中心。因此若 BPA 想发生苯环上的亲电取代反应，应首先将－B-OH、－COOH、$-NH_2$进行保护。而苯环中 C 带负电荷顺序为 3C＞5C＞6C＞4C＞2C＞1C，表明 3、5 位更易发生亲电取代反应。O-H、N-H 和 C—H 的 H 原子所带的正电荷逐渐减少，这与 O、N 和 C 原子的电负性依次减弱对应。由此判断，BPA 的活性中心主要是 N 和 O，高负电荷密度区域就是分子的活性区域。

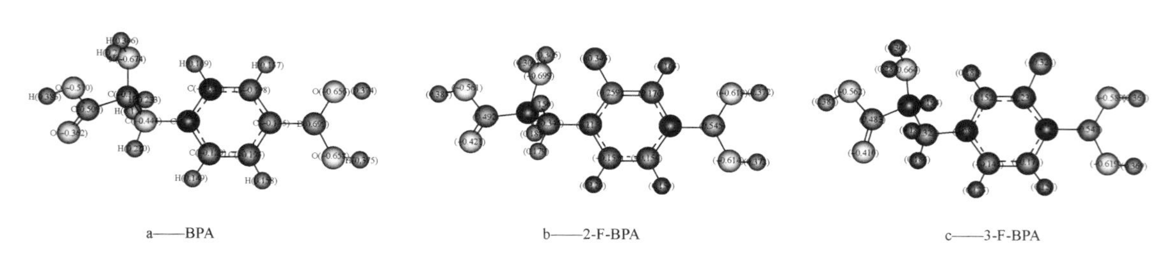

a——BPA　　b——2-F-BPA　　c——3-F-BPA

图 5　Mulliken 电荷分布

与 BPA 类似，2-F-BPA 和 3-F-BPA 的硼羟基氧原子、羰基氧原子和氨基上氮原子均带有较多的负电荷，表明这几个位点仍然是反应活性中心，F原子的取代并没有影响这些位点的活性。F取代后，除6C外，苯环上的C原子所带电荷均有所下降，说明氟取代降低了苯环上除6C外其他C原子的反应活性。而6C所带电荷的增加，使得其成为苯环发生二取代反应的活性中心。

表4 Mulliken电荷分布

Atoms	BPA charge /e	2-F-BPA charge /e	3-F-BPA charge /e
1C	0.004 354	0.115 379	0.079 667
2C	−0.059 637	0.259 472	−0.156 999
3C	−0.197 770	−0.169 670	0.230 035
4C	−0.115 025	−0.014 445	−0.022 937
5C	−0.195 044	−0.154 392	−0.171 015
6C	−0.119 885	−0.152 585	−0.145 736
7H/27F/27H	0.168 644	−0.345 124	0.181 905
8H/7H/26F	0.157 230	0.165 964	0.125 925
9H/8H/7H	0.158 086	0.149 601	0.154 950
10H/9H/8H	0.149 031	0.130 472	0.125 925
11B10B/9B	0.698 863	0.545 310	0.547 175
12O/13O/12O	−0.658 462	−0.613 385	−0.588 635
13H/14H/13H	0.374 523	0.372 185	0.367 181
14O/11O/10O	−0.657 991	−0.613 590	−0.619 080
15H/12H/11H	0.374 498	0.371 851	0.369 477
16C/15C/14C	−0.444 093	−0.346 439	−0.322 469
17H/16H/15H	0.189 771	0.159 367	0.148 964
18H/17H/16H	0.209 864	0.176 504	0.181 198
19C18C/17C	−0.154 498	−0.016 614	−0.053 260
20H/19H/18H	0.233 430	0.179 737	0.193 775
21N/20N/19N	−0.673 952	−0.699 132	−0.663 685
22H/21H/20H	0.288 439	0.304 515	0.285 157
23H/22H/21H	0.306 106	0.299 715	0.302 152
24C/23C/22C	0.509 486	0.492 191	0.483 152
25O/24O/23O	−0.569 878	−0.560 604	−0.562 201
26H/25H/24H	0.386 055	0.384 505	0.387 352
27O/26O/25O	−0.362 144	−0.420 787	−0.410 420

3 结论

本文采用Gaussian03W程序，分别采用HF、DFT方法，在3～21g、B3LYP/6-31g和B3LYP/6-311(d)水平上对BPA、2-F-BPA、3-F-BPA三个分子进行量子化学计算。计算表明BPA、2-F-BPA和3-F-BPA三个分子基态稳定，氟取代后F-BPA的稳定性大于BPA，其中2-F-BPA结构最稳定。BPA

的化学反应活性更大，氟取代后化学反应活性有所降低。分子中硼羟基氧原子、羰基氧原子和氨基氮原子均带有较多的负电荷，表明这几个位点是反应活性中心，易发生亲电取代反应，且 F 原子的取代并没有影响这些位点的电荷分布。但是，氟取代降低了苯环上除 6C 外其他 C 原子的反应活性。6C 所带电荷的增加，使其成为苯环发生二取代反应的活性中心。而在形成新的化学键时，苯环 C 的反应活性是比较大的，BPA 易发生苯环上的取代反应。

本文计算得到的量子化学数据为 F-BPA 的进一步结构研究和合成路线设计提供理论基础和指导，理论与实践结合，有望提高合成效率。

参考文献：

[1] Barth F, Coderre A, Vicente H, et al. Boron neutron capture therapy of cancer: current status and future prospects[J]. Clin Cancer Res, 2005,11(11):3987-4002.

[2] Micah L, Pilar P, Abdel A, et al. Advancements in Tumor Targeting Strategies for Boron Neutron Capture Therapy Pharm Res, 2015,32:2824-2836.

[3] Barth F, Yang W, Coderre A. Rat brain tumor models to assess the efficacy of boorn neutron capture therapy: a critical evaluaiton[J].J Neurooncol, 2003, 62(1-2):61-74.

[4] Busse M, Harling K, Palmer R, et al. A critical examination of the results from the Harvard-MIT NCT program phase I clinical trial of neutron capture therapy for intracranial disease[J]. J Neurooncol, 2003, 62:111-121.

[5] Barth F, Grecula C. Boron neutron capture therapy at the crossroads -Where do we go from here? Appl Radiat and Isotopes, 2020, 21:95-101.

[6] Dymova M, Taskaev S, Richter V, et al. Boron neutron capture therapy: Current status and future perspectives [J]. Cancer Commun, 2020, 40(9):406-421.

[7] Ishiwata K, Ido T, Mejia A, et al. Synthesis and radiation dosimetry of 4-borono-2-[^{18}F] fluoro-D, L-phenylalanine: a target compound for PET and boron neutron capture therapy[J]. Appl Radiat Isot, 1991, 42: 325-328.

[8] Coderre A, Turcotte C, Riley J, et al. Boron neutron capture therapy: cellular targeting of high linear energy transfer radiation[J]. Technol Cancer Res Treat, 2003, 2:1-21.

[9] Vahatalo J, Eskola O, Bergman J, et al. Synthesis of 4-dihydroxyboryl-2[^{18}F]fluorophenylalanine with relatively high specific activity[J]. J Labelled Comp Radiopharm, 2002, 45:697-704.

[10] Fu J, Li N, Wang Y, et al. Computational and electrochemical studies of some amino acid compounds as corrosion inhibitors for mild steel in hydrochloric acid solution[J].J Mater Sci, 2010, 45:6225-6265.

[11] Sneath H. Relations between Chemical Structure and Biological Activity in Peptides[J].J Theor Biol, 1966, 12 (2):157-195.

[12] Moorthi P, Gunasekaran S, Ramkumaar R. Vibrational spectroscopic studies of Isoleucine by quantum chemical calculations[J]. Spectrochim Acta A,2014, 124:365-374.

[13] Leena S, Mehmet K, Narayan V, et al. Molecular structure, electronic properties, NLO, NBO analysis and spectro-scopic characterization of Gabapentin with experimental (FT-IR and FT-Raman) techniques and quantum chemical calculations[J]. Spectrochim Acta A, 2013, 109:298-307.

The quantum chemical calculation of BPA and F-BPA of the drug of BNCT

LI Feng-lin, LUO Zhi-fu

(China Institute of Atomic Energy, Beijing 102413, China)

Abstract: In this thesis the quantum chemical calculation of BPA 2-F-BPA and 3-F-BPA was carried out using Gaussian 03W program, the molecular structure of BPA and F-BPA was optimized respectively in different level. The Mulliken charge distribution, the frontier molecular orbital, the atomic orbital structure, and the molecular vibration frequency of the optimal configurations were analyzed. The calculati-on results showed that the three molecules were stable, and the stability increased after fluorine substitution, 2-F-BPA is the most stable. The chemical reactivity of BPA was relatively larger, especially the reactivity of C on benzene ring when new chemical bond formed. BPA was prone to electrophilic substitution reactions on the benzene ring, and the reaction activity was reduced after fluorine substitution. The oxygen of the boron hydroxyl and carbonyl, the nitrogen of the amino of the molecule, with more negative charges, were reactive centers, and the distribution of charges was not affected by the substitution of the atom of F.

Key words: BNCT; BPA; F-BPA; quantum chemical calculation

全球放射性医用同位素生产与需求现状分析

李 琦,杨 玥
(中国核动力研究设计院,四川 成都 610213)

摘要:本文介绍了目前全球放射性医用同位素的生产与需求现状,综述了欧美亚等地区研究堆生产医用同位素的情况,其中特别关注了^{99}Mo在全球的需求,以及我国医用放射性同位素的应用现状。通过研究与分析,可发现,我国虽具备部分放射性医用同位素的生产能力,但供应状况亦不乐观,仍存在大量的医用同位素需要依赖进口,而伴随着国外研究堆老化问题日益凸显,未来全球放射性医用同位素的缺口会逐渐扩大。我国作为核技术大国,应利用自身优势,在"十四五"期间,大力发展与人民生命健康密切相关的放射性医用同位素研发,加快医用同位素生产堆建设,打破国外稀缺同位素垄断,提高批量化生产能力,造福人民,同时也为构建人类健康共同体作出贡献。

关键词:放射性同位素;研究堆;全球需求;^{99}Mo;中国;十四五;同位素专用生产堆

目前,全球生产放射性同位素的反应堆主要有美国的HFIR、MURR,荷兰的HFR,法国的SILOE、OSIRIS,比利时BR-2,澳大利亚的OPAL和南非的SAFARI-1,另外,俄罗斯和东欧也有一些用于生产放射性同位素的反应堆。

世界核协会(WNA)于2020年公布的报告数据显示,2016年全球放射性同位素市值为96亿美元,其中医用同位素占80%。该报告预测,2021年全球放射性同位素市值预计约达到170亿美元,其中,北美需求量占全球市场50%,欧洲占20%。在全球医用裂变放射性同位素的供需链中,^{99}Mo的需求量最大。根据南非国有核能公司(NECSA)公布的数据显示,^{99}Mo的市场每年约为50亿美元。在亚洲地区,韩国、日本和中国具备生产医用放射性同位素的能力,但相比欧美区域,亚洲区的医用放射性同位素生产占比微乎其微,无法满足自身需求,绝大部分医用同位素仍需要进口。

结合NEA(经济合作与发展组织核能署)编写的2019年《医用同位素供应》报告数据与NEA于2017年公布的《医用放射性同位素的供应》报告,整合出全球主要医用放射性同位素生产商的^{99}Mo生产量数据,见表1。

表1 全球主要医用放射性同位素生产商的^{99}Mo的产量和占比

生产商	国家	^{99}Mo年产量/周	^{99}Mo最大产量/[Ci/周(6天)]	预计2024年年产量,居里/周(6天)	全球占比/%	组织类型[①]	^{99}Mo加工对组织机构的重要性[②]
ANSTO	澳大利亚	43	3 500	92 450	18	政府	非常高
CNEA	阿根廷	46	500	23 000	2	政府	高
CURIUM	荷兰	52	5 000	260 000	32	半商业	高
IRE	比利时	49	3 500	171 500	22	半政府半商业	高
North Star	美国	52	750	39 000	5	商业	高
NTP	南非	44	3 000	130 700	16	半政府	非常高

作者简介:李琦(1987—),女,四川成都人,硕士,曾从事核能综合利用相关调研工作,现从事管理方面的工作

续表

生产商	国家	^{99}Mo 年产量/周	^{99}Mo 最大产量/[Ci/周(6天)]	预计 2024 年年产量，居里/周(6天)	全球占比/%	组织类型①	^{99}Mo 加工对组织机构的重要性②
Rosatom (RIAR+KARPOV)	俄罗斯	50/48	890	43 800	5	半政府	低

注:①商业化程度不断提高的组织类型:政府、半政府、半政府/商业和商业;

②^{99}Mo 处理作为一项活动对整个组织的相对重要性的重要性等级,从低、中、高和非常高。

OECD-NEA(2016)数据指出,目前主要产^{99}Mo 的 7 个反应堆(BR-2、HFR、LVR-15、Maria、NRU、SAFARI-1 和 OPAL)如果同时运行,^{99}Mo 的总产量能达到 28 000 Ci/周(6 天),全球每周所需要的^{99}Mo 产量大约为 9 000 Ci/周(6 天)。

在加拿大的 NRU 关闭前,加拿大的 NRU(30%～40%)、荷兰的 HFR(30%)和比利时的 BR-2(10%)研究堆承担着全球 3/4 的^{99}Mo 生产量。但随着 NRU 研究堆于 2016 年停止生产同位素,并于 2018 年关闭后,HFR、BR-2 等研究堆提高了^{99}Mo 的产量比例,表 2 整合了 2016 年、2017 年及 2019 年全球主要生产^{99}Mo 的反应堆、产量以及供应需求情况。

表 2　全球主要生产^{99}Mo 的研究堆及产量

国家	堆型	年份	功率/MWt	^{99}Mo 产量/[Ci/周(6天)]	^{99}Mo 年产量/[Ci/周(6天)]	^{99}Mo 年生产周期/周	燃料类型	靶件类型	反应堆投运时间/年	全球产量占比/%③
比利时	BR-2	2016	100	7 800	210 600	27	HEU	HEU	1961—2026	21
		2017		7 800	/	/				26
		2019		6 500	136 500	21				/
荷兰	HFR	2016	45	5 400	228 000	38	LEU	HEU	1961—2024	23
		2017		6 200	/	/				38
		2019		6 200	241 800	39				/
捷克	LVR-15	2016	10	2 400	72 000	30	LEU	HEU	1957—2028	7
		2017		3 000	/	/				14
		2019		3 000	90 000	30				/
波兰	Maria	2016	30	2 700	95 000	36	LEU	HEU	1974—2030	9
		2017		2 700	/	/				15
		2019		2 200	79 200	36			1974—2040	/
澳大利亚	OPAL	2016	20	1 750	75 250	43	LEU	LEU	2006—2057	8
		2017		2 150	/	/				15
		2019		3 500	92 450	43				/
南非	SAFARI-I	2016	20	3 000	130 700	44	LEU	HEU/LEU	1965—2030	13
		2017			/	/				21
		2019			130 700	44				/

续表

国家	堆型	年份	功率/MWt	^{99}Mo产量/[Ci/周(6天)]	^{99}Mo年产量/[Ci/周(6天)]	^{99}Mo年生产周期/周	燃料类型	靶件类型	反应堆投运时间/年	全球产量占比/%③
加拿大	NRU**	2016	135	4 680	187 200	40	LEU	HEU	1957—2018	19
美国	MURR	2019	10	750	39 000	52	HEU	/	1966—2037	/
阿根廷	RA-3	2019	10	500	23 000	46	LEU	LEU	1967—2027	/

注:③因各个反应堆的维护计划不同,所以年生产比例不同。

数据来源:由美国国家科学院、工程院和医学院、核与辐射研究委员会等联合出版的《向全球市场供应^{99}Mo和相关医疗同位素的机会和途径》(2018)与NEA(2017)年数据;NEA2019年《基于2019年医用同位素需求和容量预测2019—2024年的供应情况》报告

目前全球^{99}Mo供应链中,约75%的^{99}Mo采用高浓铀靶件生产,约25%的^{99}Mo采用低浓铀靶件生产。其中,包括BR-2、HFR、LVR-15、Maria、NRU(已关闭)和SAFARI-1等在内的反应堆是采用高浓铀(HEU)靶件进行辐照,生产医用^{99}Mo。另外,除了BR-2反应堆采用高浓铀燃料外,其他包括OPAL、SAFARI-1等在内的5个研究堆均是采用低浓铀靶件辐照生产医用^{99}Mo。

在全球^{131}I放射性同位素生产方面,欧洲IRE占75%,南非NTP占25%。NEA报告预测,从2016年开始供应短缺,不仅仅是来自反应堆,还有加工限制。从历史上看,反应堆辐照价格太低,无法吸引新的投资,需要全面回收成本,以鼓励新的基础设施建设。这对终端价格影响不大,因为辐照只占产品成本的1%左右。运输监管和拒绝装运阻碍了可靠供应。高浓缩铀的使用需要最小化,尽管转化为低浓缩铀目标将降低产能。大修备用容量需要由供应链进行采购、估价和支付。

以下将分别就欧洲和俄罗斯、北美和南美、亚洲、非洲、澳大利亚的研究堆放射性医用同位素生产及应用情况进行简要阐述。

1 欧洲和俄罗斯

目前,欧洲主要有11个国家的研究堆能够生产放射性医用同位素,这些国家包括比利时、法国、荷兰、意大利、波兰、捷克等。其中,放射性医用同位素生产份额较大的研究堆主要包括:比利时的BR-2、荷兰的HFR、法国的JHR和OSIRIS、波兰的MARIA、捷克的LVR-15以及德国的FRM-Ⅱ,主要生产的医用同位素种类包括,但是东欧地区的研究堆多建于20世纪五六十年代,老化严重。另外,俄罗斯也致力于增加其在全球放射性医用同位素的供应份额,俄罗斯的放射性同位素产品出口比例仅在2012年就已达到约66%。目前俄罗斯的研究堆主要生产的医用同位素种类包括^{89}Sr、^{117m}Sn、^{131}I、^{153}Gd、$^{99}Mo/^{99}Tc$,但这些反应堆多建于20世纪五六十年代,同样面临反应堆老化严重的问题,预计会在2030年前陆续关闭,为此,俄罗斯也在加快建设新型研究堆的步伐,诸如其目前在建中的MBIR多用途研究堆。

基于欧洲研究堆定位文件(2018)数据,目前欧洲区域主要生产^{99}Mo的研究堆主要包括BR-2、HFR、LVR-15、MARIA、FRM-Ⅱ以及在建中的JHR研究堆,各反应堆的^{99}Mo产量见表3。

表 3　目前欧洲主要生产^{99}Mo 的研究堆及产量

堆型	投运时间	功率/MWt	正常运行/天	预计^{99}Mo的年产量/周	每周的产量/[Ci/周(6 天)]	预计到 2022 年的年产量/[Ci/年]	预计关闭时间/年
BR-2	1961	60	147	21	7 800	163 800	2026
HFR	1961	45	275	39	6 200	241 800	2024
LVR-15	1957	10	210	30	3 000	90 000	2028
MARIA	1974	30	200	36	2 700	95 000	2035
FRM-Ⅱ	2005	20	240	32	2 100	67 200	2054
JHR	2022?	70～100	220	24	4 800	115 200	2081?

2　北美和南美地区

北美地区主要有加拿大和美国的研究堆能够生产放射性医用同位素。其中，放射性医用同位素生产份额较大的研究堆主要包括：加拿大 NRU、美国的 HFIR 和 MURR 研究堆。北美核医学市场预计到 2024 年将达到 27 亿美元，预计 2019 年将达到 22 亿美元。在加拿大的 NRU 研究堆关闭前，该堆^{99}Mo 产量占全球的 30%～40%。HFIR 目前生产的医用放射性同位素种类主要有：^{14}C，^{192}Ir，^{60}Co，^{166m}Ho。MURR 研究堆 1977 年运行时间达每周 150 多小时，此后堆运行时间以每年超过 90% 的速度增长，每周可供应 40 居里^{153}Sm，几个居里的^{166}Ho，此外还能生产^{186}Re 等医用同位素。南美地区能够使用研究堆生产放射性医用同位素的国家主要包括巴西、阿根廷、智利、墨西哥、秘鲁，所涉及的医用同位素主要包括^{99}Mo、^{131}I、^{192}Ir、^{82}Br、^{153}Sm、^{198}Au 等。

3　亚洲

2012 年亚太地区的放射性药物市场价值为 5.008 亿美元，2017 年有望达到 8.249 亿美元，复合年增长率为 10.5%。根据 Grand View Research 公司的最新报告，到 2024 年，亚太地区的放射性药物/核药物市场预计将达到 29 亿美元。放射药物广泛应用于肿瘤、心血管疾病等领域。目前研究人员正在试图扩大放射性同位素在诊断和治疗骨病、呼吸系统疾病、甲状腺相关疾病和消化道疾病方面的应用范围。^{99m}Tc 是放射性药品中最常用的放射性同位素。2014 年 NIH 数据显示，成熟市场（日本和韩国）^{99}Mo 的需求增长率为 0.5%，发展中市场（非洲和亚洲）的年增长率约为 5%。此外，通过统计与分析，我们发现，目前亚洲区域反应堆主要生产的放射性医用同位素还包括^{131}I、^{60}Co、^{198}Au、^{32}P、^{177}Lu 等。

我国主要生产放射性医用同位素的研究堆包括 HFETR、CARR 等。目前，我国国家药品标准收载的核素药物已有几十种，用途覆盖心脑血管显像、肾功能检查、甲状腺疾病诊断和治疗、肿瘤治疗、类风湿治疗等领域。其中，使用最多的是^{99}Mo 和^{131}I，另外^{18}F、^{11}C、^{123}I、^{177}Lu、^{201}Tl、^{68}Ga、^{111}In、^{89}Sr、^{103}Pd 等同位素也使用较多。

但截至目前，中国国内的^{99}Mo/^{99m}Tc 供应状况亦不乐观，且仍存在大量的医用同位素需要依赖进口。虽然 20 世纪 80 年代，先后有中国核动力研究设计院研制成功了高比活度的凝胶型^{99}Mo/^{99m}Tc 发生器，中国原子能科学研究院研制成功了裂变型 ^{99}Mo/^{99m}Tc 发生器，且各大约占国内市场的一半。但由于国内未能形成完善的医用同位素及其规模化的药物生产体系，且医用放射性核素的生产长期处于次要地位，因此我国的医用同位素整体面临生产品种少、产量低、成本高、技术研发更新缓慢以及应用推广难等难题。另外，目前^{125}I、^{89}Sr、^{177}Lu 等用量大的医用同位素主要依赖进口；^{131}I、^{89}Sr 等少部分同位素虽然实现了国产化，但产量过低，无法满足国内医疗市场需求。相关专家预测，到 2030 年^{177}Lu标记核素药物在中国仅就前列腺癌、神经内分泌肿瘤及骨转移癌的治疗需求用量将会达到20 000 Ci。

从国内的医用放射性同位素生产公司方面来看，目前主要包括中国同辐、东诚药业、智博高科和华益科技等同位素生产公司。其中，中国同辐（占据约50%市场份额）和东诚药业是目前国内最大的两家放射性医用同位素生产公司。2019年，东诚药业核药板块收入5.13亿元，中国同辐收入13.84亿元，收入规模远超其他核药企业。中国同辐生产的医用同位素主要包括^{89}Zr、^{125}I、^{14}C、^{131}I、^{90}Y、^{177}Lu、^{68}Ga等。东诚药业生产的医用同位素主要包括^{14}C、^{99m}Tc、^{125}I、^{18}F、^{131}I、^{68}Ge、^{64}Cu、^{123}I、^{68}Ge、^{64}Cu、^{123}I、^{89}Sr、^{223}Ra，主要医用核素分类用途及年需求量如表4所示。

表4　东诚药业生产主要医用同位素种类及年需求量

类型	用途	年需求量/Bq
^{14}C	用于鉴别诊断胃幽门螺旋杆菌感染。	/
^{99m}Tc	做标记显像剂，用于骨骼显像、心脏灌注断层显像、甲状腺显像、局部脑血流断层显像、阿尔茨海默症的早起疾病诊断。	2.22×10^{14}
^{125}I	通过影像学引导技术（超声、CT、MRI）经微创方式将具有放射性的碘（^{125}I）直接植入到肿瘤靶体内或肿瘤周围，放射性核素继续释放射线。使肿瘤组织最大量的持续照射，从而杀死不同时段的裂变的肿瘤细胞，达到治疗和缓解症状的目的。	2.22×10^{12}
^{18}F	作为正电子发射断层显像（PET）及PET-CT显像主要显像剂。	2.22×10^{14}
^{131}I	用于甲状腺癌术后肿瘤残留和转移以及肿瘤复发诊断。	2.22×10^{14}
^{68}Ge	用作肿瘤疾病、冠心病、大脑疾病、癫痫等疾病诊疗	2.22×10^{14}
^{64}Cu	作为正电子示踪剂用于Cu代谢异常疾病诊断。	2.22×10^{13}
^{123}I	用于甲状腺显像和甲亢治疗。	2.22×10^{13}
^{89}Sr	作为发射纯β-射线的放射性治疗药物，治疗骨转移癌。	1.11×10^{14}
^{223}Ra	治疗前列腺癌。	1.11×10^{14}

4　结论

结合目前全球放射性医用同位素的需求和研究堆生产现状，可发现以下三个特点：

（1）从需求量来看，目前全球主要使用的放射性医用同位素中，需求量最大的是^{99}Mo，^{131}I、^{177}Lu等医用同位素也在全球医用裂变放射性同位素供需链中占有一定比例；

（2）从生产能力来看，目前全球主要的放射性医用同位素供应链主要集中在欧美地区，虽然包括韩国、日本、中国等在内的亚洲国家也具备生产放射性医用同位素的核技术能力，但能够生产的医用同位素种类较单一，稀缺同位素研制技术仍存在“卡脖子”问题，同时能生产的同位素产量也远不及欧美国家，绝大部分同位素仍需依赖进口，供需矛盾显著；

（3）从生产方式来看，主要可以采用反应堆或直线加速器两种方式生产放射性医用同位素，而目前全球大部分医用放射性同位素仍以反应堆生产为主。但全球可用于生产放射性同位素的研究堆主要集中在欧美地区，而这些区域的研究堆普遍存在老化现象严重的问题，到2030年左右，国外的这些研究堆会迎来“退役潮”，而这也将加剧全球医用同位素市场缺口的扩大。随着全球经济水平的日益提高和人类健康医疗体系的不断完善，未来核医学技术的发展和市场需求仍有较大空间。

反观我国，虽然目前我国的放射性医用同位素应用已有显著提升，但供应状况亦不乐观，仍存在大量的医用同位素需要依赖进口。我国作为核技术大国，应利用自身优势，在“十四五”期间，大力发展与人民生命健康密切相关的放射性医用同位素研发，加快医用同位素生产堆建设项目落地，打破国外稀缺同位素垄断，提高反应堆医用同位素批量化生产能力，在充分保障我国人民健康需求的基础上，积极推动医用同位素“走出去”，为构建人类健康共同体作出贡献。

参考文献：

[1] National Academics of Sciences, Engineering, and Medicine. Molybdenum－99 for Medical Imaging [R]. Washington, DC: The National Academies Press, 2016.

[2] OECD/NEA. The Supply of Medical Radioisotopes: 2017 Medical Isotope Supply Review: $^{99}Mo/^{99m}Tc$ Market Demand and Production Capacity Projection 2017—2022 [R]. OECD, 2017.

[3] OECD/NEA. The Supply of Medical Isotopes: An Economic Diagnosis and Possible Solutions [R]. OECD, 2019.

[4] OECD/NEA. The Supply of Medical Radioisotopes: 2019 Medical Isotope Demand and Production Capacity Projection 2019—2024 [R]. OECD, 2019.

[5] 邓启民，李茂良，程作用. 医用同位素生产堆(MIPR)生产^{99}Mo的应用前景[J]. 核科学与工程，2006，26(2).

[6] 高峰，林力，刘宇昊，等. 医用同位素生产现状及技术展望[J]. 同位素，2016，29(2).

[7] 骆志文，刘振华，朱庆福，等. 医用同位素生产堆零功率物理试验研究[G]. 中国原子能科学研究院年报，2008.

[8] 罗宁，王海军，孙志中，等. 医用同位素钼－99 制备新技术与市场情况[J]. 科技视界，2019.

[9] 李紫微，韩运成，王晓彧，等. 医用放射性同位素$^{99}Mo/^{99m}Tc$生产现状和展望[J]. 原子核物理评论，2019，36(2).

[10] 李波，罗宁，曾君杰，等.^{125}I生产工艺研究进展与展望[J]. 同位素，2020.

[11] 孙寿华，周春林，李子彦，等.^{238}Pu的辐照生产及制备[J].核动力工程，2015，36(2).

[12] 屠小青，代飞，杨天丽，等.$^{178m2}Hf$同质异能素的制备与含量测量[J]. 中国核科学技术进展报告(第三卷)，2013，3.

[13] 王永仙，安凯媛，刘东. 钚生产堆退役简介[J]. 辐射防护通讯，2013，33(1).

[14] 夏修龙，熊亮萍，任兴碧，等. 低温精馏氢同位素分离工艺发展及其应用[J]. 核技术，2010，33(3).

[15] 赵禹，刘向红，张玉龙，等. 医用同位素生产堆应急停堆系统设计研究[J]. 同位素，2019，32(2).

Current status of global medical radioisotope production and demand

LI Qi, YANG Yue

(Nuclear Power Institute of China, Chengdu of Sichuan Prov. 610213, China)

Abstract: In this paper, the current situation of the production and demand of medical radioisotopes in the world is introduced, and the situation of the production of medical radioisotopes in research reactors in Europe, America and Asia is reviewed. The special attention is paid to the global demand of ^{99}Mo and the application of medical radioisotopes in China. Through research and analysis, it can be found that China has a part of the production capacity of radioactive medical isotopes, yet the supply situation is not optimistic, there are still large quantities of medical isotopes that have to be imported, and with the aging problem of foreign research reactors becoming more and more prominent, the gap of global medical radioisotopes will gradually expand in the future. As a major country in nuclear technology, China should make use of its own advantages to develop the research and development of medical radioisotopes closely related to people's life and health and speed up the construction of medical isotope production reactor during the 14th Five-Year Plan period. The monopoly of rare foreign isotopes should be broken, and the mass production capacity should be improved to benefit the people and contribute to the construction of the whole human health community.

Key words: radioisotope; research reactor; global demand; ^{99}Mo; China; the 14th Five-Year Plan; radioisotope production reactor for exclusive use

辐射研究与应用
Radiation Research & Application

目　录

γ射线和中子辐照对氮化硼/环氧树脂性能的影响

焦力敏,吴志豪,陈　耿,张　鹏,林铭章
(中国科学技术大学核科学与技术学院,安徽 合肥 230027)

摘要:环氧树脂(EP)具有良好的机械和绝缘性能,被广泛地应用在航空航天和核工业领域,但其在高能辐射环境中容易降解失效。六方氮化硼(h-BN)由于其优异的辐射稳定性和中子屏蔽能力,非常有潜力成为一种提高材料辐射稳定性的填料。因此在这项工作中,通过溶液共混的方法制备了 h-BN/EP 复合材料。研究了 γ射线和中子辐照后复合材料性能的变化。结果表明,h-BN 的加入改善了树脂的拉伸强度和玻璃化转变温度(T_g)。少量 h-BN 的存在有利于提高材料的辐射稳定性。对于 h-BN 质量百分比为 0.05%的复合材料,相对拉伸强度降低 50%所需的吸收剂量比 EP 高约 300 kGy。同时,由于硼原子可以吸收中子,加入质量百分比为 0.55%的 h-BN 使 EP 的中子透过率降低了 5.6%。这项研究表明,h-BN 作为填料能够提高 EP 的抗辐射性能,并提高其中子屏蔽能力。

关键词:环氧树脂;氮化硼;γ射线辐射;中子屏蔽

环氧树脂(EP)是一种高性能热固性树脂,由于其优异的电气和绝缘性能[1],被广泛用于电子器件的封装材料,低、中放射性废物的包埋材料和安全壳的有机涂层等。但大剂量的辐照通常会使 EP 性能下降,甚至引起严重的工程事故。因此,增强其耐辐射性能对提高设备可靠性和保障核设施安全具有重要的理论意义和工程价值。

近 50 年来,国内外对高分子的辐射效应及辐射损伤机制进行了广泛的研究[2,3]。研究表明,铅、钨、芳香族化合物等特殊的无机或有机耐辐射物质掺入高分子中可以显著提高高分子的辐射稳定性[4,5]。遗憾的是,随着添加剂的增加,填料与高分子的相容性较差,导致复合材料的强度大幅下降。因此,制备具有优异力学性能和耐辐射性能的复合材料是本课题的目的。

二维材料已被证明是构建功能复合材料的极好的填料,具有广泛的应用前景。h-BN 作为石墨的结构类似物,具有优异的力学性能、热稳定性和中子屏蔽性能[6],被认为是制备具有优异综合性能复合材料的理想填料。羟基化 h-BN 的引入可以提高 EP 的热稳定性、阻燃性和抑烟性。复合材料的产焦率和在 50%(质量分数)失重时的温度均有所提高,峰值放热率、总放热率、烟气和有毒气体释放量均有所降低[7]。单宁酸改性 h-BN 纳米片的 EP 纳米复合材料在 3.5%(质量分数) NaCl 水溶液中浸泡 120 h 后,对金属基体表现出良好的防腐效果和良好的防腐稳定性[8]。目前,大部分研究对 h-BN/EP 的研究集中于提高基体的导热能力和防腐蚀性能上,对其辐射防护性能和辐射效应的研究则鲜有报道。

本文中,我们制备了一系列 h-BN/EP 复合材料,并考察了其性能(力学性能、热稳定性)在不同辐射条件下的变化情况。并且通过小角中子散射光谱仪研究了材料的中子屏蔽能力。为 h-BN/EP 复合材料在辐射场中的应用提供理论依据。

1　实验材料与方法

1.1　原料与试剂

h-BN 粉末(约 325 目,99.5%)购买自中国上海阿尔法艾萨尔有限公司;4,5-环氧己烷-1,2-二甲酸二缩水甘油酯(TDE-85,工业级)购自湖北新康制药化工有限公司;甲基六氢邻苯二甲酸酐

作者简介:焦力敏(1996—),男,山西晋中人,博士研究生,现主要从事辐射化学、放射化学等科研工作
基金项目:科学挑战计划(TZ2018004)和国家自然科学基金(11775214、51803205)

(MHHPA,98%)购自上海麦克林生化科技有限公司;2,4,6-三(二甲胺基甲基)苯酚(DMP-30,95%)购自上海阿拉丁生化科技股份有限公司;高纯氮(≥99.999%)由南京上元工业气体厂提供。上述所有材料均无需进一步纯化即可直接使用。

1.2 *h*-BN/EP 复合材料的制备

通过溶液共混法制备 h-BN/EP 复合材料。将 22.09 g 的 TDE-85 放入 100 mL 烧杯中,然后在真空烘箱中以 60 ℃脱气 30 min。依次向烧杯中添加 15 mL MHHPA,220 μL DMP-30 和一定量的 h-BN 之后,将混合溶液搅拌 12 h,然后再次脱气 30 min。最后,将混合物倒入定制的不锈钢模具中,按照预定的加热程序 80 ℃、130 ℃和 180 ℃分别固化 2 h,最终冷却至室温。产物命名为 h-BN/EP-x,其中 x(0.05%,0.15%,0.25%,0.55%)表示添加 h-BN 的质量百分比。

1.3 材料辐照实验

将 h-BN/EP 样品放入玻璃瓶中,通入氮气密封或敞口放入 ^{60}Co γ射线辐射场中,室温下进行辐照,吸收剂量率为 65 Gy/min。^{60}Co 放射源位于中国科学技术大学,活度为 7.4×10^{14} Bq,吸收剂量率采用丙氨酸/EPR 标准剂量计标定。

在中国工程物理研究院核物理化学研究所的中国快爆反应堆Ⅱ(CFBR Ⅱ)上进行了中子辐照。

1.4 样品表征

样品的力学性能是在室温下根据 GB/T 1040.3—2006 塑料拉伸性能测定的第 3 部分:薄塑和薄片的试验条件标准,使用 Instron 电子动静态疲劳试验机(E3000K8953)进行断裂应力的测试。拉伸速度为 1 mm/min,每个样品平行测试 5 次后取平均值。通过热重差热分析仪(SDTQ600)在氮气氛围下,以 10 ℃/min 的升温速率将样品从 25 ℃升温至 800 ℃测试样品的热稳定性。在氮气气氛下使用差示扫描量热仪(DSCQ2000)测试样品的玻璃化转变温度,将样品以 10 ℃/min 的升温速率从 30 ℃升温至 250 ℃,循环三次以消除热历史。在小角中子散射光谱仪上进行了中子屏蔽表征。中子波长 $\lambda=0.53$ nm,光束直径为 8 mm。采样到检测器的距离为 10 m。透射率是用有和没有样品时光束强度的比值来得到。

2 结果与讨论

2.1 *h*-BN/EP 复合材料的力学和热学性能

h-BN/EP 复合材料自身的力学性能和热学性能与 h-BN 的含量密切相关。如图 1(a)所示,h-BN/EP 的拉伸强度随着 h-BN 含量的增加先增大后减小。当 h-BN 含量为 0.05%时,h-BN/EP 的拉伸强度(71.1 MPa)高于 EP(69.5 MPa)。这是由于 h-BN 可以传递应力,易激发周围树脂产生微裂纹,从而吸收外界能量,使基体树脂裂纹扩展受阻和钝化,最终阻止裂纹发展为破坏性开裂。然而未改性h-BN与高分子材料相容性差,进一步增大填充量会使 h-BN 在树脂基体中团聚,形成较大的应力集中点,易发展为宏观应力开裂,反而使拉伸强度下降。

将填料掺入聚合物基体中可以改变复合材料的热特性。T_g 是非晶态高分子材料固有的性质,可以作为比较复合材料热性能的一个基准。通过 DSC 测试以分析不同的 h-BN 含量对 T_g 的影响。由于环氧基质中交联度的不均匀,因此环氧树脂会在较宽的温度范围内发生玻璃温度转变。从图 1(b)可以看出,随着填料含量的增加,复合材料的 T_g 逐渐增加。当含量为 0.55%时,T_g 为 121 ℃,相比于 EP 提高了 10 ℃。这是由于 h-BN 可以充当固化时有机基质的物理互锁点,增加了复合材料固化时的空间阻力,同时还起到了抑制分子链迁移性的作用。

2.2 EP 和 *h*-BN/EP 的 γ辐射稳定性的研究

在高能射线作用下,高分子材料易发生裂解或交联,其辐射稳定性可通过对比辐照前后力学性能和热学性能的变化来评估。如图 2(a)所示,随着吸收剂量的增加,辐照后 EP 的颜色逐渐变深,这可能与一些共轭不饱和键的生成有关。EP 经 γ射线辐照后的力学性能如图 2(b)所示,无论在空气还是

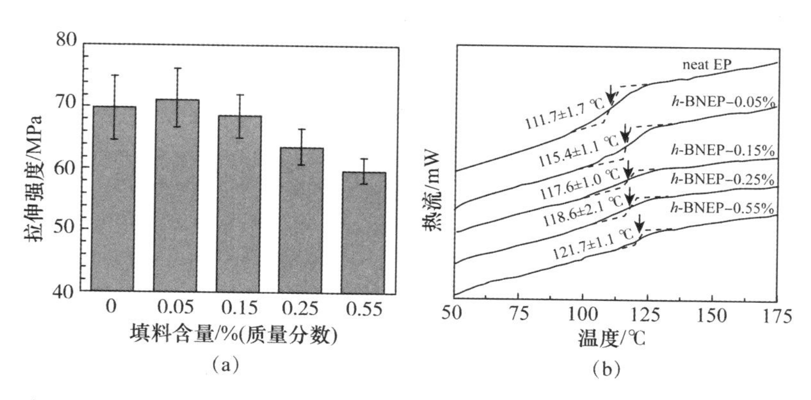

图 1　EP 和 h-BN/EP-x（x＝0.05％，0.15％，0.25％，0.55％）的拉伸强度(a)和 DSC 曲线(b)

氮气氛围，当吸收剂量小于 282 kGy 时，EP 的拉伸强度都随吸收剂量的增加而增大；进一步增大吸收剂量，EP 拉伸强度逐渐降低。因此推测 EP 在 γ射线照射下，同时发生辐射交联和辐射降解。在吸收剂量较低时，辐射交联占据主导作用，辐照所产生的自由基与未固化完全的环氧键进一步发生交联反应，导致拉伸强度增大；而在吸收剂量较高时，辐射裂解效应为主导作用，分子链发生断裂导致其力学性能逐渐变差。此外，除了吸收剂量对 EP 的拉伸强度有影响，受辐照时所处的环境也会影响树脂拉伸强度，在高吸收剂量时，氮气中辐照的拉伸强度比空气中高。这一现象表明辐照时氧气的存在会极大的影响 EP 的性能，高吸收剂量时，限氧有利于减缓 EP 的辐射裂解效应。

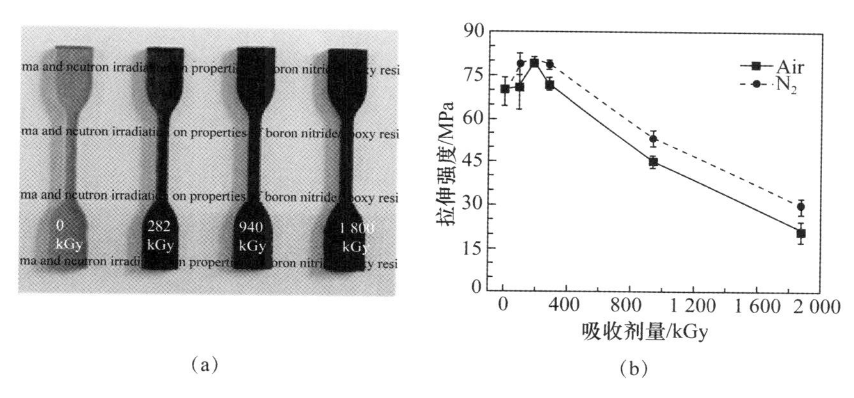

图 2　辐照前后 EP 的光学照片(a)；不同吸收剂量和气氛对拉伸强度的影响(b)

基于 h-BN/EP 复合材料的力学性能的研究结果，较低含量的 h-BN 对 EP 的力学性能有一定的增强作用，因此选取 h-BN/EP-0.05％的样品进行 h-BN/EP 的辐射稳定性研究。样品的耐辐射性能以相对拉伸强度降低 50％时所吸收的剂量来评估，其中样品的相对拉伸强度按下式计算：

$$\text{相对拉伸强度}(\%)=\frac{\text{辐照后样品的拉伸强度}}{\text{未辐照样品的拉伸强度}}$$

从图 3(a)和图 3(b)的相对拉伸强度与吸收剂量的关系来看，h-BN/EP 复合材料在 γ射线辐照后的拉伸强度变化趋势与 EP 相似。当相对拉伸强度降低 50％时，h-BN/EP-0.05％所需要的吸收剂量比 EP 高约 300 kGy，说明 h-BN/EP-0.05％比 EP 具有更高的耐辐射性能。因此，添加 h-BN 有利于提高 EP 的耐辐射性能。此外，在氮气气氛下，辐照后样品的拉伸强度下降速度都比在空气气氛下慢，说明氧气的存在加速了 h-BN/EP 的辐照降解。

众所周知，EP 的热稳定性与其交联密度密切相关。交联密度较高的树脂通常具有较好的热稳定性。但是，辐射往往会破坏 EP 的交联结构，甚至破坏其分子骨架，导致树脂的热性能下降。利用 DSC 对辐照后的 EP 和 h-BN/EP-0.05％的 T_g 进行了测试。从图 3(c)可以看出，在空气气氛下，经过

1 880 kGy的 γ射线照射后，EP 和 h-BN/EP-0.05%样品的 T_g 均降低了约 14 ℃，而在氮气下辐照仅降低了约 8 ℃。也表明氧气的存在促进了分子链的断裂。从图 3(d)的 TGA 曲线可以看出，辐照后样品的初始分解温度比未辐照样品的初始分解温度低。DSC 和 TGA 结果表明，无论是否加入 h-BN，γ射线均会使样品的热稳定性降低。

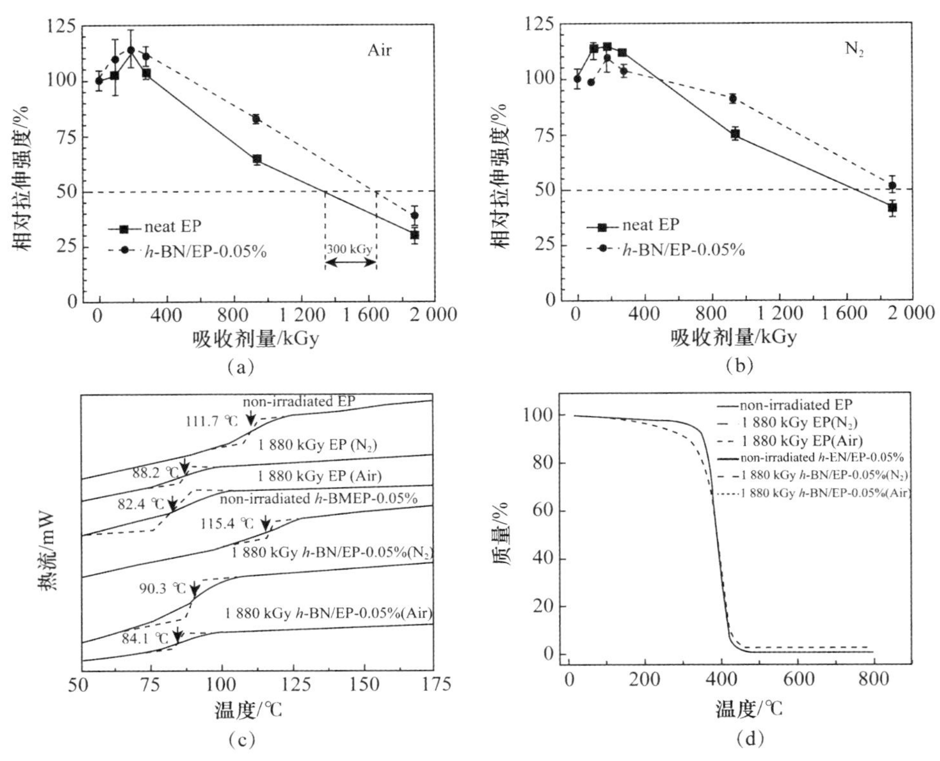

图 3　空气气氛(a)和氮气气氛(b)辐照后 EP 和 h-BN/EP-0.05%的相对拉伸强度，吸收剂量为 1 880 kGy 辐照后的 DSC 图(c)和 TGA 图(d)

2.3　中子辐照对 EP 和 *h*-BN/EP 性能的影响

中子和 γ射线是核设施中主要的辐射类型，因此必须考虑 EP 和 h-BN/EP 的中子辐射稳定性和中子屏蔽性能。从图 4(a)中可以看出，辐照后样品的拉伸强度变化不大，说明在 10^{14} n cm^{-2}的中子注量下，树脂基体对中子辐照不敏感。此外，如图 4(b)中，随着 h-BN 含量的增加，中子透过率有明显的降低趋势。h-BN/EP-0.55%的中子透射率为 36.9%，低于 EP(42.5%)，表明添加 h-BN 可以提高复合材料的中子屏蔽性能，这与 h-BN 中的硼原子可以吸收中子有关。

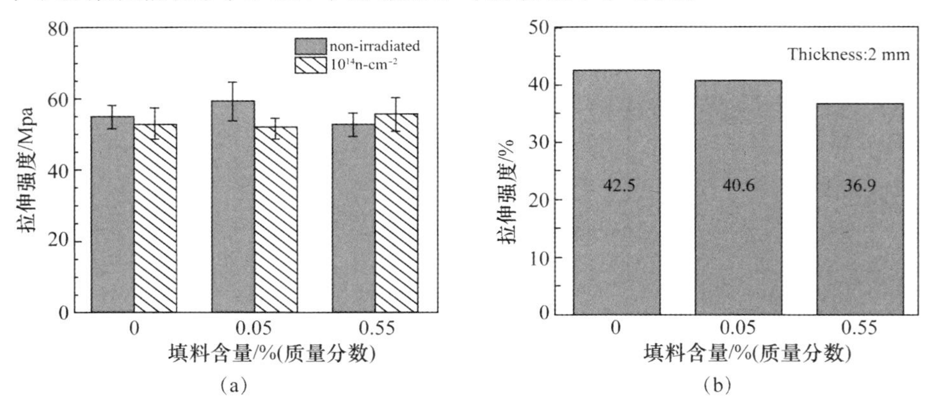

图 4　在 10^{14} n cm^{-2}的中子注量辐照后，EP 和 h-BN/EP-x (x=0.05% and 0.55%)的：拉伸强度(a)和中子屏蔽性能(b)的变化

3 结论

采用溶液共混的方法制备了一系列不同氮化硼含量的 *h*-BN/EP 复合材料，并对 γ射线和中子辐照后的性能进行了测试。结果表明，添加少量 *h*-BN(0.05%)可以增强复合材料的力学性能。对复合材料进行 γ辐照后发现，复合材料的拉伸强度随吸收剂量的增加先增大后减小。此外，*h*-BN 的加入可以抑制复合材料的辐射降解，当相对拉伸强度降低一半时，*h*-BN/EP-0.05%所需要吸收的剂量比 EP 高约 300 kGy。辐照气氛对复合材料的耐辐射性也有很大影响，限氧可以有效的缓解 EP 的辐射降解。对复合材料进行中子辐照后发现，*h*-BN 可以提高中子屏蔽性能，减少辐射损伤。综上所述，*h*-BN在提高 EP 的耐辐射性能方面具有很好的应用前景，对其他高分子材料的抗辐射性能也有一定的应用前景。在此基础上，*h*-BN 尺寸和界面效应对环氧树脂的影响有待进一步进行研究。

致谢：

感谢科学挑战计划(TZ2018004)和国家自然科学基金(No.11775214)对本工作的支持。

参考文献：

[1] Jin F L, et al. Synthesis and application of epoxy resins: A review[J]. Journal of Industrial and Engineering Chemistry, 2015, 29: 1-11.

[2] Chen K, et al. Influence of gamma irradiation on the molecular dynamics and mechanical properties of epoxy resin [J]. Polymer Degradation and Stability, 2019, 168: 108940.

[3] Diao F, et al. γ-Ray irradiation stability and damage mechanism of glycidyl amine epoxy resin[J]. Nuclear Instruments and Methods in Physics Research Section B: Beam Interactions with Materials and Atoms, 2016, 383: 227-233.

[4] Canel A, et al. Improving neutron and gamma flexible shielding by adding medium-heavy metal powder to epoxy based composite materials[J]. Radiation Physics and Chemistry, 2019, 158: 13-16.

[5] Delides C G. The protective effect of phenyl group on the crosslinking of irradiated dimethyldiphenylsiloxane[J]. Radiation Physics and Chemistry (1977), 1980, 16(5): 345-352.

[6] Novoselov K S, et al. Two-dimensional atomic crystals[J]. Proceedings of the National Academy of Sciences, 2005, 102(30): 10451-10453.

[7] Yu B, et al. Thermal exfoliation of hexagonal boron nitride for effective enhancements on thermal stability, flame retardancy and smoke suppression of epoxy resin nanocomposites via sol-gel process[J]. Journal of Materials Chemistry A, 2016, 4(19): 7330-7340.

[8] Pan D, et al. Thermally Conductive Anticorrosive Epoxy Nanocomposites with Tannic Acid-Modified Boron Nitride Nanosheets[J]. Industrial & Engineering Chemistry Research, 2020, 59(46): 20371-20381.

Effect of gamma and neutron irradiation on properties of boron nitride/epoxy resin composites

JIAO Li-min, WU Zhi-hao, CHEN Geng, ZHANG Peng, LIN Ming-zhang

(School of Nuclear Science and Technology, University of Science and Technology of China, Hefei of Anhui Prov. 230027, China)

Abstract: Epoxy resin (EP) has good mechanical and insulation properties and is widely used in aerospace and nuclear industries, but it is easy to degrade in ionizing radiation environment. Hexagonal boron nitride (*h*-BN) has great potential as a filler to improve the radiation stability of materials due to its excellent radiation stability and neutron shielding ability. In this work, *h*-BN/EP composites were fabricated by solution blending. The tensile strength and thermal properties of the composites after γ-ray and neutron irradiation were investigated. The results showed that the addition of *h*-BN improved the mechanical property and the glassy transition temperature of the resin. The presence of low-level *h*-BN was favorable to enhance the radiation resistance of EP. As for composites with the 0.05% mass percentage of *h*-BN, the absorbed dose required to decrease relative tensile strength by 50% was about 300 kGy, which was higher than that of neat EP. Then, benefiting from the absorbing neutrons capability of boron atoms, an addition of 0.55% *h*-BN to the EP could reduce the neutron transmittance of the resin by 5.6%. This study demonstrates that the blending with *h*-BN can increase the radiation-resistant property of EP resin, meanwhile augmenting the neutron shielding ability.

Key words: epoxy composites; boron nitride; γ-ray irradiation; neutron shielding

氨水溶液在γ场中的辐射分解行为研究

郭子方，林蕴良，吴志豪，林铭章
(中国科学技术大学核科学技术学院，安徽 合肥 230027)

摘要：在反应堆运行的过程中，一回路中的冷却剂因受到电离辐射发生分解，产生H_2O_2、O_2及·OH等强氧化性物质，这些物质会加剧结构材料的应力腐蚀开裂(SCC)。因此可以清除O_2及·OH等物质的含氨冷却剂被广泛应用于VVER型压水堆，以减轻结构材料的应力腐蚀开裂。本工作研究了在氨水在γ场中的辐射分解行为，考察了氨水浓度、吸收剂量和吸收剂量率、气液体积比和气氛对氨水辐解的影响，重点关注了H_2O_2和NO_2^-等辐解产物的分布及变化。随着体系中氨浓度的增加，H_2O_2的产生受到明显抑制，而NO_2^-作为NH_3的辐解产物浓度则先升后降。吸收剂量的增加使得辐解产生的H_2O_2浓度明显升高，NO_2^-则呈先增后减的趋势(8 kGy，$[NO_2^-]_{max}>100\ \mu mol/L$)。吸收剂量率的变化(2.78～25 $Gy \cdot min^{-1}$)并未导致H_2O_2和NO_2^-受到影响。氨水中的O_2是NO_2^-生成的关键，同时O_2的存在促进了H_2O_2的生成，但体系中过多的O_2会将NO_2^-氧化为NO_3^-，降低NO_2^-浓度。本工作为后续含氨冷却剂体系的应用优化提供了参考。

关键词：氨水；冷却剂；辐射分解；结构材料

压水堆中的一回路冷却剂因受到电离辐射的作用发生分解，辐解产物中存在强氧化性的物质(H_2O_2、·OH和O_2等)，这些物质加剧了反应堆结构材料的应力腐蚀开裂(SCC)[1-3]。为了控制反应堆一回路中氧化性产物的浓度从而减轻结构材料的应力腐蚀开裂，通常会向冷却剂中注入H_2、NH_3等物质作为复合氧化性产物的清除剂，其中氨水被广泛应用于VVER压水堆中。氨水中的NH_3通过与水辐解产生的·OH反应生成·NH_2及H_2等[4]，直接降低·OH的浓度；此外，·NH_2和H_2通过次级反应消耗H_2O_2及O_2，从而降低体系的氧化性。在以上过程中，NH_3与·OH的反应是十分关键的，因此在过去的几十年里，该反应得到了较为深入的研究[5-9]。

P. Neta等人[10]对NH_3与·OH发生的抽氢反应($NH_3+\cdot OH=\cdot NH_2+H_2O$)进行了研究，并测定其速率常数$k=(9\pm1)\times10^7\ M^{-1}\cdot s^{-1}$。A.V. Luzakov等人[1]研究了室温下加入H_2O_2或H_2的氨水溶液辐解行为，确定了H_2O_2的产额(3.8～5.5/100 eV)及NH_3分解的G值(0.34～0.39/100 eV)。Tyson Rigg等人[6]对氨水在室温下的X射线辐射分解进行了研究，提出在体系中含有溶解氧的存在时，氨水辐解生成NO_2^-，并系统研究了在不同pH及氨水浓度下的$G_{(NO_2^-)}$。NO_2^-的生成机理则由P. Dwibedy进行了研究，确定了不同条件下H_2O_2和NO_2^-的G值[8]；NH_3辐解产生NO_2^-有两种途径：

$$NH_3+\cdot OH=\cdot NH_2+H_2O \qquad R1$$

$$\cdot NH_2+\cdot OH=\cdot NH+H_2O \qquad R2$$

$$\cdot NH_2+O_2=\cdot NH_2O_2+H_2O \qquad R3$$

$$\cdot NH+O_2=HNO_2 \qquad R4$$

$$\cdot NH_2O_2+OH=HNO_2+H_2O \qquad R5$$

$$HNO_2\rightleftharpoons H^++NO_2^- \qquad R6$$

(1)NH_3与·OH反应生成·NH_2，·NH_2与·OH反应生成·NH，·NH与O_2反应生成HNO_2；(2)·NH_2与O_2反应生成·NH_2O_2，·NH_2O_2与·OH反应生成HNO_2。途径2是注氨水化学清除冷却剂中O_2的主要过程，而氨分解产生的H_2在复合O_2的过程中只发挥较小的作用。M.

作者简介：郭子方(1995—)，男，河北石家庄人，博士，现主要从事水溶液辐射化学研究

Steinberg 研究了氨水辐解产生 N_2H_4 的过程并对其 G 值进行了讨论[4]。J. Brunning 及其合作者[11]研究了匈牙利 Paks 压水堆中注氨/联氨水化学体系中腐蚀活化产物的迁移行为。相比于氨水，联氨的加入使得冷却剂体系中的氨浓度增加了两倍。经研究发现，SCC 减缓的主要原因可能联氨加入后导致的氨浓度的增加，而非联氨本身。

尽管氨的辐解行为已经有所研究，但以上研究均局限于氨水在部分条件下的辐解，本文对氨水在 γ 场中的辐射分解行为进行了更为系统详尽的研究，实验包括了氨水浓度、吸收剂量和吸收剂量率、气液体积比以及不同气体饱和等的影响，重点考察了氨辐解的产生的 NO_2^- 以及氧化性产物 H_2O_2 的浓度变化。

1 实验

1.1 实验材料

氨水（$NH_3\cdot H_2O$，>99.99%）、碘化钾（KI，>99.99%）、盐酸萘乙二胺（$C_{12}H_{16}Cl_2N_2$，99%）购自西格玛奥德里奇（中国）有限公司。磺胺（$C_6H_8N_2O_2S$，>99%）购买于上海阿拉丁生化科技有限公司。邻苯二甲酸氢钾（$KHC_8H_4O_4$，≥96.0%）、四水合钼酸铵（$H_{24}Mo_7N_6O_{24}\cdot 4H_2O$，≥96.0%）、盐酸溶液（HCl，36.0%～38.0%）、氢氧化钠（NaOH，≥96.0%）、硝酸钠（$NaNO_2$，>95%）、过氧化氢（H_2O_2，30%）由国药集团化学试剂有限公司提供。实验中所用配制溶液的超纯水均由 Kertone Lab VIP® 超纯水机生产。所有试剂直接使用，未经进一步纯化。

1.2 实验步骤

H_2O_2 及 NO_2^- 标准曲线的测定：配制系列浓度的 H_2O_2 及 NO_2^- 溶液，向 10 mL 的 H_2O_2 溶液中加入5 mL的邻苯二甲酸氢钾、5 mL 氢氧化钠、KI 及四水合钼酸铵的溶液，定容至 25 mL，显色 15 min 后测定。NO_2^- 溶液测定为 20 mL NO_2^- 溶液+1 mL 磺胺溶液+1 mL 盐酸萘乙二胺溶液。配制不同体积、浓度的氨水溶液（0～200 ppm）后密封，将样品置于活度为 15 kCi 的 ^{60}Co 场中进行辐照。辐照后将样品瓶取出破碎，抽取样品瓶中的溶液测定吸光度，以确定其中的 H_2O_2 及 NO_2^- 的浓度。

1.3 分析方法

紫外可见吸光光谱：紫外可见分光光度计（UV-2600，Shimadzu）。

2 结果分析与讨论

2.1 氨水浓度对氨水辐解的影响

为探究不同浓度的氨水在 γ 场中的辐射分解情况，将浓度为 0 ppm、5 ppm、10 ppm、20 ppm、30 ppm、50 ppm、100 ppm和 200 ppm 的样品辐照 6 h，吸收剂量为 3 kGy（剂量率为 8.33 Gy/min）。

在不同体系中 H_2O_2 及 NO_2^- 的浓度如图 1 所示。从图中可以看出，随着氨浓度的增加，H_2O_2 的浓度呈现明显的下降趋势。在氨浓度为 200 ppm 时，体系中 H_2O_2 的浓度为 4.1 μmol/L，较纯水中辐解产生的 H_2O_2（100.8 μmol/L）而言下降了一个数量级。这是由于体系中氨的浓度增加，导致辐解产生的 ·OH 和 H_2O_2 被大量消耗（R1），从而使得 H_2O_2 浓度显著降低。NO_2^- 的浓度随氨浓度的增加先升高后降低，在氨浓度为 100 ppm 时达到最大值，这与文献报道的趋势基本一致[8]。NO_2^- 是由 NH_3 与 ·OH 反应产生的 ·NH_2 经后续反应生成的；同时生成的 NO_2^- 会被 ·OH 氧化生成 NO_3^-。上述的两个过程相互竞争，NH_3 的增加造成 ·OH 浓度降低，直接影响到 ·OH 对 NO_2^- 的消耗，因此 NO_2^- 随氨浓度的增加出现了上升趋势。而当氨浓度增加到 200 ppm 时，NH_3 可以将绝大部分的 ·OH清除掉，使得 ·OH 保持在很低浓度，该过程虽然抑制了 ·OH 对 NO_2^- 的消耗，同时也影响了 ·NH_2 和 ·NH 的后续反应，因此使得 NO_2^- 浓度降低。

2.2 吸收剂量对氨水辐解的影响

对氨水在 γ 场中不同吸收剂量下的辐射分解行为进行了研究，将浓度为 30 ppm 的氨水溶液辐照不同的时间(吸收剂量率为8.33 Gy/min,2～48 h),体系的吸收剂量为1～24 kGy。辐照后溶液中的H_2O_2及NO_2^-的浓度随吸收剂量的变化如图2。

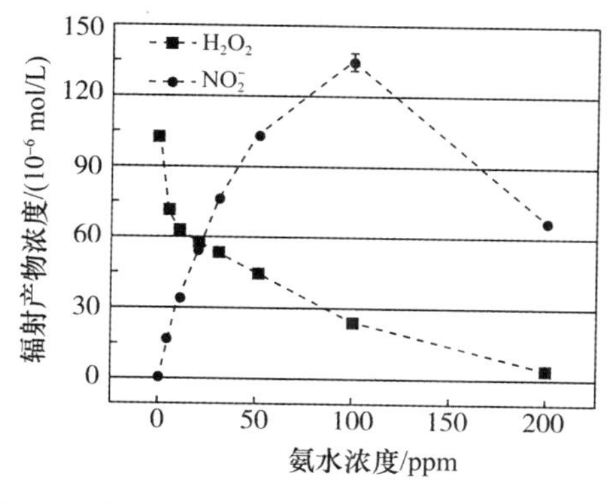

图1 不同浓度氨水辐解产生的H_2O_2和NO_2^-

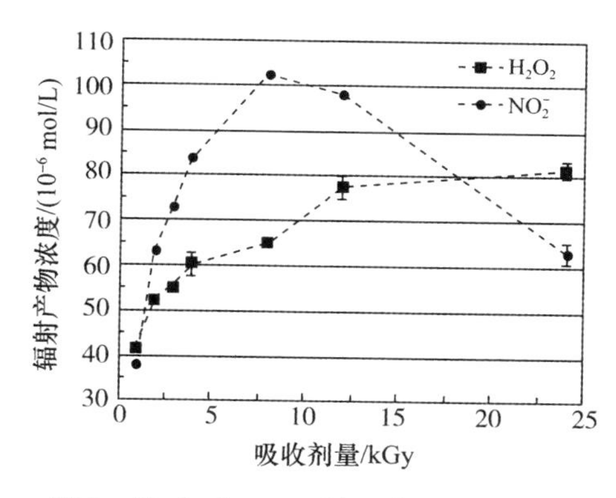

图2 H_2O_2和NO_2^-随吸收剂量的变化

H_2O_2的浓度随着吸收剂量的增加呈显著的上升趋势,这是随着辐照的进行,体系中的NH_3被消耗,对氧化性物种(·OH、H_2O_2、·HO_2等)的抑制作用减弱,H_2O_2及其前驱体之一的·OH浓度增加,从而导致H_2O_2明显增加,但在30 ppm的氨水中,即使经过长时间(48 h, 24 kGy)的辐照,在H_2O_2浓度显著提升的情况下,其浓度(81.7 μmol/L)依然低于纯水辐照产生的H_2O_2浓度(100.8 μmol/L, 6 h,3 kGy),说明氨的加入在较宽的吸收剂量范围内对H_2O_2均存在抑制作用。30 ppm氨水辐解产生的NO_2^-的浓度则在吸收剂量为8 kGy时出现最大值,整体呈先升后降的趋势,这与NO_2^-的次级反应有关,部分NO_2^-被·OH等物质氧化为NO_3^-等(R7－R10),经化学动力学计算验证,其中起主要作用的是NO_2^-与·OH的反应(R7)。

$$NO_2^- + \cdot OH = \cdot NO_2 + OH^- \quad R7$$

$$HNO_2 + \cdot OH = \cdot NO_2 + H_2O \quad R8$$

$$NO_2^- + \cdot H = \cdot HNO_2^- \quad R9$$

$$HNO_2 + \cdot H = \cdot H_2NO_2 \quad R10$$

2.3 吸收剂量率对氨水辐解的影响

为探究吸收剂量率对氨水体系辐解的影响,将浓度为30 ppm的氨水溶液放置在γ源中的不同点位(不同吸收剂量率2.78 Gy/min、6.25 Gy/min、8.33 Gy/min、12.5 Gy/min、25 Gy/min)进行辐照,控制各样品的吸收剂量为3 kGy。从图3可以看出在吸收剂量率为2.78～25 Gy/min的范围内,NO_2^-和H_2O_2的浓度在一定范围内波动,并没有呈现显著变化。考虑到本实验中可选取的吸收剂量率范围(2.78～25 Gy/min)较小,并未对主要的分子及自由基产物的产额构成影响,可以确定实验设定的吸收剂量率范围对辐解产生的NO_2^-和H_2O_2没有影响。

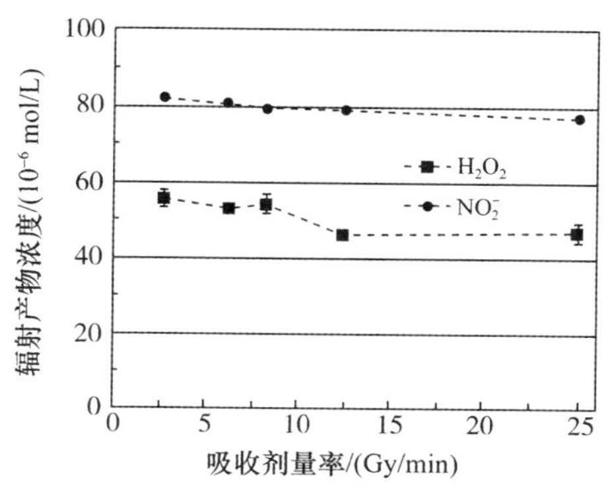

图3 吸收剂量率对H_2O_2和NO_2^-的影响

2.4 容器气液体积比及气氛对氨水辐解过程的影响

2.4.1 容器气液体积比对氨水辐解过程的影响

体系中 O_2 的存在与否会影响辐解产物的种类，有文献表明在体系中不存在氧气时，氨水辐解产生的主要产物为 N_2H_4，在氧气存在的条件下，则为 NO_2^- 等氮氧化物[4]。空气饱和的氨水溶液中的溶解氧的浓度约为 0.25 mmol/L，在辐照进行的过程中，辐解产生的 O_2 及溶解氧均被消耗，样品瓶中的部分气体会溶解进溶液中，为了探究样品瓶中的 O_2 对辐解过程的影响，将不同气液体积比（空气饱和，样品瓶容积为 120 mL，横坐标为样品瓶中的氨水体积）的 30 ppm 溶液辐照 6 h(3 kGy)，H_2O_2 及 NO_2^- 的浓度变化如图 4 所示。从图中可以得到，H_2O_2 的浓度随着样品瓶中空气体积的增加而变大，这是由于空气增加导致体系中氧气的含量也相应增加，因此部分 ·H 和 e_{aq}^- 被 O_2 清除后经反应(R11－R14)转化成 H_2O_2，使得 H_2O_2 的浓度变大。NO_2^- 则随空气体积的增加呈现下降趋势，这与 NO_2^- 的消耗有关，O_2 的增加使得 ·OH 和 H_2O_2 均呈增加趋势，造成 NO_2^- 的进一步减少。

2.4.2 气氛对氨水辐解过程的影响

为研究不同气体饱和对氨水辐解过程的影响，将 30 ppm 的氨水使用不同的气体（O_2、air、N_2O、N_2、Ar 和 H_2）进行饱和后辐照，结果如图 5 所示。O_2 存在的体系中（O_2 和 air）均检测到了 NO_2^-，而没有 O_2 存在的体系中均未发现 NO_2^- 的产生，这说明 O_2 的存在是 NO_2^- 产生的决定性因素，这与文献报道的几种机理均是相符的。H_2O_2 的产生同样受到 O_2 的影响，在氧气饱和的氨水溶液中，H_2O_2 的浓度是空气饱和体系中的两倍多，而在其他体系中，氨水辐解产生的 H_2O_2 的浓度均较低。值得注意的是，在 N_2O 饱和的氨水体系中，e_{aq}^- 和 ·H 被 N_2O 清除，并转化为 ·OH，而在该体系中 H_2O_2 的浓度并不高，这说明此时 ·OH 与 H_2O_2 的消耗反应占主导，而 ·OH 二聚生成 H_2O_2 的反应处于次要地位。

$$e_{aq}^- + O_2 = O_2^- \qquad \text{R11}$$

$$e_{aq}^- + O_2^- + 2H_2O = H_2O_2 + 2OH^- \qquad \text{R12}$$

$$\cdot H + O_2 = \cdot HO_2 \qquad \text{R13}$$

$$2\cdot HO_2 = H_2O_2 + O_2 \qquad \text{R14}$$

$$e_{aq}^- + H_2O + N_2O = \cdot OH + N_2 + OH^- \qquad \text{R15}$$

$$\cdot H + N_2O = \cdot OH + N_2 \qquad \text{R16}$$

$$\cdot OH + H_2O_2 = \cdot HO_2 + H_2O \qquad \text{R17}$$

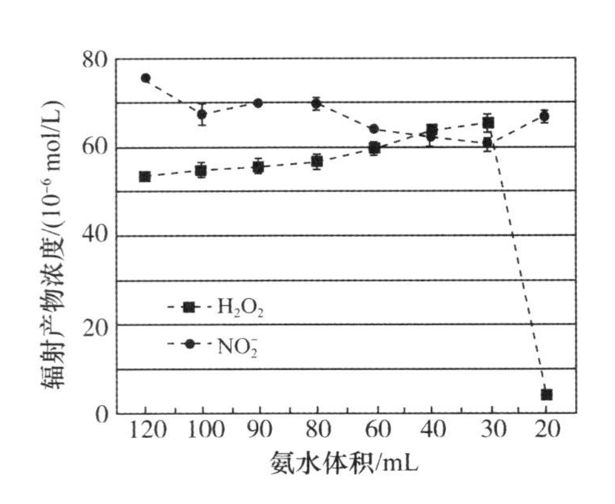

图 4 气液体积比对氨水辐解的影响

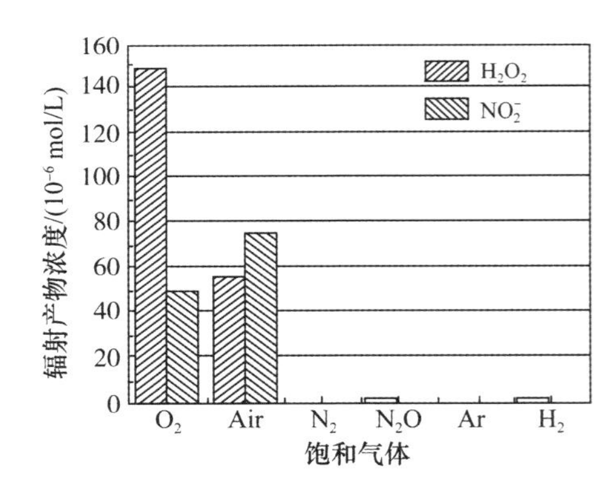

图 5 不同气体饱和对氨水辐解的影响

3 结论

本文对氨水溶液在 γ 场中的辐射分解进行了研究，实验结果表明，随着氨浓度的增加，体系中的 H_2O_2 受到明显抑制，而 NO_2^- 作为 NH_3 的辐解产物其浓度则先升后降，这与 NH_3 浓度增加使得 ·OH等大量消耗有关，·OH 与 ·NH_2 的后续反应生成 NO_2^- 前驱体的过程受到抑制。随吸收剂量的增加，体系中的 NH_3 被消耗，因此 H_2O_2 浓度明显升高，NO_2^- 浓度在吸收剂量为 8 kGy 时达到最大值（>100 μmol/L）。在实验的吸收剂量率范围（2.78～25 Gy/min）内，氨水辐解产生的 H_2O_2 与 NO_2^- 的浓度均未受到明显的影响。体系中氧气的存在促进了 H_2O_2 的生成，氧气饱和的体系中产生的 H_2O_2 是空气饱和的体系中的两倍多，此外 O_2 也是 NO_2^- 生成的关键因素，但过多的使得 NO_2^- 被氧化为 NO_3^-，降低了其浓度。

致谢：

感谢国家自然科学基金（11775214）对本工作的支持。

参考文献：

[1] A V Luzakov, A V Bulanov, A O Verkhovskaya, et al. Radiation-chemical removal of corrosion hydrogen from VVER first-loop coolant[J]. 2008, 105(6): 402-407.

[2] Gabor Nagy, Péter Tilky, Ákos Horváth, et al. Kinetic and statistical analysis of primary circuit water chemistry data in a VVER power plant[J]. 2001, 136(3): 331-341.

[3] Leena M Alrehaily. Gamma-Radiation Induced Redox Reactions and Colloidal Formation of Chromium and Cobalt Oxide Nanoparticles[J]. 2015.

[4] M. STEINBERG. IRRADIATION OF NH3-H20 SOLUTIONS FOR FORMATION OF HYDRAZINE [J]. 1960.

[5] J. A. EYRE, D. SMITHIES. Primary Yields in the r-Radiolysis of Ammonia[J]. Transactions of the Faraday Society, 1970.

[6] T Rigg, G Scholes, J Weiss. Chemical actions of ionising radiations in solutions. Part X. The action of X-rays on ammonia in aqueous solution[J]. Journal of the Chemical Society, 1952.

[7] PB Pagsberg. Investigation of the NH2 radical produced by pulse radiolysis of ammonia in aqueous solution[J]. Aspects of Research at Risø, 1972.

[8] P. Dwibedy, K. Kishore, G. R. Dey, et al. Nitrite formation in the radiolysis of aerated aqueous solutions of ammonia[J]. Radiation Physics and Chemistry, 1996, 48(6): 743-747.

[9] Li Huang, Liang Li, Wenbo Dong, et al. Removal of Ammonia by OH Radical in Aqueous Phase [J]. Environmental Science & Technology, 2008, 42(21): 8070-8075.

[10] P. Neta, P. Maruthamuthu, P. M. Carton, et al. Formation and Reactivity of the Amino Radical[J]. The Journal of Chemical Physics, 1978.

[11] J Brunning, P Cake, A Harper, et al. Some observations on hydrazine and ammonia based chemistries in PWRs [R]. 1997.

The study on the γ-radiolysis of ammonia solution

GUO Zi-fang, LIN Yun-liang, WU Zhi-hao, LIN Ming-zhang

(School of Nuclear Science and Technology, University of Science and Technology of China, Hefei of Anhui Prov. 230027, China)

Abstract: The radiolysis of coolant in the primary circuit occurs, producing strong oxidizing substances such as H_2O_2, O_2, and $\cdot OH$. These oxidants aggravate the stress corrosion cracking (SCC) of structural materials. Ammonia is added into the coolant to eliminate the O_2 and $\cdot OH$ in the *VVER* reactors. The present work has studied the γ-radiolysis of aqueous ammonia under different conditions including ammonia concentration, gas-liquid volume ratio, absorbed dose, absorbed dose rate, and saturation of different gases. The H_2O_2 is significantly inhibited with the increase of the ammonia concentration, while the concentration of NO_2^- first increases and then decreases. The concentration of H_2O_2 increases significantly with the absorbed dose, and the NO_2^- concentration reaches the maximum (>100 μmol/L) when the absorbed dose is 8 kGy. The concentrations of H_2O_2 and NO_2^- are not affected within the absorbed dose rate range ($2.78 \sim 25$ Gy $\cdot$ min^{-1}). The presence of O_2 is the key to the formation of NO_2^-, however, the excessive O_2 in the system could oxidize NO_2^- to NO_3^-. Besides, the aqueous ammonia promotes the production of H_2O_2. This work is expected to provides a helpful reference for the optimization of ammonia-containing coolant system.

Key words: ammonia; coolant; radiolysis; structural materials

辐射法制备还原氧化石墨烯复合气凝胶及其对有机污染物的吸附性能研究

张　鹏,陈怡志,翁汉钦,林铭章
(中国科学技术大学核科学技术学院,安徽 合肥 230027)

摘要:作为一种比表面积超大的多孔材料,还原氧化石墨烯(rGO)气凝胶在有机污染物去除领域有巨大的应用前景。本工作利用γ射线辐照含有Eu^{3+}与氧化石墨烯(GO)的醇－水混合溶液,通过辐射还原制备了rGO-Eu复合气凝胶。Eu^{3+}的引入可促进凝胶的形成,降低辐射法制备凝胶所需的吸收剂量并拓宽其制备的pH范围。Eu^{3+}可以有效调控rGO气凝胶的孔结构和还原程度。此类rGO-Eu复合气凝胶对有机溶剂和有机染料具有优异的吸附性能,对氯仿和依来铬黑T的吸附容量最高分别达386 g g^{-1}和1 300 mg g^{-1}。此外,rGO-Eu复合气凝胶独特的荧光性质还可实现吸附过程中对污染物的原位检测。本研究表明Eu^{3+}对合成具有优异吸附性能的还原氧化石墨烯复合气凝胶具有重要作用。

关键词:氧化石墨烯;Eu^{3+};γ射线;有机污染物

水资源是生物活动必不可少的基础资源,随着人类社会的发展,工业及其他社会生产使用的有机染料和有机溶剂等有机污染物毒性大、迁移能力强、且不易降解,对水资源和人体健康具有巨大的危害,因此开发高效的有机污染物吸附剂具有重要的意义[1]。得益于其巨大的比表面积和强疏水性,石墨烯基气凝胶在有机污染物去除方面具有巨大的应用前景[2]。目前制备石墨烯基气凝胶的方法(化学气相沉积法、模板法等)存在制备条件苛刻、易产生有毒的二次废物等缺点,这极大地限制了石墨烯基气凝胶的大规模应用。He等利用γ射线辐照诱导氧化石墨烯(GO)还原制得了还原氧化石墨烯(rGO)气凝胶,其制备方法简便且不会产生有毒的二次废物,所合成的气凝胶对正己烷等有机溶剂具有较好的吸附性能[3]。Wang等进一步研究了γ射线辐照下醇－水溶液中rGO气凝胶的形成机理,其研究表明醇－水溶液中的GO在酸性条件下可被溶液中的弱还原性异丙醇自由基还原并自组装成凝胶。然而在近中性条件下辐照产物只能形成絮状沉淀,这导致无法利用溶液中强还原性的e_{aq}^-以合成还原程度更高、疏水性更强的rGO气凝胶[4]。Gao等的研究表明当Eu^{3+}等多价阳离子会导致GO的团聚[5],若能利用Eu^{3+}诱导GO预组装,则有望利用水辐解产生的强还原性物种e_{aq}^-合成更亲油的rGO复合凝胶。

本工作利用γ射线辐照合成了rGO-Eu复合气凝胶,并研究了Eu^{3+}对气凝胶物理、化学结构的影响。结果表明Eu^{3+}可调控rGO-Eu气凝胶的孔结构并在近中性下提高rGO的还原程度使其具有更高的疏水性。所合成的rGO-Eu气凝胶对有机溶剂和有机染料表现出了良好的吸附性能,在有机污染物去除方面具有巨大的应用前景。

1　实验部分

1.1　试剂

石墨鳞片(100目)购于北京吉兴盛安工贸有限公司;六水合氯化铕(≥99.99%)从安耐吉化学技术(上海)有限公司购入;五氧化二磷、异丙醇、过硫酸钾、硫酸(98%)、硝酸(65%～68%)、盐酸(36%～38%)、氢氧化钠、高锰酸钾、双氧水(30%)、孔雀石绿、甲基橙、亚甲基蓝、甲苯、乙醇、三氯甲烷、环己烷、甲醇、N,N－二甲基甲酰胺(DMF)均购于国药集团化学试剂有限公司;依来铬黑T和罗

作者简介:张鹏(1996—),男,甘肃张掖人,博士,现从事辐射化学与放射化学方面研究

丹明 6G 从上海沃凯化学试剂有限公司购入；所有实验用水均为 Kertone 超纯水机纯化的超纯水；高纯氮（含量≥99.999%）由南京上元工业气体厂生产。

1.2 实验方法

1.2.1 GO 的制备

氧化石墨烯（GO）的制备参考改进的 Hummer 法，称取 2 g 100 目的石墨，2 g P_2O_5，2 g $K_2S_2O_8$，依次加入 20 mL 浓硫酸，80 ℃下搅拌 5 h，洗涤后烘干。将干燥后的产物与 8 g $KMnO_4$ 依次加入 80 mL浓硫酸中，35 ℃下搅拌 2 h，加入 10 mL 水后升温至 98 ℃搅拌 15 min。将反应液加入 800 mL 超纯水中，滴加 H_2O_2 停止反应，将产物洗涤、透析后干燥得到氧化石墨烯。

1.2.2 rGO-Eu 凝胶的制备

将 5.25 mg GO 超声分散于超纯水中，向其中依次加入 0.25 mL 异丙醇与 Eu(Ⅲ)溶液，保持溶液体积为 5.25 mL。使用 5 mol L^{-1} 的盐酸与氢氧化钠调节体系 pH 后通氮气 10 min，密封后将体系置于^{60}Co 辐照室（钴源活度为 2.0 万居里）中辐照一定时间，得圆柱状水凝胶。水凝胶经冷冻干燥后的 rGO-Eu 气凝胶，记作 rGO-Eu-X（X 为溶液的 pH）。

1.2.3 rGO-Eu 凝胶对有机溶剂及有机染料的吸附性能

吸附有机溶剂时，称取一定质量的 rGO-Eu 气凝胶于有机溶剂中，待吸附平衡后取出气凝胶，用滤纸吸去气凝胶表面残留的有机溶剂后称量质量，气凝胶对有机溶剂的吸附容量（q）计算公式如下：

$$q=\frac{m_1-m_0}{m_0} \tag{1}$$

其中：m_0 为气凝胶的质量，m_1 为气凝胶吸附有机溶剂后的质量。

在吸附有机染料时，称取一定质量的 rGO-Eu 气凝胶于 2 mL 2 mmol L^{-1}（c_0）有机染料溶液中，待吸附平衡后取出气凝胶，利用分光光度计测量溶液中剩余的有机染料浓度（c_e），气凝胶对有机溶剂的吸附容量（q）计算公式如下：

$$q=\frac{(c_0-c_e)\times V}{m} \tag{2}$$

其中：m 为气凝胶的质量，V 为有机染料的体积。

2 结果与讨论

异丙醇－水溶液中的辐解产物对 GO 的还原及其产物的自组装过程有重要的影响，而溶液中辐解产物的浓度取决于溶液的 pH。在低 pH（pH＝1 和 2）下，溶液辐解产生的主要还原性物种是异丙醇自由基。异丙醇自由基还原性较弱，会将 GO 缓慢地还原为羟烷基化的 rGO，羟烷基化的 rGO 在氢键和 π-π 共轭的共同作用下自组装为 rGO 凝胶。而当 pH 较高（pH＝3～6）时溶液中的主要辐解产物为强还原性的 e_{aq}^-，e_{aq}^- 将 GO 迅速地还原为 rGO，形成絮状产物而非块状凝胶[见图 1(b)]。当在 GO 的异丙醇-水分散液中加入 Eu^{3+} 后，Eu^{3+} 迅速与 GO 表面的含氧基团结合使其团聚并发生预组装。GO-Eu 预组装体在 pH＝1～6 下均可被辐射还原形成块状凝胶[见图 1(b)]。此外，Eu^{3+} 诱导的预组装还可将凝胶形成所需的吸收剂量从 16 kGy 大幅降低至 4 kGy[见图 1(c)]。

辐射还原过程中，rGO 纳米片之间会堆叠交联构成三维蜂窝状多孔结构[见图 2(a)]。rGO-2 气凝胶的氮气吸附－脱附等温线为Ⅱ型，p/p_0＞0.8 时氮气吸附量均迅速增加，说明 rGO-2 气凝胶中存在大孔[见图 2(d)]。加入 Eu^{3+} 则会令 rGO-Eu 气凝胶中的大孔孔径减小，在 pH＝2 和 6 时合成的 rGO-Eu 气凝胶形貌相似[见图 2(b)－(c)]。rGO-Eu-2 的氮气吸附－脱附等温线为具有 H4 型滞后环的Ⅳ(a)型等温线，氮气吸附容量在 p/p_0＞0.8 时迅速增加说明 rGO-Eu-2 气凝胶中同时存在大孔和介孔结构[见图 2(d)]。rGO-Eu-6 气凝胶的吸附－脱附等温线为与 rGO-2 气凝胶相似的Ⅱ型等温线，以大孔为主。孔径分布图进一步证实了 Eu^{3+} 的引入使 rGO-Eu-2 气凝胶中产生了大量孔径约为 2.5 nm 的介孔[见图 2(e)]。此外 rGO-Eu-2 气凝胶的比表面积与孔体积显著大于 rGO-2 与 rGO-

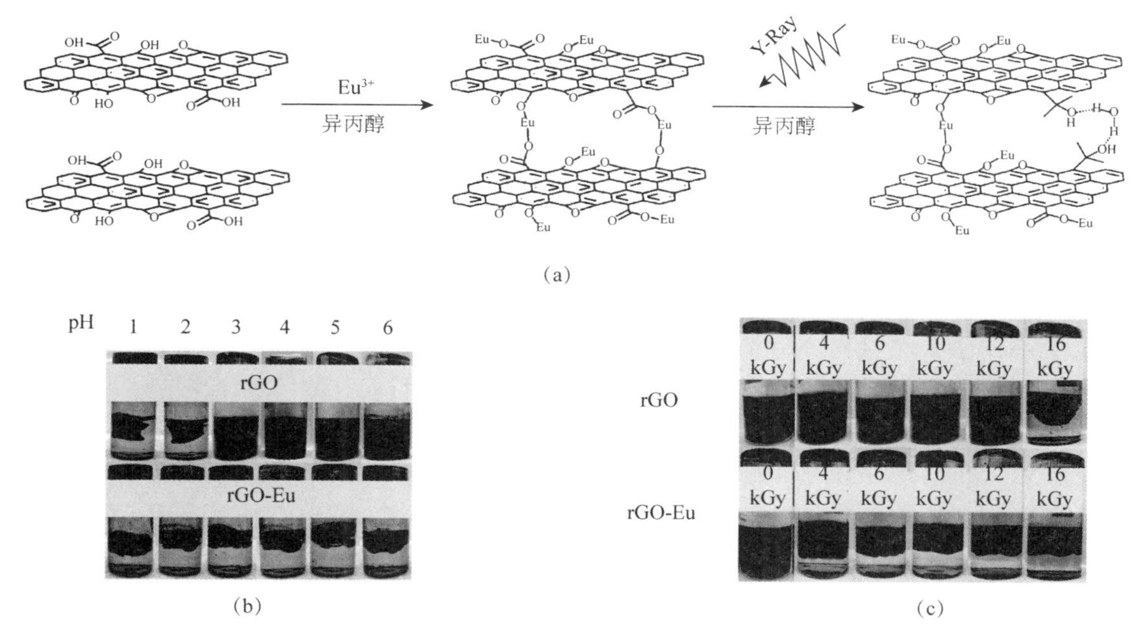

(a)

(b) (c)

图 1 rGO-Eu 气凝胶合成技术路线(a)；不同 pH 下辐照后的
rGO 与 rGO-Eu 产物(b)；pH＝2 时不同吸收剂量下的 rGO 与 rGO-Eu 产物(c)。

Eu-6 气凝胶，这得益于 Eu^{3+} 带来的大量介孔结构(见表 1)。

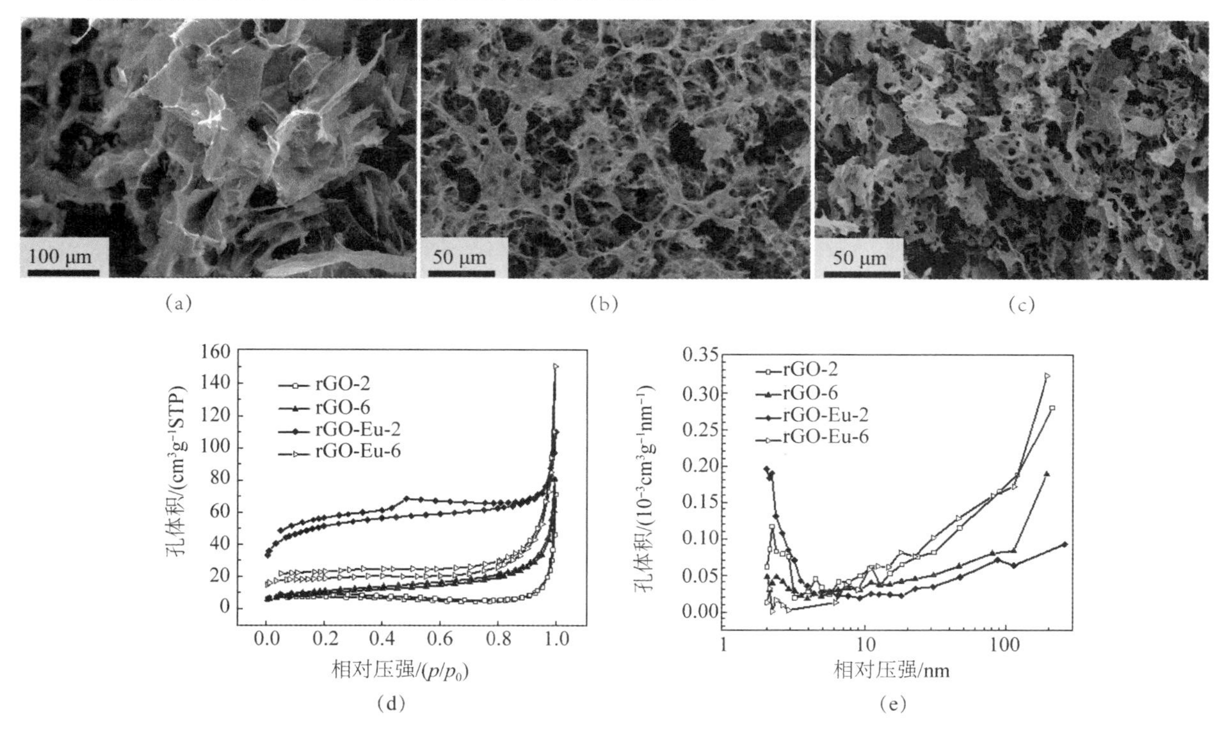

(a) (b) (c)

(d) (e)

图 2 rGO-2(a)、rGO-Eu-2(b)和 rGO-Eu-6(c)的 SEM 图像；
rGO 与 rGO-Eu 的氮气吸附－脱附等温线(d)与孔径分布图(e)。

在辐照过程中，溶液中产生的还原性自由基(e_{aq}^-、异丙醇自由基等)可与 GO 表面的含氧基团反应，将 GO 还原为 rGO。rGO 气凝胶的还原程度决定了其亲油性的大小，高还原程度的 rGO 更亲油，有利于吸附有机污染物。rGO 的还原程度可以通过 XPS 能谱测量其中的 C、O 原子比(C/O)来确定。

与 GO 相比，辐照后 rGO 与 rGO-Eu 的 C/O 均大幅增加，且它们 C 1s 谱图中 C—O 与 C=O 含量均大幅降低，说明 γ 射线作用下 GO 可被溶液辐解产生的还原性自由基还原[见图 3(a)～(f)]。通过对比相同 pH 下合成的 rGO 与 rGO-Eu 的 C/O，可以发现在不同 pH 的溶液中 Eu^{3+} 对 GO 的还原过程有不同的影响：在酸性溶液中 Eu^{3+} 会阻碍 GO 的还原，而在近中性溶液中 Eu^{3+} 促进了 GO 的还原。

Raman 光谱被广泛应用于表征碳材料的结构，通常 1 350 cm^{-1}(D 带)与 1 595 cm^{-1}(G 带)处的峰分别表示无序缺陷的 sp^3 碳原子与有序的 sp^2 碳面内振动的原子结构，D 带与 G 带的峰强度之比(I_D/I_G)可以表征 GO 辐照后的还原程度。辐照后，rGO 与 rGO-Eu 的 I_D/I_G 均略有增加，这是由于在辐射还原过程中 GO 内部产生了更多的无序 sp^3 区域，而 I_D/I_G 随着还原程度增加而增大。此外，辐照后 rGO 与 rGO-Eu 的 G 带有了轻微的蓝移，其位置更接近石墨的 G 带位置(1 583 cm^{-1})，这说明在辐射还原过程中 rGO 的结构发生了石墨化转变。在 pH=2 时，rGO-2 的 I_D/I_G 比 rGO-Eu-2 更大且 G 带蓝移程度更大，而在 pH=6 时 rGO-Eu-6 比 rGO-6 具有更大的 I_D/I_G 与 G 带蓝移。这进一步证实了 Eu^{3+} 在酸性溶液中会抑制 GO 的还原，而在近中性溶液中则可促进 GO 的还原[见图 3(g)，表 1]。在辐射还原过程中，rGO(rGO-Eu)的晶体结构会发生变化。辐照后 XRD 谱图中属于 GO 的 2θ 衍射峰(11.1°)强度大幅降低甚至消失，在 21°～25°范围内出现了新的 2θ 衍射峰，这些衍射峰与石墨的 2θ 衍射峰(26.6°)位置接近，说明在还原过程中 GO 的晶面间距减小且发生了石墨化[见图 3(h)，表 1]。

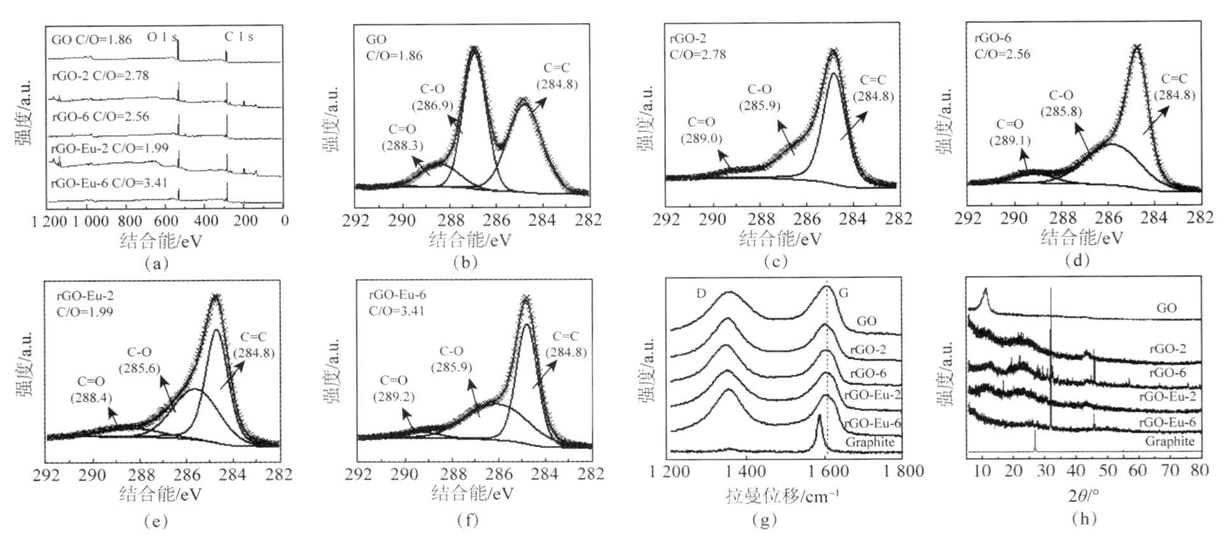

图 3　GO、rGO 与 rGO-Eu 的 XPS 谱图(a)；GO、rGO 与 rGO-Eu 的 C 1s 谱图(b—f)；GO、rGO、rGO-Eu 与石墨的 Raman 谱图(g)与 XRD 谱图(h)。

表 1　GO、rGO 与 rGO-Eu 的比表面积、孔体积、I_D/I_G、G 带位置与衍射峰位置

	GO	rGO-2	rGO-6	rGO-Eu-2	rGO-Eu-6	Graphite
比表面积/(m^2 g^{-1})	—	67.95	27.07	181.69	64.62	—
孔体积/(cm^3 g^{-1})	—	0.119	0.124	0.120	0.215	—
C/O	1.86	2.78	2.56	1.99	3.41	—
I_D/I_G	0.90	1.13	1.15	1.07	1.16	0.11
G 带位置/cm^{-1}	1 606	1 598	1 599	1 598	1 600	1 583
衍射峰位置/(°)	11.1	22.3	23.0	21.3	25.8	26.6

所制得的 rGO-Eu 气凝胶具有独特的多层次孔结构与较强的疏水性，因此对多种有机溶剂具有较好的亲和性和吸附能力。rGO-Eu-2 气凝胶对氯仿和环己烷的饱和吸附容量分别达 386 g g^{-1} 和 267 g g^{-1}，远超 rGO-2 气凝胶与水热法制得的石墨烯复合气凝胶(HrGO-Eu)[见图 4(a)]。此外，由于 rGO-Eu-2 气凝胶中同时存在辐照还原后残留的带负电荷的含氧基团与带正电荷的 Eu^{3+} 离子，因此 rGO-Eu-2 气凝胶同时对阴离子型和阳离子型有机染料均具有较强的亲和力。rGO-Eu-2 气凝胶对依来铬黑 T 和孔雀石绿的饱和吸附容量分别达 1 300 mg g^{-1} 和 977 mg g^{-1}[见图 4(b)]。作为具有荧光的稀土元素，Eu^{3+} 的引入使 rGO-Eu 气凝胶具有独特的荧光性质，在波长为 290 nm 的激发光激发下，rGO-Eu-2 气凝胶同时表现出了 Eu(Ⅲ)(612 nm)和 rGO(420 nm)的特征荧光发射峰，由于 rGO 本身的猝灭作用，420 nm左右的荧光发射峰强度较弱。当 rGO-Eu 气凝胶吸附有机溶剂后，其所处的化学环境发生了变化，两个特征发射峰的相对强度也随之发生了变化。当 rGO-Eu-2 气凝胶吸附环己烷后，420 nm 处的荧光发射强度显著增强；而当 rGO-Eu-2 气凝胶吸附 DMF 后，612 nm 处的荧光发射强度则显著增强[见图 4(c)]。这说明 rGO-Eu-2 气凝胶不仅具有优异的有机污染物去除性能，更可实现特定有机溶剂的原位检测。

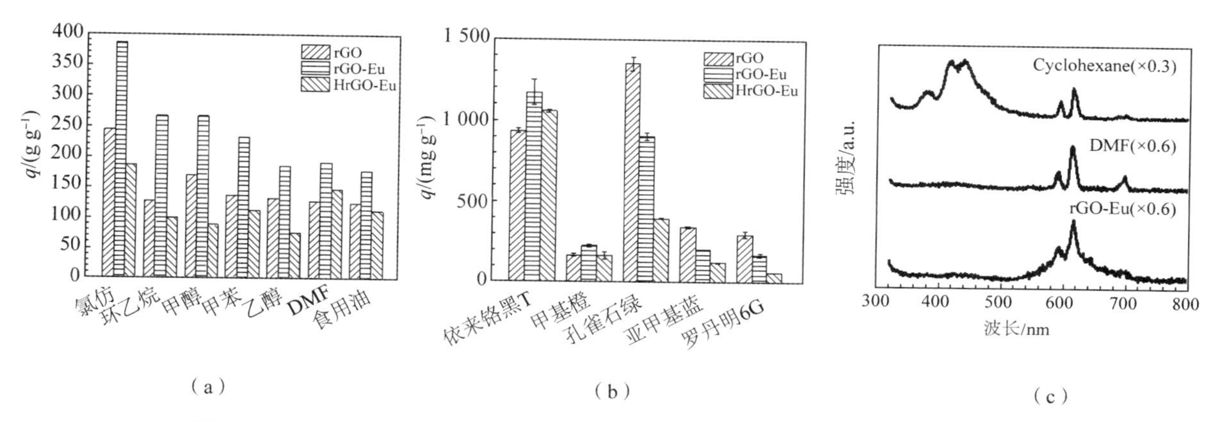

图 4 rGO、rGO-Eu-2 与 HrGO-Eu 对有机溶剂(a)与有机染料(b)的吸附容量；
rGO-Eu-2 吸附环己烷与 DMF 前后的荧光发射光谱(c)。

3 结论

本工作利用 γ 射线辐照诱导还原合成了还原氧化石墨烯-铕(rGO-Eu)复合气凝胶，结果表明 Eu^{3+} 的引入可大幅拓宽形成凝胶的 pH 范围并降低凝胶合成所需的吸收剂量，在简化合成条件的同时利用了溶液中的强还原性 e_{aq}^{-}。Eu^{3+} 通过与 GO 表面的含氧基团结合可以有效的调控气凝胶的孔结构，在 pH＝2 时赋予了气凝胶兼具介孔和大孔的多层次孔结构。此外 Eu^{3+} 在不同 pH 下还可影响 GO 的还原过程，在 pH＝2 时抑制 GO 的还原而在 pH＝6 下促进 GO 的还原。引入 Eu^{3+} 可合成具有高比表面积和强疏水性的 rGO-Eu 复合气凝胶。在 pH＝2 时，所合成的 rGO-Eu-2 复合气凝胶对有机染料和有机溶剂等有机污染物具有优异的吸附性能，对氯仿和依来铬黑 T 的吸附容量最高分别达 386 g g^{-1} 和 1 300 mg g^{-1}。气凝胶在吸附不同种类的有机溶剂后其两个特征荧光发射峰(rGO：420 nm，Eu(Ⅲ)：612 nm)的相对强度会发生变化，可以实现在吸附有机溶剂的同时对有机溶剂进行原位检测。本工作表明 rGO-Eu 复合气凝胶在有机污染物去除方面具有巨大的应用前景。

致谢：

感谢国家自然科学基金 NSFC 51803205 和 11775214 对本工作的支持。

参考文献:

[1] Q. Yang, R. Lu, S. Ren, et al. Three dimensional reduced graphene oxide/ZIF-67 aerogel: Effective removal cationic and anionic dyes from water[J]. Chemical Engineering Journal, 348 (2018) 202-211.

[2] L. Xu, G. Xiao, C. Chen, et al. Superhydrophobic and superoleophilic graphene aerogel prepared by facile chemical reduction, Journal of Materials Chemistry A, 3 (2015) 7498-7504.

[3] Y. He, J. Li, K. Luo, et al. Engineering reduced graphene oxide aerogel produced by effective γ-ray radiation-induced self-assembly and its application for continuous oil—water separation, Industrial & Engineering Chemistry Research, 55 (2016) 3775-3781.

[4] W. Wang, Y. Wu, Z. Jiang, et al. Formation mechanism of 3D macroporous graphene aerogel in alcohol-water media under gamma-ray radiation, Applied Surface Science, 427 (2018) 1144-1151.

[5] Y. Gao, K. Chen, X. Ren, A. et al. Exploring the aggregation mechanism of graphene oxide in the presence of radioactive elements: experimental and theoretical studies, Environmental science & technology, 52 (2018) 12208-12215.

Preparation of reduced graphene oxide composite aerogel by radiation method and its adsorption performance of organic pollutants

ZHANG Peng, CHEN Yi-zhi, WENG Han-qin, LIN Ming-zhang

(School of Nuclear Science and Technology, University of Science and Technology of China, Hefei of Anhui Prov. 230027, China)

Abstract: Reduced graphene oxide (rGO) aerogel has the large specific surface area and has great application potential for decontamination of organic pollutants. In this study, γ-ray irradiation was used to irradiate the aqueous solutions containing Eu^{3+} and graphene oxide (GO), making GO self-assemble into composite aerogel under cross-linking by Eu^{3+} during the reduction process. This work explored the effects of pH, absorbed dose and Eu^{3+} concentration on composite aerogel, and studied the adsorption performance of organic dyes and organic solvents on composite aerogel. The results show that Eu^{3+} can broaden the pH range of gel formation and reduce the required absorbed dose. In addition, Eu^{3+} can effectively regulate the pore structure and reduction degree of rGO aerogel, and endow aerogel with fluorescence. The composite aerogel has excellent adsorption performance for organic solvents and organic dyes, for example the adsorption capacity of chloroform and Eriochrome Black T are as high as 386 g g^{-1} and 1 300 mg g^{-1}, respectively. The fluorescence can also be used for detection and adsorption of pollutants simultaneously. This study shows that Eu^{3+} plays an important role in the synthesis of rGO composite aerogels with excellent adsorption properties.

Key words: graphene oxide; Eu^{3+}; γ irradiation; organic pollutants

辐射技术在超临界二氧化碳发泡聚丙烯中的应用

文　鑫[1]，王小俊[1]，严　坤[1]，杨晨光[1,2]，吴国忠[2]
(1.纺织纤维及制品教育部重点实验室武汉纺织大学，湖北 武汉 430073；
2.中国科学院上海应用物理研究所，上海 201800)

摘要：利用超临界 CO_2 发泡技术制备微孔聚合物材料是当前的研究热点，具有发泡效率高、绿色环保、对制品的机械性能及外观影响小等优点。辐射交联可以使聚合物形成三维网状结构，显著提高聚合物熔体强度，因此在超临界 CO_2 发泡工艺中具有重要的潜在应用。本文研究了辐射效应对超临界二氧化碳发泡聚丙烯的影响。研究表明：辐射后的聚丙烯发泡材料泡孔结构得到大大改善，拉伸强度也得到明显提高。

关键词：辐射交联；聚丙烯；超临界二氧化碳；发泡；拉伸性能

1981 年美国麻省理工学院(MIT)学者 Martini J E 和他的同事以 CO_2、N_2 等惰性气体作为发泡剂研制出泡孔直径为微米级的泡沫塑料[1]。与普通泡沫塑料相比，这种微孔泡沫塑料具有更小的泡孔直径(0.1～10 μm)和更高的泡孔密度(1×10^9～1×10^{15} cm^{-3})。由于微孔泡沫的泡孔尺寸极小，使材料原来存在的裂纹尖端钝化，有利于阻止裂纹在应力作用下的扩展，因此力学性能明显优于一般的泡沫塑料[2]。

聚合物超临界二氧化碳发泡过程由于聚合物分子链之间的结合力不强等因素，造成微孔材料在接受外力及环境温度变化时容易产生变形；另外，部分高分子聚合物软化点和熔点很接近，超过熔点后熔体强度就会迅速下降，从而限制了热成型工艺，因此发泡前需要对聚合物进行改性以提高熔体强度[3-11]。辐射交联可以提高聚合物熔体强度，改善聚合物的耐热性及耐开裂性，绝缘性能和机械性能也明显提高。因为聚丙烯泡沫它的韧性好、重量轻、成本低、低电导率以及更好的热稳定性等优点使得其在行业得到广泛应用。但由于聚丙烯熔体强度较低，发泡温度窗口较小，只有 4 ℃[12-14]，这限制了超临界二氧化碳发泡聚丙烯的工业化发展。本文通过超临界二氧化碳发泡辐射改性聚丙烯的研究，聚丙烯发泡材料的泡孔结构得到明显改善，以及力学性能的增加。结果表明，辐射技术大大提高了超临界二氧化碳发泡聚丙烯效果。

1　实验部分

1.1　实验原料

等规聚丙烯：T30s，上海石油化工有限公司；二氧化碳：工业级，上海娄塘气站；过氧化氢二异丙苯(TAC)：上海乔木化学科技有限公司。

1.2　样品制备

首先将等规聚丙烯在双螺杆机中混合均匀，然后于 190 ℃和 10 MPa 下热压 20 min 成型。等规聚丙烯与 TAC 按照一定比例在双螺杆中混合均匀后，于 190 ℃和 10 MPa 条件下热压成型 PP/TAC 片材。将制备的样品片材在惰性气体环境下辐照一定的剂量，然后在真空环境中进行退火(120 ℃)[14]。最后进行超临界二氧化碳发泡。

1.3　测试表征

1.3.1　差示扫描量热仪(DSC)

采用德国 Netzsch Sta 449 F3 型差式扫描量热仪测定样品熔融温度的变化。升温速率 10 ℃/min，

作者简介：文鑫(1996—)，女，硕士研究生，纺织科学与工程专业

基金项目：武汉纺织大学科技创新项目(193143，205009)，企业委托项目(212182)资助

氩气环境，流速 20 mL/min。

1.3.2　泡孔形貌分析

采用德国蔡司公司 Merlin Compact 14184 型扫描电子显微镜对发泡样品进行扫描观察。

1.3.3　拉伸性能的测试

根据 ASTMD-638 采用美国 Instron 5943 型拉力机进行测试。将发泡样品裁切成 2 mm×4 mm×22 mm的拉伸样品，拉伸速率 50 mm/min[15]。

2　结果与讨论

2.1　辐射对于样品熔融温度和结晶温度的影响

图 1 为 PP 样品的 DSC 熔融结晶曲线，纯 PP 和 PP/TAC 样品的熔点(T_m)和结晶点(T_c)都是随着吸收剂量的增加而降低。其中纯 PP 熔点为 166 ℃，添加 TAC 且未辐照的 PP 样品的熔点几乎没有变化，表明 TAC 的加入不影响 PP 的熔点，如图 1(b)。纯 PP 熔融点和结晶点随吸收剂量的增加而下降说明 PP 主要发生裂解，结晶区被破坏，晶粒细化，产生缺陷[5]。而添加 TAC 的 PP 辐照后的熔融点和结晶点的变化主要是结晶区内大分子链在辐照后开始向无定形区移动，大分子链在无定形区通过自由基的结合以及辐射诱导大分子链折叠缠绕，形成交联 3D 网状结构[4]。结晶度的降低以及交联凝胶的产生都有利于超临界二氧化碳发泡聚丙烯过程[4,5]。具体影响结果可以从下面将要讨论的形貌的变化可以得到。

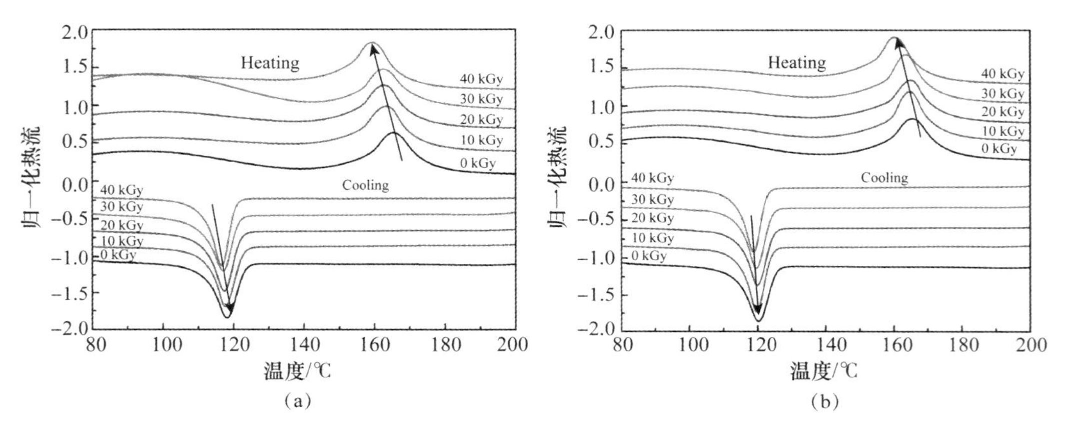

图 1　PP 样品在不同吸收剂量下色 DSC 曲线：(a).纯 PP；(b). PP/TAC

2.2　辐射效应对于 PP 发泡形貌及力学性能的影响

图 2 是 PP 样品在 152 ℃和 20 MPa 下超临界二氧化碳发泡制备的泡沫断面形貌 SEM 图。泡孔形貌结构图受吸收剂量的影响比较明显。纯 PP 在没有辐照的情况下，高温高压发泡由于熔体强度比较低，高温溶胀 PP 因不能够承受 CO_2 泄压时冲击力而造成泡孔破裂，闭孔率低[4,5,14]，如图 2 (a)，而辐照过的纯 PP 泡沫尺寸变小，孔密度变大，泡孔形貌得到了一定改善，图 2 (b)。图 2 (c)和(d)为 PP/TAC 在吸收剂量分别为 20 kGy 和 40 kGy 时的形貌 SEM 图。可以看出添加交联剂 TAC 的 PP 的泡孔结构相比于纯 PP 得到大大改善。结果表明：辐照后的纯 PP 孔密度增加说明辐射后的结晶区产生的缺陷在发泡过程中起到了成核的作用。添加交联剂的泡孔结构相对比较规整，闭孔率高，孔密度大，孔径小，孔径相对较小。说明辐射交联后 PP 的熔体强度得到大大提高，改善了超临界二氧化碳发泡聚丙烯孔结构[4]。

图 3 为 PP 发泡材料的拉伸性能的表征曲线。相比于纯 PP 泡沫，添加 TAC 的改性 PP 发泡材料的断裂强度和断裂伸长率大大提高。辐照未添加交联剂的 PP 的断裂强度相比于纯 PP 泡沫几乎没有什么变化，但断裂伸长率有一定的提高。结果表明：较小孔尺寸以及大孔密度的泡孔结构具有相对

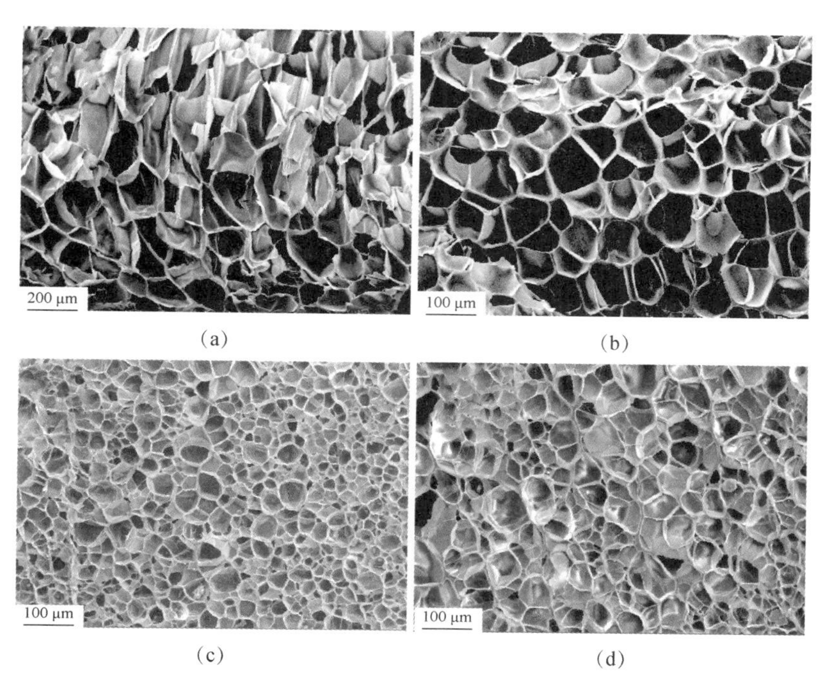

(a) (b) (c) (d)

图 2 PP 发泡材料的 SEM 图:(a)纯 PP; (b)纯 PP, 20 kGy; (c) PP/TAC, 20 kGy; (d) PP/TAC, 40 kGy

较好的力学强度,也说明了辐照技术的应用不但可以改善聚合物熔体强度,增加泡孔结构的规整性,均匀性,而且也可以很好的提高发泡材料的力学强度。

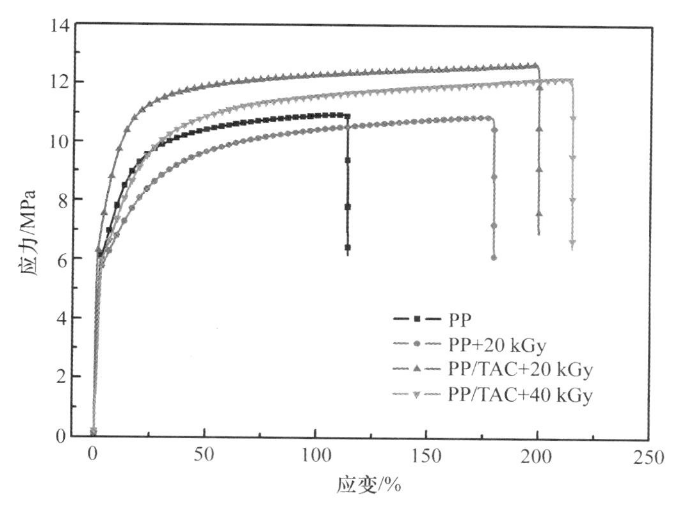

图 3 PP 发泡材料应变-应力曲线

3 结论

本文通过辐射改性聚丙烯,提高其熔体强度,并对超临界二氧化碳发泡聚丙烯的泡孔形貌结构以及力学性能进行了研究。结果表明辐射交联后聚丙烯的熔体强度得到改善,得到的超临界二氧化碳发泡聚丙烯泡沫,闭孔率高,孔径小,孔密度高,力学强度得到很好的提高。

参考文献：

[1] MARTINI J E. The production and analysis of microcellular foam, S. M. Thesis, Dept. Mech. Eng [D]. MIT, 1981.

[2] KUMAR V. Microcellular polymers-novel materials materials for the 21st-century [J]. Cellular Polymers, 1993, 12(3): 207-223.

[3] AMELI A, NOFAR M, JAHANI D, et al. Development of high void fraction polylactide composite foams using injection molding: Crystallization and foaming behaviors [J]. Chemical Engineering Journal, 2015, 262: 78-87.

[4] YANG C-G, WANG M-H, ZHANG M-X, et al. Supercritical CO2 Foaming of Radiation Cross-Linked Isotactic Polypropylene in the Presence of TAIC [J]. Molecules, 2016, 21(12): 1660.

[5] YANG C, ZHE X, ZHANG M, et al. Radiation effects on the foaming of atactic polypropylene with supercritical carbon dioxide [J]. Radiation Physics and Chemistry, 2017, 131: 35-40.

[6] 吴国忠. 辐射技术与先进材料 [M]. 上海:上海交通大学出版社，2016：105-115.

[7] 邢哲，吴国忠，黄师荣，等. 用超临界二氧化碳发泡制备辐射交联聚乙烯微孔材料 [J]. 辐射研究与辐射工艺学报，2008，26(4)：193-198.

[8] XING Z, WU G, HUANG S, et al. Preparation of microcellular cross-linked polyethylene foams by a radiation and supercritical carbon dioxide approach [J]. The Journal of Supercritical Fluids, 2008, 47(2): 281-289.

[9] WANG B, WANG M, XING Z, et al. Preparation of radiation crosslinked foams from low-density polyethylene/ethylene-vinyl acetate (LDPE/EVA) copolymer blend with a supercritical carbon dioxide approach [J]. Journal of Applied Polymer Science, 2013, 127(2): 912-918.

[10] HUANG S, WU G, CHEN S. Preparation of open cellular PMMA microspheres by supercritical carbon dioxide foaming [J]. The Journal of Supercritical Fluids, 2007, 40(2): 323-329.

[11] XING Z, WANG M, DU G, et al. Preparation of microcellular polystyrene/polyethylene alloy foams by supercritical CO_2 foaming and analysis by X-ray microtomography [J]. Journal of Supercritical Fluids, 2013, 82: 50-55.

[12] XU Z-M, JIANG X-L, LIU T, et al. Foaming of polypropylene with supercritical carbon dioxide [J]. Journal of Supercritical Fluids, 2007, 41(2): 299-310.

[13] 王谋华，邢哲，刘伟华，等. 辐射改性聚丙烯的超临界二氧化碳发泡性能研究 [J]. 辐射研究与辐射工艺学报，2014，32(2)：40-45.

[14] 李小虎，程勇，王谋华，等. 辐射增敏交联聚丙烯片材的超临界二氧化碳发泡 [J]. 功能高分子学报，2015，28(4)：367-372.

[15] BAO J-B, NYANTAKYI A, JR., WENG G-S, et al. Tensile and impact properties of microcellular isotactic polypropylene (PP) foams obtained by supercritical carbon dioxide [J]. Journal of Supercritical Fluids, 2016, 111: 63-73.

Application of radiation technology in supercritical carbon dioxide foaming polypropylene

WEN Xin[1], WANG Xiao-jun[1], YANG Kun,
YANG Chen-guang[1,2], WU Guo-zhong[2]

(1. Key Laboratory of Textile Fiber and Products(Wuhan Textile University), Ministry of Education Wuhan of Hubei Prov. 430073, China; 2. Shanghai Institute of Applied Physics, Chinese Academy of Sciences, Shanghai 201800, China)

Abstract: Microporous polymer materials prepared by supercritical CO_2 fluid foaming technology has attracted much attention, owing to its many advantages such as efficient foaming, environmental preservation, better mechanical performance of polymer foam, and good appearance of finished products. Radiation cross-linking can make the polymer form a 3D network structure, significantly improve the polymer melt strength, so it has an important potential application in the supercritical CO_2 foaming process. In this paper, radiation effects on supercritical carbon dioxide foaming polypropylene was studied. The results show that the cell structure of radiation crosslinked polypropylene foam was greatly improved, and the tensile strength was obviously improved.

Key words: radiation cross-linking; polypropylene (PP); supercritical carbon dioxide; foaming; tensile property

荷叶原粉的电子束辐射灭菌工艺研究

孟令旺[1,2],朱晓明[2,3],刘小玲[1,3],王军涛[2,3],胡 鹏[2,3],姬柳迪[2,3],李泽宇[2,3]
(1.湖北科技学院药学院 湖北 咸宁 437000;2.湖北科技学院核技术与化学生物学院,湖北 咸宁 437000;
3.辐射化学与功能材料湖北省重点实验室 湖北 咸宁 437000)

摘要:探究荷叶原粉的电子束辐射灭菌工艺,拓展电子束辐射技术在天然药物灭菌中的应用。利用 1 MeV 电子加速器对厚度为 2～3 mm 荷叶原粉进行了≤30 kGy 的电子束辐射,并采用平板计数法分析荷叶原粉中的微生物数量,使用琼脂培养法分析荷叶原粉样品中的需氧菌总数,马铃薯葡萄糖琼脂培养法分析荷叶原粉样品中的霉菌和酵母菌数量。结果显示,当样品吸收剂量≥15 kGy 时,需氧菌总数<30 cfu/g,当样品吸收剂量≥5 kGy 时,霉菌和酵母菌的数量<30 cfu/g。当样品吸收剂量≥15 kGy,且辐射样品厚度为 2～3 mm 时,满足《中国药典》(2020 年版)中对中药材微生物控制的要求,表明 1 MeV 的电子加速器可以应用于荷叶原粉的灭菌。

关键词:荷叶原粉;电子束辐射;灭菌

随着国家对中医药的支持,中药产业近些年来得到了快速的发展。由于道地药材的采收条件苛刻,导致药材加工企业需要短时间存储大量药材,为避免原料被细菌、真菌等微生物污染,通常需要对这些药材进行灭菌处理,以满足《中国药典》(2020 年版)中对中药材的微生物数量所做规定,如表 1所示。传统的灭菌工艺如湿热灭菌、干热灭菌等经实验证明容易破坏药材中的热敏性的生物活性成分,环氧乙烷气体灭菌方式容易造成毒性物质残留,而紫外灭菌等方式灭菌效果不佳[1]。电子束辐射灭菌以其灭菌效果明显、灭菌时效长、对有效成分影响低等优点,正逐渐被应用于中药材的灭菌[2-4]。

表 1 非无菌药用原料及辅料的微生物限度标准

	需氧菌总数/(cfu/g)	霉菌和酵母菌总数/(cfu/g)	控制菌
药用原料及辅料	10^3	10^2	*

注:* 未做统一规定。

荷叶是睡莲科植物莲(Nelumbo nucifera Gaertn.)的叶。现代研究表明荷叶中含莲碱、荷叶碱、N-甲基乌药碱等多种生物碱以及莲苷,异槲皮苷,维生素 C,β-谷甾醇等生物活性成分,具有抑制酶活性[5]、抗氧化[6]、降脂减肥[7]、抗癌[8]、抑菌[9]、镇静催眠等药理作用。在临床中,亦可用于心脑血管疾病的预防和治疗。正因为荷叶的诸多功效,许多企业以荷叶作为原料开发出了许多药品及保健品。这些产品所使用荷叶原粉往往采用了湿热灭菌,一方面会导致有效成分的流失,另一方面增加了生产流程。采用电子束辐射灭菌将有效克服以上不足。

为此,本实验采用 1 MeV 电子加速器进行了荷叶原粉(辐射样品粉末厚度为 2～3 mm)的辐射灭菌有效性实验。通过检测吸收了不同剂量的样品中微生物的数量,探究荷叶原粉的电子束辐射灭菌工艺,为电子束辐射在荷叶原粉灭菌中的应用提供了实验支撑。

1 实验方法

1.1 荷叶原粉样品的电子束辐射处理

将采收到的新鲜荷叶在 60 ℃下烘干,粉碎并过 60 目筛,各取约 60 g 装于 7 个密封袋中密封。采

作者简介:孟令旺(1996—),男,硕士,主要研究方向为天然药物提取、灭菌

基金项目:湖北科技学院核技术专项(2018-19KZ03)、湖北科技学院核技术创新团队项目(H2019004)

用 1 MeV 电子加速器对实验样品进行辐射处理，实验利用小车系统进行，辐射样品厚度为 2～3 mm，小车运行速度为 12 m/min，在此条件下，通过调节束流强度，对样品分别进行 5 kGy、10 kGy、15 kGy、20 kGy、25 kGy、30 kGy 剂量的电子束辐射，得到不同吸收剂量的荷叶原粉样品。

1.2 荷叶原粉样品中的需氧菌总数测定

实验采用 GB 4789.2—2016 法测定吸收不同辐射样品中的需氧菌总数。在超净台中，分别称取不同吸收剂量的荷叶原粉 25 g 溶于装有 225 mL0.85%无菌生理盐水中，封口，手动摇匀 5 min。用移液枪移取 1 mL 上述悬液于无菌培养皿中，加入冷却至 40～50 ℃的平板计数琼脂 15～20 mL，标记培养皿为辐射 1∶10^1，用移液枪继续移取 1 mL 上述溶液于装有 9 mL 生理盐水的离心管中，吹打使混合均匀，倒入平板计数琼脂，标记培养皿为辐射 1∶10^2，重复上述操作，既得装有吸收剂量不同的不同稀释度样品的培养皿。待琼脂冷却后，将培养皿倒置，放入恒温振荡箱中在 36 ℃±1 ℃条件下培养。

1.3 荷叶原粉样品中的霉菌和酵母菌数量测定

实验采用 GB 4789.15—2016 法测定吸收不同辐射样品中的霉菌和酵母菌数量。在超净台中，分别称取不同吸收剂量的荷叶原粉 25 g 溶于装有 225 mL0.85%无菌生理盐水中，封口，手动摇匀 5 min。用移液枪移取 1 mL 上述悬液于培养皿中，向高温灭菌并冷却后的马铃薯葡萄糖琼脂中加入 0.05 g 链霉素—氯霉素，混合均匀，待琼脂冷却至 40～50 ℃时，倾注于培养皿，标记为 1∶10^1。继续用移液枪移取 1 mL 该辐射样品溶液于装有 9 mL 生理盐水的离心管中，吹打使混合均匀，吸取 1 mL 混合后的溶液于灭菌后的培养皿中，加入马铃薯葡萄糖琼脂，并标记表面皿为辐射 1∶10^2，再用该移液枪头吸取1 mL溶液于下一离心管中，重复上述操作，既得装有吸收剂量不同的不同稀释度样品的培养皿。待琼脂冷却后，正置培养皿，放入恒温振荡箱中在 28 ℃±1 ℃条件下培养。

2 荷叶原粉样品中的需氧菌总数分析

分析结果如表 2 所示，样品未经电子束辐射处理时，样品中需氧菌总数约为 1.896×10^7 cfu/g，随着样品吸收剂量的增高，样品中需氧菌总数呈指数型下降，当吸收剂量增大到 15 kGy 时，样品中的微生物数量降至 30 cfu/g 以下。符合《中国药典》(2020 年版)中规定的要求。

表 2 不同吸收剂量的荷叶原粉样品中需氧菌总数

项目	吸收剂量/kGy							
	0	5	10	15	20	25	30	35
需氧菌总数/(cfu/g)	1.9×10^7	2.4×10^4	3.4×10^3	<30	<30	<30	<30	<30

3 荷叶原粉样品中的霉菌和酵母菌数总数分析

分析结果如表 3 所示，当样品吸收剂量为 5 kGy 时，其中的霉菌和酵母菌数量已由 1.4×10^4 cfu/g 降至 10 cfu/g 以下。符合《中国药典》(2020 年版)中对霉菌和酵母菌总数的限度要求。

表 3 吸收不同辐射剂量荷叶原粉样品中霉菌和酵母菌总数

项目	辐照剂量/kGy						
	0	5	10	15	20	25	30
霉菌和酵母菌总数/(cfu/g)	1.4×10^4	<30	<30	<30	<30	<30	<30

4 结论

当辐射样品厚度为 2～3 mm，吸收剂量≥15 kGy 时，荷叶原粉中的需氧菌总数<30 cfu/g，霉菌和

酵母菌的数量<30 cfu/g，满足《中国药典》(2020 年版)对中药材微生物控制的要求，表明 1 MeV 的电子加速器可以应用于荷叶原粉的灭菌。

参考文献：

[1] 康超超，等.基于物理化学及生物评价的中药生药粉灭菌技术研究进展 [J].中草药，2020，51(02)：507-15.

[2] RAMATHILAGA A，et al. Effect of electron beam irradiation on proximate，microbiological and sensory characteristics of chyavanaprash—Ayurvedic poly herbal formulation [J]. Innov Food Sci Emerg Technol，2011，12(4)：233-242.

[3] MI-EUN B，et al. Microbial assessment of medicinal herbs (Cnidii Rhizoma and Alismatis Rhizoma)，effects of electron beam irradiation and detection characteristics [J]. Food science and biotechnology，2020，29(5)：21-25.

[4] 邹琼.～(60)Co-γ 射线辐射灭菌对天麻药材指纹图谱及有效成分的影响 [J].中国药师，2021，24(03)：488-492.

[5] YE L-H，et al. Lotus leaf alkaloid fraction can strongly inhibit CYP2D6 isoenzyme activity [J]. Elsevier Ireland Ltd，2016，194(2)：223-228.

[6] GUO C，et al. Qualities and antioxidant activities of lotus leaf affected by different drying methods [J]. Springer Berlin Heidelberg，2020，42(2)：3421-3425.

[7] 张丽静，等.荷叶碱防治小鼠高脂血症作用及其机制 [J].医药导报，2015，34(04)：440-444.

[8] 李娜，等.荷叶碱对人肝癌细胞株 HepG2 凋亡及其作用机制 [J]. 中国药物警戒，2017，14(12)：715-726.

[9] 李帆.荷叶碱在青霉菌培养基中抑菌效果的研究 [J].生物化工，2018，4(06)：99-101.

Study on sterilization technology of lotus leaf powder by electron beam radiation

MENG Ling-wang[1,2]，ZHU Xiao-ming[2,3]，LIU Xiao-ling[1,3]，WANG Jun-tao[2,3]，HU Peng[2,3]，JI Liu-di[2,3]，LI Ze-yu[2,3]

(1. School of Nuclear Technology and Chemistry & Biology，Hubei University of Science and Technology，Xianning of Hubei 437100 China；

2. Key Laboratory of radiation chemistry and functional materials，Xianning of Hubei Prov. 437100 China；

3. School of pharmacy，Hubei University of science and technology，Xianning of Hubei Prov. 437100 China)

Abstract：The purpose is to explore the sterilization technology of lotus leaf raw powder by electron beam radiation and expand the application of electron beam radiation technology in natural medicine sterilization. The lotus leaf raw powder with thickness of 2～3 mm was radiated by electron beam less than or equal to 30 kGy using 1 MeV electron accelerator. Plate count method is used to analyses the number of microorganisms in lotus leaf raw powder，and through the plate count agar culture method analyzes the total number of colonies in the samples of lotus leaf，potato dextrose agar culture method to analysis the number of mold and yeast in lotus leaf raw powder samples. The results showed that when the absorbed electron beam radiation dose was greater than or equal to 15 kGy，the total number of bacterial colonies in the lotus leaf raw powder was less than 30 cfu/g，and when the absorbed electron beam radiation dose was greater than or equal to 5 kGy，the number of mold and yeast in the lotus leaf raw powder was less than 30 cfu/g. In summary，when the sample absorbed dose is greater than or equal to 15 kGy，and the radiation sample thickness is 2～3 mm，the requirements for microbiological control of Chinese medicinal materials in the Chinese Pharmacopoeia (2020 edition) are met，which proves that 1 MeV electron accelerator can be applied to sterilize lotus leaf raw powder.

Key words：lotus leaf raw powder；electron beam irradiation；sterilization

核技术工业应用
Nuclear Techniques in Industry

目　录

基于ECR源的小型DD型中子发生器研究进展

陈立华,崔保群,唐　兵,马瑞刚,马鹰俊,张一帆,马　燮,李　玮,王云峰
(中国原子能科学研究院,北京 102413)

摘要:中子发生器具有产生中子能量高、固有安全性高和使用场景灵活等特性在众多领域,如科学研究、活化分析和违禁品监测等,均有广泛的应用需求。本文介绍了中国原子能科学研究院正在研发的基于ECR源的小型中子发生器进展。该发生器使用2.45 GHz强流ECR离子源产生数mA量级的强流D束,加速后轰击水冷自生纯铜靶通过(D,D)核反应生成2.5 MeV中子。本工作介绍了基于ECR源的小型中子发生器的设计和中子产额的初步测量结果测试结果显示在引出束流9 mA,能量130 keV,中子产额达到2.73×10^{8} n/s。在实验测试的近300个小时中,发生器运行稳定,未出现部件损坏。下一步工作将进一步提高束流能量,更换靶材料,预期可提高发生器中子产额到10^{9} n/s以上。该发生器具有体积小、产额高,预期工作寿命长等特点,可满足科学研究和一些工业应用领域对2.5 MeV中子源的需求。

关键词:中子发生器;自生靶;ECR源;高产额

中子发生器是一种可控中子源,具有能谱单一、能量高(14～2.5 MeV)的特点。同时中子发生器具有固有安全性,在不通电的情况下不会发射中子,相较辐射中子源(^{252}Cf),更加安全,环保。基于中子活化分析方法,利用中子发生器可对C、H、O、N、S、Si、Al、Fe、Ca、Ti等多种元素进行实时分析,可在水泥生料和煤灰成分分析等相关工业应用领域在线检测。另外,中子发生器与电子管X射线仪结合,采用高能X射线和快中子融合成像技术,还可以在港口、机场、车站等重要目标实现对集装箱等货物中隐藏的爆炸物或毒品有效识别[1-5]。

在不同的应用领域,对中子发生器的产额、可靠性、寿命等方面有不同的要求。如在水泥工业的在线分析仪,通常要求中子产额大于1×10^{8} n/s以上,并可稳定工作2 000 h以上。而在检测应用领域则对中子的产额和时间特性方面具有一定要求。国内现有的小型中子发生器存在产额低或性能不够稳定及寿命短等问题,难以满足工业应用的多方面需求。基于强流ECR源的小型中子发生器具有中子产额高、预期寿命长、体积小等特点,不仅可以满足科学研究的需要,而且可以在一些工业领域也可对现有辐射中子源进行替代。

本工作介绍了中国原子能科学研究院的基于强流ECR源的中子发生器的研究进展,介绍了中子发生器的基本结构、离子光学设计、自生靶结构及散热设计等,并对其DD反应中子产额进行了初步测定。

1　基于ECR源小型中子发生器原理及组成

基于ECR源的小型中子发生器的主体有三部分组成,分别是ECR源、高压聚焦加速系统和反应靶,还有辅助的真空、冷却和电源及控制系统等。它的原理示意图见图1。

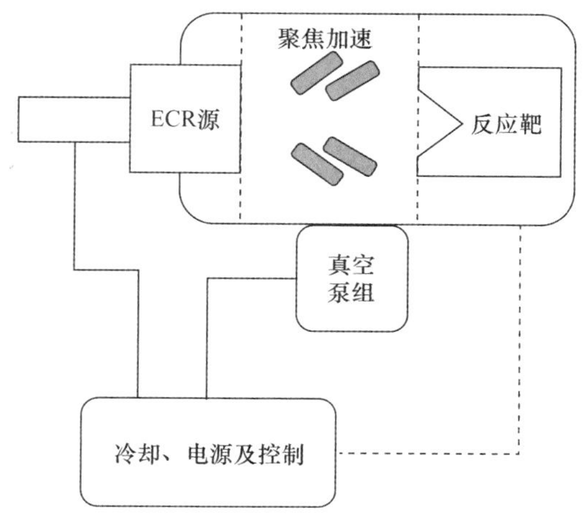

图1　基于ECR源的小型中子发生器的原理图示

高纯D气馈入ECR源,在微波和磁场的作用下产生强流的D^{+}离子束,聚焦加速电极将束流能量提高至

作者简介:陈立华(1981—),男,博士,高级工程师,现主要从事离子束技术等科研工作

100～200 keV 后在靶上发生(D,D)或(D,T)反应产生中子。整个系统有一套泵组维持真空室内的真空。冷却、电源及控制等辅助系统为发生器的各部分提供所需的冷却、高压供电和远程控制联锁等。

2 小型中子发生器的设计

2.1 ECR 离子源

ECR 离子源全称为电子回旋共振离子源。它利用工业频段 2.45 GHz 微波激励电子使气体原子电离。ECR 离子源具有束流强度高、单原子离子比例高、寿命长等优点，非常适宜于作为高产额中子发生器的离子源。

本工作使用原子能院开发的永磁 ECR 源。该源最高产生束流强度＞100 mA 的强流离子束，并可长时间持续稳定运行[6]。实验结果显示，对于 H_2 气来说，在 300～500 W 微波功率激励下，H^+ 所占的比例约 90%，在 75 keV 的引出能量时，束流品质也很好，发射度小于 0.2π mm · mrd。同时该源可工作直流状态，也可工作脉冲状态，最短脉冲宽度可达几十 μs。另一个显著的优点是该源的主体尺寸小，结构简单，见图 2，也特别适合于中子发生器的小型化。

图 2 强流 ECR 源

2.2 聚焦加速结构

强流的束自身存在较强的空间电荷作用，在聚焦加速过程中由于存在电场没有空间电荷，束流的加速和包络控制相较弱流束则更为困难，同时还要采用适当的方法抑制空间自由电子，防止其被反向加速造成设备损坏和电源功率无用消耗。本工作发生器采用的聚焦加速结构原理示意图如图 3 所示。束流的加速采用两级加速结构，离子源和反应靶所处电位均可单独调节，有效控制强流束的包络尺寸。与传统中子管型中子发生器仅将可调整靶电位相比，这种结构的优点是离子源的引出束流光学特性可以通过引出电源单独进行调节，便于实现束流传输的更好匹配。采用电子抑制电源加载和电阻分压的方法，在离子源引出孔和反应靶附近实现负电位势阱，防止电子被反向加速。图 3 中的束流轨迹直观地显示了离子束的包络情况，图中的颜色代表离子的能量变化(绿色最低，红色最高)。模拟计算结果显示，通过两级加速结果，反应靶上的束流尺寸可以得到有效控制，在离子源引出能量不变情况下，束流能量越高，则靶上束斑越小。束流能量在 120～200 keV 变化时，10 mA 的氘束在靶上尺寸约 Φ16～30 mm。

2.3 反应靶

反应靶是影响中子发生器中子产额的一个重要元件。本工作中采用自生靶方案。其基本原理是加速的 D 离子会注入到反应靶内一定深度，经一段持续的 D 束轰击后，在 D 离子注入和扩散的共同

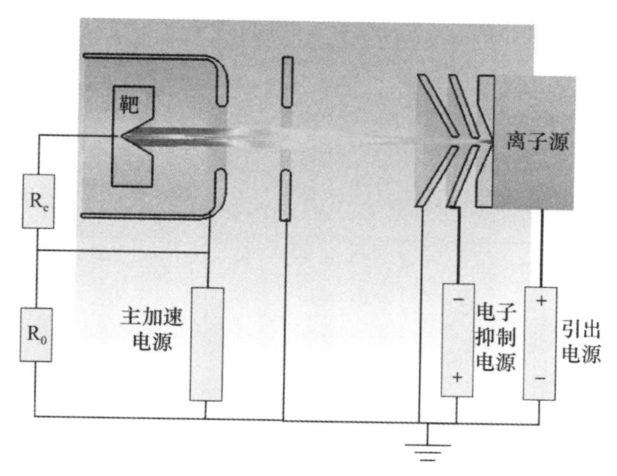

图 3　束流轨迹与聚焦加速原理示意图

作用下，与靶材料形成一定的金属相，在反应靶的一定区域内会形成一定浓度的 D 原子分布。后续的 D 离子在注入减速的过程中会与 D 原子发生核反应，从而释放出 2.5 MeV 的中子。与传统的充氘或充氚靶相比，该方案的优点是无需对靶进行预先的充气处理，大大提高了靶的使用寿命。同时相对充氘、充氚靶，运行过程流出物的释放量更少，对环境的影响更小。

反应靶的温度会影响其内部的 D 原子浓度，必须采用有效的冷却结构保持靶内 D 原子浓度维持在较高水平以提高反应率。对于 10 mA 的 D 束会在靶上沉积约 2 kW 的热功率，本工作采用无氧紫铜作为反应靶基底，用循环的去离子水为靶提供冷却，在靶面结构设计中使用束流作用面锥面设计，降低功率密度。计算结果显示，该反应靶可在 2 kW 的强流束轰击下，可有效控制靶温约 200 ℃。图 4是靶上 10 mA 束流的功率分布和靶表面的温度分布。

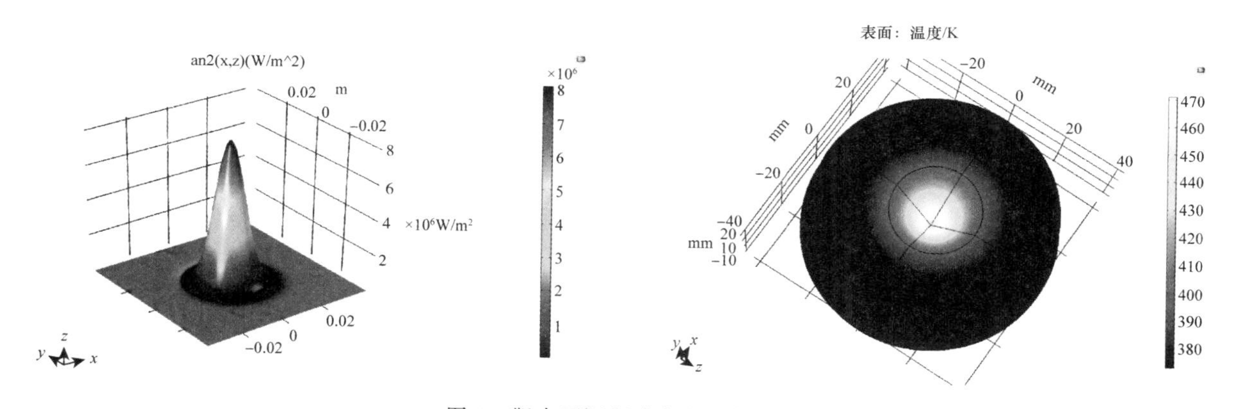

图 4　靶表面沉积功率和温度分布

3　中子产额的初步测试

基于 ECR 源的小型中子发生器的总长度约 900 mm，直径约 250 mm，见图 5。在测试中反应靶采用无氧纯铜作为反应靶，利用一个 ^{3}He 球中子探测器[7-8]（核工业国家一级计量站校准）在与来束呈 90°方向对发生器产生的 2.5 MeV 中子产额进行了初步测定。^{3}He 探测器记录了单位时间（约 5 min）内的累计中子计数，结合探测器的能量响应曲线，可以计算出发生器的中子注量率结合探测器与反应靶的距离，即可得到发生器的中子产额。在一定的 D 束离子与反应靶作用时，由于自生靶内没有 D 原子，需要一段时间积累，中子产额才能达到峰值。在对发生器产生器的中子产额持续测量中可以清晰地看到上述变化。实验在一定的 D 束能量和束流强度下(D 束总能量 100 keV,源引出电位 40 kV,靶上电位−60 kV,靶上束流强度 5.8 mA),多次测量发生器的中子产额。在直流 D 束与靶持续相互作用过程中,采用同样方法,初始测量产额为 8.12×10^{7} n/s,15 分钟后产额增加到 1.03×10^{8} n/s,再 15 分钟则为 1.06×10^{8} n/s,此时中子产额已接近峰值,变化不大。

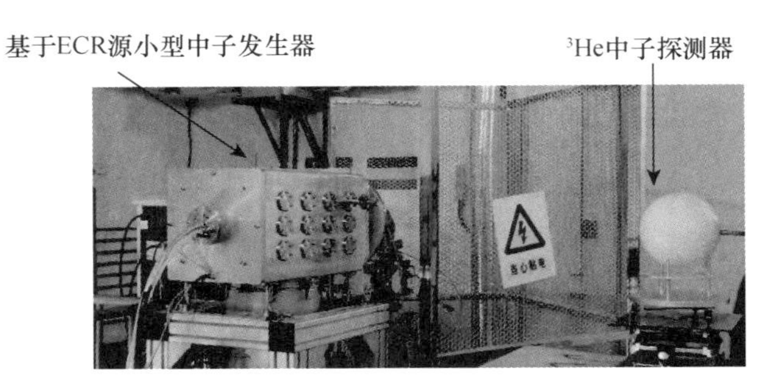

图 5　基于 ECR 源小型中子发生器

测试还在 D 束流强度固定(源引出电位 40 kV,7 mA),仅改变靶上电位(−10～−90 kV)时,保持 D 束与靶的持续作用,在每个束流能量下多次测量探测器的计数,待中子产额变化小于 5%记作该束流能量的中子产额。图 6 给出了在不同束流能量下的发生器的中子产额变化情况。

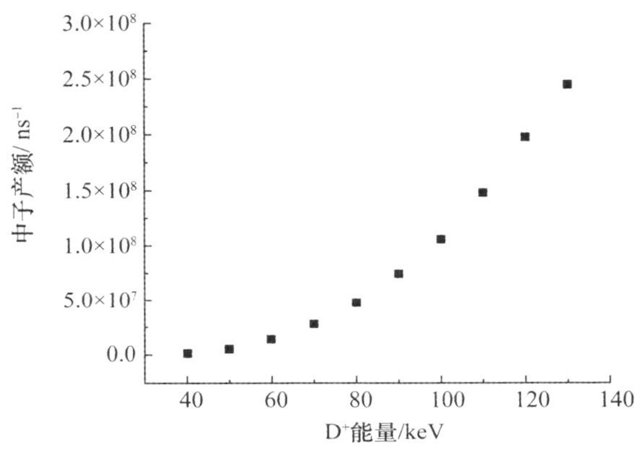

图 6　中子产额测试结果

从测试结果可见,随着束流能量增加,发生器的中子产额也在快速增加。在 7 mA 的 D 束流在与纯铜靶发生(D,D)反应,在 130 keV 能量时,换算中子产额可以达到 2.44×10^{8} n/s。

测量还在固定束流能量(D 束能量 130 keV,源引出电位 40 kV,靶电位−90 kV),仅通过调整离子源微波功率改变 D 束流强度,测量了不同 D 束流强下发生器的中子产额,见图 7。可见,在束流 130 keV,5～10 mA 的 D 束强度下,发生器的中子产额基本上随着 D 束流强而线性增加,则表明反应靶在该束流功率的作用下,实现了较好的冷却效果。在 9 mA 束流强度时,发生器的中子产额达到了 2.73×10^{8} n/s。

值得注意的是上述中子产额的测量和计算中是假定发射中子在各方向均匀分布,而实际上中子在各个方向是有分布的,存在一定前倾角,在 90°方向测得中子计数会比 0°和 180°方向略低一些,这会造成发生器实际产生的中子产额比上述测量值略高一些,但上述简化测量和计算仍可作为评价中子源产额的一个有效量度。另外,上述针对基于 ECR 源的小型中子发生器的中子产额测量的还是初步的,实验还是在较低的束流强度<10 mA 和能量(最大 130 keV)下进行的,离子源可产生的束流强度(最大 100 mA)和加速聚焦结构的可达到的束流能量(约 200 keV)仍有余量。同时上述中子产额的

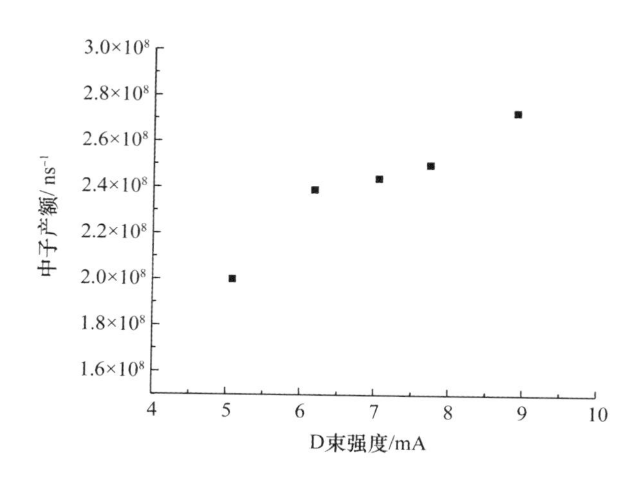

图 7　中子产额随 D 束强度的变化(D 束能量 130 keV)

测量数据在使用纯铜自生靶的情况得到的,若采用其他类型的靶,如镀钛靶、充氘或充氚靶等,预期该发生器可产生的中子产额还会有比较大的提升空间。

基于 ECR 源的小型中子发生器在调试和测试中累计运行了 300 h 左右,系统运行稳定可靠。各部件经受住了高压干扰、辐射等环境的考验。该发生器的纯铜自生靶采用厚靶结构,在强流离子束的轰击下,靶的结构损伤很小。实验显示,在近 300 h 的累计束流作用下,靶的结构没有损坏,中子产额也未出现降低,离子引起的溅射效应没有造成靶的明显损伤。下一步计划与用户结合开展更长时间的持续运行试验。

4　结论

本工作介绍了一台基于 ECR 源的小型中子发生器的研制进展和初步中子产额测量结果。该发生器利用 ECR 源产生强流 D 束,与纯铜自生靶相互作用,通过(D,D)反应产生了高产额的 2.5 MeV 中子。该发生器具有 D 束流强大、中子产额高、结构尺寸小、预期寿命长等特点,可满足中子应用科研活动的多样化需求,同时在一些工业检测,如活化分析研究、水泥生料成分分析等领域,其产生的中子产额和预期寿命等方面也可满足其对辐射中子源的替代需求。下一步工作将进一步提高束流能量,更换靶材料,预期可提高发生器中子产额到 10^9 n/s 以上。

参考文献:

[1]　J. Reijonen, et al, First PGAA and NAA experimental results from a compact high intensity D-D neutron generator[J]. Nuclear Instruments and Methods in Physics Research A, 2004,522:598-602.

[2]　仇九子,等.用中子检查隐藏爆炸物的物理学原理[J].现代物理知识,1998,10(1):17-18.

[3]　刘荣,等.水泥材料的反射中子实验研究[J].2009,32(9):679-683.

[4]　V.D. Aleksandrov, et al, Application of neutron generators for high explosives toxic agents and fissile material detection[J]. Applied Radiation and Isotopes, 2005, 63:537-543.

[5]　黑大千.PGNAA 在线分析技术的发展与现状[J].科技资讯,2014,6:63-64.

[6]　唐兵,等.CIAE 强流 ECR 离子源研制[J].原子能科学技术,2012,46:543-546.

[7]　谭民,等.球形 ^{3}He 正比计数器物理性能研究.核电子学与探测技术[J].1989,9(4):206-210.

[8]　张明,等. ^{3}He 中子计数管的机理及结构[J].2009,29(5):1170-1172.

Development of a compact DD neutron generator based on ECR source

CHEN Li-hua, CUI Bao-qun, TANG Bing, MA Rui-gang,
MA Ying-jun, ZHANG Yi-fan, MA Xie, LI Wei, WANG Yun-feng

(China Institute of Atomic Energy, Fangshan of Beijing. 102413, China)

Abstract: Due to inherent safety, its small size, and flexible usage scenarios, compact neutron generators are widely demanded in many scientific research, activation analysis and contraband monitoring fields. This paper introduces the development of a compact high-yield DD neutron generator in China Institute of Atomic Energy. The generator uses a 2.45 GHz high current ECR ion source to generate a few mA high current D beam. In this work, a preliminary measurement of the neutron yield of the generator was carried out. A ^{3}He neutron detector has been used. The neutron yield of reached 2.73×10^8 n/s when the beam was 9 mA, energy 130 keV. During the test-runs, the operation of the neutron generator was stable, that is no component damaged. The next step will further increase the beam energy and use other target materials, like titanium drive-in target, which is expected to increase the neutron yield to more than 10^9 n/s. The generator has the characteristics of small size, high neutron yield and long life, which can meet the needs of 2.5 MeV neutron source in scientific research and some industrial applications.

Key words: neutron generator; drive-in target; ECR ion source; high yield

海外首台“华龙一号”棒控电源柜无核热试阶段参数调整分析

王棋超,马一鸣,齐 箫,明 星,李 艺,任 洁,蒋哲凡
(中核核电运行管理有限公司,浙江 嘉兴 314300)

摘要:海外某机组在无核热试阶段,棒控电源柜由于参数不适配导致故障发生。为了解决故障,需要对参数进行调整。通过对驱动机构线圈电流波形和电源柜报错信息的分析找到故障原因。分析电源柜参数中与故障有关的参数,结合电流波形分析和数据统计对比,针对性优化参数。最终达到消除故障、优化电源柜参数、提高棒控系统运行可靠性的目的。为棒控棒位系统下一阶段调试指明了重点,也为海外“华龙一号”后续机组调试提供了极具借鉴意义的经验,同时为其他核电厂遇到同类型问题时提供解决思路。

关键词:无核热试;棒控电源柜;电流波形;参数优化

海外某机组是目前海外“华龙一号”堆型,反应堆热功率 3 050 MW,电功率 1 100 MW,机组于2015年开工建设。作为海外较早型号“华龙一号”其调试过程有着很多未知的问题,对每一个问题的分析处理都是探索的一部分,都将为后续机组的调试运行打下坚实的基础。

1 海外某机组棒控棒位系统现状

机组棒控棒位系统的电源柜由国内公司供货。电源柜根据控制棒逻辑柜的运行指令,完成提升和插入步循环程序。按照棒束驱动功能,每个电源柜控制一个子组。

电源柜分成两个部分,一部分是循环监视逻辑单元,另一部分是电源驱动单元。循环监视逻辑单元接收来自控制单元的提升或插入运动指令,对每组线圈产生激励时序。每束棒的电源驱动部分有三个部分组成,它的用途是给驱动机构的三个线圈提供调节电流。这三个部分的每一个部分都由带有电子元件的印刷电路板和电流调节电路组成。

从电源柜重要组成部分上分,又可分为:

(1)单相浪涌组件:用于电源 AC 220 V 线路的浪涌保护;

(2)电流测量组件(电压电流测量板 CVM):用于采集负载电流和电压,经传感器隔离适配输出;

(3)电源控制器组件:实现驱动机构线圈的电流控制,主要功能有电流调节、脉冲生成、时序控制、故障监测;

(4)端接模块:用于 PLC 与电流控制器组件之间的开关量信号转接、将 DC 24 V 控制电源转接送出、将来自电流测量组件的同步信号和负载测量信号送至电流控制器组件进行处理、将来自脉冲放大组件的触发脉冲送至可控硅;

(5)接口组件:用于通讯组件供电、两路开关量输入和两路开关量输出留作备用;

(6)脉冲放大器组件:4 路相同的脉冲整形放大回路,接收脉冲信号,经三极管驱动后通过脉冲变压器整形放大输出;

(7)通讯组件:主要由 CAN 总线通讯以及 RS232 通讯组成。CAN 总线有两路,CAN1 用作柜间通信,CAN2 用作柜内通信;RS232 通讯用作外接设备使用;

(8)阻容保护 & 同步测量模块:阻容保护电路用于尖峰电压吸收,保护可控硅。同步测量电路用于同步信号的采集适配。

当机组进入无核热试阶段后,需要对棒控棒位系统进行调试运行,在不带棒的工况下对系统进行

作者简介:王棋超(1992—),男,浙江绍兴人,工程师,学士,现主要从事反应堆功率控制和仪表维修工作

全面的检查验证。检查逻辑柜、电源柜的供电正常;测量电源柜输出的提升线圈电流、传递线圈电流、保持线圈电流是否符合定值;验证控制棒驱动机构动作正常;验证驱动机构通风系统运行正常。在调试过程中遇到了一些问题,如果不能很好解决,将导致调试工期延迟,甚至是机组投运后频发故障、棒控棒位系统功能缺失,将直接对机组的安全运行造成威胁。因此迫切的需要找到故障原因,解决问题。对故障在现阶段进行充分的分析研究,尝试多种解决方案,为后续调试和运行提供数据支持。

2 故障问题

棒控棒位系统在进行驱动机构不带棒步进试验期间,需要测量每束棒的驱动机构线圈电流输出波形,并根据波形修改和调整电源柜的相关参数以确保电源柜能产生驱动机构正常运行所要求的时序电流和驱动机构能正常动作。

试验期间采用示波器对驱动机构线圈电流进行录波,并检查机柜各组件是否有异常情况发生。当试验进行到 SC2 棒组时,在提升过程中 SC2 机柜报错,自动双保持。检查发现,SC2 的第 4 束棒保持线圈电流控制卡件报“电流超限故障”。机柜内四束棒自动进入双保持。示波器波形如图 1 所示。

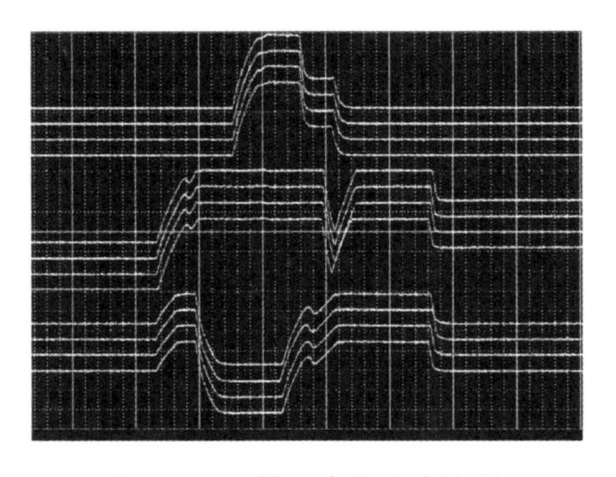

图 1 SC2 第四束棒故障波形

将故障复位后,继续进行试验,后大范围的发生类似故障,SC2 的第 2 束、第 3 束、R1 棒的第 2 束、R2 棒的第 1、2、3 束、G1 棒的第 1 束、第 2 束均出现同样故障。

3 原因分析

3.1 故障原理分析

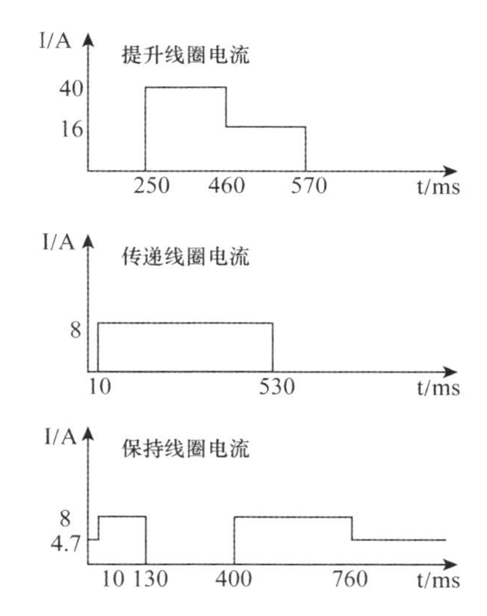

图 2 棒束正常情况下提升一步电流时序图

对于每个线圈中的电流,电源柜中电流测量组件(CVM)会实时进行测量并反馈给电流控制器。电流控制器中会对当前电流和设定参数进行对比,超出设定阈值立即报警。

调试中发生的故障为保持线圈电流超限,结合电流波形可知,在保持线圈从零电流提升到大电流的过程中,大电流未能在设定时间内到达大电流的下限值,导致故障发生。在此涉及两个电源柜重要参数:保持线圈大电流过小报警阈值(7 A)、保持线圈大电流过大报警阈值(9 A)和保持线圈从零电流到大电流监视中断时间(160 ms)。

如图 3 所示,400 ms 处保持线圈开始从零电流提升到大电流,为了检测保持线圈大电流提升速度和最终值是否正常,电源柜首先给出一个保持线圈零电流到大电流监视中断时间。这个时间是电源柜给保持线圈电流从 0 爬升到大电流的时间,所以在监视中断时间内电源柜不进行报警,这个时间设定为 160 ms。当时间到达 560 ms,电源柜将检测此时保持线圈电流,并对其上下限进行了规定,上限 9 A,下限 7 A,不在这个范围内即产生报警。

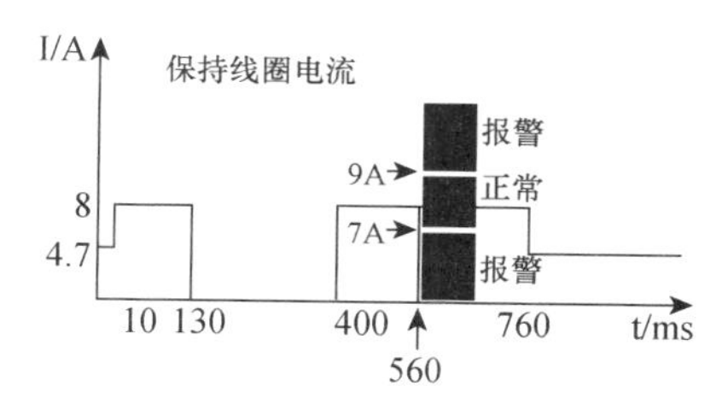

图 3 报警原理示意图

于是对故障棒组波形进行分析,测量其报警时故障棒束保持线圈电流(示波器测量值为输出电流经过霍尔传感器转化后的电压值,电流:电压=2.2:1),结果如图 4、图 5 所示。

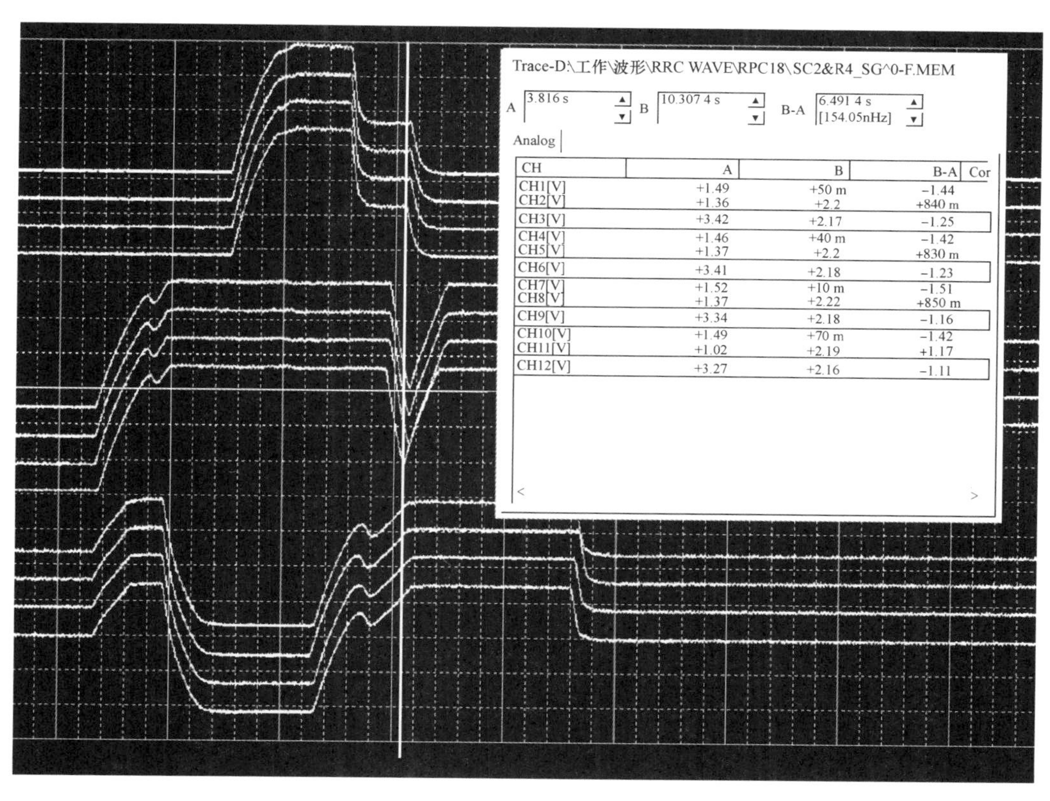

CH	A	B	B-A	Cor
CH1[V]	+1.49	+50 m	-1.44	
CH2[V]	+1.36	+2.2	+840 m	
CH3[V]	+3.42	+2.17	-1.25	
CH4[V]	+1.46	+40 m	-1.42	
CH5[V]	+1.37	+2.2	+830 m	
CH6[V]	+3.41	+2.18	-1.23	
CH7[V]	+1.52	+10 m	-1.51	
CH8[V]	+1.37	+2.22	+850 m	
CH9[V]	+3.34	+2.18	-1.16	
CH10[V]	+1.49	+70 m	-1.42	
CH11[V]	+1.02	+2.19	+1.17	
CH12[V]	+3.27	+2.16	-1.11	

图 4 SC2 第 4 束棒保持线圈故障时刻测量电压值

对 SC2 的三次故障波形进行统计汇总后得到图 5。

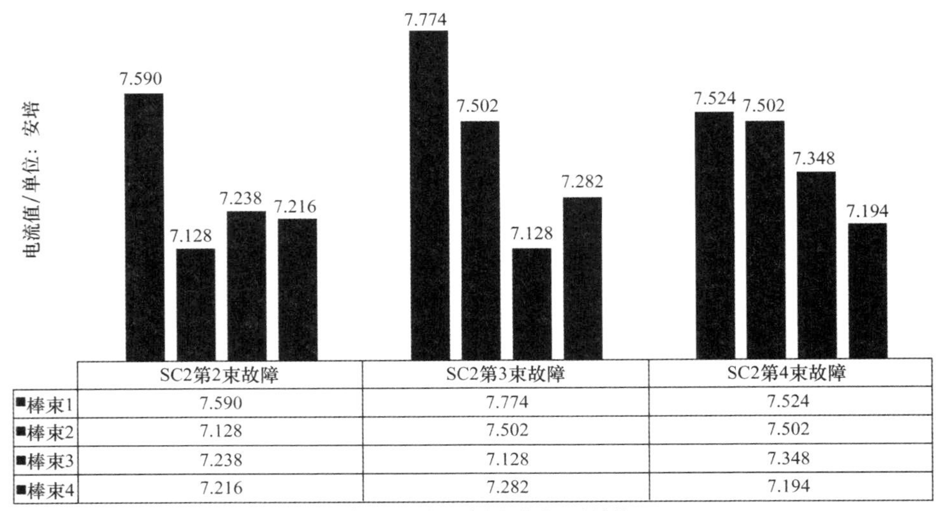

	SC2第2束故障	SC2第3束故障	SC2第4束故障
■棒束1	7.590	7.774	7.524
■棒束2	7.128	7.502	7.502
■棒束3	7.238	7.128	7.348
■棒束4	7.216	7.282	7.194

图 5　汇总情况

由图 5 中可见，3 次故障的棒束均为 4 束棒中电流爬升速度最慢的一组，电流值大小约为 7.2 A。由于示波器所测得的电流值与电流控制器内反馈得到的电流之间存在一个较小的误差(约 0.2 A)。产生这个误差的原因有很多，其中非常重要的一个原因是反馈给电流控制器的电流信号和用于外部测量的电压信号来自同一个源头但是输出的路径不同。

CRDM 电源线经过霍尔传感器后，霍尔传感器得到的电流信号，一路直接输出至电流控制器进行电流控制，另一路输出给变送器用于外部测量。具体示意图如图 6 所示。

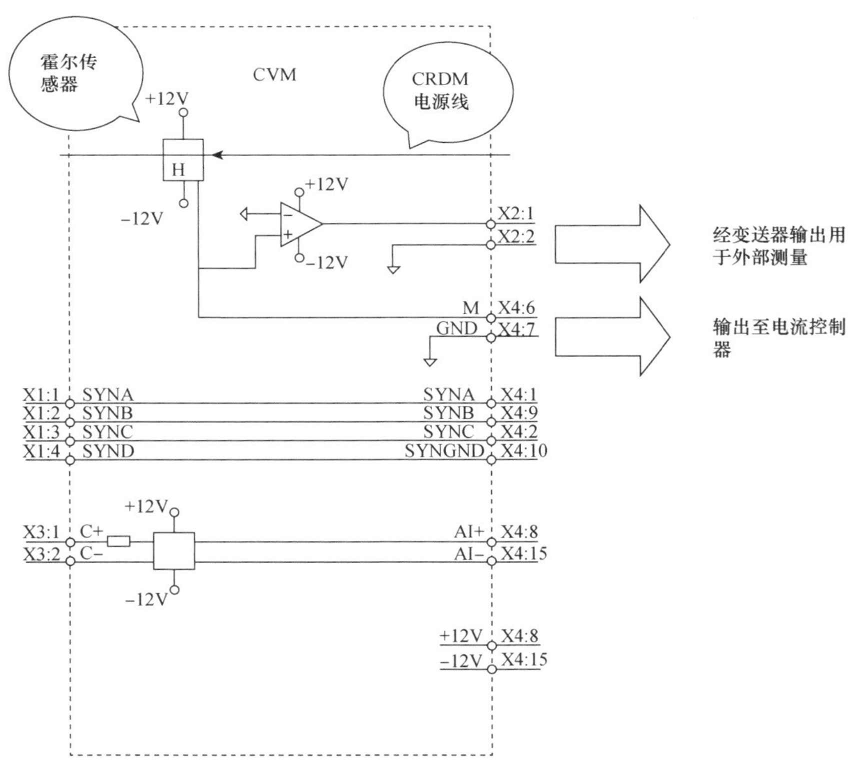

图 6　电流测量模块(CVM)原理图

3.2 参数分析

在分析清楚故障的原因后，接下来分析电源柜参数，找到其中与之相关的参数：

PID 调节参数；

保持线圈零电流到大电流监视中断时间；

保持线圈大电流过小报警阈值。

3.2.1 PID 参数调节

电源柜通过 PID 调节的方式控制对驱动机构线圈的输出电流，以上故障发生的原因在于保持线圈电流没有在 160 ms 内爬升到设定值以内，如果能通过调节 PID 参数加快保持线圈电流的爬升速度，那么就能达到解决问题的目的。

PID 调节是经典控制理论中控制系统的一种基本调节方式，具有比例、积分和微分作用的一种线性调节规律，示意图如图 7 所示。

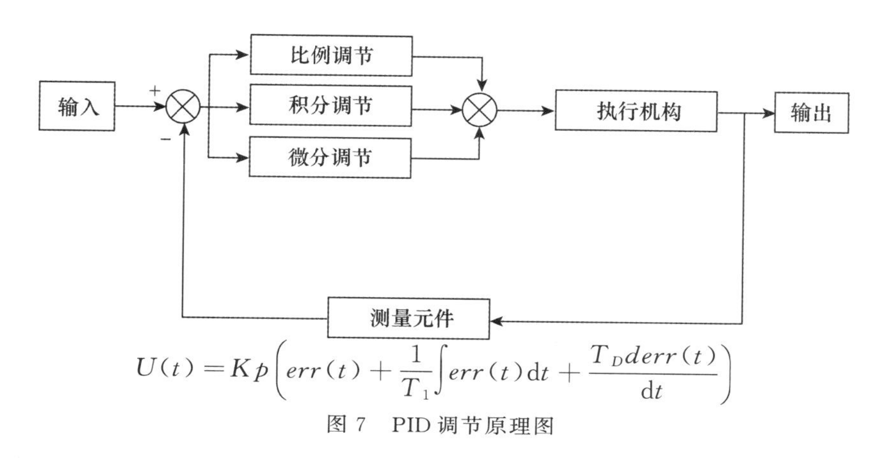

$$U(t)=Kp\left(err(t)+\frac{1}{T_1}\int err(t)\mathrm{d}t+\frac{T_D derr(t)}{\mathrm{d}t}\right)$$

图 7 PID 调节原理图

比例调节作用：可以加快调节，减小误差。

积分调节作用：使系统消除稳态误差，提高精度。

微分调节作用：可以减少超调，减少调节时间。

厂家在电源柜出厂调试时已经对其 PID 参数做了最优化处理，且没有给出电流控制器内部 PID 调节的具体计算公式。为了检验其 PID 参数的优化程度，选择通过试验方式调节比例系数 K_p、积分系数 T_i、微分系数 T_d，观察波形判断调节的作用。经过故障分析可知，加快保持线圈从零电流到大电流的爬升速度可以消除这一故障，所以在元器件性能范围内增大比例系数 K_p 能达到这一目的。

原参数中比例系数 K_p 为 10、积分系数 T_i 为 20、微分系数 T_d 为 10，现将 K_p 改为 15 其余参数不变，再次动棒记录波形。

机组控制棒驱动机构供电采用可控硅三相半波整流技术，动力电源为三相 260 V 交流电。电流指令时序信号通过转换，转变为控制可控硅的控制脉冲，调节可控硅的导通时间以控制输出到驱动机构线圈的电流。而可控硅在导通时，电流的上升速度受到“通态电流临界上升率”的限制。如果电流上升的太快，会造成可控硅局部过热而损坏。这个参数只与可控硅的材料、结构等固有属性相关，无法消除。同时驱动机构线圈是一个大电感，在通电时会对电流增加起到阻碍作用。所以驱动机构线圈中的电流从零电流到大电流爬升速度存在理论极限，不可能无限增加。

观察图 8 发现，在比例系数增大了 50％的情况下，保持线圈的曲线并没有发生明显的变化。可以得出结论，厂家提供的参数已达到元器件整流输出性能极限，无法再大幅提高保持线圈的电流爬升速度。所以此方法不适用。

3.2.2 保持线圈零电流到大电流监视中断时间调节

保持线圈零电流到大电流监视中断时间的持续时间对这一故障是有很大影响的，如果能在不影响系统性能的前提下增加监视中断时间即可消除电流超限故障。由图 2 正常提升的电流时序图中可

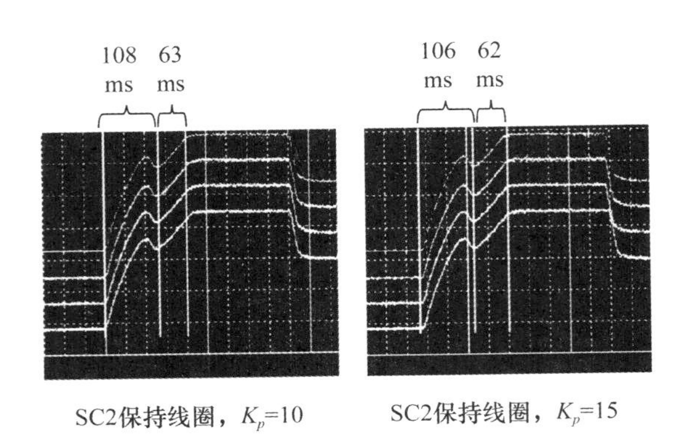

图 8　SC2 在不同比例系数下提升一步的保持线圈波形

以看到，400 ms 时保持线圈电流从 0 开始爬升，传递线圈电流从 530 ms 开始从大电流向下降直到 0，工程经验中一般认为传递钩爪会在传递线圈电流开始下降 45 ms 后松脱，所以，理论上保持线圈的爬升时间最大可以是 175 ms(530－400＋45)。但是由于目前为不带棒步进试验，带棒时钩爪的释放时间无法试验和测试，仅凭工程经验非常的冒险，这项参数需要在带棒步进试验时测试传递钩爪在传递线圈大电流开始下降后松脱的时间，再进行最大值的估算，所以在无核热试阶段不建议修改这一参数。

3.2.3　保持线圈大电流过小报警阈值调节

通过减小保持线圈大电流过小报警阈值也可以消除这一故障。经过故障分析可知，在故障的时刻电流值只是略小于 7 A，只需把报警阈值稍向下调整即可。

在图 9 中选取了部分棒组保持线圈从 0 电流到大电流过程中钩爪吸合点的电流值，可见吸合点电流集中在 5.5 A 到 6.2 A 之间，所以把保持线圈大电流过小报警阈值设置在 6.3 A 及以上都是安全的，能确保钩爪的吸合，且能起到监视线圈电流的作用。同时，调小报警阈值可以避免误发报警，故而选择 6.3 A 作为保持线圈大电流过小报警阈值是较为合适的。

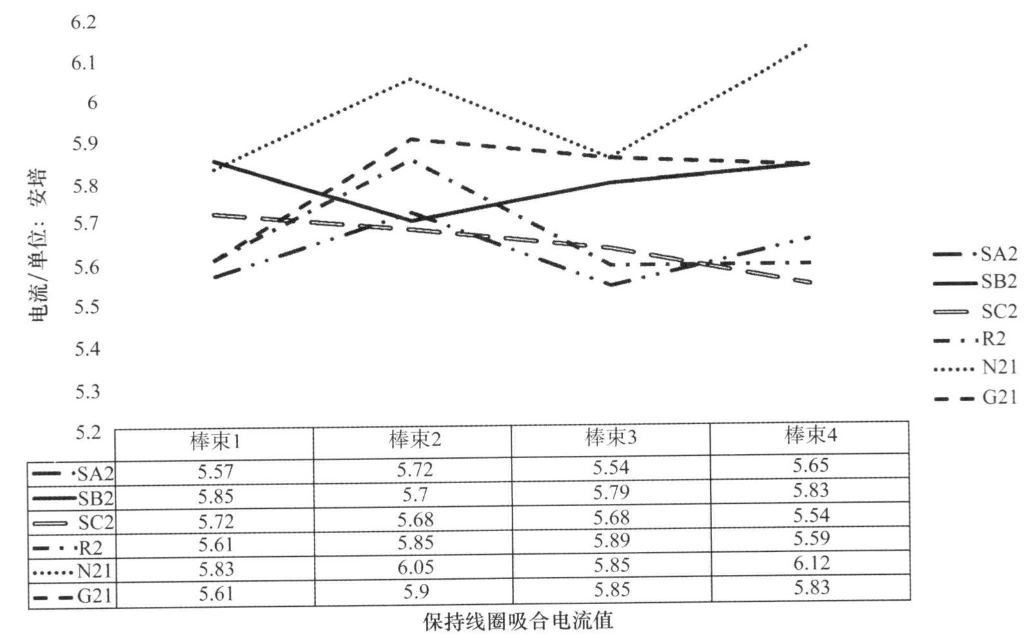

	棒束1	棒束2	棒束3	棒束4
SA2	5.57	5.72	5.54	5.65
SB2	5.85	5.7	5.79	5.83
SC2	5.72	5.68	5.68	5.54
R2	5.61	5.85	5.89	5.59
N21	5.83	6.05	5.85	6.12
G21	5.61	5.9	5.85	5.83

图 9　汇总表

3.3 分析小结

经过参数分析后，对提出的 3 种处理方案进行总结：

(1)修改 PID 参数提高保持线圈电流爬升速度。这一方案不可行，因为元器件性能所限，无法再进行提高。

(2)增加保持线圈零电流到大电流监视中断时间。这一方案有可行性，但是不带棒步进试验阶段无法确定对其修改后的风险，不建议修改。

(3)减小保持线圈大电流过小报警阈值。这一方案最为适合，能有效的消除故障，同时经过论证其设定值在 6.3 A 及以上时不对系统功能造成影响。

4 故障处理及后续

经过分析，采用只修改保持线圈大电流过小报警阈值的方案，将其参数从 7 A 调整至 6.3 A。调整后再次对所有棒组进行动棒测试，同类型故障没有再发生，可见这一调整是非常有效的。

但是需要指出的是现阶段是无核热试，堆芯并没有控制棒，所以现阶段参数的适配并不能代表正常运行时的适配。在接下去装料完成后的带棒步进试验中还需要重点关注几个问题：

(1)目前设置的参数能否使棒组正常运行；

(2)测量传递线圈从大电流降至零电流钩爪松开的时间，寻找保持线圈从零电流到大电流监视中断时间这个参数最大值；

(3)具体测量示波器测得 CRDM 线圈电流和机柜电流控制器得到的反馈电流之间的误差值。

5 结论

文章主要对海外某机组棒控电源柜在无核热试期间的参数调试进行分析。对于调试中遇到的保持线圈大电流值超限问题提出来 3 个解决思路。

(1)调节 PID 参数。在设备的性能范围内加快保持线圈零电流到大电流的爬升速度。

(2)调节保持线圈从零电流到大电流监视中断时间参数。但是该参数的调节需要对传递钩爪在带棒时的松脱时间进行测试，不建议在无核热试阶段进行修改。同时即便后续试验没有故障不需要修改参数也建议在带棒步进试验时把保持线圈从零电流到大电流监视中断时间这个参数的理论最大值测出来，为系统正常运行后参数调整提供数据支持。

(3)调节保持线圈大电流过小报警阈值参数。修改该参数需要注意保持线圈零电流到大电流时的吸合点电压，该参数不应小于吸合点电压。

该机组作为海外较早型号“华龙一号”，其调试经验是非常宝贵的，特别是对后续将开展调试的华龙一号来说，同样的堆型可以借鉴的地方有很多，为调试节省时间。同时也可为其他电厂调试提供思路，对于加快调试进度，保障棒控棒位系统安全可靠的运行有着重要意义。

参考文献：

[1] 沈小要.控制棒驱动机构动态提升特性研究[J].核动力工程，2012，1.

Analysis of parameter adjustment in the non-nuclear hot test phase of the first overseas Hualong No.1 rod control power supply cabinet

WANG Qi-chao, MA Yi-ming, QI Xiao, MING Xing, LI Yi, REN Jie, JIANG Zhe-fan

(China Nation Nuclear Power, Jiaxing of Zhejiang Prov. 314300, China)

Abstract: During the non-nuclear hot test stage of An overseas unit, the rod control power cabinet failed due to parameter mismatch. In order to solve the fault, the parameters need to be adjusted. Find the cause of the fault by analyzing the current waveform of the drive mechanism coil and the error message of the power cabinet. Analyze the fault-related parameters in the power cabinet parameters, combine the current waveform analysis and data statistics comparison, and optimize the parameters pertinently. In the end, the goal of eliminating faults, optimizing the parameters of the power cabinet, and improving the reliability of the rod control system is achieved. It pointed out the key points for the next stage of debugging of the rod control rod position system, and also provided valuable experience for the subsequent commissioning of the overseas Hualong No. 1 unit, and provided solutions for other nuclear power plants when they encountered similar problems.

Key words: non-nuclear hot test; rod control power cabinet; current waveform; parameter optimization

电子辐照交联电缆载流量分析

周 智
(江西核电有限公司,江西 九江 332005)

摘要:本文介绍了电子辐照交联机理,针对于在室内、室外、隧道和沟道中敷设的电缆,基于空气中敷设且无强迫对流散热、直接受日光照射的分析条件,根据电力工程设计方法,本文分析辐照交联电缆性能优化前后长期允许载流量、电缆短时过载能力变化,得出辐照电缆性能改进方面的结论和使用场合,为设计、采购、加工辐照交联电缆提供理论依据。

关键词:辐照交联电缆;持续工作温度;长期允许载流量;短时允许过载载流量

电缆是传送电能、传输信息和制造各种电器、仪表不可缺少的基本元件,是电气化、信息化的基础产品,广泛应用于各行各业、千家万户,而电子束辐照加工电缆是在常温常压下对高分子材料进行处理,高效节能,射线深入聚合物内使高分子材料产生物理和化学反应,利用这一高新技术进行高分子材料改性,克服常规电线电缆很难满足的性能要求,随着国家对环境保护要求提高、实现碳达峰碳中和目标迫切,光伏发电项目得到了大量开发,光伏发电电缆使用量增加且性能要求高,而光伏发电用电缆辐照交联改性可大大提高电缆的载流量、工作温度、耐溶剂、耐环境老化,耐开裂等性能。载流量是电气工程设计师选择电缆的一个重要指标,本文依据电力工程标准进行辐照交联载流分析与探索。

1 辐照交联电缆机理

1.1 简述

照交联有两种方式,即加速器电子辐照交联和$^{60}Co\gamma$射线辐照交联。^{60}Co的γ射线辐照交联剂量大,难控制,束流小,辐照成本高,所以辐照交联利用电子加速器产生的高能量电子束流,轰击绝缘层及护套,将高分子链打断,被打断的每一个断点成为自由基。自由基不稳定,相互之间要重新组合,重新组合后原来的链状分子结构变成三维网状的分子结构而形成交联。此外,辐照交联材料不需要添加交联剂和辅助交联利等降低绝缘性能的助剂,只加入微量敏化剂,同时也不通过任何媒介就能使材料交联,因而被称为“洁净的交联”。

1.2 电子辐照交联原理

辐照交联反应方程式为:

(1)聚乙烯C—H键的断裂生成初级游离基及氢原子:$\sim CH_2-CH_2\sim \xrightarrow{e} \sim CH_2-CH\sim + H$,

(2)氢原子参加反应:

1)氢原子间反应:$H+H\rightarrow H_2$,

2)氢原子与辐照过程中生成的游离基的反应:$\sim CH_2-CH\sim + H\rightarrow \sim CH_2-CH_2\sim$,

3)获取高聚物分子上的氢原子:$\sim CH_2-CH_2\sim + H\rightarrow \sim CH_2-CH\sim + H_2$,

(3)游离基形成的交联反应:$\sim CH_2-CH\sim + \sim CH_2-CH\sim \rightarrow \begin{matrix}\sim CH_2-CH\sim \\ \sim CH_2-CH\sim\end{matrix}$

高分子化合物的分子形状可分为三种:线形、支链形和体形,如图1所示,高分子化合物的一些物理性质与分子的几何形状有密切关系,而体形高分子是在线形或支链形高分子的分子链之间,以化学

作者简介:周智(1986—),男,江西都江人,学士,现从事核电核技术应用、新能源方面研究

健联结起来(称为交联),形成三维空间网状结构。辐照交联电缆技术的研究如于20世纪50年代中期,1954年美国电子化学公司用高能电子照射聚乙烯由线性分子结构转变成三维网状大分子结构[1]。

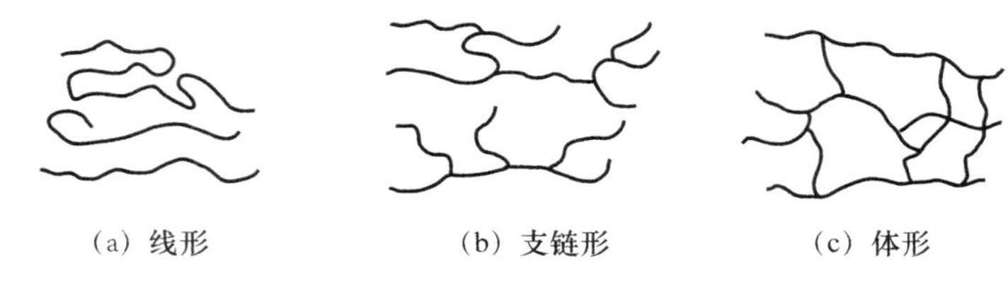

图1 高分子的分子形状示意图

高分子聚合材料经辐照可产生辐照交联、接枝、聚合、降解四种主要反应,其中通过添加敏化剂[2]、控制辐照剂量,使得辐照以交联反应为主。

2 电缆载流量计算

2.1 电缆基本介绍

本文以6 kV交联聚乙烯铜芯电力电缆为研究对象,空气中水平布置,选取标称截面为1×240 mm²,其基本参数如表1所示。

表1 电缆使用条件及相应参数

序号	项目	单位	数值
1	电压	kV	6
2	导体载面积	mm²	240
3	导体直径	mm	18.4
4	内屏蔽层厚度	mm	0.7
5	内屏蔽层直径	mm	19.8
6	绝缘厚度	mm	2.6
7	绝缘外径	mm	25
8	外屏蔽层厚度	mm	0.7
9	外屏蔽层直径	mm	26.4
10	护套厚度	mm	2.0
11	电缆外径	mm	30.4
12	电缆近似重量	kg/km	2 860
13	交流电阻 R_0	Ω/km	0.028 3
14	电阻温度系统 α_{20}	1/℃	0.003 93
15	电抗	Ω/km	0.094 6
16	电容	F/km	0.66
17	XLPE介电常数		2.3
18	介质损耗角正切		0.000 5
19	XLPE绝缘热阻系数	K·m/W	3.5
20	环境温度	℃	40

续表

序号	项目	单位	数值
21	非交联电缆最高允许温度	℃	70(持续工作温度) 160(短路暂态)

2.2 影响载流量的因素

(1)导体的截面和材料:导体交流电阻公式 $R=\rho\dfrac{L}{S}$,且导体电阻受温度变化的影响,其关系公式: $R'=R_0[1+\alpha_{20}(\theta-20)]$,电阻随着温度提升而增加。

(2)环境条件的影响:温度、热阻系数、铺设设方式;

(3)电缆导体允许的温升 $\Delta\theta$ 。

对于因素1:由于辐照加工不改变导体的截面和材料,所以在本文中不予考虑;因素2:由于本文已假设基于空气中敷设电缆且无强迫对流散热的分析条件,所以在本文中不予考虑;因素3:取决于绝缘材料的耐热性能,辐照加工可以提高交联聚乙烯电缆最高持续工作温度: $\theta_m=150$ ℃,最高短路暂态允许温度: $\theta_{短路m}=270$ ℃[3]。

2.3 电力工程设计手册[4]

(1)长期允许载流量计算:

$$I=\left\{\frac{\Delta\theta-W_d[0.5T_1+n(T_2+T_3+T_4^*)]-\sigma D_e^*HT_4^*}{RT_1+nR(1+\lambda_1)T_2+nR(1+\lambda_1+\lambda_2)(T_3+T_4^*)}\right\}^{0.5},D_e^*=\frac{1}{2}(D_{oc}+D_{it}) \tag{1}$$

式中:

I ——一根导体中流过的电流;

$\Delta\theta$ ——高于环境温度的导体温升;

R ——最高工作温度下导体单位长度的交流电阻;

W_d ——单位长度的导体绝缘介质损耗;

T_1 ——一根导体和金属套之间单位长度热阻;

T_2 ——金属套与铠装之间内衬层单位长度热阻,可近似为0;

T_3 ——电缆外护层单位长度热阻;

T_4 ——电缆表面和周围介质之间单位长度热阻;

n ——电缆中载有负荷的导体数;

λ_1 ——电缆金属套损耗相对于所有导体总损耗的比率;

λ_2 ——电缆铠装损耗相对于所有导体总损耗的比率;

σ ——日光照射于电缆表面时的吸收系数;

H ——太阳辐射强度;

T_4^* ——考虑到日光照射时的空气中电缆外部热阻修正值;

D_e^* ——电缆外径;

D_{oc} ——正好与皱纹金属套波峰相切的假想同心圆柱体的直径;

D_{it} ——正好与皱纹金属套波谷相切的假想同心圆柱体的直径;

根据电力设计手册中电缆持续允许载流量的环境温度,在无机械通风户外空气中、电缆沟中铺设的电缆,当地环境温度按最热月的日最高温度平均值计算,本文假设空气中环境温度基准温度为40 ℃,若使用当地环境温度,需要根据规范进行修正,修正系数为:

$$K=\sqrt{\frac{\theta_m-\theta_2}{\theta_m-\theta_1}} \tag{2}$$

θ_m ——电缆导体最高工作温度;

θ_1——对应于额定载流量的基准环境温度；

θ_2——实际环境温度；

代入各参数计算非交联状态下及辐照交联状态电缆载流量：

$$I_{非交联}=\left\{\frac{(70-40)-0.237\,[0.5\times 1.031+(0.153+0.565)]-0.4\times 0.0304\times 1\,000\times 0.565}{3.386\times 10^{-5}\times 1.031+3.386\times 10^{-5}\times(1+0.987)\times(0.153+0.565)}\right\}^{0.5}$$

$=504.8$ A；

$$I_{交联}=\left\{\frac{(150-40)-0.237\,[0.5\times 1.031+(0.153+0.565)]-0.4\times 0.030\,4\times 1\,000\times 0.565}{4.601\times 10^{-5}\times 1.031+4.601\times 10^{-5}\times(1+0.987)\times(0.153+0.565)}\right\}^{0.5}$$

$=600$ A

(2)电缆允许短时过载电流的计算：

$$I_2=I_R\left\{\frac{h_1^2R_1}{R_{\max}}+\frac{\left(\frac{R_R}{R_{\max}}\right)\left[r-h_1^2\left(\frac{R_1}{R_R}\right)\right]}{\frac{\theta_R(t)}{\theta_R(\infty)}}\right\},h_1=\frac{I_1}{I_R},r=\frac{\theta_{\max}}{\theta_R(\infty)} \tag{3}$$

式中：

I_1——电缆过载前载流量，A；

I_R——电缆额定载流量，A；

$\theta_{\max}$——允许短时过载温度，℃；

$\theta_R(\infty)$——电缆稳态温度，℃；

$\theta_R(t)$——过载时的电缆稳态温度，℃；

R_1、R_R、$R_{\max}$——电缆过载前温度、额定工作温度、允许短时过载温度下的导体交流电阻，$\frac{\Omega}{\text{cm}}$；

假设电缆工作在额定负载时发生短路，代入各参数计算非交联状态下及交联状态电缆短时过载载流量：

$$I_{2非交联}=489\times\left\{\frac{3.386\times 10^{-5}}{4.720\times 10^{-5}}+\frac{\left(\frac{3.386\times 10^{-5}}{4.720\times 10^{-5}}\right)\left[\frac{160}{70}-1\right]}{\frac{70}{70}}\right\}=801.82\text{ A};$$

$$I_{2交联}=600\times\left\{\frac{4.601\times 10^{-5}}{6.037\times 10^{-5}}+\frac{\left(\frac{4.601\times 10^{-5}}{6.037\times 10^{-5}}\right)\left[\frac{270}{150}-1\right]}{\frac{150}{150}}\right\}=823.1\text{ A}。$$

3 结论

从上面分析计算可得出以下结论：

(1)电缆辐照交联后在标准环境条件下，电缆长期允许载流量提升了：$\Delta I_1=\frac{I_{交联}-I_{非交联}}{I_{非交联}}\times 100\%=18.85\%$，长期允许载流量提升效果明显。

(2)电缆辐照交联后在标准环境条件下，电缆短时允许过载载流量提升了：$\Delta I_2=\frac{I_{2交联}-I_{2非交联}}{I_{2非交联}}\times 100\%=2.65\%$，允许短时过载载流量提升效果不大，没有明显优势。

(3)随着电缆辐照交联后允许最高温度提高，相应电缆导体电阻值、允许温度 $\Delta\theta$ 均增加，即存在一个最佳的最高允许温度使得电缆载流量提升值 ΔI 达到最大值。

(4)辐照交联电缆适用于长期允许载流量大，短路电流没有明显增大的场合，此外，也可以在电气设计初期考虑线路、设备总阻抗及载流量，保证安全前期下，选取最优化电气参数，提高经济性。

参考文献：

[1] 付世财.辐照交联聚乙烯绝缘电缆的综述[R].安徽江淮电缆集团有限公司.

[2] 严兵.辐照交联电缆及材料的研究探讨[R].苏州禹成新材料有限公司.

[3] 启荣宝.电线电缆辐照加工及其工程[R].胜科技创新股份有限公司.

[4] 中国电力工程顾问集团有限公司，中国能源建设集团规划设计有限公司.电力工程设计手册(电缆输电线路设计)[R].

Analysis of current carrying capacity of electron irradiated crosslinked cable

ZHOU Zhi

(Jiangxi Nuclear Power Co. Ltd, Jiujiang of Jiangxi Prov. 332005, China)

Abstract: The crosslinking mechanism of electron irradiation is introduced in this paper, For indoor, outdoor, tunnel and trench laying cable, based on the analytical conditions of laying in the air without forced convection heat dissipation and direct exposure to sunlight, according to the electric power engineering design method, this paper analyzes the changes of the long-term allowable load capacity and the short-time overload capacity of the irradiated cross-linked cable before and after the optimization of the irradiated cross-linked cable performance, and draws conclusions on the improvement of the irradiated cable performance and its application occasions, which provides a theoretical basis for the design, procurement and processing of the irradiated cross-linked cable.

Key words: irradiated crosslinked cable; continuous operating temperature; long-term allowable carrying capacity; short-term allowable load

核电厂防火耐辐照涂料研究

孙朝朋[1],林 强[2]
(1. 中国核工业二三建设有限公司,北京 100084;2. 中国核工业二三建设有限公司,北京 100084)

摘要:随着国内核电厂项目的陆续开展,对既防火又耐辐照的专用涂料需求日益增加。而防火和耐辐照均能满足的专用涂料价格高居不下,且多为进口材料,对我国核电建造的经济性和国产自主化带来较多不利。本文通过采用成熟防火涂料和耐辐照油漆的不同组合,通过辐照试验对涂料的起泡、开裂、粉化、脱落、颜色变化等进行对比分析,从而选出既防火又耐辐照且经济的国产涂料组合。

关键词:涂料;防火;耐辐照

随着国内核电厂项目的陆续开展,对既防火又耐辐照的专用涂料需求日益增加。而防火和耐辐照均能满足的专用涂料价格高居不下,且多为进口材料,对我国核电建造的经济性和国产自主化带来较多不利。本文通过采用成熟防火涂料和耐辐照油漆的不同组合,通过辐照试验对涂料的起泡、开裂、粉化、脱落、颜色变化等进行对比分析,从而选出既防火又耐辐照且经济的国产涂料组合。

1 核电厂钢结构的防火和耐辐照要求

随着核电厂设计理念的提升,核电厂钢结构的应用在逐渐增加。在民用应用的钢结构涂层仅需满足防腐和防火要求即可,但在核电厂核岛应用在满足防腐和防火要求的同时,需同时满足耐辐照要求。例如戊类钢结构,耐火等级为二级,耐火极限为:钢柱 2.5 h,钢梁 1.5 h。

选用《钢结构防火涂料》GB14907—2002 中的超薄防火涂料即可,但多数钢结构在核岛位于橙区,要实现既防火又耐辐照且价格经济成为涂料选型的一大难题。

2 常用的防火材料和耐辐照材料

(1)西卡(Sika)耐火防辐射涂料

钢结构环氧富锌底漆(Sika Permacor 2311 CN W10:1)+环氧云母氧化铁涂料(Sika Permacor 2706 EG CN)+超薄型防火涂料(Sika Unitherm 38091)+环氧面漆涂料(Sika Permacor 2707 CN W3∶1 RAL),耐辐照,防火 200～400 ℃,进口,成本较高。

(2)NCB 室内超薄型钢结构防火涂料

国产常用钢结构防火涂料,施涂于建筑物及构筑物的钢结构表面,能形成耐火隔热保护层以提高钢结构耐火极限的涂料,采购方便、经济。

(3)NC-3-2 环氧耐辐照漆

国产常用耐辐照油漆,成本适中。

3 防火和耐辐照的组合方式

基于上述内容,对环氧耐辐照油漆和钢结构防火涂料进行不同的组合,然后制备试样进行辐照试验,最终选出符合防火和耐辐照要求的涂料组合。

3.1 涂料组合方式制定

(1)NC-3-2 环氧耐辐照底漆+NCB 室内超薄型钢结构防火涂料+NC-2-Ⅱ(3)环氧耐辐照面漆

作者简介:孙朝朋(1984—),男,河北人,高级工程师,学士,现主要从事核电安装工作

表 1　试样 1 涂层信息表

项目＼涂层	底涂层	底涂层	防火涂料涂层	面涂层
涂料名称	NC-3-2 环氧耐辐照底漆	NC-3-2 环氧耐辐照底漆	NCB 室内超薄型钢结构防火涂料	NC-2-Ⅱ(3)环氧耐辐照面漆
干膜厚度(每道)	50 μm	50 μm	2.14 mm	50 μm
涂料生产批号	主剂:C208177001 固化剂:T4.2176001	主剂:C208177001 固化剂:T4.2176001	20170811	主剂:T192178006 固化剂:T5.8173021

(2)NC-3-2 环氧耐辐照底漆＋NCB 室内超薄型钢结构防火涂料

表 2　试样 2 涂层信息表

项目＼涂层	底涂层	底涂层	防火涂料涂层
涂料名称	NC-3-2 环氧耐辐照底漆	NC-3-2 环氧耐辐照底漆	NCB 室内超薄型钢结构防火涂料
干膜厚度(每道)	50 μm	50 μm	2.14 mm
涂料生产批号	主剂:C208177001 固化剂:T4.2176001	主剂:C208177001 固化剂:T4.2176001	20170811

3.2　试样的制备

试件共 8 块,分两组(每组 4 块)。涂装前进行除锈,除锈等级为 Sa2.5。涂装时,第一组试样 1 涂装为第一到第四涂层,第二组试样 2 涂装为第一到第三涂层。

表 3　耐辐照试验用试样制备数据表

第一层涂层	涂层名称	NC-3-2 环氧耐辐照底漆				施工时间	2017-09-01
	环境温度/℃	26	空气相对湿度/%	60		干膜厚度	50 μm
第二层涂层	涂层名称	NC-3-2 环氧耐辐照底漆				施工时间	2017-09-02
	环境温度/℃	27	空气相对湿度/%	65		干膜厚度	50 μm×2
第三层涂层	涂层名称	NCB 室内超薄型钢结构防火涂料				施工时间	2017-09-03
	环境温度/℃	26	空气相对湿度/%	60		干膜厚度	2.14 mm+50 μm×2
第四层涂层	涂层名称	NC-2-Ⅱ(3)环氧耐辐照面漆				施工时间	2017-09-11
	环境温度/℃	24	空气相对湿度/%	65		干膜厚度	2.14 mm+50 μm×2+50 μm

4　辐照试验

上述两种涂层厚度的试样需在同等环境下做耐辐照试验(两种试样各取 1 块不进行辐照试验,作为对比试样)。耐辐照试验依据标准 NB/T 20133.3 中耐辐照试验方法,试验程序按照程序 a 执行。辐照装置:$^{60}Co\gamma$。辐照剂量率 0.42～2.10 Gy/s;累计剂量:1.0×10^{6} Gy。要求:不允许有剥落、粉化、开裂、起泡、生锈现象,允许有轻度变色。同时要求当累计剂量为 1.0×10^{5} Gy 时,观察是否有剥落、粉化、开裂、起泡、生锈及轻度变色现象。

4.1 辐照前试样的外观检查

辐照前，目视检查试样的外观状况，并记录检查结果。

检查的主要内容：

(1)涂层的光泽、颜色；

(2)有无粉化现象；

(3)有无起泡，最大起泡的直径和起泡的破裂情况；

(4)有无裂纹，裂纹数量，裂纹的长度等；

(5)有无剥落现象，剥落的面积、层数等；

(6)有无龟裂现象；

(7)有无生锈现象；

(8)其他可见现象或变化。

检查结果：试样完好，涂层均无裂纹、剥落、起泡、粉化、生锈等现象；试样 1 呈灰白色，涂层有光泽；试样 2 呈深灰色，涂层略有光泽。(Y02、Y04、Y06 为试样 1，Y01、Y03、Y05 为试样 2)

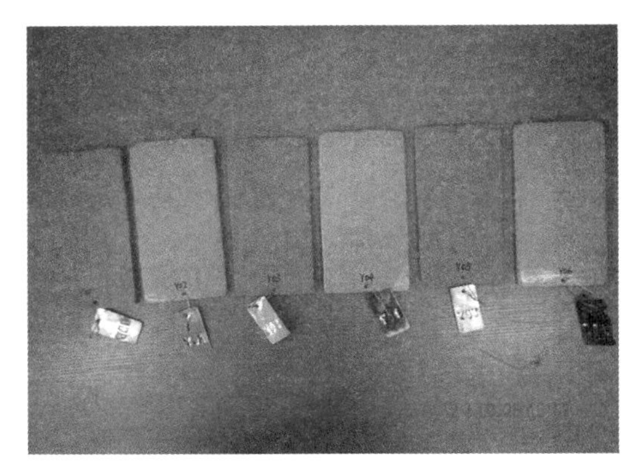

图 1 辐照前试样外观

4.2 辐照累积剂量达到 1×10^{5} Gy 后检查

辐照期间(辐照累积剂量达到 1×10^{5} Gy 后)的试样照片见图 2。

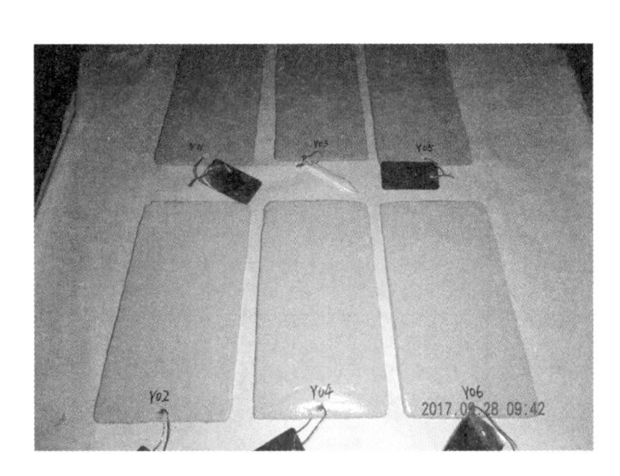

图 2 辐照累积剂量达到 1×10^{5} Gy 后试样外观

4.3 辐照结束后检查

累计剂量达到 1.0×10^{6} Gy 后，结束辐照进行对比检查。

(1)辐照结束后试样 1 与未辐照试样对比(编号 Y02、Y04、Y06)见图 3。

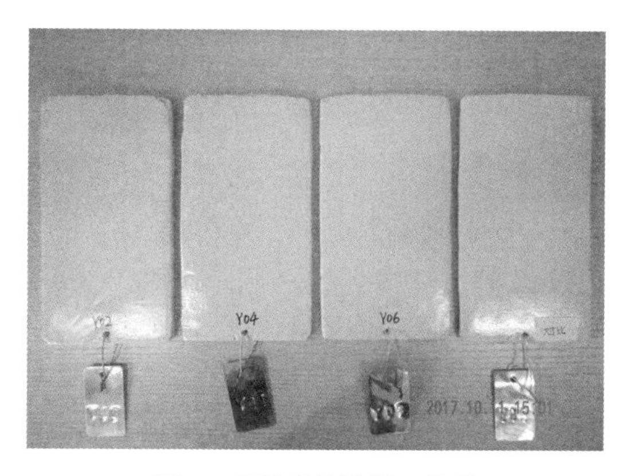

图 3　辐照后的试样 1 外观

(2)辐照结束后的试样 2 与未辐照试样对比(编号 Y01、Y03、Y05)见图 4。

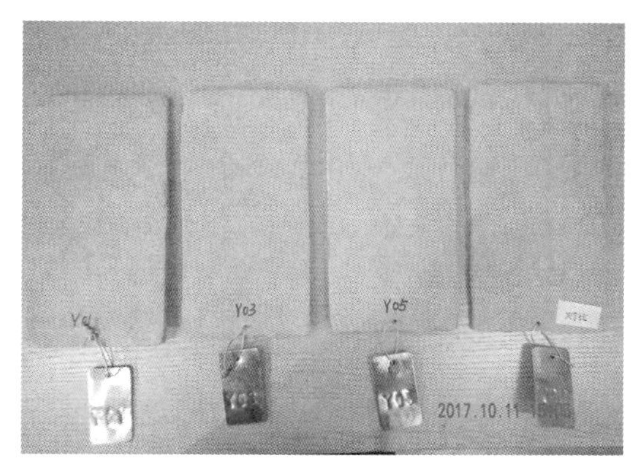

图 4　辐照后的试样 2 外观

4.3　辐照结束两周后检查

(1)辐照结束两周后试样 1 与未辐照试样对比(编号 Y02、Y04、Y06)见图 5。

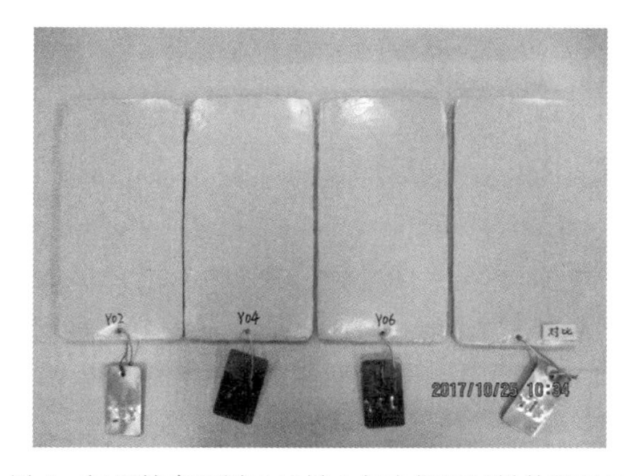

图 5　辐照结束两周后试样 1 与未辐照试样外观对比

(2)辐照结束两周后试样 2 与未辐照试样对比(编号 Y01、Y03、Y05)见图 6。

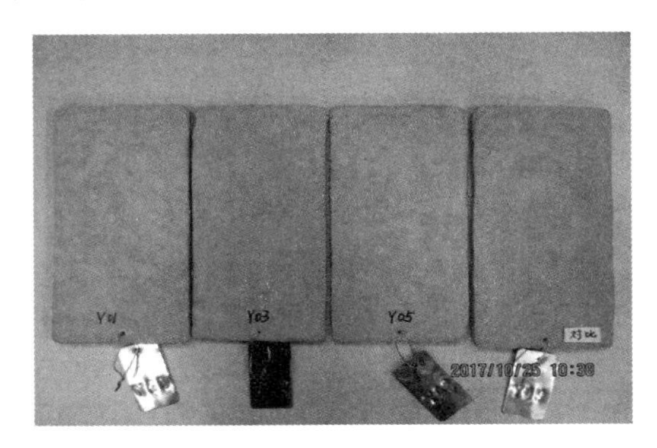

图 6　辐照结束两周后试样 2 未辐照试样外观对比

5　试验结果分析

所有试样,实际辐照剂量率为 1.3 Gy/s,辐照时间为 235 h,累计剂量为 1.1×10^6 Gy,不均匀度为 1.15。

在室温,空气湿度为 30%～50%,辐照大厅内换气次数大于 24 次/h,常压大气压环境下,辐照累计剂量达到 1.0×10^5 Gy 后,试样未见裂纹、剥落、起泡、粉化、生锈等现象,涂层未见有明显的颜色变化。经累计剂量大于 1.0×10^6 Gy 的 γ 射线辐照后,从外观观察未见裂纹、剥落、起泡、粉化、生锈等现象,涂层轻度变色。

6　结论

通过试验对比,NC-3-2 环氧耐辐照底漆+NCB 室内超薄型钢结构防火涂料的组合形式能够满足防火性能的同时,达到耐辐照的要求,且为国产经济型材料,为核电站自主化建设、提高核电站建造经济性具有一定的意义。

Research on fireproof and radiation resistant coatings for nuclear power plant

SUN Zhao-peng[1], LIN Qiang[2]

(1. China Nuclear industry 23 Construction CO., LTD., Beijing 100084, China;

2. China Nuclear industry 23 Construction CO., LTD., Beijing 100084, China)

Abstract: With the continuous development of domestic nuclear power plant projects, there is an increasing demand for special coatings that are both fireproof and radiation resistant. However, the price of special coatings that can meet the requirements of both fire resistance and radiation resistance remains high, and most of them are imported materials, which bring more disadvantages to the economy of my country's nuclear power construction and domestic autonomy. In this paper, by using different combinations of mature fire-retardant coatings and radiation-resistant paints, through the radiation test, the blistering, cracking, chalking, peeling, color change, etc. of the coatings are compared and analyzed, so as to select both fire-resistant, radiation-resistant and economical The domestic paint combination.

Key words: coating; fire prevention; radiation resistant

基于空间灵敏度函数的随钻伽马测井快速正演方法

宗　畅[1],刘军涛[1],刘英明[2],刘志毅[1],段军亚[3],高　辉[3]
(1.兰州大学核科学与技术学院,甘肃 兰州 730000;
2.中国石油勘探开发研究院,北京 100083;3.西安汇能电子设备有限责任公司,陕西 西安 710065)

摘要:随着我国各大油田对薄交互层油气、页岩油气等油气藏开采的需求日益增长,勘探开发的地质目标日益复杂,随钻测井成为测井施工的最佳选择。随钻测井技术能够实时评价井眼周围地层界面及产状,从而实现钻进轨迹调整,有效提高储层遇钻率,在油气勘探中发挥着越来越重要的作用。通过初始地质模型的自然伽马正演模拟曲线与随钻实测伽马曲线的对比,能够为实时确定地层界面、调整地质模型提供重要参考信息。但目前随钻伽马正演模拟主要采用蒙特卡罗方法或经验公式法,其中蒙卡方法运算速度慢,无法满足随钻测井的需求;经验公式法在界面处计算结果准确度不佳,无法正演方位伽马成像数据。本文基于伽马射线空间分布规律,提出一种空间灵敏度分布函数驱动的随钻伽马测井快速正演方法。与蒙特卡罗精细模拟方法的对比结果显示,该方法无论在直井还是大斜度井上,均具有很好的吻合性,且运算速度提高数万倍。新方法满足随钻自然伽马测井快速正演的需求,为钻井导向过程中地质模型的调整提供了一种重要手段。

关键词:随钻自然伽马测井;空间灵敏度函数;快速正演方法;地质导向

随钻测井技术起源于20世纪80年代,由于非常规油气藏开采的需求日益增长[1],随钻测井技术已经成为现代测井技术的主流发展方向之一,也是油田勘探测井的未来必然发展趋势[2]。国内现有常见随钻测井资料以电阻率和自然伽马为主,随钻电阻率与随钻自然伽马测井资料相比,随钻自然伽马可较好地反映薄砂体和隔夹层[3];通过初始地质模型的自然伽马快速正演模拟曲线与随钻实测伽马曲线的对比,能够提高薄互层地层模型实时更新精度,为实时确定地层界面、调整地质模型提供重要参考信息,从而有效提高钻井效率和对油层的钻遇率[4-5]。

国内邵才瑞老师等[3]通过研究伽马探头探测范围与地层界面的不同空间关系,将不同位置地层在探头处的伽马射线通量贡献分别进行积分,得到了不同空间关系下自然伽马测井响应正演算法,该算法可以满足实时正演的要求;秦震等[6]根据方位伽马测井仪的结构特点,总结了水平井中测井仪的探测空间范围特征;针对方位伽马测井仪探测空间范围的不同部分,推导了相应的积分计算模型,建立了方位伽马测井仪在不同空间位置的正演算法;杨雪[2]等人利用探测区域内不同地层的占比关系,提出了一套快速正演的计数率理论公式,得到了一种伽马快速正演新方法。但这些方法都存在对地层几何模型的过度简化,最终的模拟结果准确性有待提高;且国内目前尚无利用伽马空间灵敏度分布函数来进行随钻伽马快速正演的研究公开发表。

国外学者关于随钻伽马测井快速正演方法做了一系列研究。Waston[7]首先提出了用蒙特卡洛计算方法驱动的差分灵敏函数去计算由康普顿和光电效应引起的伽马探测响应,这开启了用空间灵敏度函数来进行核测井的快速正演;Alberto Mendoza 等[8-9]利用玻尔兹曼输运方程的积分形式来描述放射源发出粒子在探测器处产生的伽马计数,通过使用蒙特卡洛派生的空间通量散射函数(FSFs),开发了一套可以模拟中子和密度孔隙度测井的快速正演方法,该方法无论在垂直井还是水平井上,均有不错的效果。

作者简介:宗畅(1996—),男,宁夏吴忠人,硕士,现主要从事核测井研究工作

1 研究方法概述

1.1 随钻伽马快速正演模拟理论基础

地层中的自然伽马放射性主要是由地层中铀、钍、钾的含量确定，自然伽马测井是通过测量地层的自然伽马放射性强度，根据不同地层放射性计数的不同来划分出地层剖面以及确定所在地层构成，进行地层岩性识别划分的有效方法[10]。地层中的自然伽马射线从产生到被探测器记录的地层传输过程可以用与时间无关的玻尔兹曼方程来描述[11]。方程所对应的随钻伽马测井3D示意图和剖面图如图1所示。利用玻尔兹曼方程可以得出探测器位置处伽马计数响应可描述为：

$$N_{\text{ref}}(r_{\text{R}},E)\approx\Phi_{\text{ref}}(r_{\text{R}},E)=\int\mathrm{d}E\int\mathrm{d}\Omega\int R(r,E,\Omega)\Phi(r,E,\Omega)\mathrm{d}r \tag{1}$$

式中，$N_{\text{ref}}(r_{\text{R}},E)$，表示探测器最终记录的伽马计数，$\Phi_{\text{ref}}(r_{\text{R}},E)$ 表示探测器位置处的伽马通量，r_{R} 表示探测器到伽马射线源的距离，$\Phi(r,E,\Omega)$ 表示在位置为 r 方位角为 Ω 处能量为 E 的伽马射线空间通量函数，$R(r,E,\Omega)$ 表示在位置为 r 方位角为 Ω 处能量为 E 的伽马空间灵敏度函数。

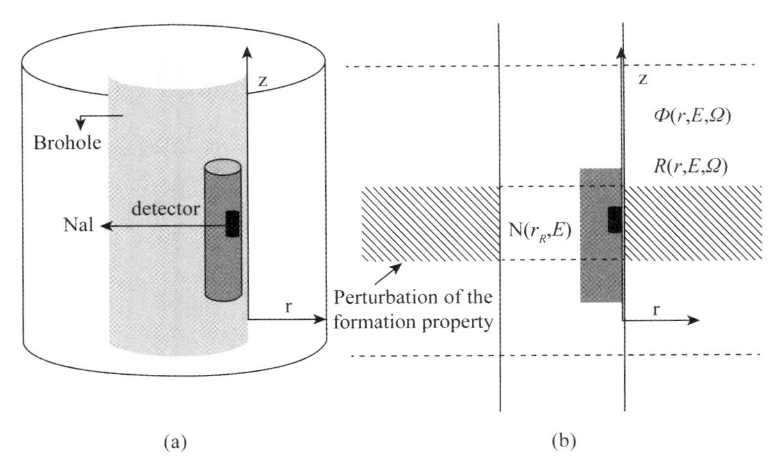

图1 随钻伽马3D示意图和剖面图

1.2 空间通量函数及空间灵敏度函数的获取

由上节可知，要计算探测器最终记录的伽马计数 $N_{\text{ref}}(r_{\text{R}},E)$，首先要得到空间通量函数 $\Phi(r,E,\Omega)$ 和空间灵敏度函数 $R(r,E,\Omega)$，但空间通量函数 $\Phi(r,E,\Omega)$ 和空间灵敏度函数 $R(r,E,\Omega)$ 无法直接获取，需要建立MCNP计算模型，利用MCNP计算模型获取空间通量函数和空间灵敏度函数。下面将介绍空间通量函数和空间灵敏度函数的获取方法。

1.2.1 MCNP计算模型

利用蒙特卡洛方法，建立探测器—井眼—地层的MCNP三维柱状计算模型，该计算模型的剖面图可通过Vised软件获取，如图2所示，地层模型为半径50 cm的空心圆柱体，空心部分为半径10 cm的井眼，井眼内充满淡水和偏心放置的自然随钻伽马探测器，计算模型参数设置(见表1)。

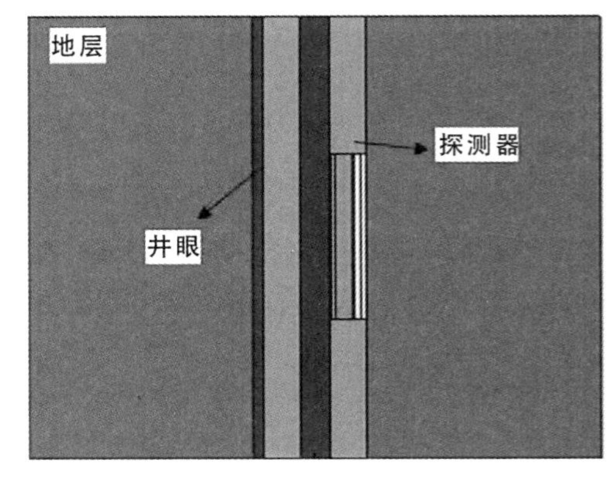

图2 MCNP计算模型剖面图

表 1　计算模型参数

地层	半径:50 cm,深度:80 cm, 放射性:5 ppmU 10 ppmTh 5%K
井眼	半径:10 cm,井眼内充满淡水
探测器	钻铤:ϕ(9×80) cm,铍/钨镍铁 闪烁体:ϕ(1.5×30) cm,NaI 密封填充:橡胶,环氧树脂,铍铜合金

1.2.2　空间通量函数和空间灵敏度函数

为了得到空间通量函数和空间灵敏度函数,需要使用 MCNP 中的 MESH 卡,将研究地层进行栅格化,本研究将地层划分为 40×64 的栅格,则栅格高度与宽度均为 1.25 cm,如图 3 所示。

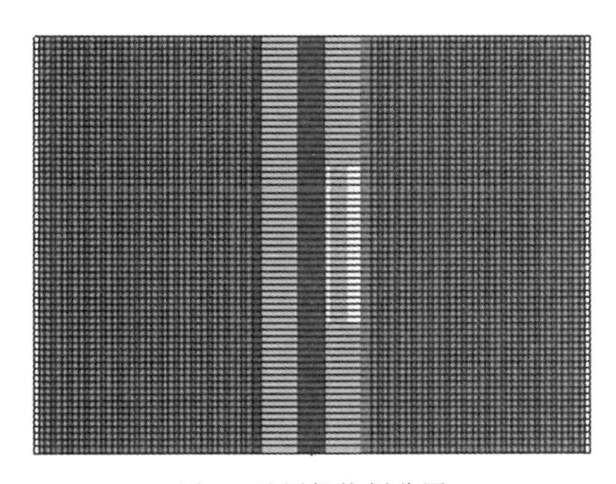

图 3　地层栅格划分图

空间通量函数 $\phi(r,E,\Omega)$ 是探测器周围地层的放射性强度决定的,为了简化研究对象,本研究将地层设置为密度均一的砂岩,由此可近似认为同一地层不同位置处的放射性强度是一致的,那么将地层栅格化后同一地层的每个栅格所对应的 API 值是固定且相同的,由此可以通过对研究地层进行栅格化,对同一地层的每个栅格赋相同的 API 值,对不同地层的栅格赋不同的 API 值,通过提取探测器探测范围内每个栅格的值,得到对应的函数矩阵,该函数矩阵就是空间通量函数 $\phi(r,E,\Omega)$。

为得到空间灵敏度函数 $R(r,E,\Omega)$,还需使用 MCNP 中的 WWG 卡,即通过 MCNP 模拟探测器探测范围内地层中不同位置栅格中产生的粒子对探测器计数影响的权重占比。通过使用 WWG 卡,得到基于不同位置栅格生成的粒子对探测器计数的贡献,即与栅格排布一致的函数矩阵,该函数矩阵就是要获取的空间灵敏度函数 $R(r,E,\Omega)$。

2　正演模型的建立

根据对随钻伽马快速正演的理论方法,可以建立对应的正演模型。根据测井井眼轨迹,可以分为垂直井和大角度井。因在正演过程中,垂直井的井眼轨迹只在一个维度上发生变化,而大角度井的井眼轨迹往往在两个维度以上发生变化,井眼轨迹的不同,导致其对应的探测区域地层模型也不同;虽然大角度井正演模型可以用于垂直井,但大角度井的正演速度要略低于垂直井,故采取分开建模,以提高正演速度。

2.1　垂直井正演模型

对于垂直井正演,我们建立了如图 4 所示的地层—井眼模型,地层深度为 6 m,将整个地层分为 5、15、10、35、20 五个 API 值不同的小地层,每个小地层的厚度不同,小地层间为平行关系;井眼轨迹与地层垂直，从探测器整体进入地层开始，探测器每下移动 10 cm 进行一次测量；则探测区域不会发生角度转换，永远与地层保持垂直关系，只随着地层深度变化而变化，只需建立一个地层模型，通过控制探测器的下移，取得每次下移对应探测范围的空间通量函数，结合空间灵敏度函数，通过正演计算，得到探测器下移过程中不同深度测量点计数的变化，绘制出垂直井正演结果，即一维正演结果。

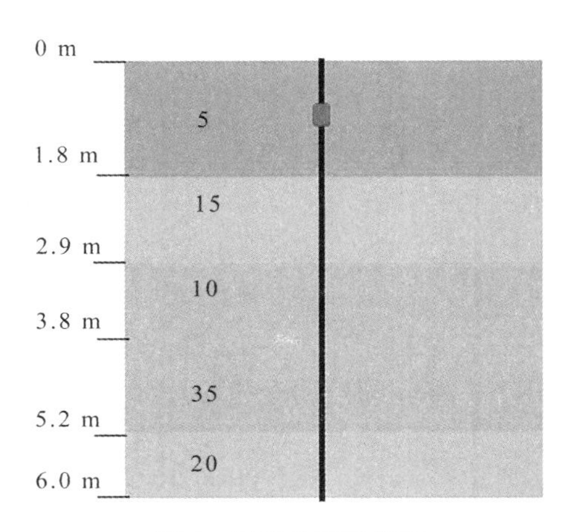

图 4　垂直井正演模型

2.2　大角度井正演模型

对于大角度井正演，建立如图 5 所示的地层—井眼模型，地层深度为 7 m，与垂直井一样，其余地层设置与垂直井一致；而井眼轨迹与垂直井完全不同，其不仅随地层深度变化，还会随着地层的宽度变化，为了模拟随钻测井中钻进方向的随机性，我们随机设置了一条轨迹，并在下移二维轨迹上每隔大约 15 cm 设置一个测量点；因探测区域会随着探测器的移动发生偏转，与地层具有不一样的夹角，这就需要获取探测器每次移动后对应的探测区域；为简化模型，本研究只记录对探测器计数影响最大的，正对探测器方向的探测区域；为描述每次探测区域的变化，本研究引入二维下的双坐标系转化，首先建立垂直于地层的探测区域，然后按每个测量点对应探测器的偏转角度，将探测区域旋转，对旋转后的探测区域建立一个质心坐标系，对地层建立实验室坐标系，如图 6 所示。

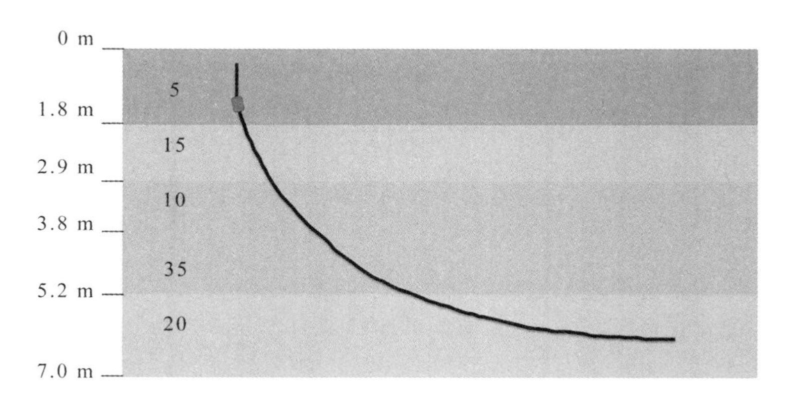

图 5　大角度井正演模型

通过坐标系转换公式[公式(2)]进行坐标转换，得到实验室坐标系下的质心坐标系的坐标，从而取得对应探测区域地层栅格的 API 值，得到空间通量函数，结合空间灵敏度函数，通过正演计算，得到探测器下移过程中不同深度测量点计数的变化，绘制出大角度井正演结果，即二维正演结果。

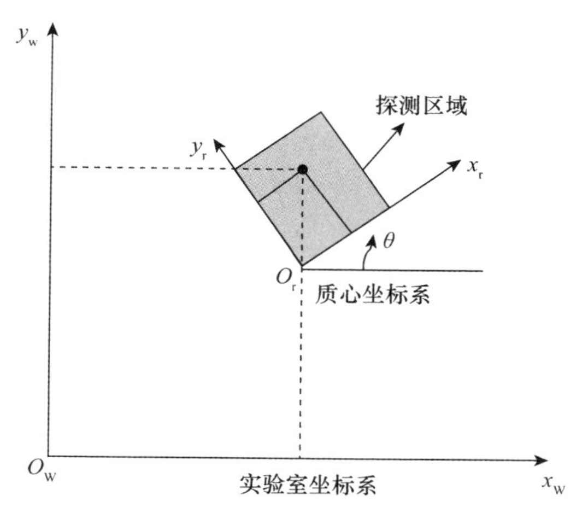

图 6　双坐标系转化示意图

$$\begin{bmatrix} x_w \\ y_w \\ 1 \end{bmatrix} = \begin{bmatrix} \cos(\theta) & -\sin(\theta) & \delta x \\ \sin(\theta) & \cos(\theta) & \delta y \\ 0 & 0 & 1 \end{bmatrix} \cdot \begin{bmatrix} x_r \\ y_r \\ 1 \end{bmatrix} \tag{2}$$

3　自然伽马快速正演模拟及误差分析

利用建立的垂直井和大角度井的正演模型，开展垂直井和大角度井的快速正演模拟，并将快速正演模拟结果与 MCNP 模拟结果进行对比，分析快速正演模拟结果的误差。

3.1　自然伽马快速正演结果

垂直井的归一化快速正演结果如图 7 所示，依据图中曲线的涨落变化，可以很清晰的读取模型中的不同放射性地层的数目以及其对应的深度；大角度井的归一化快速正演结果如图 8 所示，根据图中曲线的涨落，同样可以获取模型中的不同放射性地层的数目，可以较好的划分地层。

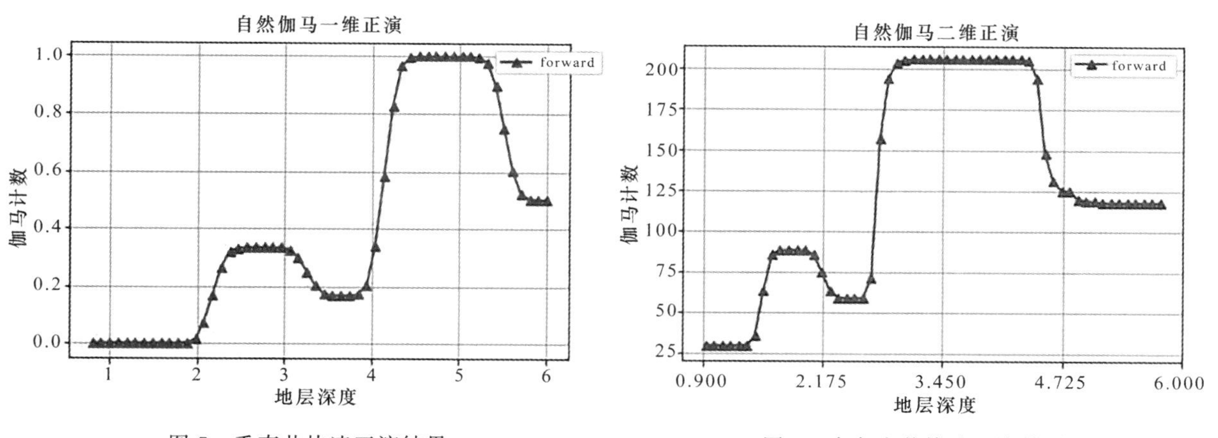

图 7　垂直井快速正演结果

图 8　大角度井快速正演结果

3.2　结果验证与误差分析

取得一维/二维快速正演结果后，还需对结果进行验证，以验证新的随钻自然伽马快速正演方法的可靠性；因此，我们用 MCNP6 对测量点进行逐一建模模拟，将模拟结果与快速正演结果进行对比，并进行误差分析。

垂直井的对比验证结果如图 9 所示，由图可知，垂直井的快速正演算法与 MCNP 模拟结果几乎完全符合。大角度井的对比验证结果如图 10 所示，结果显示，大角度井的快速正演算法与 MCNP 模拟结果的符合效果虽然不如垂直井，但整体变化趋势仍可以较好符合。

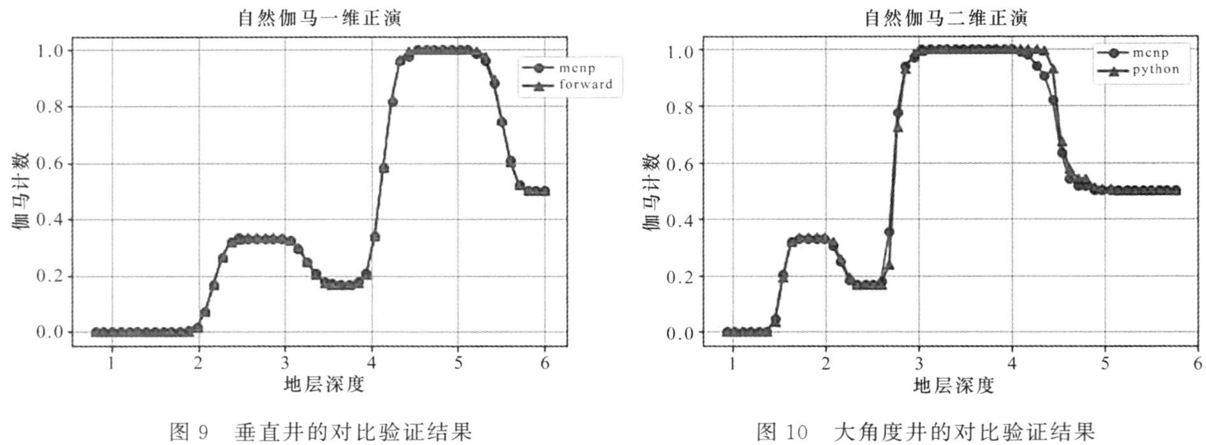

图 9 垂直井的对比验证结果

图 10 大角度井的对比验证结果

以 MCNP 模拟结果为标准，对归一化后的一/二维快速正演算法结果与 MCNP 模拟结果进行计算分析，得到一维快速正演算法结果的误差如图 11 所示，由图可知，一维快速正演算法结果的误差保持在 4%以下，具有良好的符合性；二维快速正演算法结果的误差如图 12 所示，由图可知，二维快速正演算法结果的最大误差为 33%左右，但只有四个测量点的误差超过了 10%，其余结果误差均在 10%以下，误差在工程应用可以接受的范围内。

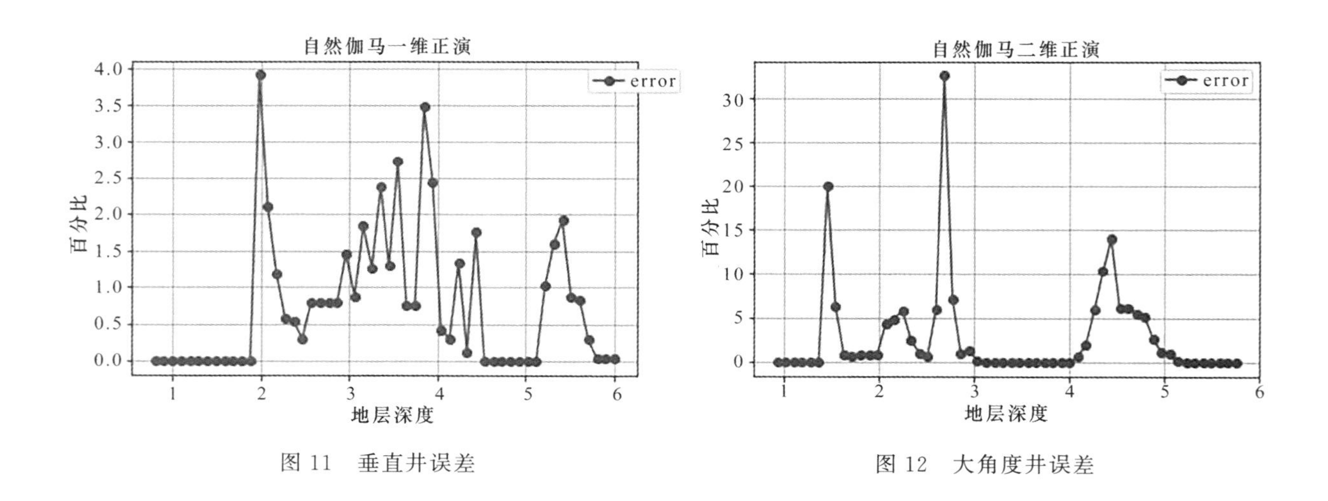

图 11 垂直井误差

图 12 大角度井误差

我们认为，一维快速正演结果优于二维快速正演结果的主要原因是二维模型只记录了正对探测范围的地层信息，没有考虑背面及侧面地层对探测器最终计数的影响。因此二维正演模拟结果与 MCNP 模拟结果会存在一定的误差，后期希望开发三维快速正演，以解决这个问题。

4 结论

(1)本文提出了一种随钻自然伽马快速正演算法，引入空间灵敏度函数来描述探测器探测范围内不同位置对探测器计数率影响的权重分布，建立模拟地层并对地层进行栅格划分，为不同地层的栅格赋不同的地层放射性 API 值，找到每个测量点对应探测范围内的地层信息，并记录，得到对应测量点的空间通量函数，利用玻耳兹曼方程计算得到最终的测量点伽马计数，获得高精度的随钻自然伽马快速正演模拟结果。

(2)与蒙特卡罗精细模拟方法的对比结果显示，该方法无论在直井还是大角度井上，均具有较好的吻合性，且运算速度提高数万倍。

(3)新方法满足随钻自然伽马测井快速正演的需求，为钻井导向过程中地质模型的调整提供了一种新方法。

致谢：

在此感谢在课题研究过程中指导我的各位老师以及帮助我的各位同学。

参考文献：

[1] 于华伟，王文定，张丽，等. 随钻方位伽马测井方位灵敏特性研究[J]. 核技术，2021，44(1)：10202-010202.

[2] 杨雪，潘保芝，汪凯斌，等. 随钻方位伽马测井快速正演及定向井动态监测[J]. 地球物理学进展，2016，31(1)：403-410.

[3] 邵才瑞，曹先军，陈国兴，等. 随钻伽马测井快速正演算法及地质导向应用[J]. 地球物理学报，2013，56(11)：3932-3942.

[4] 张辛耘，郭彦军. 随钻测井技术进展和发展趋势[J]. 中国石油天然气集团公司第二届测井新技术交流会，2010：317-325.

[5] 冯启宁. 测井新技术培训教材[J]. 2004.

[6] Qin Z, Pan H, Wang Z, et al. A fast forward algorithm for real-time geosteering of azimuthal gamma-ray logging [J]. Applied Radiation and Isotopes, 2017, 123: 114-120.

[7] Coueet, B., Watson, C., 1992. Applications of Monte Carlo differential neutron sensitivity calculations to geophysical measurements. Transactions of the American Nuclear Society 65, 5-6.

[8] Mendoza A, Torres-Verdín C, Preeg B. Linear iterative refinement method for the rapid simulation of borehole nuclear measurements: Part I—Vertical wells[J]. Geophysics, 2010, 75(1): E9-E29.

[9] Mendoza A, Torres-Verdín C, Preeg B. Linear iterative refinement method for the rapid simulation of borehole nuclear measurements: Part 2—High-angle and horizontal wells[J]. Geophysics, 2010, 75(2): E79-E90.

[10] 李超然. 自然伽马随钻测井正演成像的蒙卡模拟[D]. 吉林大学，2018.

[11] Liu J, Yuan C, Cai S, et al. Improvement of the fast simulation of gamma-gamma density well.

Fast forward modeling of natural gamma logging while drilling based on spatial sensitivity function

ZONG Chang[1], LIU Jun-tao[1], LIU Ying-ming[2], LIU Zhi-yi[1], DUAN Jun-ya[3], GAO Hui[3]

(1. School of Nuclear Science and Technology, Lanzhou University, Lanzhou of Gansu Prov. 730000, China;
2. Research Institute of Petroleum Exploration & Development, PetroChina, Beijing 100083, China;
3. Xi'an Huineng Electronic Equipment Co. Ltd, Xi'an of Shaanxi Prov. 710065, China)

Abstract: As the increasingly demand for the development of thin-interlayer oil and gas, shale oil and gas reservoirs, the geological targets of exploration and development are becoming more and more complex. Logging while drilling has become the best choice for well logging operations. Logging while drilling technology can evaluate the formation boundary and stratigraphic occurrence around the borehole in real time, so as to realize the adjustment of drilling trajectory and effectively

improve the drilling rate of the reservoir. It play an increasingly important role in oil and gas exploration. The comparison between forward simulation logging curve in the initial geological model and the measured gamma curve while drilling can provide important reference information for real-time determination of the formation interface and adjustment of the geological model. The forward simulation methods of gamma logging while drilling include the Monte Carlo method and the empirical formula method. The Monte Carlo method is slow and cannot meet the requirements of logging while drilling. The empirical formula method has poor accuracy in the calculation results at the interface and it is unable to forward azimuth gamma imaging data. Based on the spatial distribution characteristic of gamma rays, this paper proposes a fast forward modeling method of gamma logging while drilling based on the spatial sensitivity distribution function. Compared with the Monte Carlo fine simulation method, they show good consistency with each other no matter in vertical wells or highly-deviated wells, and the calculation speed is increased by tens of thousands of times. The new method meets the demand for fast forward modeling of natural gamma logging while drilling, and provides an important means for adjusting the geological model during the drilling steering process.
Key words: natural gamma logging while drilling; spatial sensitivity function; fast forward method; geosteering

基于VR技术的数字孪生交互平台的实现

李启炜
(中核兰州铀浓缩有限公司,甘肃 兰州 730065)

摘要:随着新一代信息技术的发展,结合推进生产智能化产品的需求,工业生产对VR技术的需求日益旺盛。VR技术也取得了巨大进步并逐步成为一个新的科学技术领域。虚拟现实技术的出现不仅颠覆了传统训练手段方式,它为公司员工培训中所出现的难点以及抽象性内容带来了真正的解决方法,满足员工全方位训练需求。此研究采取了虚实融合的智能生产模式,搭建VR平台,将虚拟现实技术和车间动力柜、逻辑柜相结合,设想实现结构、逻辑展示,数据的输入输出,提升技能训练水平。在设备检修方面亦可打破传统模式,提高效率和人员技术水平。最终实现在教学培训方面大显神通,在今后的实际生产、设备检修、设备迭代升级等一系列的生产环节中都具有极高的开发和应用前景。
关键词:VR平台;应用前景;智能化工厂

随着科技的进步,装备科技水平不断提高,要求各类操作人员具备更高的知识水平和操作技能。而要达到这一要求,只采用传统的教学方法显然已经不能满足,必须大力推进操作技能训练过程中的教学方法优化和教学技术改进。而VR技术由于其自身所具备的优势特点,在操作技能教学过程中有着极为广阔的应用前景。

VR是一种能够创建和体验虚拟世界的计算机仿真技术。虚拟现实技术具有沉浸性、交互性、感知性的特征,使操作者能够进行友好的人机交互。因此VR虚拟现实技术的出现不仅颠覆了传统训练手段方式,它为公司员工培训中所出现的难点以及抽象性内容带来了真正的曙光。为涉及不可及或不可逆的操作,高成本、高消耗、大型或综合训练等提供可靠、安全和经济的实训项目,满足员工全方位训练需求。

1 VR技术简介及国内外研究现状

1.1 VR技术简介

虚拟现实(简称VR),是近些年出现的一种新的计算机高新技术,也被称为灵境技术或人工环境。作为正在高速发展的计算机新一代技术,通过计算机技术模拟生成逼真的极度真实的或充满想象的三维虚拟世界,从而沉浸式的以自然的方式与之进行实时交互。虚拟现实技术作为高新技术产业中的热门技术之一,它有着独立的特性,分别为多感知性、沉浸性、交互性和构想性,其中最为突出的特征为沉浸性、交互性和构想性,简称3I特征[1],如图1所示。

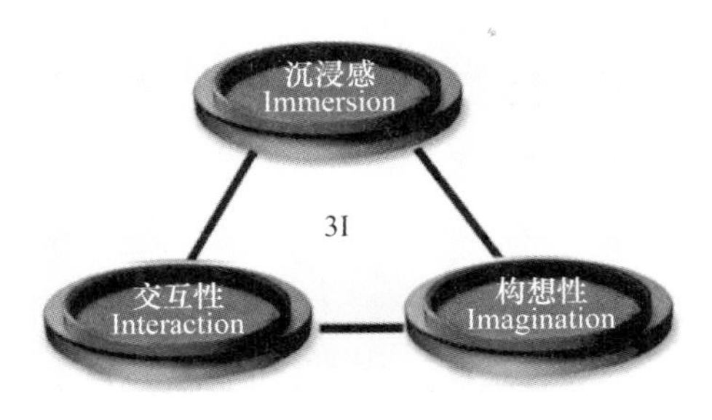

图1 3I特征

作者简介:李启炜(1996—),男,甘肃兰州人,助理工程师,学士,现主要从事自控仪表系统工作

其核心是构建数字化环境，并让体验者可以借助某些特殊的设备和数字环境中的对象进行交互，使得体验者产生真实的感觉，它主要研究领域包括数据获取、分析建模、绘制呈现、传感交互四个方面。

过去，人们主要是以定量为主的计算以获取信息的交流从而加深对事物的认识，现在由于VR技术出现，人们可以从定量和定性综合集成的虚拟环境中得到/具象的认识，使人能深化概念，产生新意和构想。

VR虚拟现实开发与应用中心深度融合虚拟现实技术、人机交互技术、动态环境建模技术、实时三维图形生成技术、立体显示和传感器技术、应用平台开发工具和平台集成技术等新一代信息化技术。

一个VR系统主要由五个关键部分构成：虚拟世界、VR软件、计算机、输入设备和输出设备[2]。虚拟世界是指可交互的虚拟环境，它一般包含一个三维模型定义的数据库。可以从任意角度进行观察。输入设备可用于观察和构造虚拟世界。VR软件提供参与虚拟世界的能力。输出设备用于显示当前虚拟世界视图。

1.2 国内外研究现状

工信部电子技术标准化研究院发布《虚拟现实产业发展白皮书5.0》中，用14 000多字讲述了当前中国虚拟现实产业的发展状况，从国家层面上充分肯定了虚拟现实行业。国外一些公司已经着手于VR技术的应用，从游戏、培训、实验室等多个方面结合VR，使得各行各业对VR技术的需求日益旺盛。VR技术也取得了巨大进步，并逐步成为一个新的科学技术领域。

国内许多的公司也正着手研发虚拟现实的应用培训系统，如南方电力科学研究院打造了一站式VR电力实训室，为电力企业提供VR培训。在消防实训方面，上海海润教育科技发展有限公司开发了消防3D情景实训系统，加快了消防信息化建设进程，提高了消防部队信息建设的整体水平。

2 基于VR技术应用平台

对于本公司而言，现阶段车间的生产工艺繁琐，且过程不可逆、高成本、高消耗等情况十分普遍。并且现场设备操作复杂，也不能在设备上进行现场培训，因此对岗位技能的培训效率低，只能凭经验进行讲解，造成员工理解困难。以本公司为例，VR教学模式相较传统教学模式主要有以下3个优点：

（1）培训方式更为新颖

传统教学仍然采用“灌输式”“填鸭式”培训、或是师带徒的培训模式，教学资源大都是视频、PPT等形式，新员工的岗位技能参差不齐，并不能保证上岗以后工作的正常开展，因此很多岗位会有较长的实习期，造成人力物力资源浪费。VR教学模式能摆脱传统培训弊端，以更直观，更便捷的方式培训，能使新员工很快度过培训实习期，开展正常工作。

（2）培训内容针对性更强

传统员工的培训内容多且是仅注重员工的普遍需求，忽视员工的个性化要求；忽视了企业长期发展对人才的需要。培训内容不能和员工的需求相结合，不能和企业的可持续发展相结合。VR教学模式，针对性很强，可以根据员工个体需求而调整不同培训内容，不仅注重员工现在的状况，更重视了他们的可持续发展；能考虑到员工的自身发展因素。

（3）降低培训成本

在传统培训模式下需在车间中进行大批次多重复的实景培训，不仅需要付出大量的时间成本、人力成本以及物力成本，还会在一定程度上影响企业的正常生产进程。VR教学模式中，不会影响企业正常生产，进行实景培训可以大大降低成本，并且在安全性能上亦有所保障。

基于以上问题，进行VR结合生产的应用课题研究。例如，我们可以通过构建车间实景，加强员工对提供地点和时间的深刻沉浸感，通过VR技术可用于让员工参与车间建设，从而理解基础知识，来达到培训教学的深层目的。车间所用设备多而杂，在短时间全部学习难度较大，VR技术可以帮助拓宽员工的职业生涯，展示学习在某个领域工作的感受，使员工对现场快速认知。

以本公司动力柜及逻辑柜的真实数据为基础。结合 VR 虚拟现实技术，展示柜子的数据逻辑，通过展示柜子线束逻辑图、电路走向图到模拟故障排除。在对设备进行检修时，结合 VR 检修平台，能对故障进行分类，模拟，从而更好地使员工找出问题所在进行解决。

2.1 VR 平台层次架构及功能模块

如图 2 所示，是逻辑柜分布图，可以看出其结构复杂，数据逻辑，相互关系庞杂，仅从书籍、PPT、视频等形式，梳理其复杂的逻辑关系，需要较长的周期，通过软件与硬件相结合的 VR 实训平台，可以直观、具象的展示其结构，降低实训环节损耗，提升培训质量。

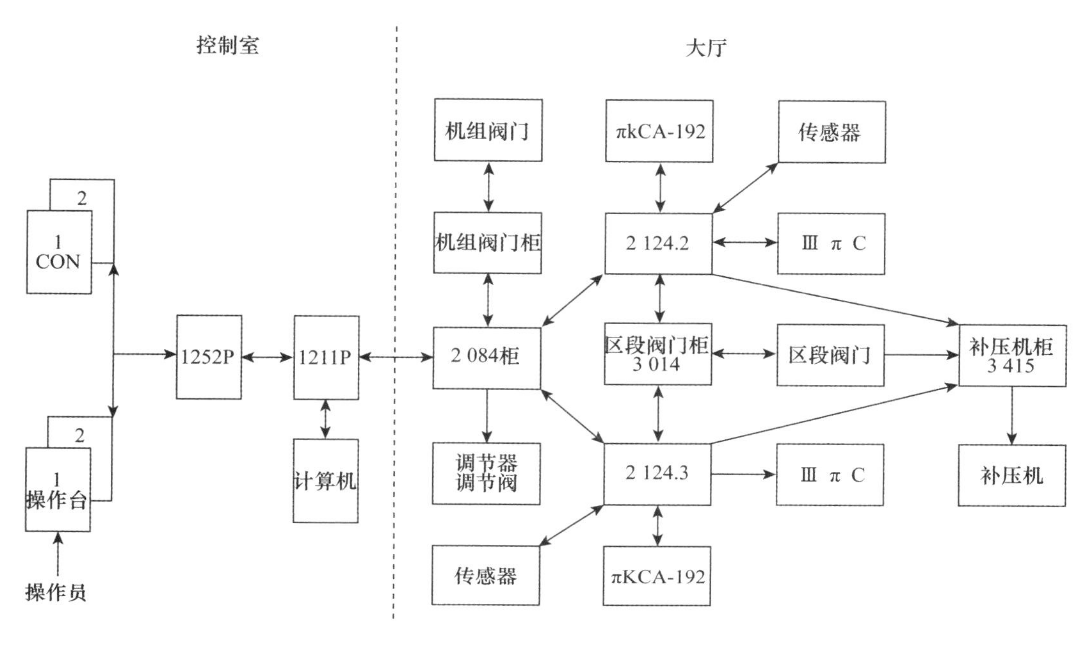

图 2 逻辑柜分布图

应用于培训的 VR 平台，可以将其分为三个层面：数据操作层、业务管理层和互动表示层。

通过 VR 平台可以实现对逻辑柜三的大功能模块“数据展示、逻辑关系、技能训练。”

如图 3 所示，在虚拟仿真教学平台中，工作人员可以佩戴 VR 视觉设备以及操作设备，可以立体的展示其结构模型。通过第一人称视角，能够通过手柄按键对项目功能进行选取，并且进行检修项目的仿真操作实施。

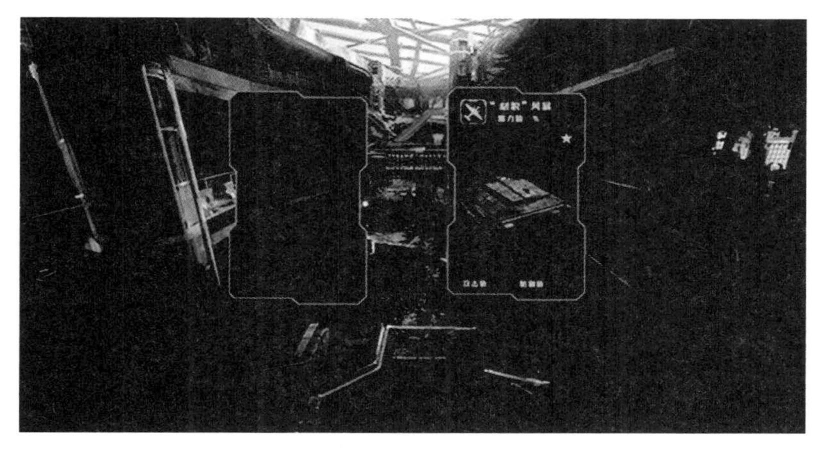

图 3 虚拟仿真教学平台

该平台在设计中主要考虑以下几点：

(1)在设计时按应用需求和功能合理划分平台的层次结构,上层的实现基于下层的功能和数据,并且使同层间功能耦合度达到最小。

(2)在同一层次结构中,按功能相关性和完整性的原则,把逻辑功能和信息交换紧密的部分以及在同一任务下的处理过程放在同一功能组件包中。

(3)功能组件与平台主控部分有很强的接口能力,使组件具有可拆卸性,以便于实现对单个组件的更新和不断优化。

(4)可扩展性强,各功能模块以组件式开发,以供将来应用平台的调用,并方便今后的扩展开发。

(5)尽量达到应用层与功能层分离,应用层只负责用户界面和功能调用逻辑的实现,简化平台上各应用的实现,真正实现功能的共享。

2.2 数据展示和逻辑关系模块

对于数据展示功能,包括各种柜的操作流程、关键总成数据展示,通过电路图配和 1∶1 的实物模型的方式进行,用户可对观察对象进行交互,可通过动态电路图掌握内部电路情况。

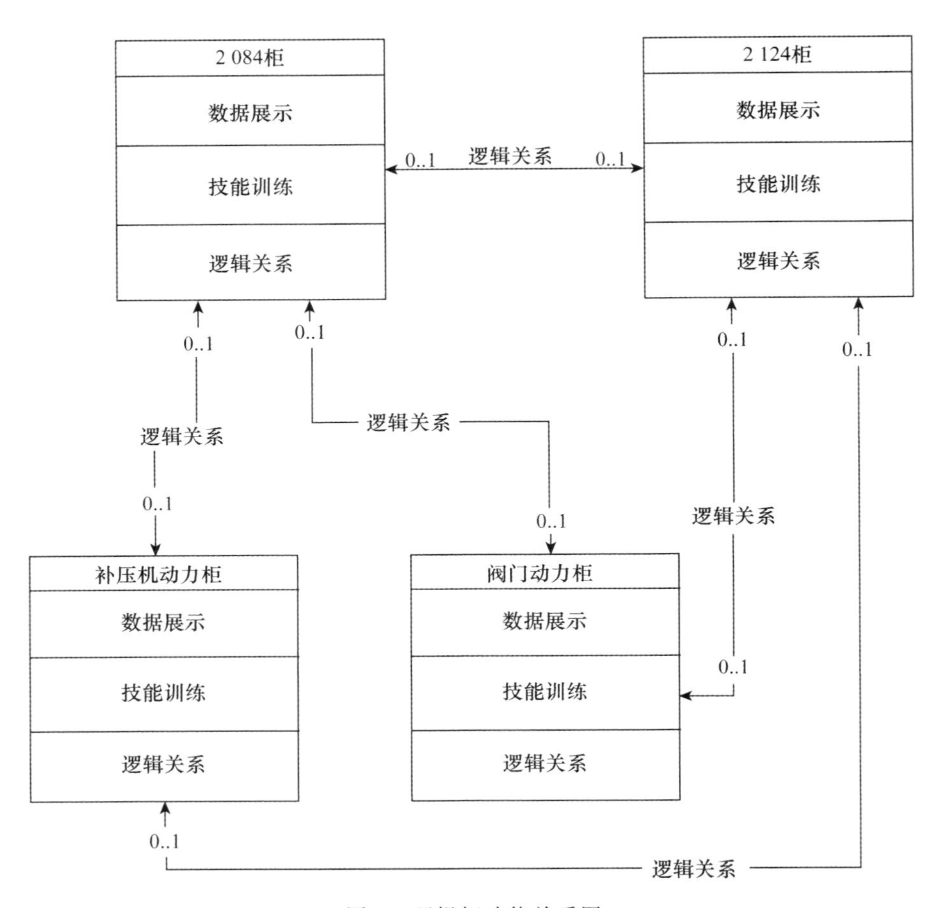

图 4　逻辑柜功能关系图

例如在选择某个板子时,数据展示模块可显示板子编号,对应电路图、针脚数据等关键信息。可以更直观、更具体的对我厂使用的不同逻辑柜进行认识。

逻辑柜运行过程中的操作有以下几种：

缩放：可放大当前物体的大小。

旋转：可 360°旋转当前物体。

平移：可在场景中拖动动物体。

复位:复位后恢复至原来状态。

数据展现形式主要建构在以下三个层面的基础上:

(1)视图层:由一些界面操作、模型控制等组成,没有任何业务逻辑控制,根据用户不同的需求请求调用不同的业务逻辑层,并负责控制相应的相应事件。

(2)控制器层:控制器接受用户的输入并调用模型和视图去完成用户的需求,所以当单击平台中某个具有事件响应按钮或模型时,控制器本身不输出任何东西和做任何处理。它只是接收请求并决定调用哪个构件去处理请求,然后再确定用哪个视图来显示返回的数据。

(3)业务逻辑层:此层处于显示层与数据处理层之间,起到在数据交换中承上启下的作用,对于数据处理而言,它是调用者;对于视图层而言,它却是被调用者。依赖与被依赖的关系都纠结在业务逻辑层上。

对于各种柜间的逻辑关系,可以通过展示各种柜的数据之间的关系,重点核心单元的相关关系,完成关系网状图的绘制,让操作者快速了解相关数据逻辑关系。

2.3 技能训练模块

结合各种柜的常见故障点,完成10个故障标准检修流程,操作者按照检修流程进行模拟排故,完成相应的技能训练。

(1)实训练习:员工可通过自由练习来不断熟悉实践操作,使员工对柜子数据逻辑有较强的认知;熟练掌握相应故障检修流程。

(2)考核模块:对员工的学习水平进行检测,对自由练习模式下达到一定学时的员工,再次模式下检验训练质量,可根据员工的操作,按照时长和操作错误次数智能打分,显示扣分项和错误操作的内容,用于后续重点训练。

如图5所示,为VR平台功能模块分布,通过实训练习,熟悉实践操作,员工首先可以对不同柜型的结构、板卡针脚数据、板卡电路图以及板卡功能进行认识,进而对逻辑关系进行梳理,了解并且熟悉板卡与板卡之间、柜子与柜子之间数据交互。对以上进行学习熟悉之后,进行考核,根据系统间评分,对自身培训学习状况有清晰定义。

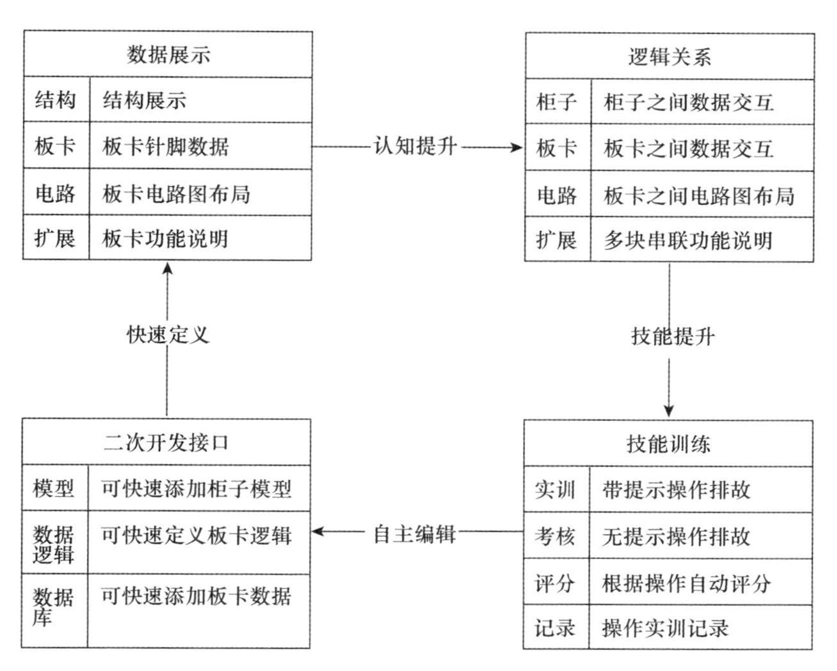

图5　平台功能分布

针对设备操作人员和检修人员，针对各种柜，结合真实数据，完成项目训练平台的开发，形成可直接使用的平台。完成相应培训工作，提高工作效率。

针对项目梳理的相应数据逻辑，结合当前检修工艺，形成新的操作规程，使操作更便捷，更精准。

平台会保留相应接口，能够快速添加其他类似设备，方便整合，完成平台化功能开发，通过二次开发接口，可快速添加柜子模型，快速定义板卡逻辑以及板卡数据。同步基于工厂智能化推进，形成数据流，完善相应数据，为公司智能化推进打下坚实基础。同时为后续接入 AR 检修平台，知识库搭建做好铺垫。

3 分布式虚拟现实系统应用

与沉浸式虚拟现实系统相区别，分布式虚拟现实系统(Distributed Virtual Reality System)，是基于网络的虚拟环境，位于不同物理环境位置的多个用户或多个虚拟环境通过网络相连接，或者多个用户同时参加一个虚拟现实环境，通过计算机与其他用户进行交互，并共享信息。系统中，多个用户可通过网络对同一虚拟世界进行观察和操作，以达到协同工作的目的。简单的说是指一个支持多人实时通过网络进行交互的软件系统，每个用户在一个虚拟现实环境中，通过计算机与其他用户进行交互，并共享信息。本方案将基于分布式虚拟现实系统进行研究与设计。

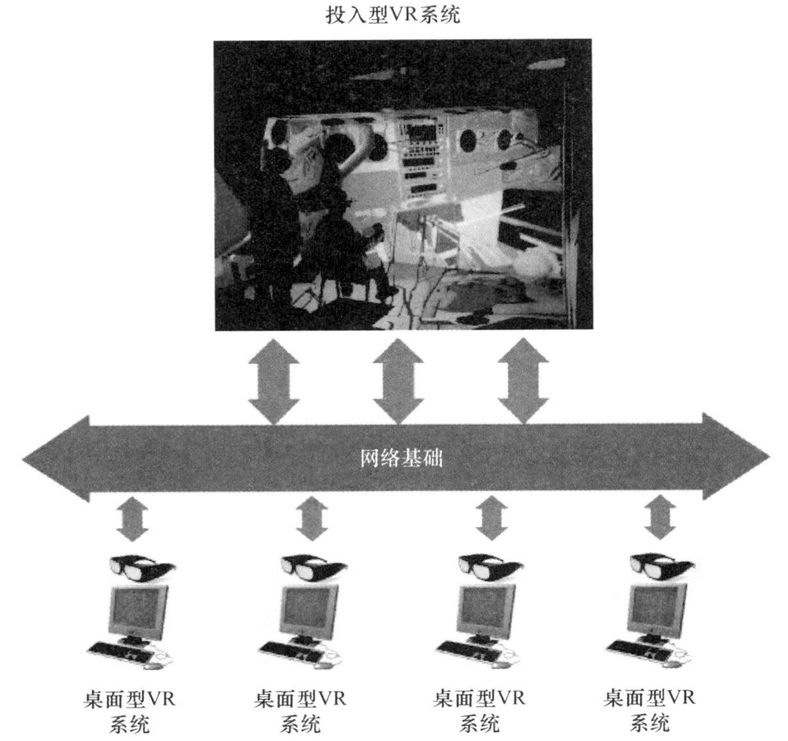

图 6　分布式虚拟现实系统

在使用过程中，通过基于虚拟现实技术的沉浸式仿真平台，将车间设备的各个零件数字化后可视化呈现，建立大量的三维模型，并可进行交互式操作，且不受到时间和空间的约束，实现在虚拟的装配车间进行完整的模拟流程操作，全程记录整个操作过程，便于及时查找错误，提高效率和工人的技术水平，也可为后期的可维护性和型号迭代等内容进行多部门、多学科的高效协同工作。

(1)专业人才培养

最终可在该虚拟现实技术的基础上高效率地完成教学培训的目的。如在较小的合适的空间中同时满足一定数量的员工，在配备 VR 设备的基础上，在不影响车间正常生产的前提下，可以直观地通过 VR 设备观察到逻辑动力柜内部信号和逻辑门的变化。还可在相关专业人员的指导下，遵循正确的操作步骤，直观高效地完成对设备的操作的学习。触碰相关按键后，相关逻辑动力柜状态发生改变，相应指示灯发生明灭变化，随后根据指令进行相关特定的操作。甚至在教学培训中，由于虚拟仿真技术的操作成本几乎为零，员工可以遍历几乎所有的操作步骤，如感受各种正常、异常、错误、极端情况下的机器状态及可能产生的影响，有利于在车间实际生产过程中及时有效地处理各种突发情况。

同时在教学培训过程中也会大大降低错误操作可能带来的对员工和设备的风险。在员工执行错误操作后，警报灯亮起，来提示错误操作，从而使员工更好的纠错与学习，而不会带来实质性损害。在此基础上，由于虚拟教学训练的数据可靠性及可存储性，在非教学时间内员工也可载入数据通过 VR 设备重新回顾之前的操作练习，巩固操作要点，有利于加深记忆及总结个人的独特经验。

(2)改进检修工艺

在设备检修中，基于 VR 的交互平台可明晰检修流程，数据故障逻辑；使员工日常操作和检修更加规范合理。可进行各种柜检修工艺的更新，使检修工艺更符合日常操作。提高检修效率，降低检修风险，节约人力成本。

(3)专业知识库搭建

利用该虚拟现实技术平台，可逐渐完善相关逻辑柜的日常生产工艺和检修工艺，结合设备操作说明，可搭建逻辑柜的专业知识库，为后续员工培训建好数据理论基础。

(4)为设备国产化做铺垫

通过该仿真平台，完善设备数据链，根据数据结构层可逆向模拟相应产品结构，完善相应功能布局，为“国家核心安全”做好铺垫。

结合中核兰州铀浓缩有限公司的智能化产品的推进，我车间可以 VR 虚拟现实技术为基础，开发逻辑柜、动力柜专用检修、培训平台，以 VR 技术引导培训、以培训促进科研、以科研联动生产的模式，构建“训练＋科研＋生产”的良性闭环体系，以 VR 技术推动培训体系改革，将员工训练与车间生产相结合，依托 VR 技术优势，聚集企业专业技能，打造高水平的“训练＋科研＋生产”创新平台，同时推动 VR 科研成果的转化，培养技能型综合人才，为企业生产增砖添瓦。

4 应用前景展望

当前我国的制造企业面临着转型的巨大压力，由于劳动力成本的不断提高、生产产能过剩、企业之间竞争日益激烈、个性化的需求等等因素，迫使企业采取差异化的竞争优势，提高其竞争能。并且随着当今信息化、智能化等新兴技术的迅速兴起，利用大数据技术为企业推动智能化工厂建设有着良好的技术支撑，并且随着国家和地方政府相关政策的实施，有远见的工厂都已经不约而同的向智能化趋势发展。

智能工厂的基础是数字化工厂，数字化工厂的核心是自动化系统与信息化系统的集成，实现所有工厂信息的自动采集，基础是所有工厂设备的联网。智能工厂是在数字化工厂的基础上，增加了智能装备的应用，实现对生产信息的实时智能分析。智能工厂的建设是未来大势所趋，而虚拟现实技术让我们能看到更多的方向。

5 结语

此研究项目——基于 VR 技术的数字孪生平台的实现，采取了虚实融合的智能生产模式，其对车间设备的虚拟技术的实现，不仅在教学培训方面大显神通，在今后的实际生产、设备检修、设备迭代升级等一系列的生产环节中都具有极高的开发和应用前景。解决了传统企业存在的一些弊端，能大大降低成本，提升了效率，满足企业的需求。

致谢：

在相关实验的进行当中，收到了中国科技大学张维新教授的大力支持，并提供了很多有益的数据和资料，在此向张教授的大力帮助表示衷心的感谢。

参考文献：

[1] 汪成为.人类认识世界的帮手——虚拟现实[M].北京：清华大学出版社，2000.

[2] 张秀山.虚拟现实技术及编程技巧[M].长沙：国防科技大学出版社，1999.

The realization of digital twin interactive platform based on VR technology

LI Qi-wei

(CNNC Lanzhou Uranium Enrichment Company, Ltd, Lanzhou of Gansu Prov. 730065, China)

Abstract: With the development of the new generation of information technology, combined with the demand to promote the production of intelligent products, the industrial production of VR technology is increasingly strong demand. VR technology has also made great progress and is gradually becoming a new field of science and technology. The emergence of virtual reality technology not only subverts the traditional training means and methods, but also brings a real solution to the difficulties and abstract contents in the company's employee training, so as to meet the all-round training needs of employees. In this study, the virtual and real intelligent production mode was adopted to build a VR platform and combine virtual reality technology with workshop power cabinet and logic cabinet to realize structure, logic display and data input and output, so as to improve the skill training level. In equipment maintenance can also break the traditional mode, improve efficiency and personnel technical level. Finally achieve in the teaching and training of great magic, in the future in the actual production, equipment maintenance, equipment iteration and upgrade a series of production links have a high prospect of development and application.

Key words: VR platform; application prospect; intelligent factory

机器学习算法在双能X射线煤矸石分选中的应用

杨叶雨[1],贾文宝[1,2],黑大千[2,3],孙爱赟[1],求梦程[1]
(1. 南京航空航天大学材料科学与技术学院,江苏 南京 211106;
2. 江苏省高校放射医学协同创新中心,江苏 苏州 215000;
3. 兰州大学核科学与技术学院,兰州 甘肃 730000)

摘要:煤炭生产过程中,煤和矸石的分选已成为一项不可或缺的环节。目前常用的煤矸石分选方法有人工分选、重介质法、跳汰法,先进的分选技术有机器视觉图像识别和X射线技术等。其中,X射线由于具有穿透物质的能力,理论上能够分辨密度不同的物质,这对于密度不同的煤炭和矸石的识别来说具有一定的优势。除此之外,还可以通过X射线图像对物料进行定位并将位置信息发送给执行机构,从而实现煤和矸石的自动分选。基于以上优势,近年来不断被用于煤矸石的分选中,并从单能X射线分选技术发展到了双能X射线分选技术。本文基于已搭建的双能X射线分选样机对煤和矸石的识别分类算法进行研究。通过编写上位机控制程序,双能R值法被用于该分选系统。然而,在进行标样的过程中,双能R值法需要人为地去选取合适的分选曲线。针对煤炭和矸石,分别通过双能R值法和使用多种机器学习分类算法进行分类,其识别率都达到了100%。但是,通过机器学习算法除了可以通过相关的分类器进行识别分类外,还可以自动获取分选曲线,这进一步解决了R值法划分分选曲线时人为因素所带来的影响,从而提高了分选系统的自动化程度。

关键词:煤矸石分选;双能X射线;机器学习;自动化

X射线由于具有穿透物质的能力以及在区分原子序数和密度不同的物质具有一定的优势。目前已被用于医疗、安检以及无损检测等领域[1]。近年来,基于X射线透射的煤矸石分选技术在国内外得到很快的发展,并从单能发展到双能。基于X射线透射的煤矸石识别方法在国内外已有许多学者进行了相关的研究并取得了一定的成果。

在国外,J Kolacz基于Comex公司的CXR-1000分选机,使用了新型探测器对金属含量在0.5%以下铜矿石进行分选,其分辨率可达50 μm[2]。Régis Sebben Paranhos等人针对巴西南部石灰石使用XRT分选机对其进行分选[3]。A. Voigt等人使用基于双能X射线透射技术的分选机对25~45 mm粒径的金刚石进行分选[4]。在煤矸石分选方面,以Tomra为代表,其研制的双能X射线分选机适用于粒径12.5~120 mm的煤矸石分选,并通过在美国和南非针对不同的煤进行试验,证明了该分选机的可靠性[5]。

在国内,东北大学赵一丁教授课题组率先进行了基于X射线图像的煤矸石分选研究[6,7]。之后,冯岸岸基于双能X射线透射技术研究了煤和矸石的成像特点,分析了灰度识别和R值识别方法,最后通过对30~100 mm煤和矸石的R值进行整理和分析,得到了识别阈值。利用识别阈值进行试验并取得了较好的识别效果[8]。

以上基于双能X射线的物质识别中,使用的方法为双能R值法(或双能曲线法)。该方法可通过对物质的高低能衰减进行拟合来消除物料厚度的影响,且对于不同密度的物质,其双能曲线不同。然而,对煤炭和矸石分选,在进行分选曲线的选取时,往往是需要人为去划分分选曲线,因此受人为因素的影响较大。

因此,本文通过双能X射线识别分选系统获取煤炭和矸石的双能X射线图像,并以高低能衰减为特征,提出了基于机器学习算法的煤矸石分类模型,通过实验验证了算法的有效性。

作者简介:杨叶雨(1996—),男,硕士研究生,现从事X射线透射成像物质识别方面的研究工作

1 装置与方法

1.1 实验装置

搭建了双能 X 射线分选样机，如图 1 所示，该系统主要包括 X 射线源、双能 X 射线探测器、皮带、喷吹机构以及料仓等。本文中 X 射线源高压设置为 160 kV，电流设置为 10 mA，皮带速度为 2.4 m/s。当物料经过 X 射线源下方时，X 射线穿透物料衰减后被双能 X 射线线阵列探测器采集。采集到的 X 射线图像发送到计算机经过处理后得到物料种类，最后将识别结果反馈给喷吹系统并进一步判断是否需要喷吹。

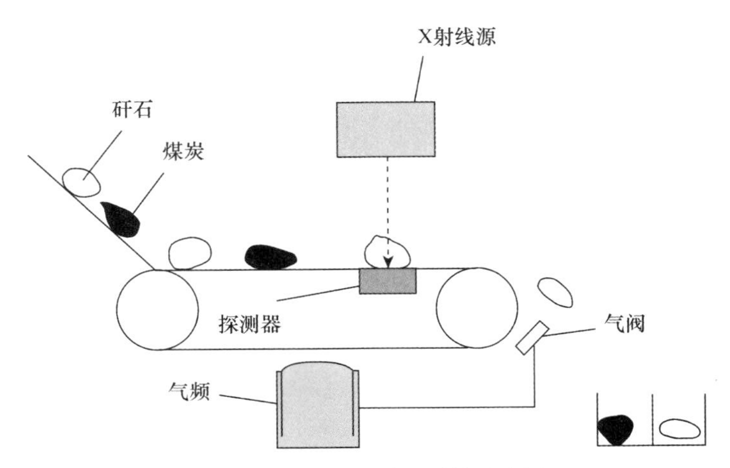

图 1 双能 X 射线分选系统示意图

1.2 数据准备

X 射线穿透物质时会与物质发生光电效应、康普顿散射和电子对效应等相互作用，其衰减遵循朗伯比尔定律：

$$I = I_0 e^{-\mu_m \rho d} \tag{1}$$

式中：I 为透射 X 射线的强度；

I_0 为 X 射线与物质相互作用前的强度；

μ_m 为线衰减系数，cm^{-1}；

x 为被穿透物质的厚度，cm。

μ_m 是物质的固有属性，只与物质对应的有效原子序数有关，不受外界的影响和干扰，与其化学状态和内部原子排布无关。物质的有效原子序数的不同，质量吸收系数也会不同。根据这一性质，X 射线能够实现物质种类的识别。

通过双能 X 射线探测器获取的高低能透射信号（I_H 和 I_L），分别代入（1）式两边取对数后整理得到高低能衰减：

$$Att_L = \ln I_{0L}/I_L = \mu_{mL}\rho d \tag{2}$$

$$Att_H = \ln I_{0H}/I_H = \mu_{mH}\rho d \tag{3}$$

式中：μ_{mH} 和 μ_{mL} 分别表示高、低能 X 射线透射过某一物质的质量衰减系数，I_H 与 I_L 分别表示有物料时高、低能探测器的计数值，I_{H0} 和 I_{L0} 分别表示无物料时高、低探测器的计数值。

通过以上公式计算得到的高低能衰减数据可用于 R 值的计算、双能曲线的拟合以及机器学习分类算法的训练。将高低能衰减作比值可以得到 R 值：

$$R = \frac{\mu_{mL}}{\mu_{mH}} = \frac{\ln(I_{L0}/I_L)}{\ln(I_{H0}/I_H)} \tag{4}$$

通常情况下，对于物质的识别主要通过使用双能拟合曲线的方法对高能衰减 Att_H 和低能衰减 Att_L 进行拟合，以此实现物质的划分。该方法一般以低(高)能 X 射线透射信号值为横坐标，高(低)能 X 射线透射信号值为纵坐标，以纯净物的实验样本信号值拟合出样本曲线，建立样本特征曲线库。样本曲线函数选用的数学模型一般有多项式模型、磁动势模型、大气压力模型、热容模型。其中最常用的函数模型为多项式模型：

$$y = a + bx + cx^2 + \cdots \tag{5}$$

在本研究工作中，主要使用一次函数进行双能曲线拟合。

1.3　机器学习算法

机器学习是对通过经验和数据使用自动改进的计算机算法的研究。它被视为人工智能的一部分。机器学习算法基于样本数据(称为"训练数据")构建模型，以便在没有明确编程的情况下做出预测或决策。机器学习算法被广泛用于各种应用，例如医学、语音识别和计算机视觉等。根据学习方法可将其划分为：无监督学习、有监督学习和半监督学习。

本文中主要使用了有监督学习的分类算法，即需要对特征数据进行贴标签。对于有监督学习主要包括两个步骤：训练和测试。在训练阶段，对已知类别的样本提取特征向量和特征选择，建立每个类别相应的模型与描述；在测试阶段，利用得到的分类器模型对测试样本进行分类，测试分类器的准确度。在本文中，主要使用的分类器有支持向量机(Support Vector Machine，SVM)、随机森林(Random Forest，RF)、决策树(Decision Tree，DT)和 K-最近邻(K-Nearest Neighbor，KNN)。

其中，SVM 分类器是一种二分类模型[9]。它的基本模型是定义在特征空间上的间隔最大的线性分类器，但是通过使用核技巧，可以使它成为实质上的非线性分类器。其在解决小样本、非线性及高维模式识别的问题上具有独特的优势，具有较高的泛化推广能力。图 2 中蓝色点和橙色点分别表示两类的训练样本，H 为把两类没有错误地分开的分类线，H1 和 H2 分别为各类样本中离分类线最近的点且平行于分类线的直线，H1 和 H2 之间的距离叫做两类的分类间隔(margin)。所谓最优分类线就是要求分类不但能将两类无错误地分开，而且要使两类的分类间隔最大。推广到高维空间，最优分类线就成为最优分类面。

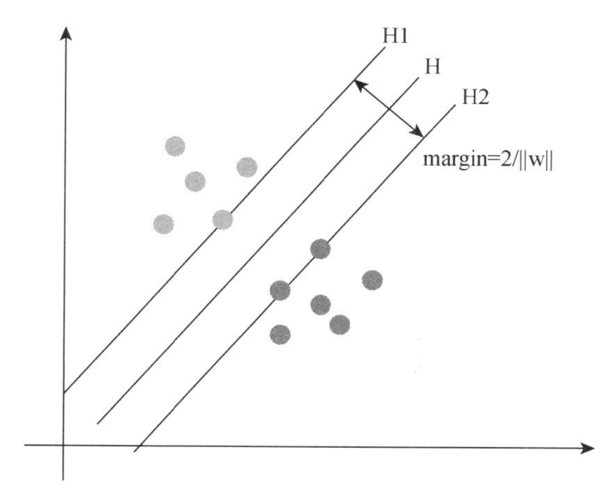

图 2　SVM 分类器分界面示意图

RF 分类器是集成学习算法(ensemble learning)的一种[10]，是利用多棵决策树对样本进行训练并预测的一种分类器，随机森林算法示意图如图 3 所示。随机森林的"随机"包含两个方面：①针对分类问题，RF 随机选择训练样本集合，每一轮训练所使用的数据均从原始样本集合中有放回地随机抽取，以保证所有样本都有机会被抽到一次；②随机选择候选属性集合，假设原始数据有 M 个属性，指定一个属性数 S，从 M 个属性中随机抽取 S 个属性作为训练树的候选属性。选择完训练样本和属性之后，在每个训练样本上构造决策树，得到预测结果，n 个样本能得到 n 个预测模型，再使用模型对测试样本进行预测，这样每个样本都能得到 n 个预测结果，最后通过简单的多数投票来决定最终结果。

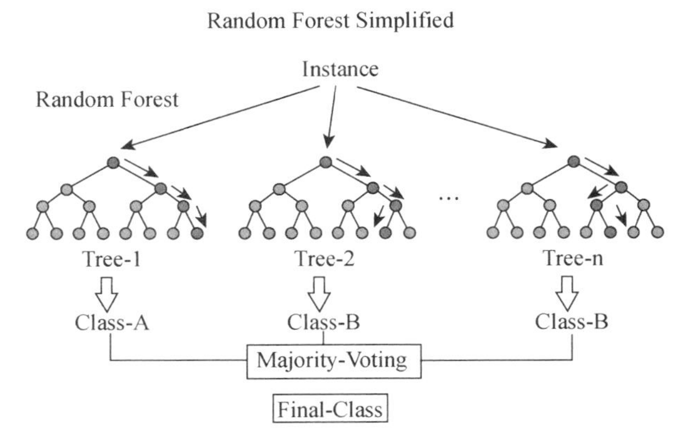

图 3　随机森林算法原理

DT 分类器是一种基于预测变量对数据分类的算法[11]。DT 基于构建树形结构分类获取目标变量，具有类似于流程图的结构，每个节点表示某个对象属性的调试，每个分支代表某个可能的属性值，最后每个叶节点代表一种分类结果。另外决策树可以选择一个目标和一个或多个变量作为输入变量，仅有单一输出，可以建立独立的决策树以处理不同输出。

KNN 分类器是分类算法中最常用且分类效果最佳的算法之一[12]，其基本思想是：给定一个训练数据集，对新的输入实例，在训练数据集中找到与该实例最邻近的 K 个实例，这 K 个实例的多数属于某个类，就把该输入实例分为这个类。

2　识别分类

以高低能衰减数据为特征作为分类模型的输入，一方面通过线性分类获取分选曲线，另一方面可以直接使用分类器实现煤炭和矸石的分类。

2.1　选取分选曲线

为了去除人为因素划分分选曲线时的影响，使用 SVM 对煤矸石进行线性分类并将分界线的直线方程表示出来。如图 4 所示，左图是双能曲线拟合后得到的分选曲线（$y=1.148x+0.060$），右图为利用 SVM 线性核进行分类得到的煤和矸石分类图，其中紫色区域表示矸石区域，浅绿色区域表示煤炭区域，并求得两区域分界线的曲线方程为 $y=1.061x+0.130$。

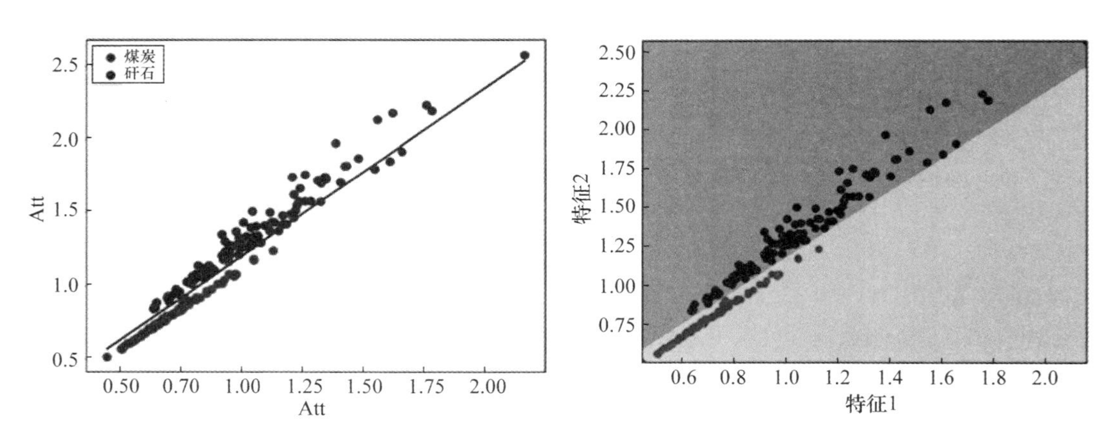

图 4　煤矸石分选曲线 $y=1.148x+0.060$（左）和 $y=1.061x+0.130$（右）

由此可以通过 SVM 划分得到的边界相比于人为划分的不仅提高了准确的，而且也消除了人为的主观因素带来的影响。

2.2 机器学习算法分类

以高能和低能衰减作为特征，分别使用 SVM、RF、DT 和 KNN 对其进行训练，最终的准确率均达到了 100%。如图 5 所示，浅绿色代表煤炭的分类空间，可以看到分类空间对样本数据的依赖性较高。当样品数据具有代表性或足够多时，能够很好的对其进行分类。

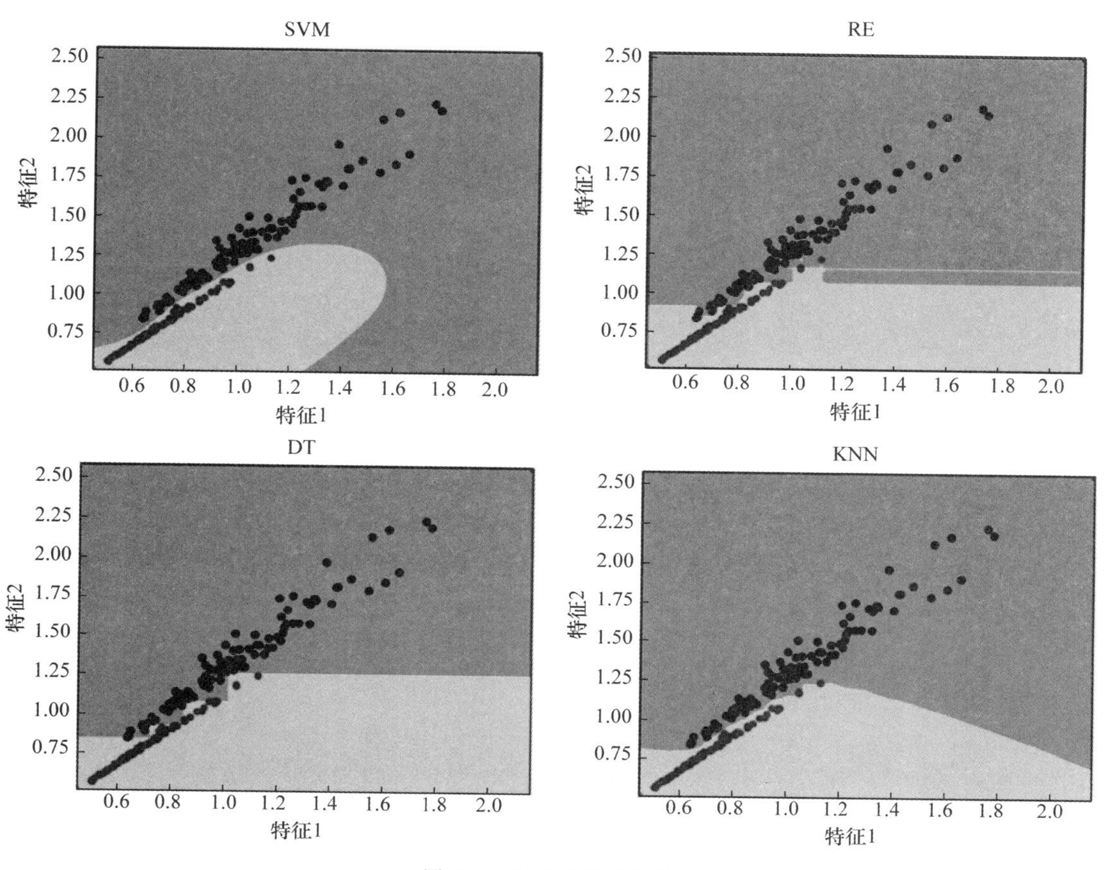

图 5　四种分类算法比较

3 结论

本文基于搭建的双能 X 射线分选系统，提出了使用机器学习分类算法对煤炭和矸石进行分类的方法。以高低能衰减作为特征，使用 SVM 分类算法进行线性分类，自动获取了双能分选曲线，消除了常规人为划分分选曲线时所带来的主观因素的影响，从而提高了分选系统的自动化程度。另外，通过使用多中机器学习分类算法对煤矸石进行分类，其准确率均达到了 100%。然而，这种情况下需要样本有足够的代表性，再者，将其用于分选系统时其处理速度也是需要考虑的一个问题，这将在之后的工作中进一步验证。

参考文献：

[1] Gilat Schmidt T. Future prospects of spectral CT: Photon counting[J]. Comput Tomogr Approaches, 2019(Appl Oper): 269-286.

[2] Paranhos R S, Santos E G D, Veras M M, et al. Performance analysis of optical and X-Ray transmitter sensors

for limestone classification in the South of Brazil[J]. Journal of Materials Research and Technology, 2020, 9(2): 1305-1313.

[3] Voigt A, Morrison G, Hill G, et al. The application of XRT in the De Beers Group of companies[J]. Journal of the Southern African Institute of Mining and Metallurgy, 2019, 119(2).

[4] Robben C, de Korte J, Wotruba H, et al. Experiences in Dry Coarse Coal Separation Using X-Ray-Transmission-Based Sorting[J]. International journal of coal preparation and utilization, 2014, 34(3-4): 210-219.

[5] von Ketelhodt L, Bergmann C. Dual energy X-ray transmission sorting of coal[J]. Journal of the Southern African Institute of Mining and Metallurgy, 2010, 110(7): 371-378.

[6] 何晓明. 基于X射线的煤与矸石自动识别方法研究[D]. 东北大学, 2013.

[7] 袁华昕. 基于X射线图像的煤矸石智能分选控制系统研究[D]. 东北大学, 2014.

[8] 冯岸岸. 智能分选过程中煤矸X射线识别技术的研究[D]. 安徽理工大学, 2019.

[9] Cortes, C. and V. Vapnik, Support-vector networks. Machine Learning, 1995. 20(3): 273-297.

[10] 徐佳庆,胡小月,唐付桥,等. 基于随机森林的高性能互联网络阻塞故障检测[J].计算机科学,2021,48(06):246-252.

[11] 申文明,王文杰,罗海江,等. 基于决策树分类技术的遥感影像分类方法研究[J].遥感技术与应用,2007(03):333-338.

[12] 汤烈,穆合义,侯爱莲,等. 基于K最近邻算法的网络不良信息过滤系统研究[J].计算技术与自动化,2019,38(04):172-175.

Application of machine learning algorithm in dual-energy X-ray coal and gangue sorting

YANG Ye-yu[1], JIA Wen-bao[1,2], HEI Da-qian[2,3], SUN Ai-yun[1], QIU Meng-cheng[1]

(1. College of Materials Science and Technology Nanjing University of Aeronautics and Astronautics, Nanjing of Jiangsu Prov. 211106, China; 2. Collaborative Innovation Centre of Radiation Medicine of Jiangsu Higher Education Institutions, Suzhou of Jiangsu Prov. 215000, China; 3. School of Nuclear Science and Technology Lanzhou University, Lanzhou of Gansu Prov. 730000, China

Abstract: In the coal production process, the separation of coal and gangue has become an indispensable link. At present, methods of the commonly used coal gangue sorting include manual sorting, heavy medium method, and jigging method. Advanced sorting technologies include image recognition based on machine vision and X-ray technology. Among them, due to its ability to penetrate materials, X-rays can theoretically distinguish materials with different densities, which has certain advantages for the identification of coal and gangue with different densities. In addition, X-ray images can also be used to locate materials and send the position information to the actuator, so as to realize the automatic sorting of coal and gangue. Based on the above advantages, it has been continuously used in coal and gangue sorting in recent years, and has developed from single-energy X-ray sorting technology to dual-energy X-ray sorting technology.

In this paper, the recognition and classification algorithm of coal and gangue is researched based on the built dual-energy X-ray sorting prototype. The dual-energy R value method is used in this sorting system by writing the host computer control program. However, in the process of calibrating samples, the dual-energy R-value method needs to artificially select a suitable sorting

curve., the dual-energy R-value method and the use of multiple machine learning classification algorithms are used for classification for coal and gangue, and the recognition rate has reached 100%. The machine learning algorithm can not only identify and classify through related classifiers, but also automatically obtain the sorting curve. This further solves the influence of human factors with the R-value method used to divide the sorting curve, improving the automation of the sorting system.
Key words: coal and gangue sorting; dual-energy X-ray; machine learning; automation

高导热辐射交联地暖管材料的研究

刘 洋,许文革,张宏岩
(中核同辐(长春)辐射技术有限公司,吉林 长春 13000)

摘要:本文将研究地暖管基体聚合物的筛选、导热粒子的表面改性及高导热母料的制备、聚烯烃基复合材料的造粒与成型加工工艺研究、高导热复合材料的交联工艺研究、以及针对地暖管的应用性能评价。并建立高导热聚烯烃复合材料的辐射加工过程－化学组成－性能的关系,掌握高导热交联聚烯烃管材的制备与加工工艺参数,开发适合于工业化生产的制备工艺和流程。

关键词:辐照交联;导热性;聚烯烃

我国房屋建设规模巨大,在现有的建筑中,95%以上是高能耗建筑,单位面积采暖能耗是发达国家的3倍以上,我国绝大多数属于冬冷夏热四季分明气候,有90%以上地区冬季需要采暖[1]。国内生产交联聚乙烯(PE-X)管材一般采用中密度聚乙烯或高密度聚乙烯与过氧化物交联(PE-Xa)或硅烷交联(PE-Xb)的方法。就是在聚乙烯的线性长分子链之间进行化学键连接,形成立体网状分子链结构[2]。相对一般的聚乙烯而言,提高了拉伸强度、耐热性、抗老化性、耐应力开裂性和尺寸稳定性等性能。整个生产过程属于化学反应过程。该地暖品种具有交联剂不易分散均匀,交联度较难控制一致和需要定时清理螺杆以防止产生凝胶颗粒等难点,产品的质量控制难度较大,产品非常不稳定。本文研究的高导热PE-Xc管材是经过辐照而获得的交联聚乙烯。辐照交联法是一个物理交联方法,与前两种(氧化物、硅烷)相比不同是在交联过程中无需其他添加剂。它是将由纯粹聚乙烯成型的管材产品经β或γ射线辐照后,使聚乙烯大分子主链形成新的自由基,自由基间再结合形成交联,分子结构从线性排列改变为三维立体网状结构,将热塑性塑料改变为热固性塑料,从而大大增强了管材的各项性能。产品具有高导热性、快散热性、高耐压性、节能环保等性能。

1 配方设计及性能数据

对于高导热地暖管材而言,导热系数是最为重要的性能数据之一。采取向基体树脂中添加导热填料的方式以提高复合材料的导热系数;同时考虑到管材挤出时的加工问题,利用硅烷偶联剂对导热填料进行表面处理,以增加导热填料与基体树脂之间的界面亲和能力,在维持复合材料的力学性能的同时使得导热填料在基体树脂中具有良好的分散能力,有助于导热通路的构筑,提高管材的性能稳定性。

1.1 导热系数

为了寻找到最优的导热填料,分别制备了一系列添加有不同种类以及不同质量分数导热填料的聚乙烯复合材料,比较了其导热系数、力学性能。优选出最佳导热填料。石墨烯、SiC、Al_2O_3的导热系数都比较高,但是石墨烯的价格昂贵,原材料来源不方便,其与PE的亲和性差,表面处理较为困难,因此不建议选用石墨烯作为高导热地暖管材料的导热填料。SiC的导热系数也较高,但是由于其颜色为黑色,会限制产品的颜色多样性。同时SiC的表面处理也较为困难,同样,不建议选用SiC作为高导热地暖管材料的导热填料。与上述填料相比,Al_2O_3的价格合理,表面处理简单,其颜色为灰白色,便于染色。且其导热系数也相对高。因此选用Al_2O_3作为高导热地暖管材料的导热填料。

图1所示,不同种类的PE其导热系数也不同。市场上最常见的PERT导热系数为0.433 7 W/m·K

作者简介:刘洋(1989—),男,吉林大安人,中级工程师,学士,现主要从事辐照加工、高分子材料改性

考虑到基体材料的导热系数和其加工性能的影响[3]。经过筛选初步选择 ZHF101 作为高导热地暖管材的基体材料。

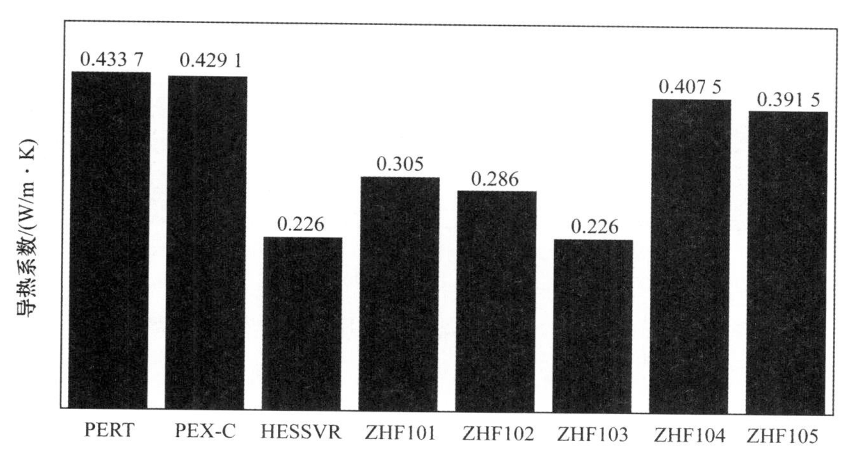

图 1　不同种类 PE 的导热系数

由于 Al_2O_3 是具有导热系数高、价格低廉、易于表面处理、颜色为灰白色，便于染色等优点，我们选择 Al_2O_3 作为导热填料加入 PE 中。为了寻找最佳 Al_2O_3 加入量，我们分别制备了含有不同 Al_2O_3 含量的 PE-Al_2O_3 复合材料，并采用激光闪射法测定其导热系数，结果如图 2 所示。从图 2 中我们可以看出随着 Al_2O_3 添加量的增加，其导热系数也随之增加。并且当 Al_2O_3 加入量为 60 ppr 时，其导热系数已经达到 0.5 W/m·K 因此我们初步确定 Al_2O_3 的加入量为 60 ppr。

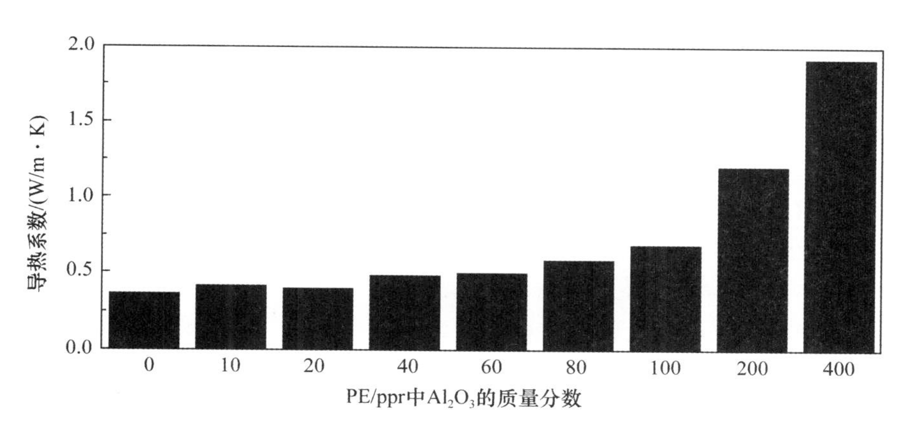

图 2　不同 Al_2O_3 含量 PE 基复合材料的导热系数

向 Al_2O_3-PE 复合材料中加入 SiO_2，且其添加量为 Al_2O_3 的 10%，结果发现 SiO_2 的加入有助于提高复合材料的导热系数。但是由于 SiO_2 提高导热系数幅度不大，并且其价格昂贵，引入到复合材料中之复合材料的力学性能将有一定程度降低。因此不考虑向配方中引入 SiO_2。

1.2　凝胶含量

对于 PE-Xc 管而言，辐照剂量的选择尤为重要，其决定了 PE-Xc 管的交联度，进而影响材料的性能。再次选择了两种 PE，采用高能电子加速器或者 ^{60}Co 以不同辐照剂量对 PE 进行辐照交联。随后将样品在二甲苯中加热回流 12 h 测定材料的交联度。结果如图 4 所示。从图中我们可以看出随着辐照剂量的增大，PE 的交联度也随之增大。

辐照对于高分子材料而言，高分子材料的交联与降解是同时发生的，在强辐照剂量下，高分子材

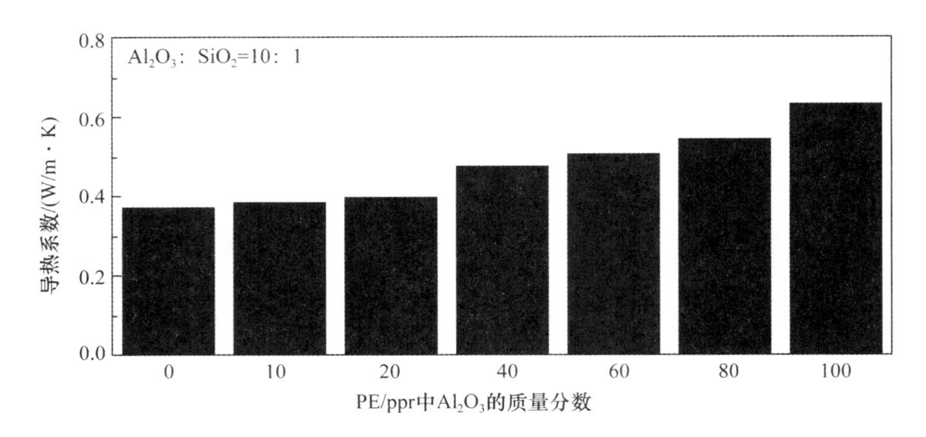

图 3　不同 $Al_2O_3-SiO_2$(10%)含量 PE 基复合材料的导热系数

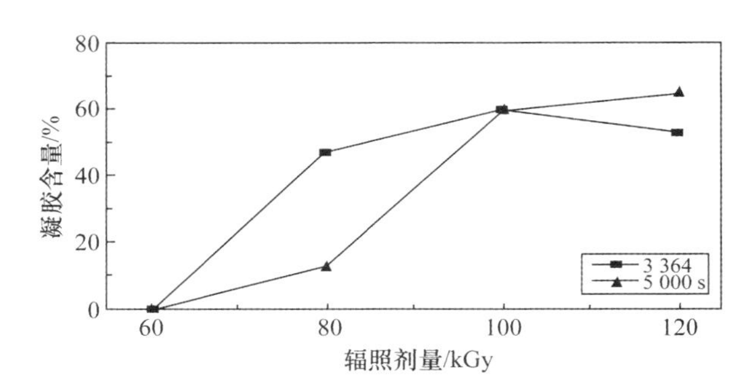

图 4　不同辐照剂量下不同种类聚乙烯的凝胶含量

料可能会发生分子链的降解,不利于产品的性能。同时强辐照剂量会相应产生更高的能耗,提高成本。因此选择了添加辐照敏化剂,由于辐照敏化剂中含有多个碳碳双键、酯基等对辐射敏感的基团。因此辐照敏化剂能够在较低的辐照剂量下分解,产生自由基进而进攻高分子材料,增多高分子材料体系中自由基的含量,有助于实现分子链之间的交联。为了确定辐照敏化剂与辐照剂量之间的对应关系,制备了一系列含有不同辐照敏化剂含量的 PE 材料以不同辐照剂量对其进行辐照,最后测定其交联度,结果如图 5 所示,随着辐照敏化剂加入量的提高,其交联度也是随之提高的。并且随着辐照剂量的提高,交联度也在随之提高。最终我们选择以 2 pprTMPTA 和 80 kGy 作为我们的配方工艺。

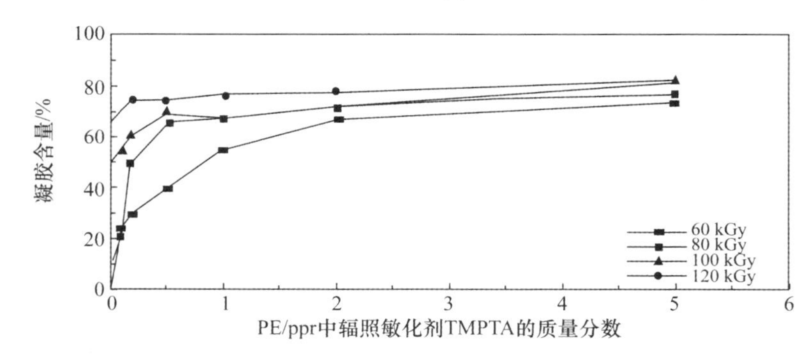

图 5　引入不同含量辐照敏化剂 TMPTA 之后经不同辐照剂量辐照后样品的凝胶含量

1.3　力学性能

材料的力学性能决定了其能否被实际应用。根据 GB/T 13663—2000 中对 PE 管材力学性能的要求,其中要求材料的断裂伸长率需要≥350%[4]。由于向 PE 中添加了无机导热粒子以增加复合材料的导热系数，但是无机导热粒子与 PE 聚合物基体之间并无直接相互作用，其界面亲和能力差，两相分相明显，这直接导致了复合材料的力学性能急剧下降。并且随着无机导热粒子加入量的增多，这种力学性能的下降表现的更为明显。为了处理好复合材料的力学性能以及导热系数这两个相互矛盾的性能关系，将无机导热粒子利用硅烷偶联剂进行表面处理，使其表面带有亲油性基团，根据相似相容原理，这将大大增强 PE 聚合物基体和无机导热粒子之间的界面相互作用，从而使复合材料具有较为良好的力学性能[5]。采用的是干法处理，干法处理是将无机填料加入到高速搅拌机当中，在加热和高速搅拌的条件下向无机填料中缓慢加入稀释至一定浓度的硅烷偶联剂溶液，使硅烷偶联剂的水解、附着在无机填料表面与形成氢键的过程都在加热和高速搅拌中完成。这种方式操作简单，处理量大，适合于工业生产。采用干法处理的方式，利用 KH550 对 Al_2O_3 进行表面处理，随后制备了含有不同经 KH550 表面处理后的 Al_2O_3 含量的 PE-Al_2O_3 复合材料，利用电子万能试验机对样品进行力学性能的测试，结果如图 6 所示。发现经过 KH550 表面处理过后的 PE-Al_2O_3 复合材料的断裂伸长率都大于 350%，满足国家标准。

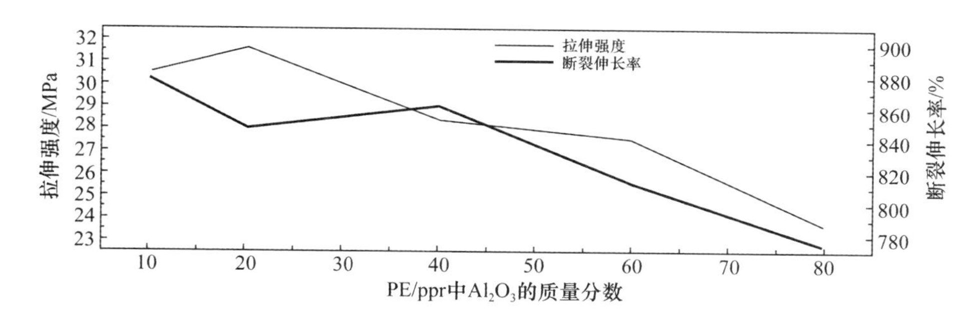

图 6 Al_2O_3 经过 KH550 表面处理后按照不同比例添加到 PE 基体中，制得复合材料的力学性能

为了探究辐照工艺对产品力学性能的影响，我们制备了不同辐照剂量下的 PE-Al_2O_3 复合材料并测定其力学性能。测试结果如图 7 所示，从中我们可以看出随着辐照剂量的增加，材料的力学性能随之增加，并且引入辐照敏化剂的体系在相同的辐照剂量下，其力学性能明前优于未添加辐照敏化剂的体系。结合图 7，可以得出交联度的提升可以增加材料力学性能的结论。

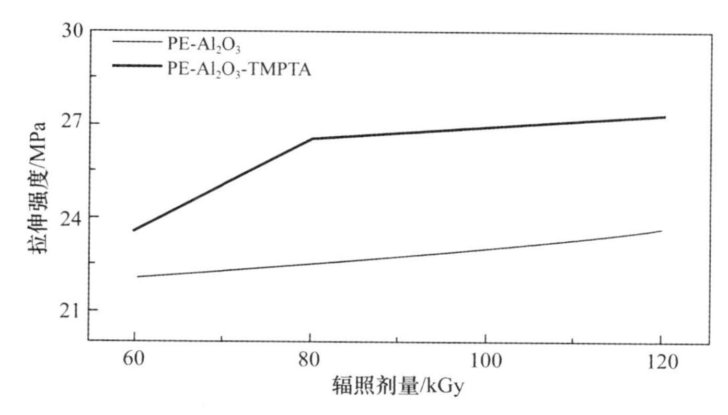

图 7 以 PE-60 pprAl_2O_3 为例，其在加入 TMPTA 前后并经不同剂量的辐照交联后的力学性能

1.4 维卡软化温度

通过维卡软化温度的测试可以发现随着辐照剂量的增加，样品的维卡软化温度随之增加，结合图 8 可以得出交联度的增加有助于增加样品的维卡软化温度。其中当辐照剂量为 80 kGy 时已经达到了产品对维卡软化温度的要求。

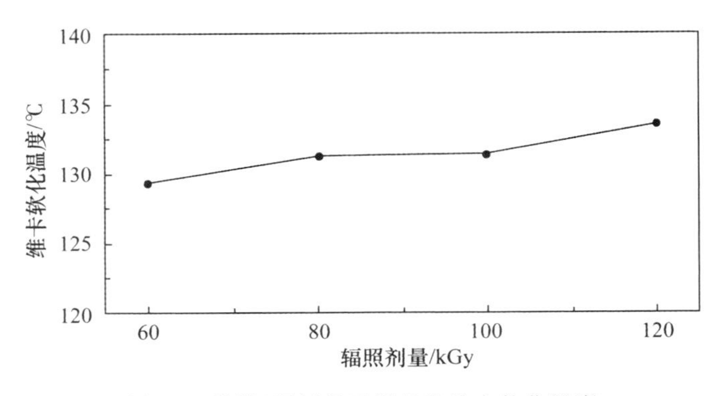

图 8　不同辐照剂量下样品的维卡软化温度

2　生产工艺

2.1　初混及造粒工艺

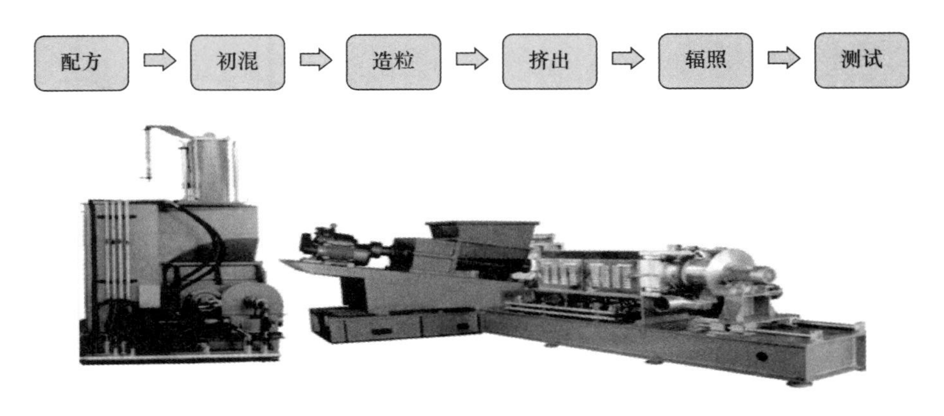

图 9　初混及造粒设备

2.2　挤出工艺

PERT 三层挤出机生产线通常生产的是 PERT 管材，通过物料配方的设计以及三层挤出机头的改良，将其改造为高导热 PE-Xc 三层管材的挤出生产线。PE-Xc 管材的挤出方式为三层共挤出，其优点在于可一次性挤出三层管材，同时在配方设计的前提下，三层管材无需胶层进行黏结，仅用三层管材就达到了五层管材的效果。节省了生产成本以及原料成本，优化了挤出工艺。对于高导热 PE-Xc 三层管材挤出机生产线而言，其进料方式为自动进料，挤出机有两个侧机与一个主机，这三个挤出机都为高速单螺杆挤出机，其最大挤出速度可达 60 m/min，其模具头为适用于三层管材的螺旋式模头。主机机筒内分为 4 个加热段对物料进行熔融塑化，在机头处拥有 5 个加热圈，有助于提高物料的加工流动性以及产品的表面质量。冷却方式为浸泡式涡流水流冷却，出口使用无阻力水密封，可避免管材摩擦抖动。真空定形箱采用变频控制，节约能耗。皮带牵引机的速度控制为编码器闭环控制，可与主机通过数字信号实现同步。双轴盘卷机具有自动排线功能，可实现双工位收卷，每台电机由独立控制器驱动，相互通过数字编程控制。盘卷机装备有张力感应器，可根据盘卷机工作时所受张力大小自动条件盘卷速度，可实现挤出机、皮带牵引机与轴盘卷机三者之间的相互调节与协同。整条生产线的控制系统采用的是德国西门子 PLC 系统，温度控制模块化，熔温、熔压、螺杆转速及扭矩可曲线显示。工艺参数可储存，可记录不同时段、不同原料、不同模具下系统所需参数；其性能特点为主机与辅机数字信号同步控制。

2.3 辐照设备及工艺

本项目可以采用高能电子加速器和^{60}Co(γ射线)对产品进行辐照交联,实现产品性能的提高。目前选择高能电子加速器对管材进行辐照加工。电子加速器的型号为AB3.0-30型高频高压电子加速器,辐照速度:25 m/min。辐照剂量:80～120 kGy。为了避免由于管材的辐照不均匀而导致其性能稳定性差,我们采用将管材单根连续辐照的方式对管材进行辐照。

3 结论

通过与PERT管材相比,高导热PE-Xc地热管材具有更高的导热系数,更高的维卡软化点,更宽的使用温度范围。这有依赖于高导热辐照交联地热管中交联网络结构,这种交联网络结构使得高导热辐照交联地暖管相较于其他管材具有更优良的性质。由于高导热PE-Xc地热管材其内部添加了高导热填料,这使得其导热系数、使用温度明显高于同类辐照交联类管材。

致谢:

在相关实验的进行当中,受到了吉林大学刘佰军教授的大力支持,并提供了很多有益的数据和资料,在此向刘教授的大力帮助表示衷心的感谢。

参考文献:

[1] 吴国华,于海涛,张春玲.中国建筑节能推进研究[J]现代经济,2007, 6(6): 103-104.
[2] 王风林.关于交联度对交联聚乙烯管材物理性能影响的研究报告[R]. 乌鲁木齐: 中国地面供暖委员会,2015.
[3] 王文广.导热塑料配方研究[J].工程技术,2014, 23(6): 32-35.
[4] 给水用聚乙烯(PE)管材:GB/T 13663—2000[S]. 2000.
[5] 马拯,刘璐.无机填料的改性及其在复合材料中的应用[J]. 装备制造技术, 2011,8 (6):170-171.

Research on high thermal conductivity radiation crosslinked floor heating materials

LIU Yang, XU Wen-ge, ZHANG Hong-yan
(Changchun CNNC CIRC Radiation Technology Co., LTD, Changchun of Jilin Prov. 13000, China)

Abstract: This project will complete the screening of the floor heating tube matrix polymer, the surface modification of thermal conducting particles and the preparation of high thermal conducting masterbatch, the study of the pelleting and forming technology of polyolefin matrix composite, the crosslinking technology of high thermal conducting composite, and the evaluation of the application performance of the floor heating tube. To establish the relationship between radiation processing, chemical composition and properties of high thermal conductivity polyolefin composites, to master the preparation and processing parameters of high thermal conductivity crosslinked polyolefin pipes, and to develop preparation processes and processes suitable for industrial production

Key words: polyolefin; radiation crosslinking; thermal conductivity

基于塑料闪烁体的宇宙射线缪子成像系统的研制

罗旭佳[1],王权晓[1],田 恒[1],付治强[1],
秦可勉[1],傅元勇[2],赵言炜[1],刘军涛[1],刘志毅[1]
(1.兰州大学核科学与技术学院,甘肃 兰州 730000;
2.北京埃索特核电子机械有限公司,北京 102412)

摘要:宇宙射线缪子是来自星际空间的高能粒子与大气相互作用的次级射线之一。因它们具有能域宽、天然存在等特点,宇宙射线缪子成像技术为目前核成像领域的研究热点之一。根据成像原理,宇宙射线缪子成像技术可分为角度散射和强度衰减两种。基于角度散射的缪子成像技术可以对高Z材料进行成像,因此在海关场景检测走私核材料方面有潜在的应用前景。本工作将介绍一种基于塑料闪烁体的宇宙射线缪子成像系统的原型机,即LUMIS系统(Lanzhou University Muon Imaging System)。该系统用于海关检测场景的成像原理验证。本文将对LUMIS系统探测器的结构、数据处理与采集、成像算法等方面进行较为详细的介绍和讨论。实验结果表明,LUMIS样机测量宇宙射线缪子的位置分辨率为2.76 mm,塑料闪烁体探测器对缪子的探测效率为97.89%,LUMIS垂直入射的缪子角度分辨率为9.64 mrad。基于Point of Closest Approach(PoCA)算法,我们进行了对铅砖组合的成像实验,结果表明,三维成像结果与目标物有较好的吻合度。LUMIS样机的成功研制为下一步研制应用在海关场景中的大型宇宙射线缪子成像系统提供了较为坚实的技术和工艺积累。

关键词:宇宙射线缪子成像;海关检测;PoCA算法;三维成像

宇宙射线缪子主要由宇宙星际空间高能质子与地球大气反应后产生的π介子衰变而来。宇宙射线缪子在海平面处的通量约为10 000 $m^{-2}min^{-1}$,平均能量约为4 GeV,在宇宙射线带电粒子中,缪子是到达海平面的数量最多的粒子[1]。地球纬度[2]、太阳活动周期[3-5]、温度[6-7]等因素对缪子通量有一定影响。由于宇宙射线缪子具有能量高、能域宽的特点,因此具有很强的穿透性。作为一种天然免费的射线源,它具有传统射线成像不可比拟的优势而被广泛关注[8-12]。

1955年,George开发了基于盖革计数器的缪子装置来推断澳大利亚某矿山隧道上方冰层厚度[13]。Alvarez团队在1970年第一次将宇宙射线缪子引入了考古领域,他们使用了火花室探测器来重构缪子径迹对金字塔内部结构进行了扫描[14]。基于角度散射的缪子成像技术于2003年第一次被Borozdin等人提出,以期用于国土安全监测[15]。国内对于缪子成像技术的研究起步较晚,主要以模拟和算法研究为主[16-19]。清华大学团队于2014年建造了基于MRPC(Multigap Resistive Plate Chamber)的缪子成像原型机[20],并进行了三维成像实验,以期用于海关检测。中国科学技术大学Liu等人在2020年也搭建了一台基于Micromegas的小型缪子成像装置[21]。以上两个缪子成像装置均使用了气体探测器。由于气体探测器在一些场景中使用和维护较为不便,其应用或许受限。中科大Liang等人在2020年搭建了基于塑料闪烁体和波长位移光纤的缪子装置,分析对比了三种不同形状(三棱柱、长方体和平板)探测器的位置分辨率[22]。本研究团队采用了三棱柱型塑料闪烁体和Si-PM相结合的信号读出方式,系统中没有使用光纤,以期较好的控制造价成本和保证在室外场景的现场适用性。

作者简介:罗旭佳(1994—),男,陕西西安人,博士,现主要从事核技术应用方面工作

基金项目:国家自然科学基金(11975115)、兰州大学中央高校基本科研业务费专项资金资助(lzujbky-2019-54);甘肃省青年科技基金计划资助(20JR10RA645)

1 探测器

1.1 探测器硬件组成

开发 LUMIS 的主要目标是探索低成本、易于组装、建造和维护的成像系统的技术路线。探测器中灵敏材料采用的是北京昊唐兴核技术有限公司(HOTON)生产的 SP-101 型闪烁体[23]。首先将大块闪烁体通过切、铣等方式加工成如图 1 所示的截面为等腰直角三角形的三棱柱体，然后经过抛光处理后表面均匀涂抹 SD-42M(L)型硅油(北京中科品尚科技有限公司)，最后外面包裹 ESR 膜(Enhanced Specular Reflector)。这样的子体将作为一个探测单元使用。将 32 个探测单元以图 2 所示的方式拼接后与其光信号读出单元一同置于具有避光效果的铝合金外壳中形成一个平板探测器。

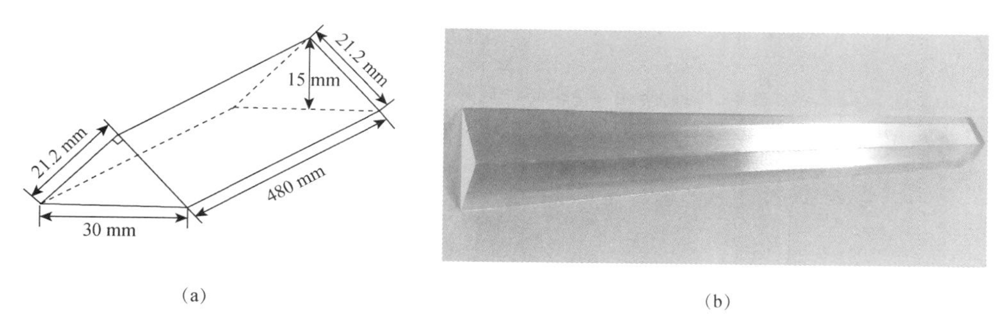

图 1 单根三棱柱型闪烁体示意图(a)和实物图(b)

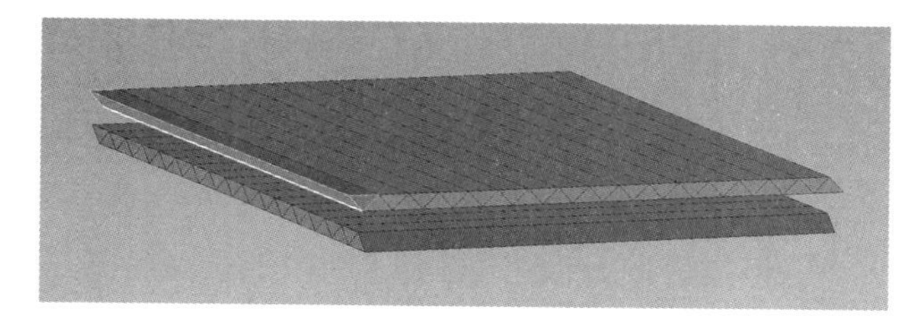

图 2 上下正交叠放的闪烁体三棱柱拼接示意图

探测器系统由 8 层平板探测器组成，共 256 道。每两层上下正交叠放称为一个“大层”(如图 2 所示)。系统整体布局如图 3 所示，上部两个大层合称为“上层探测器(Upper Tracker，UT)”用于重构入射径迹，下部两个大层称为“下层探测器(Lower Tracker，LT)”用于重构出射径迹，待测目标物所在的区域(载物层)位于上下层探测器中间。探测器系统底部放置 5 cm 厚的铅砖，用于屏蔽来自地面的 γ 射线，减少自然本底的干扰。LUMIS 外形轮廓尺寸为 65 cm×65 cm×191 cm，每层敏感区面积为 48 cm×48 cm。

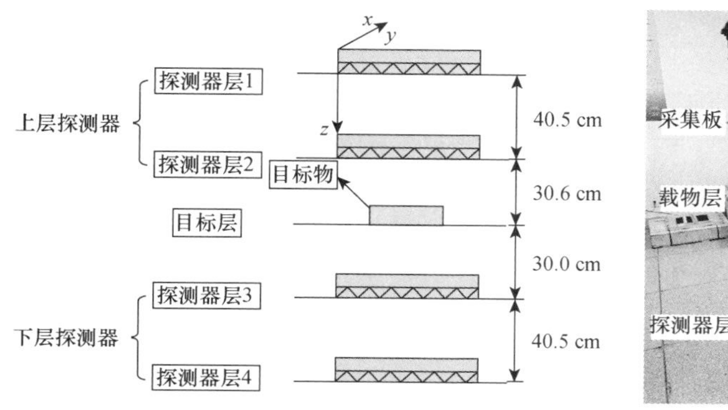

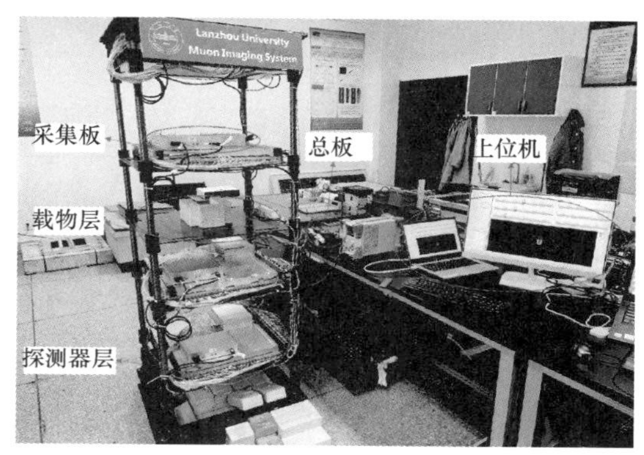

图 3 探测器整体示意图(a)和实物图(b)

1.2 探测器电子学和数据获取

探测器层中的每根三棱柱闪烁体一端通过SD-65WH型光学硅脂(北京中科品尚科技有限公司)与Sensl 60035 Si-PM芯片耦合用于读出闪烁子并进行光电子转换,另一端使用ESR膜反射由此出射的闪烁光。每层探测器所有的Si-PM芯片被焊接在一个长条形PCB电路板的一侧,辅助电路如滤波等被焊接在另一侧焊接(如图4所示,上面的一侧为Si-PM电子学辅助电路,背面为Si-PM芯片)。输出的信号接入中国科学技术大学研发的电子学采集系统(Data Acquisition System, DAQ)。DAQ有8个数据采集板(FrontEnd Electronics)[如图5(a)所示]和一个总板(Master Board)[如图5(b)所示]。每个数据采集板对应一层平板探测器;总板用于与上位机的交互和与数据采集板的交互。探测器系统整体的连接如图6所示。使用RIGOL DP711可编程直流电源提供8块数据采集板的供电,数据采集板提供所有Si-PM的供电。数据采集板采集和处理来自闪烁体的信号,再经总板逻辑判定后,传输到上位机。

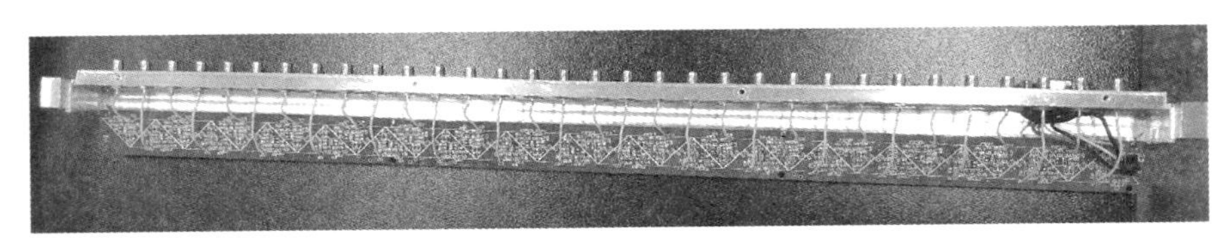

图4 单层平板探测器中的Si-PM电子学组件

(a)

(b)

图5 数据采集板(a)和电子学总板(b)

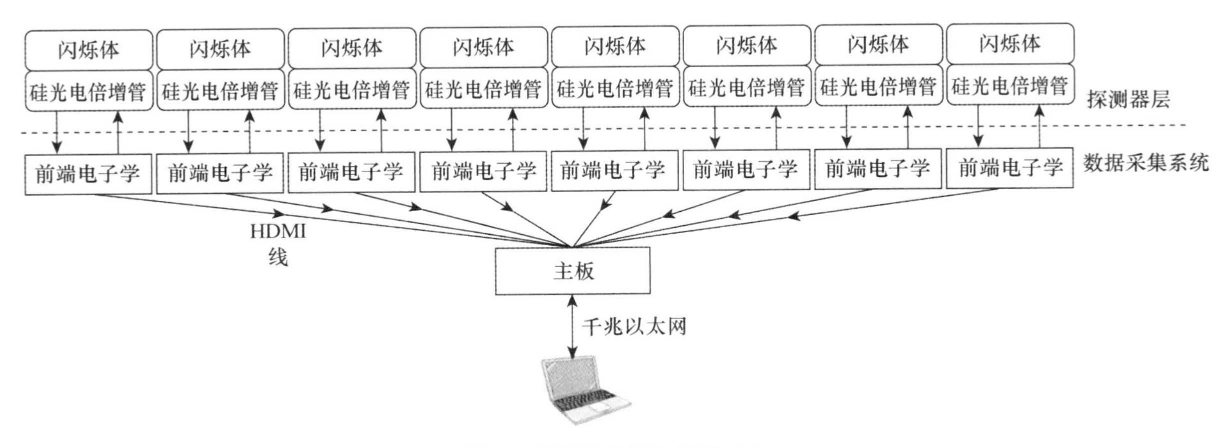

图6 探测器系统连接示意图

在 Python3.8 的环境下，我们基于 PyQt5(ver 5.15)[24]、PyQtgraph、OpenGL 等软件包开发了 LUMIS 实时采集成像软件。该软件不仅可以实现对总板的控制（包括配置参数的发送，控制测量进行等），同时还集成了诸多功能，例如实时查看探测单元能谱、在线重构缪子径迹、快速成像等。图 7 展示了软件的用户界面。

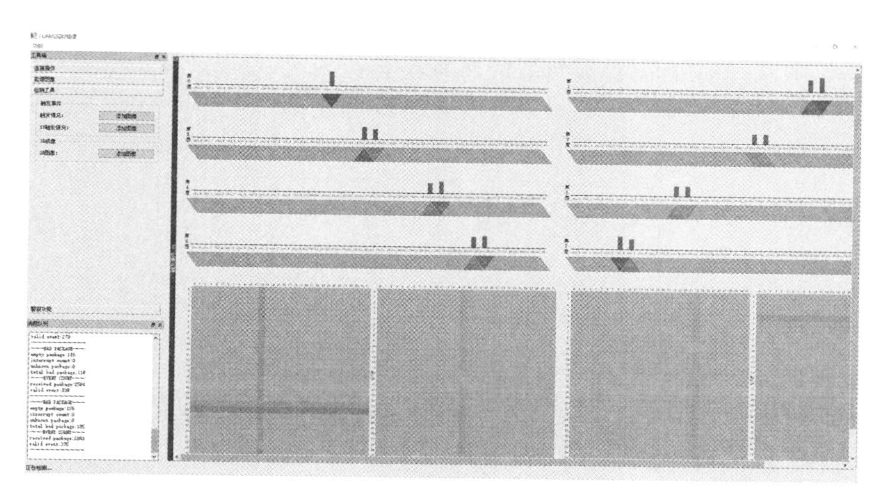

图 7 DAQ 采集界面（右侧为一次缪子事件的径迹）

1.3 事件触发

由于每个电子学通道伴随有噪声信号，需要设置合适的触发阈值，只有超过阈值的信号才会被采集、处理并发送到总板。总板根据预设符合逻辑，对来自不同层的数据进行符合处理从而筛选需要的物理事件。在本系统成像采集模式中，我们设置了第 0 层、第 3 层和第 7 层为事件符合层，其他层为自由触发层，即当 0、3、7 层在符合时间窗 4 μs 内都探测到信号为一个缪子事件。通过这样的设置可以最大限度的筛选出宇宙射线缪子事件，同时减少其他因素的干扰，如自然本底 γ 射线、电子学噪声等。

2 数据分析和探测器性能

2.1 缪子位置计算

假设缪子入射角度小于 45°，缪子穿过闪烁体时，在两根三棱柱中的路程之比应正比于其在闪烁体内沉积的能量之比，进而可以得到缪子穿过相邻闪烁体边界的位置。如图 8 所示，8 个三角形为 8 根三棱柱闪烁体截面图，两根带箭头的线为缪子径迹。针对两种不同情况的入射，缪子穿过两根闪烁体边界的位置计算公式均为：

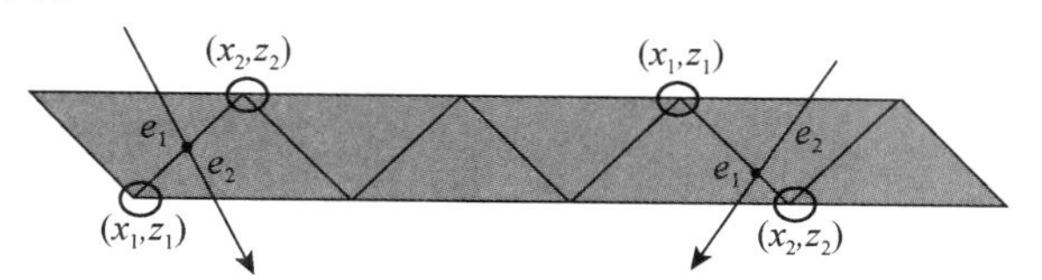

图 8 射线入射位置反演示意图

$$x=\frac{x_1 * e_1 + x_2 * e_2}{e_1 + e_2} \tag{1}$$

$$z=\frac{z_1 * e_1 + z_2 * e_2}{e_1 + e_2} \tag{2}$$

其中(x_1, z_1)和(x_2, z_2)为三棱柱闪烁体端点处位置坐标，e_1、e_2为相邻两根闪烁体中沉积的能量，即测量的信号幅度。通过射线在上下两层的位置，可以得到缪子径迹的角度信息。

2.2 探测效率

射线统计性是制约缪子成像应用的瓶颈之一，因而需尽可能提高探测效率。在本研究中，当第0、3、7层同时探测到信号时，我们认定为这是一个缪子事件。我们对于不同层数被触发的数据进行了统计，结果如图9所示：8层都被触发的事件占比最多，占总事件数90.31%。除了3个触发层外的其余5层被触发的概率应服从二项分布，假设每层的探测效率 p 相同，可以计算出单层的探测效率应满足公式：

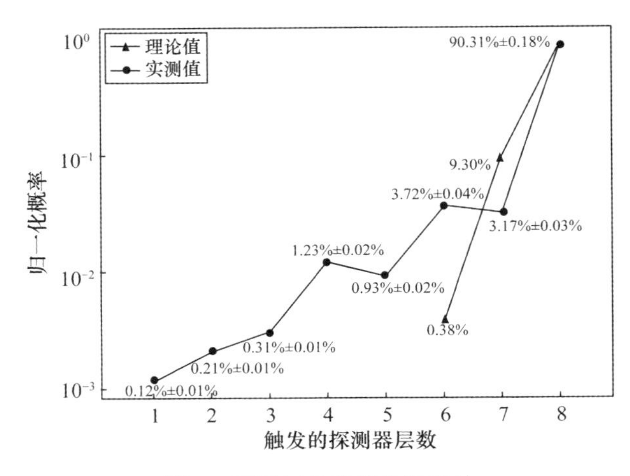

图9 不同层触发事件数统计

$$p^5 = 0.903\,1 \tag{3}$$

可反推得探测效率 p 为97.98%。进而可以反推出其他数量层的理论规律如图9所示(3层、4层以及5层被触发的理论概率太小，图中未能体现出来)。然而，我们可以看到图中只有一层和两层触发的事件数非零，分别为0.12%和0.21%，其原因在于，LUMIS符合时间窗为4 μs，如果来自三个触发层的信号到达主板时处于一个4 μs的结束边界附近，便会导致主板的指令到达采集板时可能到了下一个4 μs时间窗，此时采集板采集的数据无论是否满足预设的符合条件都会被记录，这便会导致不满足符合逻辑的事件被记录(一层或者两层触发的事件)。

2.3 位置分辨率和角度分辨率

将8层探测器如图10(a)所示同向平行放置，进行位置分辨率的测量。选用其中一层为待测层，其他7层作为刻度层，通过2.1节中方法算得缪子穿过8层的各个位置，将7个刻度层的位置做线性拟合后可以得到射线在待测层的拟合位置 x_{fit}，待测层的测量位置为 x_{mea}，假设拟合值和真值非常接近，拟合位置与测量位置的差异 $x_{\mathrm{fit}}-x_{\mathrm{mea}}$ 可近似的用于评估位置分辨率。如以第四层作为待测层，得到的两种位置差异分布，如图10(b)所示，其标准差2.76 mm可近似为探测器的位置分辨率。探测器角度分辨率通过位置分辨率和层间距得到，由图3可知探测器层间距为40.5 cm，那么探测器系统的角度分辨率为9.64 mrad。对于3 GeV/c的缪子，其穿过厚度为10 cm的不锈钢和铅的散射角分别为11 mrad和20 mrad[15]，简单来说，LUMIS有能力通过角度分辨率区分出厚度为10 cm的以上两种材料。

3 实验成像

使用PoCA(Point of Closest Approach)算法[25]进行数据反演成像。缪子在穿过不同Z值材料后的角度差分布不同，其标准差可以表示为[26]：

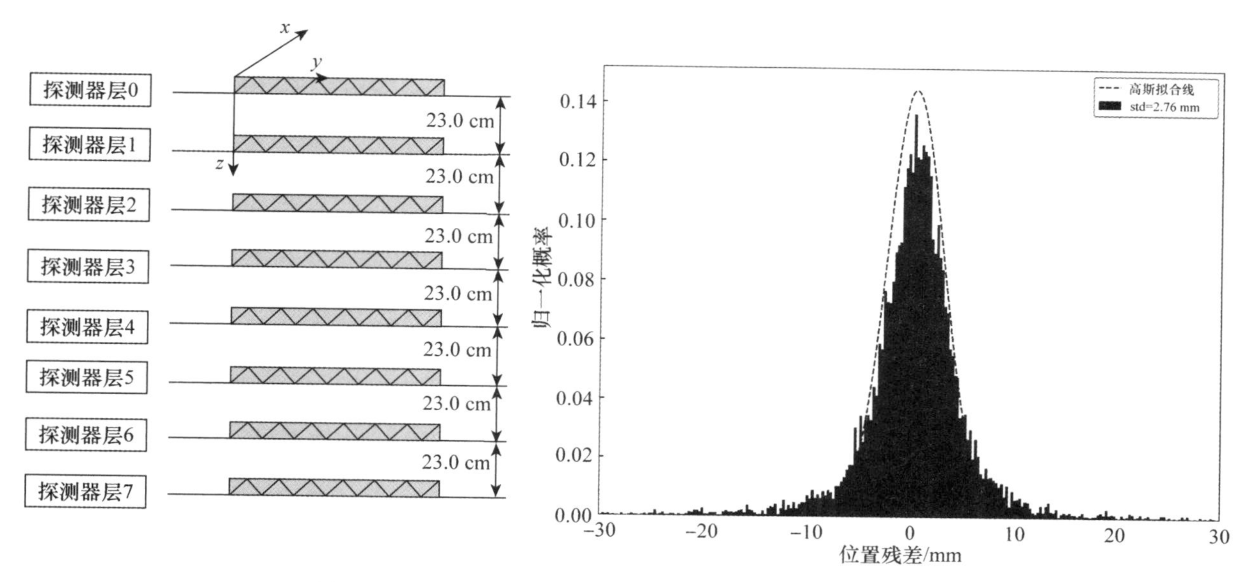

图 10　8 层同向放置探测器示意图(a)和位置残差分布图(b)

$$\sigma(\Delta\theta)=\frac{13.6\ \mathrm{MeV}}{\beta c p}\sqrt{\frac{L}{X_0}}\left[1+\ln\frac{x}{X_0\beta^2}\right] \tag{4}$$

其中 β 是缪子速度与光速的比值，p 是缪子动量(MeV/c)，L 是缪子穿过材料的路径长度(g/cm^2)，X_0 是材料的辐射长度。

使用两块 20 cm×10 cm×5 cm 的铅砖和一块 10 cm×10 cm×5 cm 的铅砖拼成 U 形作为测试成像的目标物。图 11 展示了对 U 形铅砖采集数据 24 h 后的成像效果图。在 x-y 平面，成像结果边界清晰，和目标物轮廓(红色实线)吻合较好。对 x-z 和 y-z 平面，z 方向图像整体较实际轮廓(10 cm)外展，这是由于过小散射角度事件的 PoCA 点计算干扰使得部分成像点落在目标区外所致。解决方法有二，其一是提升探测器的位置分辨率，其二是增加探测器的敏感区域，使得更大散射角度的缪子可以被探测到，降低小散射角度事件的比例。而 y 方向由于中间小铅砖(5 cm)相较于大铅砖(20 cm)较小，因而图像显示不够清晰，但与周围无铅砖区域边界依旧较为清晰。

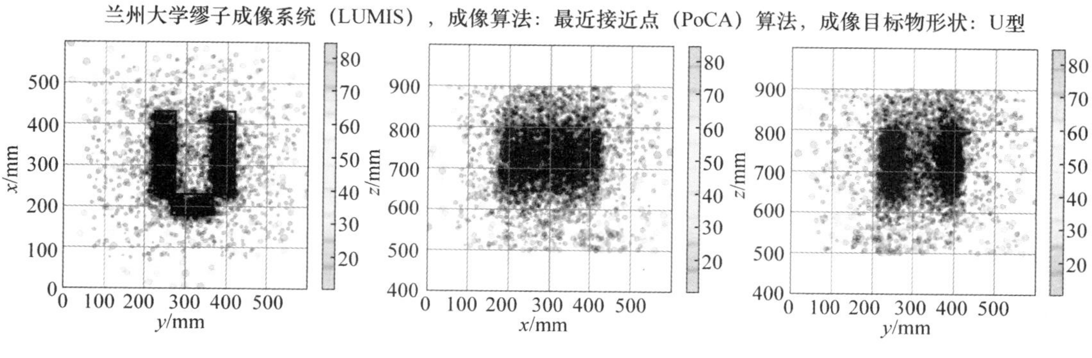

图 11　U 形铅砖成像图

4　结论

本工作在国内首次搭建了完整的、基于三棱柱塑料闪烁体的宇宙射线缪子成像装置——LUMIS。LUMIS 的单层探测效率为 97.89%，位置分辨率为 2.76 mm，角度分辨率为 9.64 mrad，达到了实验预期和设计指标。通过成像测试，基于实测数据完成了对铅砖的三维成像。实验结果验证了其在海关检测中对高 Z 物质材料成像的可行性，为后续大型成像装置的研发积累了技术和工艺经验。

参考文献：

[1] Grieder, P.K.F, et al. Cosmic rays at Earth[M]. Elsevier, 2001.

[2] Makhmutov V S, Stozhkov Y I, Bazilevskaya G A, et al. Latitude effect of muons in the Earth's atmosphere during solar activity minimum[J]. Bulletin of the Russian Academy of Sciences: Physics, 2009, 73(3): 350-352.

[3] Storini M, Laurenza M. Solar activity effects on muon data[J]. MEMORIE-SOCIETA ASTRONOMICA ITALIANA, 2003, 74(3): 774-777.

[4] Augusto C R A, Navia C E, Robba M B. Search for muon enhancement at sea level from transient solar activity [J]. Physical Review D, 2005, 71(10): 103011.

[5] Konovalova A Y, Astapov I I, Barbashina N S, et al. Analysis of Muon Flux Variations Caused by High-Speed Solar Wind During Periods of Low Solar Activity[J]. Physics of Atomic Nuclei, 2019, 82(6): 909-915.

[6] MENG X W. Effective temperature calculation and Monte Carlo simulation of temperature effect on muon flux [J]. Chinese Physics C, 2004, 28(2): 110-115.

[7] Dmitrieva A N, Kokoulin R P, Petrukhin A A, et al. Corrections for temperature effect for ground-based muon hodoscopes[J]. Astroparticle Physics, 2011, 34(6): 401-411.

[8] Dmitrieva A N, Astapov I I, Kovylyaeva A A, et al. Temperature effect correction for muon flux at the Earth surface: estimation of the accuracy of different methods[C]//Journal of physics: Conference series. IOP Publishing, 2013, 409(1): 012130.

[9] Checchia P. Review of possible applications of cosmic muon tomography[J]. Journal of Instrumentation, 2016, 11 (12): C12072.

[10] Procureur S. Muon imaging: Principles, technologies and applications[J]. Nuclear Instruments and Methods in Physics Research Section A: Accelerators, Spectrometers, Detectors and Associated Equipment, 2018, 878: 169-179.

[11] Bonechi L, D'Alessandro R, Giammanco A. Atmospheric muons as an imaging tool[J]. Reviews in Physics, 2020, 5: 100038.

[12] Bonomi G, Checchia P, D'Errico M, et al. Applications of cosmic-ray muons[J]. Progress in Particle and Nuclear Physics, 2020, 112: 103768.

[13] George E P. Cosmic rays measure overburden of tunnel[J]. Commonwealth Engineer, 1955, 455.

[14] Alvarez L W, Anderson J A, ElBedwei F, et al. Search for hidden chambers in the pyramids[J]. Science, 1970, 167(3919): 832-839.

[15] Borozdin K N , Hogan G E , Morris C , et al. Radiographic imaging with cosmic-ray muons[J]. Nature. 2003, 422(6929): 277.

[16] Morishima K, Kuno M, Nishio A, et al. Discovery of a big void in Khufu's Pyramid by observation of cosmic-ray muons[J]. Nature, 2017, 552(7685): 386-390.

[17] 以恒冠，曾志，王学武，等. 平行束缪子透射成像蒙特卡罗模拟[J]. 强激光与粒子束，2012，24(12)：2987-2990.

[18] 以恒冠，曾志，于百蕙，等. 反应堆宇宙线缪子成像蒙特卡罗模拟研究[J]. 核电子学与探测技术，2014，34 (9)：1093-1096.

[19] 刘圆圆，赵自然，陈志强，等. 用于宇宙射线 μ 子成像的 MLS-EM 重建算法加速研究[J]. CT 理论与应用研究，2007 (3)：1-5.

[20] Cheng J, Wang X, Zeng Z. The research and development of a prototype cosmic ray muon tomography facility with large area MRPC detectors[J]. Nuclear Electronics and Detection Technology, 2014, 34(5): 613-617, 645.

[21] Liu C M, Wen Q G, Zhang Z Y, et al. Study of muon tomographic imaging for high-Z material detection with a Micromegas-based tracking system[J]. Radiation Detection Technology and Methods, 2020, 4: 263-268.

[22] Liang Z, Hu T, Li X, et al. A cosmic ray imaging system based on plastic scintillator detector with SiPM readout[J]. Journal of Instrumentation, 2020, 15(07): C07033.

[23] http://www.hoton.com.cn/Item/624739/189245/.

[24] https://pypi.org/project/PyQt5/#description.
[25] Schultz L J, Borozdin K N, Gomez J J, et al. Image reconstruction and material Z discrimination via cosmic ray muon radiography [J]. Nuclear Instruments and Methods in Physics Research Section A: Accelerators, Spectrometers, Detectors and Associated Equipment, 2004, 519(3): 687-694.
[26] Lynch G R, Dahl O I. Approximations to multiple Coulomb scattering[J]. Nuclear Instruments and Methods in Physics Research Section B: Beam Interactions with Materials and Atoms, 1991, 58(1): 6-10.

Research and development of a cosmic ray muon imaging system prototype based on plastic scintillators

LUO Xu-jia[1], WANG Quan-xiao[1], TIAN Heng[1],
FU Zhi-qiang[1], QIN Ke-mian[1], FU Yuan-yong[2],
ZHAO Yan-wei[1], LIU Jun-tao[1], LIU Zhi-yi[1]

(1. School of Nuclear Science and Technology, Lanzhou University, Lanzhou of Gansu Prov. 730000, China;
2. Beijing Isotope Nuclear Electronic Machine Co. Ltd, Beijing 102412, China)

Abstract: Cosmic ray muons(CRM)are one of the secondary particles as a results of interactions of high energy primary particles from interstellar space with atmosphere. Imaging based on CRM is paid more and more attention due to its outstanding characteristics. CRM imaging technology can be grouped into two types: angular scattering and intensity attenuation. The former utilizes the multiple Coulomb scattering property of muons to discriminate materials, so it has potential application in customs inspection at anti-smuggling of nuclear materials. In this work, a prototype of a CRM imaging system based on plastic scintillator, named as the LUMIS (Lanzhou University Muon Imaging System), was successfully researched and developed. This paper will introduce LUMIS with details. In particular, detector structure design, data acquisition and analyzing, and the imaging algorithm as well will be discussed. The experimental results showed that the position resolution of LUMIS is around 2.76 mm, the detection efficiency of the plastic scintillator is 98%, and the angular resolution for the perpendicular incidence muons is 9.64 mrad. Three-dimensional images of various lead bricks via using the Point of Closest Approach (PoCA) algorithm were obtained with good quality. The successful development of the LUMIS prototype has laid a solid technical and technological foundation for the future development of a large-scale cosmic ray imaging system for applications in border securitys.

Key words: cosmic ray muon imaging; customs inspection; PoCA algorithm; 3-D imaging

小型DD中子发生器及其应用

柯建林,刘百力,娄本超,胡永宏,伍春雷,言 杰,
郑 普,朱通华,安 力,刘 湾,刘 猛,张钦龙
(中国工程物理研究院核物理与化学研究所,四川 绵阳 621900)

摘要:小型DD中子发生器在中子活化分析、探测器标定、辐照等多个方面有着广泛的应用前景。本文主要介绍核物理与化学研究所研制的一系列小型DD中子发生器的现状及其在工业物料分析、探测器标定等方面的应用,并对未来发展进行了展望。
关键词:DD中子发生器;工业物料分析;探测器标定

小型中子发生器具有安全性高、建设和维护成本低等优点,在中子学参数测量[1-2]、材料分析[3]、爆炸物检测[4]、国土安全[5]、中子照相[6-7]等方面有着广泛的应用。核物理与化学研究所针对这些应用开展了一系列小型DD中子发生器的研发工作。本文主要介绍了物理与化学研究所研发的一系列小型DD中子发生器的现状,及其在工业物料分析、探测器标定等方面的应用。

1 小型DD中子发生器

根据需求的不同,核物理与化学研究所共开展了三种类型的小型DD中子发生器的研究与研制工作:

(1)3×10^8 n/s DD中子发生器:离子源位于地电位,氘靶位于负高压端,且氘靶被包围在真空腔体内,可以在紧凑的空间内实现较高的中子产额;

(2)1×10^8 n/s DD中子发生器:离子源位于正高压端,氘靶位于地电位,且氘靶周围结构简单,主要应用于对中子能谱要求较高的应用场合;

(3)径向引出型DD中子发生器:径向引出,可增大引出面积,提高引出束流强度。

1.1 3×10^8 n/s DD中子发生器

根据中子出射方向的不同,该类型的DD中子发生器前后设计了两种具体结构,如图1所示。其中第一种结构的具体设计见文献[8]。其采用了2.45 GHz全永磁ECR离子源,具有高流强、长寿命、高稳定性等特点;采用了钛自成靶,可以提高DD中子发生器的寿命。该DD中子发生器的氘离子能量可达120 keV,束流强度可达10 mA,最大中子产额可达4×10^8 n/s以上。第二种结构的离子源、束流引出和靶等与第一种结构基本一致,主要在束流引出方向上进行了调整,同时对绝缘结构、真空抽取方式等进行了优化,进一步提高了DD中子发生器的可靠性和稳定性。

左:束流0°角方向为竖直方向;右:束流0°角方向为水平方向。

图1 3×10^8 n/s DD中子发生器

作者简介:柯建林(1986—),男,土家族,重庆市石柱县人,助理研究员,硕士研究生,主要从事加速器中子源技术研究

对该中子发生器的稳定性进行了测试。图2所示为在4小时内引出束流强度的变化，在较短时间内，其束流强度波动小于0.8%，这为DD中子发生器的束流强度或中子产额的反馈调节奠定了基础。图3所示为在中子产额 1.2×10^{8} n/s 状态下执行的85 h连续工作考核结果，其中输出电压变为0 V代表高压打火，在打火后可在20 s内自动恢复。小型DD中子发生器在86 h连续运行过程中的平均打火间隔时间约为9.5 h，其最长打火间隔时间达到了21 h。

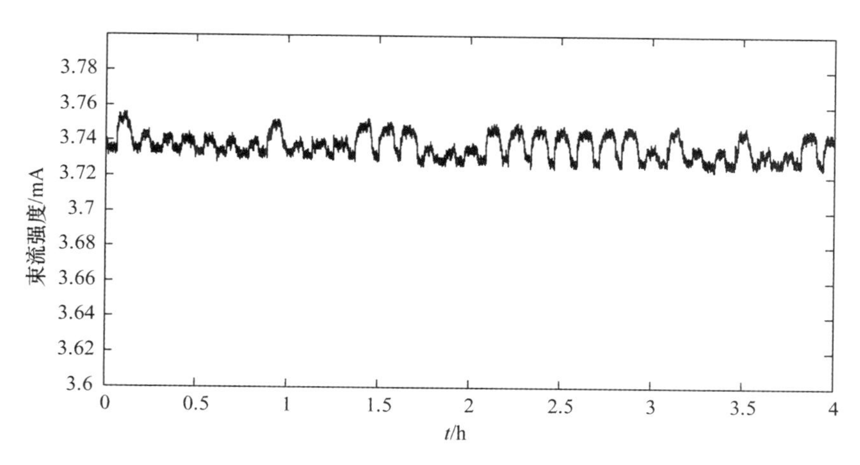

图2　4 h内引出束流强度变化

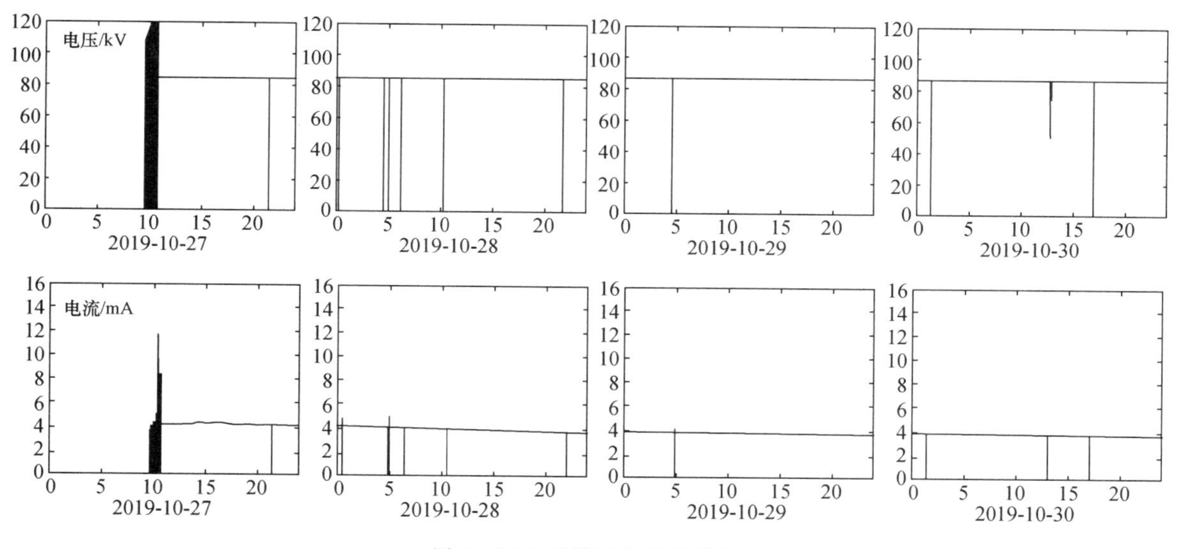

图3　86 h连续工作考核结果

1.2　1×10^{8} n/s DD中子发生器

在探测器标定等应用中，当氘靶被包围在真空腔室内时，其周围复杂的结构会对中子能谱造成非常大的影响，不利于探测器标定。为此我们设计了一种离子源位于高压端，自成靶位于地电位的小型DD中子发生器。如图4所示，该中子发生器的靶安装在一个长度约15 cm，直径约6 cm的一个金属靶筒的末端。为了保证操作人员的安全，该中子发生器的高压部分包裹在一个宽40 cm、高40 cm的金属壳内，所有裸露在外的部件均处于地电位。该中子发生器的最高氘离子能量为90 keV，最大束流强度为7 mA，氘靶仍采用钛自成靶，最大中子产额约为 2×10^{8} n/s。

目前，该中子发生器正处于调试阶段，已可以在氘离子能量85 keV，束流强度3 mA状况下稳定工作。

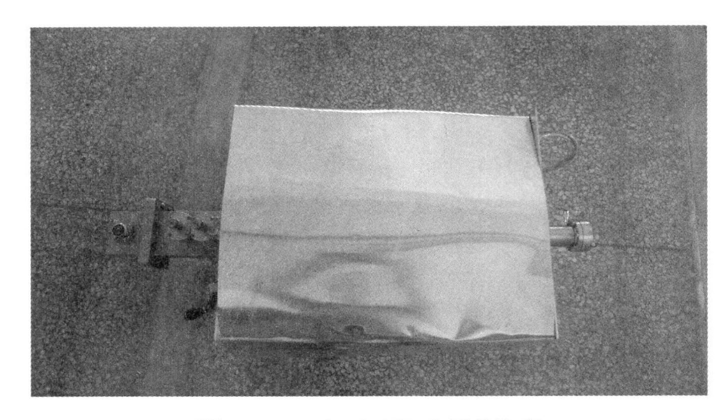

图 4　1×10^8 n/s DD 中子发生器

1.3　径向引出型 DD 中子发生器

为了进一步提高 DD 中子发生器的中子产额，我们设计了一种径向引出型 DD 中子发生器，并对其离子源放电特性进行了初步的测试。图 5 所示为该中子发生器的原理示意图。径向引出型 DD 中子发生器仍采用 ECR 离子源产生氘离子，同时希望利用 ECR 离子源的轴向磁场对靶上二次电子进行抑制。利用径向引出可以增大 ECR 离子源的引出面积，提高 ECR 离子源引出束流强度，从而提高 DD 中子发生器中子产额。

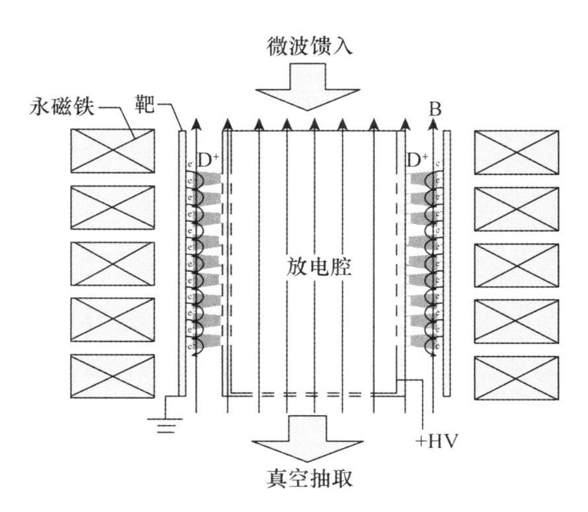

图 5　径向引出型 DD 中子发生器原理示意图

搭建了径向引出型 DD 中子发生器的离子源实验平台，如图 6 所示。对离子源的放电特性进行了系列研究，图 7 所示为该离子源放电时等离子体发光分布的典型图像。

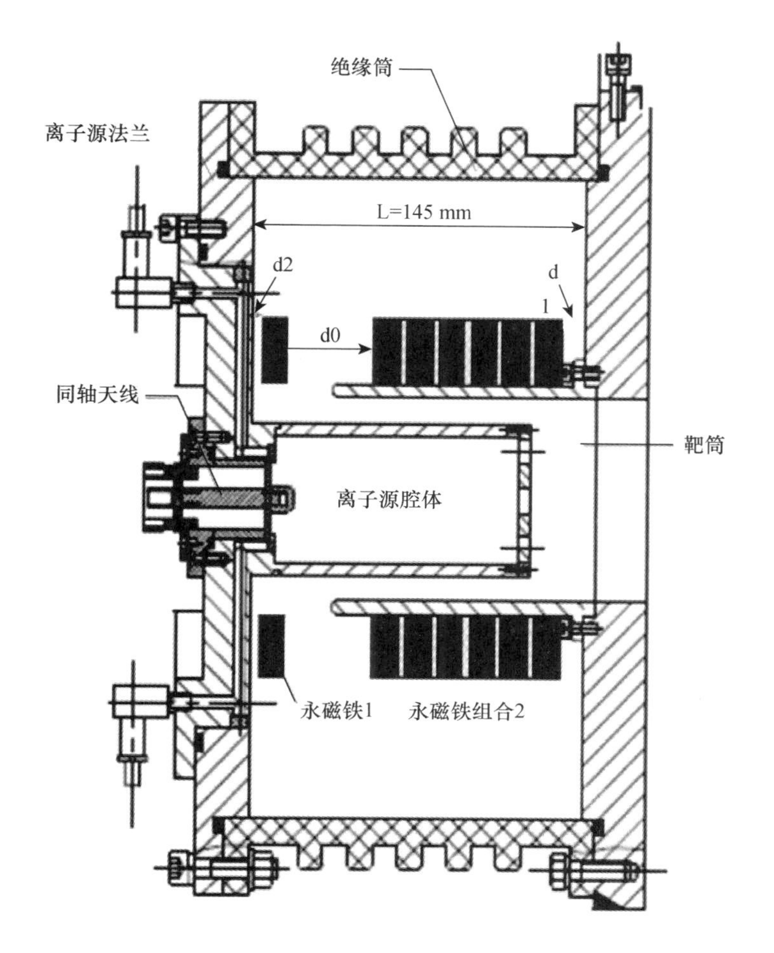

图 6　径向引出型 DD 中子发生器的离子源实验平台

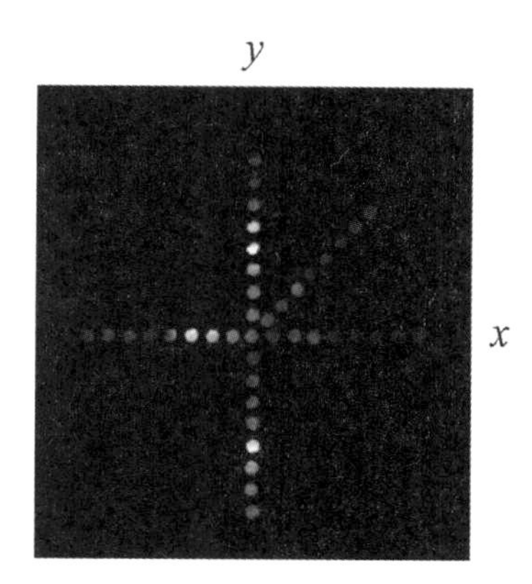

图 7　等离子体分布诊断典型图像

2　应用

2.1　工业物料分析

中子活化瞬发 γ 多元素分析方法(PGNAA)以其快速、可在线检测、非接触、无试剂盲点及其广泛的代表性、稳定性、可靠性等优势,可以解决工业物料分析过程中分析速度滞后、代表性差等瓶颈。

目前,基于 PGNAA 技术的工业物料分析中采用的中子源基本上为^{252}Cf 同位素中子源。但其成本较高,且其维护和后期退役过程复杂。小型 DD 中子发生器是^{252}Cf 同位素中子源的一种替代手段,配合测量技术的优化,可以提高基于 PGNAA 技术的工业物料分析装置的经济性和安全性。核物理与化学研究所设计并搭建了基于 DD 中子发生器的工业物料在线分析仪,如图 8 所示。

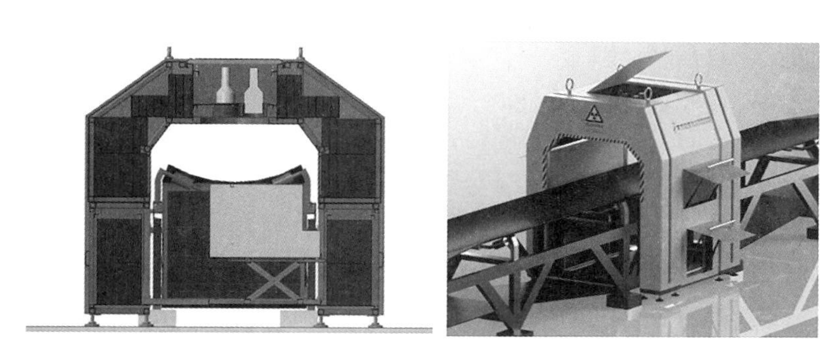

图 8　工业物料在线分析仪

2.2 探测器标定

DD中子发生器产生的中子可以用于对探测器进行标定。由于小型DD中子发生器的体积较小，其可以放置于标定现场进行原位标定。基于1×10^{8} n/s DD中子发生器，我们设计了两套准直、慢化结构（见图9），可以分别产生两个能区的中子，用于对不同类型的探测器进行标定。

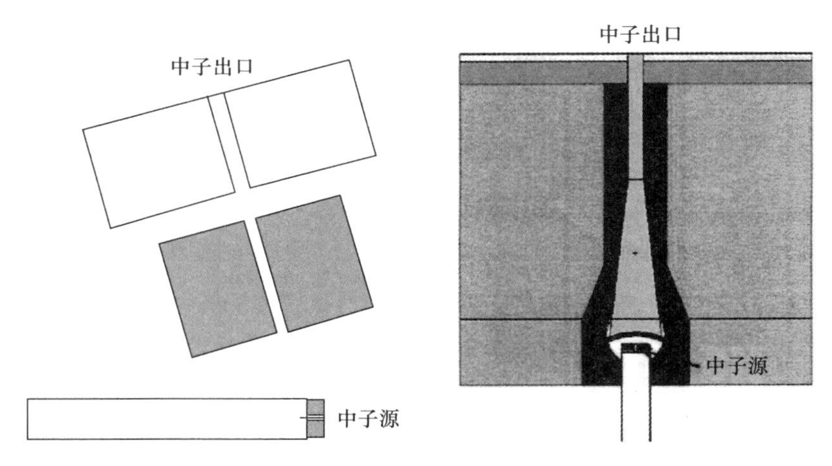

图9 用于探测器标定的准直（左）和慢化（右）结构设计

2.3 其他应用

此外，更高产额的DD中子发生器还可应用于中子照相、反应堆燃料元件检测等。

DD中子发生器产生的2.45 MeV中子经慢化后可以用于对物体内部结构进行成像，对发动机叶片、桥梁等的内部缺陷的诊断具有较优的效果，可以作为X射线成像的重要补充。基于小型DD中子发生器的中子照相的优势是可以实现可移动性。

DD中子发生器慢化后的热中子诱发燃料元件中的^{235}U发生裂变反应，伴随着大量的γ射线释放。在中子发生器强度、辐照时间和冷却时间一定的情况下，通过测量γ射线的强度可以对燃料元件内核材料的均匀性进行判别。传统的反应堆燃料元件检测通常采用^{252}Cf源[9]。采用DD中子发生器可以降低维护成本，提高安全性。其中稳定性是制约DD中子发生器应用于燃料元件检测的主要因素，还需要通过负反馈调节等方式提高中子产额的稳定性。

3 结论

本文介绍了中国工程物理研究院核物理与化学研究所设计和研制的多种构型的小型DD中子发生器，并对其在工业物料分析和探测器标定等方面的应用进行了介绍。

致谢：

本文部分内容受国家自然科学基金（11705174）资助。

参考文献：

[1] 朱通华，刘荣，蒋励，等. D-D中子源在聚乙烯球壳内反应率的绝对测量[J]. 原子能科学技术，2008，42(7)：593-597.

[2] 鹿心鑫，朱通华，刘荣，等. 14 MeV中子在贫化铀球中造钚率的实验数据模拟分析[J]. 原子能科学技术，2011，45(6)：645-650.

[3] 郑普，郭海萍，安力. PGNAA煤质分析技术研究[R]. 国防科技报告，2011：GF-A0163624G.

[4] 王新华，郑普，安力，等. 伴随粒子法检测隐藏爆炸物安检仪研发[J]. 强激光与粒子束，2014，26(5)：059002.

[5] 何铁，郑普，安力，等. 一种基于快中子的化学战剂无损检测技术[J]. 强激光与粒子束，2016，28(5)：054002.
[6] 裴宇阳，唐国有，郭之虞，等. 快中子照相胶片成像法的初步实验[J]. 原子核物理评论，2005，22(1)：79-80.
[7] 唐彬，周长庚，霍合勇，等. 14 MeV 快中子数字照相初步实验研究[J]. 中国科学 G 辑，2009，39(8)：1090-1096.
[8] Ke Jian-Lin，Liu Yu-Guo，Liu Bai-Li，et al. Development of a Compact Deuterium-Deuterium Neutron Generator for Prompt Gamma Neutron Activation Analysis[J]. Instruments and Experimental Techniques，67(5)：2020.
[9] 邓景珊，朱国胜，周呈方，等. ^{252}Cf 中子活化核燃料棒 ^{235}U 富集度均匀性检测装置[J]. 原子能科学技术，2003，37(6)：538-542.

Compact D-D neutron generators and their applications

KE Jian-lin，LIU Bai-li，LOU Ben-chao，HU Yong-hong，
WU Chun-lei，YAN Jie，ZHENG Pu，ZHU Tong-hua，
AN Li，LIU Wan，LIU Meng，ZHANG Qin-long

(Institute of Nuclear Physics and Chemistry，China Academy of Engineering Physics，
Mianyang of Sichuan Prov. 621900，China)

Abstract：The compact DD neutron generator has broad application prospects in neutron activation analysis，detector calibration，and neutron irradiation. This paper introduces the current status of a series of compact DD neutron generators at INPC and their applications in industrial material analysis and detector calibration. The prospects for future development are also discussed.

Key words：D-D neutron generator；industrial material analysis；neutron detector calibration

自发辐射成像技术研究

吴　婷,刘国荣,周　浩,梁庆雷
(中国原子能科学研究院,北京 102413)

摘要: 自发辐射成像以可视化燃料组件 γ 射线发射情况成为国际原子能机构(IAEA)颇具潜力的核查手段。由于核燃料循环后端的核查技术的局限性,在对乏燃料组件的核查难以达到 IAEA 对局部缺陷核查的标准。因此自发辐射成像技术的研究目标包括:检测丢失/替换的燃料棒、验证估算 Pu 的含量以及每个组件的热含量和反应性。通过利用中子、γ 射线和热辐射的联合特征量化,可以定位、识别和量化同位素发射的 γ 射线。自发辐射成像技术也是新一代乏燃料保障措施(NGSI-SF)项目的重要发展方向。本文总结了国外已建立的自发辐射成像技术,阐述了其发展以及应用情况,并对自发辐射成像技术的发展前景进行了展望,以期望能促进该项技术在国内的应用与发展,满足国内对乏燃料组件核查的技术要求。

关键词: 自发辐射成像;无损检测;乏燃料组件

1972 年 IAEA 明确提出核保障的目标是:"及时发现显著量的核材料从和平核活动转用于军事目的,并通过早期察觉的可能来阻止这类转用。"因此,为保障乏燃料组件的完整性,乏燃料组件必须通过核查验证,才能放入下一个储存库或者封装桶储存。用于乏燃料组件核查的主要方法是:检查测量乏燃料组件的核材料数量、总燃耗和冷却时间是否与申报值一致。然而,随着核设施、核材料数量的不断增加,在乏燃料核查技术方面仍然面临巨大挑战。主要包括:提高 NDA 仪器的局部缺陷检测能力、自主完成核查乏燃料信息和储存钚设施的核查[1]。

自发辐射成像技术是通过测量乏燃料组件中放射性核素释放的 γ 射线的性质和数量,数据经过衰减系数校正,由图像重建算法重建该乏燃料组件截面信息,因其在 NDA 检测中具有高灵敏度、抗干扰性强等特点,近几年来备受关注且发展重点逐渐向局部缺陷核查进行。局部缺陷是指"一部分燃料材料被移除或取代。"[2]传统的局部缺陷检测技术主要测量被动 γ 或者被动中子局部强度,核查仪器对被动 γ、被动中子或者主动中子进行计数,已测量初始富集度、燃耗和冷却时间,然而局部缺陷检测在 NDA 核查技术中仍具有挑战性[3]。目前基于自发辐射成像的局部缺陷检测的仪器有:数字切伦科夫检测装置(DCVD)、叉型探测器(FDET)、无源 γ 断层扫描(PGET)。

1　数字切伦科夫检测装置(DCVD)

数字切伦科夫检测装置(DCVD)是一种记录湿法储存乏燃料组件发出的切伦科夫光的仪器[5]。IAEA 视察员通过切伦科夫光的存在、强度、形态来核查燃料组件的性质是否符合申报的要求。DCVD 用于核查乏燃料组件湿法储存的总体缺陷(储存池中的物品是燃料组件还是非燃料组件)多年。随着将乏燃料组件运往难以获取的储存库的计划实施,局部缺陷的核查方式越来越重要。IAEA 在乏燃料组件异地储存之前局部缺陷核查的标准是 50%,因此,DCVD 技术不断更新,目前也被认为该水平上检测局部缺陷的工具[6]。

DCVD 的工作原理是:燃料中的放射性产物裂变时,发出 γ 射线,这些射线与水中的电子相互作用,只要释放的电子速度超过水中光的速度,就会产生切伦科夫光[如图 1(a)所示],且其只由强放射源发出,该装置的蓝色/紫外线感光相机能探测到位于紫外区波长为 280 340 nm 的切伦科夫光。燃料棒每个轴向、径向水平的源粒子数量取决于该位置的燃料特性,切伦科夫光子的数量也随其变化,

---

作者简介: 吴婷(1996—),女,湖南邵阳人,硕士,现从事核保障方向

通过感光相机记录，通过图像重建能用于辐照燃料组件核查[6]。图 1(b)为 DCVD 自发辐射图像重建图，两张图片均为 9×9 沸水堆燃料组件，每个组件都有一根燃料棒由均匀分布的锆合金棒替换。当乏燃料组件中出现燃料棒移除或替换时，乏燃料组件内部和周围电离辐射的传输和相互作用会影响切伦科夫光的发射[7]，这些情况在重建图像中均能体现出来。利用 ORIGEN-ARP 模拟 DCVD 测量光子的通量，给出了径向产生切伦科夫光子视距和强度的函数结果(见图 2)：该图体现了局部切伦科夫光的分布，只有不到 5%的切伦科夫光产生＞50 mm 的距离，也就是大约 2～3 排燃料棒内可见。由于燃料组件、储存池中的水对切伦科夫光具有一定散射、反射、吸收等作用，这些光传播特性在图像重建中都要进行校正。因此 DCVD 目前只能确保不少于 30%局部缺陷水平的准确性，且只适用于湿式储存方式的乏燃料组件的核查，可实施性和高局部缺陷水平的检测能力仍需有所突破。

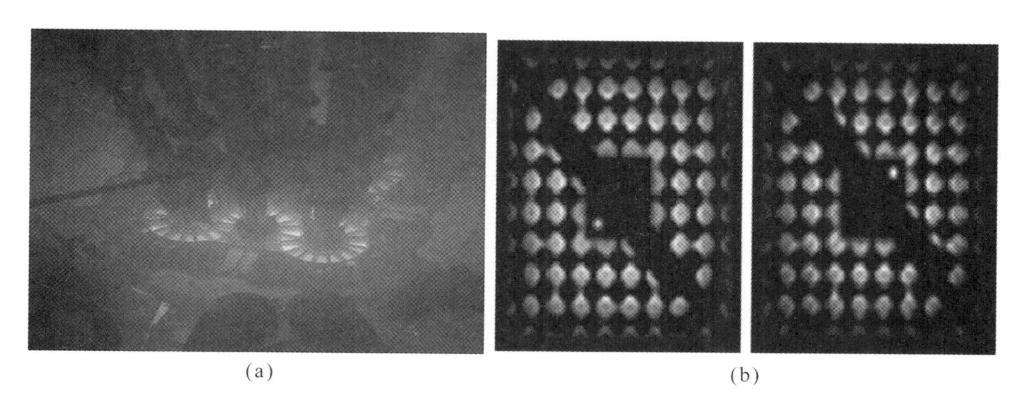

图 1　(a)DCVD 测量示意图；(b)DCVD 测量 9×9BWR 乏燃料组件图像重建图

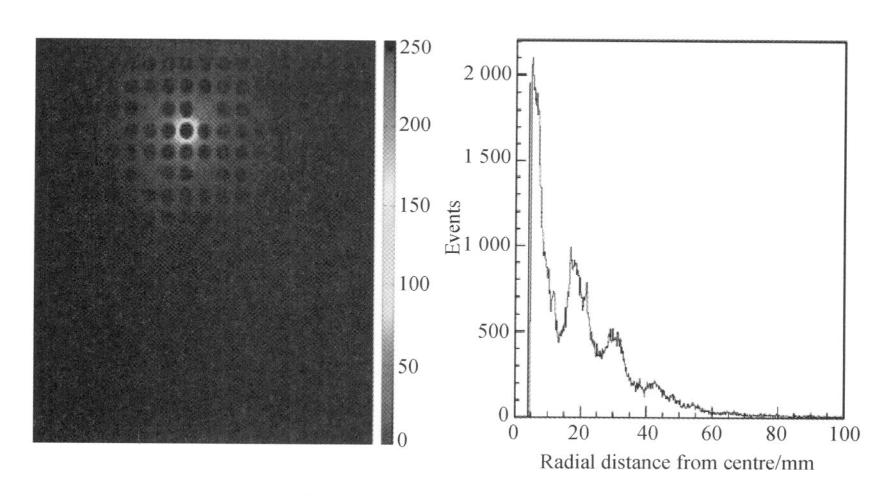

图 2　燃料棒发射切伦科夫光子径向距离和直方图

2　叉型探测器(FDET)

叉型探测器(FDET)被欧洲原子能共同体(EURATOM)和 IAEA 广泛用于乏燃料组件的核查。该方法的目标是为保障检测员提供可靠实时的数据分析工具，以快速鉴定操作人员申报信息的差异，并检测出乏燃料组件的局部缺陷、提高可靠性[8]。该技术目前已发展比较成熟，它具有可靠性、可移植性、测量速度和简单性等优点。

FDET 探测器由两个探测臂，每个探测臂都包含一个用于总 γ 通量测量的离子室和两个总中子测量的 ^{235}U 裂变室。如图 3(a)为 EURATOM 使用的 FDET，离子室和其中一个裂变室嵌在覆盖在

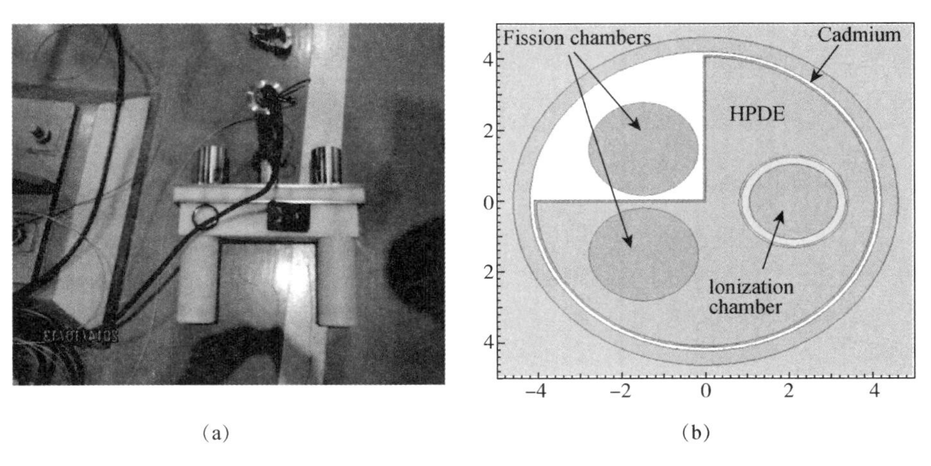

(a) (b)

图 3 (a)压水堆(PWR)FDT 头组件包含两个探测臂和电缆 (b)FDET MCNP 模型的横截面图

镉衬垫的聚乙烯块中,而另一裂变室为裸露型[图 3(b)为 FDET MCNP 模型的横截面图][8]。来自两个离子室(每个探测臂上)的信号组合形成总 γ 信号(neutron-A),两个裸裂变室的信号组合形成中子通道(neutron-B)。联合每个探测臂的信号可以降低组件中燃耗梯度径向不对称的影响。图 4 为瑞典用 FDET 测量 17×17 压水堆(PWR)乏燃料组件实物图以及 MCNP 模型图,叉形探测器头安装在不锈钢管道上,信号由水池测的电子原件传送到电缆,中子和 γ 射线信号经电子模块处理后,电离室中的电流转换成以 γ 为单位的数字信号[9]。

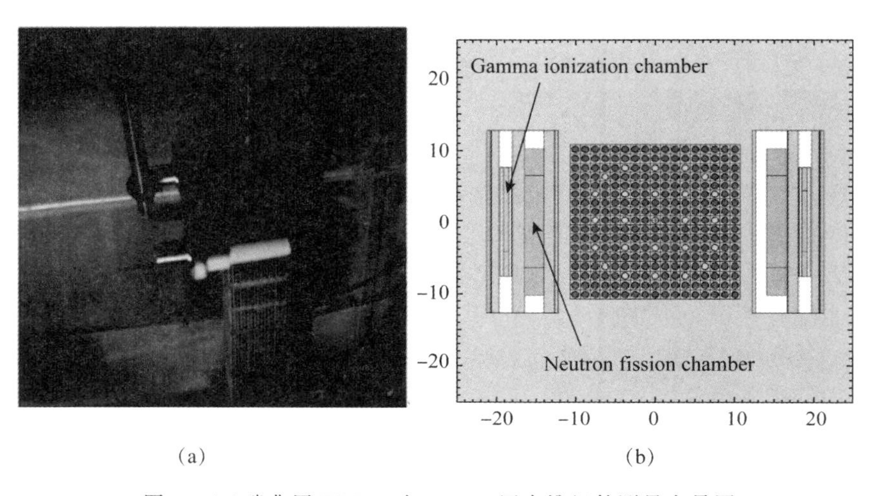

(a) (b)

图 4 (a)瑞典用 FDET 对 17×17 压水堆组件测量实景图
(b)瑞典用 FDET 进行 17×17 压水堆组件测量的 MCNP 模型图

随着 FDET 技术的发展,EURATOM 系统下的 FDET 可以在无人值守的模式下使用 RADAR 软件进行远程数据采集。FDET 数据分析模块对 neutron-A、neutron-B 以及 γ 探测器的信号计算预测,将这些值返回到 iRAP(EURATOM 和 IAEA 标准数据分析和审查平台)进行比较,比对的关键参数有:(1)组件类型;(2)初始铀化物组成;(3)混合氧化物(MOX)的初始燃料钚组成;(4)反应堆内的辐照和水岸边时间;(5)冷却时间;(6)组件燃耗(MWd/kgHM)[10]。FDET 目前当不少于 30%的燃料从组件上拆下时,可以进行局部缺陷检测,核查过程中要求乏燃料组件移动,局部缺陷检测的空间分辨率差。

3 无源 γ 断层扫描(PGET)

芬兰、瑞典和比利时等国家分别对各项局部缺陷检测技术进行了测试,在对 PWR 17×17 乏燃料组件的验证中,分别使用了三种验证方法:使用改进切伦科夫观察装置(ICVD)进行总体缺陷测试(GDT);使用数字切伦科夫观察装置(DCVD)或叉形检测器(FDET)进行局部缺陷测试(PDT);以及使用无源断层扫描成像技术(PGET)进行偏倚缺陷测试(BDT)[11]。各方法验证的相关参数由图 5 所示。

Pond Characteristics	
Fuel Type	PWR 17x17
Total number of pins per assembly	264
Total number of SFAs in pond	592
Plutonium content	0.5 SQ/SFA
Maximum defect	1 full SFA = 0.5SQ/SFA
Minimum defect	1 pin = 0.001894 SQ/SFA
Minimum number of defective SFAs to form 1 SQ	2
Maximum number of defective SFAs to form 1 SQ	528
Verification-Tool Characteristics	
Identification threshold for GDT (ICVD)	100%
Identification threshold for PDT (DCVD, FDET)	30%
Identification threshold for BDT (PGET)	0.379% (single missing pin)

图 5 验证示例的相关系数[11]

从图 5 可得出结论:ICVD 只能实现对乏燃料组件进行总体缺陷探测的鉴定;当使用 FDET、DVCD 时,当不少于 30%的燃料从组件上拆下时,可以进行局部缺陷检测,但无法以明确的方式检测燃料棒的拆卸,以及只能观测到乏燃料组件的外表面,无法实现乏燃料组件的内部核实[12]。PGET 能实现单根棒级别的局部缺陷检测,此外只有叉形探测器可以实现无人值守数据采集,而数据处理则需要人工干预。但是目前无论 FDET 还是 DCVD 方法,在局部缺陷检测的准确性仍有待提升。其他方法还包括 γ 射线光谱、中子符合计数、量热法和主动质询法等,这些方法旨在对完整申报的组件参数(燃耗、冷却时间、初始装载材料)进行核查[13]。对于燃料棒缺失或替换等情况的探测,在独立性、缺陷敏感性以及执行灵活性方面都有很大的局限性。

无源断层扫描成像(PGET)技术是由 IAEA 主导,成员国(欧盟、芬兰、匈牙利和瑞典)共同努力开发的方法,旨在 PGET 技术能提高核查乏燃料组件局部缺陷的能力。PGET 技术利用两组准直探测器系统测量乏燃料组件不同角度某一截面 γ 射线发射情况,通过其截面数据重建截面图像,根据目前各成员国的测试验证表明,PGET 在局部缺陷验证上能达到单个或很少的燃料棒水平的验证测量[14](见图 6)。IAEA 已批准该方法用于核查乏燃料组件的局部缺陷分析,第一台样机用于核查乏燃料组件,其测试结果证明 PGET 可在对不同类型和冷却时间的组件提供接近单个引脚水平的灵敏度。因此,IAEA 对 PGET 在乏燃料特性核查能力给出了将会是游戏规则改变者的高度评价[14]。同时 PGET 重建出被测的 γ 辐射源的截面图像,重建图像能提供封闭容器中燃料棒的数量和相对活度。

国外目前的 PGET 装置已经过多次升级,PGET 装置升级的原型由 174 个尺寸为(2×4.6×4.6) mm^3的 CZT 探测器组成,位于两个探测器组中。该装置的原理图和实物图如图 7 所示:每个探测器组有一个 100 mm 厚的钨平行狭缝准直器,组内探测器的间距为 4 mm,探测器组安装在一个可以围绕仪器中心旋转 360°的板上。当安装到板上时,横向偏移 2 mm,这样仪器可以交错收集数据,有效采样距离为 2 mm[15],数据以 4 个能量阈值以上的计数的形式记录。每个探测器的阈值可以单独调整,用乏燃料进行现场校准。每个探测器都带有集成的数据采集电子设备,CZT 探测器嵌入在钨准直器中,利用安装在转台上的集成步进电机可以围绕燃料元件旋转。所有组件都封装在一个环形水

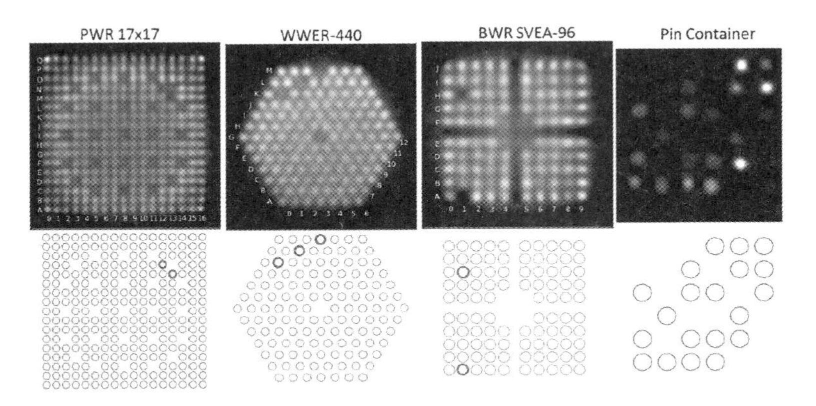

图 6　PGET 重建的图片：第一行为不同型号乏燃料组件断层图，
其中图片灰度较低表明 γ 射线强度高，即引脚所在位置。第二行深色的圆圈代表丢失燃料棒的位置。

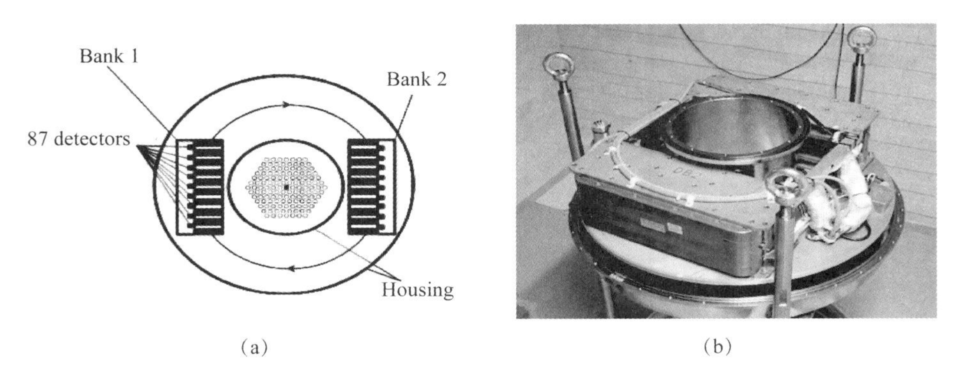

(a)　　(b)

图 7　(a)PGET 装置原理图；(b)PGET 装置实物图

密外壳内[15]。控制、数据采集和图像重建分析都是完全计算机化和自动化的。该系统的设计使其可运输，并适用于任何地方乏燃料池的保障核查。PGET 实现需要多组 γ 准直探测器以及高集成度电子元器件，总成本颇高，且测量速度较慢，实时测量性能有待提高。

4　总结和展望

基于自发辐射成像技术的 DCVD、FDET 以及 PGET 等技术都被证实可投入乏燃料组件核查使用，但是仍然存在局限性。这些方法在检测局部缺陷时都会伴随着空间分辨率较差（图像重建上的体现是图片噪声大）、检测时间较长、设备成本或者维护要求高等情况。目前用自发辐射成像技术对乏燃料组件进行 NDA 测量的技术难点是：计数率的校准。问题会导致重建图像出现伪影、图像内部截面数据偏小（测量数据出错）等情况。其原因在于：

(1)自发辐射成像技术用于核查乏燃料组件时，由于其发出的 γ 射线远比医疗应用发出的能量高，高能 γ 射线导致的大量散射使重建图像出现伪影的情况。

(2)乏燃料组件中燃料棒的高密度排列，外围燃料棒对内围燃料棒存在屏蔽（自吸收）的问题，尤其当乏燃料组件规格较大时该问题愈加明显。

因此，在后续系统开发的过程中应该从以下工作开展：设计高度的准直系统，它可以改善空间分辨率差的问题、限制散射对计数率的干扰，从而达到消除重建图像伪影和改进几何定位的效果；探测系统设计时可以考虑将几个探测器探入乏燃料组件内部，降低后续组件自吸收的数据处理环节难度；完善重建模型和重建算法，例如在计算中考虑乏燃料组件的自吸收、γ 射线散射和缩短图像重建时间等问题;最好应考虑降低探测系统成本和后期维护难度等问题。

参考文献:

[1] International Atomic Energy Agency. Safeguards Glossary 2001 Edition[R]. International Nuclear Verification Series, Vol. 3, URL,2001.

[2] EUROPEAN COMMISSION. A Framework Strategy for a Resilient Energy Union with a Forward-Looking Climate Change Policy[R]. COM(2015)80, 2015.

[3] Okko O, Hack T,M Hämäläinen, et al.Developing Safeguards for Final Disposal of Spent Nuclear Fuel in Finland [R].2014.

[4] Humphrey M A,Veal K D,Tobin S J .The next generation safeguards initiative's spent fuel nondestructive assay project[J].Journal of the Institute of Nuclear Materials Management, 2012, 40(3):6-11.

[5] Rinard P M , Bosler G E . BWR spent-fuel measurements with the ION1/fork detector and a calorimeter [R].1986.

[6] SPENT FUEL VERIFICATION USING A DIGITAL CERENKOV VIEWING DEVICE[R]. Channel Systems Inc. 402 Ara Mooradian Way, Pinawa, Manitoba ROE 1L0, Canada;Channel Systems Inc. 402 Ara Mooradian Way, Pinawa, Manitoba ROE 1L0, Canada;Channel Systems Inc. 402 Ara Mooradian Way, Pinawa, Manitoba ROE 1L0, Canada;Channel Systems Inc. 2008.

[7] S. Jacobsson-Svard, S. Grape, A. Hjalmarsson, Modeling of the Cherenkov light ¨ emission from nuclear fuel assemblies with partial defect[C]. Proceedings from the PHYSOR conference, USA, 2010.

[8] S. Vaccaro, I.C. Gauld, J. Hu, et al. Enhanced spent fuel verification by analysis of fork measurements data based on nuclear modelling and Simulation[C]. INMM Information Analysis Technologies, Techniques and Methods for Safeguards,Nonproliferation and Arms Control Verification Conference, Portland, Oregon, May 12-14, 2014.

[9] A. Borella, R. Carchon, K. Van Der Meer, Experimental methods and Monte Carlo simulations for burnup assessment of spent fuel elements[C]. International Conference on the Management of Spent Fuel from Nuclear Power Reactors; Vienna (Austria), 31 May -4 Jun 2010.

[10] P. Schwalbach, A. Smejkal, E. Roesgen, et al. RADAR and CRISP-Standard Tools of the European Commission for remote and unattended data acquisition and analysis for nuclear safeguards[R]. Proceedings IAEA Symposium on International Safeguards, Wien, 2006, Austria.

[11] FAST, J. E., et al. Spent Nuclear Fuel Measurements [R]. PNNL-23561. Pacific Northwest National Laboratory, Richland, WA, USA, 2014.

[12] VAN DER MEER K., COECK M. Is the FORK detector a partial defect tester? [C]. proceedings of an International Safeguards Symposium, Vienna, 16-20 October 2006, IAEA-CN-148/68, 2007:381-389.

[13] PARCEY, D. A et al. Quantitative studies to detect partial defects in spent nuclear fuel using the Digital Cherenkov Viewing Device[C]. Proceedings of the 31st ESARDA annual meeting on safeguards and nuclear management, Vilnius, Lithuania, 2009.

[14] WHITE, T. Outcomes of PGET[C]. Current Symposium proceedings, Vienna, 2018.

[15] Reinhard Berndt, Carlo Rovei, Tapani Honkamaa, et al. Passive gamma emission tomograph for spent nuclear fuel[R]. Test in the ESSOR spent fuel pond at JRC, Ispra, JRC Scientific and Policy Reports, 2012.

Study On Passive Emission Tomography

WU Ting, LIU Guo-rong, ZHOU Hao, LIANG Qing-lei

(China institute of atomic energy, Beijing 102413, China)

Abstract: Passive emission tomography was developed as a potential verification tool for the International Atomic Energy Agency (IAEA) to visualize the passive emitter sources of fuel rods. Spontaneous emission imaging, which visualizes γ-ray emission from fuel assemblies, is a potential verification tool for the International Atomic Energy Agency (IAEA). Due to the limitations of the verification technology at the back end of the nuclear fuel cycle, the verification of spent fuel assemblies is difficult to meet the IAEA standard for the verification of partial defects. Therefore, the research objectives of Passive emission tomography include: detection of lost/replaced fuel rods, verification and estimation of PU enrichments, as well as thermal content and reactivity of each component. By quantifying the combined characteristics of neutrons, gamma rays, and thermal radiation, gamma rays emitted by isotopes can be located, identified, and quantified. The passive emission imaging technology is also an important development direction of the New Generation Spent Fuel Assurance (NGSI-SF) project. In this paper, the established spontaneous emission imaging technology abroad is summarized, its development and application are described, and the development prospect of passive emission tomography is prospected, in order to promote the application and development of this technology in China and meet the technical requirements for the verification of spent fuel assembly in China.

Key words: passive emission tomography; NDA; spent fuel assembly

X 波段 6 MeV 驻波加速管射频仿真设计

杨　誉,杨京鹤,王常强,吕约澎,朱志斌
(中国原子能科学研究院,北京 102413)

摘要:为发展紧凑型电子直线加速器,本文设计了一支 X 波段轴耦合驻波加速管。该加速管工作频率为 9 300 MHz,包括 8 个聚束腔单元和 20 个均匀加速腔单元,总长度约 410 mm。加速腔链经过等效电路分析及仿真计算进行了优化设计,并设计采用哑铃型狭缝作为输入耦合口以减小对腔内射频场的影响,最后利用仿真所得加速电场分布进行束流动力学计算,经仿真优化该 X 波段加速管俘获效率为 32.5%,出口能量可达 6.19 MeV,束斑直径小于 2 mm。

关键词:X 波段;驻波加速管;轴耦合

电子直线加速器广泛应用于无损检测、工业辐照和放射医疗等领域,随着应用领域的扩展,针对不宜或不能移动的被照射物体,需要研制开发体积小、重量轻的紧凑型加速器。目前主流加速器产品均采用 S 波段加速结构,其体积较大,而 X 波段加速结构的工作频率大幅提高,其尺寸小、分路阻抗高且加速梯度高,可以满足紧凑型加速器的要求[1,2]。

原子能院开展了 X 波段紧凑型电子直线加速器研究,本文将介绍该 X 波段驻波加速管的射频设计过程。该加速管采用 $\pi/2$ 模式轴耦合结构,工作频率为 9 300 MHz,设计能量为 6 MeV,脉冲流强 62.5 mA。首先利用 RF 相位聚焦技术[2,3]对整管射频场进行了合理设计,以实现对束流同时聚束和聚焦,然后通过等效电路模型[4,5]分析了各腔基本参数,并对各腔进行优化,使射频场分布达到要求并确定整管腔链结构,之后对输入耦合器进行分析设计,并利用整管的射频场进行了束流动力学仿真,整管通过不断调整优化达到了设计要求。

1　X 波段加速管物理设计

X 波段加速管的设计指标见表 1。

表 1　加速管设计目标参数

参量	值
频率	9 300 MHz
初始动能	10 kV
能量	6 MeV
流强	62.5 mA
俘获效率	>25%

驻波加速管主要包括边耦合结构和轴耦合结构两种,前者分路阻抗更高但外形尺寸偏大,后者则结构对称,易于加工、焊接和冷却。X 波段驻波加速管工作频率为 9 300 MHz,腔体尺寸非常小,考虑实际加工精度、焊接难度及调配难度,本设计采用轴耦合结构,同时选择工作模式为 $\pi/2$ 模式,该模式下具有最大群速度,并且频率稳定性好,便于微波测量与调整。

为避免外加聚焦线圈,X 波段加速管设计采用 RF 相位聚焦技术[3],通过适当选择射频场的相速

作者简介:杨誉(1992—),男,江西樟树人,硕士,工程师,现从事加速器技术研究

分布和场强分布，仅靠射频场同时实现纵向聚束和横向聚焦。经过设计计算，整管中射频场的相速分布和场强分布如图1和图2所示，整管共采用28个加速腔和27个耦合腔，聚束段由前8个聚束腔和前7个耦合腔组成，聚束腔的相速为0.4、0.6、0.8、0.9，各有2个，其中加速电场逐步增强。利用该射频加速场分布计算得到的束流包络结果如图3所示，加速管出口束流能量可达到6 MeV，俘获效率27%，满足设计指标要求。

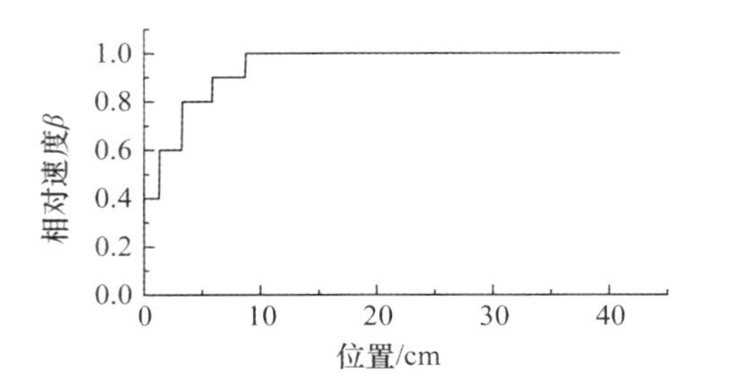

图1　X波段加速管腔链β值曲线

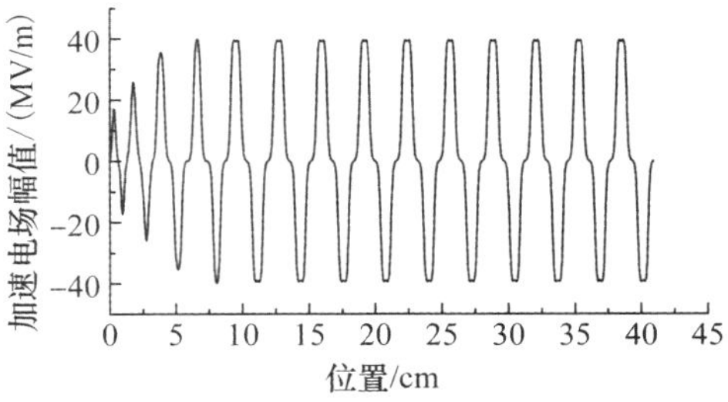

图2　X波段加速轴线上加速电场分布曲线

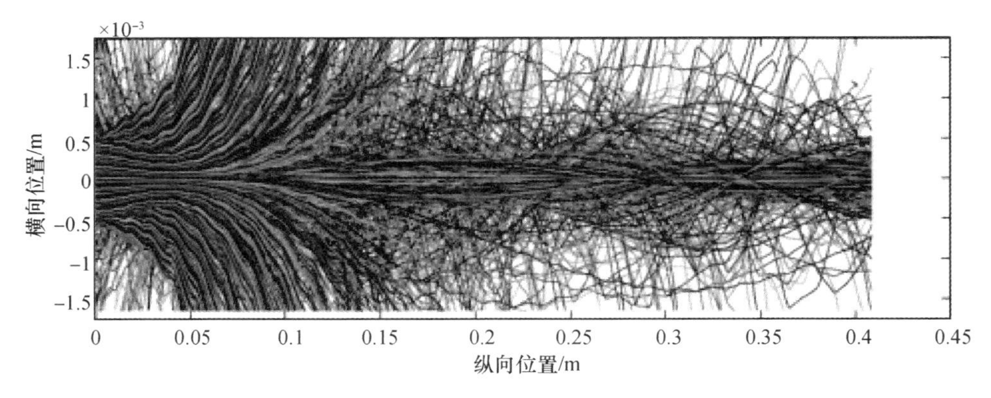

图3　束流包络计算结果

2　加速结构设计

2.1　整管腔链等效分析

X波段加速管中聚束段采用了多个腔体以实现较好的纵向聚束和横向聚焦，为分析各腔参数及腔间耦合系数的关系，利用等效电路方法[4,5]对包括聚束多腔的整管腔链进行了简化分析。图4为整管的等效电路图，各腔等效为RLC谐振回路，轴耦合结构中相邻两腔通过磁场交换能量，等效耦合元件为电感。

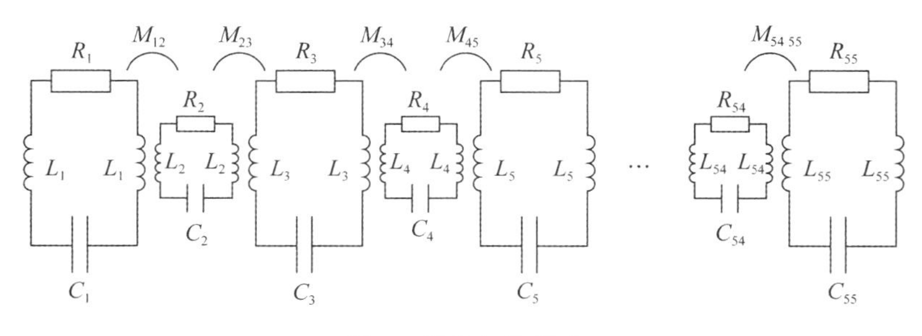

图4　等效电路模型

图4中R_n、L_n、C_n是各腔的等效电阻、等效电感和等效电容，M_{mn}是等效耦合电感。各腔的分路

阻抗为 Z_n，品质因数为 Q_n，单腔固有角频率为 ω_n，磁轴耦合的次临近耦合系数约为临近耦合的 10^{-2} 倍，为简化分析只考虑临近耦合系数 k_n，各腔电路参数与微波参量关系可表示为：

$$\omega_n = \frac{1}{\sqrt{2L_nC_n}}, R_n = \frac{Z_n}{Q_n^2}, L_n = \frac{Z_n}{2\omega_n Q_n}, C_n = \frac{Q_n}{\omega_n Z_n}, M_n = k_n\sqrt{L_nL_{n+1}} \quad (1)$$

驻波加速结构中腔体 Q 值较高，可认为腔链无损耗进行简化分析，根据基尔霍夫定律，第 n 个回路的方程为：

$$k_{(n-1)n}/2 \cdot X_{n-1} + \left(1 - \frac{\omega_n^2}{\omega^2}\right) \cdot X_n + k_{n(n+1)}/2 \cdot X_{n+1} = 0 \quad (2)$$

$$X_n = i_n\sqrt{2L_n} = V_n \cdot j\omega C_n \cdot \sqrt{2L_n} \quad (3)$$

该 X 波段加速结构工作在 $\pi/2$ 模式，加速腔和耦合腔的固有频率均等于腔链频率，仅加速腔中存在加速电场，耦合腔中无电场，则第 n 腔为耦合腔时，可由式(2)得知相邻两个加速腔中电场幅度比和腔间耦合系数之比有关：

$$X_{n-1}/X_{n+1} = k_{n(n+1)}/k_{(n-1)n} \quad (4)$$

根据图 2 设计的加速电场分布以及式(1～4)，可计算各个腔间耦合系数，经过优化计算后加速腔与相邻耦合腔的腔间耦合系数选定为 1.82%，其他各腔的腔间耦合系数如图 5 所示。

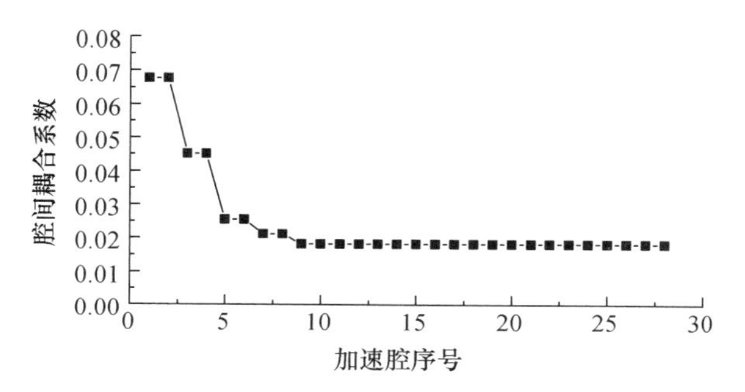

图 5　加速腔与耦合腔的腔间耦合系数

2.2　加速腔链优化

加速腔链中聚束段长约 90 mm，加速段长约 320 mm，聚束段需要达到良好的俘获和聚焦以实现较小束斑，加速段则需要达到较高分路阻抗以提高加速效率。腔体设计时缩小束流孔径和减小腔间壁厚可提高分路阻抗，但两个尺寸受束流横向运动和加工可行性限制，综合考虑分别选定为 3.5 mm 和 1 mm。

图 6 为优化后的加速腔链结构，聚束腔鼻锥均采用浅锥深设计，以减小径向电场的非线性成分和高次谐波波幅引起的束流发射度增长[6]，提高聚束效果。光速腔中优化了鼻锥深度和腔壁圆角，有效分路阻抗达到 131 MΩ/m。经过逐腔优化，调整各加速腔和耦合腔之间的耦合口尺寸，腔间耦合系数达到图 5 设计值，经仿真计算得到的整管轴线加速电场如图 7 所示，可知与图 2 设计目标基本一致。

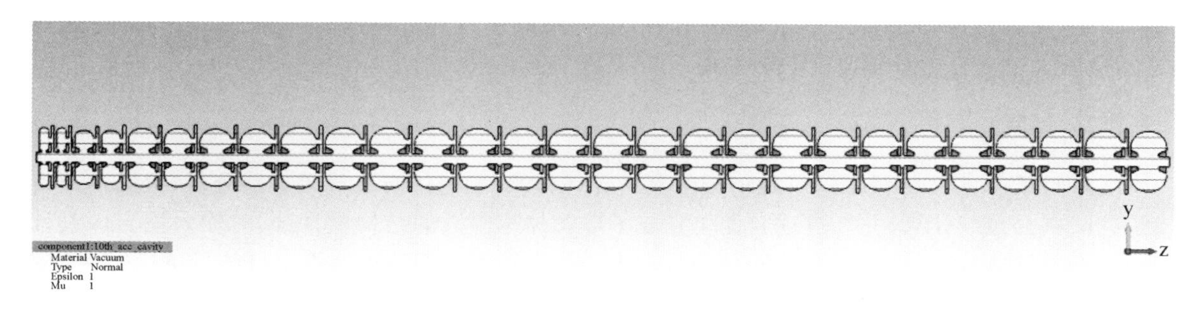

图 6　X 波段加速管整管腔链结果

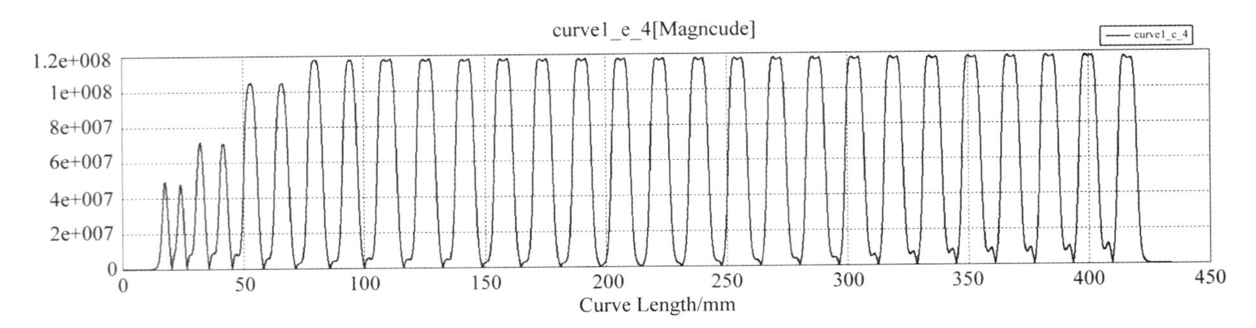

图 7　X 波段加速管轴线加速电场仿真结果

2.3　输入耦合器设计

输入耦合器向加速管中馈入建立加速电场所需功率，耦合度 β 是衡量耦合器主要指标，其定义为 $\beta=1+P_{\mathrm{beam}}/P_{\mathrm{cav}}$，$P_{\mathrm{beam}}$ 为束流功率，P_{cav} 为加速管功耗。根据仿真结果，加速管整管功耗为 1.01 MW，根据表 1 设计指标束流功率为 0.375 MW，由此可知耦合度为 1.37。

X 波段腔体尺寸非常小，为避免输入耦合口对腔内射频场造成较大影响，设计采用图 8 中哑铃状狭缝耦合口[7]，以减小耦合口尺寸。调整耦合口尺寸计算整管反射系数，结果如图 8 所示，最终得到反射系数 0.156，输入耦合度 1.37。

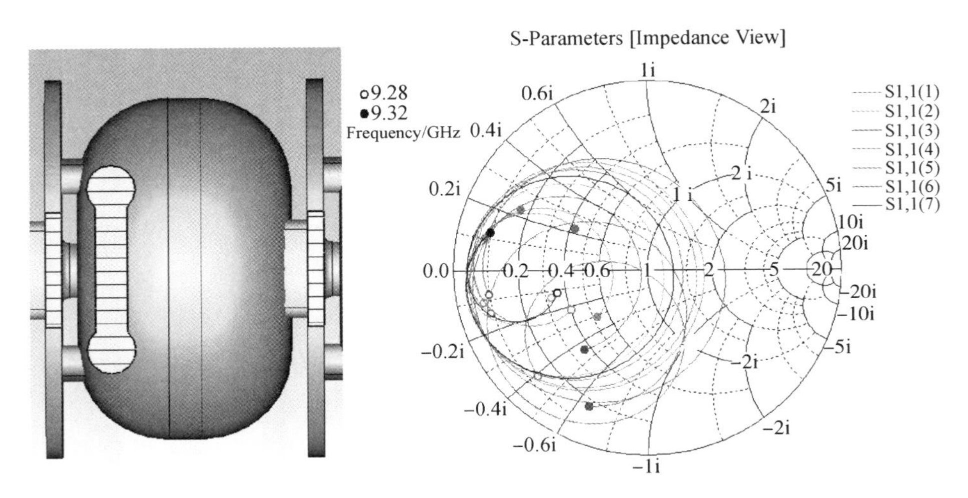

图 8　X 波段加速管输入耦合器设计结果

3　束流动力学仿真

利用整管优化后得到的射频场，并设置入口电子束参数进行束流动力学仿真，得到结果如图 9 所示，电子束入射能量 10 keV、流强 200 mA，出口电子束能量达到 6.19 MeV，流强 65 mA，俘获效率 32.5%，束斑直径小于 2 mm，达到设计指标。

4　总结

本文进行了一支 X 波段加速管的射频仿真设计，对加速腔链进行了等效电路分析，根据物理设计完成了腔间耦合系数计算，并经过逐腔优化完成了整管加速腔链的结构设计，同时输入耦合口设计采用了哑铃型狭缝以减小对腔内射频场的影响，动力学仿真结果表明该加速管出口能量可达6.19 MeV，俘获效率 32.5%，达到设计指标。

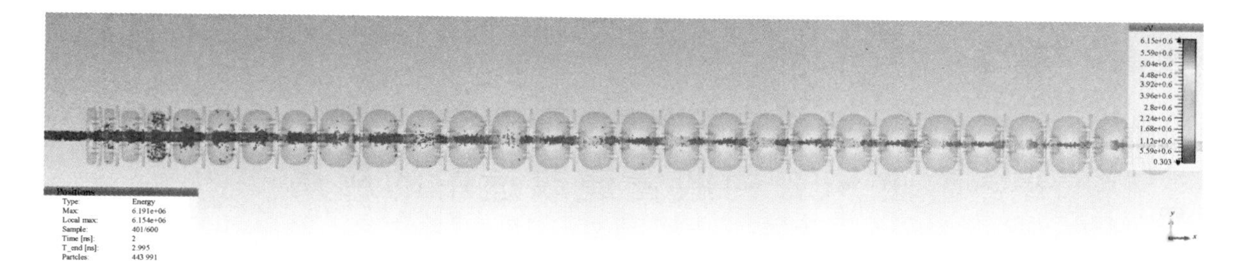

图 9　X 波段加速管束流动力学仿真结果

参考文献：

[1]　孙翔，童德春，林郁正. X—波段轴耦合驻波电子直线加速管物理设计与研究[J]. 原子能科学技术，1998(04)：7-11.

[2]　童德春，靳清秀. X 波段 2 MeV 驻波电子直线加速管研制和测试[J]. 原子能科学技术，1999，33(2)：189-189.

[3]　孙翔，杨越，林郁正. 驻波电子直线加速器中的 RF 相位聚焦[J]. 原子能科学技术，1999(03)：14-19.

[4]　Nagle, D. E. Coupled Resonator Model for Standing Wave Accelerator Tanks [J]. Review of Scientific Instruments, 1967, 38(11): 1583-1587.

[5]　施嘉儒，郑曙昕，陈怀璧. 耦合腔链等效电路模型计算加速管场分布[J]. 高能物理与核物理，2006(7)：699-703.

[6]　章林文. L 波段高亮度注入器腔形的理论设计与实验研究[D]. 中国工程物理研究院.

[7]　Liu Hua-Chang, Peng Jun, Yin Xue-Jun, et al. RF power coupling for the CSNS DTL[J]. Chinese Physics C, 2011, 35(1): 92-95.

RF simulation design of X-band 6 MeV on-axis standing wave accelerating tube

YANG Yu, YANG Jing-he, WANG Chang-qiang, LV Yue-peng, ZHU Zhi-bin

(China Institute of Atomic Energy, Beijing 102413, China)

Abstract: In order to develop a compact electron Linac, a X-band standing wave on-axis coupled accelerating tube was designed in this paper. The working frequency of the accelerating tube is 9 300 MHz, which includes 8 bunching cavities and 20 uniform accelerating cavities, with a total length of about 410 mm. The accelerating cavity chain was optimized by equivalent circuit analysis and simulating calculation. Dumb bell shape iris was used to reduce the influence to the RF field in the input coupling cavity. And finally, the accelerating field obtained by RF simulation was used for beam dynamics calculation. The results present electron beam can be accelerated to 6.19 MeV with 32.5% capture ratio and the beam spot diameter is less than 2 mm.

Key words: X band; standing wave accelerating tube; on-axis coupling

数字化预拼装技术在核电厂运维阶段SEC衬胶管道改造中的应用

曹　君[1,2],赫海涛[1,2],邹　磊[1,2],张亚军[1,2],徐　刚[1,2],
张永胜[1,2],刘海珂[1],林馥岱[1,2],廖静瑜[1],王宝迪[1]
(1.中国核工业二三建设有限公司,北京 101300;
2.深圳中核普达测量科技有限公司,广东 深圳 518000)

摘要:随着大数据、云计算、人工智能、物联网等新技术的迅速成长,各行业在其领域打造智能化、数字化工业体系。核电作为国家重点工程也不例外,也在积极打造核领域数字化核工业体系。数字化工业体系为多种学科理论、技术手段的综合处理,本文中数字化预拼装技术是一种集光电传感器技术、计算机技术、多源异构数据分析与处理、逆向建模等多种学科交叉为一体的综合性技术,具有集成化、智能化、网络化、数字化以及大数据计算的特征。本文主要讲述核电厂运维阶段SEC衬胶管道改造数字化应用的几个阶段,通过融合多种精密三维测量技术将SEC衬胶管道转变为可以度量的数字、数据,再以这些数字、数据建立数字化模型,为后续SEC衬胶管道预制、数字化预组装、数字成果交付提供多种应用服务。

关键词:核电厂;SEC衬胶管道;精密三维测量;数字化预拼装

核电厂SEC系统衬胶管道长期与海水接触、受到腐蚀,衬胶面破损后导致碳钢管锈蚀、渗漏,传统的处理方法是补胶或者局部更换管段,但由于管道运行时间较长,经常发生渗漏影响核电厂的正常运行。为彻底有效的改变渗漏影响,需对整列系统管道进行彻底更换,即在现场采用精密测控技术对衬胶管道、建筑物及附属设施进行精密三维测量与扫描建模,根据三维测量数据进行SEC管道逆向设计、引导预制及数字化理论模型建立,预制后进行数字化预拼装,并在模拟工况平台上对管道接口法兰进行精确调整,将测量调整数据代入数字化理论模型进行对比、分析,符合核电现场安装要求后进行衬胶,最终实现现场精准安装。

1　精密三维测量技术介绍

核电厂运维阶段的SEC管道均已安装在各支架和设备上,数字化预拼装需要将其转换为可以度量的数字、数据。结合精密三维激光跟踪测量技术[1]与激光雷达扫描技术[2]可对所有目标物进行获取,在其基础上采用专用软件进行数字模型建立[3]。

2　SEC衬胶管道精确坐标点数字化数据获取

采用三维激光跟踪技术对所有SEC衬胶管段法兰中心数据、法兰螺栓孔坐标、支管、支座等本体数据进行采集工作,便于所有衬胶管道设计和数字化理论模型建立。

2.1　辅助标靶介绍

主要有两类,第一类为磁力靶球座,通过选取合适的布设传递方法,可实现仪器转站及不通视房间之间的基准点坐标传递。第二类特制标靶控制点,能够为激光跟踪仪与三维激光扫描设备提供公共基准,实现每个系列独立房间之间的模型拼接工作,磁力靶球座和特制标靶,如图1所示。

作者简介:曹君(1979—),男,瑶族,广西桂平人,高级工程师,硕士,现主要从事智慧核建精益建造、测量新技术与新装备设计与研发工作

图 1　磁力靶球座和特制标靶

2.2　SEC 衬胶管道实体数字化数据获取

法兰中心测量：采用圆柱销配合靶球进行法兰本体标记点位数据采集、存储。

法兰螺栓孔测量：针对管段法兰因螺栓孔已安装螺杆，数据获取采用专用工装，如图 2 所示。

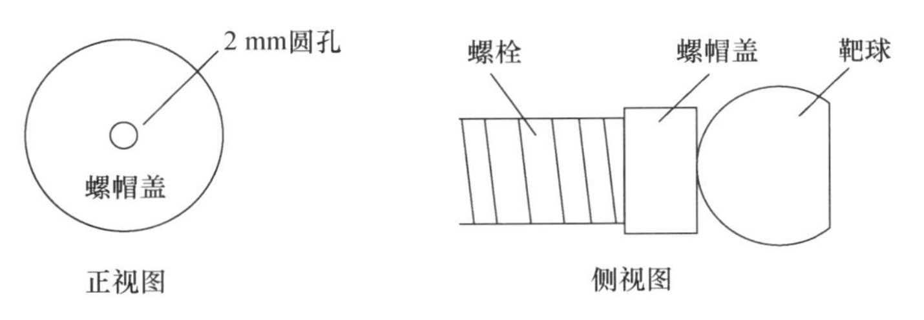

图 2　螺栓孔测量数据获取

支管：支管为大管段本体的分支，只需采集其法兰数据，与上述管段法兰中心测量方法相同。

支座：采用平面座配合靶球对支座底板上表面进行数据采集、存储，如图 3 所示。

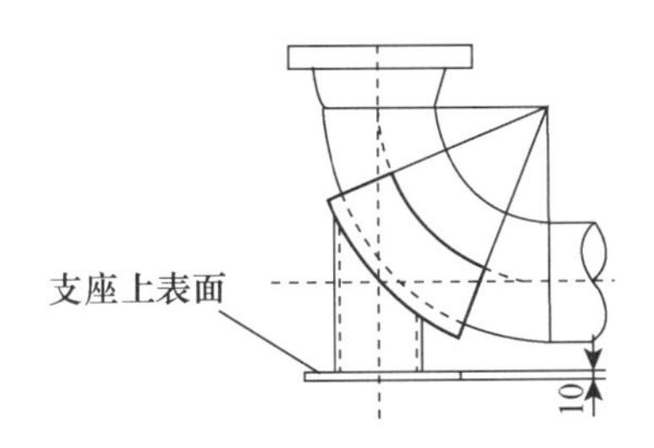

图 3　支座测量数据获取

2.3　实体 SEC 管道数字化数据坐标系定义

在核电厂中每台机组对应有两列 SEC 系统（即 *A* 列和 *B* 列），且每列贯穿于两大区域（辅助厂房和泵房）多个房间，在数据采集过程中同一系列、同一区域房间坐标系须统一。

2.4　数字化坐标下数据处理

将相同系列、区域房间坐标系建立完成后，在已建立坐标系下进行 SEC 衬胶管道空间数据分析。法兰中心坐标计算：根据现场各管段法兰测量点组进行圆周拟合，按对应法兰点组命名圆周。法兰螺栓孔坐标计算：将法兰面螺栓孔坐标，向相应的法兰平面上做投影计算获取投影点坐标。以某直管段处理数据为例，最终得出法兰中心坐标、螺栓孔中心坐标值，如表 1 所示。

表 1　直管段法兰中心及螺栓孔测量数据

特征点名称	X/mm	Y/mm	Z/mm	备注
法兰 A 面中心	0.00	0.00	0.00	坐标系原点
法兰 B 面中心	664.02	−4.75	1.23	
法兰 A 螺栓 K1	0.40	149.23	225.39	螺栓中心
法兰 A 螺栓 K4	0.32	−150.22	224.86	螺栓中心
法兰 A 螺栓 K7	−0.07	−265.56	−48.66	螺栓中心
法兰 B 螺栓 K1	664.58	142.18	215.90	螺栓中心
法兰 B 螺栓 K4	665.02	−147.66	221.94	螺栓中心
法兰 B 螺栓 K7	664.22	−260.98	−46.62	螺栓中心

直段及弯段几何尺寸计算：直段管段尺寸为两法兰中心坐标差值加上相应法兰厚度，弯段管段尺寸可通过构建中垂线法和直接查询法计算相关几何尺寸。将所有 SEC 衬胶管道数据解算完成后，进行逆向轴测图管道尺寸标注，如图 4 所示。

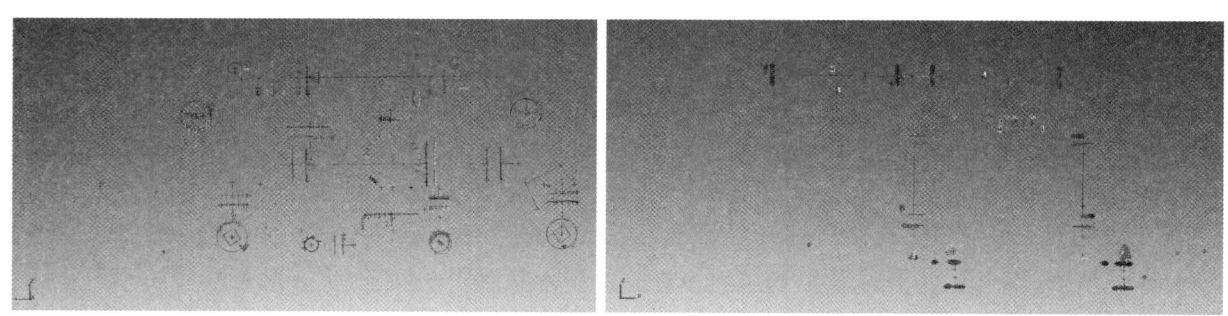

图 4　辅助厂房解算界面图和泵房厂房解算界面图

3　SEC 衬胶管道点云数字化数据获取

采用精密测控扫描设备及其辅助配件，对 SEC 衬胶管道、与衬胶管道连接的设备和支架、SEC 衬胶管道所在的房间内部结构及其他附属物进行点云数据采集，便于后续数字化理论模型构造。

3.1　参考拼接点介绍

流动式磁力球状标靶，在现场激光扫描时，用于现场转站点云拼接处理，如图 5 所示。

图 5　磁力球状标靶

3.2 SEC 衬胶管道、房间内部结构及附属物点云数据获取

根据现场工况布设站点，规划采集线路，测站间需要足够多的相同地物用于拼接。设置合适的扫描分辨率，扫描时应确保周围无干扰及遮挡，影像采集清晰且每两站间保持至少 30%影像重合度。

3.3 数据数字化拼接、成果处理

采用 SCENE、AutoCAD、Autodesk ReCap、REVIT 等专业软件，对现场三维激光扫描点云数据进行拼接、平差、精度评定及三维点云建模[4]，如图 6、图 7 所示。

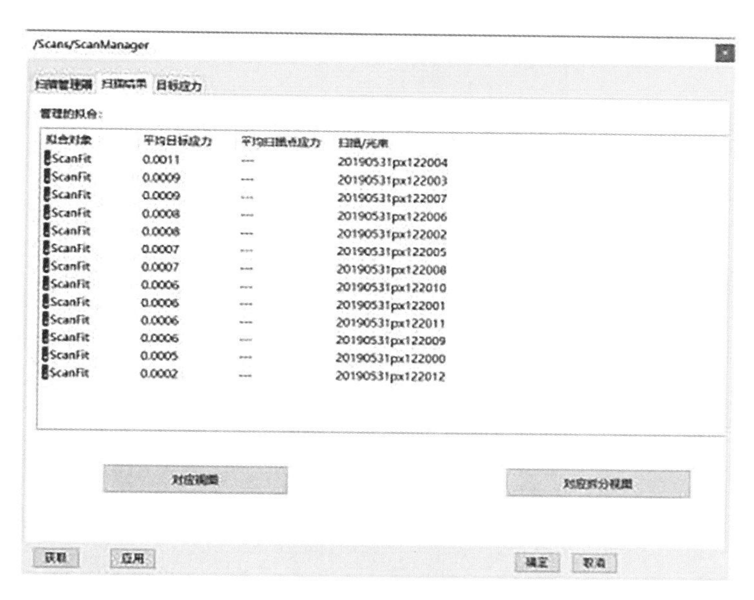

图 6　点云拼接精度评定

图 7　泵房和辅助厂房区域部分三维点云模型

4 数字化预拼装

基于获取的上述三维数据，采用智能算法处理、偏差分析计算出 SEC 各管段预制数据及模型建立，在数字化模型中达到 SEC 管道整体的拼装效果，为 SEC 衬胶管道的设计符合性验证、管段预制检测、数字仿真和实体预拼装、安装后实体模型建立等各个过程提供精准数据保障。主要工作为：

4.1 SEC 管道预制图设计及理论模型建立

进行各 SEC 管段的预制逆向设计，对图中各管段的直管段长度，弯段弯曲距离、弯曲角度，各管段法兰厚度、阀门长度等数据一一标注设计，为预制和后续施工提供支持，如图 8 所示。

通过 Revit 软件导入整体拼接后的点云数据，结合相邻点自动三角面拟合和参考点云手动匹配两种模式建立 SEC 管道更换的管段、管段支架、法兰及螺栓孔、连接设备的三维模型，如图 9 所示。

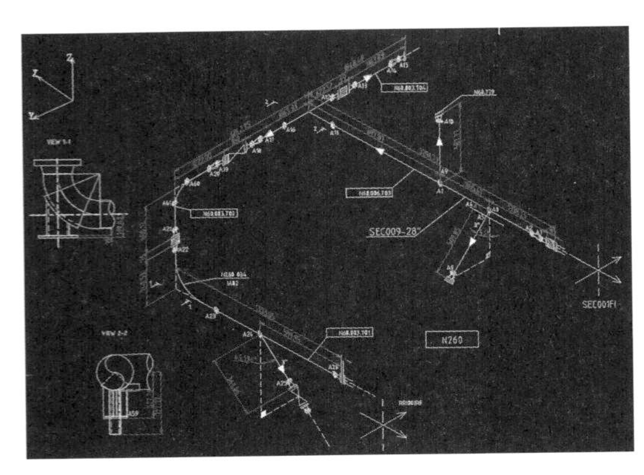

图 8　SEC 管道图纸逆向设计

图 9　管道数字化理论模型

4.2　SEC 管道预制、衬胶后检测

在模拟拼装场地内，根据设计指标对预制完成的 SEC 衬胶管段和法兰进行位置调整，并对检测复核其预制质量，无误后进行焊接与衬胶，且在管段衬胶后整体预拼装检测。如图 10、图 11 所示。

图 10　预拼装场地基准控制网布设

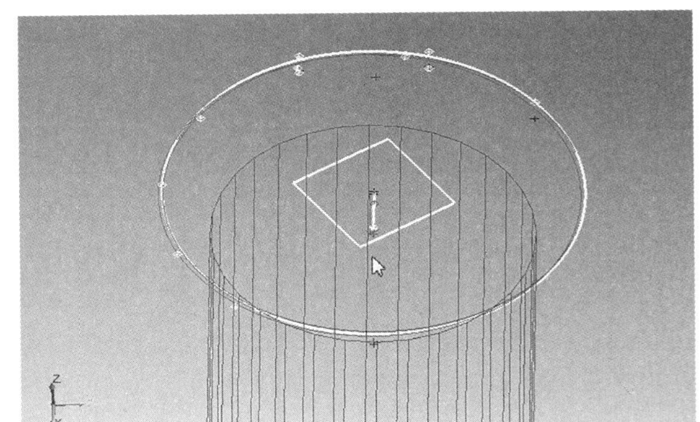

图 11　预拼装数据采集与处理

4.3　数字化预拼装仿真分析

通过数字化仿真分析，建立 3D 模拟动画施工方案，提前预判现场干涉物项，辅助制定拆装施工方案，确保 SEC 管道整体更换施工进度，如图 12 所示。

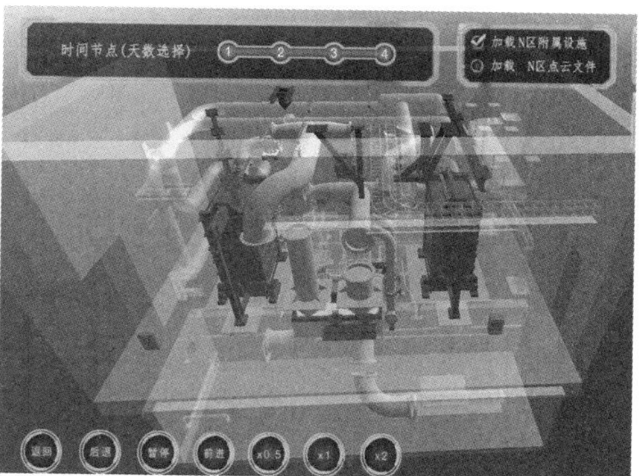

图 12　干涉碰撞物仿真分析与数字化仿真分析图

5　结论

通过数字化预拼装技术在核电厂运营和维修阶段的 SEC 衬胶管道改造中的应用，充分展现核领域数字化应用的发展进程，辅助解决因电厂大修期间工期紧、任务重对整体改造施工工艺的高标准、高要求，大幅度压缩了核电厂运维阶段 SEC 衬胶管道改造施工工期，大幅度降低了资源投入。采用精密三维测量技术实现核电厂 SEC 衬胶管道实体数字化三维模型，为 SEC 衬胶管道在预制和现场复杂环境中的改造工作提供了便捷、安全平台，打破了核电厂运营和维修阶段 SEC 衬胶管道改造传统施工方法，实现了管道一次成功更换。并且围绕“核电数字化转型、智能化发展和智慧化运营”理念，促进核电数字化转型迈出新的步伐，为核电领域智能化发展和智慧化运营提供精准服务，同时为后续核电领域数字化推广应用提供成熟的技术支撑。

致谢：

在相关应用过程中，得到大亚湾运营管理有限责任公司相关部门的大力支持，提供现场施工便利条件，在此向各相关部门表示衷心的感谢。

参考文献：

[1]　范百兴，李广云，易旺民，等.激光跟踪仪测量原理与应用[M].北京：测绘出版社，2017.
[2]　周华伟.地面三维激光扫描点云数据处理与模型构建[D]. 昆明：昆明理工大学，2011.
[3]　董秀军.三维激光扫描技术及其工程应用研究[D].成都：成都理工大学，2007.
[4]　陈治睿.基于地面激光扫描的建筑物三维模型重建[D].抚州.东华理工大学.2012.

Application of digital pre-assembly technology in the transformation of SEC rubber lining pipeline in the operation and maintenance stage of nuclear power plant

CAO Jun[1,2], HE Hai-tao[1,2], ZOU Lei[1,2], ZHANG Ya-jun[1,2], XU Gang[1,2], ZHANG Yong-sheng[1,2], LIU Hai-ke[1], LIN Fu-dai[1,2], LIAO Jing-yu[1], WANG Bao-di[1]

(1.China Nuclear Industry 23 Construction Co., Ltd, Beijing Prov. 101300, China;
2.Shenzhen Zhonghe Puda Measurement Technology Co., Ltd, Shenzhen of Guangdong Prov. 518000, China)

Abstract: With the rapid growth of new technologies such as big data, cloud computing, artificial intelligence and the Internet of Things, various industries are building intelligent and digital industrial systems in their fields. Nuclear power, as a key national project, is no exception. It is also actively building a digital nuclear industry system in the nuclear field. Digital industrial system for multiple discipline theory and technology of comprehensive processing, this article pre assemble digital technology is a collection of photoelectric sensor technology, computer technology, multi-source heterogeneous data analysis and processing, reverse modeling a variety of disciplines, cross into a comprehensive technology has integrated, intelligent, networked, digitized and the characteristics of big data calculation. This paper mainly describes several stages of the digital application of the transformation of the SEC rubber lining pipeline in the operation and maintenance stage of the nuclear power plant. The SEC rubber lining pipeline is transformed into measurable figures and data by integrating a variety of precise three-dimensional measurement techniques, and then a digital model is established based on these figures and data. Provide a variety of application services for the subsequent SEC rubber lining pipe prefabrication, digital pre-assembly and digital deliverable.

Key words: nuclear power plant; SEC lining rubber pipe; precise three dimensional measurement; digital pre-assembly

激光跟踪仪建立核岛三维控制网的技术研究

路宏杰[1,2],赫海涛[1,2],张永胜[1,2],曹　君[1,2],张　萌[1,3]
(1.中国核工业二三建设有限公司,北京 101300;2.深圳中核普达测量科技有限公司,深圳 518000;
3.普达迪泰(天津)智能装备科技有限公司,天津 300393)

摘要:当前,国内核电厂核岛建造施工测量控制网,绝大多数是由使用高精度全站仪建立的平面控制网和使用精密水准仪建立的高程控制网组成。此类2+1维控制网在施工中受到现场环境、观测先决条件和技术要求等较多因素制约,需运用复杂的技术手段保证精度。此外,由于仪器自身精度限制,控制网精度难以再有较大幅度的提高。随着先进堆型核岛设计建造技术的发展,设计安装精度要求进一步提高,应用新技术和设备建立更高精度核岛测量控制网已经势在必行。基于激光跟踪仪的工业测量系统,是目前测量精度最高的大尺寸空间测量系统之一,在国内已广泛应用于精密设备生产制造和大型科学工程项目建设中,通过在大空间中对靶球的实时跟踪,结合高精度的角度和距离测量功能,获取靶球实时空间三维坐标。在核岛内,通过在合理位置布置多组专用控制板,科学选择激光跟踪仪的架设位置与站数,利用其超高的测量精度,可以建立一种包含平面与高程的高精度全局三维坐标测量控制网,并将点位精度控制在0.5 mm以内。

关键词:核岛;激光跟踪仪;三维控制网

传统的核岛施工测量控制网,绝大多数是2+1维控制网,由使用高精度全站仪建立的平面控制网与使用精密水准仪建立的高程控制网组合而成。此类控制网的建立对现场条件要求较高,操作过程中需要熟练的技能人员运用复杂的技术手段保证精度,且受到仪器自身精度的限制,已很难跟上核岛设计安装精度要求的发展。在使用过程中,测量仪器还需要分别进行平面和高程定位,在对平面和高程数据均有要求的精密测量施工中,往往需要多台仪器、多组人员相互配合作业,不仅降低了工作效率,测量精度也容易受到不同仪器与观测人员的影响。本文引入一套激光跟踪仪建立三维控制网的技术,经过统一空间坐标平差计算,可以为核岛施工提供高精度的全局控制基准。该技术经过在主管道模拟安装实验中的验证,效果理想,精度可靠,能够满足主系统安装工程需要,值得在核岛建设施工中推广应用。

1　核岛三维控制网的建立

区别于传统的2+1维核岛施工测量控制网,使用激光跟踪仪测量系统建立三维坐标测量控制网,改变了平面控制网与高程控制网分别使用了不同类型的仪器、不同的操作规程和计算方法要求的局面,能够优化施工步骤,提高现场测量作业效率,使用方面也会比较便捷,仪器通过多点位后方交会的原理,即可快速、轻松的完成设站定位,同时参与交会计算的多个点位可以相互检核,降低了出错的可能性。

1.1　激光跟踪仪测量系统简介

激光跟踪仪是一种将自动控制技术、计算机技术和激光技术整合到一起的空间坐标测量系统,通过在大空间中对靶球的实时跟踪,结合高精度的角度和距离测量功能,可以快速获取被测点位的三维坐标。与传统的测量仪器相比,激光跟踪仪每秒能够完成上千次的超高频率重复采样,距离测量精度能够达到微米级,配套软件 Spatial Analyzer 也具有优异的数据分析处理功能。

1.2　激光跟踪仪建立三维控制网的基本原理

激光跟踪仪通过在多个测站对布设的控制点进行测量后,每个测站会产生一个测站坐标系,相邻

作者简介:路宏杰(1984—),男,河北廊坊人,高级工程师,从事核电厂安装测量技术研究

测站的坐标系可以通过公共点,按式(1)中的原理进行转换[1],将所有测站点与控制点构建成一个统一的空间三维网。

$$\begin{bmatrix} x_i \\ y_i \\ z_i \end{bmatrix} = \begin{bmatrix} a_1 & b_1 & c_1 \\ a_2 & b_2 & c_2 \\ a_3 & b_3 & c_3 \end{bmatrix} \begin{bmatrix} x_j \\ y_j \\ z_j \end{bmatrix} + \begin{bmatrix} x_0 \\ y_0 \\ z_0 \end{bmatrix} \tag{1}$$

其中,(a_i, b_i, c_i),$(i=1,2,3)$ 是转换矩阵元素,也是两测站旋转参数的函数,这表明相邻测站的坐标系通过≥3 公共点参与计算,即可完成坐标系的统一。

1.3 点位布设

核岛三维控制网的布设首先应该考虑施工需要,应在施工重点部位设置足够数量的控制点,布置完成后对每个点位进行单独编号,并将编号在现场标识清楚。

1.4 已知点测量

由于核岛厂房一般没有给定的三维控制网,只提供有 2+1 维的测量微网,至少需要选取 2 个平面微网点及 2 个水准微网点,作为已知起算数据。

平面测量微网点的样式一般为一个带有样冲点的钢板,而水准测量微网点的样式一般为顶部半球形的钢棒,两种点位样式均不易直接使用靶球获取数据,需要设计制作专用测量工具(见图 1)。平面点定位工具底部设计带有尖点,可以用于对准平面测量微网点,水准点测量工具可以通过螺栓将放置在水准点上的工具调平,二者配合靶球,可以帮助完成已知起算数据的采集工作。已知点数据采集完成后,可以通过旋转、移动坐标系的方向,将仪器坐标系对齐到核岛施工坐标系。

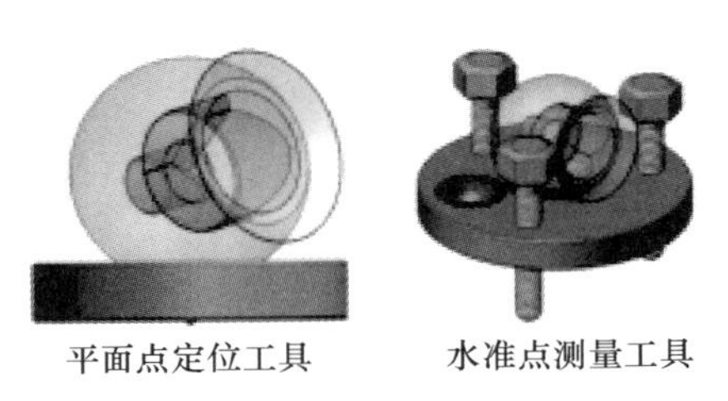

图 1 专用测量工具示意图

1.5 设站测量

激光跟踪仪距离测量采用的是双频激光干涉测距,具有极高的测距精度,这使其在进行空间三维坐标测量时,测距精度所引起的误差几乎可以忽略,因此点位误差主要决定于测角误差[2]。以 LeicaAT402 激光跟踪仪为例,其标称测角精度为 15 μm+6 μm/m,是影响测量精度的主要因素,如图 2所示,在进行空间三维坐标单站测量时,测角误差对测量精度的影响将随距离增大而不断增大。

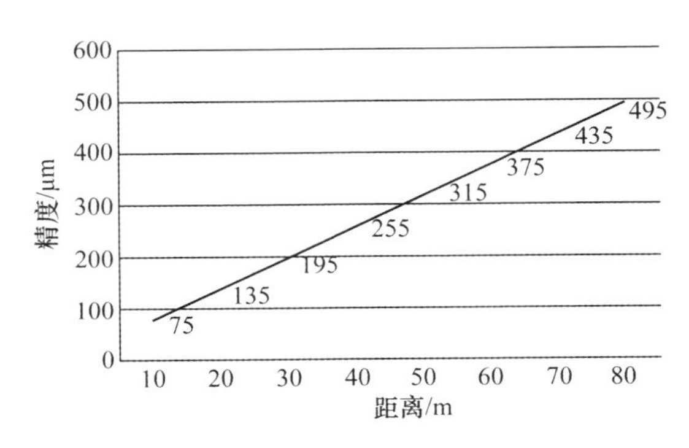

图 2 测量距离对测角误差的影响

由此可知，使用激光跟踪仪建立三维控制网，精度可以通过缩短观测距离来控制。利用干涉测距精度高的特点，在多个测站位置架设仪器进行测量，如图 3 所示构建成三维测边控制网，能够有效的将测角误差约束在一定的范围之内，以提高控制网的点位精度。

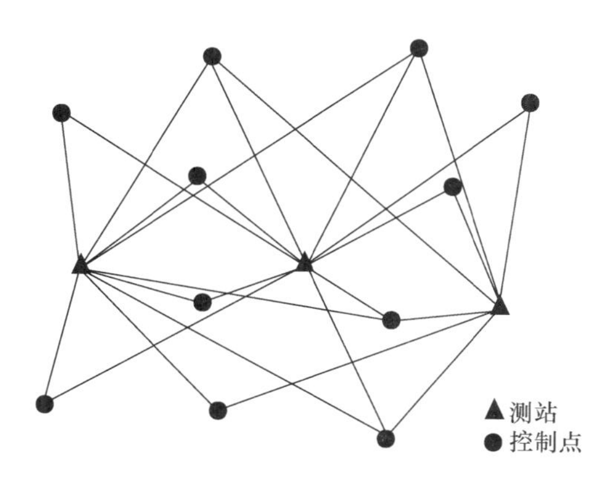

图 3　三维控制网测量

在现场实际操作过程中，可以在 Spatial Analyzer 软件中为每个测站单独建立一个集合进行数据管理，并应当注意数据采集时点位编号的正确性和唯一性。

1.6　三维控制网的平差计算

数据的平差处理可以通过软件完成，Spatial Analyzer 是一个功能强大、可朔源的多用途测量软件包，其核心是一个功能强大的分析引擎，与高效率的数据库和数据存储方法结合在一起。其具备统一空间测量网（Unified Spatial Metrology Network，USMN）功能，可以对全部点位进行空间联合平差解算。经过选定参与计算的测站，剪除异常观测值，数据配准，迭代平差计算等操作后，可以得到最终的三维控制网坐标数据。

2　实验验证

为了进一步验证方案的可靠性，在现场主管道模拟安装场地，进行了使用激光跟踪仪建立三维控制网的实验，并用以配合完成了主管道全尺寸模拟安装施工的全部测量工作。

2.1　实验布置

为了方便实验的开展，事先在场地模拟核岛坐标系定义了一个基准轴线坐标系。本次实验共计布置了 15 个固定控制点位，实际布置情况如图 4 所示。

为了提高实验控制网的可靠性，使控制网的网型呈空间、立体分布，除了安装在地面的固定控制点位外，实验中增加了 13 个临时点，编号为 G01-G13。

2.2　激光跟踪仪测量精度保证措施

激光跟踪仪的测量精度并不是绝对的，其内部设计有一套包含各种误差（如轴系倾斜、镜轴倾斜、度盘偏心等）参数的模型，我们所看到的观测数值是在对这些误差进行补偿后所得到的数值，经过补偿后的数值可以表现出超高的精度。在实际使用中，运输、震动等原因都可能引起误差参数的变化，这时需要按照规定的操作流程，对仪器进行检核校准，重新计算这些误差参数，并重新定义到系统当中，新的观测数值将会按照新的误差参数进行补偿，这一自校准的过程，是测量精度保证的重要手段，在操作过程中必需严格执行。

同时，操作过程中还应对以下误差因素进行有效的控制：

靶球照准影响：在仪器对靶球进行照准时，目标识别会产生一定的误差，且激光光束在进入靶球时，如果角度过大也将引起误差，所以操作过程中要注意靶球的朝向，应尽可能正对激光方向；

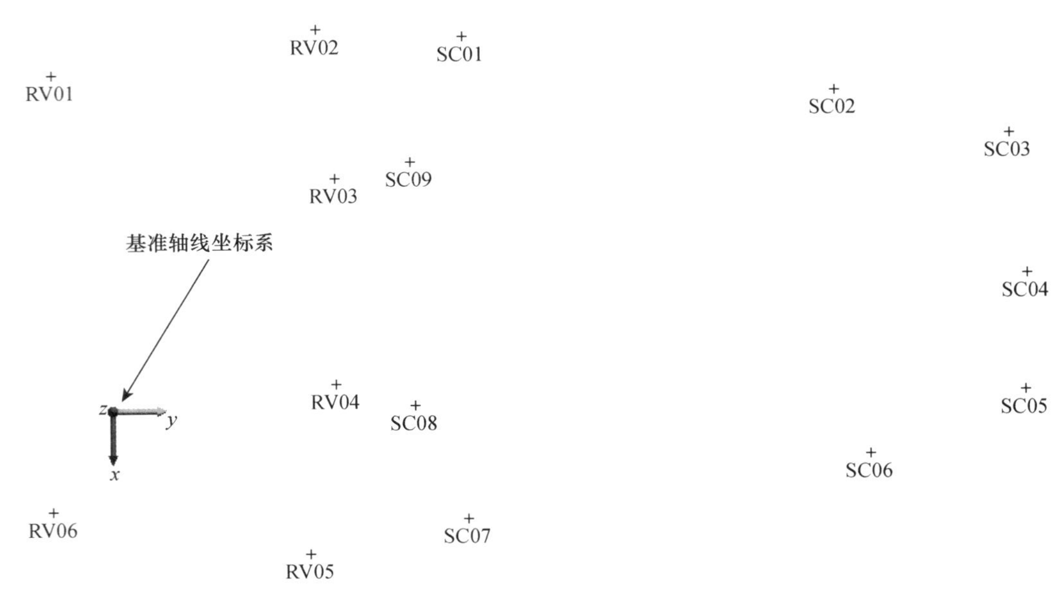

图 4　实验场地控制网点位分布图

硬件制造误差：靶球以及配套工装、控制（点）板等存在加工误差，使用前应注意做好检查，避免使用磨损较严重或制造精度较差的工装；

环境因素影响：当仪器进行观测时，所处环境如有震动、强烈噪声等因素干扰，会造成仪器或靶球等产生微小的转动，引起测量误差，这也需要进行良好的控制。

2.3　实验数据采集

实验过程根据场地实际情况共架设了 6 个测站（站 0～站 5），测站分布如图 5 所示，逐步完成了对所有点位数据采集，每次测量前均应对控制网点、工装等进行清洁。

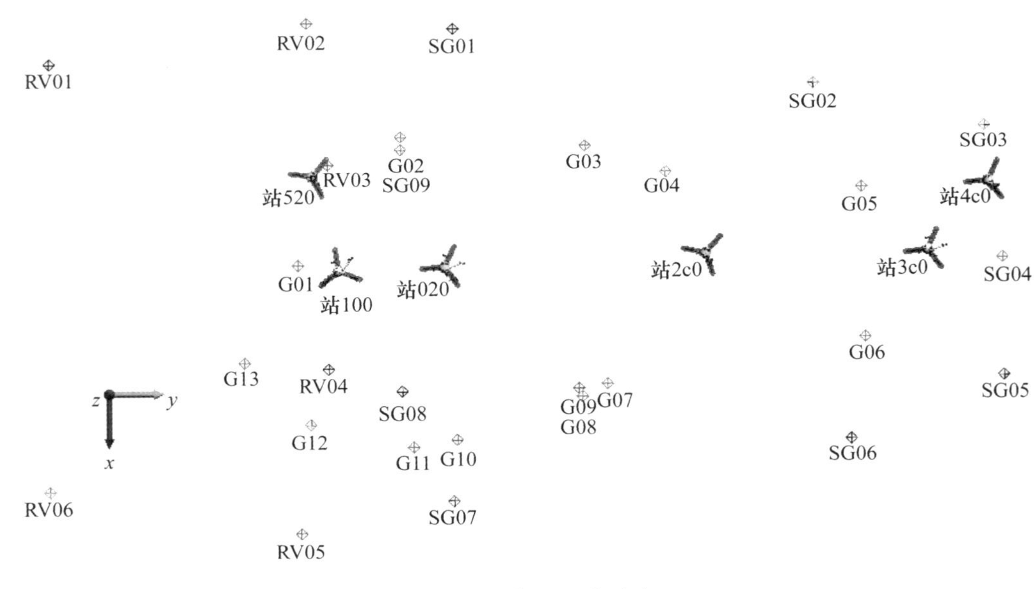

图 5　测量仪器站位分布

为了使所有测站坐标系能够对齐到场地基准轴线坐标系，需在第一站对场地基准轴线进行测量，并通过移动坐标系，将仪器坐标系对齐到基准轴线坐标系上，其余每个测站通过点位最佳拟合的方式，将坐标系对齐到基准轴线坐标系上。依次搬站完成了全部控制点数据的采集工作，每个控制点均保证了至少在两个测站进行数据采集，6 个测站的数据采集情况见表 1。

表 1　实验数据采集情况表

权重	点位编号	最大观测误差/mm	观测测站
1	G05	0.033 0	0 _ 2 3 _ _
1	G04	0.058 2	0 1 2 3 4 5
1	SG03	0.043 2	_ 1 2 3 4 _
1	G06	0.122 3	0 _ 2 3 _ _
1	G07	0.042 9	0 1 2 _ _ 5
1	SG02	0.053 8	0 _ 2 _ 4 _
1	G12	0.103 3	0 1 2 3 4 5
1	G02	0.021 7	0 1 2 _ _ _
1	SG08	0.070 8	0 1 2 3 4 5
1	RV01	0.055 9	0 _ _ _ _ 5
1	SG09	0.018 9	0 1 2 _ _ 5
1	G09	0.024 9	0 1 2 3 4 _
1	G03	0.029 7	0 1 2 _ _ _
1	G13	0.031 8	0 1 _ 3 _ _
1	SG01	0.040 2	_ _ 2 _ 4 5
1	G08	0.031 4	0 1 _ _ _ 5
1	SG07	0.038 1	_ 1 2 _ _ 5
1	RV06	0.043 6	0 1 2 3 _ _
1	G11	0.031 7	0 1 2 _ 4 5
1	SG06	0.023 5	_ _ 2 3 4 _
1	SG05	0.028 8	_ 1 2 3 4 _
1	RV02	0.022 0	0 1 _ _ _ 5
1	G10	0.031 3	0 1 2 3 4 5
1	RV04	0.013 2	0 1 _ _ _ 5
1	RV05	0.027 1	_ 1 _ _ _ 5
1	RV03	0.010 2	0 1 _ _ _ _
1	G01	0.023 6	0 _ 2 3 _ _
1	SG04	0.003 0	_ _ _ 3 4 _

2.4　数据处理

经过选定参与计算的测站，剪除异常观测值，数据配准，迭代平差计算等操作后，可以得到测量误差离散点云的可视化，如图 6 所示。

从离散点云的分布可以看出，越靠近边界的，距离仪器越远的点位，离散情况更大，精度也有所下降，这也证明了激光跟踪仪观测距离增大将损失更多的测量精度。

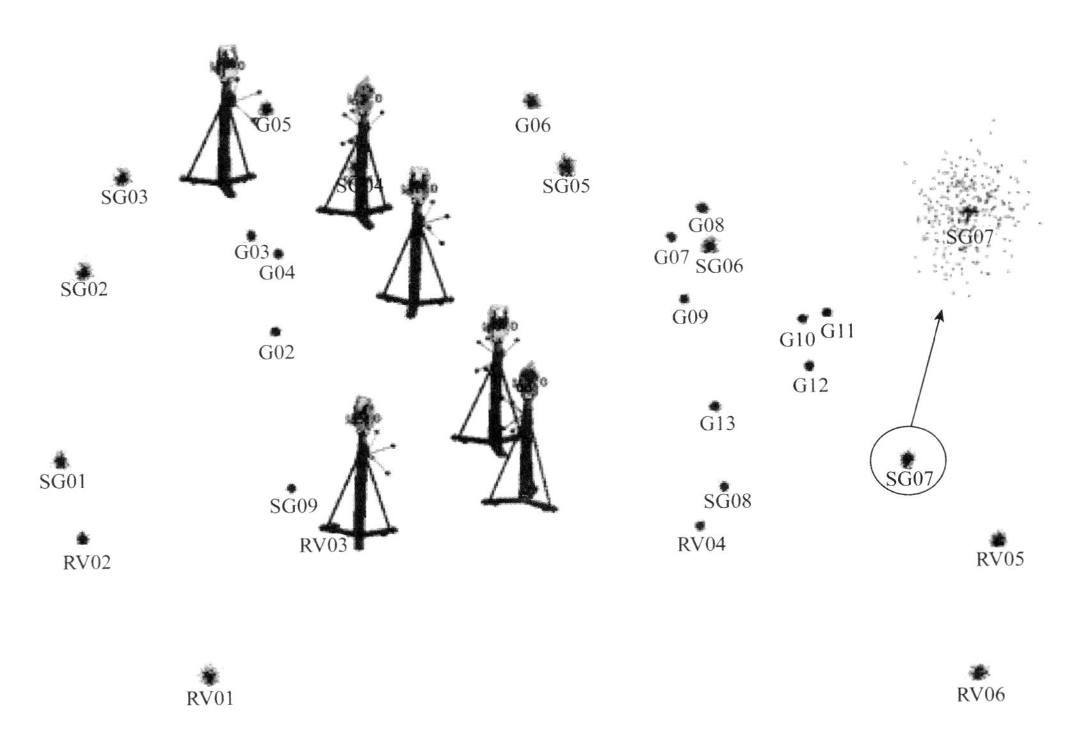

图 6　离散点云分布图

通过对测站的不确定度进行分析，可以确定测站的可靠性，结果如表 2 所示。

表 2　实验测站不确定度数据表

测站编号	不确定度			观测点位数量
	水平方向/s	垂直方向/s	距离/mm	
站 0	0.987 6	0.930 7	0.017 0	21
站 1	1.001 4	0.578 5	0.011 0	20
站 2	0.650 9	1.561 7	0.023 5	20
站 3	0.869 4	0.569 5	0.016 8	14
站 4	1.363 5	0.416 2	0.023 1	12
站 5	0.861 2	0.665 4	0.008 3	14
总体	0.930 2	0.905 0	0.017 0	101

从表 2 可以看出，所有测站的不确定度总体表现稳定，可靠性良好。

确定了测站的可靠性后，即可以进行统一空间测量控制网的数据解算，点位数据解算结果见表 3。

表 3　实验数据结算结果表

点位编号	X/mm	Y/mm	Z/mm	点位误差			
				ΔX/mm	ΔY/mm	ΔZ/mm	m_P/mm
G01	997 648.31	1 003 401.40	951.44	0.01	0.01	0.01	0.02
G02	995 276.74	1 005 255.15	832.52	0.01	0.01	0.01	0.02
G03	995 441.85	1 008 561.79	817.58	0.01	0.01	0.01	0.02

续表

点位编号	X/mm	Y/mm	Z/mm	点位误差			
				ΔX/mm	ΔY/mm	ΔZ/mm	m_P/mm
G04	995 931.27	1 010 012.86	125.44	0.01	0.01	0.01	0.01
G05	996 223.63	1 013 517.24	585.13	0.01	0.01	0.01	0.02
G06	998 973.75	1 013 594.81	637.25	0.01	0.01	0.01	0.02
G07	999 829.78	1 008 950.93	651.73	0.01	0.01	0.01	0.02
G08	1 000 073.24	1 008 510.62	1 123.48	0.01	0.01	0.01	0.02
G09	999 918.43	1 008 444.22	123.10	0.01	0.01	0.01	0.02
G10	1 000 850.20	1 006 260.14	622.17	0.01	0.01	0.01	0.02
G11	1 000 987.20	1 005 476.69	947.99	0.01	0.01	0.01	0.02
G12	1 000 573.76	1 003 630.38	967.16	0.01	0.01	0.01	0.02
G13	999 451.26	1 002 440.53	911.62	0.01	0.01	0.01	0.02
RV01	993 885.60	998 945.92	−939.71	0.02	0.02	0.02	0.03
RV02	993 144.44	1 003 569.73	−927.95	0.01	0.01	0.01	0.02
RV03	995 791.30	1 003 932.03	−925.94	0.01	0.01	0.01	0.02
RV04	999 563.62	1 003 947.45	−922.99	0.01	0.01	0.01	0.01
RV05	1 002 575.08	1 003 452.08	−933.77	0.02	0.02	0.02	0.03
RV06	1 001 806.82	998 933.67	−920.40	0.02	0.02	0.02	0.03
SG01	993 247.24	1 006 200.28	−926.80	0.02	0.01	0.02	0.03
SG02	994 274.14	1 012 671.39	−921.05	0.01	0.01	0.01	0.02
SG03	995 082.64	1 015 742.96	−921.28	0.01	0.01	0.01	0.02
SG04	997 540.56	1 016 061.99	−913.81	0.01	0.01	0.01	0.02
SG05	999 697.30	1 016 085.44	−914.44	0.01	0.01	0.01	0.02
SG06	1 000 837.72	1 013 344.98	−915.47	0.01	0.01	0.01	0.02
SG07	1 001 979.19	1 006 197.43	−933.42	0.01	0.01	0.02	0.03
SG08	999 975.09	1 005 272.28	−922.68	0.01	0.01	0.01	0.01
SG09	995 514.05	1 005 248.05	−922.68	0.01	0.01	0.01	0.01

根据上表最终解算结果显示，整个控制网点位误差 m_P 优于 0.05 mm，相较于传统的测量控制网，表现出了异常优秀的精度。将解算出的坐标结果保存，可以在实际施工中作为已知基准点数据使用。

3 精度分析评估

三维控制网在使用过程中，除控制网点位误差外，还需要考虑工装放置误差、靶球误差、场地稳定性等因素的影响。

3.1 工装制造及放置误差影响

每次重新放置测量工装(如：靶球座)，由于制造、磨损、放置位置的影响，将带来一定程度的误差，由于使用的工装均为精密工件，可以按最大放置误差 $m_{置}$ 为 0.2 mm 参与进行评估。

使用过程中应注意对工装的保护，减少磨损，发现工装有问题时应及时进行更换，控制误差的增加。

3.2 靶球误差影响

靶球的制造精度非常高，可以优于 0.002 mm，切换使用靶球的误差基本可以忽略，但考虑靶球的磨损，以及放置方向偏差等造成的误差，可以按最大靶球误差 $m_{球}$ 为 0.1 mm 参与进行评估。

使用过程中就注意保护靶球，避免损坏，靶球放置时注意对放置位置进行清洁，并尽可能正对激光光源方向。

3.3 场地稳定性影响

场地的变形将是影响控制网使用的最大因素，也最难以有效的控制，在使用过程中，可以按最大场地稳定性影响误差 $m_{场}$ 为 1 mm 参与进行评估。

3.4 评估结果

根据现场实际情况，可以将控制网点位误差 m_P 按 0.05 mm 计算，并同时将最大放置误差 $m_{置}$，最大靶球误差 $m_{球}$ 和最大场地稳定性影响误差 $m_{场}$ 代入下式，对控制网的使用精度进行评估。

$$\sqrt{\frac{{m_p}^2}{n}+\frac{{m_{置}}^2}{n}+\frac{{m_{球}}^2}{n}+\frac{{m_{场}}^2}{n}} \tag{2}$$

其中，n 为使用的控制点数量，计算结果经过统计，如图 7 所示。

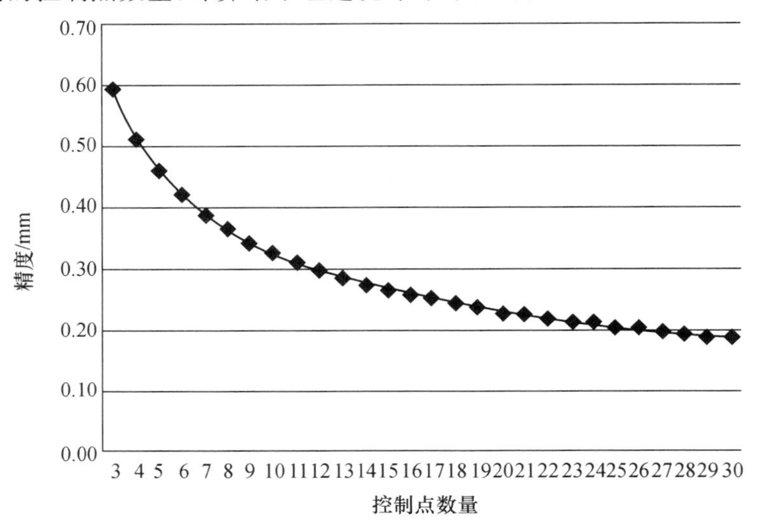

图 7　控制点数据对精度影响

可以看出，通过增加参与计算的控制点数量，可以提升控制网的使用精度，当控制点数量超过 5 个时，精度可以控制在 0.5 mm 以内，当使用数量超过 8 个时，精度的提升趋于平缓。

4 结论

本文提供建立核岛三维控制网的技术，网型的布置合理，结构稳定，具备良好的实用性，相对于传统的控制网，施工操作难度较低，过程简单快捷，人因误差少，数据处理自动化程度高，可以轻松完成点位数量庞大的控制网测量。控制点数量的增加，带来了控制网容错性的提高，保证了充足的现场检核条件，避免了因部分点位遭到破坏对施工造成的影响。从实验验证与精度分析评估结果也可以证明，经过统一空间测量网平差解算，以及良好的使用过程控制，点位精度能够达到优于 0.5 mm 的结果。

现场使用灵活的自由设站方法，为物项安装调整、定位测量提供三维空间基准，降低了对施工环境条件的依赖性，一次性获取物项三维空间数据，达到了使用一台仪器配合完成绝大多数施工的效果，提升了工作效率，减少了系统误差与资源投入，一定程度上节约了施工工期，具备较高的推广应用价值。

参考文献：

[1] 杨凡，范百兴，李广云，等.大尺寸高精度三维控制网技术探讨[J].测绘科学技术学报，2015，32(2)：120-124.

[2] 林嘉睿，郛继贵，郭寅，等.现场大空间测量中精密三维坐标控制网的建立[J].机械工程学报，2012，48(4)：6-11.

The technology research on establishing 3D control network with laser tracker of nuclear island

LU Hong-jie[1,2], HE Hai-tao[1,2], ZHANG Yong-sheng[1,2], CAO Jun[1,2], ZHANG Meng[1,3]

(1. China Unclear Industry 23 Construction CO. LTD, Beijing 101300, China;

2. China Unclear PRODETEC Measurement CO. LTD (Shenzhen), Shenzhen 518000, China;

3. PRODETEC (Tianjin) Intelligent Equipment Technology CO. LTD, Tianjin 300393, China)

Abstract: At present, most of the surveying control networks for nuclear island construction in domestic nuclear power plants are composed of two dimensional control networks established by using high precision total station and elevation control network established by using precision level. This kind of 2 + 1 dimension control network is restricted by many factors, such as site environment, observation prerequisite conditions and technical requirements in construction, so it is necessary to use complex technical means to ensure the measurement accuracy. Moreover, the precision of the control network is difficult to be improved greatly, because of the limitation of the precision of the instrument itself. With the development of advanced nuclear island design and construction technology, the design and installation demand is further improved, so it is imperative to apply new technology and equipment to establish a more accurate nuclear island measurement and control network. At present, the Industrial measuring system based on laser tracker is the one of the larger space of the highest accuracy measurement system has been widely used in precision equipment manufacturing in China and in the construction of large-scale science and engineering project. The instrument can obtain target real-time 3D coordinate space ,which in a large space to realize real-time tracking the movement of the target ball in combination with angle and distance measurement with high precision. In the nuclear island, through the special arrangement in a reasonable position control points, scientific choice of the laser tracker erect position and the number of stations, using the ultrahigh measuring accuracy, can be build a global 3D coordinate high precision of plane and elevation control network, and the point error control within 0.5 mm.

Key words: nuclear island; laser tracker; 3D control network

小堆-燃机-生物质气多能互补联合循环技术及其经济性研究

孙登成
(中广核研究院,广东 深圳 513081)

摘要:小型堆,燃气轮机,生物质天然气是我国能源环保领域重要的技术发展方向,“十四五”规划提出碳中和目标,在能源发展“绿色、安全、经济”理念下,针对三种技术在技术及经济性方面的互补特性,研究了对三种技术进行耦合实现多能互补提高系统热效率的原理,提出建立小堆-燃机-生物质气联合循环典型系统总体技术方案。在技术集成基础上,研究了联合循环通过提高系统热效率及多样化产品增加功能产出,调节成本结构降低造价,建立面向用户柔性供能商业模式,从而显著提升系统经济性。联合循环实现了生物质气的规模化利用系统内的碳中和,具有广泛的环保和社会经济效益,为我国能源产业结构的精细化整合提供了可行的思路和方案,具有发展前景。

关键词:小型堆;燃气轮机;生物质燃气;多能互补;经济性;碳中和;热效率

国务院2020年12月发布的《新时代的中国能源发展白皮书》规划中,小型堆、重型燃气轮机、生物质能均是能源环保领域政策支持的技术发展方向。小型堆因具有占地规模小、建造周期短、易于选址等迥异于大型堆的特点成为新时期民用核能发展的新方向,但因缺乏规模优势,经济性成为影响小堆产业化发展的重要阻碍因素。国内外研究表明核能与燃气轮机的耦合能够带来系统热效率的提升。重型燃气轮机具有发电效率高、启停灵活、环境污染小、运行性能高和占地规模小等优势,在各行业具有广泛的应用,但高昂的燃气成本给燃气轮机发电也带来困扰。生物质天然气通过沼气的净化提纯获得与常规天然气成分、热值等基本一致的天然气,能够为燃气轮机提供清洁、稳定、成本低的燃料,同时生物制天然气在规模化处理城乡有机废弃物的同时生产高效有机肥有助于改变现代农业生态结构,具有良好环保效益和绿色发展空间。

这三种技术既可以独立发展,同时因技术及经济性方面存在着耦合及互补的特征,具有通过建立系统进行一体化整合综合利用的可行性。建立核能-燃气轮机—生物质天然气联合循环系统,通过三种技术的集成耦合,在系统高度上按照不同能源品位的高低进行综合利用,通过统筹能量之间的配合关系实现能量及物质在系统内的循环及互补,提高总体能效水平和效益。

1　核能-燃气-生物质互补联合循环原理及技术可行性简述

1.1　技术特征互补分析

受制于材料及技术,小型压水堆的蒸汽发生器只能产生饱和蒸汽,直接用于发电效率较低(20%～30%)。燃气轮机发电效率高(达到56%～60%),同时高温烟气直排会造成严重的热污染及热浪费,燃机利用CCGT循环回收余热,提高了热量利用率。小堆-燃机-生物质气联合循环的热力学基本原理为利用燃气轮机燃烧生物质气产生的高温烟气加热小堆饱和蒸汽使其过热,从而实现废气高品位热能对小堆中温位蒸汽的调节促其品位提升,从而提高发电效率。对比传统CCGT利用烟气锅炉将水加热到过热状态,小堆燃机系统的特点在于利用高温烟气直接加热饱和蒸汽,因此可以使用更小更经济的热交换器,蒸汽过热的效率更高。

在热力学原理上,联合循环系统通过对高品位热源的互补及梯级利用显著提高了系统发电能效,实现了热效率的最大化利用。国内外研究表明,核-燃机的多能互补联合循环能够有效提升联合循环的热效率,联合循环总体发电效率可以将核能发电效率有效提升至45.4%～50%。

作者简介:孙登成(1982—),男,陕西西安人,高级工程师,硕士,现从事小型堆研发方面工作

生物质燃气的耦合解决了小堆-燃机系统燃料来源问题，同时，由于生物质气的负碳属性，使用生物质气燃机实现了小堆-燃机系统的碳中和。同时，小堆-燃机系统的低品位余热可用于生物质气生产环节的加热，有利于提高生物质气冬季产量下降问题。

表1从多个维度对三种技术特点互补分析。

表1 技术对比表

技术	发电效率	技术特点	热力学特性	燃料特性	碳排放	技术互补需求
小型堆	发电效率较低（20%～30%）	蒸汽参数较低，能长时间稳定大流量蒸汽。适合作为基础性稳定热源	完成水汽转化，产生大流量稳定饱和中品位蒸汽	一次装料，长期（36个月）稳定运行	0碳排放	提高蒸汽参数，大幅提高热效率
燃气轮机（矿物天然气）CCGT	发电效率高（56%～62%）	利用高焓烟气产生高品位蒸汽。功率易于调节，燃料受外部性影响大	高温烟气热能回收，产生高品位过热蒸汽	必须持续消耗天然气方可连续运行，燃料不可再生，需外购	正碳排放	提升高温烟气余热利用效率。天然气持续供给，实现碳中和
生物质天然气燃机系统	发电效率高（56%～62%）	生物废料生产可再生天然气。冬季生物发酵效率低，产气量低	余热利用提高冬季产气量	按需生产可再生燃料，燃料自给	负碳排放	天然气的高效利用。天然气生产环节的冬季产气率提升

1.2 经济性互补分析

从发电成本结构看，小型堆与燃机具有迥异的成本结构。根据IEA的统计数据，小型堆具有一次投资大，燃料费用低的特点；燃机具有一次投资小，燃料费用高的特点。

表2 成本结构表

发电形式	成本结构		
	建设投资	运维费用	燃料费用
小型堆	50%～60%	20%～35%	15%～20%
燃气轮机	15%～20%	5%～10%	70%～80%

因此，小堆-燃机联合循环通过系统集成调节了两种技术的发电成本结构，实现发电成本互补。叠加生物质天然气技术，实现了天然气的厂区消纳，大幅削减天然气远距离储运环节的硬件投资及运维成本，降低了燃料成本。同时，三种技术的系统集成可带来公用系统和厂房的集约化设计建造，更进一步降低了工程造价，从而实现系统的经济性互补。

小堆-燃机-生物质气联合系统利用了生物质气的"负碳"属性，实现了系统内的碳中和。显著温室气体排放及热排放，能够规模化处理城乡有机废弃物，沼渣沼液可制作具有经济价值的有机肥替代化肥改变现代农业生态结构，具有广泛的环保效益和社会经济效益。在市场用户方面，联合循环系统具有供电、供热(暖)、供天然气、共生物质肥料等多功能产出，可针对用户需求的变化建立多样化的能、质供应方案，从而具有更大的市场空间，有利于综合系统的能力完全消纳。

因此，小堆-燃机-生物质气联合系统提升了总体热效率，降低工程造价，优化了系统成本结构，提高了功率产出及产品的多样性，建立了面向用户需求的灵活供能供质方案。从价值工程角度，综合系统在成本降低的同时获得能效提升，可依据外部需求调整供应方案取得系统价值的最大化，从而带来三种技术经济性上的互补和提升。

2　供能侧联合循环系统总体技术方案

核能-燃气—生物质联合循环由燃气轮机系统、小型堆蒸汽系统、生物质能系统耦合而成。以生物质天然气为燃料，以小型堆为基础热源，通过建立燃气-蒸汽联合循环提升总体能量利用率及热效率的技术方案。

2.1　燃气-蒸汽联合循环热力学过程

小型压水堆发电热力学上遵循朗肯循环，其输出电功率为：

$$PN(hv)=G[\ hv-x\ (h\ vc-hlc)-hlc] \tag{1}$$

核-气联合循环利用燃气轮机排出的高温尾气，对压水堆二次侧的饱和蒸汽进行过热，提高压水堆的发电功率。

$$PN(h\ T)=G[\ hT-x(hvc-hlc)-hlc] \tag{2}$$

为了达到所需要的过热温度 T，燃气轮机的效率应该为：

$$PG(T)=PN(hv)1\eta v\eta\ G1-\eta\ Gh\ T-hvh\ v-h\ lcf(T) \tag{3}$$

其中

$$f(T)=T+\Delta T_{\text{in}}-(T_{\text{sat}}+\Delta T_{\text{out}})T+\Delta T_{\text{in}}-\Delta T_{\text{out}}$$

$$\eta v=hv-x(hv-hlc)-h\ lchv-hlc$$

燃气轮机发电功率所占比率为：

$$\varepsilon_{G}=\frac{PG(T)}{PG(T)+PN(hv)} \tag{4}$$

2.2　联合循环系统流程总体构建

联合循环涉及的三种技术在进行技术组合时，可以按照技术本身的复杂程度和监管要求等，确定总体技术方案。

因小型堆在核技术方面的复杂性及核安全监管的特殊性，一个典型的联合循环系统一般以选定反应堆型号蒸汽参数及过热度要求确定燃气轮机选型及系统配置。耦合换热装置采用烟气-蒸汽换热器取代 CCGT 循环所用的汽水锅炉，利用配套燃机的高温烟气加热小堆饱和蒸汽使之成为高焓过热蒸汽，从而提高做功能力。烟气量计算公式为：

$$G_{\text{gas}}=\frac{G_{r}\cdot(h_{r,1}-h_{r,0})}{h_{\text{gas},2}-h_{\text{gas},1}} \tag{5}$$

燃气轮机的选型主要结合计算得出的烟气量进行选型配置再结合燃气轮机的额定耗气量配置生物质天然气生产系统规模。通过迭代完成系统总体设计方案。

建立小堆-燃机-生物质气联合循环系统时应注意充分利用朗肯循环实现高温烟气与饱和蒸汽互补及梯级利用，如对耦合系统进行汽水平衡优化时应充分考虑利用中温烟气对汽机系统进行除氧、中间加热；利用中低温烟气、蒸汽对给水进行加热；联合循环中的中低温余热如汽轮机余热，可用于生物质工质加热提高生物质天然气冬季产能等促进系统热效率的最大化。

根据国内外有关研究，采用气-汽换热器的联合循环热效率可以达到了 45.5%～50%，发电机功率提高 34.4%。在引入 TD 循环的情况下，核饱和蒸汽通过在高压混合器-过热器中的加温加压，进一步提升做功效率，循环热效率可以达到 60%。但 TD 循环增加了余热锅炉给水系统以及高压混合器等设备，增加了投资成本。

典型的系统原理性流程图如图 1 所示。

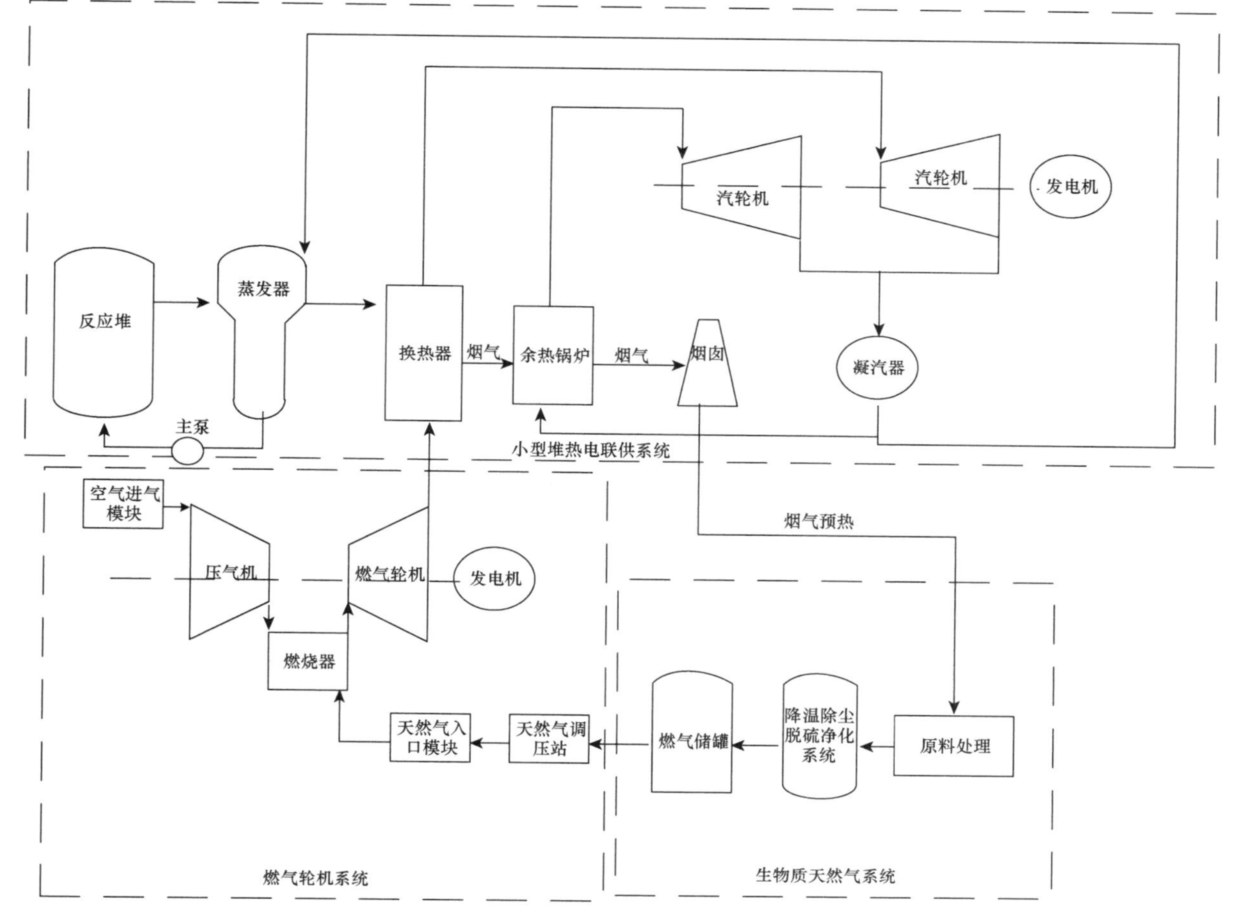

图 1　小堆、燃气轮机、生物质气联合循环简图

2.3　系统用户侧功能优化

完成联合循环产能侧系统设计后，应用侧系统功能优化需要结合用户需求确定，联合循环系统应具备向用户提供组合式的能、质供应方案。因此为灵活应对市场取得项目效益的最大化，系统可预留供电、供热、供暖、供天然气的接口，具备加装制冷、储能、海水淡化等系统的潜在方案，使得联合系统可结合外部市场需求及价格变化调整运行及产品策略，同时注重生物质肥料、碳排放指标等衍生品的开发，促使系统具有柔性生产、用户友好的特点，提高市场适用性及竞争力。

3　经济性分析及评价指标

项目的财务分析及经济性分析模型需要基于联合循环确定的工程建造技术方案进行实务分析。项目总投资应涵盖小型堆、燃机、生物质能全部投资，项目产出包括热蒸汽、电力、天然气、生物质肥料等多种形式。依据行业经验，项目可研可以采取相关指标法对发电成本进行估算分析。

核-气联合循环的度电成本采用公式计算：

$$C_{\mathrm{N+G}}=\frac{C_{\mathrm{N}}P_{\mathrm{N}}(hv)+C_{\mathrm{G}}P_{\mathrm{G}}(T)+C_{\mathrm{C}}[P_{\mathrm{N}}(T)-P_{\mathrm{N}}(hv)]}{P_{\mathrm{N}}(T)+P_{\mathrm{G}}(T)} \tag{6}$$

国内外研究表明，当天然气价格在 30 ～ 40 元/GJ 的范围内，采用优化的核-气联合循环所得的每 kW · h 发电成本 0.30～0.34 元/kWh，低于单纯的核能发电成本 0.345 元/kWh 或者单纯天然气发电成本 0.35～0.43 元/kWh。当天然气价格高于上述范围时，采用核能发电就会比较合算；低于这个范围，使用天然气发电更有经济竞争力。中国各主要大城市天然气价格一般在 30 元/GJ 左右，核-气联合循环的价格也要比核能发电的价格低。

由于国内生物质天然气产业尚处于起步阶段，建成并稳定运行的生物质燃气发电厂经济性数据较为缺乏。选用IEA发布的生物质天然气产业较为成熟德国、比利时等国统计数据，取10%的内部收益率，各种发电形式成本如表3。

表3　经济性对比表

发电形式	投资成本/(美元/MWh)	翻新退役基金/(美元/MWh)	燃料成本/(美元/MWh)	碳税成本/(美元/MWh)	运维成本/(美元/MWh)	平准化电价/(美元/MWh)	平准化电价/(元/kWh)
核能(85%利用率)中国	32.99	0.01	9.33	0	6.5	48.83	0.33
CCGT(85%利用率)中国	9.38	0.01	71.47	11.02	3.25	95.13	0.63
CCGT(热效率60%)比利时	17.45	0.07	74.62	10.08	3.97	106.19	0.71
生物质天然气(德国)(80%利用率)	33.97	28.80	0	0	32.93	52.5	0.35
CCGT(热效率60%)德国	14.56	0.02	74.00	9.90	7.71	106.2	0.71

从以上列表及发电成本结构图例可见，燃料成本是影响燃气电站发电成本的主要因素。对比需要连续外购燃气的CCGT循环，采用生物质天然气的燃机电厂燃料成本和碳税均为0，从而大幅减少电站运营期主要成本。从生物质天然气产业发展较为完善的德国数据来看，生物质天然气的平准电价可以达到0.35元/kWh，远低于燃机CCGT平准电价0.63～0.71元/kWh的水平。

因此尽管生物质燃气电厂增加了天然气生产固定投资，但因所产出的天然气出厂即可直接用于发电，实现了天然气的厂口消纳，节省了大量供气管道及运输储存的成本，从而显著降低天然气的价格。系统内天然气可以按照成本价结算，显著降低燃料外购的高昂费用，技术互补带来的经济性互补使新系统获得显著的经济性比较优势。再进行实际项目的经济现金流分析及内部收益率等决策指标计算时，收入分项中还可以将引入生物质气所带来的环保补贴收入、生物质肥料收入、碳税收入，以及垃圾处理等环保影子价格一并纳入收益。从而相较于外购天然气具有更多的经济效益潜能，其所带来的显著环保效益更可大幅增加及社会经济性。

因此，从项目经济性角度的分析表明，核-气燃气联合循环的经济性优于单纯的小堆及燃机CCGT循环，而引入了生物质天然气的核-气联合循环也具有对比于燃气外购的简单核-气联合循环具有更佳的经济性。

4　市场及商业模式改进

小堆-燃机-生物质天然气联合循环系统能够向外部提供热、电、气、冷、暖、肥料等多样化的产品，面向市场可以采取更为灵活的商业模式。系统通过技术耦合实现了具有价格竞争力的纯供电模式进行基础化运营，有力解决了产能随用户需求变动而波动的问题。联合循环系统可以近城市周边选址布置，并根据市场用户需求及产品价格变化调节内部运行策略并通过不同的对外接口，向外部提供电力、工业蒸汽、冷源、城市供暖、天然气、生物质肥料等多种产品及其组合。从而使得系统商业模式具有多样性、可延展性及经济竞争力。同时系统所具有碳中和、热减排、废物利用等综合环保效应，使得系统成为在能源供应、环保产业、农业发展等领域具有综合应用的产业发展前景，对国民经济绿色发展具有潜在的深远影响。

5 结论及应用展望

我国“十四五”能源发展规划将统筹“绿色、安全、经济”作为总体思路，能源发展必须把结构优化挺在最前面。建立小堆-燃机-生物质天然气联合循环系统正是将能源和环保领域正在发展的小型堆技术、燃气轮机技术、生物质天然气技术通过技术结构的组合优化实现多能互补及能量的阶梯化利用，从而显著提高系统能量及物质的利用效能。

联合循环通过在系统内构建多层次的朗肯循环（TD循环）、卡诺循环利用高焓烟气过热饱和蒸汽提高CCGT循环热效率的同时降低了造价。在系统内部，高中品位热能在燃机-汽轮发电机循环中获得梯级利用，系统低品味热能在生物质气生产环节获得利用，能量的互补及阶梯化利用大幅减少系统热排放，并显著提高了系统的热量综合利用率。

联合循环系统解决了困扰单一技术产业化发展的诸多难题。如小型堆产业发展面临的热效率低，负荷波动大，发电经济性不佳等；燃机产业发展面临的燃料成本高、碳排放、热污染等；生物质气产业发展面临的燃气管道及储运成本高，冬季产期量低等问题。三种技术结构上的耦合使得生物质燃气实现厂口消纳降低供气成本，利用低温余热实现冬季产气稳产；降低燃气轮机燃料外购成本，实现碳中和及热减排；显著提高小堆蒸汽参数及热效率，保证反应堆高功率稳定运行。

联合循环具有显著的经济互补效应。系统热效率的提升带来总体经济性产出的提升；系统电、热、气、肥料等多产出的特性为系统迎来更为广阔的市场空间和盈利模式。系统的集约化设计减少占地面积，缩减厂房及设备，显著降低工程造价。使用厂口消纳的生物质气显著降低系统燃料外购及运营成本。技术组合对产业垂直整合带来的集约化管理显著降低运营成本。

生物天然气作为可再生能源，具有负碳排放的显著属性，是唯一可形成完整闭合循环链的绿色生态能源。联合循环系统通过能源结构的组合及优化，实现了系统内的碳中和，践行了绿色、安全、经济的发展理念，具有广泛的产业协同及应用前景。

三种技术目前在我国均处于国产化、产业化的引入发展阶段。联合循环系统的构建固然提升了系统效能，在技术和经济性上起到了“1＋1＋1＞3”的效果。但其产业化实施及效能进一步提升仍有赖于单项技术的突破及发展完善，因此小堆、燃机、生物质气三种单项技术仍需要在各自领域取得发展及优化。可以预见的是，在获得突破及成熟单项技术基础上发展的系统耦合联合循环必将具有更佳的效能，共同为我国的绿色发展和人类永续发展做出积极贡献。

参考文献：

[1] Florido P E. Economics of combined nuclear-gas power generation[J]. Nuclear Engineering and Design，2000，195：109-115.

[2] OECD Nuclear Energy Agency. Projected Costs of Generating Electricity，2015 Edition[R]. NEA/IEA，2015.

[3] 王震华，刘晓东. 核电与燃气轮机联合循环相组合的发电方式—TD循环技术[J]. 燃气轮机技术，1999，12(02)：16-19.

[4] 周志伟，卞志强，杨孟嘉. 中国市场核_气联合循环发电的经济潜力研究. 核科学与工程，2004，24(3)：201-204.

[5] 李斌，巴星原，张尚彬，等. 核-气联合循环发电系统性能仿真分析. 核动力工程，2019，40(3)：159-164.

[6] 王震华，刘晓东. 核电与燃气轮机联合循环相组合的发电方式—TD循环技术[J]. 燃气轮机技术，1999，12(02)：16-19.

Research on SMR, gas turbine, biomass gas multi-energy complementary combined cycle technology and its economics

SUN Deng-cheng

(China nuclear power technology research institute Co., LTD, Shenzhen of Guangdong Prov. 513081, China)

Abstract: Small reactors, gas turbines, and biomass natural gas are important technological development directions in the field of energy and environmental protection in my country. The 14th Five-Year Plan puts forward the development goals of carbon neutrality and carbon peaking, under the concept of "green, safe and economical" in energy development According to the complementary characteristics of the three technologies in terms of technology and economy, the principle of coupling the three technologies to achieve multi-energy complementation to improve the thermal efficiency of the system is studied, and the overall technology for the establishment of a typical small reactor-gas turbine-biomass gas combined cycle system is proposed. Program. On the basis of technology integration, the combined cycle has been studied by improving the thermal efficiency of the system and increasing the functional output of diversified products, adjusting the cost structure to reduce the cost, and establishing a user-oriented flexible energy supply business model, thereby significantly improving the economics of the system. The combined cycle has achieved carbon neutrality in the large-scale utilization system of biomass gas, has a wide range of environmental protection and social and economic benefits, provides feasible ideas and solutions for the refined integration of my country's energy industry structure, and has development prospects.

Key words: small reactor; gas turbine; biomass gas; complementary; economy; carbon neutrality; thermal efficiency

医用一次性防护服辐照灭菌剂量参数研究

王贵超[1,2]
(1.中核(苏州)检测技术有限公司,江苏 苏州 215200;
2.苏州中核华东辐照有限公司,江苏 苏州 215200)

摘要:受新冠肺炎疫情影响,大量医用一次性防护服企业为缩短产品生产周期,将原来的环氧乙烷灭菌方式改为辐照灭菌,但是其适用性尚有诸多待进一步确定的地方,辐照灭菌剂量参数的设定就是一个十分关键的因素。依据目前国际通用标准 ISO 11137－2:2013,对研究样品分别使用确认过的方法进行生物负载水平的测试并使用合适的校正因子对数值进行校正,分析微生物在产品上的分布特点。根据校正后的生物负载水平获取验证剂量,并实施验证剂量的精确辐照。辐照后每种样品取 100 个平行组进行无菌试验。所有样品验证剂量辐照后的无菌试验阳性数均未超过 2 个,验证全部通过。证明所研究的医用一次性防护服上面的微生物对辐照敏感性较高,通过辐照的方式可以达到有效的灭菌效果。

关键词:医用一次性防护服;辐照灭菌;无菌保证水平;生物负载;辐照灭菌剂量

COVID-19 疫情在全球的暴发,给人类的健康带来严重威胁。欧洲、北美、俄罗斯、南美先后成为疫情重灾区,为防控疫情,各国防控物资短时间内出现巨大缺口,其中医用一次性防护服的需求尤为突出。目前国内疫情已经得到有效控制,大量防控物资出口到国外,但是质量却参差不齐,这参数加工处理。疫情发生前,国内医用一次性防护服普遍采用环氧乙烷灭菌。但是该方式周期较长,其中一方面原因是部分企业鱼目混珠,以次充好,另一方面是由于缺乏相关经验,没有使用合理的无法满足疫情的紧急需要。辐照技术同样可用于产品消毒灭菌[1],在工信部等大力推广下,大量防护服产品改用此方式进行灭菌,将整个灭菌周期从 14 天左右缩短到 1 天左右[2]。该方法在疫情期间有效缓解了医用一次性防护服的供应瓶颈问题,为疫情防控做出了巨大贡献。但是由于缺乏相关研究数据,灭菌剂量参数随意性较大,出现灭菌不合格的风险水平很高。

辐照灭菌是一个比较特殊的过程,加工的有效性无法通过产品的检测证实,必须经过灭菌剂量的验证,建立适合相应产品的灭菌剂量[3]。对于无菌产品来说,产品上市前最先考虑的就是灭菌方式,确定之后即应对拟使用的灭菌方式进行验证。在一个灭菌产品系统中,每件产品的灭菌不能在绝对意义上得到保证,所以使用无菌保证水平(SAL)这个概念,常用的 SAL 主要有 10^{-3} 和 10^{-6}。根据 ISO 11137－2:2013,辐照灭菌剂量参数的确认主要有方法 1、方法 2、VD_{max} 方法。其中方法 1 是一种适用范围较广,操作又相对简单的方法[4]。该方法要求在 SAL 为 10^{-2} 的条件下进行验证,平均初始污染菌的抗性不大于标准微生物群[5]。虽然 ISO 11137－2:2013 上方法 1 的灭菌剂量直接相关因素是微生物的数量,但是就该标准形成的原理来说,这些最终反映的是产品上不同抗性菌出现的概率,即微生物种类因素。标准形成之前,研究人员对自然界存在的微生物辐照抗性进行了大量的研究[6][7],为了方便标准的实行,将这些数据通过数学模型转换为数量因素,为了确保灭菌效果又增加了很多保险因子。通过对 10 余种不同品牌医用一次性防护服样品进行辐照灭菌参数测试研究,并对结果进行分析,可为生产企业的工艺优化和灭菌提供参考。

1 材料

1.1 仪器设备

隔水式恒温培养箱(精确度 0.1 ℃,上海精宏)

作者简介:王贵超(1989—),男,山东兰陵人,助理研究员,硕士,目前主要从事医疗器械辐射灭菌验证相关工作

恒温恒湿培养箱(精确度 0.1 ℃,1% RH,江南仪器)
洁净工作台(100 级,垂直层流,沈氏净化)
生物安全柜(Ⅱ级 B2 类,全排风)

1.2 试剂

蛋白胨—吐温洗脱液(氯化钠+聚山梨酯 80+蛋白胨+纯水)
氯化钠(分析纯,天津致远)
聚山梨酯 80(国药集团)
蛋白胨(青岛海博)
胰酪大豆胨琼脂培(青岛海博)
孟加拉红琼脂(青岛海博)
大豆酪蛋白消化物肉汤(青岛海博)
金黄色葡萄球菌(美国模式培养物集存库 ATCC 6538)
铜绿假单胞菌(美国模式培养物集存库 ATCC 9027)
枯草芽孢杆菌(美国模式培养物集存库 ATCC 6633)
白色念珠菌(美国模式培养物集存库 ATCC 10231)
黑曲霉(美国模式培养物集存库 ATCC 16404)

2 方法与结果

依据目前国际通用的 ISO 11137 系列标准对 A、B、C、D、E 五种医用一次性防护服分别进行测试并建立辐照灭菌剂量,并进行分析。

2.1 生物负载测试方法适用性验证

(1)取 5 代以内的金黄色葡萄球菌、铜绿假单胞菌、枯草芽孢杆菌、白色念珠菌、黑曲霉的新鲜培养物,使用蛋白胨—吐温洗脱液制成浓度约 1 000 cfu/mL 的菌悬液。

(2)实验组:使用微量移液器取 100 μL 的菌悬液接种至样品上,然后将样品转移至 200 mL 洗脱液中,揉搓振荡备用。

(3)样品对照组:将同样尺寸的样品直接放入 200 mL 洗脱液中,揉搓振荡备用。

(4)菌液对照组:取 100 μL 的菌悬液加入 200 mL 洗脱液中,揉搓振荡备用。

(5)分别取 4 mL 各组别试液,接种于 2 个无菌培养皿,每皿 2 mL。然后注入 15～20 mL 温度不超过 45 ℃的熔化培养基,充分混匀。凝固后按表 1 条件倒置培养。

表 1 培养条件

菌种	培养基	培养温度/℃	培养时间/d
金黄色葡萄球菌 铜绿假单胞菌 枯草芽孢杆菌	TSA(胰酪大豆胨琼脂)	32.5	3
白色念珠菌 黑曲霉	RBA(玫瑰红钠琼脂)	22.5	5

表 2　生物负载方法适用性验证结果

产品 \ 菌种	金黄色葡萄球菌	铜绿假单胞菌	枯草芽孢杆菌	白色念珠菌	黑曲霉	结果
A	生长正常	生长正常	生长正常	生长正常	生长正常	通过
B	生长正常	生长正常	生长正常	生长正常	生长正常	通过
C	生长正常	生长正常	生长正常	生长正常	生长正常	通过
D	生长正常	生长正常	生长正常	生长正常	生长正常	通过
E	生长正常	生长正常	生长正常	生长正常	生长正常	通过

2.2　校正因子确认

(1)将测试样品转移到 200 mL 洗脱液中，揉搓振荡。吸取 4 mL 洗脱液，接种于两个无菌培养皿，倒入 15～20 mL TSA 培养基。对同一个样品重复该操作 4 次。

(2)样品于 32.5 ℃温度条件下，倒置培养 5 天。

(3)使用公式(1)计算回收率，使用 1 除以得到的回收率即为校正因子。

回收率(%)＝(首次洗脱培养得到的菌落数/5 次洗脱得到的菌落总数)×100%　　(1)

表 3　校正因子测试结果

样品	平均回收率	校正因子
A	69.67%	1.44
B	67.17%	1.49
C	64.97%	1.54
D	66.18%	1.51
E	61.22%	1.64

2.3　生物负载测试

(1)以无菌操作，取样放入 200 mL 无菌洗脱液中，揉搓振荡。

(2)取 8 mL 试液，分别接种到 4 个无菌培养皿，每个培养皿 2 mL。

(3)分别向培养皿中注入 TSA 琼脂和 RBA 琼脂，充分混匀，凝固。

(4)TSA 琼脂置于 32.5 ℃倒置培养 5 天，RBA 琼脂置于 22.5 ℃培养 7 天，点计菌数。

表 4　生物负载测试结果

样品	批次 1/(cfu/件)	批次 2/(cfu/件)	批次 3/(cfu/件)	总平均值/(cfu/件)
A	47 995	35 481	43 560	42 346
B	19 400	14 237	15 645	16 427
C	11 281	11 473	8 932	10 562
D	8 033	5 910	5 996	6 646
E	73 856	54 468	52 355	60 226

2.4 验证剂量试验

(1)确定验证剂量数值

根据标准的规定,当每个批平均生物负载均小于总平均生物负载的 2 倍时,则用总平均生物负载查对应验证剂量;当一批或更多批次的平均生物负载≥总平均生物负载的 2 倍时,则用最高批次值查对应的验证剂量。

表 5 测试样品验证剂量结果

样品	查表值	验证剂量/kGy
A	1924.8(SIP=1/22)①	11.9
B	782.2 (SIP=1/21)	10.7
C	2112.4 (SIP=1/5)	12.1
D	1749.0 (SIP=5/19)	11.7
E	6546.4 (SIP=5/46)	13.7

注:①表示取样份额。

(2)验证剂量辐照

取 100 件测试样品,按验证剂量进行辐照,然后进行无菌试验。

(3)抑细菌/抑真菌试验(B/F 试验)

1)取无菌样品分别放入 200 mL 大豆酪蛋白消化物液体培养基中,并分别接种金黄色葡萄球菌、枯草芽孢杆菌、白色念珠菌约 100 cfu。

2)取两件样品直接接种至 200 mL 培养基中培养,作为阴性对照。

3)分别取上述标准菌种加入培养基中培养,作为阳性对照。

4)将培养基直接相同条件培养作为空白对照。

5)所有培养物于 30 ℃条件下培养 5 天,每日观察微生物生长情况。

表 6 B/F 试验结果

样品	抑细菌	抑真菌
A	无显著作用	无显著作用
B	无显著作用	无显著作用
C	无显著作用	无显著作用
D	无显著作用	无显著作用
E	无显著作用	无显著作用

(4)无菌试验

对每件辐照的产品取样放入无菌培养基中,30 ℃条件下培养 14 天,每日观察微生物生长情况并记录阳性数。

表 7 无菌试验结果

样品	阳性数	验证是否通过
A	0	通过
B	0	通过

续表

样品	阳性数	验证是否通过
C	0	通过
D	0	通过
E	0	通过

2.5 建立灭菌剂量

无菌试验阳性数不超过2，则验证通过，可使用整件产品的生物负载值获取最终的灭菌剂量。试验结果显示5种产品的无菌试验结果阳性数均未超过2，因此可查表得其SAL分别为10^{-3}和10^{-6}时对应的灭菌剂量如表8。

表8 灭菌剂量值

样品	灭菌剂量/kGy(SAL=10^{-3})	灭菌剂量/kGy(SAL=10^{-6})
A	19.9	31.1
B	18.4	29.5
C	17.8	28.8
D	17.0	28.0
E	20.4	31.7

2.6 参考临时规范的剂量设定结果

疫情暴发初期，针对另外6种医用一次性防护服进行的剂量设定(参考《医用一次性防护服辐照灭菌应急规范(临时)》)结果如表9。

表9 六种医用一次性防护服灭菌剂量设定结果

样品	平均生物负载/(cfu/件)	灭菌剂量(SAL=10^{-3})/kGy	灭菌剂量(SAL=10^{-6})/kGy
M	72 480	20.7	32.0
N	9 982	17.6	28.6
O	82 529	20.9	32.2
P	61 774	20.4	31.7
Q	56 790	20.3	31.5
R	18 513	18.6	29.7

2.7 微生物分布研究

为了研究医用一次性防护服上微生物负载的分布情况，测试针对防护服不同的部位分别进行了检测分析，发现袖口、衣领、裤脚几个部位的带菌数明显高于腋下和腹部。

表 10　六种医用一次性防护服上微生物分布情况

样品＼部位	袖口	衣领	腋下	裤脚	腹部
M	26.45%	35.80%	5.90%	25.65%	6.20%
N	21.10%	40.37%	10.09%	21.10%	7.34%
O	28.04%	22.53%	5.51%	32.19%	11.73%
P	20.24%	34.29%	9.18%	26.00%	10.29%
Q	17.07%	35.04%	9.76%	28.63%	9.50%
R	24.85%	22.42%	14.55%	32.42%	5.76%
平均值	22.96%	31.74%	9.17%	27.67%	8.47%

3　结论

根据研究结果可以得到以下几点结论：

(1)在相同的测试条件处理下，几种不同医用一次性防护服样品微生物移除效率不高(60%左右)，校正因子达到了 1.44～1.64。根据 ISO 11137－2 的要求，采用方法 1 建立灭菌剂量的时候，不一定要对生物负载测试样品使用校正因子。但是从医用一次性防护服这类产品测试结果来看，其生物负载测试的时候校正因子的应用十分必要，不能忽略。

(2)微生物在医用一次性防护服上的分布具有明显的规律，主要体现在衣领、袖口、裤脚几个部位的微生物数量普遍高于其他部位。而这些部位恰恰是生产人员手进行操作较多的地方，这提示在生产过程中，有必要加强手部的卫生清洁。可通过佩戴无菌手套，并定时对手部进行喷洒涂抹消毒液的操作等，以降低生物负载水平。另外，在日常检查产品灭菌效果时，需重点考虑衣领、袖口、裤脚几个部位的无菌状态。

(3)测试结果证明该类产品上的微生物对辐照较敏感，适合辐照灭菌的加工方式。当 SAL 为 10^{-3}时，11 个不同研究对象的辐照剂量在 17.0～20.9 kGy 之间；当 SAL 为 10^{-6}时，11 个不同研究对象的辐照剂量在 28.0～32.2 kGy 之间，这可为防护服生产企业提供灭菌参数的参考。但是基于产品上普遍带菌数较高，其需要的辐照剂量较大，考虑到射线电离作用对医用高分子材料的影响，在进行灭菌时，还应进行材料辐照耐受性的确认工作。

在研究过程中，发现部分企业生产的防护服产品上生物负载水平极高(几十万至上百万)，而且均匀性很差。这些产品没有放入灭菌剂量参数的进一步研究里面。因为，辐照灭菌验证的前提是所选取的产品应具备代表性，这也是灭菌验证的意义所在。验证虽然选取上百件产品进行测试，但相对产品数万乃至数十万的批量生产仍然是很少的。当产品生物负载水平极高且极不稳定的情况下，证明其生产过程是失控的[8]，产品与产品之间的差异巨大，进一步导致结果的偶然性很大，不能有效代表产品的普遍状况，也就没有进行剂量参数设定的意义。当出现这种情况时，首先应当建立有效的质量控制体系，保证产品的基本质量[9]。

参考文献：

[1]　R.F Morrissey, C. M Herring. Radiation sterilization: past, present and future[J]. Radiation Physics and Chemistry, 2002, 63:217-221.

[2]　郭丽莉，吴国忠，秦子淇. 辐照技术为武汉疫情提供快速高效的医用防护服灭菌服务[J]. 辐射研究与辐射工艺学报，2020，38(1)：67-70.

[3]　International Organization for Standardization. ISO11137-2 Sterilization of health care products-Radiation-Part 2: Establishing the sterilization dose[S]. Switzerland: International Organization for Standardization, 2013.

[4] DAVIS, K.W., STRAWDERMAN, W.E., MASEFIELD J., et al. DS gamma radiation dose setting and auditing strategies for sterilizing medical devices[R]. in: Sterilization of medical products, (Gaughran, E. R. L., & Morrissey, R.F.eds.). Multiscience Publications Ltd, Montreal, Vol. 2, 1981: 34-102.
[5] TALLENTIRE A., DWYER J., LEY F.J. Microbiological control of sterilized products. Evaluation of model relating frequency of contaminated items with increasing radiation treatment[J]. J. Appl. Bact. 1971, 34: 521-34.
[6] TALLENTIRE A. Aspects of microbiological control of radiation sterilization[J]. J. Rad. Ster., 1973, 1: 85-103.
[7] TALLENTIRE A., & KHAN A.A. The sub-process dose in defining the degree of sterility assurance[G]. Gaughran, E.R.L and Goudie, A.J. (eds.), Sterilization by ionizing radiation, Vol. 2. Montreal: Multiscience Publications Ltd., 1978: 65-80.
[8] Application of risk management to medical devices:ISO 14971 Medical devices[S].
[9] Quality management systems — Requirements for regulatory purposes:ISO 13485 Medical devices[S].

Research on the radiation sterilization dose parameters of medical disposable protective clothing

WANG Gui-chao[1,2]

(1.CNNC (Suzhou)Testing Technology Co., Ltd., Suzhou of Jiangsu Prov. 215200, China;
2.Suzhou CNNC Huadong Radiation Co., Ltd., Suzhou of Jiangsu Prov. 215200, China)

Abstract: Affected by the COVID-19, a large number of medical disposable protective clothing companies have changed their original ethylene oxide sterilization method to radiation sterilization in order to shorten the product production cycle. But its applicability still needs to be further researched. The establishment of the radiation sterilization dose is a very important factor. As per ISO 11137-2:2013, each sample was tested for the bioburden using laboratory-confirmed methods and the values were corrected with appropriate correction factors. Then the verified dose was obtained according to the corrected bioburden level. After irradiated at the corresponded verification dose, 100 samples were subjected to test of sterility. The number of positives after irradiation of all samples at the verification dose did not exceed 2, and all the verifications passed. It proves that the microorganisms on medical disposable protective clothing are highly sensitive to radiation, and effective sterilization effects can be achieved through radiation.

Key words: medical disposable protective clothing; radiation sterilization; sterility assurance level; bioburden; radiation sterilization dose

分布式转速综合参数测控系统的研究与应用

惠联涛,杨春林
(中核兰州铀浓缩有限公司,甘肃 兰州 730065)

摘要:分布式转速综合参数测控系统是铀同位素离心分离工艺测控系统的重要组成部分,对主机运行时的转速等综合参数进行测量、分析和判断,输出工艺需要的测量信息。系统以自行设计、研制的模块作为测量核心硬件,以成熟可靠的工业控制系统、通信板卡作为计算中心,以先进通用的CAN总线加工业以太网构建通信网络,实现了大规模主机转速实时快速测量、集中监控。该系统可判断主机运行时的6种状态信号,并将判断结果通过专用网络反馈至监控室上位机站,并发出报警信号。该系统经过研发,测试,实现了全部设计功能,并成功应用于我国首座千吨级铀浓缩商用工程中。

关键词:铀同位素离心分离工艺;转速;综合参数测控系统

在铀同位素离心法分离的生产过程中,主设备(主工艺设备机器)的运行状态对于级联方案的计算和调整、级联运行效率的优化和提高至关重要的,而监视和测量主机群运行状态的直接手段就是通过测量其转速、振幅及摩擦功耗[1]等综合参数实现的。

中核504ABC期工程均为XXX吨规模生产线,A期为俄方引进工程,其配套的转速测控系统是由分离元件构建的基于数字脉冲编码控制技术的测控系统,存在技术落后、测控速度慢、不适用多层架大区段机组、系统故障点多等缺点;BC期均为国产化工程,转速测控系统是在俄方系统结构基础上进行国产化改造和技术升级的转速系统,也存在不适用多层架大区段机组、系统故障点多、运行维护工作量大等缺点。

根据工艺级联构成和工艺要求,转速系统通常是以区段为单位按套设计组网。504ABC期工程主工艺生产线均由XX个机组构成,每个机组有 N 个标准区段,单位区段由XXXX台主设备组成。而504D工程属于我国首座XX级铀浓缩商用工程,其主工艺生产线由XX个机组构成,每个机组有 M 个大区段或 N 个小区段不等,大区段由XXXX台主设备组成,小区段由XXXX台主设备组成。以大区段为例,相较504ABC期工程,504D期工程每一区段的机器数量增加了X倍,其测点也增加了X倍;按照工艺对主设备转速测控的要求,还要增加对每一台主设备转速传感器输出电压幅值、转动振幅的测量[2],更增加了转速系统的工作量。如果四期转速系统和就地装置还采用二三期的模式设计,在保证测量精度的前提下,每个区段转速装置的周期测量时间会成倍增加,不能满足工艺要求;测点增加会导致装置的硬件接口单元数量的增加,进而造成就地装置结构改变和体积增加,这将增加工程投资和施工难度,转速就地装置在某些特别区段甚至没有落位空间;另外,前几期工程测控系统的缺点也不能避免。所以,504四期工程转速测控系统必须进行重新设计研发。

1 项目采用的技术方案和路线

本项目采用分布式的系统总体结构,每个装架配置一个信息测量盒,负责XX台主机转速、摩擦功耗等综合参数的测量。每个区段配置一台转速就地站负责管理本区段所有的信息测量盒,具体功能就是发送主设备转速、摩擦功耗测量指令[3],接收每个信息盒传送的测量结果,对所有故障进行报警处理和事故保护信号;负责与级联主控制系统交换数据。每台转速信息处理就地站采用工业以太网环连接。中央控制室配置2套冗余操作站采用双总线结构工业以太网与现场双环网连接,从而构

作者简介:惠联涛(1985—),男,陕西西安人,学士,工程师,现从事铀浓缩分离行业自控仪表专业技术工作

成了本项目设计的主工艺设备主设备(主机)转速综合参数测控系统。系统总体网络结构见图1所示。

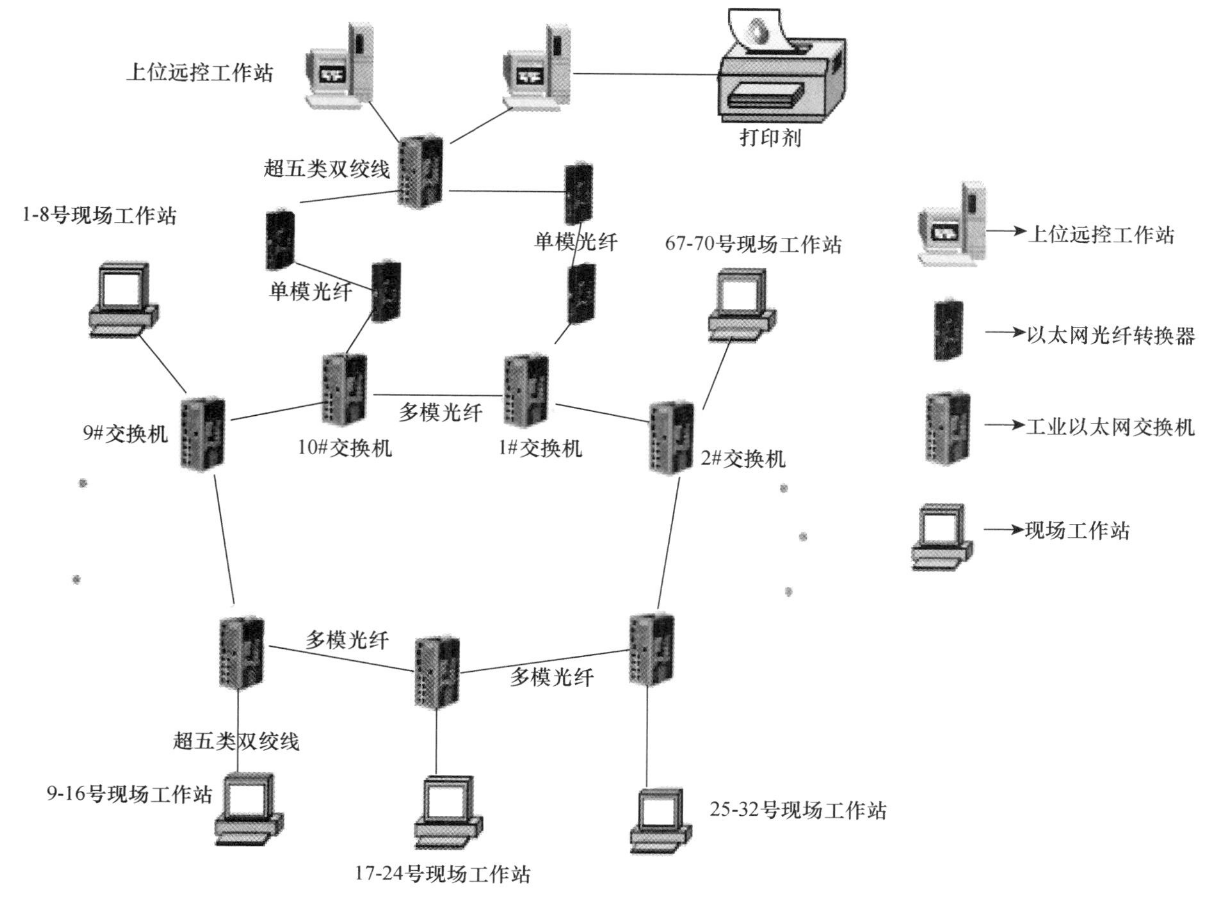

图1　分布式气体主设备转速综合参数测控系统网络图

1.1　转速信息测量盒系统结构

1.1.1　硬件结构

(1)处理器电路

本装置是基于ARM CORTEX－M0内核的LPC11C14处理器[4]开发的,搭载一系列片上外围设备,提高了对输出数字信号的处理能力和采样精度。ARM控制[5]部分的结构如图2所示。

(2)信号整形及幅值鉴别电路

安装于主机内的主设备转速传感器,当信号频率从某一频率到规定频率改变时,将主机的旋转频率变换为电压可变的交流电信号。主设备转速传感器输出信号如图3所示,它是一个频率和幅值随转速变化的正弦波信号。信号整形电路用于对主设备转速传感器信号中的高频和低频干扰信号进行滤波、整形处理,然后将整形后的同频率方波信号送至测频单元。幅值鉴别电路主要用于设定主设备信号的门限值,因为正常情况下频率测量结束后将会产生中断信号,计算机据此进入中断服务程序读出计数值。当出现主设备损坏或断线时,由于此时信号幅值很小,但经过放大整形后仍有方波输出,计算机首先要读幅值条件是否满足,若不满足则认为主机损坏。

幅值鉴别电路:由于在“升周”工况和“正常”工况下信号的幅值不一样,同时在这两个工况下测频装置的输出也不同,所以应分别对这两个工况输入不同的信号电压才能完成此项功能的设置。

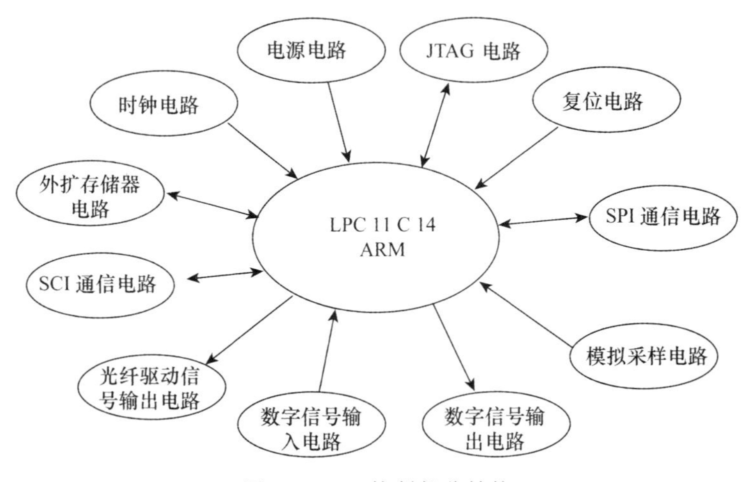

图 2　ARM 控制部分结构

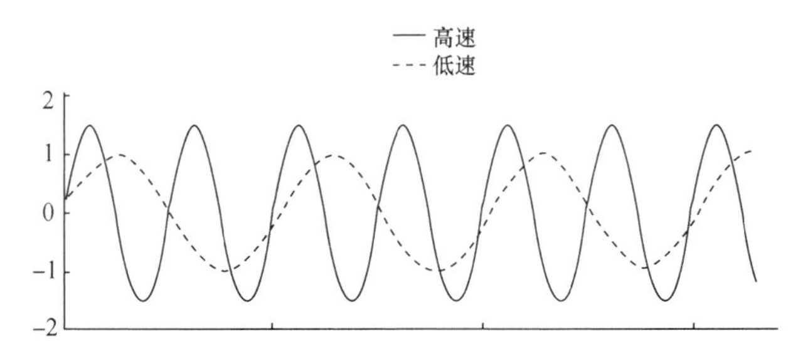

图 3　主设备转速传感器信号输出波形

1.1.2　软件结构

控制程序基于 ARM CORTEX－M0 内核的 LPC11C14 处理器芯片编写。主要实现的功能包括：

(1)循环检测 XX 台主设备传感器输出的转速电压信号；

(2)快速判断就地站发出的命令，并作出相应处理；

(3)对信息盒内部的故障状态进行诊断处理，报警，并输出至区段就地站；

(4)升周工况下根据检测主设备转速变化自动调整测量的周期数。

1.2　转速就地站系统结构

就地站由机柜、工业控制计算机、显示器、操作键盘/鼠标、网络交换机、光纤转换器、用于测量中频电源频率的综合单元、报警装置、CAN 通讯单元和直流供电单元等主要硬件组成，系统结构布置见图 4 所示。

该下位机站的工作流程是在测频应用软件的控制下，由通信板卡通过 6 条 CAN 总线连接本区段所有信息采集盒，并行获取所有采集盒的数据并处理，对操作站和 DCS 级联主控制系统关心的数据信息实时上传。

1.3　转速操作站系统结构

操作站由操作台、工业控制计算机、显示器、操作键盘/鼠标、网络交换机、光纤转换器、打印机等主要硬件组成，操作站采用双冗余系统，增加系统的可靠性。该站的工作流程是通过工业局域网连接每一台就地站，按照地址选择的方式在操作站测频应用软件控制下，能实时查询任何一台就地站的网络连接及各种状态信息，能实现任一区段所有主设备以及任何一台主设备的频率测量、屏蔽与解除屏蔽、摩擦功耗的测量等功能，并能进行该区段当前屏蔽机器的查询、历史信息/历史数据的查询，还能保存、打印以及以电子文档格式导出转速及摩擦功的历史测量数据等。

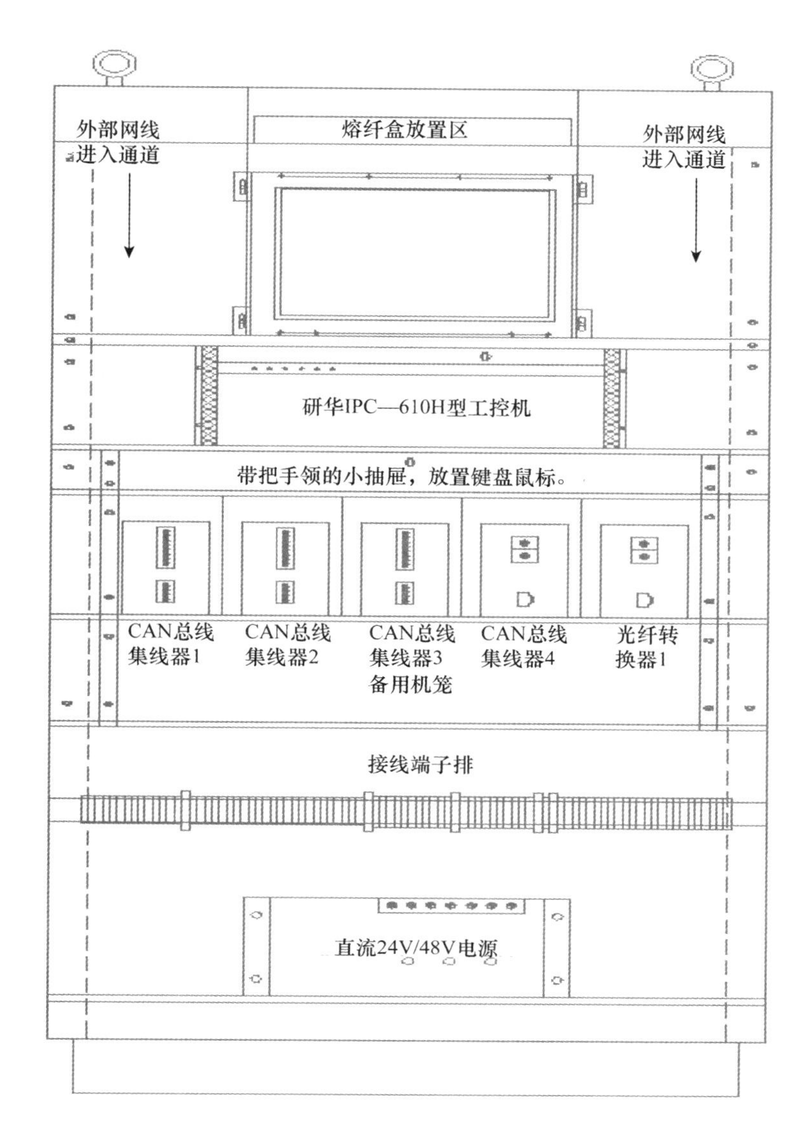

图 4 区段转速测量就地站结构

1.4 工业以太网设置及数据传输模式

该系统要实现远端控制的工业化应用，并具备一定的安全稳定性，还需要构建一个合理的工业以太网：现场就地站之间的网络由网络交换机和超五类四对双绞网线构建，远端操作站与现场就地站之间由光纤、光纤转换器、光纤交换机、网络交换机、网线构建，采用 TCP/IP 通信协议。

信息采集盒实时循环采集处理转速信息，并按就地站指令把数据上传到就地站，就地站在无远端请求时循环接收从采集盒传来的数据，进行就地站数据区的实时更新，就地站不主动上传数据（状态及故障信息除外），当就地站接收到远控端操作站的命令时，执行相应操作，并将结果上传到操作站。其工作流程见图 5 所示。

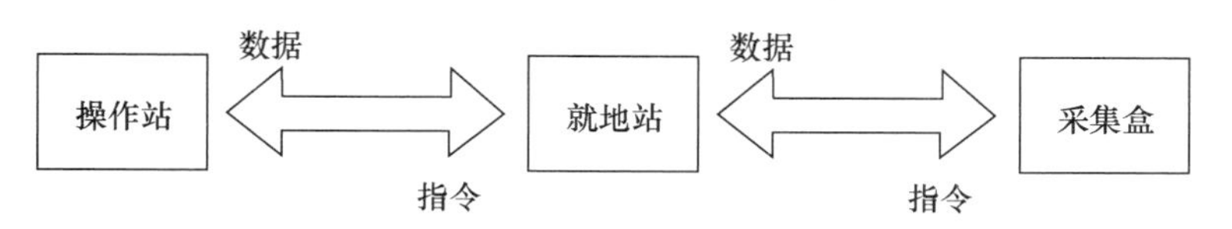

图 5 数据传输流程示意图

2 分布式转速综合参数测控系统的创新应用

2.1 项目的核心关键技术

2.1.1 提高基准频率测量装置的设计和采用多周期测量方法的应用

2.1.2 快速巡检整区段主设备转速的实现

2.2 项目具体创新应用

2.2.1 采用并行检测技术，提高了主设备转速及摩擦功耗测量的速度，能满足一个区段多台主设备巡检的时间要求；

2.2.2 研发了提高基准频率测量装置和采用多周期测量的方法，明显提高了主设备转速测量的精度；

2.2.3 主设备装架信息测量盒与区段转速就地站采用高速CAN总线通讯协议，解决了数据通讯的瓶颈技术难题。

2.3 现场试验及测试结果

该项目研制完成后，分别在实验室接入标准信号考核及级联大厅现场接入主机实际信号进行考核，测试及现场考核数据见表1，摩擦功耗的测量数据见表2，装置的功能测试见表3。

表1 频率测量装置精度测量记录

通道	输入信号/Hz	装置显示/Hz	通道	输入信号/Hz	装置显示/Hz
1	AB00.00	AB00.09	2	AB00.00	AB00.10
3	AB00.00	AB00.08	4	AB00.00	AB00.09
5	AB00.00	AB00.10	6	AB00.00	AB00.10
7	AB00.00	AB00.10	8	AB00.00	AB00.10
9	AB00.00	AB00.08	10	AB00.00	AB00.10

表2 摩擦功耗的测量数据

地址	次数	实际测量值	与平均值之差绝对值
020218	第一次	xx.38	0.01
	第二次	xx.29	0.10
	第三次	xx.36	0.03
040217	第一次	xx.51	0.13
	第二次	xx.35	0.03
	第三次	xx.40	0.02

表3 装置的功能测试

测试项目	设计指标	结论
单台失步信号	运行工况：当≤AB00 Hz时发出单台失步信号 升周工况：当≤AB0 Hz时发出单台失步信号	合格
单台破坏信号	当≤ABC Hz时发出单台破坏信号	合格
成组失步信号	当≥X台主设备失步时发出成组失步信号及事故信号	合格

续表

测试项目	设计指标	结论
成组破坏信号	当≥X 台主设备破坏时发出成组破坏信号	合格
成组破坏加失步信号	当≥X 台主设备破坏及≥X 台以上主设备失步时发事故信号	合格
屏蔽	当该装置上有主设备被屏蔽时发出屏蔽信号	合格
中频电源故障	当主设备供电电源频率超出(ABC0±2) Hz 范围时发出电源故障信号	合格

从以上表的数据可见，该转速测量装置能够准确的检测并分析处理主设备传感器信号，显示分析结果，具备所要求的各项功能。因为对于不同频率段的测频，关键在于分频、同步、计数量程这几方面，研制的装置很好解决了这些技术难题，满足了信号幅值范围宽、转速变化范围大情况下的高精度及高速度的测量要求，同时也满足摩擦功耗测量高的要求，元器件标准化程度高，有可靠的市场来源。分布式气体主设备转速综合参数测控系统已安装在四期 C1 工程现场投入运行，且系统运行稳定可靠，状态良好。

3 结论

分布式气体主设备转速综合参数测控系统已安装在 D 期 C1 工程现场并投入运行，且系统运行稳定可靠，状态良好。该系统可判断主机运行时的 6 种状态信号，单台失步、单台损坏、成组失步、成组损坏、成组损坏加单台失步，中频电源故障，并将判断结果通过专用网络反馈至监控室上位机站，并发出报警信号，实现了对主机群的有效保护。该系统经过研发，测试，实现了全部设计功能，并成功应用于我国首座 XX 吨级铀浓缩商用工程中。

参考文献：

[1] 牛跃昕，周立功.CAN 总线应用层协议实例解析[M].北京：北京航空航天大学出版社，2015.
[2] 任志敏，杨勇.单片机控制技术与应用[M].北京：中国电力出版社，2015.
[3] 李朝青，刘艳玲.单片机原理及接口技术[M].北京：北京航空航天出版社，2013.
[4] 杜春雷，ARM 嵌入式系统开发，软件设计与优化[M].北京：中国人民大学出版社，2013.
[5] 张记坤，张小全.ARM 程序分析与设计[M].北京：北京航空航天大学出版社，2013.

Comprehensive parameters of distributed speed of gas centrifuge Research and application of measurement and control system

HIUI Lian-tao, YANG Chun-lin

(CNNC Lanzhou uranium enrichment Co. Ltd., Lanzhou of Gansu Prov. China. 730065)

Abstract: The measurement and control system of gas distributed centrifuge speed comprehensive parameters is an important part of the measurement and control system of uranium isotope centrifugal separation process. The system can measure, analyze and judge the comprehensive parameters such as the speed of the centrifuge, and output the measurement information needed by the process. The system takes the self-designed and developed module as the core hardware, the mature and reliable industrial control system and communication board as the computing center, and the advanced and universal can bus processing industrial Ethernet as the communication network to realize the real-time and rapid measurement and centralized monitoring of the speed of large-scale centrifuge. The system can judge six kinds of state signals of centrifuge operation, feed back the judgment results to the upper computer station of monitoring room through special network, and send out alarm signals. The system has been developed, tested and realized all design functions. It has been successfully applied to the first commercial project of 1 000 ton uranium enrichment in China.

Key words: centrifugal separation of uranium isotopes; rotation speed; integrated parameter measurement and control system

BIM 技术在 VVER 核岛机电安装工程应用研究

姜世明,罗 静,王万渝
(中国核工业二三建设有限公司,北京 101300)

摘要:BIM 技术是一种多维(三维空间、四维时间、五维成本、N 维更多应用)模型信息集成技术,可以使建设项目的所有参与方(包括业主、设计、监理、造价、运营管理、核电项目各职能部门等)在项目从概念产生到完全拆除的整个生命周期内都能够在模型中操作信息和在信息中操作模型.BIM 技术具有高度可视化、一体化、参数化、仿真性、协调性、出图性和信息完备性等功能,从根本上改变从业人员依靠符号、文字 形式、图纸进行项目建设和运营管理的工作方式,实现在建设项目全生命周期内提高工作效率和质量,达到减少错误和风险的目标。本文依 VVER 堆型核电站为例,对 BIM 技术在核岛安装工程应用提出建议和观点。

关键词:BIM 技术;三维建模;碰撞检查;高度可视化;一体化;参数化;仿真性;协调性

建筑信息模型(Building Information Modeling,BIM)是以建筑工程项目的各项相关信息数据作为模型的基础,进行模型的建立,通过数字信息仿真技术来模拟建筑物所具有的真实信息。基于 BIM 技术的高度可视化、一体化、参数化、仿真性、协调性、出图性和信息完备性等特点,可将其很好地应用于 VVER 堆型核岛安装施工技术准备、预制及现场施工安装、系统移交、交工验收阶段中,可有效地保障了安装施工过程人力、工机具、物质资源及成本的合理控制,数字信息的高效传递、共享可保障项目部与业主、工程公司、监理之间,项目部各职能部门之间、各职能部门内部人员之间准确、及时地沟通,有利于提高核岛安装施工效率,提高核岛安装施工进度、质量、成本控制水平及相关的合同、安全、信息、协调管理水平。本论文描述二维技术文件环境下核岛安装施工存在的瓶颈问题,对 BIM 技术在核岛安装工程应用的必要性进行相关论述。

1 VVER 堆型核岛二维技术文件在安装施工过程存在的问题

田湾 1、2、3、4 号及未来的 7、8 号核电机组堆型为俄罗斯 VVER 型核电站,核岛施工技术文件由俄罗斯圣彼得堡设计院提供,俄罗斯圣彼得堡设计院目前提供的施工技术文件大多数是用传统的文字、符号、二维平面图表达(以下称二维技术文件),很少部分(如主泵结构图)采用了三维模型图表达。核电站机电安装工程是一个大型复杂的工程项目,核岛安装工程包括设备安装、工艺管道安装、电气仪表安装、通风空调设备及管道安装,目前,利用传统二维技术文件指导核岛管道安装,管理方法成熟,但是施工中若要进一步提高质量、进度、成本控制水平及合同、安全、信息、协调管理水平,存在许多不能解决的瓶颈问题,具体表现在以下几个方面。

1.1 安装物项碰撞问题

在核电的建设过程中,一个房间或廊道内有不同专业的安装物项,若图纸设计深度不够,或者安装过程中出现偏差,都会导致电气、机械、通风、土建等其他专业之间安装物项发生碰撞。目前该类问题的处理方式通常为施工人员停止施工,技术人员与碰撞物项所属专业的施工技术人员、设计人员沟通,通过编制物项拆除单和 CR 单,对物项的安装位置进行变更,以保证安装物项的功能并能顺利安装。物项拆除单和 CR 需要走流程,由监理、设计院等部门审核签字后执行。施工人员依据批准的 CR 才能再次进行施工,这类问题在利用二维图纸很难在技术准备过程提前发现,只有在各专业施工过程中才能发现,过程浪费大量时间、材料、人力。如图纸中,支架中部件 5 底板安装位置与穿墙孔洞

作者简介:姜世明(1965—),男,高级工程师,现从事核岛机械设备安装、调试技术管理

位置冲突,导致支架中底板无法安装(见图 1),解决方案:修改管道移动支架位置。

图 1　支架底板与孔洞位置冲

1.2　图纸材料表中材料遗漏

核岛安装需要多种材料,如管卡,接头,阀门,软管,支架等,这些材料在安装图的材料表中需罗列出来。但由于安装所需的材料种类繁多,规格不一,依靠传统的人力统计并罗列,会因为设计图纸中材料开列遗漏项、数量给的少、给的材料与图纸不符;输机人员输机时候遗漏、数量输错、物项编码输错;图纸只给出原材料代码,未给出成品码等问题造成材料出现遗漏。所以在现场的施工过程中,经常会发生安装所需的材料未在材料表中体现,导致采购人员未进行购买,现场安装无法进行的情况。这时,需要技术人员打 CR 进行澄清,CR 发布后由采购人员下采购单进行购买,厂家接到采购单后进行制造,制造完成后进行验收,验收合格后方能发往现场,到达现场后还需要进行一检和二检,检验无问题后才可使用。整个过程需要较长的时间,在这一段时间,现场待安装的物项因为材料制约皆无法安装,严重制约了工程进度,延误工程工期。

1.3　施工图纸与现场实际情况不符,现场无法安装

在管线的安装过程中会出现依据管线图,现场无法安装的情况。如管线图中所给出的流量孔板尺寸与流量孔板实际尺寸不符,现场无法安装;或支架图中所给的尺寸,在现场实际的环境条件下,支架与其他物项碰撞,无法安装。在出现这种问题时,需要根据现场实际情况向设计院发澄清,修改管线和支架图,并提交设计确认。设计确认可以后,施工人员方可依据修改完的管线和支架图进行施工。利用二维图纸很难在技术准备过程很难提前发现这类问题,只有在管道施工过程在实际施工现场环境中才能发现,过程浪费大量时间、材料、人力。因钢构施工偏差,导致支架无法按照原图施工(见图 2)。

图 2　钢构施工偏差导致支架无法按照原图施工

1.4 安装物项引入过程冲突

在主蒸汽与主给水贯穿件引入过程中，由于贯穿件是从UJA厂房引入，贯穿件引入路径过于狭小，原有孔洞无法穿入，导致贯穿件无法就位。施工过程进行了土建墙体切除工作后，引入贯穿件。二次进行钢筋头处理，浇筑混凝土。土建及安装施工单位耗时很长时间完善此工作。

1.5 利用二维技术文件进行施工管理其他问题

(1)因二维技术文件可视化、一体化、仿真性、协调性、信息完备性不好，造成设计方、施工方、业主、工程公司、监理不能高效率沟通，项目管理粗放，各方从各自工作目标出发，忽视项目整体利益，遇到问题互相推诿。

(2)核岛安装施工前，利用二维技术文件编制的安装施工进度计划很大程度依赖于管理人员自身的经验或参考其他核岛经验，易造成安装材料供货进度不满足施工进度，计划中的施工逻辑不合理，传统编制的进度计划不够准确，可执行度不好。

(3)施工中，由于二维CAD设计图形象性差，二维技术文件使技术交底内容不具体，不详细，不利于规范化、精细化管理。

(4)精细化成本管理需要细化到不同时间，使用多少资源完成多少安装工程量，由于在二维技术文件环境下工程量统计数据不及时，数据不全，不能用视频演示进度，不能准确分配人力、物力等资源，进一步提高施工效率难度大。

(5)二维技术文件进行质量控制方法主要是利用手工整合图纸，凭借经验判断，不能提前进行施工工艺模拟、碰撞检测，难以全面分析质量问题，安装施工中发生尺寸方面的质量问题易造成局部调整，存在顾此失彼情况。二维技术文件环境下造成质量管理重过程检查，轻预先管控。

(6)二维技术文件环境的安全管理不能进行虚拟模拟，造成安全风险分析不全或过度，造成安装管理力度不足或过度。

(7)二维技术文件环境下的安装施工，不利于开展与应用数字化加工技术、虚拟实景(VR)技术、实景增强(AR)技术、节能节材绿色等先进技术。

2 BIM技术在VVER堆型核岛安装中的应用情况

BIM技术应用是指在建设工程及设施全生命期内，对其物理和功能特性进行数字化表达，并依此设计、施工、运营的过程和结果的总称。BIM技术具有高度可视化、一体化、参数化、仿真性、协调性、出图性和信息完备性等功能，相关功能可用于核岛安装项目各个阶段。

2.1 BIM技术可视化功能应用

2.1.1 设计可视化

设计可视化，如在工艺管道施工前，管道及构件(支架、管件等)以三维方式直观呈现出来。设计方、管道安装工程各方施工管理人员能够运用三维思考方式有效地完成管道施工前施工设计及深化设计，同时也使管道安装工程各方施工管理人员真正摆脱了技术壁垒限制，随时可直接获取项目信息，大大减小了质量、进度、材料施工管理人员与设计方之间的交流障碍[1]。

BIM工具具有多种可视化的模式，一般包括隐藏线、带边框着色和真实渲染这三种式，VVER堆型UJA厂房设备布置三维图见图3。

2.1.2 施工可视化

(1)施工组织可视化

施工组织可视化即利用BIM工具创建核岛管道安装模型、周转材料模型、临时设施模型，以模拟施工过程，确定施工方案，进行施工组织。通过创建各种模型，可以在电脑中进行虚拟施工[1]，使施工过程可视化。

图 3　VVER 堆型 UJA 厂房设备布置三维图

(2)土建厂房结构可视化

管道复杂构造节点可视化即利用 BIM 的可视化特性可以将复杂的厂房房间布置全方位呈现,使施工各方快速提前掌握 UJA 厂房房间布置情况,VVER 堆型 UJA 厂房房间布置如图 4 所示。

图 4　VVER 堆型核电厂 UJA 厂房房间布置图

(3)复杂设备结构可视化

复杂设备结构可视化,即利用 BIM 技术可对复杂设备结构及设备空间是否合理进行提前检验。如图 5 所示 VVER 堆型核电站反应堆厂房环吊结构,图 6 主设备布置三维图。通过三维可视化模型可以验证复杂设备房间的操作空间是否合理,还可以制作多种的设备安装动画,不断调整,从中找出最佳的复杂设备等其他专业安装物项安装位置和工序。与传统的施工方法相比,该方法更直观、清晰。

图 5　VVER 堆型核电厂反应堆厂房环吊结构三维图

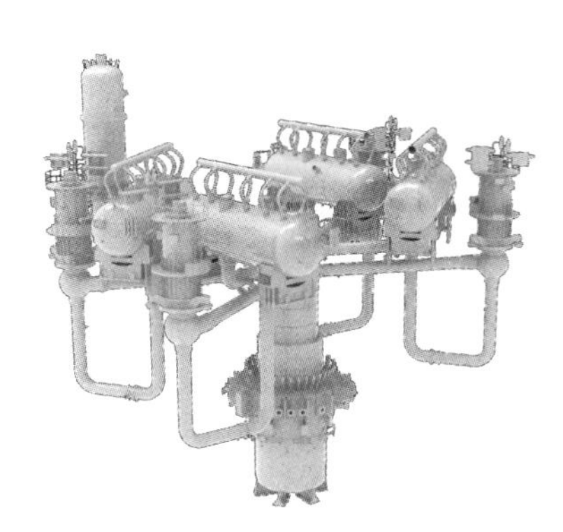

图 6　主设备布置三维图

(4)碰撞检查可视化

碰撞检查可视化，即通过将土建、通风安装专业、电气安装专业、机械设备安装专业模型组装为一个整体 BIM 模型，从而使机电管线与建筑物、通风安装物项、电气安装物项、机械设备碰撞点以三维方式直观显示出来。在传统的施工方法中，对机电管线碰撞检查的方式主要有两种：一是把不同专业的 CAD 图纸重叠在一张图上进行观察，根据施工经验和空间想象力找出碰撞点并加以修改；二是在施工的过程中边做边修改。这两种方式均费时费力，效率很低[1]。但在 BIM 模型中，可以提前在真实的三维空间中找出碰撞点，并由各专业人员在模型中调整好碰撞点或不合理处后再导出 CAD 图纸。某工程主设备碰撞检查，如图 7 所示蒸汽发生器与土建碰撞检测。

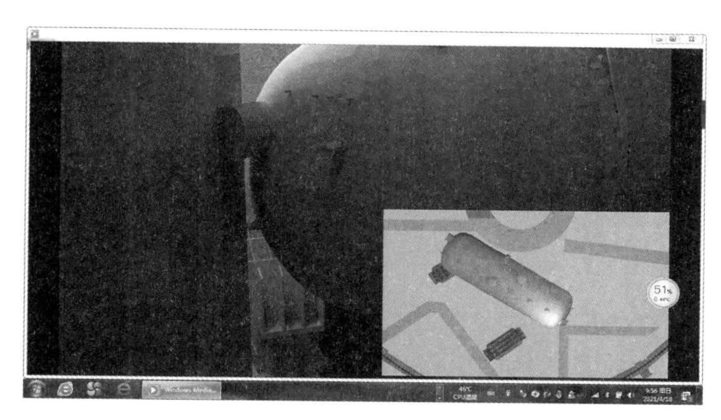

图 7　蒸汽发生器与土建碰撞检测

2.2　BIM 技术一体化功能应用

一体化指的是 BIM 技术可进行从设计到施工再到运营贯穿了工程项目的全生命周期的一体化管理。BIM 的技术核心是一个由计算机三维模型所形成的数据库，不仅包含了设计信息，而且可以容纳从设计到建成使用，甚至是使用周期终结的全过程信息。BIM 可以持续提供项目设计范围、进度以及成本信息，这些信息完整可靠并且完全协调。BIM 能在综合数字环境中保持信息不断更新并可提供访问，使设计方、施工方以及业主可以清楚全面地了解项目。这些信息在施工图设计、施工和管理的过程中能使项目质量提高，收益增加。

在设计阶段，BIM 使核岛建筑、结构、管道、通风、电气等各个专业基于同一个模型进行工作，从而使真正意义上的三维集成协同设计成为可能。将整个设计整合到一个共享的建筑信息模型中，结构、设备与管道、管道(包括通风管道)与管道间、管道与电缆桥架之间的冲突会直观地显现出来，各专业工程师们可在三维模型中随意查看，并能准确查看到可能存在问题的地方，并及时调整，从而极大避免了施工中的浪费。这在极大程度上促进设计施工的一体化过程。在施工阶段，BIM 可以同步提供核岛机电安装质量、进度以及成本的信息。利用 BIM 可以实现整个施工周期的可视化模拟与可视化管理。帮助施工人员促进核岛机电安装的量化，迅速为业主(或工程公司)制定展示场地使用情况或更新调整情况的规划，提高文档质量，改善施工规划。最终结果就是，能将更多的施工资金投人到核岛安装施工中，而不是行政和管理中。

2.3　BIM 技术参数化功能应用

参数化建模指的是通过参数(变量)而不是数字建立和简单地改变模型中的参数值就能建立和分析新的模型[1]。

BIM 的参数化设计分为两个部分："参数化图元"和"参数化修改引擎"。"参数化图元"指的是 BIM 中的图元是以构件的形式出现，这些构件之间的不同，是通过参数的调整反映出来的，参数保存了图元作为数字化建筑构件的所有信息；"参数化修改引擎"指的是参数更改技术使用户对管道设计或文档部分作的任何改动，都可以在其他相关联的部分动地反映出来。在参数化设计系统中，设计人员根据工程关系和几何关系来指定设计要求。参数化设计的本质是在可变参数的作用下，系统能够自动维护所有的不变参数。因此，参数化模型中建立的各种约束关系，正是体现了设计方的设计意图。参数化设计可以大大提高模型的生成和修改速度[1]。

利用 BIM 技术 Tekla 软件绘制的钢结构三维图（见图 8），可以快速形成钢结构构建制作图，也可以根据钢结构土建基础实际偏差对三维图进行局部修改，快速形成符合现场实际情况的钢结构构件制作图，提高钢结构施工质量及施工效率。

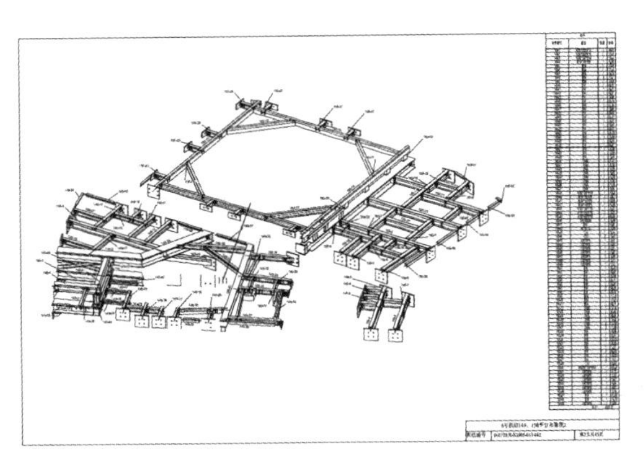

图 8　核岛钢结构三维图

2.4　仿真性

2.4.1　施工仿真

（1）施工方案模拟、优化

施工方案模拟优化，指的是通过 BIM 可对项目重点及难点部分进行可建性模拟，按月、日、时进行施工安装方案的分析优化，验证复杂管道安装系统的可建造性，从而提高施工计划的可行性。对项目管理方而言，可直观了解整个施工安装环节的时间节点、安装工序及疑点难点。而施工方也可进一步对原有安装方案进行优化和改善，以提高施工效率和施工方案的安全性[1]。

（2）工程量自动计算

BIM 模型作为一个富含工程信息的数据库，可真实地提供造价管理所需的工程量数。基于这些数据信息，计算机可快速对各种构件进行统计分析，大大减少了繁琐的人工操作和潜在错误，实现了工程量信息与设计文件的统一。通过 BIM 所获得准确的个程量统计、材料统计、加工件统计，可用于施工前期的成本估算、方案比选，施工过程成本比较和核岛安装施工人力、物力资源配置及优化，竣工后的决算[1]。

（3）消除现场施工过程干扰或施工工艺冲突

田湾 7、8 号核岛管道安装量比 3、4 号机组增加，管道约 230 km，阀门 14 800 多个，施工过程与土建、结构、通风、电气、设备等专业交叉进行，对于管道需要综合各个专业因素，施工过程中综合各专业的深化施工图要求愈加强烈。利用 BIM 计算，通过搭建各专业 BIM 模型，施工管理工程师在虚拟三维环境下快速发现并及时排除施工中可能遇到的碰撞冲突，显著减少由此产生的施工图澄清单、变更申请单，更大大提高施工现场作业效率，降低了因施工不协调造成的成本增长和工期延误[1]。

（4）施工进度模拟

施工进度模拟，即通过将 BIM 与施工进度计划相链接，把空间信息与时间信息整合 在一个可视的 4D 模型中，直观、楮确地反映整个施工过程。当前核岛机电安装工程项目管理中常以表示进度计划的甘特图，专业性强，但可视化程度低，无法清晰描述施工进度以及各种复杂关系（尤其是动态变化过程）。而通过基于 BIM 技术的施工进度模拟可直观、精确地反映整个施工过程，进而可缩短工期、降低成本、提高质量[1]。

2.5 协调性

“协调”一直是核岛安装施工工作中的重点内容，不管是项目部内职能部门之间、还是与业主、工程公司、设计单位，无不在做着协调及相配合的工作。基于 BIM 技术进行工程管理，可以有助于工程各参与方进行组织协调合作。通过 B1M 建筑信息模型可在建筑物建造前期对各专业的碰撞问题进行协调，生成并提供协调数据。

2.5.1 设计协调

设计调指的是通过 BIM 三维可视化控件及程序自动检测，可对建筑物内机电管线模拟安装，检查是否碰撞，找出问题所在及冲突矛盾之处，还可调整管道与楼层、墙柱、相关其他管道、设备、桥架之间尺寸等。从而有效解决传统方法容易造成的设计缺陷，提升设计质量减少后期施工过程修改，减低成本及影响质量风险[1]。

2.5.2 整体进度规划协调

整体进度规划协调指的是基于 BIM 技术。对施个进度进行模拟.同时根据最前线的经验和知识进行调整，极大地缩短施工前期的技术准备时间，并帮助各类各级人员对设计意图和拖工方案获得更高层次的理解。以前施工进度通常是由技术人员或管理层敲定的，容易出现下级人员信息断层的情况。如今，BIM 技术的应用使得施工方案更高效、更完美[1]。

2.5.3 成本预算、工程量估算协调

成本预算、工程量估算协调指的是应用 BIM 技术可以为合同部门工程师、材料部门提供各设计阶段确的工程量、材料量、设计参数和工程参数，这些工程量和参数与技术经济指标结合，可以计算出准确的预算，再运用价值工程和限额设计等手段对设计方案、施工方案进行优化。同时，基于 BIM 技术生成的工程量、材料量不是简单的长度和面积的统计，专业的 BIM 造价软件可以进行精确的 3D 布尔运算和实体减扣，从而获得更符合实际的工程量、材料量数据，并且可以自动形成电子文档进行交换、共享、远程传递和永久存档。在准确率和速度上都较传统统计方法有 大的提高，有效降低了合同部造价工程师、技术部及物资部材料统计工程师的工作强度，提高了工作效率[1]。

2.5.4 运维协调

BIM 系统包含了多方信息，如厂家价格信息、竣工模型、维护信息、施工阶段安装深化图等，BIM 系统能够把成堆的图纸、报价单、采购单、工期等统筹在一起，呈现出直观、实用的数据信息，可以基于这些信息进行运维协调[1]。

运维管理主要体现在以下方面：

(1)空间协调管理

空间协调管理主要应用在电气、通风、管道等各系统和设备空间定位。首先，应用 BIM 技术施工管理人员可获取各系统和设备空间位置信息，把原来用编号或者文字表示变成三维图形位，直观形象且方便查找。其次，BIM 技术可应用于内部空间设施可视化，利用 BIM 建立一个可视三维模型，所有数据和信息可以从模型获取调用。如需要维修、检查的时候，可快速获取不能拆除的管线、承重墙等建筑构件的相关属性[1]。

(2)设施协调管理

设施协调管理主要体现在设备、管道等其他专业的施工、空间规划和维护操作。BIM 技术能够提供与设备、管道安装项目的协调一致的、可计算的信息，该信息可用于共享及重复使用，从而可降低业施工管理工程师和施工作业人员由于缺乏操作性而导致的成本损失[1]。

(3)隐蔽工程协调管理

基于 BIM 技术的运维可以管理核岛工艺管道、通风管道、电气及仪控电缆，并且可以在图上直接获得相对位置关系。当管道等其他专业改建、检修施工的时候可以避开现有的管网位置.便于管网、电网维修、变更、更换设备和定位。

目前在 VVER 核岛安装施工阶段局部应用 BIM 技术，不能在业主、监理、工程管理公司间发挥 BIM 技术协调性最大效益，BIM 技术必须在核岛工程大范围应用，才能发挥 BIM 技术协调性功能最大化效益。

2.6 优化性

核岛整个管道专业、电气桥架等专业设计、施工准备、施工、移交的过程，其实就是一个不断优化的过程，没有准确的信息是做不出合理优化结果的。BIM 模型提供了建筑物存在的实际信息，包括几何信息、物理信息、规则信息，还提供了建筑物、管道等其他专业变化以后的实际存在。B1M 和与其配套的各种优化工具，提供了对复杂项目进行优化的可能：把项目施工方案（方法）、设计变更和施工成本分析结合起来，计算出施工方案（方法）、设计变更变化对施工成本的影响，使得业主、施工方知道哪种项目设计方案更有利于自身的需求，对设计施工方案进行优化，可以带来显著的工期和造价改进[1]。

2.7 可出图性

运用 BIM 技术，除了能够进行建筑平、立、剖及详图的输出外，还可以出碰撞报告及构件加工图等。

2.7.1 施工图纸输出

通过将建筑、结构、电气、管道、通风等专业的 BIM 模型整合后，进行管线碰撞检测，可以出综合管线图（经过碰撞检查和设计修改，消除了相应错误以后）、综合土建结构留洞图（预埋套管图）、碰撞检查报告和建议改进方案[1]。

（1）管道与建筑其他专业的碰撞

管道与建筑物、钢结构专业、其他专业的碰撞主要包括管道与建筑物柱、墙、钢结构、电气、通风、设备专业在图纸中的标高、钢结构、门等的位置是否一致等[1]。

（2）解决管线空间布局

基于 B1M 模型可调整解决管线空间布局问题，如廊道、房间空间狭小、各管线交叉等问题[1]。

2.7.2 构件加工指导

（1）出构件加工图

通过 B1M 模型对各种管道、钢结构、电缆桥架构件的信息化表达，可在 BIM 模型上直接生成管段、支架构件、钢结构及电缆桥架构件加工图，不仅能清楚地传达传统图纸的二维关系，而且对于复杂的空间剖面关系也可以清楚表达，同时还能够将离散的二维图纸信息集中到一个模型当中，这样的模型能够更加紧密地实现与预制工厂的协同和对接[1]。

（2）构件生产指导

在构件、管道支架生产加工过程中，BIM 信息化技术可以直观地表达出管道的空间关系和各种参数情况，能自动先成构件下料单、派工单、模具规格参数等生产表单，并且能通过可视化的直观表达帮助工人更好地理解设计意图，可以形成 BIM 生产模拟动画、流程图，说明图等技术文件编入到技术交底文件中，有助于提高工人生产的准确性和质量效率[1]。

（3）实现管道预制构件的数字化制造

借助工厂化、机械化的生产方式，采用集中、大型的生产设备，将 BIM 信息数据输入设备，就可以实现机械的自动化生产，这种数字化建造的方式可以大大提高工作效率和生产质量。例如，符合设计要求的管件、部件在工厂自动下料、自动成形、自动焊接。

2.8 信息完备性

信息完备性体现在 BIM 技术可对工程对象进行 3D 几何信息和拓扑关系的描述以及完整的工程信息描述，如对象名称、结构类型、管道材料、电气仪控材料、通风管道材料、支架材料、工程性能等设计信息。施工工序、进度、成本、质量以及人力、机械、材料资源等施工信息。工程安全性能、材料性能等维护信息。对象之间的工程逻辑关系等[1]。

3 VVER 堆型核岛安装 BIM 技术应用现状

B1M 技术这场信息革命，对于工程建设、设计、施工一体化的各个环节必将产生深远的影响。这项技术已经可以清楚地表明其在可视化、一体化、参数化、仿真性、协调性、出图性和信息完备性的优势.有效缩短设计与施工时间表，显著降低成本，改善工作场所安全和可持续核岛机电安装项目所带来的整体利益[1]。目前国内 VVER 堆型核电的施工图纸及施工过程技术文件是二维状态技术文件，文件量大，BIM 技术各项功能在安装技术准备阶段应用，由于受到俄方设计院供图时间影响，安装技术准备阶段时间短，不能及时建立三维模型，只有在涉及多专业房间（如主泵间、稳压器间等）局部建模，局部应用 BIM 技术，局部发挥 BIM 技术功能。

在核岛安装施工中局部应用 BIM 技术和在核岛安装项目整个生命周期应用 BIM 技术产生的效益是不同的，影响 BIM 在项目生命周期整体应用因素有两个，一是技术层面确定数据标准及施工数据关系，如不同三维软件数据转换，还处于快速发展阶段，制约 BIM 技术进一步在项目全生命周期中广泛应用。二是管理层如业主项目管理、监理公司、工程管理公司对 BIM 技术应用处于概念阶段，没有制定 BIM 技术应用计划，特别是在可以用 BIM 技术地方没有积极推广应用 BIM 技术相关功能解决施工存在问题，没有提供应用 BIM 技术应用机会，阻碍了 BIM 技术在核岛安装过程广泛应用。

核岛安装项目无论是局部某点应用 BIM 技术还是在项目整个生命周期应用 BIM 技术，在应用之前有一个整体战略和规划，这样对发挥 BIM 效益最大化起到关键作用。

4 应用 BIM 技术建议

4.1 提高 BIM 技术人员应用技能和数量

BIM 技术人员技能水平高低和数量短缺是制约 BIM 技术广泛应用一个因素，BIM 技术人员可以分为三类，一是 BIM 技术策划人才，BIM 技术策划类人才需要具有核岛安装设计、施工管理方面的能力，还要掌握 BIM 三维建模知识。二是建立三维模型人才，三维建模人员具有熟练的三维软件应用能力及机械、通风、管道、电气专业设计能力，在 BIM 技术应用过程，随着 BIM 技术应用的深入，需使用的 BIM 软件种类也越来越多，比如建模软件（REVIT、SOLIDWORKS）、碰撞检查软件（NAVISWORKS）、动画制作软件（3DSMAX）、渲染软件（LUMION）、进度可视化软件（Synchro PRO）等，简单的模型绘制能力已无法满足后期规划，无法实现规划功能。要求 BIM 技术人员的软件操作能力不断提高，开展 BIM 相关软件操作学习，在建模过程中和发挥 BIM 技术相关功能中不断提高 BIM 技术人员软件操作应用技能。三是三维模型应用人才，三维模型应用人才具有核岛安装设计、施工管理方面的能力，掌握一定的专业技术，能够应用三维模型进，发挥 BIM 技术高度可视化、一体化、参数化、仿真性、协调性、出图性和信息完备性等功能，开展施工计划、协调工作。

4.2 建立应用 BIM 技术工作目标、工作计划

BIM 技术的高度可视化、一体化、参数化、仿真性、协调性、出图性和信息完备性等功能在核岛安装项目设计、施工、移交、维护等不同阶段发挥不同的效益，核岛安装结合实际情况，确定 BIM 技术应用主体单位或联合组织，制定应用 BIM 技术工作目标、工作计划，投入人力、物力由点到面推进 BIM 技术应用。

4.3 建立 BIM 技术应用效益测算方法

BIM 技术推广应用过程如没有建立应用效益及测算方法，造成 BIM 技术推广应用工作目标模糊，不能充分发挥 BIM 技术在应用阶段价值，不能激励员工应用 BIM 技术热情，不能留住或引进 BIM 技术人才，BIM 新技术应用，开始投入大，容易造成投资没有效益而形成浪费。BIM 技术应用效益测算方法如下所述。

4.3.1　确定推广应用 BIM 技术的费用(成本)

推广应用每项 BIM 技术功能投入费用、费用包括但不限于以下项目:

(1)硬件投入:如电脑、打印机、平板电脑或手机、服务器等。

(2)BIM 技术设计费投入:如软件购置及培训费、三维建模人工费、BIM 协同管理平台搭建费用等。

4.3.2　确定推广应用 BIM 技术的效益(收益)

明确每项 BIM 技术推广应用效益、效益包括但不限于以下项目:

(1)经济和时间效益

BIM 技术应用对于经济成本和时间成本的节省,主要体现碰撞检测、二次深化设计、预留点位孔洞复核等 BIM 技术应用而形成的经济成本和时间成本的节省。

(2)综合效益

1)设计阶段利用模型进行碰撞检测,减少后期施工阶段的修改和变更。

2)精确复核预制率,3D 模型指导预制构件生产,控制预制构件的质量和体积,能够进行拼装模拟,提高施工效率,避免返工。

3)指导施工准备和施工阶段,虚拟模拟施工,及时发现施工过程中存在的问题,及时修改施工方案,使其能够按预期进度施工,提高施工效率,缩短施工工期。

4)信息整合:从项目施工技术准备开始到构件预制、到现场安装施工、到竣工的信息资料在平台中汇集整合。

5)全流程协同工作:不同工程管理单位,单位各职能部门、不同专业的工程师及施工管理人员,在平台中协作共享,共同进步。

6)精细化管理:全程动态管理,实时把控项目进度,一切操作具有可追溯性。

7)提升各级管理层对项目的管控:减少管理层去现场的时间成本,能够利用碎片时间进行管理。

5　结束语

BIM 技术的高度可视化、一体化、参数化、仿真性、协调性、出图性和信息完备性等功能不断应用,可以促进核岛安装项目施工质量、进度、成本控制水平及安全、合同、信息、协调管理水平不断提高,解决核岛安装施工一些预测、控制、可视化瓶颈问题。

参考文献:

[1]　陆泽荣,刘占省. BIM 技术概论[M].北京:中国建筑工业出版社,2018.

[2]　陆泽荣,叶雄进. BIM 建模应用技术[M].北京:中国建筑工业出版社,2018.

[3]　陆泽荣,刘占省. BIM 应用与项目管理[M].北京:中国建筑工业出版社,2018.

Applied research of BIM in VVER nuclear island installation project

JIANG Shi-ming, LUO Jing, WANG Wan-yu

(China Nuclear Industry 23 Construction CO., LTD.

Shunkang Road No.58, Shunyi District, Beijing 101300, China)

Abstract: BIM is a multi-dimensional (three-dimensional space, four-dimensional time, five-dimensional cost, N-dimension for more applications) model information integration technology, by which all parties involved (including owners, design, supervision, cost, operation, and all functional departments, etc.) can operate information and models in the whole life cycle of the project from concept to complete dismantlement. BIM has the function of high visualization, integration, parameterization, simulation, coordination, drawing and the information completeness etc. functions. It fundamentally changes work way that the employees of relying on symbols, text forms and drawing for project construction and operation management, resulting in enhancing work efficiency and quality in the whole project life and reducing mistakes and risks. Based on the example of VVER nuclear power plant, this paper puts forward suggestions and views on the application of BIM in nuclear island installation engineering.

Key words: BIM; 3D modeling; collision check; high visualization; integration; parameterization; simulation; coordination; drawing and the information completeness

卤制牛肉辐射灭菌对其色度影响的研究

赵文颖[1],刘　伟[1],刘丹丹[2],靳健乔[1],刘　钊[1],徐　涛[1],杨　斌[1],郭红旗[1]
(1.天津市技术物理研究所,天津 300192;2.天津商业大学,天津 300134)

摘要:(利用不同辐照剂量的^{60}Co-γ射线对卤制牛肉进行辐射灭菌。通过色差仪检测对比了不同辐射剂量处理后卤制牛肉的色度。结果表明,不同辐射剂量处理后的真空卤制牛肉的亮度、黄度整体变化趋势不大,红度总体上呈下降趋势。辐射对卤制牛肉色泽的影响并不大。研究了不同辐射剂量处理后卤制牛肉的菌落总数、大肠菌群、金黄色葡萄球菌、单核细胞增生李斯特氏菌的变化。研究结论,未经辐射处理的样品菌落总数达到2.4×10^6 cfu/g,大肠菌群最可能数为6.1 cfu/g,检出金黄色葡萄球菌,未检出其他致病菌;8 kGy处理的卤制牛肉不再有微生物检出。)

关键词:卤制牛肉;^{60}Co-γ射线;色度;灭菌效果

食品辐照技术被誉为21世纪的食品绿色加工技术。近年来，该技术的应用领域不断地扩大,商业化生产能力也有了快速提升。食品辐照技术作为一种提高食品安全性和延长货架期的高新技术,已经得到越来越多的国家和机构的关注与认可,并日益显现其巨大的经济与社会效益。与传统的高温灭菌方法相比，该方法杀菌彻底，且不会带来二次污染。由于辐照通常是在常温下进行的，因此可以较好地保留食品中的热敏成分。除可以有效的保证食品安全,延长食品的货架期,与传统的二次杀菌相比,辐照保鲜还有以下优越性:辐照剂量可根据需要进行调节,辐照过程能够精准控制;几乎不产生热效应,可最大限度保持食品的原有特性;方法简单、快捷,可对已包装好或堆放好的原料进行杀菌处理;节约能源,与热处理和干燥处理等食品保鲜技术相比,其能耗大幅降低。辐射杀菌保鲜技术应用于传统卤制牛肉产品的杀菌与保藏,既能够扩大辐射技术的应用领域,快速提升商业化生产能力,又可以为传统卤制牛肉提供一种新型安全的杀菌保藏方式,对进一步开拓与发展卤制牛肉商品市场有着重要意义。

1　实验部分

1.1　实验方法

1.1.1　卤制牛肉的辐射灭菌实验

随机取卤制牛肉,将分割成若干份大小约为5 cm×5 cm,厚度约为1 cm的卤制牛肉块,共分为5组,每组分有若干等份待测样,均用真空包装机封好,根据各组不同剂量的梯度进行辐射,并进行后期实验。

1.2　检测方法

1.2.1　菌落总数的测定

按照GB 4789.2—2016《食品安全国家标准 食品微生物学检验 菌落总数测定》进行测定。无菌操作称重25 g样品,置于装有225 mL的灭菌生理盐水(0.85 %)的均质袋中,均质100 s。参考6×6点样法,取100 μL样液于1.5 mL灭菌的离心管中(内装有900 μL灭菌生理盐水)按1∶10进行倍比稀释,选取四个合适的稀释度,取10 μL点在倒有培养基的平板上进行微生物测定,每个稀释度4个平行。每组样品做三次平行。细菌总数置于37 ℃培养箱中培养48 h后计数。

1.2.2　大肠菌群的检测

根据GB 4789.3—2016《食品安全国家标准 食品微生物学检验 大肠菌群计数》的相关操作进行大

作者简介:赵文颖(1970—),女,学士,高级工程师,主要从事核技术应用工作

肠菌群的检测。采用 MPN 法进行大肠菌群的计数。MPN 法是统计学和微生物学结合的一种定量检测法。待测样品经系列稀释并培养后，根据其未生长的最低稀释度与生长的最高稀释度，应用统计学概率论推算出待测样品中大肠菌群的最大可能数。

称取 25 g 样品，放入盛有 225 mL 磷酸盐缓冲液或生理盐水的无菌均质杯内，8 000～10 000 r/min均质 1～2 min，或放入盛有 225 mL 磷酸盐缓冲液或生理盐水的无菌均质袋中，用拍击式均质器拍打 1～2 min，制成 1：10 的样品匀液。用 1 mol/L NaOH 调节样品匀液的 pH 在 6.5～7.5之间。用 1mL 无菌吸管或微量移液器吸取 1：10 样品匀液 1mL，沿管壁缓缓注入 9 mL 磷酸盐缓冲液或生理盐水的无菌试管中（注意吸管或吸头尖端不要触及稀释液面），振摇试管或换用 1 支 1 mL 无菌吸管反复吹打，使其混合均匀，制成 1：100 的样品匀液。根据对样品污染状况的估计，按上述操作，依次制成十倍递增系列稀释样品匀液。每递增稀释 1 次，换用 1 支 1 mL 无菌吸管或吸头。从制备样品匀液至样品接种完毕，全过程不得超过 15 min。每个样品，选择 3 个适宜的连续稀释度的样品匀液（液体样品可以选择原液），每个稀释度接种 3 管月桂基硫酸盐胰蛋白胨（LST）肉汤，每管接种 1 mL（如接种量超过 1 mL，则用双料 LST 肉汤），36 ℃±1 ℃ 培养 24 h±2 h，观察倒管内是否有气泡产生，24 h±2 h 产气者进行复发酵试验（证实试验），如未产气则继续培养至 48 h±2 h，产气者进行复发酵试验。未产气者为大肠菌群阴性。进行复发酵试验（证实试验）。用接种环从产气的 LST 肉汤管中分别取培养物 1 环，移种于煌绿乳糖胆盐肉汤（BGLB）管中，36 ℃±1 ℃培养 48 h±2 h，观察产气情况。产气者，计为大肠菌群阳性管。按复发酵试验确证的大肠菌群 BGLB 阳性管数，检索 MPN 表，报告每 g(mL)样品中大肠菌群的 MPN 值。

1.2.3 金黄色葡萄球菌的检验

根据 GB 4789.10—2016《食品安全国家标准 食品微生物学检验 金黄色葡萄球菌检验》的相关操作进行金黄色葡萄球菌的检测。首先对样品进行处理。称取 25 g 样品至盛有 225 mL7.5％氯化钠肉汤的无菌均质杯内，8 000～10 000 r/min 均质 1～2 min，或放入盛有 225 mL7.5％氯化钠肉汤无菌均质袋中，用拍击式均质器拍打 1～2 min。若样品为液态，吸取 25 mL 样品至盛有225 mL7.5％氯化钠肉汤的无菌锥形瓶（瓶内可预置适当数量的无菌玻璃珠）中，振荡混匀。

后将上述样品匀液于 36 ℃±1 ℃培养 18～24 h，进行增菌。金黄色葡萄球菌在 7.5％氯化钠肉汤中呈混浊生长。将增菌后的培养物，分别划线接种到 Baird-Parker 平板和血平板，血平板 36 ℃±1 ℃培养 18～24 h。Baird-Parker 平板 36 ℃±1 ℃培养 24～48 h。对培养基进行初步鉴定：金黄色葡萄球菌在 Baird-Parker 平板上呈圆形，表面光滑、凸起、湿润、菌落直径为 2～3 mm，颜色呈灰黑色至黑色，有光泽，常有浅色（非白色）的边缘，周围绕以不透明圈（沉淀），其外常有一清晰带。当用接种针触及菌落时具有黄油样黏稠感。有时可见到不分解脂肪的菌株，除没有不透明圈和清晰带外，其他外观基本相同。从长期贮存的冷冻或脱水食品中分离的菌落，其黑色常较典型菌落浅些，且外观可能较粗糙，质地较干燥。在血平板上，形成菌落较大，圆形、光滑凸起、湿润、金黄色（有时为白色），菌落周围可见完全透明溶血圈。挑取上述可疑菌落进行革兰氏染色镜检及血浆凝固酶试验。

最后确认鉴定：染色镜检。金黄色葡萄球菌为革兰氏阳性球菌，排列呈葡萄球状，无芽胞，无荚膜，直径约为 0.5～1 μm。

1.2.4 单核细胞增生李斯特氏菌检验

根据 GB 4789.30—2016《食品安全国家标准 食品微生物学检验 单核细胞增生李斯特氏菌检验》的相关操作进行单核细胞增生李斯特氏菌的检测。首先进行增菌。以无菌操作取样品 25 g(mL)加入到含有 225 mLLB1 增菌液的均质袋中，在拍击式均质器上连续均质 1～2 min；或放入盛有225 mL LB1 增菌液的均质杯中，以 8 000～10 000 r/min 均质 1～2 min。于 30 ℃±1 ℃培养 24 h±2 h，移取 0.1 mL，转种于 10 mLLB2 增菌液内，于 30 ℃±1 ℃ 培养 24 h±2 h。取 LB2 二次增菌液划线接种于李斯特氏菌显色平板和 PALCAM 琼脂平板，于 36 ℃±1 ℃培养 24～48 h，观察各个平板上生长的菌落。对琼脂平板进行初筛，挑取 3～5 个典型或可疑菌落，分别接种木糖、鼠李糖发酵管，于 36 ℃±

1 ℃培养 24 h±2 h,同时在 TSA－YE 平板上划线,于 36 ℃±1 ℃培养 18～24 h,然后选择木糖阴性、鼠李糖阳性的纯培养物继续进行鉴定。

1.2.5　大肠埃希氏菌 O157：H7/NM 检验

根据 GB 4789.36—2016《食品安全国家标准 食品微生物学检验 大肠埃希氏菌 O157：H7/NM 检验》中的常规培养法对大肠埃希氏菌 O157：H7/NM 进行检测。首先进行增菌。以无菌操作取检样 25 g(或 25 mL)加入到含有 225 mLmEC＋n 肉汤的均质袋中,在拍击式均质器上连续均质1～2 min;或放入盛有 225 mL mEC＋n 肉汤的均质杯中,8 000～10 000 r/min 均质1～2 min。36 ℃±1 ℃培养 18～24 h。后进行分离。取增菌后的 mEC＋n 肉汤,划线接种于 CT-SMAC 平板和大肠埃希氏菌 O157 显色琼脂平板上,36 ℃±1 ℃培养 18～24 h,观察菌落形态。在 CT-SMAC 平板上,典型菌落为圆形、光滑、较小的无色菌落,中心呈现较暗的灰褐色;在大肠埃希氏菌 O157 显色琼脂平板上的菌落特征按产品说明书进行判定。

进行初步生化试验。在 CT-SMAC 和大肠埃希氏菌 O157 显色琼脂平板上分别挑取 5～10 个可疑菌落,分别接种 TSI 琼脂,同时接种 MUG－LST 肉汤,并用大肠埃希氏菌株(ATCC25922 或等效标准菌株)做阳性对照和大肠埃希氏菌 O157：H7(NCTC12900 或等效标准菌株)做阴性对照,于 36 ℃±1 ℃培养 18～24 h。必要时进行氧化酶试验和革兰氏染色。在 TSI 琼脂中,典型菌株为斜面与底层均呈黄色,产气或不产气,不产生硫化氢(H2S)。置 MUG－LST 肉汤管于长波紫外灯下观察,MUG 阳性的大肠埃希氏菌株应有荧光产生,MUG 阴性的应无荧光产生,大肠埃希氏菌O157：H7/NM 为 MUG 试验阴性,无荧光。挑取可疑菌落,在营养琼脂平板上分纯,于 36 ℃±1 ℃培养18～24 h,并进行下列鉴定。

最后进行血清学试验。在营养琼脂平板上挑取分纯的菌落,用 O157 和 H7 诊断血清或 O157 乳胶凝集试剂作玻片凝集试验。对于 H7 因子血清不凝集者,应穿刺接种半固体琼脂,检查动力,经连续传代 3 次,动力试验均阴性,确定为无动力株。

1.2.6　色差仪检测

将色差仪设置为反射测量方式,凋零后分别测定样品的色差 L^*、a^*、b^* 值,每次测定 3 个样品,每个样品测定三个平行。色差中 L^* 代表明度或者亮度,其值越大肉色越浅;a^* 代表红度,其值越大说明样品具有更鲜艳的红色;b^* 代表黄度,b^* 值越大,肉色发黄。

1.2.7　辐照后酱牛肉的感官评定

参考 GB/T 22210—2008《肉与肉制品感官评定规范》中规定的感官鉴评要求,对经过不同辐照剂量与辐照时间处理的酱牛肉制品进行感官评定。酱牛肉感官评分项目与评分标准见表 1。

表 1　卤制牛肉感官评分项目与评分标准

项目	分数/分	评分标准
组织结构	25	组织坚实,有弹性,无软烂现象,且产品与包装袋紧密结合,真空度好,21～25 分;很坚实,肉块整齐一致,真空度较好,11～20 分;软烂,无弹性,汁液流出量大,真空度差,10 分以下
表面性状	25	表面干燥,基本无黏手现象,21～25 分;表面较干燥,略有黏手现象,11～20 分;表面较湿润,黏手现象严重,10 分以下
色泽	25	有牛肉本身的色泽,无菌落斑点及变色现象,21～25 分;颜色异常,产品未变质,11～20 分;颜色变浅严重,产品变质,10 分以下
气味	25	具有牛肉特有的香味,香气浓郁,无异味,21～25 分;香气较弱,无异味,11～20 分;香气减弱较多,有异味,10 分以下

2 结果与讨论

2.1 色差仪检测结果

由表 2 可知，不同辐射剂量处理后的真空卤制牛肉的亮度、黄度整体变化趋势不大，红度总体上呈下降趋势。结果表明，辐射对卤制牛肉色泽的影响并不大。

表 2 不同辐射剂量处理后卤制牛肉的色度

辐照剂量	L^*	a^*	b^*
0 kGy	44.75±2.20	3.47±2.03	9.71±0.81
2 kGy	45.08±1.62	2.17±0.09	9.69±0.72
4 kGy	44.08±0.85	2.59±0.52	9.64±0.54
6 kGy	43.73±1.25	2.63±0.34	8.34±2.11
8 kGy	45.06±1.93	2.05±0.74	9.75±0.67

2.2 灭菌效果检测

由表 3 可知，待测样在真空状态 4 ℃环境贮存 3 个月后，未经辐射处理的样品菌落总数达到2.4×10^6 cfu/g，大肠菌群最可能数为 6.1 cfu/g，检出金黄色葡萄球菌，未检出其他致病菌；2 kGy 辐射处理后，菌落总数减少一个数量级，大肠菌群最可能数减半，未检出致病菌；4 kGy 处理的真空卤制牛肉菌落总数比 2 kGy 处理的样品降低两个数量级，不再检出大肠菌群，也未有致病菌检出，6 kGy 处理的卤制牛肉微生物达到标准；8 kGy 处理的卤制牛肉不再有微生物检出。

表 3 不同辐照剂量处理后卤制牛肉的灭菌效果检测结果

辐照强度	菌落总数/(cfu/g)	大肠菌群最可能数/(cfu/g)	沙门氏菌	金黄色葡萄球菌	单核细胞增生李斯特菌	大肠埃希氏菌 O157：H7
0 kGy	2.4×10^6	6.1	—	3.0	—	—
2 kGy	1.2×10^5	3.0	—	<3.0	—	—
4 kGy	3.1×10^3	<3.0	—	<3.0	—	—
6 kGy	30	<3.0	—	<3.0	—	—
8 kGy	0	<3.0	—	<3.0	—	—

注："—"表示未检出；检测样为真空包装的卤制牛肉；检测时间为辐照处理后的 3 个月；贮存温度为 4 ℃。

2.3 辐照杀菌的效果及原理

辐照处理对微生物有杀灭效果，主要是通过初级和次级作用杀灭微生物，初级作用主要是射线直接作用于微生物大分子上，引起生物大分子结构发生变化而丧失功能，导致微生物死亡；次级作用是射线照射于细胞间质，引起细胞内的水分子产生大量的自由基，引起生物大分子的过氧化作用，从而导致细胞凋亡。但考虑辐照杀菌效果时，应将辐照时间、辐照加工工艺参数(被辐照物品摆放方式，单、双面辐照)等因素考虑进去。

2.4 辐照灭菌对卤制牛肉感官品质的影响

肉品的组织结构、气味、色泽、表面性状等指标是评价产品的重要感官性状，感官性状的评价是判断新鲜程度最直接的方法，同时也是消费者决定是否购买卤制牛肉的重要因素。经过^{60}Co-γ 射线对卤制牛肉进行辐射灭菌其评分仍可达到 90 分左右，因此推断^{60}Co-γ 射线辐射灭菌的卤制牛肉的感官品质未受到很大的影响。

3 展望

本文利用辐射技术对卤制牛肉进行辐射灭菌。将现代绿色的辐照杀菌保鲜技术应用于传统酱牛肉产品的杀菌与保藏,既能够扩大辐照技术的应用领域,快速提升商业化生产能力,又可以为传统酱牛肉提供一种新型安全的杀菌保藏方式,对进一步开拓与发展酱牛肉商品市场有着重要意义。但卤制牛肉进行辐射灭菌处理中相关现象的反应机理还需要进一步研究。

本文受天津市科技计划项目"利用辐照技术对天津传统食品(卤制牛肉)制作工艺改进研究"(项目编号 19YFFCYS00210)资助完成。

参考文献:

[1] 徐远芳,李文革,彭玲,等.休闲豆干辐照灭菌研究[J].辐射研究与辐射工艺学报,2020,38(02):18-26.

[2] 何扬波,罗兴邦,李咏富,等. ^{60}Co-γ 射线辐照保鲜红酸汤效果评价及其品质变化研究[J].中国调味品,2020,45(07):86-89+95.

[3] 刘泽松,史君彦,王清,等. 辐照技术在果蔬贮藏保鲜中的应用研究进展[J].保鲜与加工,2020,20(04):236-242.

[4] 徐彦瑞. 籽瓜汁电子束辐照杀菌技术及设备的研究[D].甘肃农业大学,2020.

[5] 沈阿倩,黄文书,利通,等. ^{60}Co-γ 射线辐照对油塔子杀菌效果及品质的影响[J].食品与机械,2020,36(09):158-163.

[6] 王超,付诗鸣,李攀恒,等.高能电子束辐照对食醋香气成分的影响[J].中国调味品,2020,45(06):10-13+19.

[7] 蓝碧锋,刘宗敏,白婵,等.不同剂量辐照对鲈鱼调理品保鲜效果的研究[J].食品科技,2020,45(05):118-122.

[8] 贾凤娟,王月明,弓志青,等.毛木耳红油风味休闲即食食品杀菌防腐技术研究[J].山东农业科学,2020,52(04):146-149.

[9] 徐浪,王林聪,焦懿,等.辐照处理在农产品加工中的应用研究进展[J].安徽农业科学,2020,48(07):14-19.

[10] 韩俐羽. ^{60}Co-γ 辐照处理对红烧牛肉应急食品品质的影响[D].西南科技大学,2020.

[11] 王守经,钤莉研,柳尧波,等.酱驴肉辐照贮藏技术研究[J].中国食物与营养,2020,26(03):34-37.

[12] 张志刚,林祥木,胡涛,等.即食肉制品微生物污染及其控制技术研究进展[J].肉类研究,2020,34(01):94-102.

[13] 林勇,鉏晓艳,陈玉霞,等.辐照对桂花酱的灭菌效果及保质期的影响[J].湖北农业科学,2019,58(24):197-200.

[14] 戚文元,王海宏,岳玲,等.电子束辐照杀菌对罗非鱼片冷藏期和感官品质的影响[J].西北农林科技大学学报(自然科学版),2020,48(05):138-146.

[15] 肖欢,翟建青,刘芝平,等. ^{60}Co-γ 射线及电子束辐照对冷鲜鸡菌群多样性的影响[J].食品工业科技,2020,41(04):74-79.

[16] 许佳.电子束辐照对鸡肉表面空肠弯曲菌作用机制及其灭菌工艺的初步研究[D].扬州大学,2019.

Effect of radiation sterilization on color of stewed beef

ZHAO Wen-ying[1], LIU Wei[1], LIU Dan-dan[2], JIN Jian-qiao[1], LIU Zhao[1], XU Tao[1], YANG Bin[1], GUO Hong-qi[1]

(1. Tianjin Institute of technical physics, Tianjin 300192, China;
2. Tianjin University of Commerce, Tianjin 300134, China)

Abstract: Different doses of ^{60}Co-γ rays were used to sterilize stewed beef. The chroma of stewed beef treated with different radiation doses was detected and compared by colorimeter. The results showed that the brightness and yellowness of vacuum stewed beef after different radiation doses were not changed, but the redness showed a downward trend. Radiation had little effect on the color of stewed beef. The changes of total bacterial count, coliform group, Staphylococcus aureus and Listeria monocytogenes in stewed beef after different radiation doses were studied. The results showed that the total number of colonies was 2.4×10^6 cfu/g, the most probable number of coliform was 6.1 cfu/g, Staphylococcus aureus was detected, and no other pathogenic bacteria were detected; no microorganism was detected in 8 kGy stewed beef.

Key words: spiced beef; ^{60}Co -γray; chroma; sterilization effect

自洽分离功在线监测系统研制

梁庆雷[1],刘国荣[1],李井怀[1],吕学升[1],郝学元[2],应 斌[2]
(1.中国原子能科学研究院,北京 102413;2.中核兰州铀浓缩有限公司,甘肃 兰州 730030)

摘要:分离功是铀离心浓缩厂核心关键指标,通过在线监测铀离心浓缩厂分离功,可以获知铀浓缩厂的分离功是否符合申报值,是否有违约的铀浓缩生产活动,有效地防止铀浓缩能力的非法转移和使用,同时,还可以监测铀浓缩厂的生产工艺状况,为离心级联的优化设计和生产工艺的调整提供监测手段和技术支持。本系统利用铀丰度在线监测仪在线监测 UF_6气体的铀丰度,利用孔板流量计在线监测 UF_6气体的质量流量,孔板流量计集成在铀丰度在线监测仪中,通过在线监测离心铀浓缩厂供料、精料的质量流量和丰度以及贫料的丰度就实现了铀离心浓缩厂的自洽在线监测,分离功的各个参数之间也能够进行核实验证。结果表明,分离功在线监测系统每天测量分离功的偏差在3.0%以内,整个系统具有响应快、精度高、无人值守等特点,其相关技术指标已处于国际同类装置的领先水平。
关键词:分离功;铀丰度;质量流量;自洽

分离功是铀离心浓缩厂的核心关键指标。在军控核查和核保障中,通过在线监测铀离心浓缩厂分离功,可以获知铀浓缩厂的分离功是否符合申报值,是否有违约的铀浓缩生产活动,可以实现对铀浓缩厂的核材料实时衡算,实现对铀浓缩厂分离功申报值及设计变更的核实,有效的防止铀浓缩能力的非法转用。同时,通过在线监测铀离心浓缩厂的分离功,还可以监测铀浓缩厂的生产工艺状况,保障铀浓缩厂稳定安全运行;为离心级联的优化设计和生产工艺的调整提供监测手段和技术支持,以达到提高铀浓缩厂经济效益的目的。

目前,国外并没有直接在线监测得到分离功率的相关文献,相关设施都是利用有关数据,通过公式计算来得到分离功。铀浓缩厂利用称重设备(如地板秤)对一段时期内生产的浓缩 UF_6、供料和贫料 UF_6的质量进行称重,从而分别得到该时期内产品、消耗的供料和产生的贫料的铀质量;从一段时期内生产的 UF_6产品、消耗的供料和产生的贫料进行取样,然后利用气体质谱计对这些样品进行测量,从而得到该段时期内生产的浓缩 UF_6、消耗的供料和产生的贫料 UF_6的^{235}U丰度;最后,根据这些测量值(质量和丰度),利用分离功计算公式来得到分离功。分离功的常规计算周期为每三个月进行一次。

国际上,铀离心浓缩厂工艺管道内 UF_6气体质量流量在线监测技术近几年有公开的报道。包含了美国橡树岭国家实验室的FEMO(Flow and Enrichment Monitor)系统和美国与俄罗斯共同联合研发的一套BDMS(Blend Down Monitoring System)系统中的FMFM(Fissile Mass Flow Monitor)部分。其中FEMO系统尚在计算机模拟研究阶段,FMFM测量的不确定度约为25%,误差较大。国际上,铀离心浓缩厂工艺管道内 UF_6气体丰度在线监测技术包含了美国Los Alamos国家实验室的CEMO(Continuous Enrichment Monitor)系统和IAEA用于浓缩厂视察的CHEM(Cascade Header Enrichment Monitor)系统。其中CEMO系统最高测量精度约为2%,并且测量时间约为1 h,而CHEM系统为定性测量装置。

中国原子能科学研究院(CIAE)在“十一五”和“十二五”期间自主研发了铀丰度在线监测仪(UEOM),其产品端铀丰度测量的相对标准偏差 RSD<0.3%,测量响应时间约为600 s,后来在此基础上研发成功了铀离心浓缩厂分离功率在线监测系统,一段时间内其测量分离功率与工厂利用称重、气体质谱计计算的分离功率误差在2%以内。

作者简介:梁庆雷(1981—),男,河北遵化人,副研究员,硕士,从事核燃料循环与材料技术研究

自洽分离功在线监测系统是在“十二五”分离功率在线监测系统的基础上进一步开展的工作，可用于供料端、精料端铀丰度、质量流量和贫料端铀丰度以及分离功的在线测量，实现了分离功的在线测量，各个参量之间也可以进行比对验证。该技术可用于铀离心浓缩厂的国际核保障监督和军控核查。

1　基本原理

1.1　分离功测量基本原理

分离功(Separative work unit)是指把一定量的铀富集到一定^{235}U丰度所需要投入的工作量，表达为多少千克、多少吨分离功单位，即SWU。

图1给出了铀离心浓缩厂分离功在线监测原理框图。

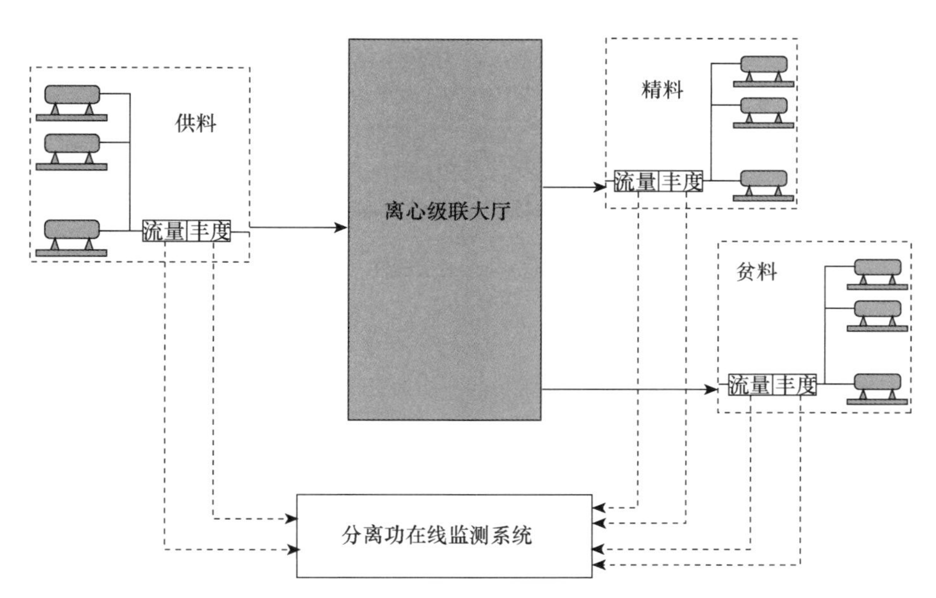

图1　分离功在线监测原理框图

对于浓缩级联，其整个外部参数守恒，守恒方程如下。

$$FE_F = WE_W + PE_P \tag{1}$$

$$F = W + P \tag{2}$$

式中：P、W和F分别为产品、贫料和供料的质量(率)；E_P、E_W和E_F分别为精料、贫料和供料的丰度。物理意义是：^{235}U守恒(1)，物料守恒(2)。

由上式可知：只要知道四个互相独立的参数，就可以求出余下的两个参数。

要将某一丰度的铀浓缩到另一丰度，则外部机器须对其做功。对于理想级联，外部机器所做的功就是分离功。分离功由下式计算得到：

$$\Delta U = PV(E_P) + WV(E_W) - FV(E_F) \tag{3}$$

式中：$V(E)$是关于丰度的价值函数。

$$V(E) = (2E-1)\ln(\frac{E}{1-E}) \tag{4}$$

下式为分离功的表达式。

那么，根据公式(3)和公式(4)，分离功就可以表示为供料、精料和贫料丰度以及质量流量的函数形式，再根据^{235}U守恒和物料守恒，知道了供料、精料以及贫料丰度和质量流量中的4个量，就可以计算得到分离功，知道了5个量或者6个量，就可以实现分离功的自洽测量功能，从而无需申报，另外，6

个量之间也可以相互验证，确保结果是可靠的。

下面对丰度以及质量流量的测量分别进行描述

1.2 UF_6气体铀丰度的确定

测量供料、精料和贫料丰度的原理是一样的，测量的基本过程是利用 NaI(Tl)探测器测量容器内 UF_6气体^{235}U发射的 143～186 keV 能区的特征γ射线计数率来得到^{235}U的量；通过测量容器内 UF_6气体的温度、压力，应用理想气体状态方程来获得容器内 UF_6气体中 U 的总量，由^{235}U的量和 U 总量即可得到 UF_6气体中的^{235}U丰度，也即获得了主工艺管线内 UF_6气体中的^{235}U丰度。

^{235}U含量的测量具体是利用 NaI(Tl)探测器测量获得容器内 UF_6的γ能谱，得到^{235}U发射的143～186 keV 能区特征γ射线的计数率 S，扣除容器内无气态 UF_6时相应能区的γ射线计数率 S_B（即本底）可获得净计数率 S_{net}，再由放射性衰变规律可以得到^{235}U的放射性活度 A（公式 5），进而可计算出^{235}U的量。

$$A=\frac{S-S_B}{\sum\eta B_r}=\frac{S_{net}}{\sum\eta B_r}(Bq) \tag{5}$$

式中：$\Sigma\eta B_r$：^{235}U 143～186 keV 能区特征γ射线的探测效率与分支比乘积的和。当 NaI 探测器固定在马林杯内后，该值即为定值。

则容器中^{235}U的质量 m_5：

$$m_5=\frac{235A}{N_A\lambda} \tag{6}$$

式中：λ：^{235}U的衰变常数，3.12×10^{-17}；

N_A：阿伏加德罗常数，$6.023\times10^{23}\ mol^{-1}$。

由理想气体状态方程可得到容器内 UF_6的总量。

$$M=\frac{PV}{RT}\mu \tag{7}$$

式中：M：UF_6气体的质量，g；

μ：UF_6的摩尔质量，约为 352 g/mol；

R：普适气体常数，$8.205\ 68\times10^{-2}\ atm\cdot l\cdot mol^{-1}\cdot K^{-1}$；

P：UF_6气体的压力，atm（$1\ atm=1.01\times10^5$ Pa）；

V：UF_6气体的体积，L；

T：UF_6气体的温度，K。

再由公式(8)可得到容器内 UF_6气体中铀的含量 M_U。

$$M_U=67.6\times M \tag{8}$$

由公式(5)、(6)、(7)和(8)可以得到丰度 E。

$$E=\frac{m_5}{M_U}=\frac{235S_{net}RT}{67.6\%PV\mu N_A\lambda\sum\eta B_r}=K\frac{S_{net}T}{P} \tag{9}$$

式中：K：系统参数，用已知丰度的样品刻度获得。

由公式(9)可知，只需准确测得容器内 UF_6气体的压力 P、温度 T 以及 143～186 keV 能区内^{235}U特征γ射线的净计数率 S_{net}，就可以准确获得^{235}U丰度 E。

1.3 供料、精料质量流量的确定

目前，离心铀浓缩厂使用单孔孔板流量计来控制工艺管道内 UF_6气体的流速。单孔孔板流量计的工作原理是 UF_6气体流经小的孔径使孔板前后的压差增大，从而使 UF_6气体的速度达到声速（89 m/s，20 ℃）。在声速条件下，通过孔板的 UF_6气体质量流量可以用下式来表示。

$$Q_m=kPd^2 \tag{10}$$

式中：Q_m：质量流量；

k:孔板系数;

P:孔板前压力;

d:孔板孔径。

对于 UF_6气体,只有当孔板后的压力/孔板前的压力<0.592 6(空气为 0.528)时,流过孔板的气体才能加速到声速,在这种条件下,通过孔板后气体的压力损失较大,会影响到工艺。为满足不同的工艺方案,需要选用不同的孔板。

测量供料、精料质量流量时,工艺管道将孔板前的压力信号转换的电信号传递给铀丰度在线监测仪,然后输入当前安装孔板的直径和系数,就可以实时计算工艺管道中 UF_6气体的流速,进而计算出供料、精料的质量流量。

1.4 自洽分离功在线测量方法

由以上,测量到了供料、精料、贫料的丰度以及质量流量,就可以对相关参数进行计算,得到不同时间段的分离功,实现系统的自洽测量功能。

可以在供取料大厅放置两台 UEOM 型铀丰度在线监测仪,其中一台用来测量供料的丰度以及质量流量,另外一台用来测量贫料的丰度;在级联大厅放置一台 UEOM 型铀丰度在线监测仪,用来测量精料的丰度以及质量流量。

这样一共包含三台 UEOM 型铀丰度在线监测仪,通过设置数据库和专用网络,就可以把相关数据传输到中控室或者质谱间的计算机上,实现自洽分离功的在线测量功能。

2 结果分析

铀浓缩厂分离功在线监测系统已经在某浓缩厂得到了实际应用,能够对供料端、精料端的铀丰度和质量流量以及贫料端铀丰度和分离功进行在线监测。各个参量之间也可以通过分离功公式进行验证核实。

铀浓缩厂采用气体质谱计来测量铀丰度,其测量精度高,但是操作复杂、维护昂贵、分析周期长(供料端和产品端 4 h 测量一次丰度数据,贫料端一周测量一次丰度数据),无法做到实时在线监测,而分离功在线监测系统测量时间短(产品端 600 s 测量一次丰度数据,贫料端 5 400 s 测量一次丰度数据),响应时间快,能实时反映铀浓缩设施工艺状况及工艺状况瞬间变化,这对于工厂生产工艺的安全稳定运行、降低成本具有重要的实际应用价值。

图 2 选取了某段时间内连续 5 天的产品端铀丰度测量结果曲线图,并与气体质谱计测量值进行了比较。从图中数据可以得出,系统在线测量产品端铀丰度相对标准偏差小于 0.3%,与气体质谱计测量结果相比,最大相对偏差小于 0.25%,测量结果十分理想。

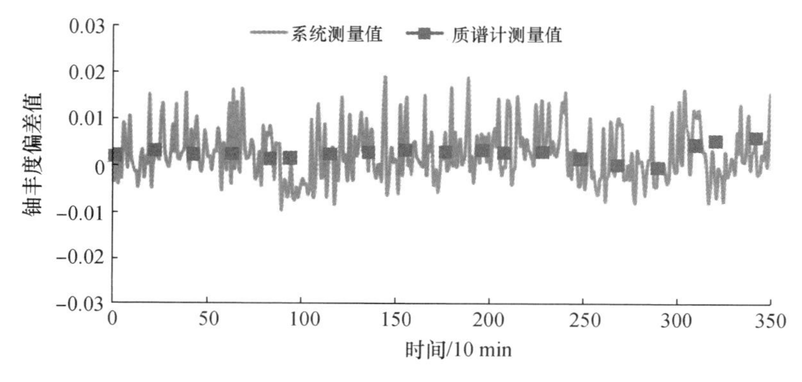

图 2 工艺运行稳定时系统测量值与质谱计测量值比较

图 3 是某铀浓缩厂开始投入运行时分离功在线监测系统监测到的产品端铀丰度的结果曲线,并

且与气体质谱计的测量结果进行了比较。由于刚开始投入运行，因此工艺状况变化比较频繁。由图3可知，分离功在线监测系统测量得到的铀丰度结果曲线能够及时反映生产工艺的变化情况，这为整个离心级联生产工艺的调整提供了巨大的帮助，降低了运行的成本，并且大大提高了整个工艺的生产效率。

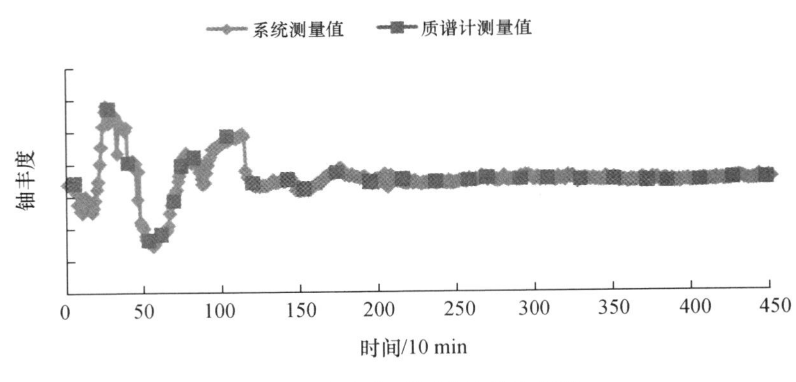

图3 工艺变化时测量结果比较图

表1是某段时间内分离功各个参数的系统测量值与工厂测量值的比较情况。从表可知，铀丰度测量相对标准偏差：供料端小于0.25%，精料端小于0.26%，贫料端小于1.2%。分离功的系统测量值与工厂计算值比较相对偏差小于3%。

表1 分离功各个参数测量结果

技术指标	测量结果
供料端铀丰度	RSD分别为：0.105%；0.133%；0.145%；0.226%(35次/组)
精料端铀丰度	RSD分别为：0.253%；0.184%；0.221%；0.157%(35次/组)
贫料端铀丰度	RSD：1.178%(25次/组)
分离功	RD分别为：1.65%；2.38%；2.66%；2.09%(1次/组)

3 结论

铀浓缩厂分离功自洽在线监测系统在线测量铀浓缩厂供料端、产品端 UF_6 气体铀丰度和质量流量、贫料端铀丰度以及分离功。满足了核查、核保障监督和铀浓缩厂工艺监测的技术需求。

Development of self-consistent separation power online monitoring system

LIANG Qing-lei[1], LIU Guo-rong[1], LI Jing-huai[1],
LU Xue-sheng[1], HAO Xue-yuan[2], YING Bin[2]

(1. China Institute of Atomic Energy, Beijing, 102413, China;
2. CNNC Lanzhou Uranium Enrichment Co., Ltd, Lanzhou, 730030, China)

Abstract: Separation power is the core key indicator of a uranium centrifugal enrichment plant. Through online monitoring of the separation power, it can be known whether the separation power of the uranium enrichment plant meets the declared value and whether there is a default of uranium enrichment production activities, effectively preventing uranium enrichment The illegal transfer and use of capacity, it can also monitor the production process status of the uranium enrichment plant, and provide monitoring means and technical support for the optimization design of the centrifugal cascade and the adjustment of the production process. This system uses the UEOM to monitor the uranium abundance of UF_6 gas online, and uses the orifice plate flow meter to monitor the mass flow. Finally, the separation power was calculated by ^{235}U enrichment and UF_6 gas flow rate in the pipes, and the various parameters of the separation power can also be verified and verified. The results show that the deviation of the separation power measured by the separation power online monitoring system every day is within 3.0%. The entire system has the characteristics of fast response, high precision, and unattended operation, and its related technical indicators have reached the leading level of similar devices in the world.

Key words: separation power; enrichment of uranium; mass flow; self-consistent

坡口在线检测技术研究及应用

郭吉龙,王晨阳,习建勋
(中核北方核燃料元件有限公司,内蒙古 包头 014035)

摘要:端塞焊是 CANDU－6 核燃料元件制造过程中的一道重要工序,该工序对坡口(焊接接触面)要求很高。坡口损伤或沾污后,端塞焊接时极易导致焊缝夹杂或裂纹。为了监控端塞焊接前坡口状态,提高端塞焊产品质量,在端塞焊接前开展坡口在线检测技术的研究。首先通过设计坡口缺陷端塞焊接试验,建立坡口缺陷检测标准;然后根据坡口缺陷标准,利用视觉成像技术开发了坡口检测装置,实现了坡口检测;最后为了实现检测装置的系统集成及在线应用,设计了端塞焊自动上料架,并开发了上位机控制界面。根据应用效果,该检测装置能够智能识别多种坡口缺陷及沾污,达到了预期效果。

关键词:坡口检测;坡口损伤;端塞焊接

包壳管在清理切定长工序将管两端加工成"V"字形状,形成 120°的倒角,为端塞焊接作准备,该倒角称之为"坡口",如图 1 所示。

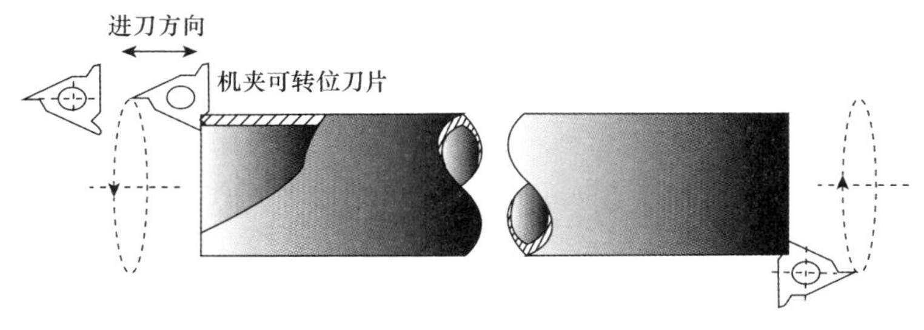

图 1　坡口加工示意图

坡口加工后又经过配组、芯块装管、端塞焊上料和氦气填充等工序到达端塞焊接工位,大部分工序为人工操作,搬运过程中极有可能造成包壳管坡口损伤及沾污。端塞焊是利用电阻对焊,将装有芯块包壳管与端塞焊接成成品元件,端塞焊对工件焊接接触面要求很高,坡口损伤或沾污后,端塞焊接时极易导致焊缝夹杂、裂纹等缺陷。

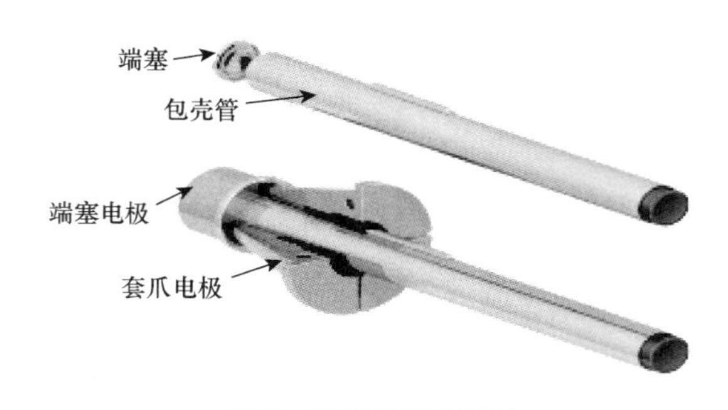

图 2　端塞焊接示意图

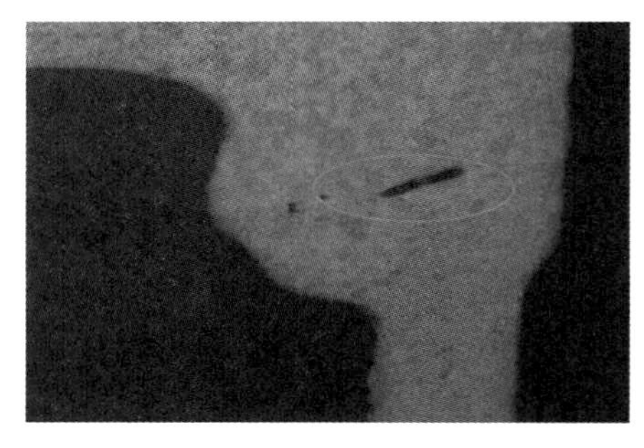

图 3　焊缝金相图

为了保证待焊接元件的坡口质量,减少因金相不合格造成的元件追溯及设备停机次数,我公司决

作者简介:郭吉龙(1978—),男,内蒙古集宁人,高级工程师,学士,现从事核燃料元件制造方面工作

定开展坡口在线检测技术研究。通过开发坡口检测装置并集成到端塞焊机，实现待焊接元件坡口的在线100%检测，将坡口异常的元件及时剔除，从而提高端塞焊产品质量。

首先通过设计坡口缺陷端塞焊接试验，并进行金相分析，建立坡口缺陷检测的标准。根据所设定的标准研制坡口检测装置，为了满足坡口检测装置的使用要求，重新设计具有集成自动上料功能的上料架，在自动上料装置和坡口检测装置研制完成后，实现元件自动上料及坡口在线检测的各项功能与调试。

1　缺陷标准建立

通过前期人工坡口检测的经验积累，坡口缺陷主要分为异物污染（包括粘手套毛、石墨粉尘、UO_2粉尘）、亮带损伤及边缘损伤，典型缺陷如图4、图5所示。

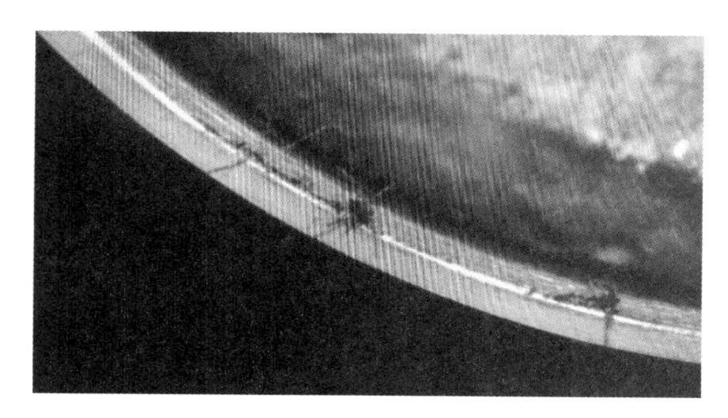

图4　坡口挂手套毛

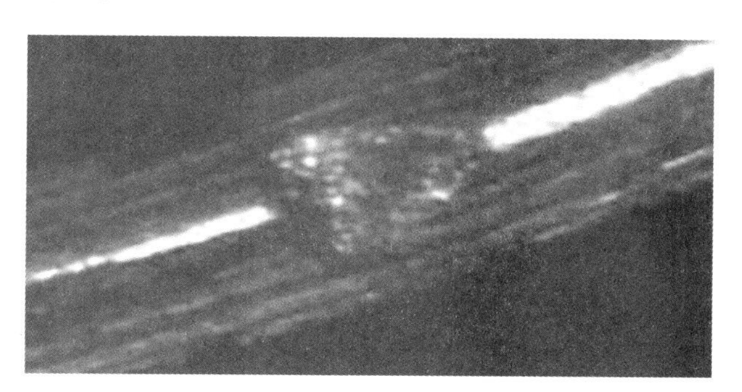

图5　坡口亮带损伤

1.1　异物缺陷标准

根据原有检验经验坡口污染主要包括：坡口石墨污染、UO_2污染、手套毛污染以及其他物品沾污。为了进一步验证坡口污染元件焊后焊接线出现的概率，需要选取一定数量的坡口污染元件进行焊接试验，对焊线出现的概率进行统计。选取一定数量的坡口污染元件，在管壁处标记好缺陷位置，进行焊接试验，试验分组情况及检验结果见表1。

表1　试验分组情况及检验结果

样品编号	试验说明	样品数量	有焊接线样品数量	不合格率
WR(1～20)	石墨污染	20	17	85%
WR(21～40)	UO_2污染	20	16	80%
WR(41～60)	挂手套细毛	20	10	50%

根据坡口沾污试验可以看出，元件坡口沾污后焊缝出现焊线的几率很高，对产品质量的影响很大。当出现坡口沾污时，需要操作人员手动清理坡口表面，再次进行坡口检测，如坡口仍有脏污，该元件按拒收处理。

1.2　亮带损伤标准

根据亮带损伤长度及高度表征坡口损伤程度，使用视觉系统测量缺陷大小。由小到大，选取不同缺陷大小的元件进行焊接试验，试验后进行多方面评价，经过多轮次试验确定出最终标准。

根据坡口损伤周向长度的大小将试验样品分为三组，选择0.03 mm和0.06 mm作为分割点。每组选取20根元件，在端塞焊设备正常的情况下，并且焊接热量、压力等参数与正常生产时所用的一致，使用相同批次端塞进行试验。焊接完成后，对上述三组样品进行金相检验，检验结果见表2。

表 2 试验分组情况及检验结果

	样品编号	样品数量	边缘缺陷损伤高度	有焊接线样品数量	有焊接线样品比例
第一组	LD(1～20)	20	<0.03 mm	0	0
第二组	LD(21～40)	20	(0.03～0.06)mm	3	15%
第三组	LD(41～60)	20	>0.06 mm	6	30%

根据坡口亮带损伤试验的结果可以看出，亮带损伤缺陷对端塞焊接质量有一定的影响，这种不利的影响是存在一定概率的。其中亮带坡口损伤周向长度小于 0.03 mm 时，没有焊接线的出现。亮带坡口损伤周向长度大于 0.03 mm 和 0.06 mm 时，焊线样品数量分别为 3 个和 6 个。综上分析，当待焊接元件亮带坡口损伤周向长度大于 0.03 mm 时，按拒收处理。

2 坡口检测装置开发

2.1 结构设计

如图 6 所示，视觉检测硬件主要由工业相机、工业镜头、光源、微调机构及伺服滑台组成。

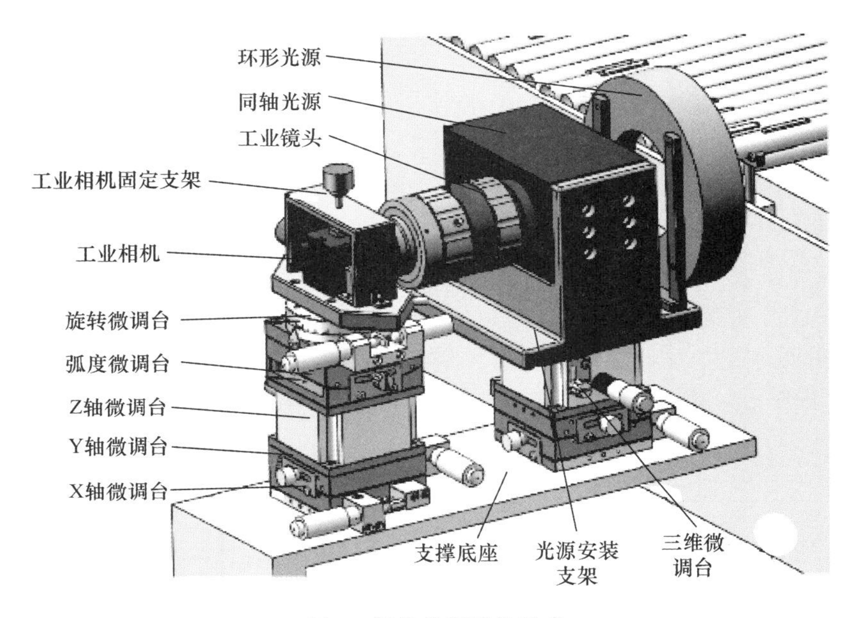

图 6 视觉检测硬件组成

2.2 缺陷识别算法

坡口缺陷检测算法直接关系到设备性能的好坏。首先读取图 7(a)和图 7(b)的图像，对图 7(a)进行形态学处理，形态学处理与裁剪结果图如图 8 所示，图 8(a)为图 8(a)形态学处理结果，图 8(b)为图 7(a)剪裁结果，图 8(c)为图 7(b)剪裁结果。

截取后的图像根据圆心位置与内外圆半径进行展开，展开结果如图 9 所示，图 9(a)为图 8(a)展开结果，图 9(b)为图 8(b)展开结果。

对图 9(a)展开图求取平均灰度，得到平均灰度模板。将平均灰度模板与原图做差并进行形态学处理，处理结果如图 10 所示。

通过对比图 8(a)与图 8(b)的展开结果图，根据亮带特征将亮带提取出来，提取结果如图 11 所示。

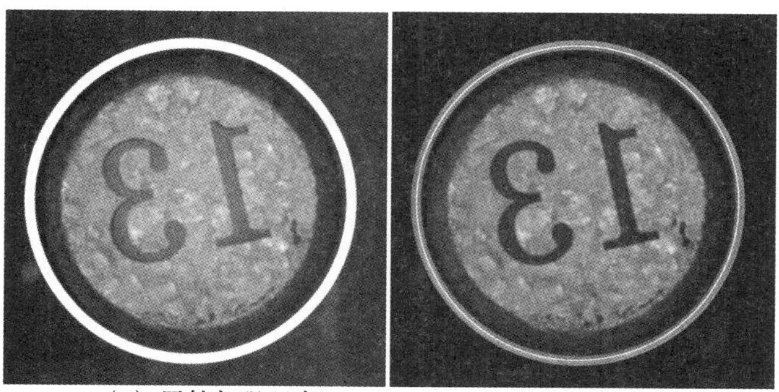

(a) 同轴加强环光　　(b) 同轴加弱环光

图 7　读取图像

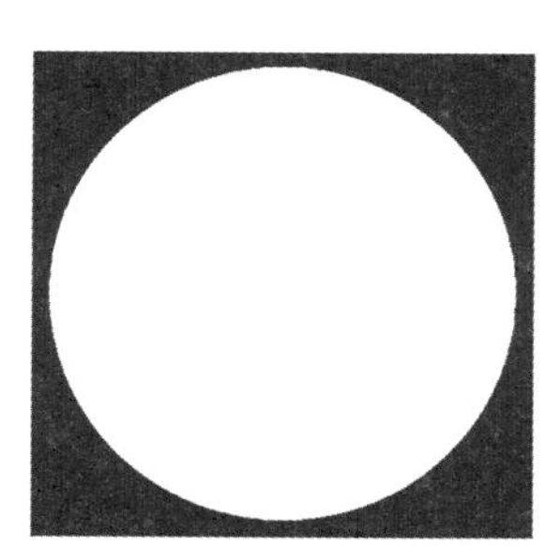

(a) 形态学处理结果

(b) 裁剪结果

(c) 裁剪结果

图 8　形态学处理与裁剪结果图

(a) 展开结果1

(b) 展开结果2

图 9　展开结果图

图 10　平均灰度模板处理结果

图 11　亮带提取结果图

通过对图 8(a)中连通域平均亮度、面积、形状和位置和图 8(b)中宽度可疑位置、过宽位置长度等信息作为依据进行缺陷的判定。最终判定结果如图 12 所示，图 12(a)判定结果 1 为本锆管元件检测结果，缺陷已在图中标出，图 12(b)判定结果 2 为另一根锆管元件检测结果，为无缺陷管。

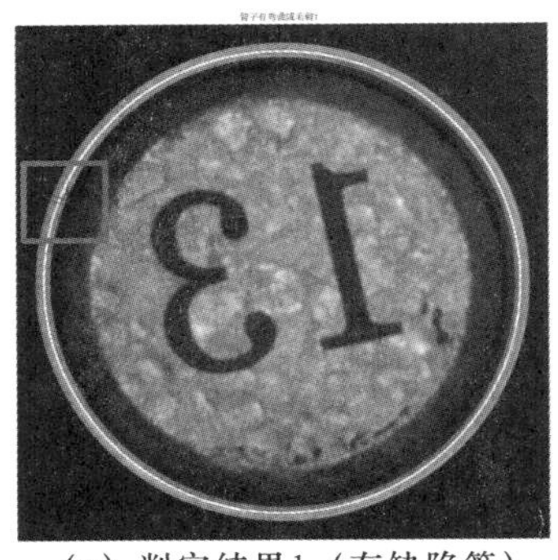
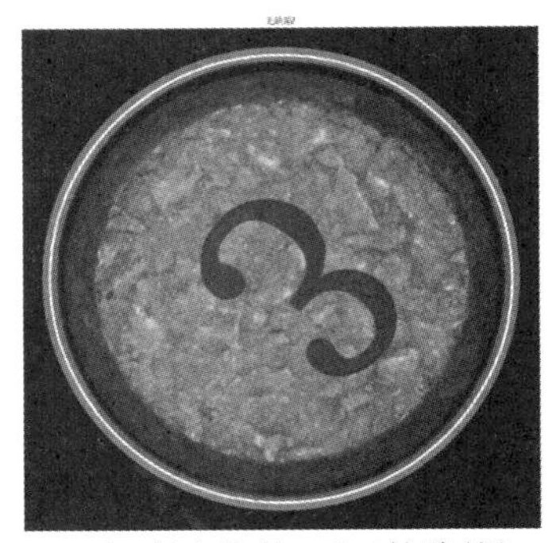
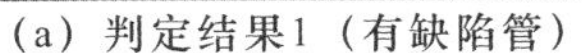
(a) 判定结果1（有缺陷管）　(b) 判定结果2（无缺陷管）

图 12　检测结果图

3　检测装置的系统集成

元件自动上料装置由上料架框架、电机、传动皮带、定位机构和吸尘装置组成，示意图如图 13 所示。该上料装置能够实现原有元件批量上料、单根送料功能，同时集成了元件端部负压吸尘等原有功能。装置间有效隔离，避免了端塞焊机的震动对坡口检测的影响。合理设计相机、光源安装位置，避免安装空间干涉。

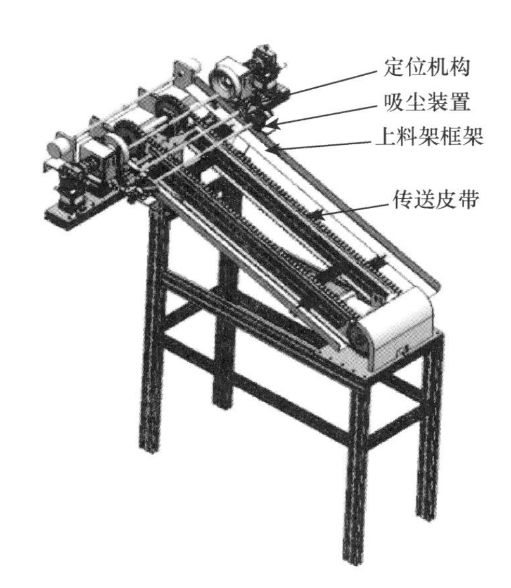

图 13　上料架示意图

坡口在线检测系统于 2018 年年底投入使用，现已检测超过 40 余万根元件，检测准确率 100%。该系统能够识别多种坡口缺陷。包括坡口损伤、坡口沾污、芯块缺失。同时，还将检测图片储存起来形成了缺陷数据库，为次组件切定长、装管、转运过程的缺陷分析提供了依据，提高了 CANDU 燃料元件制造的质量控制能力。

4　结论

本文针对端塞焊去焊瘤一体机，自主研发了坡口在线检测系统。坡口在线检测系统能够识别出坡口各种缺陷，检测精度可达 0.01 mm 及识别准确率可达 99.99%，得出以下结论：

(1)通过各项试验，建立了 Candu-6 核燃料坡口缺陷的拒收标准。

(2)创造性的实现了 Candu-6 核燃料元件端塞焊接前，包壳管坡口的在线检测。能够智能识别多种坡口缺陷，包括：坡口沾污、手套毛，亮带及边缘损伤尺寸、芯块缺失。

(3)实现了待焊接坡口检测图像的采集与信息绑定存储，便于出现质量问题后进行追溯查询。

参考文献：

[1] 葛继.安瓿药液可见异物视觉检测机器人技术研究[D].湖南大学.2012.

[2] 丁凤华.自动视觉检测系统可拓设计方法研究[D].山东大学.2013.

[3] 贝磊.基于软件构件的视觉检测平台设计及实现[D].华中科技大学.

Research and application of element groove detection technology

GUO Ji-long, WAGN Chen-yang, XI Jian-xun

(China North Nuclear Fuel Co. LTD, Baotou of Neimenggu Prov. 014035, China)

Abstract: The end cap welding is an important process in the manufacture of nuclear fuel elements. This process has high requirement on the welding contract surface of the workpiece.After the groove of the sub-assembly is damaged or contaminated, the end cap welding can easily lead to weld inclusion, crack and other defects. In order to monitor the groove state of element before welding and improve the quality of the end cap welding product, the research work for element groove in-line detection has carried out. Firstly, by designing the test of end cap welding groove, defect detection standard are set up; then according to groove defect standard, the element groove detection device has been developed; at last, in order to realize the system integration and in-line application, the automatic uploading shelf has been designed and its upper computer control interface has been developed. On the basis of application effect, many kinds of defects can be recognized by this unit, which can satisfy the desired effect.

Key words: groove detection; groove damage; end cap welding

机器视觉技术在重水核燃料生产线的部分应用

霍 峰,习建勋
(中核北方核燃料元件有限公司,内蒙古 包头 014010)

摘要:本文以中核北方重水核燃料生产线的升级改造为背景,结合机器视觉技术在近年来国内外的飞速发展和成熟。选用先进的检测和处理系统,对切定长及配组工序中的相关应用进行讨论和分析。结合实际应用环境及检测要求,有针对性地设计检测机构及应用流程,保证机器视觉技术性能的充分发挥。总结机器视觉技术对于工序高效化、智能化运转的重要作用,并为机器视觉技术的更广泛应用提供理论和实践依据。

关键词:轮廓测量;视觉缺陷检测;三维机械手视觉系统

1 机器视觉技术的发展

机器视觉是近年来发展起来的一项新技术,它是利用光机电一体化的手段使机器具有视觉的功能。将机器视觉引入检测及生产加工领域,可以在很多场合实现在线高精度、高速测量[1]。

20世纪90年代初,智能相机的出现使视觉检测技术得到了飞速的发展,极大地推动了制造业领域的视觉应用。

2005年,梅特勒—托利多公司推出了世界上首台人机界面良好的视觉检测机。从此,工人在生产线上操作视觉检测设备就像操作电脑一样简单。

在国外,机器视觉的应用普及主要体现在半导体及电子行业,其中40%～50%都集中在半导体行业。目前,国际上领先的机器视觉企业包括基恩士、康耐视、海康威视等,各企业的研发重点已向着智能化、集成化等方向发展。

相比较于人工检测抽检率低、准确度不高、实时性差、效率低、劳动强度大、受人工经验及主观影响强等弊端,机器视觉技术以其故障率低、实时性好、非接触、重复性好等特点在越来越多精密制造领域得到了相当广泛的应用。基于机器视觉的检测方法在近年来逐渐丰富成熟。

近年来,以尺寸测量仪、视觉缺陷检测、三维传感器引导机械手等为代表的机器视觉技术逐渐成熟,并被视觉研发厂商封装定型成为标准产品,其优异性能也使其在很多较为传统的工业领域得到了广泛的发展和应用,重水核燃料生产线也不例外。

2 重水核燃料生产线部分工序介绍

2.1 重水核燃料棒束介绍

重水燃料棒束以天然UO_2陶瓷芯块作为装料,外包壳材料为Zr-4合金,其结构为四层环状排列的圆柱形棒束,棒束的示意图如图1所示。

重水核燃料棒束的主要特点为使用37根锆管作为装料包壳,各包壳管元件(次组件)的区别主要体现在,37根元件在棒束中的相对位置不同,作为隔离作用的附件(支承垫、隔离块)的种类、数量及位置存在区别,共分为5个组别。

棒束在堆内运行的首要目标是避免破损。在棒束的制造过程中,端塞焊接工序是保证堆内运行质量的关键工序,切定长工序及配组工序是端塞焊接前的准备工序,直接决定了焊接准备面的加工质量。

作者简介:霍峰(1992—),男,内蒙古包头人,硕士,工程师,现从事重水堆核燃料生产技术研究

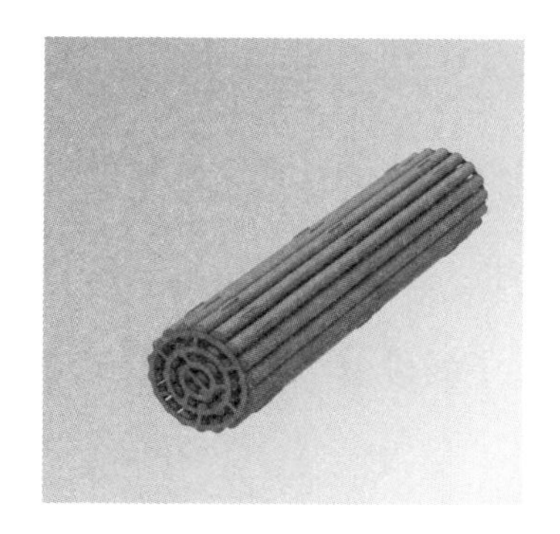

图 1　重水核燃料棒束示图

2.2　切定长工序介绍

首先去除次组件两端外表面至少 9 mm 的氧化层进行端部砂光(从端口轴向计),作为后续焊接工序的导电面。

然后在两端切削形成 120°焊接坡口,并控制次组件的总长。切削原理如图 2 所示。

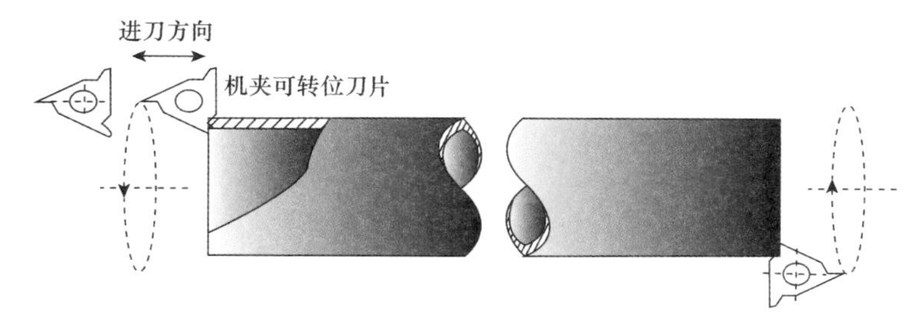

图 2　切定长工序切削原理示图

切定长工序是加工焊接准备面和导电准备面的重要工序,易出现的问题包括坡口污染、坡口氧化及焊接面不连续等,加工质量直接影响焊接质量。所以在加工以后要进行多项检验,主要包括坡口高度、坡口角度、次组件整体长度及坡口洁净度、连续性等。

以往的人工抽检方式并不能做到检测结果的立即反馈和测量的全面覆盖,有必要利用更为先进的检测技术提高检测的自动化水平,形成自动在线检测系统。

2.3　配组工序简介

配组是紧接切定长工序之后的加工工序,该工序不涉及工件的实体加工。主要流程为将各组别的次组件按一个棒束所需根数,按固定的顺序配成元件包。相当于从次组件(以箱计数)到元件分组的转变。图 3 为配组工艺的工序示意图。

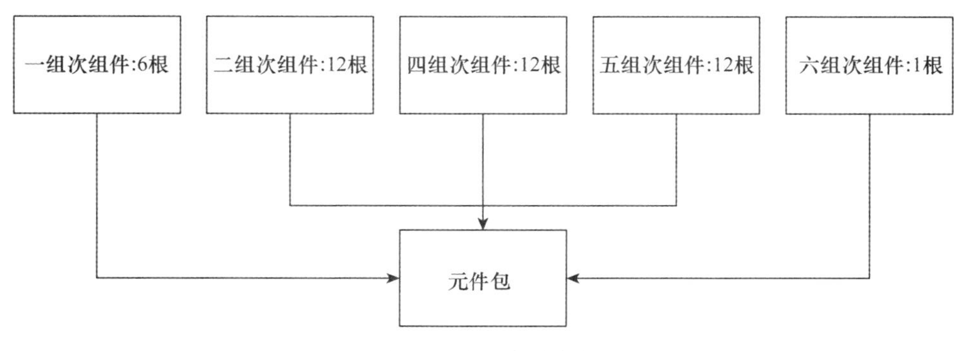

图 3　配组工序示意图

因为配组来料为已加工坡口的次组件，并且坡口对污染、磕碰等有很强的敏感性，所以配组工序对操作的精准度及可靠性要求非常高。

以往的人工配组方式效率不高，也不符合后续端塞焊一端板焊自动生产线的供料要求。

3 切定长工序中机器视觉的应用

3.1 二维高速尺寸测量仪在尺寸测量中的应用

3.1.1 二维高速尺寸测量仪结构原理

基恩士的 TM3000 系列 2 维高速尺寸测量仪，属于高度集成化的成熟产品。该系统由传感器、计算机、操作附件及连接线路等组成，系统组成如图 4 所示。系统配有专用的控制处理器、传感器及专用的操作软件，并且可以与包括计算机、PLC 等多种设备进行信息交互。

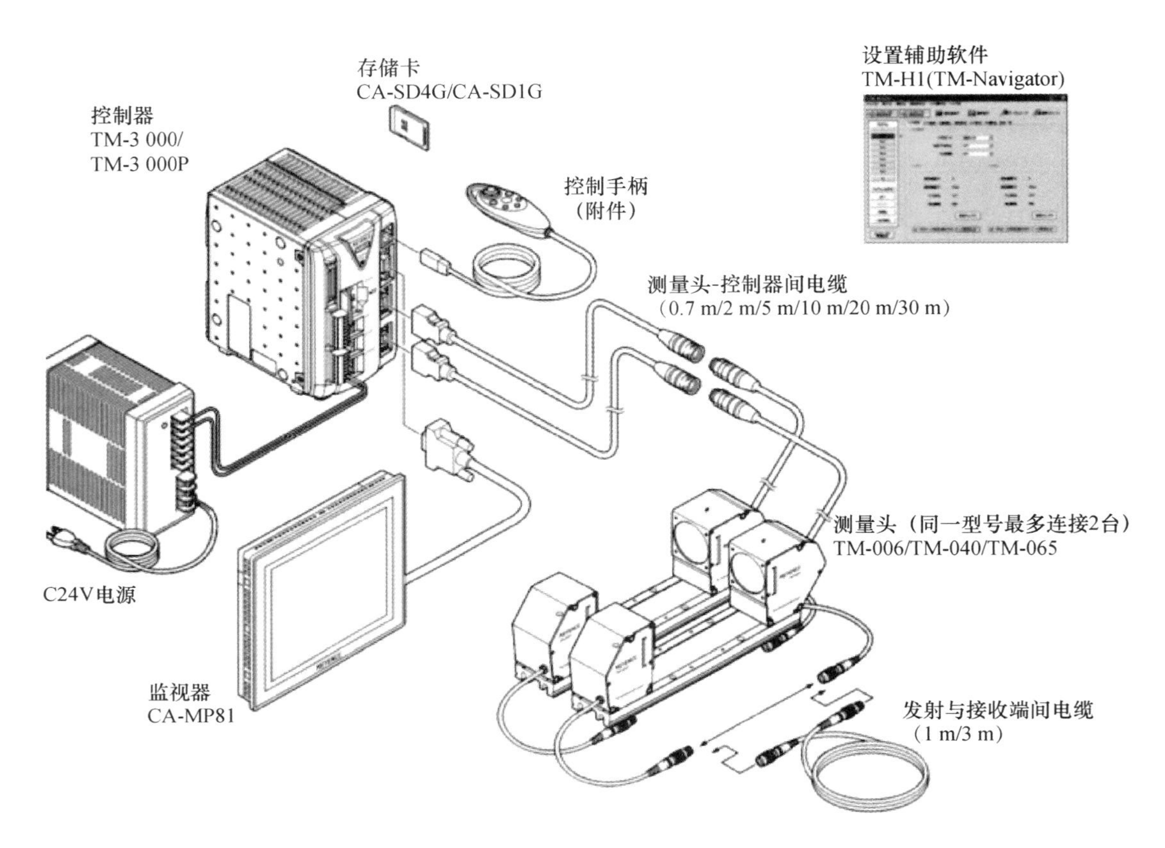

图 4 二维高速尺寸测量仪系统组成

传感器是检测的核心部件，由精密组装在一起的发射端和接收端组成。

其测量原理与投影测量仪类似，发射端发射的不可见光，在测量的核心区域近似于平行光照射，未被工件遮挡的光照射在接收端上，从而提取工件在测量区域内的轮廓信息，其测量原理如图 5 所示。

提取的轮廓信息进入控制处理器进行处理计算。该系统配属有专用的操作显示软件，可以在软件中对所需提取的尺寸、角度、相互关系等进行设置[2]。

并可以利用所设置标准图形及位置扫描程序对不同摆放位置及不同姿态的工件进行扫描追踪，并实现对设定目标的追踪测量。

这一功能极大地提高了不同摆放姿态、位置的工件的检测精度，是使该系统得以应用在精密尺寸检测过程中最重要的特征之一，也使该系统具备了很强的测量柔性。

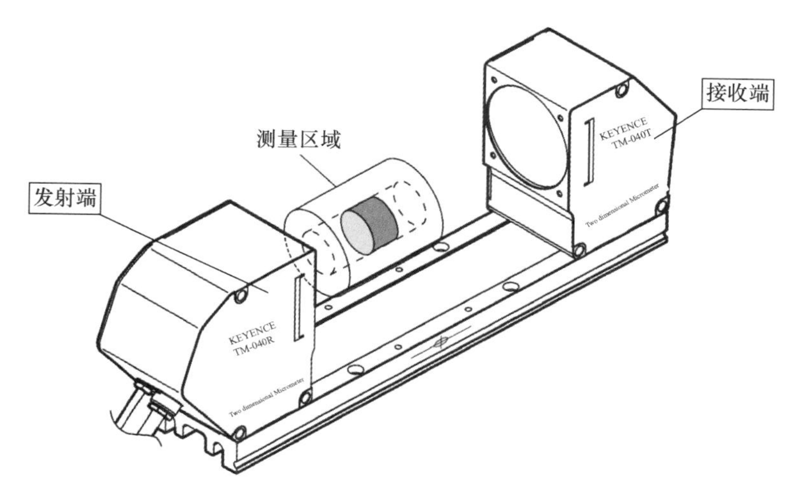

图 5　测量原理

同时，该系统对微小尺寸的测量具有极高精度，在核心区域的测量精度能达到±0.5 μm，每一次检测所需时间约为 0.1 s。并且可以通过调节阈值实现对轮廓选取的调整，最终实现对目标尺寸的高速、准确测量。

3.1.2　实际应用

切定长工序后的尺寸检测主要包括坡口参数及总长参数，其中坡口参数包括坡口的高度及角度。

以往利用人工检验时，是利用投影仪目视取点的方式测量坡口的高度及角度参数。抽检数量少、主观性及不确定性较强。而次组件的总长是利用接触式的位移传感器进行测量，受气压、机械精度等诸多因素的影响，并且接触式的测量方式对坡口的洁净度不利。

而采用非接触方式的二维高速尺寸测量仪非常适合尺寸测量的应用条件。

如切定长坡口的图形，由于管弯曲度的影响，使每一根工件坡口沿 X-Y 轴的位置不同，宜采用 XY 方向分别补偿的形式对工件位置进行追踪。设置界面如图 6 所示。采集后的轮廓包含了工件尺寸的信息，计算机可以根据所设计的程序对目标参数进行提取和运算，其原理以一端检测图形说明，如图 7 所示。

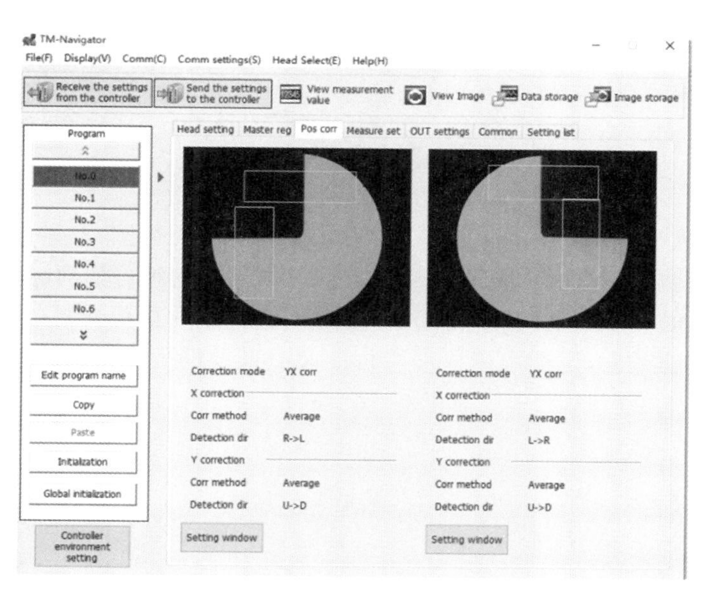

图 6　测量仪位置补偿界面

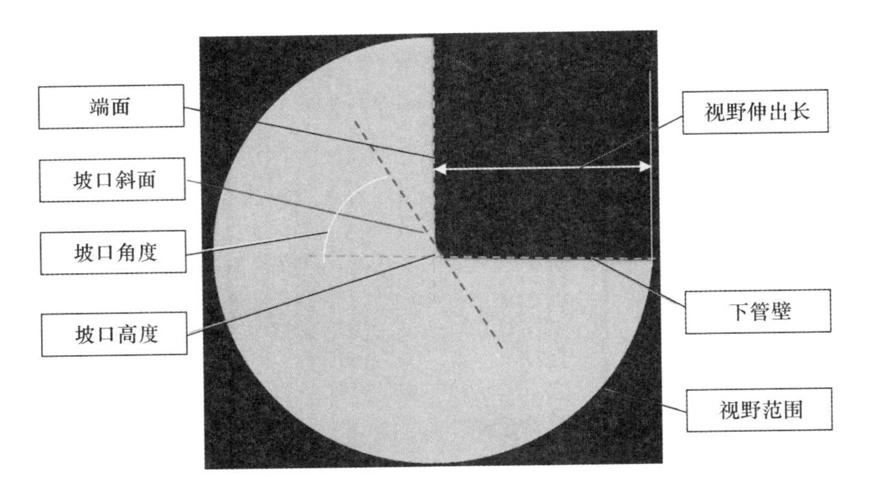

图 7　坡口参数测量原理图

在检测过程中，端面、下管壁及坡口斜面通过软件中设置扫描区域的方式进行提取，就可以按照预设的算法计算出坡口高度、角度及视野伸出长参数。

由于坡口分布在次组件的整个圆周上，其在圆周上的分布可能并不均匀，圆周上的各个位置可能尺寸不同，所以应在圆周上取尽量多的点进行检测，根据切削原理及设计节拍的要求，在圆周上选取 3 个检测点，分别测量高度及角度参数，三个参数均合格则判定该次组件合格。

次组件在圆周方向上的多点检测就要求次组件在这一工位上具有转动的功能，所设计的机械结构如图 8 所示。该机构能带动次组件沿轴线转动，从而对不同位置进行测量。

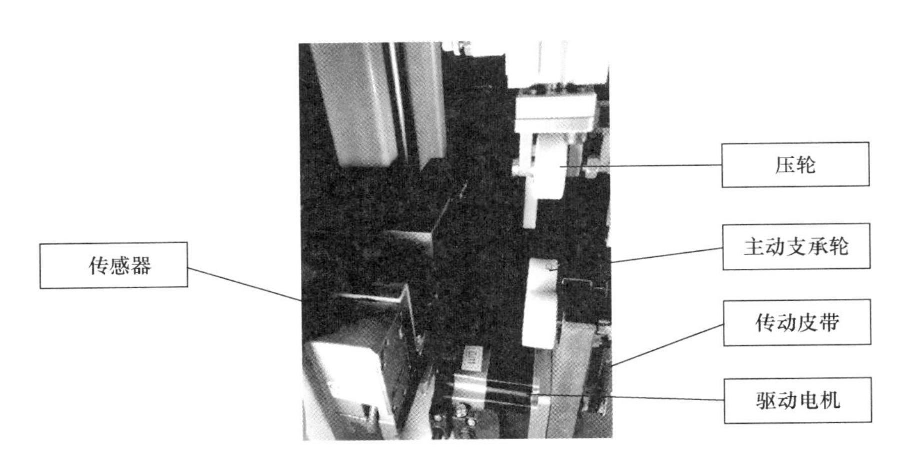

图 8　尺寸检测机构示图

同时在次组件的两端分别布置一套尺寸测量仪，既实现了两端坡口的同时检测，又可以利用两个传感器得出的视野伸出长参数加上两传感器距离，间接得出次组件总长。

为保证测量系统的有效性，定期利用标准棒校准及验证补偿数值，可以做到对长度检测准确可靠。测量的显示界面如图 9 所示。

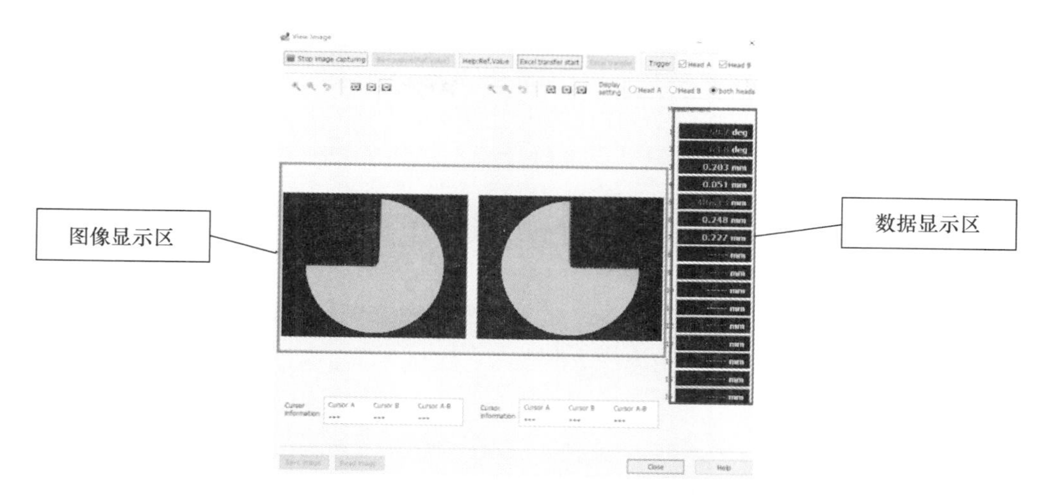

图 9　检测显示示图

正常次组件在视野中的图形如图 10 所示。

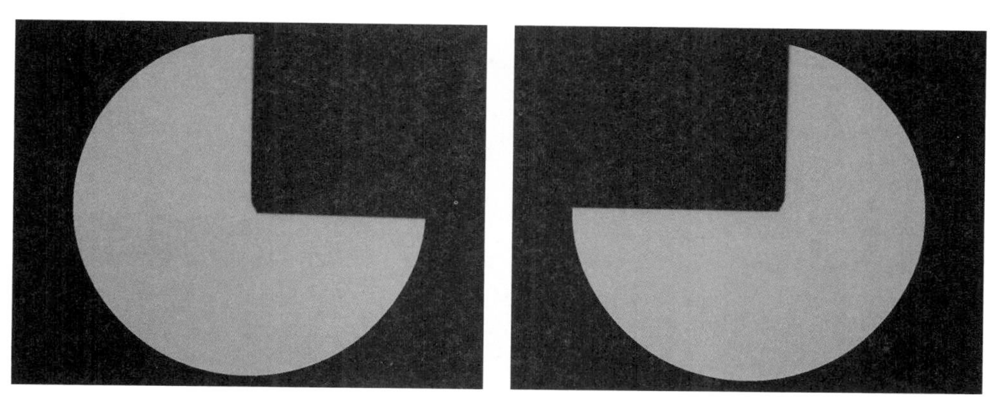

图 10　坡口检测示图

测量可以在一次拍摄中读取出所需的所有参数，实现对参数的高速测量。经大批量试验，该系统测量准确性达到了 90%以上，检测效率高，速度快，达到了预期目标。

3.2　视觉缺陷检测在坡口质量检验中的应用

3.2.1　视觉特征提取技术

坡口的视觉缺陷检测是生产线较为成熟的检测技术，其检测原理是利用光源照射坡口区域，视觉相机采集坡口图像[3]。不同的光源照射方式会得到坡口不同区域的图像，通过对多个光源的复合应用，可以判断在整个坡口区域内的各种缺陷。

坡口缺陷主要类型包括：粘毛、石墨污染、亮带损伤及边缘损伤。其典型图示如图 11 所示。

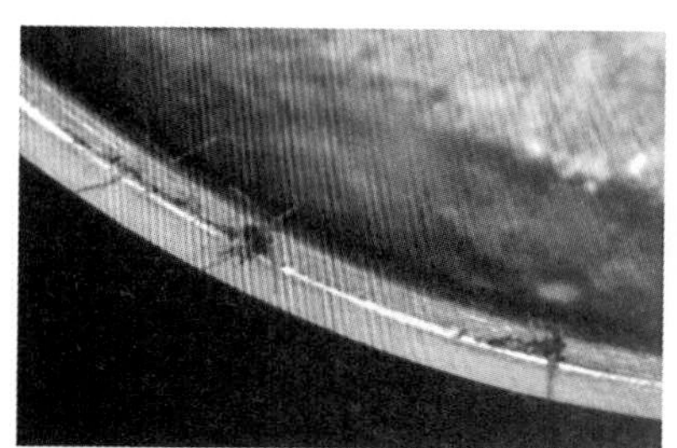
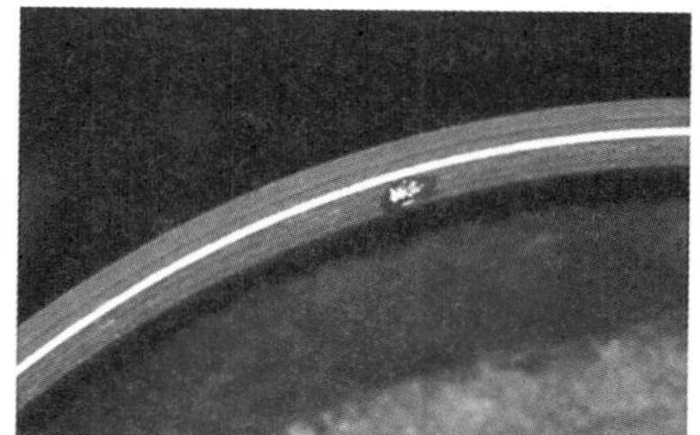
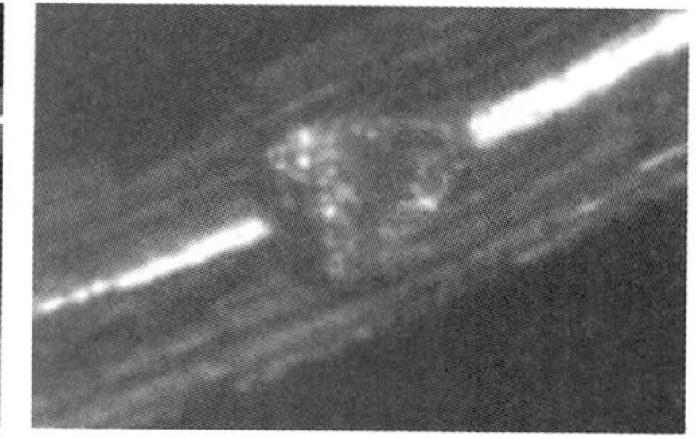

图 11　坡口缺陷示图

包壳管坡口损伤或沾污后，焊缝极易导致裂纹、夹杂等缺陷，影响焊接质量。视觉检测功能的加入可以很好地解决这一问题，通过同轴光与散射光的相互配合可以准确地判断出缺陷的类型和大小。

同轴光，顾名思义是平行发射的光源，在检测中对与发射方向接近垂直的工件表面有很好的反射效果，优先用来检测亮带部分的细节信息。而散射光源的发射方向不定，更适合次组件斜面部分的细节捕捉。两种光源如果同时触发会相互干扰，所以设定两个光源间隔触发，分别检测亮带及边缘的缺陷情况。同轴光及散射光下的坡口图示如图 12 所示。

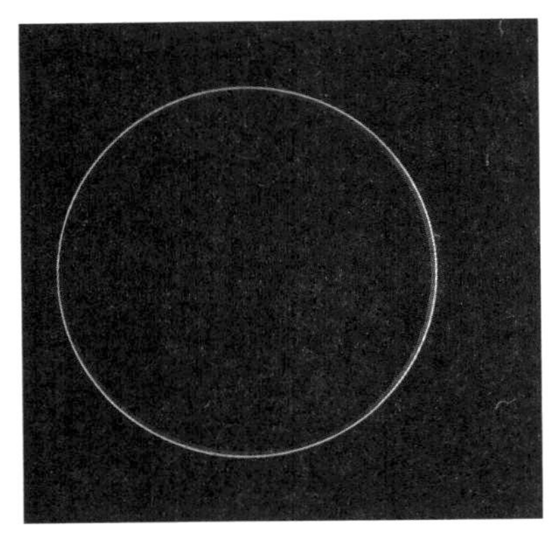

图 12　同轴光及散射光下坡口图像

可以从图中看到不同光源下亮度合适的区域是不同的，通过两个图像的配合检测整个坡口区域的缺陷情况。

3.2.2　视觉缺陷检测的机构设计

整个系统由光源及其控制器、相机及调节装置组成。所采用的五轴精密滑台调节装置可以使所搭载的相机位置有 5 个自由度的调整余度，方便根据次组件位置对视野进行调节，光源亮度及触发时间均可以调节。其结构设计如图 13 所示。

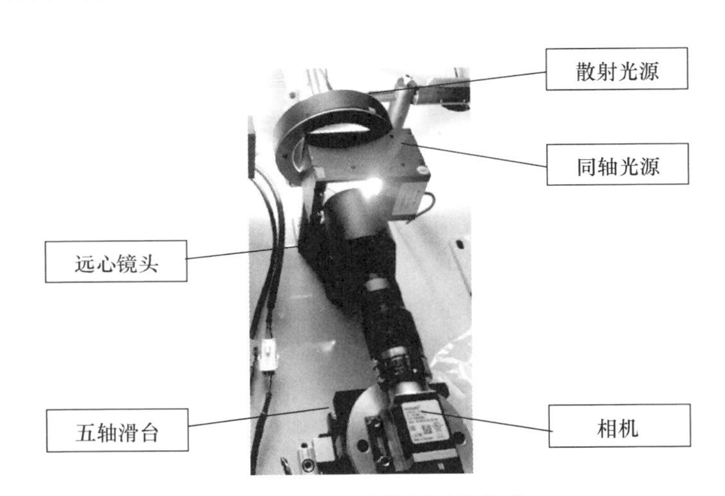

图 13　视觉缺陷检测系统结构

本设计所采用的 Basler 相机配合远心镜头使分辨率达到 2.5 μm 级别，视野能实现一次拍摄覆盖整个坡口范围，可以有效判定各种类型的缺陷及位置。

由于切削坡口后的次组件相对于隔离块具有对称性，并且正常产品的长度在 0.1 mm 误差范围内，所以利用隔离块进行二次定位，将坡口拉入到远心镜头的焦深之内，该方式可以有效降低视觉系统由于对焦误差所导致的测量失败几率。

该系统集成了对坡口缺陷检测、缺陷报警、亮带宽度及次组件壁厚的检测功能，并建立了缺陷数据库，可以对一段时间内的缺陷类型及占比进行统计分析，从而指导质量调整方向，确保坡口的加工质量。软件界面如图 14 所示。

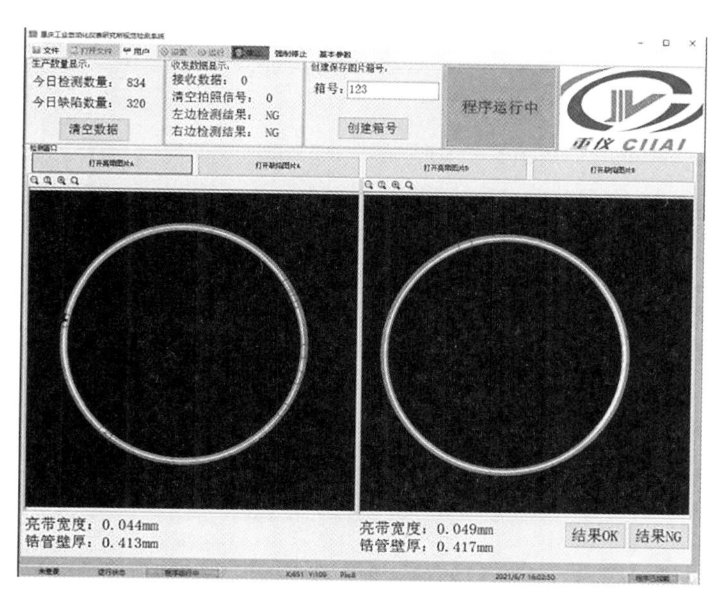

图 14　视觉缺陷检测界面

4　配组工序中机器视觉技术的应用

4.1　三维机械手视觉系统结构原理

3D 机械手视觉系统是一种视觉处理单元指挥机器人完成特定动作的智能化系统[4]。其通过视觉检测感知工件所在位置，并由配属的计算机经过处理计算，给出机器人（机器手）运动的精确轨迹，这一过程中还要躲避箱壁等障碍物，到达指定位置。3D 机械手视觉系统的组成如图 15 所示。

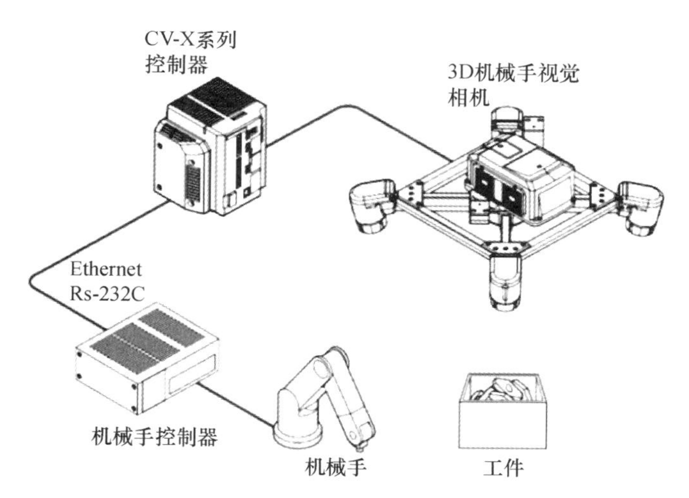

图 15　3D 机械手视觉系统组成

3D 机械手视觉系统的计算机处理流程是从工件设置出发的。在配属的专用操作软件中进行操作，在视野中放置单个工件来完成单体工件标准模型的输入和建立。之后用同样的方式设置包装箱体等信息，系统通过安装在传感器上的多个感光部分的每一次拍摄过程建立在测量区域内所有实体的三维模型。传感器构式如图 16 所示。

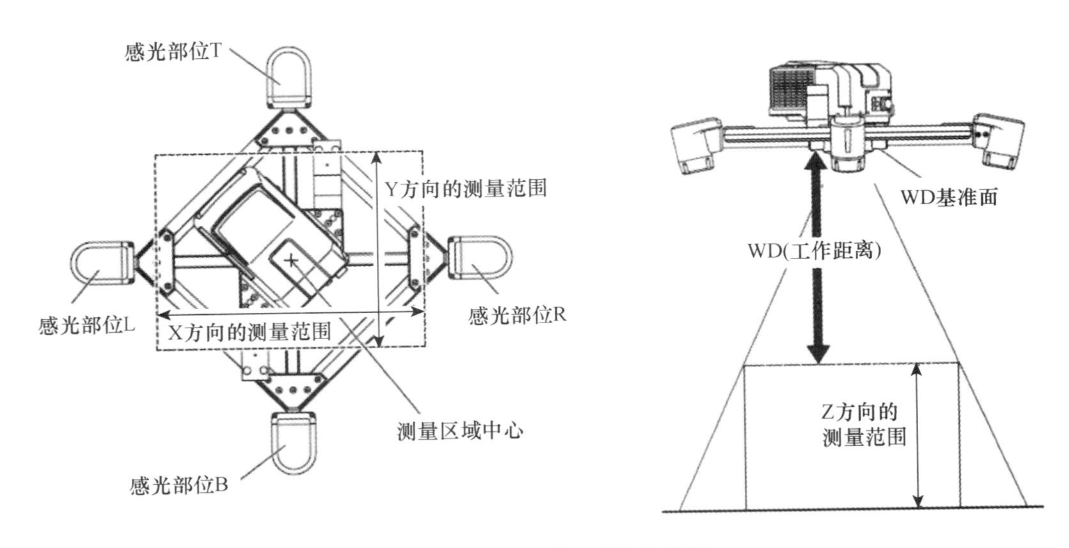

图 16　3D 机械手视觉相机结构

并通过拍摄模型与单体工件模型对比，来确定箱内与单体工件模型相似度最高的单体作为抓取目标。并根据该单体的位置、姿态信息计算出抓取所需的机器人运动坐标位置，并在抓取成功后由计算机引导机器人规避箱壁等障碍物最终到达放置位置。其识别界面如图 17 所示。

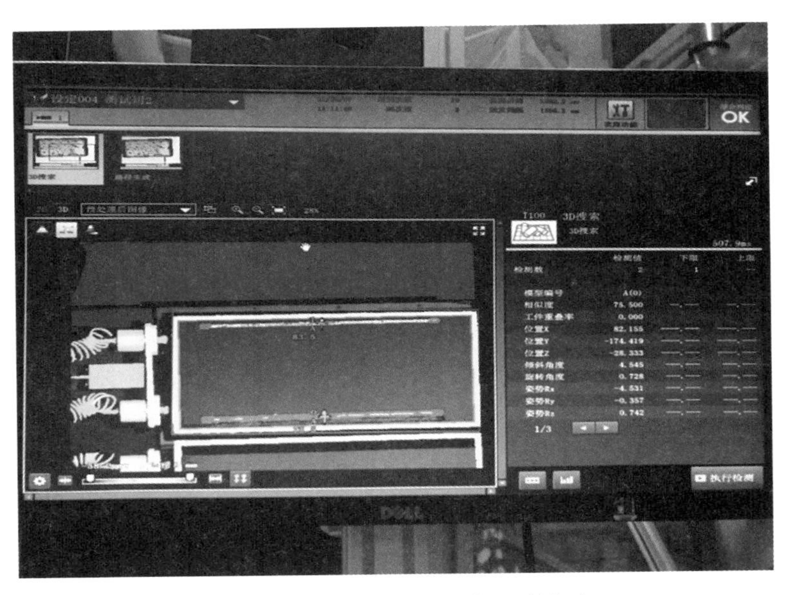

图 17　3D 机械手视觉系统识别界面

对拍摄参数、机器人安装位置，等待及放置目标位置信息后，整个系统即可以开始运行。

运行模式下系统会根据距离传感器远近数值对拍摄的平面照片进行着色。并显示所识别出全部单体工件的轮廓，并着色为紫红色，并将各单体工件与单体工件标准模型进行相似度对比，提取出相似度最高的组件作为抓取目标。

并利用次组件的位置和姿态信息经过计算和处理得出机器人所需的抓取姿态信息，指导机器人完成抓取动作。

4.2 实际应用

待配组次组件是以无序堆叠的方式放置在矩形箱体内的，其放置状态不固定，但各组别次组件长度一致，除焊接的附件不同外，结构相同。经试验可以利用 3D 机械手视觉系统实现对不同组别次组件的识别和拾取。传感器的测量范围为 860 mm×645 mm×500 mm，可以覆盖一个次组件箱区域。其布置构式如图 18 所示。

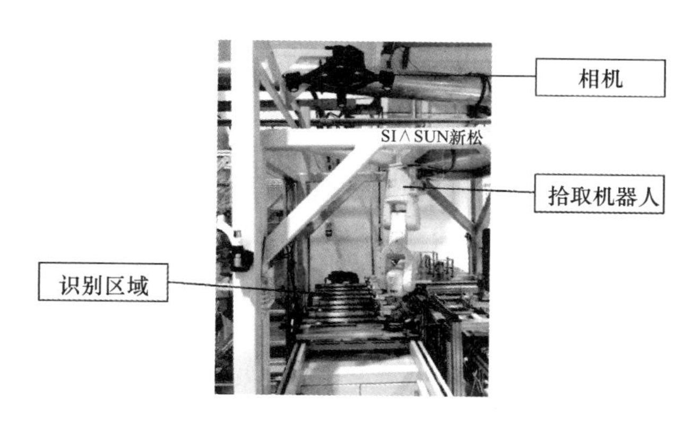

图 18　3D 机械手视觉系统安装位置图

在拾取方面，采用负压吸盘进行拾取，集成有负压发生装置及负压检测装置，从而可以实现拾取失败的报警和重启。

传感器安装在独立的龙门构架上，避免由于机器人运动的振动等原因导致检测失败，机器人采用 ABB IRB-1200 系列，采用倒装的方式安装，工作行程也可以覆盖一个次组件箱的区域。

该系统经大量实验，抓取成功率达到了 80%以上，抓取节拍及运行稳定性等符合使用需求，且抓取成功率还有提升空间，实现了预定功能，达到了很好的运行使用效果。

5　总结

本文以重水堆元件厂核燃料棒束生产线切定长工序及配组工序的加工检测为背景，结合机器视觉检测技术的发展和应用，系统地设计了两个工序的工艺流程及检测方式。阐述了相关检测系统的结构原理、先进性及技术特点。

并将先进的检测系统根据实际的检测条件进行详细设计，主要包括结合检测系统的相应特性设计了配合检测流程的硬件结构、固定方式、配套硬件设施等，诸多先进的检测方式及其系统取得了很好的应用效果。

机器视觉技术的良好应用是提高生产线效率及可靠性的有效途径，也是实现各产业整体升级的重要一环。相信在不远的未来，更为先进的制造技术、检测技术、智能控制技术都将更广泛地运用在国家的各个关键领域之内，同样也将在核燃料的生产领域开花结果。希望通过此次的良好探索和实践，启发更多先进技术在本领域更多样、更广泛地应用。

参考文献：

[1]　朱云，凌志刚，张雨强.机器视觉技术研究进展及展望[J].图学学报，2020.
[2]　董富强.基于机器视觉的零件轮廓尺寸精密测量系统研究[D].天津科技大学，2014.
[3]　胡林和. 机器视觉缺陷检测系统若干问题的研究[D].合肥工业大学，2010.
[4]　刘文超，夏正乔，朱思斯.视觉引导的搬运机器手测量研究[J].传感技术学报，2018.

Applications of Machine Vision Technology in CANDU Nuclear Fuel Production Line

HUO Feng, XI Jian-xun

(China North Nuclear Fuel Co. LTD, Baotou of Neimenggu Prov. 014010, China)

Abstract: This paper is based on the upgrading of CANDU nuclear fuel production line in CNNFC, combined with the rapid development and maturity of machine vision technology all over the world in recent years. Advanced detection and processing systems are selected to discuss and analyze the related applications in the weld preparation and matching process. Combined with the actual application environment and detection requirements, the detection mechanism and application process are designed to ensure the full performance of machine vision technology. It also summarizes the important role of machine vision technology for efficient and intelligent operation of processes, and provides theoretical and practical basis for the wider application of machine vision technology.

Key words: contour measurement; visual defect detection; 3D Vision-Robot system

核农学
Nuclear Agricultural

目　录

宇宙射线中子土壤水分监测响应数值模拟研究

廖　桅[1],刘军涛[1],刘志毅[1],付治强[1],李晓鹏[2],蒋一飞[2],陈　刚[3]
(1. 兰州大学核科学与技术学院,甘肃 兰州 730000;
2. 中国科学院南京土壤研究所,江苏 南京 210008;
3. 中煤科工集团西安研究院有限公司,陕西 西安 710077)

摘要:土壤水分是地表物质循环过程中不可或缺的载体,也是水循环体系中极为重要的环节。从目前的土壤水分测量方法而言,大尺度的遥感方法与小尺度的点方法之间存在尺度上的空缺,宇宙射线中子土壤水分监测技术(CRN)恰好填补了上述尺度上的空缺。仪器测量快中子计数与土壤水分、空气湿度、积雪深度及植被密度等众多因素有关。本次研究的主要内容采用蒙特卡罗数值模拟,建立宇宙射线快中子土壤水分测量三维精细计算模型,改变仪器安装高度、慢化材料尺寸等影响因素,进一步深入研究仪器响应特性。依据数值模拟结果给出仪器关键优化参数,建立影响因素校正模型,以使 CRN 更好地应用在土壤水分含量监测工作中,同时也为进一步提高土壤水分监测准确度以及后期仪器的研制奠定了基础。

关键词:宇宙射线;蒙特卡罗;土壤水分

土壤水是水资源最重要的组成部分之一,虽然土壤水只占地球上淡水的0.05%,但它维持着陆地生态系统的水文循环以及陆地生态系统的稳定发展[1]。土壤水控制着土地和大气之间的水分与量的交换,是地表径流、雨水入渗和蒸腾作用等生态过程中的重要交换因子[1]。除此之外,土壤水分对于农业和气象科学的影响更为直接,它是农作物生长发育的必需条件,同时也对气象预测和灌溉管理系统具有关键影响。所以寻找一个小范围的土壤水分检测方案一直是国内外研究的热点问题[2]。目前被广泛使用的方法有传统点测量方法与大尺度的遥感方法。两种方法优势明显,但是各有不足:点测量法测量范围小,有一定的破坏性且无法实时监测;遥感方法测量范围大,但是依赖卫星经过探测地点,测量角度与测量时间不连续且仪器的造价成本高。基于宇宙射线快中子土壤水分监测方法的提出与应用弥补了小尺度点测量法与大尺度遥感法之间的尺度空缺,对于研究中尺度范围内的土壤水分变化意义重大。而宇宙射线中子法目前在理论上响应规律尚不明确,实际实验也很难覆盖所有的空气湿度和土壤水分含量,本文使用数值模拟来研究响应关系,并探究实际实验中一些实验参数对探测器计数的影响。

1　宇宙射线中子法的原理

宇宙射线快中子法主要利用宇宙射线与大气次级反应产生的中子与土壤中水分的相互作用。宇宙射线即外太空(主要为银河系)中的高能粒子流,其主要初级宇宙射线为质子,能量大于1 GeV,能够穿越地磁场。在地球磁场的作用下进入大气层,与大气层中的氮、氧等碰撞产生二次粒子,称之为次级宇宙射线。如图1所示,红色能谱为最初的高能中子,它与重原子相互作用导致了蒸发光谱(绿色能谱)。能量在与轻质原子的弹性碰撞中损失,中子被减速成蓝色能谱,此部分为探测器的灵敏能区。而后不断反应直到中子在能量上达到热平衡(浅灰色)。

最终一部分粒子会进入到土壤[3,4]。当次级射线中的中子进入土壤后,主要与含氢量最大的土壤水发生弹性散射,通过连续测量中子通量变化,即可以反演出土壤水分的变化。

作者简介:廖桅(1996—),男,湖北宜昌人,硕士研究生,现主要从事的核技术及应用工作

基金项目:兰州大学中央高校基本科研业务费专项资金资助(lzujbky-2019-54);甘肃省青年科技基金计划资助(20JR10RA645);国家自然基金(11975115)

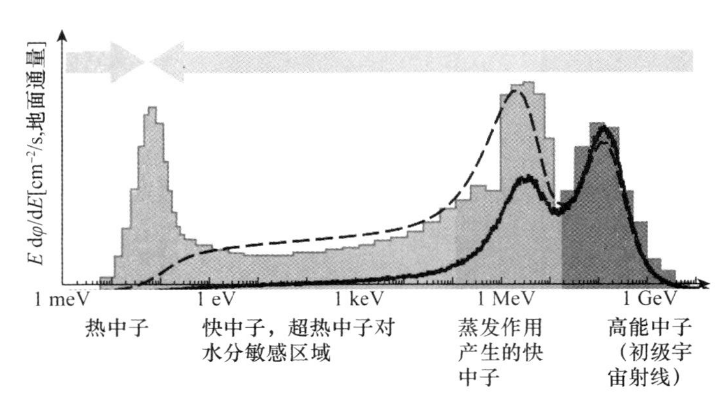

图 1　宇宙射线中子能谱[4]

2　蒙特卡罗数值模拟

Monte Carlo method(蒙特卡罗方法)，是随着电子计算机技术的不断前进而发展起来的一种运用概率统计理论的数值计算方法。蒙特卡罗方法一般使用随机数(或伪随机数)来解决要求解的问题。蒙特卡罗方法以频率去推测某一事件，或者来获得某一事件的一些数字特征，进一步得到问题的解。中子与物质的相互作用过程就是一个典型的随机事件，MCNP(Monte Carlo N Particle Transport Code)即使用了蒙特卡罗模型对粒子的输运问题进行数值模拟。

2.1　MCNP 模拟建模

本次研究采用 MCNP6 进行模拟，模拟的模型如图 2，模型的大小按照实物大小建立。图 2 中褐色部分为半径 300 m 大小的土壤，半球型的空间为大气，球半径 300 m，中间的探测器高 1 m，其余部分依据所使用的探测器 1∶1 大小建立。模拟中将会通过控制变量法，依次改变安装高度、慢化材料尺寸，来研究仪器的响应特性。

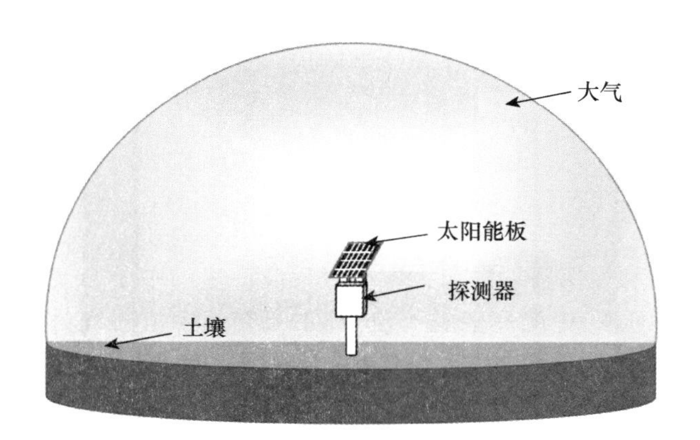

图 2　MCNP 模型示意图

为了保证数值模拟结果的准确性，本文使用 MCNP6 宇宙射线源。MCNP6 的宇宙射线源来自多种方法的耦合[5]，第一是通过理论模型计算得来，第二是通过测量数据进行插值得到，MCNP6 所提供的能谱如图 3 所示。

(1)MCNP6 提供了两种不同形式的 GCR(Ground Cosmic Ray)谱：一种较早的公式，被称为 LEC(Lal with energy cutoffs)，是由印度的艾哈迈达巴德物理研究实验室于 1980 年提出[6]；另一种是由特拉华大学巴托尔研究所于 2004 年提出的现代 GCR 谱计算方法[7]，两种算法计算后相互印证得到能谱，如图 3 黑色曲线所示。

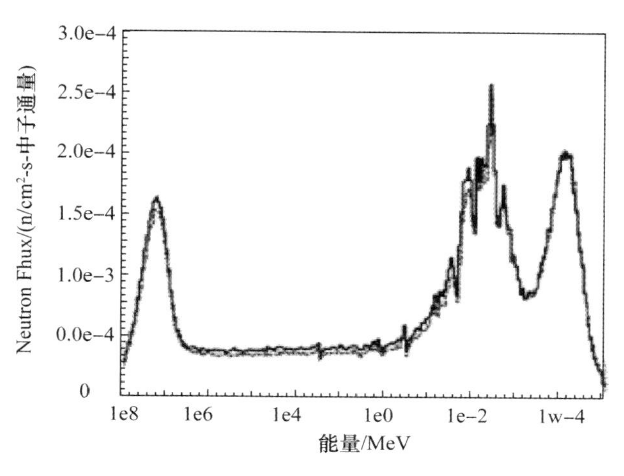

图 3　MCNP6 宇宙射线中子能谱

（2）MCNP6 使用美国在 1965 年到 2005 年采集的宇宙射线能谱，针对没有探测到的经纬度、高度以及日期运用插值算法和一个标准公式来预测完整的能谱，如图 3 蓝色曲线所示。

2.2　径向快速模拟

由于宇宙射线土壤水分模拟的尺度大范围广，所以常规模拟手段及其减方差技巧都难以有效的减少模拟结果的相对误差。过往的模拟中 Köhli M 等人[4]都将探测器延展为一个无限扩展的平面探测器，该方法虽然大幅提升了计算效率，减小了误差，但其物理意义和结果准确度尚不明确。为此我们提出一种新的快速模拟办法：在 MCNP 中对于同样的 NPS 点源抽样的效率要远远高于面源，所以本方法在不同的半径上设置点源来代替面源，如图 4 所示。

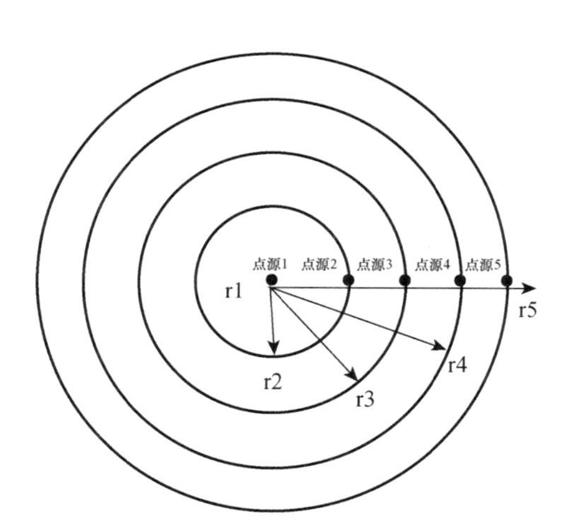

图 4　点源模拟示意图

由于面源、环源和土壤均为各项同性的，探测器位于圆形的圆心位置。故点源抽样 n 次与面源抽样 n 次，其结果只有面积的倍数差距。所以，可以用抽样效率更好的点源来代替面源进行模拟有效地提高了模拟的精度，让模拟的结果更加可信。保持空气湿度为 30 g/m³，设置 5 组不同土壤水分，结果如图 5 所示。

可以明显看出土壤水分增加造成了探测器整体计数的下降。模拟规律与国内外的实验与模拟结果十分符合。将点源的结果通过积分转化为面源模拟的结果，即可验证径向快速模拟方法的正确性。

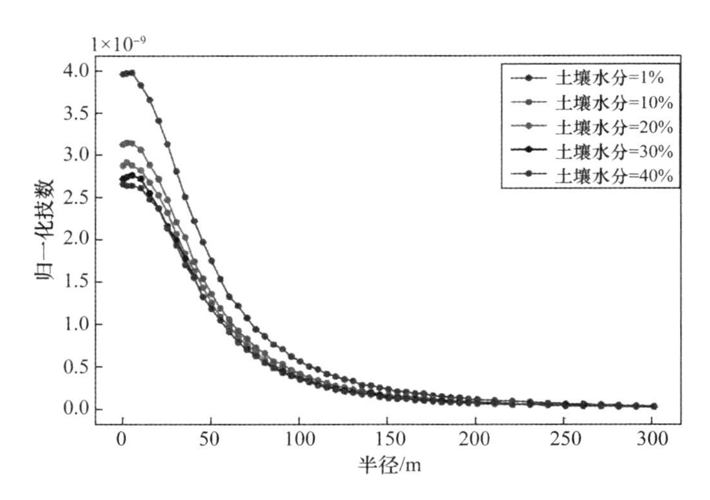

图 5　不同土壤水分含量的点源模拟结果

将点源结果拟合为函数 $N(r)$，对函数进行积分：

$$\int_{0}^{30000} 2\pi r N(r) \mathrm{d}r$$

由于每个待积分的点源抽样数目和一个面源相同，故积分后的结果与面源有一定差距。其差距来源于点源积分至面源的过程中，相同抽样数目的点源面积增加至和面源一样大，故点源积分后实际的抽样数目已经比面源增加了 πr^2 倍。为了修正这个差距，应该将点源的积分结果除以面源的面积：

$$\frac{\int_{0}^{30000} 2\pi r N(r) \mathrm{d}r}{\pi r^2}$$

2.3　模拟结果分析

2.3.1　径向探测足迹

CRNP(Cosmic Ray Neutron Probe)的探测足迹通常是指能探测到中子的土壤范围。位于中心位置的探测器接受中子时是各项同性的，因此足迹区域通常默认为圆形，圆形的半径 r 定义为探测足迹。在 CRN 方法中，将半径 r 定义为探测器能接收到的最远端的土壤反射中子。由于 r 取决于中子的初始能量和碰撞次数以及空气湿度，所以随着半径的增加探测器的计数是呈现指数形式的下降，需要一个量化定义来找到一个明确的探测距离 r，在这个距离内的地面反射中子几乎贡献了探测器所有的计数。Zreda 以及 Desilets[8] 提出使用总长度减去两个指数衰减后长度，即 86%的积分面积对应的半径大来定义径向足迹。下方公式描述了积分面积 86%的探测足迹对计数的贡献约等于无限远处的土壤对探测器 86%的贡献。

$$\int_{0}^{R_{86}} 2\pi r N(r) \mathrm{d}r = 0.86 \int_{0}^{\infty} 2\pi r N(r) \mathrm{d}r$$

将计数随半径变化的拟合函数积分，得到出本模拟所使用的 CRN 探测器的探测半径在空气湿度为 30 g/m^{3}时约为 150 m，如图 6 所示。

2.3.2　响应关系研究

如图 6 所示，在空气湿度保持 30%时，在模拟的半径范围内随着土壤水分的增加整体计数随之下降。为了进一步得出广泛的响应关系，设置空气湿度 1%～50%，土壤水分 1%～50%，各取六个点，共计 36 个点。对于每种{空气湿度，土壤水分}均可以拟合出一个函数。

将这些所拟合的函数进行积分，即可得到土壤水分和探测器计数的响应关系，结果如图 7 所示，可以看出随着土壤水分增加，探测器快中子计数逐渐降低；土壤水分含量不变，空气湿度增加时，探测器快中子下降。可以看出在空气湿度变化的情况下，计数的整体变化幅度不大；土壤水分的变化对探

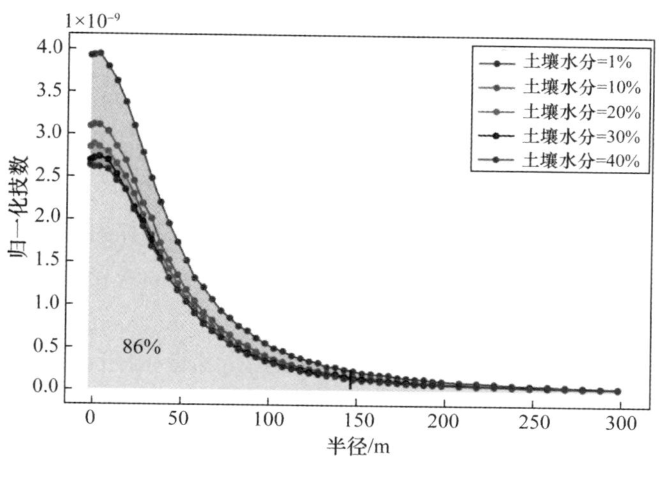

图 6 探测足迹

测器计数的影响十分显著,曲线呈现指数型下降。在土壤本身持水量较低时,探测器对土壤水分的变化十分敏感,如图 7 中 0%的水分增加至 10%,探测器计数剧烈降低。而当土壤持水量本身较高时,探测器对中子数量的变化不敏感,如图 7 中土壤水分由 40%增加至 50%时,探测器计数基本无变化。

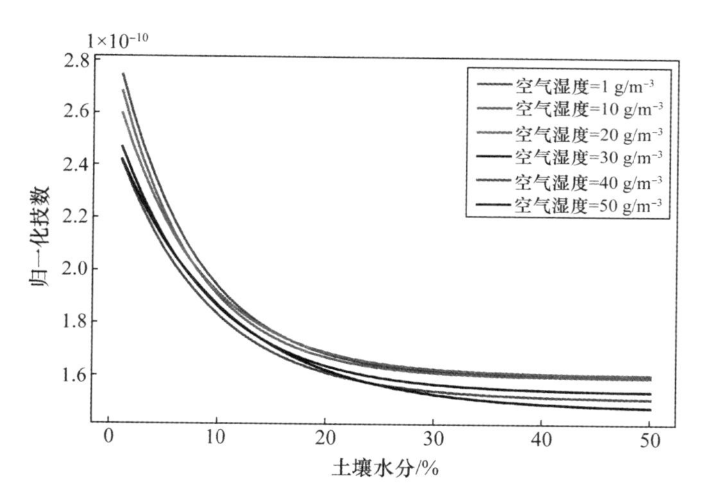

图 7 不同湿度、水分下的响应关系

2.3.3 慢化体厚度对仪器计数的影响

本模拟所使用的仪器,慢化体材料选择高密度聚乙烯。对土壤水敏感的中子能量区间在热中子至 100 keV 左右,所以慢化体的厚度需要将宇宙射线中子的能量尽可能的控制在该范围内,所以慢化体的厚度也是影响探测器计数的一个重要指标。将探测器包裹慢化体,在其一侧设置垂直入射的面源,改变宇宙中子探测器包裹慢化体厚度,分别计算探测器的测量中子灵敏度。并设置不同能量的源,观察各能量中子源下的慢化体减速能力。如图 8 所示,并得到如下结果:

(1)探测器的灵敏度随着慢化体的厚度的增加而上升,在约 4 cm 时候到达最大,随后便随着慢化体的厚度的增加而下降。

(2)100 keV 和 10 keV 时探测器的灵敏度最大值对应的慢化体厚度大约为:4 cm。1 keV 能量时探测器的灵敏度最大值对应的慢化体厚度大约为:3 cm。综合选择 4 cm 厚度的慢化体最佳。

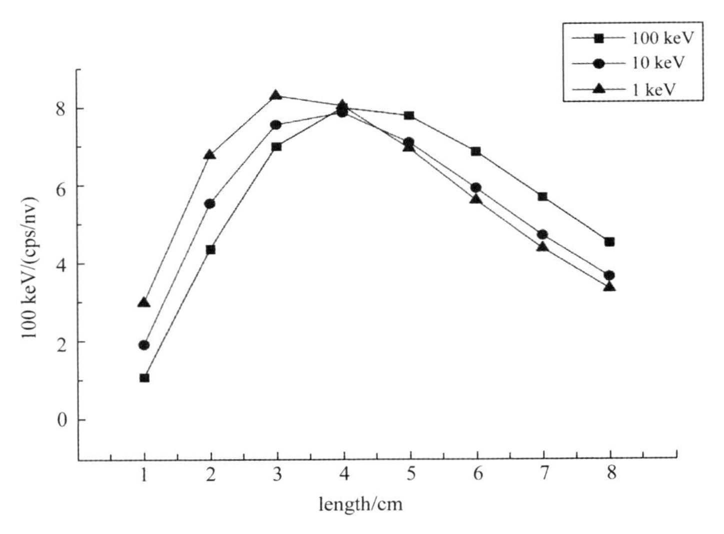

图 8　慢化体厚度对探测器计数的影响

2.3.4　仪器高度对仪器计数的影响

为了探究探测器不同架设高度对径向支持容量的影响，选取空气湿度 10 g/m^3、土壤含水量为 15%，对探测器的高度进行调整，进行模拟得到数据如图 9 所示。

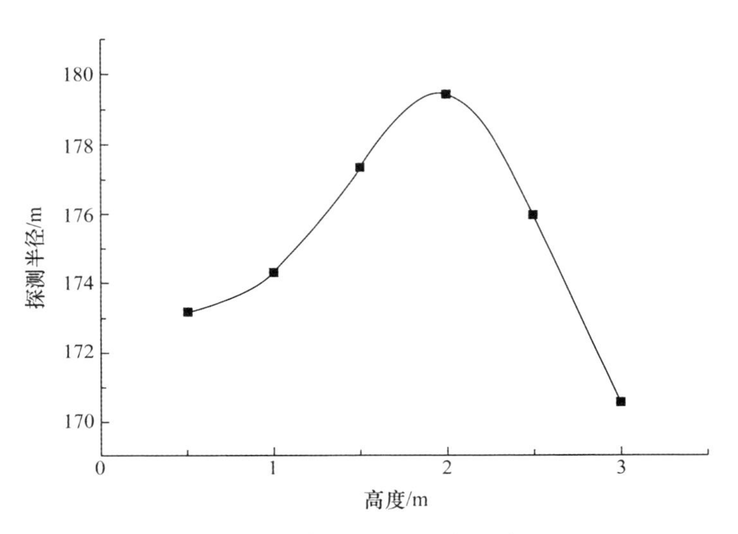

图 9　不同高度时 CRNP 探测半径

由图 9 可知，随着宇宙射线中子探测器的高度增加，其有效探测范围呈现一个先增加后减少的趋势，在高度为 2 m 时到达最大，也就是说在探测器高度为 2 m 时，效果最好。考虑该现象为探测器高度增加，仪器能够接收到更大角度的土壤反射回的中子；随探测器高度在 2 m 后不断增加，其接收到的由土壤反射回来的快中子数减少所致。

3　结论

本文采用蒙特卡罗数值模拟程序 MCNP6，建立了宇宙射线土壤水分快中子监测数值计算模型。通过改变土壤水分含量、空气湿度、仪器高度、慢化体厚度等参数，研究宇宙射线中子土壤水分监测仪器的响应特性。目前国内外常用的模拟手段主要是小尺寸模拟和全尺寸空间与无限平板探测器模，本文提出了一种全新的应用于大尺度蒙卡模拟的快速模拟方法，该方法通过模拟与数学方法相结合，有效地解决了大尺度模拟统计性差、结果误差大的问题。通过该方法模拟得出了探测器计数随土壤水分、空气湿度变化的响应函数。并给出了最佳的慢化体厚度，为仪器研制提供了先导方向，节约了成本。我们还给出了最佳的仪器放置高度，为后期仪器实地实验方案给予指导。

参考文献：

[1] H. Vereecken, J.A. Huisman, Y. Pachepsky, et al. On the spatio-temporal dynamics of soil moisture at the field scale[J]. Journal of Hydrology, 2014,516: 76-96. https://doi.org/10.1016/j.jhydrol.2013.11.061.

[2] A. Biswas. Season-and depth-dependent time stability for characterising representative monitoring locations of soil water storage in a hummocky landscape[J]. CATENA, 2014,116: 38-50. https://doi.org/10.1016/j.catena.2013.12.008.

[3] Zreda M, Shuttleworth W J, Zeng X, et al. COSMOS: The cosmic-ray soil moisture observing system[J]. Hydrology and Earth System Sciences, 2012, 16(11): 4079-4099.pdf, (n.d.).

[4] M. Köhli, M. Schrön, M. Zreda, et al. Footprint characteristics revised for field-scale soil moisture monitoring with cosmic-ray neutrons[J]. Water Resour. Res., 2015,51: 5772-5790. https://doi.org/10.1002/2015WR017169.

[5] G.E. McMath, G.W. McKinney. Enhancements to the MCNP6 Background Source[J]. Nuclear Technology, 2015,192: 232-239. https://doi.org/10.13182/NT14-134.

[6] G. Castagnoli, D. Lal. Solar Modulation Effects in Terrestrial Production of Carbon-14[J]. Radiocarbon, 1980, 22: 133-158. https://doi.org/10.1017/S0033822200009413.

[7] J.M. Clem, G. De Angelis, P. Goldhagen, et al. New calculations of the atmospheric cosmic radiation field-results for neutron spectra [J]. Radiation Protection Dosimetry. 2004, 110: 423-428. https://doi. org/10. 1093/rpd/nch175.

[8] M. Zreda, D. Desilets, T.P.A. Ferré, et al. Measuring soil moisture content non-invasively at intermediate spatial scale using cosmic-ray neutrons [J]. Geophys. Res. Lett. 2008, 35: L21402. https://doi. org/10.1029/2008GL035655.

Monte carlo simulations for soil moisture monitoring with cosmic-ray neutrons

LIAO Wei[1], LIU Jun-tao[1], LIU Zhi-yi[1], FU Zhi-qiang[1], LI Xiao-peng[2], JIANG Yi-fei[2], CHEN Gang[3]

(1.School of Nuclear Science and Technology, Lanzhou University, Lanzhou Gansu 730000, China;

2. Institute of soil science, Chinese academy of sciences, Nanjing Jiangsu 210008 China;

3. China Coal Technology and Engineering Group Xi'an Research Institute Co., Ltd., Xi'an Shaanxi 710077, China)

Abstract: Soil moisture is an indispensable medium in the process of surface material circulation, and it is also an extremely important link in the water circulation system. From existing method of soil moisture monitoring, there is a gap between large-scale remote sensing methods and small-scale point methods, and cosmic-ray neutron soil monitoring technology (CRN) fills the above gap in scale precisely. Instrumental measurements of fast neutron counts are related to many factors such as soil moisture, air humidity. The main content of this study uses Monte Carlo numerical simulation to establish a three-dimensional fine computational model for cosmic ray fast neutron soil moisture measurement, and to further investigate the instrument response characteristics in depth by varying the instrument mounting height, changing the size of slowing material. Based on the numerical simulation results to give the key optimized parameters of the instrument, we could established the influence factor correction model to make CRN better applied in soil moisture content monitoring work, and also lay the foundation for further improving the accuracy of soil moisture monitoring and the later instrument development.

Key words: cosmic-ray; monte carlo; soil moisture; other hydrogen-containing

稳定同位素技术在羊肉及羊骨产地溯源中的研究

王 倩[1,2],李 政[1,3],赵姗姗[1],郄梦洁[1],王明林[3],郭 军[2],赵 燕[1]
(1.中国农业科学院农业质量标准与检测技术研究所,北京 100081;
2.内蒙古农业大学食品科学与工程学院,内蒙古 呼和浩特 010018;
3.山东农业大学食品科学与工程学院,山东 泰安 271018)

摘要:【目的】探究不同样品对肉羊产地溯源的准确度,通过比较不同部位羊肉中稳定同位素值,及对羊肉、全骨粉、脱脂骨粉与骨胶原的稳定同位素分析,为肉羊产地溯源鉴别方案提供有效参考指标。【方法】利用同位素比率质谱仪(IRMS)测定羊肉不同部位肌肉中 $\delta^{13}C$、$\delta^{15}N$、$\delta^{2}H$ 和 $\delta^{18}O$ 值,以及不同产地来源的羊肉、全骨粉、脱脂骨粉与骨胶原中 $\delta^{13}C$ 和 $\delta^{15}N$ 值,并对结果进行方差分析、线性判别分析与相关性分析,确定稳定同位素组成对不同样品来源的溯源能力。【结果】不同部位中 $\delta^{13}C$、$\delta^{2}H$ 和 $\delta^{18}O$ 值具有显著性差异,$\delta^{15}N$ 值在后腿、胸叉、排骨、腹腩和脖子五个部位间差异不显著,其中胸叉和腹腩中碳、氮、氢和氧稳定同位素值均无显著差异。不同产地的羊肉、全骨粉、脱脂骨粉与骨胶原中 $\delta^{13}C$ 和 $\delta^{15}N$ 值差异显著,羊肉对产地判别效果最佳,原始判别正确率为 84.9%,交叉验证判别正确率为 82.4%。全骨粉与骨胶原对产地判别正确率达 65%以上。相关性分析结果表明羊肉、全骨粉、脱脂骨粉与骨胶原中 $\delta^{13}C$、$\delta^{15}N$ 具有极显著相关性($P<0.01$),骨胶原与脱脂骨粉、全骨粉中碳同位素相关性最高,相关系数分别为 0.903 和 0.866。【结论】稳定同位素可对不同来源的样品进行有效鉴别,并指示其地理来源,羊肉、全骨粉、脱脂骨粉及骨胶原中稳定同位素组成变化趋势基本一致,利用稳定同位素技术进行羊肉及羊骨的产地溯源是可行的。

关键词:稳定同位素;羊肉;羊骨;产地溯源

【研究意义】随着人们生活水平的提升,消费者越来越关注食品的来源信息,食品的可追溯性已成为食品科学中的重要课题[1]。食品可追溯性是食品安全管理的一种有效工具,因此使用食品溯源技术来证明其来源及食品质量,是提高食品供应链质量和透明度的关键措施[2]。【前人研究进展】目前较多的溯源技术被应用于食品追溯中,其中稳定同位素溯源技术是用于追溯不同来源食品的一项有效技术[3,4],生物中稳定同位素的组成与其生长环境密切相关,作为食品的自然指纹不易改变,能为食品溯源提供可靠的地理信息[5]。近年来,稳定同位素溯源技术被广泛应用于肉类食品产地溯源与真实性判别中[6-9],在国外稳定同位素技术已经被有效应用于羊肉产地溯源与生产方式的鉴别中[10,11]。Erasmus 等[12]用同位素比值质谱法(IRMS)测定了不同地区南非羔羊的腰长肌匀浆肉和脱脂肉碳氮同位素比值,结果估计模型和验证模型的正确率分别为 95%和 90%,由此说明,IRMS 法对不同来源的羔羊肉具有足够的鉴别能力。Piasentier 等[13]对欧洲 6 个国家三种饲养方式下羔羊肉进行了分析,结果在相同饲养方式下,$\delta^{15}N$ 值在不同国家有显著性差异;采用典型判别分析方法对饲养方式进行了分析,结果 91.7%的肉样被正确分配,结果表明,稳定同位素可用于羊肉的判别分析。【本研究切入点】我国是羊肉生产与消费大国,羊肉的来源对羊肉价格和品质具有一定影响,因此,对羊肉进行溯源有利于保证羊肉的品质及减少食品安全问题[14,15]。羊肉品质不仅受到产地及生产方式的影响[16,17],部位也是重要影响因素之一[18],因此有必要对不同部位的羊肉进行鉴别及产地溯源研究。肉羊屠宰后产生大量副产物羊骨,其富含必需氨基酸、胶原蛋白和矿物质,营养价值极高[19]。目前羊骨主要被加工成骨粉作为动物蛋白饲料,但是用患病的牛、羊等动物的骨头制成的骨粉喂养动物会导致牛海绵状脑病或口蹄疫的传播[20],对食品安全造成了威胁。然而到目前为止,我国尚未建立羊骨粉追溯体系,因此进行羊骨溯源对食品安全具有重要作用。【拟解决的关键问题】本研究测定了不同部位羊肉

作者简介:王倩(1996—),女,甘肃人,硕士,营养与食品安全

中的 $\delta^{13}C$、$\delta^{15}N$、$\delta^{2}H$、$\delta^{18}O$ 值，不同产地羊肉、全骨粉、脱脂骨粉和骨胶原中 $\delta^{13}C$、$\delta^{15}N$ 值，进行了差异性分析，并比较了不同来源样品的判别效果，探讨稳定同位素对羊肉及羊骨溯源的潜力，为羊肉和羊骨稳定性同位素溯源研究奠定基础，以保护广大消费者的利益，确保食品安全及消费者的健康。

1 材料与方法

1.1 样品采集

采集 12 只甘肃黑山羊的后腿、胸叉、排骨、脖子和腹腩五个不同部位的羊肉样品共 59 份；宁夏滩羊、甘肃黑山羊、新西兰羊和安徽湖羊四个产地的排骨部位羊肉共 78 份，同时选取其对应的羊骨并提取全骨粉、脱脂骨粉和骨胶原三种物质共计 234 份样品，样品置于－20 ℃冰箱中保藏。

1.2 羊骨中全骨粉、脱脂骨粉和骨胶原的提取及前处理

全骨粉：将羊骨表面的羊肉剔除并清洗干净，放入 60 ℃烘箱中干燥至恒重，随后将干燥完全的骨样用破碎机研磨成粉末状，收集放入 10 mL 离心管中备用。

脱脂骨粉：称取磨好的粉末状羊骨粉 0.6 g 于 10 mL 离心管中，取氯仿：甲醇＝2：1 的溶液 3 mL（固：液＝1：5）进行离心脱脂，干燥后用破碎机研磨成粉末，收集放入 10 mL 离心管中备用。

骨胶原：将羊骨表面的羊肉剔除并清洗干净，放入 60 ℃烘箱中干燥至恒重，取 300～600 mg 骨样置于玻璃烧杯中，加入 2 mol/L 的 HCl 至完全将骨样浸泡脱钙，直至骨样松软、无气泡冒出。取出松软漂浮的骨样，加去离子水洗至中性，继而加入 0.125 mol/L 的 NaOH 溶液浸泡 24 h 以去除腐殖酸。将处理后的骨样移入离心管中加入去离子水进行离心处理直至骨样呈中性，加入 0.001 mol/L 的 HCl，锡纸封口后放入 90 ℃烘箱中进行明胶化，明胶化后将剩余液体过滤，取上清液于新的10 mL离心管中，冷冻干燥后制得骨胶原，将制得的骨胶原用研磨机磨粉备用。

1.3 羊肉样品前处理

羊肉：称取样品 5 g（瘦肉）放入培养皿中－20 ℃条件下预冻 12 h，在冷冻干燥机中冻干，将冻干后的样品放入离心管在研磨机中粉碎，使用氯仿-甲醇提取法进行离心脱脂，样品处理后蒸发至干燥并粉末化。

1.4 测定方法

1.4.1 样品测定

碳、氮同位素比率的测定：在干燥环境中称取样品放入锡箔杯后用自动进样器送至元素分析仪（Flash 2000，Thermo Fisher，Germany），样品中碳和氮原始在 960 ℃下燃烧被转化为 CO_2 和 NO_x 气体，然后 NO_x 气体通过铜线被还原成 N_2，再经过 Conflo Ⅳ（Thermo Finnigan，Germany）稀释仪，最后进入 Delta V Advantage 质谱仪进行检测。具体测定参数为：元素分析仪：载气（He）流量为 100 mL/min，氧气流量为 175 mL/min，注入氧气时间为 3 s，气相色谱柱温度为 50 ℃。Conflo Ⅳ条件设定：氦稀释压力为 0.6 bar，N_2 参考气压为 1.0 bar，CO_2 参考气压为 0.6 bar。按照国际标准物质 B2151（高有机质沉积物）、USGS 40（L-谷氨酸）、USGS 43（印度人头发）进行校准。碳和氮的分析精度均为 0.15‰。

氢、氧同位素比率的测定：在干燥环境中称取样品放入锡箔杯后通过自动进样器送至元素分析仪（Flash 2000，Thermo Fisher，Germany），样品在 1 380 ℃下燃烧，反应器填料由玻碳管反应器和银丝组成，在玻璃碳珠催化作用下裂解为 H_2 和 CO，即样品中的 H 和 O 元素转化成 H_2 和 CO 气体，最后用 65 ℃气相色谱柱吸附解吸，再经过 Conflo Ⅳ（Flash 2000，Germany）稀释仪，最后进入 Delta V Advantage 质谱仪进行检测。按照国际标准物质 USGS42（西藏人的头发）与 USGS43（印度人头发）进行校准。氧的分析精度为 0.4‰，氢的分析精度为 3.0‰。

1.4.2 计算公式

稳定性碳、氮、氢和氧同位素比率分别用 $\delta^{13}C$‰、$\delta^{15}N$‰、$\delta^{2}H$‰、$\delta^{18}O$‰表示，$\delta^{13}C$ 的相对标准为

国际原子能机构根据美国南卡罗莱纳州白垩系PeeDee组拟箭石化石(V-PDB),$\delta^{15}N$的相对标准为空气氮,$\delta^{2}H$、$\delta^{18}O$的相对标准为维也纳标准平均海水(V-SMOW)。计算公式为:$\delta‰=(R样品/R标准-1)\times1\ 000$。

1.5 数据处理

用SPSS 20.0对数据进行方差分析及Duncan多重比较,分析不同来源样品中稳定同位素组成的差异,采用线性判别分析(LDA)评价稳定同位素值对不同来源样品的判别效果。用Excel软件进行相关性分析。

2 结果与分析

2.1 同位素组成对同一品种羊肉不同部位的鉴别分析

甘肃黑山羊的后腿、胸叉、排骨、脖子和腹腩的五个不同部位羊肉样品中稳定同位素比值见表1。胸叉中碳同位素值最高,排骨中$\delta^{13}C$值最低,排骨、后腿与胸叉、腹腩和脖子的$\delta^{13}C$值存在显著性差异($P<0.05$);排骨、腹腩、胸叉、后腿和脖子五个部位中$\delta^{15}N$值无显著差异($P>0.05$);胸叉中$\delta^{2}H$值最高,其次为腹腩,胸叉与腹腩中$\delta^{2}H$值差异不显著,后腿中$\delta^{2}H$值最低,后腿与脖子、胸叉和腹腩均存在显著性差异($P<0.05$);氧同位素组成在不同部位中排序依次为后腿>脖子>腹腩>胸叉>排骨。此外,从表中可得胸叉和腹腩中$\delta^{13}C$、$\delta^{15}N$、$\delta^{2}H$、$\delta^{18}O$值无显著差异,后续实验可针对性的只选取其中一个部位进行。总体来说,不同部位中$\delta^{13}C$、$\delta^{2}H$和$\delta^{18}O$值存在显著性差异,这说明不同部位对稳定同位素值的分馏效应不同。

表1 不同部位羊肉中$\delta^{13}C$、$\delta^{15}N$、$\delta^{2}H$和$\delta^{18}O$值

样品名称 Sample name	$\delta^{13}C$/‰	$\delta^{15}N$/‰	$\delta^{2}H$/‰	$\delta^{18}O$/‰
胸叉 Chest fork	-11.97 ± 0.35^{a}	3.25 ± 0.43^{a}	-115.93 ± 3.68^{a}	14.30 ± 0.63^{bc}
腹腩 Abdomen	-12.14 ± 0.38^{a}	3.37 ± 0.26^{a}	-116.33 ± 3.71^{a}	14.37 ± 0.38^{bc}
脖子 Neck	-12.19 ± 0.40^{a}	3.15 ± 0.5^{a}	-124.04 ± 3.94^{b}	14.71 ± 0.50^{ab}
后腿 Hind legs	-12.60 ± 0.45^{b}	3.23 ± 0.43^{a}	-129.33 ± 7.02^{c}	14.87 ± 0.47^{a}
排骨 Pork ribs	-13.13 ± 0.55^{c}	3.52 ± 0.39^{a}	-125.98 ± 2.54^{cb}	14.12 ± 0.47^{c}

注:数值为平均值±标准差,Duncan多重比较,不同上标的字母表示差异显著($P<0.05$)。

2.2 碳、氮稳定同位素组成对羊肉及羊骨的产地溯源研究

由羊肉不同部位的稳定同位素比值鉴别分析可知,不同部位中$\delta^{2}H$和$\delta^{18}O$值存在显著性差异;且$\delta^{2}H$和$\delta^{18}O$值的影响因素较多,海拔、降雨量、温度、经度、维度都会影响$\delta^{2}H$和$\delta^{18}O$值,因此在对羊肉及羊骨进行产地溯源时,只测定了$\delta^{13}C$和$\delta^{15}N$值。

2.2.1 不同地区羊肉及羊骨中碳同位素组成的差异分析

不同地区羊肉、全骨粉、脱脂骨粉及骨胶原中$\delta^{13}C$值见表2,不同样品在地域间显示出显著性差异。羊肉中甘肃黑山羊的$\delta^{13}C$值最高,与其他三个地区样品存在显著性差异($P<0.05$),安徽湖羊中$\delta^{13}C$值最低;全骨粉中新西兰地区的样品中$\delta^{13}C$值最高,宁夏滩羊与甘肃黑山羊中$\delta^{13}C$值无显著差

异；宁夏滩羊、甘肃黑山羊与安徽湖羊的脱脂骨粉中的 $\delta^{13}C$ 值差异性显著（$P<0.05$）；骨胶原样品中安徽湖羊与其他三个地区样品差异显著（$P<0.05$）。整体来看，安徽湖羊中的 $\delta^{13}C$ 值均显著低于其他三个地区的样品。宁夏滩羊与甘肃黑山羊中 $\delta^{13}C$ 值相对接近。

表 2　不同地区样品中 $\delta^{13}C$ 值

样品名称	羊肉	全骨粉	脱脂骨粉	骨胶原
宁夏滩羊	-13.16 ± 1.17^{b}	-16.09 ± 1.89^{b}	-12.88 ± 1.44^{b}	-13.70 ± 1.94^{a}
甘肃黑山羊	-11.10 ± 0.35^{a}	-16.05 ± 2.39^{b}	-11.59 ± 2.21^{a}	-13.07 ± 2.38^{a}
安徽湖羊	-18.90 ± 0.69^{c}	-20.59 ± 2.81^{c}	-16.90 ± 1.90^{c}	-17.62 ± 2.03^{b}
新西兰羊	-13.59 ± 0.47^{b}	-14.29 ± 0.69^{a}	-12.56 ± 0.53^{ab}	-12.59 ± 0.52^{a}

注：数值为平均值±标准差，Duncan 多重比较，不同上标的字母表示差异显著（$P<0.05$）。

2.2.2　不同地区羊肉及羊骨中氮同位素组成的差异分析

对不同地区羊肉、全骨粉、脱脂骨粉及骨胶原中 $\delta^{15}N$ 值进行差异分析（见表 3），在羊肉样品中，安徽湖羊与新西兰羊羊肉中 $\delta^{15}N$ 值与宁夏滩羊及甘肃黑山羊有显著性差异（$P<0.05$）。在全骨粉、脱脂骨粉与骨胶原中，甘肃黑山羊中的 $\delta^{15}N$ 值与其他三个地区的样品存在显著性差异（$P<0.05$）。

表 3　不同地区样品中 $\delta^{15}N$ 值

样品名称	羊肉	全骨粉	脱脂骨粉	骨胶原
宁夏滩羊	4.44 ± 0.61^{b}	5.31 ± 1.47^{a}	5.04 ± 1.05^{a}	4.42 ± 1.20^{a}
甘肃黑山羊	3.17 ± 0.42^{c}	4.16 ± 1.12^{b}	4.05 ± 0.62^{b}	3.13 ± 0.71^{b}
安徽湖羊	5.08 ± 0.44^{a}	5.80 ± 1.05^{a}	5.36 ± 0.74^{a}	4.70 ± 0.71^{a}
新西兰羊	5.39 ± 0.41^{a}	5.39 ± 0.82^{a}	5.36 ± 0.74^{a}	4.29 ± 0.56^{a}

注：数值为平均值±标准差，Duncan 多重比较，不同上标的字母表示差异显著（$P<0.05$）。

2.2.3　不同地区羊肉及羊骨中同位素指标的判别分析

对羊肉、全骨粉、脱脂骨粉和骨胶原进行线性判别分析，具体判别结果见表 4。从表中可以看出 $\delta^{13}C$、$\delta^{15}N$ 值对羊肉的产地判别效果最好，其原始整体判别正确率为 84.9%，交叉验证整体判别正确率为 82.4%。全骨粉、骨胶原与脱脂骨粉中 $\delta^{13}C$、$\delta^{15}N$ 值的产地判别结果较好，交叉验证整体判别正确率分别为 66.8%、67.0%、63.5%。

表 4　不同样品中 $\delta^{13}C$、$\delta^{15}N$ 值对产地的判别分析结果

样品	羊肉	全骨粉	脱脂骨粉	骨胶原
宁夏滩羊	60.0%	40.0%	40.0%	40.0%
甘肃黑山羊	90.0%	80.0%	80.0%	85.0%
安徽湖羊	95.0%	90.0%	50.0%	75.0%
新西兰羊	94.4%	72.2%	88.9%	77.8%
原始判别正确率	84.9%	70.6%	64.7%	69.5%
宁夏滩羊	50.0%	30.0%	35.0%	35.0%
甘肃黑山羊	90.0%	75.0%	80.0%	80.0%
安徽湖羊	95.0%	90.0%	50.0%	75.0%

续表

样品	羊肉	全骨粉	脱脂骨粉	骨胶原
新西兰羊	94.4%	72.2%	88.9%	77.8%
交叉验证判别正确率	82.4%	66.8%	63.5%	67.0%

2.2.4 羊肉与羊骨中同位素组成的相关性分析

相关性分析结果表明羊肉、全骨粉、脱脂骨粉与骨胶原中 $\delta^{13}C$、$\delta^{15}N$ 具有极显著相关性(见图 1～图 12),其中碳同位素相关性整体高于氮同位素之间的相关性。骨胶原与脱脂骨粉、全骨粉中碳同位素相关系数分别为 0.903 和 0.866($P<0.01$),脱脂骨粉与羊肉、全骨粉中碳同位素相关系数分别为 0.855和 0.850($P<0.01$),相比之下,羊肉与骨胶原、全骨粉中碳同位素相关系数为 0.772 和 0.706($P<0.01$);骨胶原与脱脂骨粉、全骨粉和羊肉中氮同位素具有较高相关性,分别为 0.692、0.659 和 0.505($P<0.01$)。这表明碳氮同位素值在羊肉、全骨粉、脱脂骨粉与骨胶原中的积累模式相同,在产地来源判别中结果基本一致。

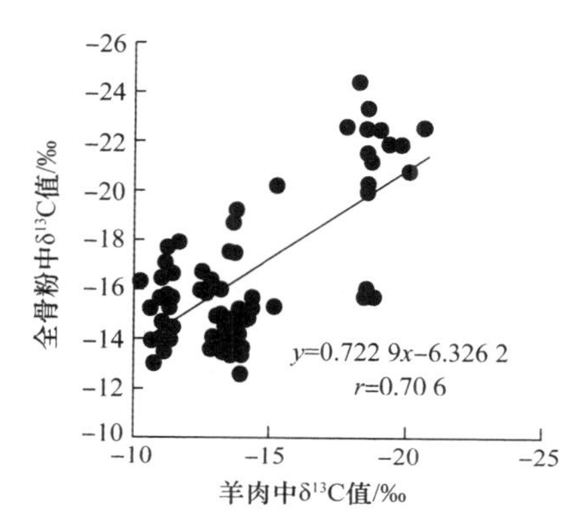

图 1 羊肉与全骨粉中 $\delta^{13}C$ 值相关关系

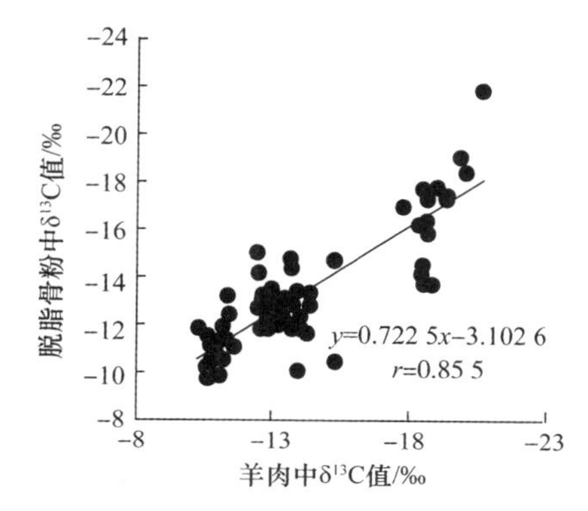

图 2 羊肉与脱脂骨粉中 $\delta^{13}C$ 值相关关系

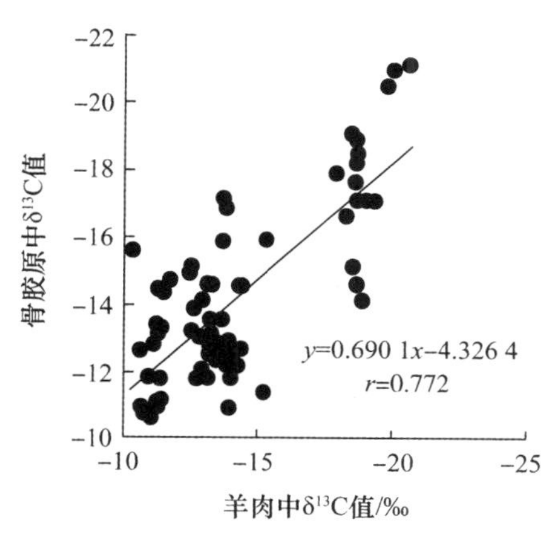

图 3 羊肉与骨胶原中 $\delta^{13}C$ 值相关关系

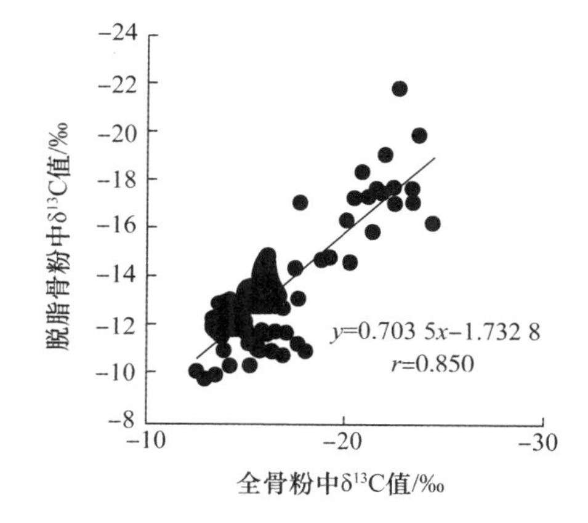

图 4 全骨粉与脱脂骨粉中 $\delta^{13}C$ 值相关关系

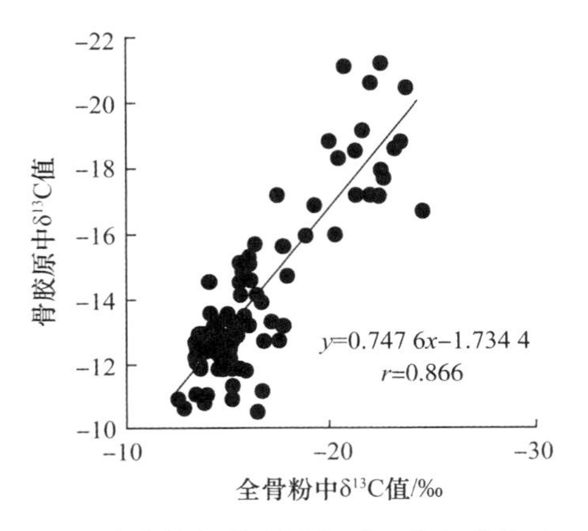

图 5 全骨粉与骨胶原中 δ^{13}C 值相关关系

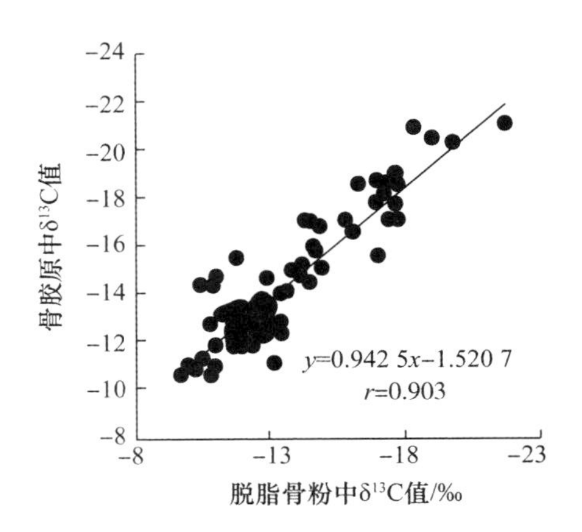

图 6 脱脂骨粉与骨胶原中 δ^{13}C 值相关关系

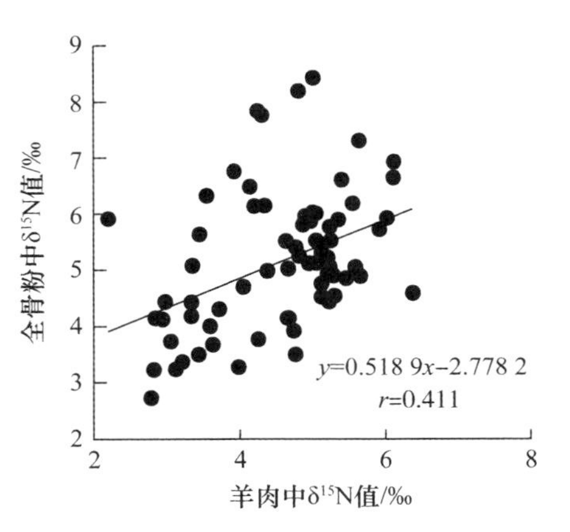

图 7 羊肉和全骨粉中 δ^{15}N 值相关关系

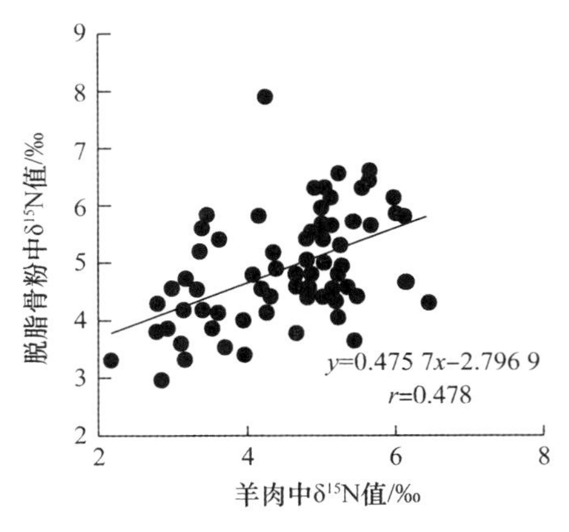

图 8 羊肉和脱脂骨粉中 δ^{15}N 值相关关系

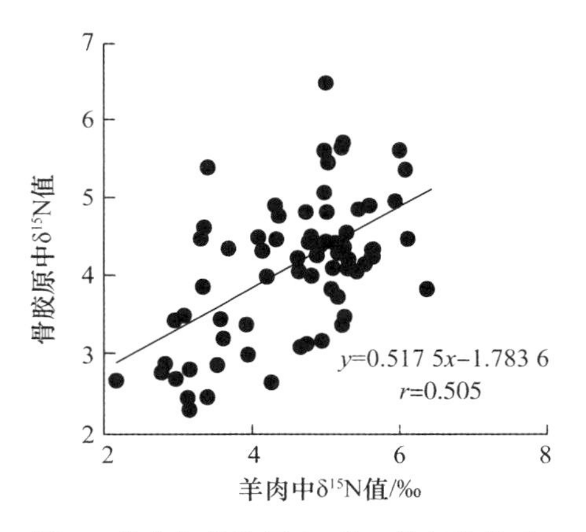

图 9 羊肉与骨胶原中 δ^{15}N 值相关关系

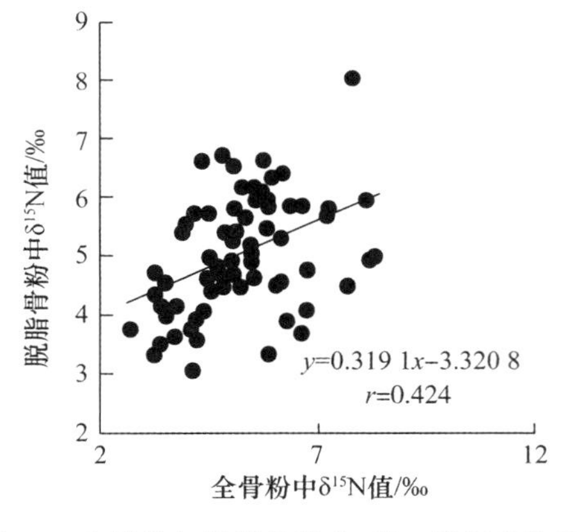

图 10 全骨粉与脱脂骨粉中 δ^{15}N 值相关关系

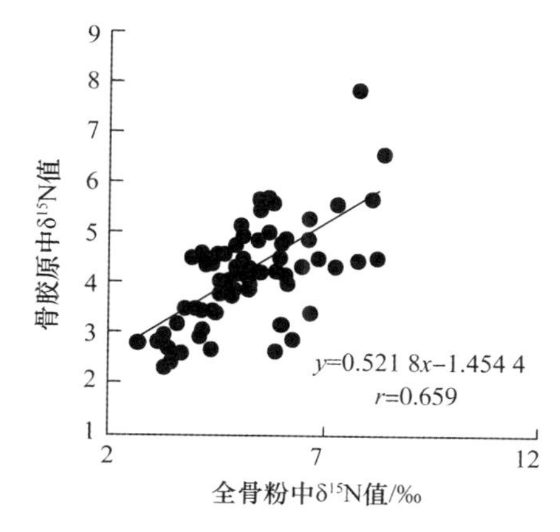

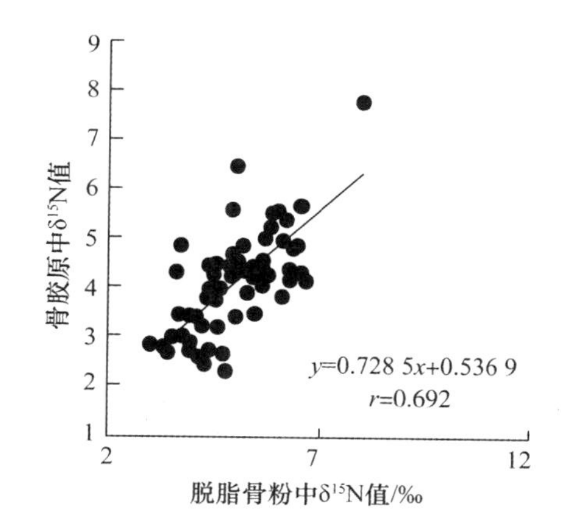

图 11　全骨粉与骨胶原中 $\delta^{15}N$ 值相关关系　　图 12　脱脂骨粉与骨胶原中 $\delta^{15}N$ 值相关关系

3　讨论

3.1　羊肉中稳定同位素组成与不同部位的关系

甘肃黑山羊的羊肉样品中碳、氢和氧同位素比值在后腿、胸叉、排骨、脖子和腹腩五个不同部位间存在显著性差异，其中胸叉和腹腩中各同位素组成没有显著性差异。这说明取样部位会对样品中稳定同位素值产生影响，不同部位中的碳、氢和氧同位素分馏效应不一致。Harrison[21]等对不同部位肌肉中碳同位素的差异进行了分析，结果显示不同部位间存在差异。本研究结果中后腿、胸叉、排骨、腹腩和脖子五个部位间 $\delta^{15}N$ 值无显著性差异，郭莉等[22]对内蒙古 141 只羊的四个肌肉部位中碳氮同位素组成进行了研究，结果不同部位脱脂肌肉中 $\delta^{15}N$ 值没有显著性差异，与本试验结果相同。试验表明不同部位中稳定同位素存在一定差异，后续应继续深入研究羊肉不同部位中同位素组成及其分馏效应。

3.2　羊肉与羊骨中碳、氮同位素在产地中的鉴别

进一步选取排骨部位的样品对羊肉与羊骨进行产地溯源研究，方差分析及判别分析结果表明碳氮同位素可对羊肉及羊骨样品的产地进行溯源。研究表明 $\delta^{13}C$ 值主要反映饲料的组成[23]，C_4 植物组织中 $\delta^{13}C$ 值高于 C_3 植物，动物进食 C_3 和 C_4 植物对碳同位素比率的影响进而反映在肉中[24]。宁夏和甘肃位于中国西北地区，玉米是主要农作物之一，肉羊主要饲喂 C_4 植物，安徽位于中国华东地区，羊的饲料中含有 C_3 和 C_4 植物。新西兰地区与宁夏和甘肃的样品中 $\delta^{13}C$ 值接近，说明新西兰羊的饲料中 C_3、C_4 饲料配比与这两个地区相近，安徽地区的羊肉、全骨粉、脱脂骨粉及骨胶原中 $\delta^{13}C$ 值显著低于其他三个地区的样品，De Smet [25]等研究说明动物各组织中 $\delta^{13}C$ 值可预测 C_4 植物在饲料中所占的比例。动物中 $\delta^{15}N$ 值主要受土壤状况、气候及农业施肥等因素的影响[26]。研究表明，施用有机肥可提高土壤和植物中 ^{15}N 丰度，而施用化肥则降低土壤与植物中 ^{15}N 丰度[27]。甘肃地区的羊肉、全骨粉、脱脂骨粉及骨胶原中 $\delta^{15}N$ 值显著低于其他三个地区样品中 $\delta^{15}N$ 值，引起这一现象的原因可能与当地施肥情况有关，其次，饲喂豆科植物也会导致动物中 $\delta^{15}N$ 值降低[28,29]。全骨粉与脱脂骨粉中 $\delta^{13}C$ 值低于羊肉与骨胶原中 $\delta^{13}C$ 值，而 $\delta^{15}N$ 值高于羊肉与骨胶原中 $\delta^{15}N$ 值，可见骨样与肉样中碳氮同位素组成不同，但整体分馏趋势一致。全骨粉中 $\delta^{13}C$ 值低于脱脂骨粉中 $\delta^{13}C$ 值，粗脂肪在合成过程中对 $\delta^{13}C$ 值有贫化作用[3]。

相关性分析与判别分析结果都表明可利用碳、氮同位素对羊肉、全骨粉、脱脂骨粉与骨胶原进行产地判别。其中对羊肉样品的产地判别有较好的效果，因此羊肉可有效用于产地追溯中。此外，各个样品在产地判别中对新西兰样品有较高的判别率，其中羊肉对新西兰样品的整体判别率达 95%。骨胶原与其他三个样品高度相关，总体变化趋势一致，全骨粉、脱脂骨粉及骨胶原中碳、氮同位素也可有

效用于产地溯源中。Carrijo 等[30]对饲喂牛肉和骨粉的鸡肉进行了溯源研究，结果不同样品中碳、氮同位素有显著差异，结果表明碳、氮同位素可对样品进行溯源。研究表明，各组织中同位素的分馏在合成代谢过程中存在生理和时间差异[31]，骨生长相对缓慢，其同位素组成可能主要反映身体同位素值的长期平均值[32]，但羊肉与羊骨的相关性受环境因素影响的变化机理尚不明确[33]，需在今后进一步进行探讨。并且后续实验应考虑增加测定氢氧同位素指标的测定，以达到更好的鉴别效果。

4 结论

利用稳定同位素可对羊肉的不同部位进行鉴别，其中胸叉与腹腩中同位素组成没有显著差异；羊肉、全骨粉、脱脂骨粉及骨胶原中 $\delta^{13}C$ 值可提供其产地来源信息，并且羊肉、全骨粉、脱脂骨粉及骨胶原中碳氮同位素之间呈极显著相关性，对羊肉样品产地判别结果一致，可有效追溯和鉴定羊肉产地来源。

参考文献：

[1] MAI Z H, LAI B, SUN M W, et al. Food adulteration and traceability tests using stable carbon isotope technologies[J]. Tropical Journal of Pharmaceutical Research, 2019,18(8):1771-1784.

[2] VIOLINO S, ANTONUCCI F, PALLOTTINO F, et al. Food traceability: a term map analysis basic review[J]. European Food Research and Technology, 2019,245(10): 2089-2099.

[3] BONER M, FORSTEL H. Stable isotope variation as a tool to trace the authenticity of beef[J]. Analytical and Bioanalytical Chemistry, 2004, 378(2):301-310.

[4] FRANKE B M, KOSLITZ S, MICAUX F, et al. Tracing the geographic origin of poultry meat and dried beef with oxygen and strontium isotope ratios[J]. European Food Research and Technology,2008,226(4):761-769.

[5] FOERSTEL H. The natural fingerprint of stable isotopes -use of IRMS to test food authenticity[J]. Analytical and Bioanalytical Chemistry,2007,388(3): 541-544.

[6] LV J, ZHAO Y. Combined Stable Isotopes and Multi-element Analysis to Research the Difference Between Organic and Conventional Chicken[J]. Food Analytical Methods,2017,10(2):347-353.

[7] ZHAO Y, ZHANG B, CHEN G, et al. Tracing the Geographic Origin of Beef in China on the Basis of the Combination of Stable Isotopes and Multielement Analysis[J]. Journal of Agricultural and Food Chemistry,2013, 61(29):7055-7060.

[8] GUO B, WEI Y, WEI S, et al. The characters and influence factors of stable isotope fingerprints in yak muscle [J]. Scientia Agricultura Sinica,2018,51(12): 2391-2397.

[9] MONAHAN F J, SCHMIDT O, MOLONEY A P. Meat provenance: Authentication of geographical origin and dietary background of meat[J]. Meat Science,2018,144: 2-14.

[10] BIONDI L, D'URSO M G, VASTA V, et al. Stable isotope ratios of blood components and muscle to trace dietary changes in lambs[J]. Animal,2013,7(9):1559-1566.

[11] BONTEMPO L, CAMIN F, ZILLER L, et al. Variations in stable isotope ratios in lamb blood fractions following dietary changes: a preliminary study[J]. RapidCommunications in Mass Spectrometry,2016,30(1): 170-174.

[12] ERASMUS S W, MULLER M, BUTLER M, et al. The truth is in the isotopes: Authenticating regionally unique South African lamb[J]. Food Chemistry,2018,239: 926-934.

[13] PIASENTIER E, VALUSSO R, CAMIN F, et al. Stable isotope ratio analysis for authentication of lamb meat [J]. Meat Science,2003,64(3):239-247.

[14] VINCI G, PRETI R, TIERI A, et al. Authenticity and quality of animal origin food investigated by stable-isotope ratio analysis[J]. Journal of the Science of Food and Agriculture,2013,93(3):439-448.

[15] SUN S M, GUO B L,WEI Y M. Origin assignment by multi-element stable isotopes of lamb tissues[J]. Food Chemistry,2016,213:675-681.

[16] GARBOWSKA B, RADZYMINSKA M, JAKUBOWSKA D. Influence of the Origin on Selected Determinants of the Quality of Pork Meat Products[J]. Czech Journal of Food Sciences,2013,31(6):547-552.

[17] SAEED O A, SAZILI A Q, AKIT H, et al. Effects of corn supplementation on meat quality and fatty acid composition of Dorper lambs fed PKC-Urea treated rice straw[J]. Bmc Veterinary Research,2019,15:9.

[18] 刘畅，罗玉龙，张亚琨，等. 苏尼特羊不同部位肌肉抗氧化系统的差异[J]. 中国食品学报,2020.20(03):291-297.

[19] 韩克光，甄守艳，高文伟，等. 单酶水解羊骨粉效果比较及水解指标相关性分析[J]. 食品科技,2016.41(01):110-114.

[20] JIANG D, DU L, GUO Y C, et al. Potential Use of Stable Isotope and Multi-element Analyses for Regional Geographical Traceability of Bone Raw Materials for Gelatin Production[J]. Food Analytical Methods,2020,13(3):762-769.

[21] HARRISON S M, MONAHAN F J, MOLONEY A P, et al. Intra-muscular and inter-muscular variation in carbon turnover of ovine muscles as recorded by stable isotope ratios[J]. Food Chemistry,2010,123(2):203-209.

[22] 郭莉，张寰，王燕，等. 基于碳、氮稳定同位素技术的羊肉产地溯源可行性研究[J]. 肉类工业,2020(02):25-30.

[23] FRANKE B M, GREMAUD G, HADORN R, et al. Geographic origin of meat -elements of an analytical approach to its authentication[J]. European Food Research and Technology,2005,221(3-4):493-503.

[24] ERASMUS S W, MULLER M, VAN DER RIJST M, et al. Stable isotope ratio analysis: A potential analytical tool for the authentication of South African lamb meat[J]. Food Chemistry,2016,192:997-1005.

[25] DE SMET S, BALCAEN A, CLAEYS E, et al. Stable carbon isotope analysis of different tissues of beef animals in relation to their diet[J]. Rapid Communications in Mass Spectrometry,2004,18(11):1227-1232.

[26] SCHWERTL M, AUERSWALD K, SCHAUFELE R, et al. Carbon and nitrogen stable isotope composition of cattle hair: ecological fingerprints of production systems[J]. Agriculture Ecosystems & Environment,2005,109(1-2):153-165.

[27] ROGERS K M. Nitrogen isotopes as a screening tool to determine the growing regimen of some organic and nonorganic supermarket produce from New Zealand[J]. Journal of Agricultural and Food Chemistry,2008,56(11):4078-4083.

[28] MEKKI I, CAMIN F, PERINI M, et al. Differentiating the geographical origin of Tunisian indigenous lamb using stable isotope ratio and fatty acid content[J]. Journal of Food Composition and Analysis,2016,53:40-48.

[29] DEVINCENZI T, DELFOSSE O, ANDUEZA D, et al. Dose-dependent response of nitrogen stable isotope ratio to proportion of legumes in diet to authenticate lamb meat produced from legume-rich diets[J]. Food Chemistry,2014,152:456-461.

[30] CARRIJO A S, PEZZATO A C, DUCATTI C, et al. Traceability of bovine meat and bone meal in poultry by stable isotope analysis[J]. Brazilian Journal of Poultry Science,2006,8(1):63-68.

[31] POUPIN N, MARIOTTI F, HUNEAU J-F, et al. Natural Isotopic Signatures of Variations in Body Nitrogen Fluxes: A Compartmental Model Analysis[J]. Plos Computational Biology,2014,10(10).

[32] STEVENS R E, O'CONNELL T C. Red deer bone and antler collagen are not isotopically equivalent in carbon and nitrogen[J]. Rapid Communications in Mass Spectrometry,2016,30(17):1969-1984.

[33] JANSEN O E, AARTS G M, DAS K, et al. Feeding ecology of harbour porpoises: stable isotope analysis of carbon and nitrogen in muscle and bone[J]. Marine Biology Research,2012,8(9):829-841.

Study on stable isotope technology in the origin traceability of sheep meat and sheep bone

WANG Qian[1,2], LI Zheng[1,3], ZHAO Shan-shan[1], QIE Meng-jie[1], WANG Ming-lin[3], GUO Jun[2], ZHAO Yan[1]

(1.Institute of Agricultural Quality Standards & Testing Technology, Chinese Academy of Agricultural Sciences, Key Laboratory of Agricultural Product Quality and Safety, Ministry of Agriculture and Rural Areas, Beijing 100081, China; 2.College of Food Scienceand Engineering, Inner Mongolia Agricultural University, Hohhot Inner Mongolia 010018, China; 3.College of Food Science and Engineering, Shandong Agricultural University, Taian of Shandong Prov. 271018, China)

Abstract: 【Objective】The accuracy of different samples in tracing the origin of mutton was investigated. By comparing the stable isotope values of sheep meat in different parts and the stable isotope analysis of sheep meat, whole bone meal, defatted bone meal and bone collagen, so as to provide effective reference indicators for the traceability identification scheme of the origin of the sheep. 【Method】Isotope Ratio Mass Spectrometer (IRMS) was used to determine $\delta^{13}C$, $\delta^{15}N$, $\delta^{2}H$ and $\delta^{18}O$ values in different parts of sheep meat, and $\delta^{13}C$ and $\delta^{15}N$ values in mutton, whole bone meal, defatted bone meal and collagen of the sheep bones from different origins. Analysis of variance (ANOVA), linear discriminant analysis and correlation analysis were carried out on the results to determine the traceability of stable isotope composition to different sample origins. 【Result】The $\delta^{13}C$, $\delta^{2}H$ and $\delta^{18}O$ values in different parts have significant differences, but no significant difference in $\delta^{15}N$ values in hind legs, chest fork, ribs, abdomen and neck, and there was no significant difference in carbon, nitrogen, hydrogen and oxygen stable isotope values between the chest fork and abdomen. The $\delta^{13}C$ and $\delta^{15}N$ values of sheep meat, whole bone meal, defatted bone meal and bone collagen from different origins are significantly different. Mutton has the best effect on the origin discrimination, with the original discrimination accuracy rate was 84.9% and the cross-validation discrimination accuracy rate was 82.4%. The accuracy rate of distinguishing the origin by whole bone meal and collagen was over 65%. The correlation analysis results show that sheep meat, whole bone meal, defatted bone meal and bone collagen have extremely significant correlation ($P<0.01$), and the carbon isotope in collagen had the highest correlation with defatted bone meal and whole bone meal, with correlation coefficients of 0.903 and 0.866, respectively. 【Conclusion】Stable isotope can effectively identify samples from different origins and indicate their geographical origins. The trend of stable isotope composition in mutton, whole bone meal, defatted bone meal and collagen is consistent. It is feasible to trace the origin of sheep meat and sheep bones using stable isotope technology.

Key words: stable isotope; sheep meat; sheep bone; origin traceability

稳定同位素与化学计量学相结合对稻米进行产地溯源

王济世[1]，陈天金[1]，张卫星[2]，赵　燕[1]，杨曙明[1]，陈爱亮[1]
(1.中国农业科学院农业质量标准与检测技术研究所，北京 100081；2.中国水稻研究所，浙江 杭州 310006)

摘要：利用多元稳定同位素分析结合化学计量学对中国六个稻米生产省份(黑龙江、吉林、江苏、浙江、湖南和贵州)和亚洲4个稻米生产国(泰国、马来西亚、菲律宾和巴基斯坦)的稻米样品进行了调查和鉴别。分析了不同海拔、不同纬度、不同耕作方式栽培的不同品种稻米的稳定同位素特征。通过主成分分析(PCA)和判别分析(DA)，对所选不同地理特征的样本筛选并建立了 $\delta^{13}C$、$\delta^{15}N$、$\delta^{18}O$、$^{207/206}Pb$ 和 $^{208/207}Pb$ 的指标组，这将为稻米溯源提供一个完善的技术解决方案，并为进一步研究其他农产品，特别是植物源性产品的溯源提供一个模板。

关键词：稻米；产地；稳定同位素；化学计量学

1　Introduction

Rice is one of the most important agricultural products and provides nutrition to more than half of the world's population[1]. According to the Food and Agriculture Organization (FAO), as the world's leading rice producing region, Asia is home to many top rice exporters of the world[2]. In line with improved living standards, the geographical origin of rice has become one of the major considerations for consumers. Rice with a geographical origin label, for example Jasmine rice from Thailand, Koshihikari from Japan and Basmati from Pakistan, is considered high-quality rice and is usually charged a premium. With the consumer market of high-quality rice appearing, there emerges a risk that unscrupulous producers sell inferior or counterfeit products as premium rice for additional economic benefits[3]. Hence, it is highly essential to accurately determine rice authenticity, preventing fake and inferior products in order to protect consumers' rights and improve the credibility of producers and traders in the light of the increase in global trade and free markets[4].

In recent years, analytical techniques used to determine the geographical origins of agricultural products have made great progress[5, 6]. In particular, the method for determining the geographical origins of various foods has been developed and validated based on multi-isotope analysis in parallel with multi-elemental chemometric methods, involving rice[7-9], animal-derived food[10-12], and oil[13, 14].

Cultivated plants have a large number of stable isotopes, which provide information on photosynthesis (e.g. carbon) or fertilization approaches (e.g. nitrogen), and geographical origins (e.g. oxygen and lead). Among them, C, N and O are the most common isotopic compositions and have been used to determine geographical origins of food[15]. The isotopic abundance of individual organic compounds provides a more direct link to human-induced and environmental factors, including climatic drought, solar radiation, temperature, atmospheric pressure and stress[16]. Carbon isotopes in rice were discriminated via C3 photosynthesis, where carbon dioxide (CO_2) in the air was absorbed by plants to form sugars, which was based on Rubisco activity and stomata opening/closure. During the dispersion of CO_2 into the plants, the temperature, evapotranspiration

---

作者简介：王济世(1990—)，男，山东人，博士，农畜产品质量安全

and water usage led to fractionation changes[17-19]. The isotopic composition of nitrogen mainly depends on regional environment, agricultural fertilization, nitrogen fixation and land use patterns[20-23]. In addition, fractionation of the nitrogen isotope during NH_4^+ uptake is important, and it relies on plant species and NH_4^+ concentrations[24]; fractionation of oxygen isotopes is mainly related to the amount of rainfall, water use efficiency, and evaporative effects in local areas[25]. Moreover, there is a negative correlation between oxygen isotope values and relative humidity; when the relative humidity level is low, the oxygen isotopes in the organic matter of rice grains are greatly enhanced[26]. Soil water conditions also exert a significant impact on rice. Mahindawansha et al. reported that in rice paddy systems, water uptake conditions could be reflected by stable isotopes in water[27]. There was yet a positive linearity between $\delta^{18}O$ of rice grains and that of source water[28]. Akamatsu et al.[28] also revealed that the $\delta^{18}O$ value of rice exhibited a positive correlation with the mean minimum air temperature due to changes in the processes involved in amylose composition and translocation; lead isotopes ($^{207/206}Pb$ and $^{208/207}Pb$) produced as a result of soil mineralization reflected the origins of soil and geological ages, which increased the geographical resolution when the lithology varied according to regions[29-31]. To summarize, geographical isotopic fingerprints could serve as an efficient traceability tool for the origin of rice.

In food authenticity studies, chemometric statistical analysis is important in interpreting acquired data and generating a variable model for classifying samples of unknown origins[32]. When inter-site differences are limited, it is not appropriate to use conventional univariate isotope discrimination analysis. Instead, multivariate principal component analysis (PCA) could be used for data improvement based on key principal components (PCs) that were preferentially selected for denoising and dimension reduction.

In this study, rice samples from six provinces in China (Heilongjiang, Jilin, Jiangsu, Zhejiang, Hunan and Guizhou) and four other Asian countries (Thailand, Malaysia, Philippines and Pakistan) were investigated and discriminated using multivariate stable isotope analysis. And then the index groups were screened and established for the geographical features of the selected samples based on chemometrics including PCA and discriminant analysis (DA), in order to set up a provenance prediction model and provide a sound technical solution for rice traceability.

2 Material and methods

2.1 Sample collection and preparation

A total of 189 authentic rice samples were collected from reliable sources. Among them, 55 were obtained from Thailand (TH), Malaysia (MA), Philippines (PH) and Pakistan (PA), and 134 were harvested from China (CH), including Heilongjiang (HLJ), Jilin (JL), Jiangsu (JS), Zhejiang (ZJ), Hunan (HN) and Guizhou (GZ) provinces.

The samples were numbered according to their locations and varieties. The collected rice was dried at a constant temperature of 60 ℃ for 48 h to constant weight, and subsequently shelled. Ten grams of each sample were ground in a mortar to obtain fine powder, and then the tube was enclosed by tin for determination.

2.2 C, N, and O isotopes obtained by EA-IRMS

Allisotope samples were prepared and then analyzed according to earlier works[7, 33]. Stable isotopes of $\delta^{13}C$, $\delta^{15}N$ and $\delta^{18}O$ were analyzed by an elemental analyzer interfaced with an isotope ratio mass spectrometry (EA-IRMS, Thermo Fisher Scientific, USA). In this study, $\delta^{13}C$ (‰) was relative to the international standard Vienna Pee Dee Belimnite (VPDB); $\delta^{15}N$ (‰) was associated with atmospheric AIR; $\delta^{18}O$ (‰) were correlated with Standard Mean Ocean Water (SMOW). The ratios of the stable isotopes were adjusted against the following international standard references: USGS24 (Graphite) and IAEA600 (Caffeine) for the $\delta^{13}C$ value; USGS43 (Indian Human Hair) and IAEA600 for the $\delta^{15}N$ value; USGS42 (Tibetan Human Hair) for the $\delta^{18}O$ values. The analytical precision was lower than ±0.3 ‰ for O, ±0.2‰ for both C and N.

2.3 Pb-Isotope analysis by ICP-MS

The lead isotope content in rice samples was determined by microwave digestion combined with inductively coupled plasma mass spectrometry (ICP-MS, Thermo Fisher X-Series Ⅱ, USA). Approximately 0.2 g of powdered rice was placed into a polytetrafluoroethylene digestive tube, 10 mL of 65% nitric acid and 1 mL of hydrogen peroxide solution were added, and then they were digested in a microwave digestion system (CEM Corp., America). The microwave power increased from 0 w to 1 200 w in 10 minutes, and then digestion was performed at 1 200 w for 30 min. Subsequently, the cooled digested liquid was diluted to a 50 mL solution with ultrapure water (>18.2 MΩ). Finally, the contents of ^{206}Pb, ^{207}Pb and ^{208}Pb were determined by ICP-MS. The Pb-isotope ratios of $^{206}Pb/^{207}Pb$ and $^{208}Pb/^{206}Pb$ were measured, and the elemental concentrations were determined in kinetic energy discrimination (KED) mode. The instrumental precision were lower than ±0.04% for the ratio mode.

2.4 Statistical analysis

The statistical analysis was carried out with SIMCA 14.1 software (Umetrics, Umea, Sweden). First, essential discriminant information was extracted from all of the variables using multivariate statistical analysis such as PCA or linear discriminant analysis (LDA) for clear classification. Second, the variables including ratios and concentrations were measured by instruments, and a data matrix was built based on column-wise normalization and mean centralization to homogenize all of the information. Third, signal de-noising, dimension reduction and unsupervised PCA were performed. Finally, a supervised LDA model was constructed by selecting the first several orthogonal PCs rather than raw variables, and the accuracy of the model was verified by holdout cross-validation. In this entire process, 90% of the samples were randomly selected to build the model by the Monte-Carlo method and the other 10% were utilized to validate the data.

3 Results and discussion

3.1 Stable isotope results for rice of different origins

3.1.1 $\delta^{13}C$, $\delta^{15}N$ and $\delta^{18}O$ isotopes

For stable isotope ratios of rice from different countries, As illustrated in Table 1A, except rice from TH (−27.3‰±0.6‰), rice from PH (−30.5‰±0.3‰), PA (−28.0‰±0.8‰) and MA (−30.5‰±0.7‰) had more negative $\delta^{13}C$ values when compared to rice from CH (−27.3‰± 0.7‰). The carbon isotope composition of plants ($^{13}C/^{12}C$) is mainly related to CO_2-photosynthetic fixing pathways, such as the C3 or C4 cycle, and its fractionation information is mapped to plant and animal tissues through the food chain[34, 35]. Due to the conventional practice of rice cultivation, the $\delta^{15}N$ values of rice from the four countries (TH, MA, PA and PH) were all lower than those of the Chinese rice. The most striking comparison was between MA (3.7‰±1.1‰), PH (3.5‰±0.5‰) and CH (5.8‰±1.6‰), which suggested more synthetic fertilizers were applied to MA and PH rice. Although the $\delta^{15}N$ values of rice from TH and PA (5.1‰ ± 1.4‰ and 4.9‰ ± 0.8‰, respectively) were not significantly different from those of CH, while this did not mean that synthetic fertilizers application in TH and PA was low, as samples from China were both conventional and organic. The nitrogen isotope in rice was generated by absorbing soil nutrients via the roots, mainly inorganic ions containing nitrogen, for example, NO_3^- and NH_4^+. The ions were transformed into plant proteins through biosynthesis. In addition, the $\delta^{15}N$ value of rice was extremely liable to agricultural practices, such as fertilizers[36]. Fertilizers synthesized by compressing air in the Haber method and those produced via biological nitrogen fixation were inclined to contribute to the $\delta^{15}N$ value by nearly 0‰ (N value in air)[37]. Rice that was grown by adding more synthetic fertilizers would have a $\delta^{15}N$ value closer to 0‰ when compared to rice added with less synthetic fertilizers or organic manure. Other organic foods (e.g. fruits) have similar results[38]. In the present study, the $\delta^{18}O$ values of rice from MA (21.5‰±1.4‰) and PH (22.6‰ ±2.3‰) were more negative than TH (25.8‰±0.9‰), PA (26.2‰±2.9‰) and CH (24.0‰± 1.8‰). Oxygen isotope in rice mostly arose from rain or irrigation water. A fractionation process altered the relative isotopic composition when the climate changed from warm to cool, the altitude changed from low to high, and the geographic feature changed from oceans to inland for water flows[25].

For stable isotope ratios of rice from different provinces of China, as illustrated in Table 1B, except rice from JS (−26.7‰±0.9‰), the $\delta^{13}C$ average values of rice from the regions along Yangtze River (HN, GZ and JS) were more negative than the northeast production regions (HLJ and JL) of China. For the same variety of rice, the $\delta^{15}N$ values Japonica from HLJ and JL (organic farming) were more positive than JS, ZJ and GZ (conventional farming). The $\delta^{18}O$ values of rice from the mid-lower reaches of the Yangtze river (JS, ZJ and HN) were more positive than inland areas (HLJ, JL and GZ), The same result was also reported in the literature[33].

表 1 (A)使用 EA-IRMS 和 ICP-MS 测定不同国家进口的稻米的稳定同位素结果和(B)中国不同生产地区的稻米的稳定同位素结果。

Table 1 (A) Stable isotope results of polished rice from imported different countries, and (B) Stable isotope results of rice from different production regions in China using EA-IRMS and ICP-MS, respectively.

(A)

Variable	Thailand (n=20)	Malaysia (n=22)	Pakistan (n=6)	Philippines (n=7)	China (n=134)
$\delta^{13}C$ /‰	-27.3 ± 0.6^{c}	-30.5 ± 0.7^{a}	-28.0 ± 0.8^{b}	-30.5 ± 0.3^{a}	-27.3 ± 0.7^{c}
$\delta^{15}N$ /‰	5.1 ± 1.4^{b}	3.7 ± 1.1^{a}	4.9 ± 0.8^{b}	3.5 ± 0.5^{a}	5.8 ± 1.6^{b}
$\delta^{18}O$ /‰	25.8 ± 0.9^{c}	21.5 ± 1.4^{a}	26.2 ± 2.9^{c}	22.6 ± 2.3^{a}	24.0 ± 1.8^{b}
$^{207}Pb/^{206}Pb$	1.00±0.05	1.05±0.11	0.98±0.03	1.05±0.19	0.96±0.35
$^{208}Pb/^{207}Pb$	0.97±0.04	0.97±0.11	1.01±0.03	0.79±0.59	0.90±0.75

注：数值代表平均值和标准偏差；在 p=0.05 置信水平下，不同的小写字母表示显著不同。

Note: values represent means and standard deviations; different small letters represent significant different at p=0.05 confidence level.

(B)

Variable	Heilongjiang (*n*=51)	Jilin (*n*=4)	Jiangsu (*n*=13)	Zhejiang (*n*=10)	Hunan (*n*=45)	Guizhou (*n*=11)
$\delta^{13}C$ /‰	-26.8 ± 0.4^{c}	-27.9 ± 0.5^{ab}	-26.7 ± 0.9^{c}	-28.2 ± 0.5^{a}	-27.7 ± 0.4^{b}	-28.0 ± 0.2^{ab}
$\delta^{15}N$ /‰	$6.1\pm1.3b^{c}$	6.4 ± 1.4^{c}	5.0 ± 0.9^{b}	2.7 ± 0.8^{a}	6.2 ± 1.5^{c}	6.0 ± 0.9^{bc}
$\delta^{18}O$ /‰	22.7 ± 0.7^{b}	21.0 ± 0.4^{a}	26.0 ± 0.5^{d}	24.7 ± 1.5^{c}	25.5 ± 0.9^{d}	22.0 ± 1.0^{b}
$^{207}Pb/^{206}Pb$	0.91 ± 0.56	0.93 ± 0.11	0.98 ± 0.03	0.98 ± 0.02	0.99 ± 0.12	1.03 ± 0.03
$^{208}Pb/^{207}Pb$	0.71 ± 1.17	0.95 ± 0.02	1.01 ± 0.02	1.01 ± 0.02	1.03 ± 0.30	1.00 ± 0.02

注:数值代表平均值和标准偏差;在 $p=0.05$ 置信水平下,不同的小写字母表示显著不同。

Note: values represent means and standard deviations; different small letters represent significant different at $p=0.05$ confidence level.

3.1.2 $^{206}Pb/^{207}Pb$ and $^{208}Pb/^{207}Pb$ ratios

The lead isotope is an important lithologic and mineral indicator, characterized by varied geological and soil conditions, and it could be employed for geographical traceability of agro-products.

Lead isotopes derived from a variety of countries showed vast disparities ($P<0.05$) without any distinguishable rules to follow. The $^{206}Pb/^{207}Pb$ and $^{208}Pb/^{207}Pb$ ratios of rice harvested from the JS, ZJ, HN and GZ provinces of China were largely similar, while rice from HLJ and JL featured slightly lower Pb ratios, which might be contributed by similar geographic characteristics of the Yangtze River Basin where the JS, ZJ, HN and GZ provinces are located.

3.2 Stable isotope results for rice of different cultivars and farming methods

Rice was collected and sampled to investigate the indicator changes for different categories. All rice samples were divided into two categories, including indica and japonica, following the classification method of the Japanese scholar Kato Masahiro. For the rice samples from different countries (Table 2A), there were significant differences in the $\delta^{15}N$ values for the two varieties of rice ($P<0.05$), while the values of $\delta^{13}C$, $\delta^{18}O$, $^{206}Pb/^{207}Pb$ and $^{208}Pb/^{207}Pb$ did not shown significant differences among varieties. Among the stable isotopes of indica and japonica rice in China, $\delta^{13}C$ and $\delta^{18}O$ values of japonica rice were significantly lower than those of indica rice (Table 2B).

表 2 (A)进口国家及中国不同品种的稻米中稳定同位素结果,(B)中国不同品种的稻米中稳定同位素结果。

Table 2 (A) Stable isotope results of polished rice for different varieties from imported different countries and rice from different production regions in China, and (B) Stable isotope results of polished rice for different varieties from different production regions in China.

(A)

	N		$\delta^{13}C$ /‰	$\delta^{15}N$ /‰	$\delta^{18}O$ /‰	$^{206}Pb/^{207}Pb$	$^{208}Pb/^{207}Pb$
Japonica	76	Mean±SD	-27.0 ± 0.6	5.8 ± 1.4^{b}	23.0 ± 1.5	0.94 ± 0.46	0.81 ± 0.96
Indica	113	Mean±SD	-28.4 ± 1.5	5.1 ± 1.7^{a}	24.6 ± 2.1	1.00 ± 0.10	0.99 ± 0.24

注:不同的小写字母表示 $p=0.05$ 置信水平下的显著差异。

Note: different small letters represent significant difference at $p=0.05$ confidence level.

(B)

	N		$\delta^{13}C$ /‰	$\delta^{15}N$ /‰	$\delta^{18}O$ /‰	$^{206}Pb/^{207}Pb$	$^{208}Pb/^{207}Pb$
Japonica	76	Mean±SD	-27.0 ± 0.6^{b}	5.8 ± 1.4	23.0 ± 1.5^{a}	0.94 ± 0.46	0.81 ± 0.96
Indica	58	Mean±SD	-27.7 ± 0.7^{a}	5.8 ± 1.6	25.4 ± 1.0^{b}	0.99 ± 0.10	1.03 ± 0.26

注:不同的小写字母表示 $p=0.05$ 置信水平下的显著差异。

Note: different small letters represent significant difference at $p=0.05$ confidence level.

Rice in China was collected according to traditional and organic farming methods. After comparing the effects of different farming methods on stable isotopes (Table 3), we found that the values of $\delta^{13}C$, $\delta^{15}N$ and $\delta^{18}O$ of rice collected in traditional and organic farming methods were largely different, among which the $\delta^{15}N$ value of rice in organic cultivation was greatly higher when compared to the traditional farming method, showing a consistent result with the literature report[9]. This is because during the storage and processing of organic fertilizers, isotopes were fractionated from NH_3 volatilization so that $\delta^{15}N$ was generally enriched in organic fertilizers in comparison with synthetic fertilizers[39,40].

表 3 中国不同产区不同种植模式稻米的稳定同位素结果

Table 3 Stable isotope results of polished rice for different Planting Pattern from different production regions in China

	N		$\delta^{13}C$ /‰	$\delta^{15}N$ /‰	$\delta^{18}O$ /‰	$^{206}Pb/^{207}Pb$	$^{208}Pb/^{207}Pb$
C	74	Mean±SD	-27.7 ± 0.6^{a}	5.2 ± 1.3^{a}	24.9 ± 1.6^{b}	0.99 ± 0.09	1.02 ± 0.23
O	60	Mean±SD	-26.8 ± 0.5^{b}	6.5 ± 1.2^{b}	22.9 ± 1.3^{a}	0.93 ± 0.52	0.75 ± 1.08

注:C:常规种植;O:有机种植;不同的小写字母表示 $p=0.05$ 置信水平下的显著差异。

Note: C: conventional practice; O: organic practice; different small letters represent significant difference at $p=0.05$ confidence level.

3.3 Principal component analysis of stable isotopes in rice

To visually understand the effects of isotope indexes on rice produced in different countries and different areas of China, PCA was carried out for the carbon, nitrogen, oxygen and lead isotopes in rice. A scatter plot based on the first two PCs was shown in Fig. 1A to classify the samples from different countries. The first two PCs (PC1 and PC2) contributed 34.68% and 31.60% of the geochemical variances, respectively. MA/PH and CH/TH/PA samples could be differentiated with the combination of PC1 and PC2, but in contrast, MA and PH, as well as CH, TH, and PA samples were mixed and difficult to separate. Due to a large number of samples in China with their sources in both coastal and inland areas, their elevations, longitudes and latitudes spanned over a wide range, and it was difficult to identify their characteristics from other countries by PC2.

For samplesderived from different provinces in China, the first two PCs (PC1 and PC2) contributed 35.24% and 25.71% of the geochemical variances, respectively. PC1 divided rice into two parts: South China region (JS, ZJ and HN) and northeastern region (HLJ and JL). Rice from the GZ province was indistinguishable from rice harvested from the northeastern region. From the perspective of the second PC, ZJ samples were generally separated from those in the northeastern and GZ provinces (Fig. 1B).

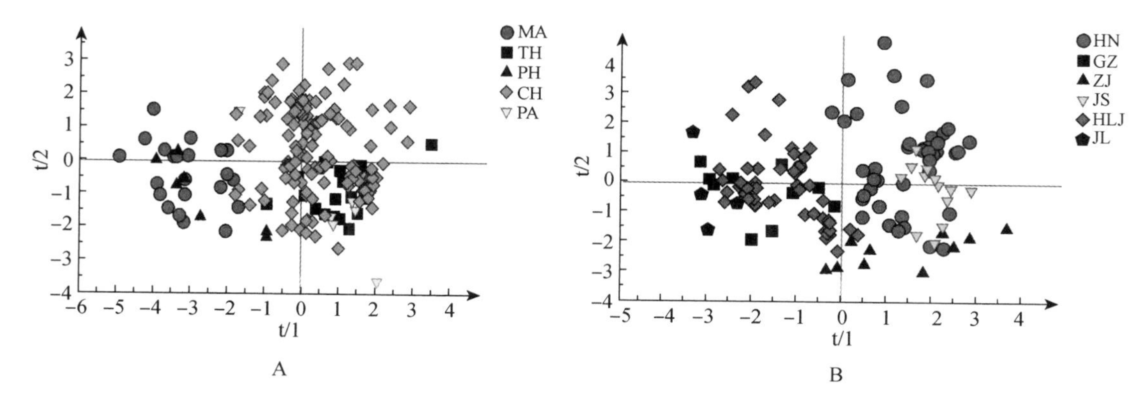

图 1 稻米样品的 PCA 分类结果：(A)来自不同国家的进口稻米前两个主要得分成分(PC1 和 PC2)的散点图；(B) 中国不同产区稻米前两个主成分(PC1 和 PC2)的散点图

注：TH-泰国、MA-马来西亚、PH-菲律宾、PA-巴基斯坦、CH-中国。HLJ-黑龙江、JL-吉林省、JS-江苏省、ZJ-浙江省、HN-湖南省、GZ-贵州省。由于样本量的原因，一些数据标签相互覆盖。

Figure 1. PCA classification results of rice samples: (A) Scatter plot of the first two principal score components (PC1 and PC2) for polished rice from imported different countries; (B) Scatter plot of the first two principal score components (PC1 and PC2) for polished rice from different production regions in China

Note: TH-Thailand, MA-Malaysia, PH-Philippines, PA-Pakistan (PA) and CH-China. HLJ-Heilongjiang JL-Jilin; JS-Jiangs; ZJ-Zhejiang; HN-Hunan; GZ-Guizhou. Some data tags were covered with each other due to the sample volume.

3.4 Discriminant analysis of stable isotopes in rice

In order to understand the role of each stable isotope index in the traceability of rice origins, DA was used to analyze the values of $\delta^{13}C$, $\delta^{15}N$, $\delta^{18}O$, $^{206}Pb/^{207}Pb$ and $^{208}Pb/^{207}Pb$ in rice in sequence. From the analytical results, the discrimination rates of single isotope indexes for rice producing areas were relatively low, with the highest being only 58.18%, when the isotopes were combined for DA, the discrimination rates of the isotope combinations for rice producing areas were obviously improved. The combination of the three isotopes of carbon, oxygen and nitrogen increased the discrimination rates of the origins to 78.43%. Therefore, the three isotope indexes of carbon, oxygen and nitrogen in rice were selected for the discriminant model of rice samples in different countries. The discriminant model established by these three indicators was used to test the rice samples from different countries, and the results were illustrated in Table 4A. Due to the wide range of sample sources in China, the correct discrimination rate is the lowest (58.21%).

According to the DA results, using any single element among the isotope indexes of $\delta^{13}C$, $\delta^{15}N$, $\delta^{18}O$, $^{206}Pb/^{207}Pb$ and $^{208}Pb/^{207}Pb$ in rice from different provinces could not achieve satisfactory discrimination effects. The correct discrimination rates of other isotope indexes were less than 45% except for carbon and oxygen. When various isotope indexes were combined for DA, the correct discrimination rate of the isotope combination used for the rice from different producing areas was significantly higher than that of single isotopes. The combination of the three isotopes of carbon, oxygen and nitrogen and the four-element combination of the carbon, oxygen, nitrogen and lead isotopes achieved correct discrimination rates of over 80%.

According to the significance test at the 0.01 level, three ofthe four indicators were introduced into the discriminant model in the sequence of $\delta^{13}C$, $\delta^{18}O$, $\delta^{15}N$. Using the established discriminant model, the rice samples were back-tested. As we could see from Table 4B, 11 of the 134 samples were misjudged, and the overall discriminant rate was 85%.

表 4 (A)LDA 模型对不同国家进口的稻米的判别精度,(B)LDA 模型对中国不同生产地区进口的稻米的判别精度

Table4 (A) Discriminant accuracies of rice imported from different countries, and (B) Discriminant accuracies of polished rice from different production regions in China using LDA model

(A)

Sample source	Discriminant attribution					Discriminant accuracy (%)
	Pakistan	Philippines	Malaysia	Thailand	China	
Pakistan	4	0	0	2	0	66.67
Philippines	0	7	0	0	0	100.00
Malaysia	0	2	17	0	3	77.27
Thailand	2	0	0	18	0	90.00
China	18	0	3	35	78	58.21

(B)

Sample source	Discriminant attribution						Discriminant accuracy (%)
	Guizhou	Heilongjiang	Hunan	Jilin	Jiangsu	Zhejiang	
Guizhou	9	2	0	0	0	0	81.82
Heilongjiang	1	50	0	0	0	0	98.04
Hunan	0	0	42	0	2	1	93.33
Jilin	0	1	0	3	0	0	75.00
Jiangsu	0	0	1	0	11	1	84.62
Zhejiang	0	0	0	0	2	8	80.00

4 Conclusion

In summary, this study demonstrated that there were significant differences in the values of $\delta^{13}C$, $\delta^{15}N$, $\delta^{18}O$ and Pb for rice from different countries and different provinces of China, which might be caused by climates, altitudes, latitudes longitudes, farming methods and rice varieties. In this study, according to the principal component analysis (PCA) results, $\delta^{13}C$, $\delta^{15}N$ and $\delta^{18}O$ had relatively strong discrimination power for the geographical origins of rice, while the discriminative power of lead was relatively weak. In addition, the combination of $\delta^{13}C$, $\delta^{15}N$ and $\delta^{18}O$ had a correct discriminating rate of 78.43% for rice cultivated in different countries, and that for different provinces in China was over 85%, which could be used as an effective indicator system for the traceability of rice origins. However, due to the limitation of the sample size, further correction and verification are required for the accuracy, reliability and practicability of the established discriminant model in the future.

Acknowledgement

This work was fundedby the National Key Research and Development Program of China (No. 2016YFD0401205).

References:

[1] Pinson, S. R. M., Tarpley, L., Yan, W., Yeater, K., Lahner, B., Yakubova, E., Huang, X.-Y., Zhang, M., Guerinot, M. L., & Salt, D. E. Worldwide Genetic Diversity for Mineral Element Concentrations in Rice Grain. Crop Science, 2015, 55(1), 294.

[2] FAOSTAT. Paddy Rice Production. FAO Statistics Division, Food and Agricultural Organization of the United Nations (FAO). 2012.

[3] Suzuki, Y., Chikaraishi, Y., Ogawa, N. O., Ohkouchi, N., & Korenaga, T. Geographical origin of polished rice based on multiple element and stable isotope analyses. Food Chemistry, 2008, 109(2), 470-475.

[4] Gonzalvez, A., Armenta, S., & de la Guardia, M. Trace-element composition and stable-isotope ratiofor discrimination of foods with Protected Designation of Origin. TrAC Trends in Analytical Chemistry, 2009, (11), 1295-1311.

[5] Karoui, R., & Debaerdemaeker, J. A review of the analytical methods coupled with chemometric tools for the determination of the quality and identity of dairy products. Food Chemistry, 2007, 102(3), 621-640.

[6] Luykx, D. M. A. M., & van Ruth, S. M. An overview of analytical methods for determining the geographical origin of food products. Food Chemistry,2008, 107(2), 897-911.

[7] Chen, T.,Zhao, Y., Zhang, W., Yang, S., Ye, Z., & Zhang, G. Variation of the light stable isotopes in the superior and inferior grains of rice (Oryza sativa L.) with different geographical origins. Food Chemistry, 2016, 209, 95-98.

[8] Chung, I. M., Park, S. K., Lee, K. J., An, M. J., Lee, J. H., Oh, Y. T., & Kim, S. H. Authenticity testing of environment-friendly Korean rice (Oryza sativa L.) using carbon and nitrogen stable isotope ratio analysis. Food Chemistry, 2017, 234, 425-430.

[9] Yuan, Y., Zhang, W., Zhang, Y., Liu, Z., Shao, S., Zhou, L., & Rogers, K. M. Differentiating Organically Farmed Rice from Conventional and Green Rice Harvested from an Experimental Field Trial Using Stable Isotopes and Multi-Element Chemometrics. Journal of Agricultural and Food Chemistry, 2018, 66 (11), 2607-2615.

[10] Camin, F., Bontempo, L., Perini, M., & Piasentier, E. Stable Isotope Ratio Analysis for Assessing the Authenticity of Food of Animal Origin. Comprehensive Reviews in Food Science and Food Safety,2016, 15(5), 868-877.

[11] Guo, B. L., Wei, Y. M., Pan, J. R., & Li, Y. Stable C and N isotope ratio analysis for regional geographical traceability of cattle in China. Food Chemistry, 2010, 118(4), 915-920.

[12] Osorio, M. T., Moloney, A. P., Schmidt, O., & Monahan, F. J. Multielement isotope analysis of bovine muscle for determination of international geographical origin of meat. Journal of Agricultural and Food Chemistry, 2011, 59(7), 3285-3294.

[13] Camin, F., Bontempo, L., Ziller, L., Piangiolino, C., & Morchio, G. Stable isotope ratios of carbon andhydrogen to distinguish olive oil from shark squalene-squalane. Rapid Commun Mass Spectrom, 2010, 24 (12), 1810-1816.

[14] Camin, F., Larcher, R., Nicolini, G., Bontempo, L., Bertoldi, D., Perini, M., Schlicht, C., Schellenberg, A., Thomas, F., Heinrich, K., Voerkelius, S., Horacek, M., Ueckermann, H., Froeschl, H., Wimmer, B., Heiss, G., Baxter, M., Rossmann, A., & Hoogewerff, J. Isotopic and elemental data for tracing the origin of European olive oils. Journal of Agricultural and Food Chemistry, 2010, 58(1), 570-577.

[15] Nietner, T., Haughey, S. A., Ogle, N., Fauhl-Hassek, C., & Elliott, C. T. Determination of geographical origin of distillers dried grains and solubles using isotope ratio mass spectrometry. Food Research International, 2014, 60, 146-153.

[16] Mihailova,A., Abbado, D., Kelly, S. D., & Pedentchouk, N. The impact of environmental factors on molecular and stable isotope compositions of n-alkanes in Mediterranean extra virgin olive oils. Food Chemistry, 2015, 173, 114-121.

[17] Hu, Y., Cheng, H., & Tao, S. The Challenges and Solutions for Cadmium-contaminated Rice in China: A Critical Review. Environment International, 2016, 92, 515-532.

[18] Long, X., Xiang, X., Xu, Y., Su, W., & Kang, C. Absorption, transfer and distribution of Cd in indica and japonica rice under Cd stress. Chinese Journal of Rice Science, 2014, 28(2), 177-184.

[19] Zhou, X., Zhou, H., Hu, M., & Liao, B. The Difference of Cd, Zn and As Accumulation in Different Hybrid Rice Cultivars. Chinese Agricultural Science Bulletin, 2013, 29(11), 145-150.

[20] Meints, V.W., Shearer, G., Kohl, D. H., & Kurtz, L. T. A comparison of unenriched versus 15N-enriched fertilizer as a tracer for N fertilizer uptake. Soil Science, 1975, 119(6), 421-425.

[21] Shearer, G., & Legg, J. O. Variations in the Natural Abundance of 15N of Wheat Plants in Relation to Fertilizer Nitrogen Applications. Soil Science Society of America Journal, 1975, 39(5), 896-901.

[22] Johnson, J. E., & Berry, J. A. The influence of leaf-atmosphere NH3(g) exchange on the isotopic composition of nitrogen in plants and the atmosphere. Plant Cell Environ, 2013, 36(10), 1783-1801.

[23] Yuan, Y., Zhao, M., Zhang, Z., Chen, T., Yang, G., & Wang, Q. Effect of Different Fertilizers on Nitrogen Isotope Composition and Nitrate Content of Brassica campestris. Journal of Agricultural and Food Chemistry, 2012, 60(6), 1456-1460.

[24] Yoneyama, T., Matsumaru, T., Usui, K., & Engelaar, W. Discrimination of nitrogen isotopes during absorption of ammonium and nitrate at different nitrogen concentrations by rice (Oryza sativa L.) plants. Plant Cell and Environment, 2001, 24(1), 133-139.

[25] Korenaga, T., Musashi, M., Nakashita, R., & Suzuki, Y. Statistical analysis of rice samples for compositions of multiple light elements (H, C, N, and O) and their stable isotopes. Analytical Sciences, 2010, 26(8), 873-878.

[26] Kaushal, R., & Ghosh, P. Oxygen isotope enrichment in rice (Oryza sativa L.) grain organic matter captures signature of relative humidity. Plant Science, 2018, 274, 503-513.

[27] Mahindawansha, A., Orlowski, N., Kraft, P., Rothfuss, Y., Racela, H., & Breuer, L. Quantification of plant water uptake by water stable isotopes in rice paddy systems. Plant and Soil, 2018, 429(1-2), 281-302.

[28] Akamatsu, F., Suzuki, Y., Nakashita, R., & Korenaga, T. Responses of carbon and oxygen stable isotopes in rice grain (Oryza sativa L.) to an increase in air temperature during grain filling in the Japanese archipelago. Ecological Research, 2014, 29(1), 45-53.

[29] Armstrong, R. L. A model for the evolution of strontium and lead isotopes in a dynamic Earth. Reviews of Geophysics, 1968, 6, 175-199.

[30] Zhang, H. F., Sun, M., Zhou, X. H., Fan, W. M., Zhai, M. G., & Yin, J. F. Mesozoic lithosphere destruction beneath the North China Craton: evidence from major-, trace-element and Sr-Nd-Pb isotope studies of Fangcheng basalts. Contributions to Mineralogy and Petrology, 2002, 144(2), 241-253.

[31] Capo, R. C., Stewart, B. W., & Chadwick, O. A. Strontium isotopes as tracers of ecosystem processes: theory and methods. Geoderma, 1998, 82(1-3), 197-225.

[32] Oulhote, Y., Le Bot, B., Deguen, S., & Glorennec, P. Using and interpreting isotope data for source identification. TrAC Trends in Analytical Chemistry, 2011, 30(6), 934.

[33] Liu, Z., Zhang, W., Zhang, Y., Chen, T., Shao, S., Zhou, L., Yuan, Y., Xie, T., & Rogers, K. M. Assuring food safety and traceability of polished rice from different production regions in China and Southeast Asia using chemometric models. Food Control, 2019, 99, 1-10.

[34] Dawson, T. E., Mambelli, S., Plamboeck, A. H., Templer, P. H., & Tu, K. P. Stable isotopes in plant ecology. Annual Review of Ecology and Systematics, 2002, 33, 507-559.

[35] Smith, B. N., & Epstein, S. Two categories of 13C/12C ratios for higher plants. Plant Physiology, 1971, 47, 380-384.

[36] Kelly, S., Heaton, K., & Hoogewerff, J. Tracing the geographical origin of food: The application of multi-element and multi-isotope analysis. Trends in Food Science & Technology, 2005, 16(12), 555-567.

[37] Bateman, A. S., & Kelly, S. D. Fertilizer nitrogen isotope signatures. Isotopes in Environmental & Health Studies, 2007, 43(3), 237-247.

[38] Camin, F., Perini, M., Bontempo, L., Fabroni, S., Faedi, W., Magnani, S., Baruzzi, G., Bonoli, M., Tabilio, M. R., Musmeci, S., Rossmann, A., Kelly, S. D., & Rapisarda, P. Potential isotopic and chemical

markers for characterising organic fruits. Food Chemistry, 2011, 125(3), 1072-1082.

[39] Bateman, A. S., Kelly, S. D., & Woolfe, M. Nitrogen isotope composition of organically and conventionally grown crops. Journal of Agricultural and Food Chemistry,2007, 55(7), 2664-2670.

[40] Rogers, K. M. Nitrogen isotopes as a screening tool to determine the growing regimen of some organic and nonorganic supermarket produce from New Zealand. Journal of Agricultural and Food Chemistry, 2008, 56(11), 4078-4083.

Tracing the geographical origin of rice by stable isotopic analyses combined with chemometrics

WANG Ji-shi[1], CHEN Tian-jin[1], ZHANG Wei-xing[2], ZHAO Yan[1], YANG Shu-ming[1], CHEN Ai-liang[1]

(1.Institute of Quality Standard & Testing Technology for Agro-Products,Chinese Academy of Agricultural Sciences, Beijing 100081, China; 2.China National Rice Research Institute, Hangzhou of Zhejiang Prov. 310006, China)

Abstract: Multivariate stable isotope analysis combined with chemometrics was used to investigate and discriminate rice samples from six rice producing provinces in China (Heilongjiang, Jilin, Jiangsu, Zhejiang, Hunan and Guizhou) and four other Asian rice producing countries (Thailand, Malaysia, Philippines, and Pakistan). The stable isotope characteristics were analyzed for rice of different species cultivated with varied farming methods at different altitudes and latitudes/longitudes. The index groups of $\delta^{13}C$, $\delta^{15}N$, $\delta^{18}O$, $^{207/206}Pb$ and $^{208/207}Pb$ were screened and established for the selected samples with different geographical features by means of principal component analysis (PCA) and discriminant analysis (DA), which would provide a sound technical solution for rice traceability and serve as a template for further research on the traceability of other agricultural products, especially plant-derived products.

Key words: rice; provenance; stable isotope; chemometrics

多元素(C,N,H,O)稳定同位素比值分析在我国牛奶样品溯源中的应用

赵姗姗[1]，赵　燕[1]，Karyne M. Rogers[2]，陈　刚[1]，陈爱亮[1]，杨曙明[1]
(1.中国农业科学院农业质量标准与检测技术研究所,北京 100081;
2.GNS科学国家同位素中心，新西兰)

摘要:采集中国各省的牛奶样品,采用元素分析—同位素比值质谱(EA-IRMS)方法,研究了不同泌乳期、不同取样时间、不同产地的牛乳样品对样品的影响。使用$\delta^{13}C$、$\delta^{15}N$、$\delta^{2}H$和$\delta^{18}O$值确定可追溯性准确度,以确定地理来源。C、N、H、O的稳定同位素比值在三个泌乳期间差异不显著;而牛奶的$\delta^{13}C$、$\delta^{15}N$和$\delta^{18}O$值受取样时间的影响。此外,牛奶中$\delta^{13}C$和$\delta^{15}N$的平均值存在显著的区域差异。总之,哺乳期对牛奶的可追溯性没有影响,而取样时间和地理来源确实影响牛奶的可追溯性。利用多元素(C,N,H,O)稳定同位素比值分析可以区分选取牛奶样品区域距离大于0.7 km的不同地理位置。

关键词:牛奶;同位素比值质谱(IRMS);泌乳期;采样时间;地理起源;可追溯性

1　Introduction

Cow's milk has extremely high nutritional value. The main proteins in milk are casein, albumin, globulin, and lactoprotein. Dairy contains all 20 amino acids and the eight essential amino acids. Freedom of trade in the global market has led to increasing incidents of fraud regarding milk. For example, some milk powder manufacturers increase the protein content of product by adding low-cost ingredients (such as nitrogen-rich materials) to raise the price of low-quality dairy products. In addition, many bakeries add plant butter, which is easy to shape and affordable but harmful to human health[1]. Thus, the traceability of cow's milk is important.

In most countries, cow's milk and its products have been prominent in the dairy market. In China, the dairy industry started late, but has progressed steadily. However, the Chinese dairy industry suffered after the melamine incident of 2008. Since that time, consumers have paid attention to the geographic origin of milk. Thus, milk source control is important to both consumers and manufacturers. A variety of dairy products from specific preferred geographic origins are marketed at higher prices than traditional products making them prime targets for counterfeiting. For instance, Inner Mongolia is a major grassland area, and its rich forage makes desirable milk[2]. Therefore, having reliable tools for tracing the source of cow's milk can protect the safety and quality of the products.

In the field of food source analysis, stable isotope ratio analysis is a relatively new technology that has been introduced within the European wine industry to ensure the authenticity of wine provenance and detect food adulteration[3]. Stable isotope ratio analysis is an effective method in the fields of geographic origin detection and adulteration analysis. It has been successfully applied to beef[4], chicken[5], pork[6], honey[7], fruit juice[8], and essential oil[9]. Thus, stable isotope ratio analysis techniques are an effective means for distinguishing the geographical origin of food products.

作者简介:赵姗姗(1990—),女,山东人,硕士,农畜产品质量安全

Stable isotope ratio analysis has been used to determine the geographic origin of milk in the United States[10] and New Zealand[11]. This method has also been applied to the traceability of milk from Australia and New Zealand, Germany and France, the USA, and China[2]. The traceability of other products from adjacent geographic regions using stable isotope ratio analysis have been previously reported. For example, Valenti, et al.,[12] demonstrated that the variability in carbon, hydrogen, oxygen, nitrogen and sulphur stable isotope ratios can discriminate between cheeses produced in nearby regions within a Protected Designation of Origin (PDO) area; the sulphur and nitrogen stable isotope ratios offered the best discrimination (97.2% correct classification of the cheeses). There are no reports, however, as to whether this method can distinguish between milk samples from adjacent or nearby geographic regions in China.

Factors such as sampling time may influence the traceability of milk's geographical origin. Garbaras et al.[13] investigated the traceability of Belarusian milk with regard to sampling time. Carbon, nitrogen and oxygen stable isotope ratios were measured in milk sampled in Brest, Gomel, Grodno, Minsk, and Mogilev regions in Belarus during the summer and winter seasons. The $\delta^{13}C$ values in the milk were found to be different for the summer and winter seasons.

Milk traceability can also be affected by lactation changes. Lactation is the most energetically expensive aspect of mammalian reproduction. It involves the export of significant quantities of maternal nutrients to supply offspring demands[14, 15]. Magdas et al.[16] observed that that cow milk collected in the second and third months of lactation had the heaviest oxygen and hydrogen isotope ratios. Therefore, changes in these isotopic signatures of milk may have a significant effect on the interpretation of the milk source analysis data.

It was previously noted that the use of single variable isotope for geographical discrimination is usually insufficient to provide unequivocal origin assignment[2]. Thus, milk samples from different provinces in China were collected to study the effect of sampling time and lactation stage on the traceability of milk using multi-element (C, N, H, O) stable isotope ratio analysis in this study. Cross-validation was also performed using $\delta^{13}C$, $\delta^{15}N$, $\delta^{2}H$, and $\delta^{18}O$ values to distinguish milk from a smaller geographic region such as within one province based on individual farm traceability. Distances between two farms in each province ranged from 0.7 km to 62.8 km.

2 Materials and methods

2.1 Sample Information

2.1.1 Experiment 1: Lactation stage

Cow's milk was sampled from two dairy farms selected from four Chinese provinces (Hebei, Ningxia, Shaanxi and Inner Mongolia) in July 2014 (Fig. 1a). A total of 120 milk samples were collected to ensure a representative data set (15 milk samples from each farm). Milk samples were also collected during three different lactation stages: early (30—90 days of lactation), middle (120—180 days of lactation), and late (210—270 days of lactation).

2.1.2 Experiment 2: Sampling time

Milk samples were collected in March, July and November from two dairy farms in each of the four provinces (Tianjin, Hebei, Jiangsu and Inner Mongolia) (Fig. 1b). Five replicate samples were collected from each storage tank during each sampling event (a total of 120 samples).

2.1.3 Experiment 3: Geographic origin

In order to study the effect of geographic origin on milk traceability, 160 milk samples were measured for stable isotopes (120 milk samples from Hebei, Ningxia, Shaanxi and Inner Mongolia in experiment 1, and 40 milk samples from July from Tianjin, Hebei, Jiangsu, and Inner Mongolia in experiment 2) (Fig. S1). These regions were classified as either a pastoral or agricultural according to the type of cattle and feeding technique practiced at each location. The pastoral regions included Ningxia and Inner Mongolia. The agricultural regions included Hebei, Shaanxi, Tianjin, and Jiangsu. After collection, milk samples were frozen at −20 ℃ and then transported to the laboratory at −20 ℃.

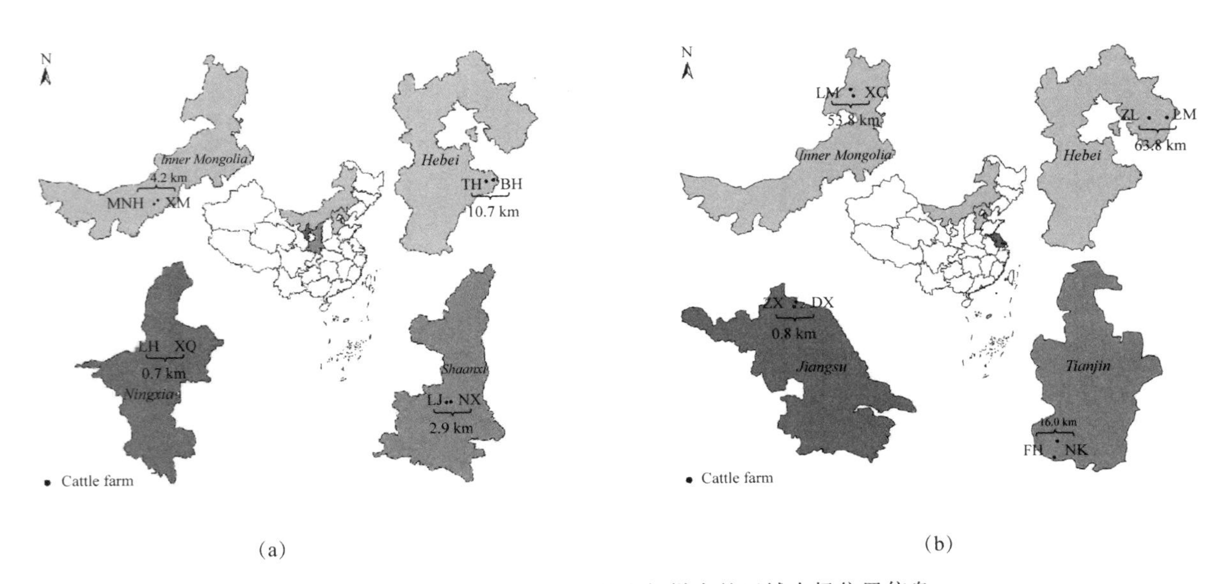

图 1 实验 1 (a) 和 2 (b) 的牛奶样本的区域农场位置信息

Fig. 1 Regional farm location information for milk samples from experiments 1 (a) and 2 (b)

2.2 Preparation of samples

Milk samples were kept frozen at −20 ℃ until processing. A 50 g (fresh weight) sample was freeze-dried for 24 h before being powdered in a ball mill. Chloroform: methanol (2:1, v/v) was added to the sample in a centrifuge tube at a 1:5 (sample: solution) ratio, and the lid was tightly closed. Samples were agitated in a vortex mixer operating for 10 minutes. The samples were then centrifuged at 5000 rpm for 5 minutes. The supernatant was removed and discarded, and the solvent wash was repeated two additional times. The samples were then sealed using parafilm with a small hole inserted and lyophilized overnight to dry the samples. The defatted dry mass (DDM) was then weighed and prepared for isotope analysis.

2.3 Sample Analysis

International reference materials were used for two-point calibrations of the isotope ratios, USGS43 (Indian Hair, $\delta^{13}C=-21.28‰$, $\delta^{15}N=8.44‰$), USGS40 (L-glutamic acid, $\delta^{13}C=-26.39‰$, $\delta^{15}N=-4.5‰$), CBS (Caribou Hoof, $\delta^{2}H=-197.0‰$, $\delta^{18}O=3.8‰$), KHS (Kudu Horn, $\delta^{2}H=-54.1‰$, $\delta^{18}O=20.3‰$) developed by the United States Geological Survey, B2159 (Sorghum flour, $\delta^{13}C=-13.68‰$, $\delta^{15}N=1.58‰$), and protein B2205 (EMA P2, $\delta^{2}H=-87.80‰$, $\delta^{18}O=26.90‰$) developed by Elemental Microanalysis.

2.3.1 $\delta^{13}C$ and $\delta^{15}N$ analysis

For $\delta^{13}C$ and $\delta^{15}N$ analysis, the DDM as well as the international reference materials were weighed into tin capsules and introduced sequentially into an elemental analyzer (Flash 2000, Thermo Finnigan, Germany). The reactor packings contained 0.85 — 1.7 mm granular chromium oxide, 0.85 — 1.7 mm silvered granular cobaltous oxide, and 4 x 0.5 mm fine copper wires. The helium gas flow rate was 100 mL/min. The oxygen injection velocity was 175 mL/min. The oxygen injection time was 3 s, and the oxygen injection volume was 8.75 mL. The helium dilution pressure was 0.6 bar, the CO_2 reference gas pressure was 0.6 bar, and the N_2 reference gas pressure was 1.0 bar. The samples were combusted at 960 ℃, and the resulting CO_2 and N_2 gases were separated by a GC column at 50 ℃. The gases were then transferred to a Conflo Ⅳ (Thermo Finnigan, Germany) interface and into an isotope-ratio mass spectrometer (Delta V Advantage, Thermo Finnigan, Germany). Two-point normalization (stretching) was adopted to ensure accurate isotope ratio measurements via international reference materials[17-21]. The international reference materials were analyzed sequentially with the DDM. For the $\delta^{13}C$ values of the DDM, USGS40 and B2159 standards were used for two-point normalization. The USGS43 standard was used for quality control (QC). For the $\delta^{15}N$ values, the USGS43 and USGS40 standards were used for two-point normalization, and the B2159 standard was used for QC. Blanks consisting of an empty tin capsule were included, and corrections were applied to the results.

2.3.2 δ^2H and $\delta^{18}O$ analysis

For δ^2H and $\delta^{18}O$ analysis, the DDM and the international reference materials were weighed into silver capsules and introduced sequentially into an elemental analyzer (Flash 2000, Thermo Finnigan, Germany). The reactor packing consisted of a glassy carbon tube reactor and silver wool. The helium gas flow rate was 100 mL/min. The helium dilution pressure was 0.6 bar, the CO reference gas pressure was 0.4 bar, and the H_2 reference gas pressure was 0.4 bar. Samples were combusted at 1 380 ℃, and the resulting CO and H_2 gases were separated by a GC column maintained at 65 ℃. The gases were then transferred to a Conflo Ⅳ (Thermo Finnigan, Germany) interface and into an isotope-ratio mass spectrometer (Delta V Advantage, Thermo Finnigan, Germany). International reference materials were analyzed sequentially with the DDM. CBS and KHS standards were used for a two-point normalization of the DDM δ^2H value, and B2205 standard was used for QC. CBS and B2205 standards were used for two-point normalization of the $\delta^{18}O$ values; the KHS standard was used for QC. Blanks consisting of an empty silver capsule were included, and corrections were applied to the results.

The $\delta^{13}C$, $\delta^{15}N$, δ^2H, and $\delta^{18}O$ isotope values are reported in δ-notation in per mil (‰) relative to the accepted international standards: Vienna Pee Dee Belemnite (VPDB), air, and Vienna Standard Mean Ocean Water (VSMOW). The values were calculated as follows:

$$\delta_{Spl}^{C} = \frac{\delta_{Std1}^{T} - \delta_{Std2}^{T}}{\delta_{Std1}^{M} - \delta_{Std2}^{M}} \times (\delta_{Spl}^{M} - \delta_{Std2}^{M}) + \delta_{Std2}^{T}$$

where δ_{Spl}^{C} is the corrected stable isotope ratio of the sample (‰, per mil), δ_{Std1}^{T} is the true stable isotope ratio of the international reference material 1, δ_{Std2}^{T} is the true stable isotope ratio of the international reference material 2, δ_{Spl}^{M} is the measured stable isotope ratio of the sample, δ_{Std1}^{M} is the measured stable isotope ratio of the international reference material 1, and δ_{Std2}^{M} is the measured stable isotope ratio of the international reference material 2.

2.4 Statistical analysis

Statistical analysis of the data was undertaken using SPSS 22.0 package for Windows. A post hoc Duncan's test wasperformed to determine significant differences ($P<0.05$). The cross-validation accuracy was determined using a three-dimensional partial least square discriminate analysis (PLSDA) to distinguish the geographic origin of each milk sample.

3 Results

3.1 Effects of lactation stage on the isotope values

Figure 2 shows the results of(a) $\delta^{13}C$, (b) $\delta^{15}N$, (c) $\delta^{2}H$, and (d) $\delta^{18}O$ in milk samples at different lactation stages in experiment 1. The $\delta^{13}C$ values of milk samples were -17.32 ± 1.21‰ at the early lactation stage, -17.95 ± 1.26‰ at the middle lactation stage, and -17.56 ± 1.08‰ at the late lactation stage. The $\delta^{15}N$ values in milk samples were 3.72 ± 0.48‰ at the early lactation stage, 3.82 ± 0.56‰ at the middle lactation stage, and 3.81 ± 0.65‰ at the late lactation stage. The $\delta^{2}H$ values in milk samples were -94.62 ± 20.48‰ at the early lactation stage, -101.72 ± 24.52‰ at the middle lactation stage, and -101.51 ± 18.26‰ at the late lactation stage. The $\delta^{18}O$ values in milk samples were 17.31 ± 2.99‰ at the early lactation stage, 16.85 ± 2.77‰ at the middle lactation stage, and 17.22 ± 2.68‰ at the late lactation stage. The $\delta^{13}C$, $\delta^{15}N$, $\delta^{2}H$ and $\delta^{18}O$ values in milk samples from the three lactation stages showed no significant differences according to a post hoc Duncan's test. Therefore, the lactation stage was found to have no effect on the traceability of the milk samples.

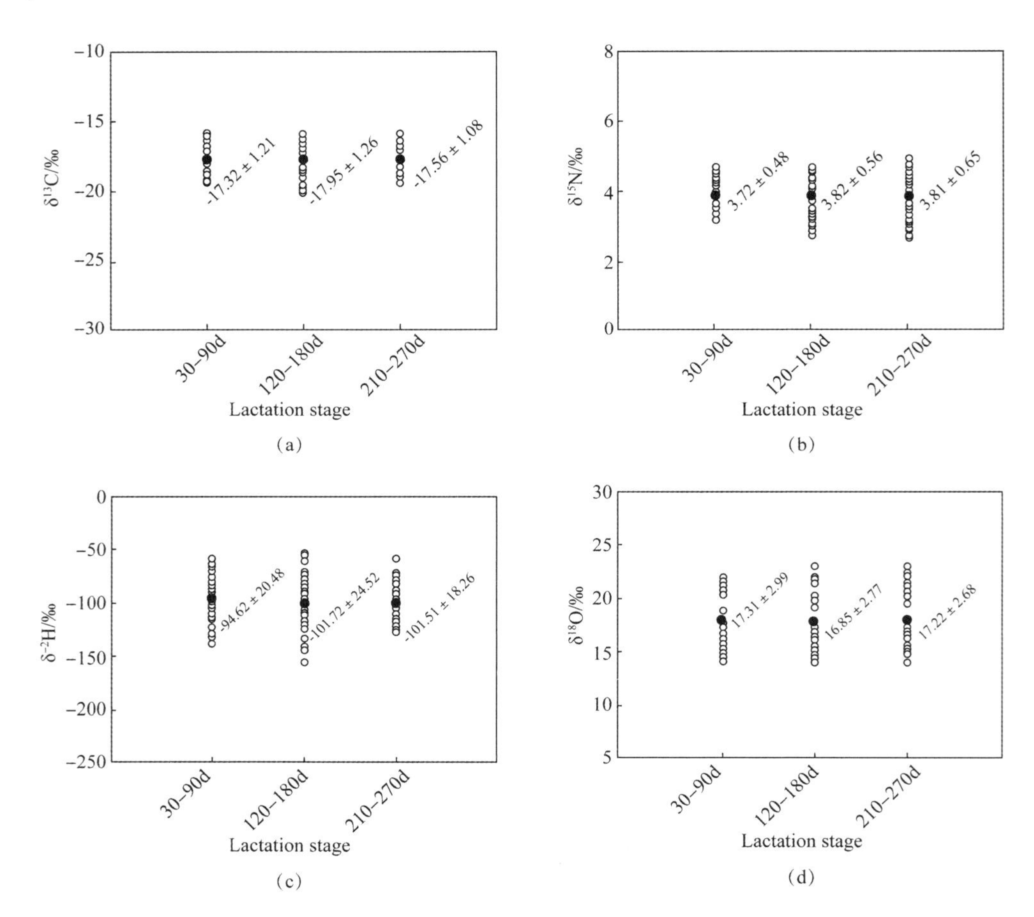

图 2 不同泌乳阶段乳样的(a) $\delta^{13}C$、(b) $\delta^{15}N$、(c)$\delta^{2}H$ 和(d)$\delta^{18}O$ 平均值和标准偏差。根据事后邓肯检验,均值没有显着差异。

Fig. 2 Values of(a) $\delta^{13}C$, (b) $\delta^{15}N$, (c) $\delta^{2}H$, and (d) $\delta^{18}O$ of milk samples at different lactation stages. Values are means±SD. Means are not significantly different according to the post-hoc Duncan's test.

3.2 Effects of sampling time on the isotope values

The(a) $\delta^{13}C$, (b) $\delta^{15}N$, (c) $\delta^{2}H$, and (d) $\delta^{18}O$ values in milk samples at different sampling time points from experiment 2 are shown in Table 1. Overall, the four stable isotope ratios in milk from most provinces were different at variable sampling time points. Compared to the $\delta^{2}H$ and $\delta^{15}N$ stable isotope ratios, the differences for the $\delta^{13}C$ and $\delta^{18}O$ stable isotope ratios were greater at different sampling time points. For example, the $\delta^{13}C$ and $\delta^{18}O$ stable isotope ratios in milk samples from Inner Mongolia had significant differences at different sampling times (March, July and November), while the $\delta^{2}H$ and $\delta^{15}N$ values showed little difference.

The $\delta^{13}C$ values of milk samples from Hebei and Inner Mongolia sampled in November were significantly higher than milk sampled in March and July (Table 1a). The $\delta^{13}C$ values of milk samples from Tianjin and Jiangsu were unchanged from July to November. The $\delta^{15}N$ values in milk samples from most provinces were also different according to sampling time (Table 1b). The $\delta^{15}N$ values of milk sampled in July from Tianjin and Jiangsu were lower than milk sampled in March and November. The $\delta^{2}H$ values of milk from most provinces showed no obvious trends. This was especially noticeable with milk samples from Tianjin (Table 1c). For the $\delta^{18}O$ values, milk samples from most provinces showed significant differences at different collection times, with the $\delta^{18}O$ values of milk sampled in July from most provinces being higher than in November (Table 1d). Therefore, the traceability of milk was found to be affected by sampling time effects.

表 1 牛奶样品中(a) $\delta^{13}C$、(b) $\delta^{15}N$、(c) $\delta^{2}H$ 和 (d) $\delta^{18}O$ 平均值和标准偏差。具有不同上标的数字显着不同 ($P<0.05$):事后邓肯检验 ($n=5$)。

Table 1 Mean (a) $\delta^{13}C$, (b) $\delta^{15}N$, (c) $\delta^{2}H$, and (d) $\delta^{18}O$ values and standard deviations of milk samples. Numbers with different superscripts are significantly ($P<0.05$) different with respect to each row for the three sampling times: post-hoc Duncan's test ($n=5$).

Location	March		July		November	
	Mean (‰)	SD (‰)	Mean (‰)	SD (‰)	Mean (‰)	SD (‰)
TJ-NK	−18.95	0.45	−16.98	3.01	−17.27	0.60
TJ-FH	-17.75^{a}	0.34	-16.56^{b}	0.07	-16.72^{b}	0.30
HB-LM	-21.61^{a}	0.71	-20.10^{b}	0.18	-19.04^{c}	0.05
HB-ZL	-20.62^{a}	0.66	-21.08^{a}	0.55	-17.64^{b}	0.27
JS-ZX	-22.60^{a}	0.83	-20.86^{b}	0.56	-21.64^{b}	0.22
JS-DX	-23.32^{a}	1.46	-21.33^{b}	1.38	-20.94^{b}	0.25
IM-LM	-27.37^{b}	0.70	-29.42^{a}	0.38	-25.71^{c}	0.59
IM-XC	-22.65^{b}	0.43	-30.33^{a}	0.64	-21.20^{c}	0.16

(a)

Location	March		July		November	
	Mean (‰)	SD (‰)	Mean (‰)	SD (‰)	Mean (‰)	SD (‰)
TJ-NK	4.22^{b}	0.27	3.67^{a}	0.14	4.14^{b}	0.12
TJ-FH	4.13^{c}	0.08	3.02^{a}	0.16	3.89^{b}	0.13
HB-LM	3.66	0.22	3.58	0.32	3.56	0.12

Location	March		July		November	
	Mean (‰)	SD (‰)	Mean (‰)	SD (‰)	Mean (‰)	SD (‰)
HB-ZL	3.27[a]	0.21	3.34[a]	0.39	4.21[b]	0.21
JS-ZX	5.25[b]	0.16	4.54[a]	0.36	5.18[b]	0.17
JS-DX	5.14[b]	0.60	4.47[a]	0.25	6.20[b]	0.33
IM-LM	5.18[a]	0.17	5.57[a]	0.07	6.62[b]	0.72
IM-XC	6.15[b]	0.26	5.83[b]	0.18	5.44[a]	0.35

(b)

Location	March		July		November	
	Mean (‰)	SD (‰)	Mean (‰)	SD (‰)	Mean (‰)	SD (‰)
TJ-NK	−63.81	6.29	−63.48	14.06	−73.32	3.08
TJ-FH	−65.67	7.74	−58.26	3.44	−65.80	3.90
HB-LM	−66.59[b]	2.94	−70.05[ab]	9.36	−77.26[a]	3.43
HB-ZL	−78.24[a]	4.11	−81.31[a]	4.26	−60.12[b]	9.28
JS-ZX	−61.82[b]	8.23	−78.28[a]	10.23	−81.37[a]	10.44
JS-DX	−74.20	18.98	−87.80	8.20	−86.53	8.67
IM-LM	−124.59[a]	10.49	−77.70[b]	23.56	−74.90[b]	18.14
IM-XC	−81.85	4.09	−99.08	8.92	−85.55	18.41

(c)

Location	March		July		November	
	Mean (‰)	SD (‰)	Mean (‰)	SD (‰)	Mean (‰)	SD (‰)
TJ-NK	17.41	0.68	18.30	0.83	18.16	0.57
TJ-FH	17.07[a]	0.36	18.78[b]	0.23	18.99[b]	0.52
HB-LM	18.87[b]	0.63	18.41[b]	1.14	17.31[a]	0.40
HB-ZL	14.43[b]	0.93	13.26[a]	0.34	17.11[c]	1.05
JS-ZX	18.73[c]	0.33	14.83[b]	0.60	12.17[a]	0.80
JS-DX	12.71[b]	0.83	11.80[b]	1.10	9.45[a]	0.30
IM-LM	3.87[a]	0.63	15.77[c]	4.21	11.45[b]	0.34
IM-XC	10.18[a]	0.54	16.55[c]	1.11	11.58[b]	0.18

(d)

3.3 Effects of geographic origin on the isotope values

Experiment 3 studied the effects of geographic origin on the traceability of milk. Figure 3 shows the (a) $\delta^{13}C$, (b) $\delta^{15}N$, (c) $\delta^{2}H$, and (d) $\delta^{18}O$ values of milk sample in July from the eight dairy farms in experiment 2. The $\delta^{13}C$ values of milk samples from two dairy farms in Inner Mongolia were -29.42 ± 0.38 and -30.33 ± 0.64, which were significantly lower than milk samples from Tianjin, Hebei, and Jiangsu (Fig. 3a). The most positive $\delta^{13}C$ values of milk were sampled from Tianjin and Hebei. The $\delta^{15}N$ values of milk samples from two dairy farms in Inner Mongolia were

5.57±0.07 and 5.83±0.18, which were significantly higher than milk samples from other regions (Fig. 3b). The lowest $\delta^{15}N$ values of milk were also sampled from Tianjin and Hebei. There was no change in the δ^2H values and $\delta^{18}O$ values of milk samples from different regions (Fig. 3c, d). The highest δ^2H and $\delta^{18}O$ values of milk were sampled from two dairy farms in Tianjin.

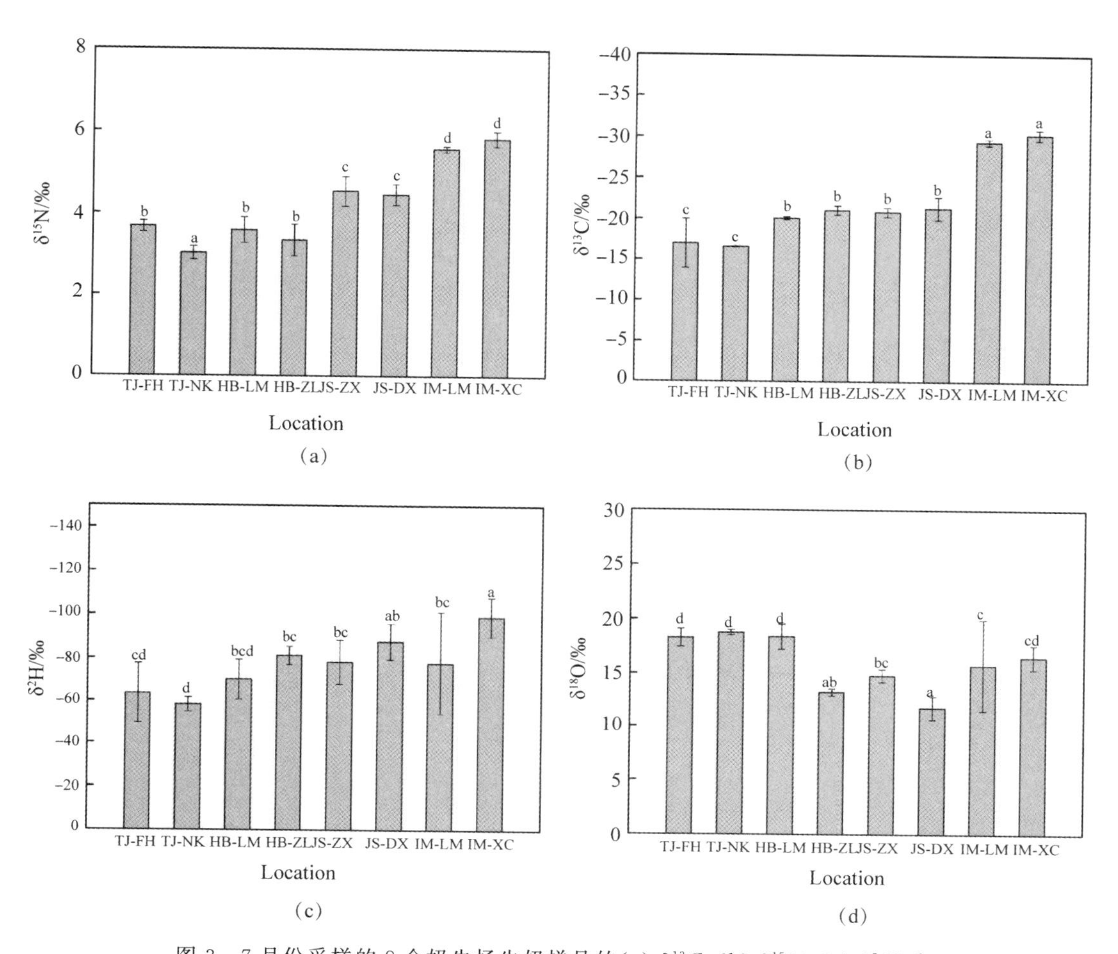

图 3 7月份采样的8个奶牛场牛奶样品的(a) $\delta^{13}C$、(b) $\delta^{15}N$、(c) δ^2H 和 (d) $\delta^{18}O$ 平均值和标准偏差。上标字母有显着差异($P<0.05$)(事后邓肯检验,$n=5$)。

Fig. 3 Values of(a) $\delta^{13}C$, (b) $\delta^{15}N$, (c) δ^2H, and (d) $\delta^{18}O$ of milk samples from the eight dairy farms sampled in July. Values are means±SD. Superscript letters are significantly ($P<0.05$) different with respect to the row for the eight farms (post-hoc Duncan's test, $n=5$).

3.4 Discriminant analysis results

Figure 4a shows the three-dimensional PLSDA of the four regions from July in experiment 2. The cross-validation accuracy between these four regions was 92.11%. Figure 4b shows the three-dimensional PLSDA of the four regions (Hebei, Ningxia, Shaanxi, and Inner Mongolia) for the milk samples from experiment 1. The cross-validation accuracy between these four regions was 71.55%. Not only was the cross-validation accuracy calculated between provinces, but it was also determined for different dairy farms in the same province (Table 2). The lowest cross-validation accuracy (70%) was found for two farms in Inner Mongolia from experiment 2. Fig. 4c shows the three-dimensional PLSDA of the two farms in Hebei for milk sampled from experiment 1. The cross-validation accuracy between the two farms in Hebei was 100%. These findings suggested that the discrimination of milk samples from two nearby farms in the same region had satisfactory accuracy.

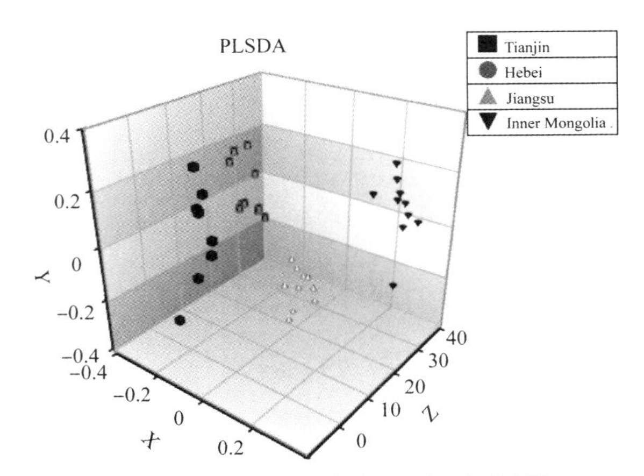

Cross-validation accuracy between the four regions is 92.11%.

(a)

PLSDA

Hebei

Ningxia

Shaanxi

Inner Mongolia

Cross-validation accuracy between the four regions is 71.55%.

(b)

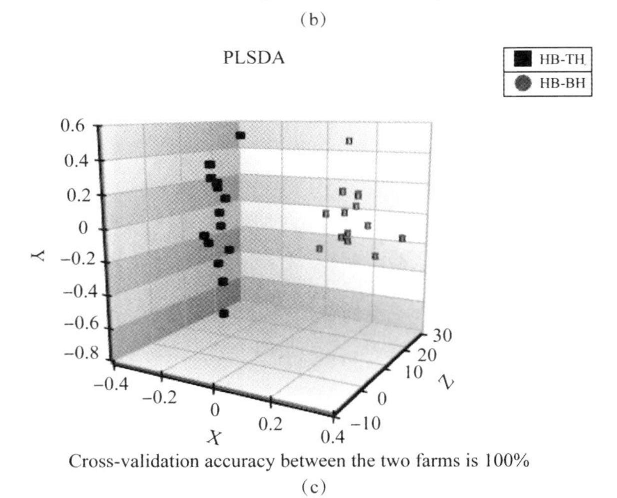

Cross-validation accuracy between the two farms is 100%

(c)

图 4　实验 2 中 4 个地区牛奶样品的稳定同位素数据三维 PLSDA：天津、河北、江苏、内蒙古 (a)；实验 1 中 4 个地区牛奶样品的稳定同位素数据三维 PLSDA：河北、宁夏、陕西、内蒙古 (b)；实验 1 中河北两个农场采样的牛奶的三维 PLSDA (c)。

Fig. 4　Three-dimensional PLSDA of the four regions of milk samples from experiment 2 with stable isotope data: Tianjin, Hebei, Jiangsu, Inner Mongolia (a); three-dimensional PLSDA of the four regions of milk sampled from experiment 1 with stable isotope data: Hebei, Ningxia, Shaanxi, Inner Mongolia (b); three-dimensional PLSDA of milk sampled from two farms in Hebei from experiment 1 (c).

表 2 同一地区不同农场的交叉验证准确率

Table 2 Cross-validation accuracy between different farms from the same region.

Different farms from the same region from Experiment 1		Different farms from the same region from Experiment 2	
Region	Accuracy	Region	Accuracy
Hebei	100%	Tianjin	87.50%
Ningxia	71.43%	Hebei	100%
Shaanxi	86.67%	Jiangsu	90.00%
Inner Mongolia	86.67%	Inner Mongolia	70.00%

4 Discussion

In experiment 1, no significant change was found in the stable isotope ratios of carbon, nitrogen, hydrogen, and oxygen of milk sampled in the early, middle, and late lactation stages. Therefore, lactation stage may have no effect on the traceability of milk when using light stable isotopes. This differs from a report showing that stable isotope variations of milk can be associated with lactation stage[16]. One reason for this difference may be the sampling times reported in the study was different from those used in our experiments. In addition, cattle breed may also be different. In a previous study, we also found that lactation stage had no effect on fatty acid composition, vitamin A, and oxidative stability[22].

The impact of sampling time on the traceability of milk was also studied (experiment 2). The $\delta^{13}C$ value in milk is highly dependent on diet composition-particularly with regard to the proportion of C3 and C4 plants consumed[23-26]. Camin et al.,[27] observed that changing a C3 diet to a C4 diet increased the $\delta^{13}C$ value in milk. The $\delta^{13}C$ values of milk samples from Hebei and Inner Mongolia increased significantly from July to November. This may be due to high rainfall and temperature in July, which led to the growth of C3 grass, and cattle feed is mainly based on C3 grasses. Subsequently, in November, maize is the main forage crop fed to cows in Hebei and Inner Mongolia. Maize is a C4 plant that increases the $\delta^{13}C$ value of milk. The $\delta^{13}C$ values of milk samples from Tianjin and Jiangsu remained constant from July to November. This is likely due to the low summer rainfall experienced in the year of sampling, which caused the cattle to be fed with supplementary feed of both C3 grasses (hay) and maize over this period. The $\delta^{15}N$ values of milk samples from most provinces increased significantly from July to November. This may be due to the fact that in July, leguminous plants are the main fed to cows, leguminous plants are nitrogen-fixing plants with low $\delta^{15}N$ values[28]. Another possible reason is that in November, cows urinate and defecate on the grass, which then denitrifies, ensuring the grass has higher $\delta^{15}N$ values. This is similar to the change of $\delta^{15}N$ in Korean organic milk with sampling time[29].

The $\delta^{2}H$, and $\delta^{18}O$ values of milk reflect the input of drinking water, food, and respiration[30]. In July, $\delta^{18}O$ values of milk in Jiangsu and Inner Mongolia were higher than those in March and November. This may be because most of the oxygen and hydrogen in milk is derived from drinking water. In warmer temperatures, drinking water sources (ponds, streams or water troughs may become evaporatively enriched (more positive $\delta^{18}O$ and $\delta^{2}H$ values) in July, or be sourced from snow and glacier meltwater in the highlands which supplement the local groundwater or rainfall. In general, there was no significant difference between the $\delta^{2}H$ values of milk samples collected in July and November except for those from Hebei. Therefore, the δ^2H values appear to be less sensitive to the influences of sampling time. This may be the result of a change in the correlation between δ^2H to $\delta^{18}O$[31]. This correlation exists in the water[32] and may be transmitted to the animal. Therefore, the sampling time can affect the traceability of milk.

We studied the influence of geographic origin on the traceability of milk in experiment 3. The $\delta^{13}C$ values of milk sampled from Inner Mongolia were the lowest as Inner Mongolia has large areas of C3 pasture available as the primary fodder source. The other regions are better developed for agriculture, with more C4 plants grown locally that are included in the feed, e.g., maize. These dietary composition differences likeiy result in higher $\delta^{13}C$ values in the milk samples from Ningxia, Shaanxi and Hebei. These data agreed well with previous research on beef[4]. The $\delta^{15}N$ values for milk from two dairy farms in Inner Mongolia are significantly higher than those in milk samples from other regions. The lower $\delta^{15}N$ values in samples from Tianjin and Hebei may be due to chemical fertilizer application used to grow crops (the $\delta^{15}N$ values of most fertilizers are near 0 ‰), which are subsequently fed to the cows[33].

Theδ^2H and $\delta^{18}O$ values of milk reflects the input of drinking water to the cow's diet. However, there is no regular change in the δ^2H values and $\delta^{18}O$ values of milk sampled from different regions even though these isotopes are typically affected by geographic location, altitude and distance from the ocean among other factors[34]. Collectively, these results may indicate that the hydrogen isotopic signature of milk is insufficient to provide an unequivocal origin assignment. When tracing milk, multiple stable isotopes should be considered, and should be combined with other chemo-specific analyses[35].

The cross-validation accuracy across the four regions from experiment 1 (71.55%) is lower than that of the four regions from experiment 2 (92.11%). This may be because the study sites (Shaanxi, Inner Mongolia, and Ningxia) from experiment 1 are adjacent to each other and have similar crops and climate[36]. Jiangsu, in experiment 2, is located in southern China, and its climatic conditions are different from those of the other three provinces[4]. The distance between each of the two farms from the four regions in experiment 1 were analyzed relative to cross-validation accuracy. The cross-validation accuracy is positively correlated to the distance between the farms. The cross-validation accuracy between the two farms in Ningxia is the lowest because the distance between these two farms is the closest, and therefore harder to distinguish characteristic differences. In addition, Ningxia is located in a pastoral region, and the animal feed at these two farms is similar. The cross-validation accuracy between the two farms in Hebei is the highest because the distance between these two farms is the furthest. Hebei is an agricultural region, and each farm has significantly different feed formulations. The feed in HB-TH is imported from other provinces and included silage, alfalfa, leymus grass, and hay. The feed at HB-BH is a locally grown: imported ratio of 3:7. The locally grown products included premixed feed, corn, soybean meal, other miscellaneous meal, and bran. The imported feed included various straws. This resulted in significantly different carbon and nitrogen isotope values in the milk from these two farms and increased the cross-validation accuracy. The cross-validation accuracy between the two farms in Hebei in experiment 2 was also high because of the large distance between the two farms. Different feed formulations were also used at the two farms in Jiangsu, which made the cross-validation accuracy between these two farms higher than that between the two farms in Inner Mongolia although the distance between the farms in Jiangsu was smaller than the farms in Inner Mongolia. Thus, it is necessary to consider not only distance between farms, but also the feed composition when using stable isotopes to trace milk. Overall, the feed together with regional climatic differences play an influential role in the traceability of milk, although it must be noted that feed differences may change annually according to feed availability, price and faming practice.

5 Conclusion

Cow milk collected from various regions in China produced distinct isotopic fingerprints confirming the potential of multi-element (C, N, H, O) stable isotope analysis to trace the origin of milk. Characteristic stable isotope signatures for carbon, nitrogen, hydrogen, and oxygen were used to differentiate the geographic origin of milk from four provinces in China. Sampling time as well as geographic origin influence the stable isotope ratios. The traceability of milk samples using multi-element stable isotope ratio analysis within provinces and countrywide is possible, meanwhile farming practices, feed composition and climatic factors should also be considered.

Acknowledgement:

This work was funded by the National Key Research and Development Program of China (2017YFC1601703).

References:

[1] Ma, H., Yang, H., Yang, S., Zhang, H., & Xiao, Z. Research progress of vegetable oil-based margarine. Food Research and Development,2017, 38(13), 205-209.

[2] Luo, D., Dong, H., Luo, H., Xian, Y., Guo, X., & Wu, Y. Multi-Element (C, N, H, O) Stable Isotope Ratio Analysis for Determining the Geographical Origin of Pure Milk from Different Regions. Food Analytical Methods,2015, 9(2), 437-442.

[3] Almeida, C. M., & Vasconcelos, M. T. S. D. ICP-MS determination of strontium isotope ratio in wine in order to be used as a fingerprint of its regional origin. Journal of Analytical Atomic Spectrometry, 2001, 16(6), 607-611.

[4] Zhao, Y., Zhang, B., Chen, G., Chen, A., Yang, S., & Ye, Z. Tracing the geographic origin of beef in China on the basisof the combination of stable isotopes and multielement analysis. J Agric Food Chem, 2013, 61(29), 7055-7060.

[5] Lv, J., & Zhao, Y. Combined Stable Isotopes and Multi-element Analysis to Research the Difference Between Organic and Conventional Chicken. Food Analytical Methods, 2016, 10(2), 347-353.

[6] Zhao, Y., Yang, S., & Wang, D. Stable carbon and nitrogen isotopes as a potential tool to differentiate pork from organic and conventional systems. Journal of the Science of Food and Agriculture,2016, 96(11), 3950-3955.

[7] Cabanero, A. I., Recio, J. L., & Ruperez, M. Liquid chromatography coupled to isotope ratio mass spectrometry: A new perspective on honey adulteration detection. Journal of Agricultural and Food Chemistry, 2006, 54(26), 9719-9727.

[8] Guyon, F., Auberger, P., Gaillard, L., Loublanches, C., Viateau, M., Sabathie, N., ... Medina, B. C-13/C-12 isotope ratios of organic acids, glucose and fructose determined by HPLC-co-IRMS for lemon juices authenticity. Food Chemistry, 2014, 146, 36-40.

[9] Rossmann, A. Determination of Stable Isotope Ratios in Food Analysis. Food Reviews International, 2001, 17 (3), 347-381.

[10] Bostic, J. N., Hagopian, W. M., & Jahren, A. H. Carbon and nitrogen stable isotopes in U.S. milk: Insight into production process. Rapid Commun Mass Spectrom, 2018, 32(7), 561-566.

[11] Ehtesham, E., Hayman, A., Van Hale, R., & Frew, R. Influence of feed and water on the stable isotopic composition of dairy milk. International Dairy Journal, 2015, 47, 37-45.

[12] Valenti, B., Biondi, L., Campidonico, L., Bontempo, L., Luciano, G., Di Paola, F., ... Camin, F. Changes in stable isotope ratios in PDO cheese related to the area of production and green forage availability. The case study of Pecorino Siciliano. Rapid Communications in Mass Spectrometry, 2017, 31(9), 737-744.

[13] Garbaras, A., Skipityte, R., Meliaschenia, A., Senchenko, T., Smoliak, T., Ivanko, M., ... Remeikis, V. REGION DEPENDENT C-13, N-15, O-18 ISOTOPE RATIOS IN THE COW MILK. Lithuanian Journal of Physics, 2018, 58(3), 277-282.

[14] Oftedal, O. T. The adaptation of milk secretion to the constraints of fasting in bears, seals, and baleen whales. Journal of Dairy Science, 1993, 76(10), 3234-3246.

[15] Oftedal, O. T. Use of maternal reserves as a lactation strategy in large mammals. Proceedings of the Nutrition Society, 2008, 59(01), 99-106.

[16] Magdas, D. A., Cristea, G., Cordea, D. V., Bot, A., Puscas, R., Radu, S., ... Mihaiu, M. Measurements of Stable Isotope Ratios in Milk Samples From a Farm Placed in the Mountains of Transylvania. In M. D. Lazar & S. Garabagiu (Eds.), Processes in Isotopes and Molecules 2013, 304-307.

[17] Brand, W. A., Coplen, T. B., Vogl, J., Rosner, M., & Prohaska, T. Assessment of international reference materials for isotope-ratio analysis (IUPAC Technical Report). Pure and Applied Chemistry, 2014, 86(3), 425-467.

[18] Coplen, T. B., Brand, W. A., Gehre, M., Gröning, M., Meijer, H. A., Toman, B., & Verkouteren, R. M. After two decades a second anchor for the VPDB $\delta^{13}C$ scale. Rapid Communications in Mass Spectrometry: An International Journal Devoted to the Rapid Dissemination of Up-to-the-Minute Research in Mass Spectrometry, 2006, 20(21), 3165-3166.

[19] Paul, D., Skrzypek, G., & Forizs, I. Normalization of measured stable isotopic compositions to isotope reference scales -a review. Rapid Communications in Mass Spectrometry, 2007, 21(18), 3006-3014.

[20] Schimmelmann, A., Albertino, A., Sauer, P. E., Qi, H., Molinie, R., & Mesnard, F. Nicotine, acetanilide and urea multi-level H-2-, C-13-and N-15-abundance reference materials for continuous-flow isotope ratio mass spectrometry. Rapid Communications in Mass Spectrometry, 2009, 23(22), 3513-3521.

[21] Werner, R. A., & Brand, W. A. Referencing strategies and techniques in stable isotope ratio analysis. Rapid Communications in Mass Spectrometry, 2001, 15(7), 501-519.

[22] Liang, K. H., Zhao, Y., Han, J., Liu, P., Qiu, J., Zhu, D. Z., ... Wang, X. H. Fatty acid composition, vitamin A content and oxidative stability of milk in China. Journal of Applied Animal Research, 2017, 46(1), 6.

[23] Garbariene, I., Sapolaite, J., Garbaras, A., Ezerinskis, Z., Pocevicius, M., Krikscikas, L., Plukis, A., & Remeikis, V. Origin Identification of Carbonaceous Aerosol Particles by Carbon Isotope Ratio Analysis. Aerosol and Air Quality Research, 2016, 16(6), 1356-1365.

[24] Krivachy, N., Rossmann, A., & Schmidt, H.-L. Potentials and caveats with oxygen and sulfur stable isotope analyses in authenticity and origin checks of food and food commodities. Food Control, 2015, 48, 143-150.

[25] Nečemer, M., Potočnik, D., & Ogrinc, N. Discrimination between Slovenian cow, goat and sheep milk and cheese according to geographical origin using a combination of elemental content and stable isotope data. Journal of Food Composition and Analysis, 2016, 52, 16-23.

[26] Piliciauskas, G., Jankauskas, R., Piliciauskiene, G., & Dupras, T. Reconstructing Subneolithic and Neolithic diets of the inhabitants of the SE Baltic coast (3100-2500 cal BC) using stable isotope analysis. Archaeological and Anthropological Sciences, 2017, 9(7), 1421-1437.

[27] Camin, F., Perini, M., Colombari, G., Bontempo, L., & Versini, G. Influence of dietary composition on the carbon, nitrogen, oxygen and hydrogen stable isotope ratios of milk. Rapid Commun Mass Spectrom, 2008, 22 (11), 1690-1696.

[28] Sponheimer, M., Robinson, T., Ayliffe, L., Roeder, B., Hammer, J., Passey, B., ... Ehleringer, J. Nitrogen isotopes in mammalian herbivores: hair $\delta^{15}N$ values from a controlled feeding study, 2003, 13(1-2), 80-87.

[29] Chung, I. M., Kim, J. K., Lee, K. J., Son, N. Y., An, M. J., Lee, J. H., ... Kim, S. H. Discrimination of organic milk by stable isotope ratio, vitamin E, and fatty acid profiling combined with multivariate analysis: A case study of monthly and seasonal variation in Korea for 2016-2017. Food Chemistry, 2018, 261, 112-123.

[30] Hobson, K. A., & Koehler, G. (2015). On the use of stable oxygen isotope (delta (18)O) measurements for tracking avian movements in North America. Ecol Evol, 5(3), 799-806.
[31] Boner, M., & Forstel, H. (2004). Stable isotope variation as a tool to trace the authenticity of beef. Analytical and Bioanalytical Chemistry, 378(2), 301-310.
[32] Dunbar, J., & Wilson, A. T. Oxygen and hydrogen isotopes in fruit and vegetable juices. Plant Physiology, 1983, 72(3), 725-727.
[33] Zhao, Y., Zhang, B., Guo, B., Wang, D., & Yang, S. Combination of multi-element and stable isotope analysis improved the traceability of chicken from four provinces of China. Cyta-Journal of Food, 2016, 14(2), 163-168.
[34] Bowen, G. J., Ehleringer, J. R., Chesson, L. A., Stange, E., & Cerling, T. E. (2007). Stable isotope ratios of tap water in the contiguous United States. Water Resources Research, 43(3).
[35] Rutkowska, J., Bialek, M., Adamska, A., & Zbikowska, A. Differentiation of geographical origin of cream products in Poland according to their fatty acid profile. Food Chemistry, 2015, 178, 26-31.
[36] Guo, B. L., Wei, Y. M., Pan, J. R., & Li, Y. Stable C and N isotope ratio analysis for regional geographical traceability of cattle in China. Food Chemistry, 2010, 118(4), 915-920.

Application of multi-element (C, N, H, O) stable isotope ratio analysis for the traceability of milk samples from China

ZHAO Shan-shan[1], ZHAO Yan[1], Karyne M. Rogers[2], CHEN Gang[1], CHEN Ai-liang[1], YANG Shu-ming[1]

(1. Institute of Quality Standard & Testing Technology for Agro-Products, Chinese Academy of Agricultural Sciences, Beijing 100081, China;
2. National Isotope Centre, GNS Science, New Zealand)

Abstract: Cow milk samples from various provinces in China were collected, and the effects of lactation stage, sampling time, and geographic origin on the samples were studied by elemental analysis-isotope ratio mass spectrometry (EA-IRMS). Traceability accuracy was determined using $\delta^{13}C$, $\delta^{15}N$, $\delta^{2}H$ and $\delta^{18}O$ values to specifically assign geographic origin. Stable isotope ratios of C, N, H and O were not significantly different among three lactation stages; however the $\delta^{13}C$, $\delta^{15}N$, and $\delta^{18}O$ values of milk were influenced by sampling time. Furthermore, there were highly significant regional differences in the mean $\delta^{13}C$ and $\delta^{15}N$ values of milk. In summary, the lactation stage had no effect on the traceability of milk, whereas sampling time and geographic origin did affect milk traceability. Different geographic locations with a separation distance of the milk sample area greater than 0.7 km can be distinguished using multi-element (C, N, H, O) stable isotope ratio analysis.

Key words: cow milk; isotope ratio mass spectrometry (IRMS); lactation; sampling time; geographic origin; traceability

稳定同位素标准物质在农产品溯源中的应用及制备进展

赵姗姗，赵 燕
(中国农业科学院农产品质量标准与检测技术研究所，农产品质量与安全重点实验室，北京 100081)

摘要：在食品溯源分析领域，稳定同位素比值分析技术是一项比较新的技术。同位素数据的测量和校准依赖于稳定同位素标准物质。常用的同位素标准物质是化学基质，不适用于食品基质来源分析。本文从稳定同位素标准物质的分类、稳定同位素标准物质的应用和稳定同位素标准物质制备的研究进展三个方面综述了稳定同位素标准物质的研究进展。选择合适的同位素标准物质有助于提高稳定同位素比值分析在食品溯源中的有效性。通过与不同实验室的合作，可以制备出高质量的同位素标准物质，添加新的食品基质类型，为用户提供更多的选择。

关键词：农产品；标准物质；稳定同位素技术；可追溯性

Introduction

The globalization of food trade has led to serious threats to food safety and human health including poisoned rice and milk powder, bovine spongiform encephalopathy (BSE), and foot-and-mouth disease (FMD). Consumers are increasingly aware of the importance of food safety to health and are beginning to pay attention to the geographical origin of food. The fierce competition in the food industry has shifted from "marketing" to "origin" control to meet the growing transparency requirements of consumers. Various high-quality agricultural products with specific geographical origins are sold at higher prices than conventional products, and they have become a prime counterfeiting target. Therefore, it is essential to use reliable technical methods to trace agricultural products to protect high-quality products.

Stable isotope technology is an effective method for tracing the origin of agricultural products as well as for adulteration analysis. It has been applied to studies of various agricultural products such as wine,[1] beef,[2] pork,[3] milk,[4] honey,[5] rice,[6] and crab.[7] The measurement and calibration of isotope data depends on the principle of "identical treatment"[8] for unknown and isotope reference materials. These require stable isotope reference materials to calibrate instead of external gases. Isotope reference materials are the standard substances for the unification of isotope measurement and an important basis for ensuring the comparability of isotope data worldwide.[9] This paper summarizes the development and application of stable isotope reference materials for food traceability and compares different methods of preparing reference materials.

1 Existingstable isotope reference materials

From the 1950s to the 1960s, stable isotope technology developed rapidly, and isotope reference materials for hydrogen, oxygen, carbon and nitrogen were established. The main reference for hydrogen and oxygen isotopes is the Vienna Standard Mean Ocean Water (V-SMOW), and the main reference for stable carbon isotopes is the Pee Dee Belemnite (PDB)-a Cretaceous fossil from the Peedee Formation in South Carolina, USA. The main reference for nitrogen isotope is air. However,

---

作者简介：赵姗姗(1990—)，女，山东人，硕士，农畜产品质量安全

PDB was quickly exhausted because the long-term needs of laboratories were not considered in the initial preparation of reference materials.[9] Additional requirements have been introduced for stable isotopes in food, biology, and other fields; higher requirements have been proposed for isotope reference materials. To obtain accurate isotope data, it is important to use reference materials with a similar matrix to those of analyzed samples.[10] Therefore, many laboratories and companies around the world have begun to prepare isotope reference materials for the calibration of stable isotope ratios.

Most reference materials are produced by the International Atomic Energy Agency (IAEA), the United States Geological Survey (USGS), and the Elemental Analysis Company, United Kingdom (Table 1). Of these, the most common bio-organic isotope reference materials in the origin tracing of agricultural products are USGS42 (Chinese Tibetan hair), USGS43 (Indian hair), B2155 (protein), B2157 (wheat flour), and B2159 (sorghum flour). The isotope reference materials in China are mainly carbon and oxygen isotope reference materials (GBW04416 and GBW04417) developed by the Chinese Academy of Metrology, carbon isotope reference materials (GBW04407 and GBW04408) developed by the China Petroleum Exploration and Development Research Institute, and hydrogen and oxygen isotope water reference materials (GBW04458, GBW04459, GBW04460 and GBW04461) certified by the Institute of Hydrogeology and Environmental Geology of the Chinese Academy of Geological Sciences (Table 2). These reference materials-especially carbon isotope reference materials—were developed to determine geological and mineral isotopes that could not meet the requirements of stable isotope analysis of biological products. Some of them are even out of stock. Above all, preparation of stable isotope standards of biological matrix is urgent and important since both the type and number of stable isotope standard cannot satisfy the need in worldwide.

表 1 现有的稳定同位素标准物质

Table 1 Existing stable isotope reference materials.

Classification	Sample name	Sample property	Stable isotope ratio
Stable isotope reference materials of carbon	USGS24	Graphite	$\delta^{13}C=-16.049‰$
	USGS44	High-purity $CaCO_3$	$\delta^{13}C=-42.15‰$
	IAEA-CH-3	Cellulose	$\delta^{13}C=-24.724‰$
	IAEA-CH-6	Sucrose	$\delta^{13}C=-10.449‰$
	IA-R002	Mineral oil	$\delta^{13}C=-28.06‰$
	IA-R005	Beet sugar	$\delta^{13}C=-26.03‰$
	IA-R006	Sucrose	$\delta^{13}C=-11.64‰$
	IA-R024	Olive oil	$\delta^{13}C=-29.27‰$
Stable isotope reference materials of nitrogen	IAEA-N-1	Ammonium sulphate	$\delta^{15}N=0.4‰$
	IAEA-N-2	Ammonium sulphate	$\delta^{15}N=20.3‰$
	USGS25	Ammonium sulphate	$\delta^{15}N=-30.4‰$
	USGS26	Ammonium sulphate	$\delta^{15}N=53.7‰$
	IAEA-311	N-labeled ammonium sulfate	$^{15}N=2.05Atom\%$

续表

Classification	Sample name	Sample property	Stable isotope ratio
Stable isotope reference materials of hydrogen and oxygen	VSMOW	Vienna Standard Mean Ocean Water	$\delta^2H=0‰$, $\delta^{18}O=0‰$
	SLAP2	Antarctic ice melting water	$\delta^2H=-427.5‰$, $\delta^{18}O=-55.5‰$
	GISP	Greenland granular snow melting water	$\delta^2H=-189.5‰$, $\delta^{18}O=-24.76‰$
	CBS	Reindeer antlers	$\delta^2H=-157.0‰$, $\delta^{18}O=3.8‰$
	KHS	Antelope horn	$\delta^2H=-35.3‰$, $\delta^{18}O=20.3‰$
Stable isotope reference materials of carbon and nitrogen	USGS40	L-glutamic acid	$\delta^{13}C=-26.389‰$, $\delta^{15}N=-4.5‰$
	USGS41	L-glutamic acid	$\delta^{13}C=37.626‰$, $\delta^{15}N=47.6‰$
	B2151	Sedimentary rocks with high organic composition	$\delta^{13}C=-26.27‰$, $\delta^{15}N=4.42‰$
	B2153	Soil with low organic composition	$\delta^{13}C=-27.46‰$, $\delta^{15}N=6.70‰$
	B2155	Protein	$\delta^{13}C=-26.98‰$, $\delta^{15}N=5.94‰$
	B2157	Wheat flour	$\delta^{13}C=-27.20‰$, $\delta^{15}N=2.80‰$
	B2159	Sorghum flour	$\delta^{13}C=-13.68‰$, $\delta^{15}N=1.58‰$
	IAEA-600	Caffeine	$\delta^{13}C=-27.771‰$, $\delta^{15}N=1‰$
Stable isotope reference materials of carbon and hydrogen	NBS22	Oil	$\delta^{13}C=-29.72‰$, $\delta^2H=-120‰$
	IAEA-CH-7	Polyethylene	$\delta^{13}C=-32.151‰$, $\delta^2H=-100.3‰$
Stable isotope reference materials of carbon, nitrogen, hydrogen, and oxygen	USGS42	Chinese Tibetan hair	$\delta^2H=-72.9‰$, $\delta^{18}O=8.56‰$, $\delta^{15}N=8.05‰$, $\delta^{13}C=21.09‰$
	USGS43	Indian hair	$\delta^2H=44.4‰$, $\delta^{18}O=14.11‰$, $\delta^{15}N=8.44‰$, $\delta^{13}C=21.28‰$
	USGS54	Canadian black pine powder	$\delta^2H=-150.4‰$, $\delta^{18}O=17.79‰$, $\delta^{13}C=-24.43‰$, $\delta^{15}N=-2.42‰$
	USGS55	Mexican ziricote wood powder	$\delta^2H=-28.2‰$, $\delta^{18}O=19.12‰$, $\delta^{13}C=-27.13‰$, $\delta^{15}N=-0.3‰$
	USGS56	South African red ivory powder	$\delta^2H=-44.0‰$, $\delta^{18}O=27.23‰$, $\delta^{13}C=-24.34‰$, $\delta^{15}N=1.8‰$

表 2　中国的稳定同位素标准物质

Table 2　Stable isotope reference materials developed in China.

Sample name	Sample property	Stable isotope ratio
GBW04416	Carbonate	$\delta^{13}C=1.61‰$, $\delta^{18}O=-11.59‰$
GBW04417	Carbonate	$\delta^{13}C=-6.06‰$, $\delta^{18}O=-24.12‰$
GBW04407	Carbon black	$\delta^{13}C=-22.43‰$
GBW04408	Carbon black	$\delta^{13}C=-36.91‰$
GBW04458	Water	$\delta^{2}H=-1.7‰$, $\delta^{18}O=-0.15‰$
GBW04459	Water	$\delta^{2}H=-63.4‰$, $\delta^{18}O=-8.61‰$
GBW04460	Water	$\delta^{2}H=-144.0‰$, $\delta^{18}O=-19.13‰$
GBW04461	Water	$\delta^{2}H=-433.3‰$, $\delta^{18}O=-55.73‰$

2　Application of stable isotope reference materials in food traceability

It is necessary to use reference materials for calibration when tracing the origin and discriminating the authenticity of agricultural products using stable isotope technology. Stable isotope reference materials are currently used widely for two-point calibration,[11] and single-point calibration is not recommended.

2.1　Plant products

Stable isotopes in environmental become part of plants via a series of fractionation processes after they are absorbed. The analysis of stable isotope composition in plants can reflect the geographical and climatic environment of plant growth. It is widely used in origin tracing and adulteration detection of plant products.

2.1.1　Tea

Tea is one of the three traditional beverages in the world. With the development of trade and the aggravation of market competition, the phenomenon of counterfeiting tea products and shoddy tea products frequently occurs, which leads to the disorder of tea market. Stable isotope technology has been widely used to trace the geographical origin of tea.[12-14] Most researchers calibrated the data by using reference gas for single-point calibration,[15-17] which cannot ensure the accuracy of the data. A few studies have been reported on the use of reference materials to calibrate the stable isotope ratio of tea (Table 3), and in these studies, reference materials of chemical matrix are widely used. This may because there is no stable isotope reference material on the market that is the same as the tea substrate. For instance, stable isotope ratios of carbon, nitrogen, hydrogen, and oxygen in tea samples from different areas in China were analyzed, and reference materials of internal urea, benzoic acid, IAEA-600, IAEA-601, IAEA-602, IAEA-CH-3, and IAEA-CH-7 were used to calibrate the data. And the results showed that $\delta^{2}H$ and $\delta^{18}O$ were important indicators to trace the origin of tea.[18] In the study of Pilgrim *et al.*, standard material of biological matrix IA-R005 was used as one of many reference materials for data calibration. The discriminant accuracy could reach 97.6% when stable isotope ratios were combined with mineral elements.[19] Zhang *et al.* investigated the geographical origin of Chinese teas using carbon and nitrogen stable isotope ratio technology, reference material of biological matrix casein and wheat flour were analyzed at the beginning, middle, and end of each run to correct for instrumental drift and determine inter-batch variability of

$\delta^{13}C$ and $\delta^{15}N$ analyses, they found that carbon and nitrogen stable isotope ratio technology could discriminate teas from among some provinces of China.[20] Above all, we can conclude that many of the stable isotope standards used in the calibration of the isotope values were chemical matrix because of the lack of standard materials of biological matrix. And even most publications did not mentioned the standards they used, leading to the stable isotope data was incomparable with other laboratories.

2.1.2 Rice

The taste and nutritional value of rice changes with the geographical location and climatic conditions of the planting area. Therefore, it is important to trace the origin and identify the authenticity of predominant rice. There are many methods for origin tracing and identification of rice such as mineral element analysis, fatty acid technology, DNA technology, near infrared technology, and isotope technology. Of these, the stable isotope ratio can indicate regional and climatic characteristics. When using stable isotope technology to trace rice, reference gas was firstly used to calculate the isotope ratios.[6, 21-23] Afterwards, there were also some studies in which the researchers used reference materials for data calibration (Table 3). Among these reference materials, chemical matrix standards accounted for a large proportion. Rice samples from different areas of Japan were collected, and measured the $\delta^{13}C$ and $\delta^{18}O$ values. The data were calibrated with internal reference materials of dibenzo-24-crown-8 ether, dibenzo-18-crown-6 ether, β-D-galactose pentaacetate, and sucrose octaacetate. The $\delta^{18}O$ values of rice were positively correlated with the $\delta^{18}O$ value of the paddy field water confirming that the oxygen atoms in rice mainly came from the water in the environment.[24] Chung *et al*. examined the feasibility of $\delta^{13}C$ and $\delta^{15}N$ analyses as potential tools for authentication of environment-friendly rice sold in Korea, rice samples were calibrated against international reference materials IAEA-N1, IAEA-N2, IAEA-N3, USGS40, or USGS41, $\delta^{13}C$ and $\delta^{15}N$ examination in different rice grains showed that environment-friendly rice can be successfully distinguished from conventional rice.[25] Reference materials (USGS24, IAEA-N1, VSMOW, SLAP, IAEA-601, and IAEA-602) were used for multi-point calibration of the stable isotope data of Chinese rice samples by Yuan *et al*. The $\delta^{13}C$ value of organic rice was lower than that of environmentally friendly or conventional rice; the $\delta^{15}N$ value of organic rice and environmentally friendly rice was higher than that of conventional rice. Even if the same irrigation water was used, the difference in the $\delta^{2}H$ value among the three rice types was still large.[26] Standard materials of biological matrix have also been used to calibrate the isotope data of rice, although few studies have been reported. We found in the study of Li *et al*., standard materials of biological matrix beet sugar and wheat flour were used for data correction.[27] In our study, multivariate stable isotope analysis combined with chemometrics was used to investigate and discriminate rice samples from six rice producing provinces in China and four other Asian rice producing countries (Thailand, Malaysia, Philippines, and Pakistan), the ratios of the stable isotopes were adjusted against the following international reference materials: USGS24 and IAEA-600 for the $\delta^{13}C$ value, USGS43 and IAEA-600 for the $\delta^{15}N$ value, USGS42 for the $\delta^{18}O$ values, USGS42 and USGS43 are the most common biomaterial references. This study demonstrated that there were significant differences in the values of $\delta^{13}C$, $\delta^{15}N$ and $\delta^{18}O$ for rice from different countries and different provinces of China.[28] It is very important to use stable isotope technology to study the origin of rice. This is because rice, as the main food crop, its quality and safety are very important to the consumers. Although some literatures have reported the application of stable isotope technology to the study of rice traceability and planting mode, we found that only a few articles have reported the calibration method of stable isotope values. Because of the inconsistency of the methods used in the calibration process, it has created obstacles for the establishment of rice stable isotope database worldwide in the future. At the same time, we found that even though the use of standard samples is reported in these papers, there are few standard samples of bioorganic matrix, which also creates obstacles for the accurate determination of stable isotope ratio. Therefore, in the future, in the process of rice origin tracing research, stable isotope reference materials of rice matrix are urgently needed, especially those with stable isotope ratio of hydrogen and oxygen.

2.1.3 Other plant products

The application of stable isotope reference materials in traceability and adulteration analysis of other plant products was also summarized in Table 3. In the study of origin traceability of other plant products, we found that many of the early literatures used the method of single point calibration. Longobardi *et al.* measured the $\delta^{13}C$, $\delta^{15}N$, and $\delta^{18}O$ values of potatoes from three different regions of Italy by isotope ratio mass spectrometry. For the $\delta^{13}C$ and $\delta^{15}N$ values, an internal casein reference material was used for single-point calibration, and benzoic acid was used for single-point calibration of the $\delta^{18}O$ value. The results showed that the combination of oxygen and nitrogen isotope ratios could distinguish potatoes produced in three locations, and the validation accuracy was 91.7%.[29] The values of $\delta^{13}C$, $\delta^{15}N$, $\delta^{2}H$, $\delta^{18}O$, and $\delta^{34}S$ as well as the contents of 46 mineral elements were determined in tomatoes from three producing areas of Italy by isotope ratio mass spectrometry and inductively coupled plasma mass spectrometry. The single-point calibration of the values of $\delta^{13}C$, $\delta^{15}N$, $\delta^{2}H$, and $\delta^{18}O$ were performed via internal casein and plant water reference materials, and the $\delta^{34}S$ value was calibrated using IAEA-SO-5, NBS127 and internal casein reference materials. The products could be easily distinguished via linear discriminant analysis of 17 of these parameters (Gd, La, Tl, Eu, Cs, Ni, Cr, Co, $\delta^{34}S$, $\delta^{15}N$, Cd, K, Mg, $\delta^{13}C$, Mo, Rb, and U), and the cross-validation accuracy rate was more than 95%.[30] At the same time, some literatures used stable isotope technology to study the planting mode of plant products and adopted the method of multi-point correction. It shows that researchers have realized that single point correction may cause data inaccuracy. Šturm *et al.* treated potted lettuce with synthetic and organic nitrogen fertilizers, and the $\delta^{15}N$ values of lettuce were determined. The effects of synthetic and organic fertilizers on the $\delta^{15}N$ value of lettuce were studied. The data were calibrated using USGS34, IAEA-N-2, internal ammonium sulfate, and sunflower reference materials. The results showed that the $\delta^{15}N$ values of lettuce could reflect nitrogen application and identify lettuce authenticity. And the sunflower material was used as the calibration standard sample, indicating that the researchers have realized the importance of using the same type of matrix for calibration.[31] Recently, in the research of origin tracing of stable isotopes of plant products, multi-point correction has been strictly required by journals and reviewers. Park *et al.* analysed the stable isotope ratios of carbon, nitrogen, hydrogen, oxygen, and sulfur in onions grown in different regions of South Korea. USGS40, IAEA-600, and internal standard urea were used to calibrate carbon and nitrogen isotope data; sulfur isotope data were calibrated by NBS-127, IAEA-SO-5, and internal standard $BaSO_4$; stable hydrogen isotope data were calibrated using IAEA-601, IAEA-602, and USGS56; and stable oxygen isotope data were calibrated using IAEA-CH-7, USGS56, and USGS42. The results showed that there were significant differences in stable isotope ratios of C, H, O, N, and S in onions from different regions; thus, the source of the onions could be identified.[32]

By summarizing the determination process of stable isotopes of different plant products, the standard samples selected for calibration of stable isotopes of each representative plant reported in these literatures provide a reference for the determination of the same type of plant products in the future. However, we also found that in the early application of stable isotopes to plant product traceability, there is still a single point correction method, and the corrected data of this method has certain inaccuracy. Meanwhile, although recently some studies have used biological matrix standard samples as calibration or internal standard, these standard samples are often developed and used in their own laboratories, without strict and systematic evaluation. This may be because researchers are not familiar with the preparation process of standard samples. Therefore, the preparation and evaluation of stable isotope standard samples should be encouraged in the future.

表 3 稳定同位素标准物质在植物产品中的应用总结

Table 3 Summary of application of stable isotope reference materials in plant products.

Objects of study	Measuring parameters	Reference materials	Sample origin	Application area	Reference
Tea	$\delta^{13}C$, $\delta^{15}N$, $\delta^{2}H$, $\delta^{18}O$	Internal urea and benzoic acid, IAEA-600, IAEA-601, IAEA-602, IAEA-CH-3, IAEA-CH-7	Different producing areas in China	Origin tracing	[18]
Tea	$\delta^{13}C$, $\delta^{15}N$, $\delta^{2}H$	Internal sucrose, IA-R005, IA-R001, urea, IAEA-CH-7, IA-R002	Different producing areas in China, India, Sri Lanka, Taiwan, China and India	Origin tracing	[19]
Tea	$\delta^{13}C$, $\delta^{15}N$	Casein and wheat flour	Different producing areas in China	Origin tracing	[20]
Rice	$\delta^{13}C$, $\delta^{18}O$	Internal dibenzo-24-crown-8 ether, dibenzo-18-crown-6 ether, β-D-galactose pentaacetate and sucrose octaacetate	Different production areas in Japan	Origin tracing	[24]
Rice	$\delta^{13}C$, $\delta^{15}N$	IAEA-N1, IAEA-N2, IAEA-N3, USGS-40, or USGS-41	Korea	Authenticity discrimination	[25]
Rice	$\delta^{13}C$, $\delta^{15}N$, $\delta^{2}H$, $\delta^{18}O$	USGS24, IAEA-N1, VSMOW, SLAP, IAEA-601, IAEA-602	China	Authenticity discrimination	[26]
Rice	$\delta^{13}C$, $\delta^{15}N$, $\delta^{2}H$, $\delta^{18}O$	Beet sugar, wheat flour and other in-house reference materials	Different countries	Origin tracing	[27]
Rice	$\delta^{13}C$, $\delta^{15}N$, $\delta^{2}H$	USGS24, IAEA-600, USGS43, IAEA-600 and USGS42	Different production areas in China and different countries	Origin tracing	[28]
Potato	$\delta^{13}C$, $\delta^{15}N$, $\delta^{18}O$	Internal casein and benzoic acid	Different producing areas in Italy	Origin tracing	[29]

续表

Objects of study	Measuring parameters	Reference materials	Sample origin	Application area	Reference
Tomato	$\delta^{13}C$, $\delta^{15}N$, $\delta^{2}H$, $\delta^{18}O$, $\delta^{34}S$	Internal casein and water, IAEA-SO-5, NBS 127	Different producing areas in Italy	Origin tracing	[30]
Lettuce	$\delta^{15}N$	USGS34, IAEA-N2, internal ammonium sulfate and sunflower	Slovenia	Authenticity discrimination	[31]
Onion	$\delta^{13}C$, $\delta^{15}N$, $\delta^{2}H$, $\delta^{18}O$, $\delta^{34}S$	USGS40, IAEA-600, internal urea, IAEA-601, IAEA-602, USGS56, IAEA-CH-7, USGS42, NBS-127, IAEA-SO-5, internal BaSO4	Different production areas in South Korea	Origin tracing	[32]

2.2 Animal products

The isotope composition of animal products is affected by the isotope composition in the plants they eat and the water they drink. However, animals are often given feed from different regions or live in different places during their lives; thus, origin tracing of animal products by stable isotopes is more complex.[33]

2.2.1 Dairy products

Freedom of trade in the global market has led to milk fraud incidents, some of which increase the protein content by adding low-cost ingredients (such as nitrogen-rich ingredients) and raise the price of low-quality dairy products; the other approach is to take ordinary dairy products as geographically advantageous products to make huge profits. Therefore, the use of stable isotope technology for origin tracing and authenticity analysis of milk is important. In the application of stable isotopes in traceability of milk, there are some researchers used reference gas for single-point calibration.[34, 35] Most researchers chose standard materials for data calibration (Table 4). But most of the standard materials belong to chemical matrix.[36-40] Some researchers realized the importance of using reference materials of biological matrix to calibrate the data. Ehtesham *et al*. analyzed the $\delta^{13}C$, $\delta^{15}N$, and $\delta^{2}H$ values of 46 milk powder samples as well as of the fatty acids from different parts of New Zealand. When measuring the $\delta^{13}C$ and $\delta^{15}N$ values, a two-point calibration was performed with two glutamic acid reference materials (USGS40 and USGS41) and internal EDTA reference material. When measuring the $\delta^{2}H$ value, BWB, CBS, and KHS were used as working standards for data calibration. Linear discriminant analysis (LDA) models were prepared via combinations of $\delta^{2}H$ and $\delta^{13}C$ values and fatty acids. These models could effectively distinguish samples from the north and south islands. In addition, LDA models with $\delta^{2}H$ and $\delta^{13}C$ values of fatty acids showed the best discriminant performance.[41] Chung *et al*. studied the seasonal variation of the values of $\delta^{13}C$ and $\delta^{15}N$ in organic milk and conventional milk collected in South Korea from 2016 to 2017. Reference materials of IAEA-N1, IAEA-N2, IAEA-N3, USGS40, USGS41, internal bovine liver, and nylon 5 were analyzed with milk samples to calibrate the data. The $\delta^{13}C$ value of organic milk was lower than that of conventional milk from spring to autumn, but the $\delta^{13}C$ value of organic milk was higher than that of conventional milk in winter due to the change in feeding mode. The $\delta^{15}N$ value of organic milk was lower than that of conventional milk in all four seasons.[42] Besides milk, cheese is another important diary product in many countries. Stable isotope analysis is widely used in traceability of cheese.[43-45] The application of stable isotope reference materials in traceability and adulteration analysis of cheese was also summarized in Table 4. Stevenson *et al.* analyzed stable isotope data of carbon, nitrogen, hydrogen, and oxygen of cheese, milk, animal feed, and soil from six handmade cheese manufacturers in Canada, and the data were calibrated with internal urea, sucrose, fish, leucine, and water reference materials. The results showed that the stable isotope composition of hydrogen and oxygen in cheese, milk, and water were consistent with the general climate and geographical latitude of the farm. The carbon and nitrogen isotope data of cheese and milk reflected the diet of cattle and the fertilization of grazing land.[46] Stable isotopes were also utilized to identify the geographical origin of PDO cheese. Thirty-six *Pecorino Siciliano* cheese samples from three regions of Italy were collected, and the stable isotope ratios of carbon, nitrogen, hydrogen, oxygen, and sulfur were analyzed by isotope ratio mass spectrometry. The $\delta^{13}C$, $\delta^{15}N$, and $\delta^{34}S$ values were calibrated by internal casein and cereal reference materials, and the $\delta^{2}H$ and $\delta^{18}O$ values were calibrated by KHS and CBS. The results showed that the stable isotope ratios of C, N, H, O, and S could distinguish cheese from different geographical areas and feeding regime. The cross-validation accuracy of the three regions reached 97.2% when the $\delta^{15}N$ and $\delta^{34}S$ values were combined.[47] From the above literature, it was showed that in the application of stable isotopes to the origin traceability of milk and cheese, the researchers used the standard samples of biological matrix such as KHS and CBS for data calibration. When there is no appropriate reference material of the similar type of biological matrix, researchers gradually use the reference materials prepared by themselves as the internal standard for data correction. This shows that more and more researchers are aware that reference materials of the same type of biological matrix can be used to accurately determine the stable isotope ratio of samples, in order to obtain the differences of samples from different places.

2.2.2 Meat products

The EU Regulation No. 1760/2000 stipulates that the origin of meat and meat products containing 20% meat must be identified in order to provide consumers with correct, complete, and transparent information. However, there are still many quality and safety problems in meat products: the key reason is the incorrect identification of its authenticity and origin. To prevent counterfeit product incidents, appropriate analytical methods should be used to validate the information provided on the origin label. Stable isotope analysis is an effective technique for the origin traceability of meat, which has been widely used in traceability and adulteration analysis of meat, such as beef,[48, 49] lamb,[50, 51] pork,[52] chicken,[53] and so on. Most researchers used reference materials of chemical matrix to calibrate the measured data because of the lack of reference materials of animal matrix (Table 4).

The stable isotope ratios of beef from different regions of Germany, Argentina, and Chile were analyzed to test the possibility of tracing geographical sources. IAEA-C1, IAEA-N1, and SMOW were selected for the single-point calibration of carbon, nitrogen, and oxygen isotope ratios in samples; GISP, SLAP and SMOW were used for the three-point calibration of hydrogen isotope ratios; and IAEA-S1, IAEA-S2 and NBS-127 were used for the three-point calibration of sulfur. The results showed that beef from Argentina and Germany could be distinguished via the isotope ratios of oxygen and hydrogen, and the stable isotope ratios of nitrogen and sulfur could be used to trace the origin in small geographic areas.[54] Heaton *et al.* analyzed beef samples from major cattle-producing areas of the world (Europe, the United States, South America, Australia, and New Zealand) by IRMS. Carbon and nitrogen isotope ratios of defatted beef powder as well as the hydrogen and oxygen isotope ratios of the corresponding fat components were determined. NBS22, IAEA-601, and USGS40 were used as reference materials to calibrate the data. The results showed that the average δ^2H and $\delta^{18}O$ values of beef fat correlated closely with latitude of origin. The $\delta^{13}C$ values of defatted beef from Britain, Ireland, and Scotland were all less than $-20‰$, while that of most defatted beef from Brazil was greater than $-13‰$.[55] This finding supports the conclusions by Schmidt *et al.* who stated that the $\delta^{13}C$ value could be used to distinguish between British and Brazilian beef.[33] Stable isotope technology also can be applied to investigate the feeding regime. The values of $\delta^{13}C$, $\delta^{15}N$, δ^2H, $\delta^{18}O$, and $\delta^{34}S$ in 10 types of defatted lamb meat as well as the values of $\delta^{13}C$, δ^2H, and $\delta^{18}O$ in fat under different feeding conditions (forage, concentrate, milk) from seven regions of Italy were studied. The results showed that feeding methods significantly affected the values of $\delta^{13}C$, $\delta^{15}N$, δ^2H, and $\delta^{18}O$ in fat; the values of δ^2H and $\delta^{18}O$ in defatted lamb meat were significantly correlated with the corresponding values in atmospheric waters. Using a stepwise linear discriminant analysis and found that only the δ^2H values of fat were not significantly different across different types of sheep, the cross-validation accuracy of 10 types of sheep was over 90%.[56] Moreno-Rojas *et al.* measured the $\delta^{13}C$ and $\delta^{15}N$ values of lamb meat and wool, the $\delta^{13}C$ value of fat, and the $\delta^{13}C$ and $\delta^{15}N$ values of feedstuffs under different feeding conditions (C3 herbage, C3 concentrate, and C4 concentrate). IAEA-CH-7, IAEA-CH-6, IAEA-N1, and IAEA-N2 were used as reference materials for the two-point calibration of the isotope ratios. The $\delta^{13}C$ and $\delta^{15}N$ values of lamb meat and the $\delta^{13}C$ value of fat could be used to completely distinguish lamb meet from the three different diets. A linear relationship was found between the measured $\delta^{13}C$ value of lamb meat and wool. The measured $\delta^{13}C$ value of wool could predict the $\delta^{13}C$ value of lamb meat. This indicated that wool was a valuable substrate for meat identification.[57] Pork samples from different countries can be differentiated by stable isotopes. Shin *et al.*collected 37 pork samples from South Korea and other countries (Denmark, Germany, France, Spain, Canada and Mexico) and traced their origins using the stable isotope ratios of carbon, nitrogen, hydrogen, and oxygen. Reference materials of IAEA-CH-3, IAEA-CH-7, IAEA-N-1, IAEA-NO_3, USGS77, IAEA-601, and IAEA-602 were used for the two-point calibration of isotope ratios. The results showed that the differences in isotope ratios of pork depended on geographical origin. The Canadian samples showed the lowest $\delta^{18}O$ and δ^2H values due to the latitude effect. For pork muscle tissue, more than 80% of the H-and O-atoms were derived from water and therefore the $\delta^{18}O$ and δ^2H values between the tissue and meteoric water showed a strongly positive correlation. In addition, the $\delta^{13}C$ values of European and Canadian samples were lower than those of South Korean and Mexican samples, while the $\delta^{15}N$ values of European and Canadian samples were much higher than those of other samples.[58] Reference material of biological matrix USGS42 and USGS43 were used to calibrate the data of chicken in our study. We analyzed the stable isotope ratios of carbon and nitrogen and the concentration of 12 mineral elements in the two types (organic and conventional) of chicken from three farms. When calibrating the $\delta^{13}C$ and $\delta^{15}N$ values, IAEA-CH-6, USGS40 and reference material of biological matrix USGS42 and USGS43 were applied. The results showed that the stable isotope ratios of nitrogen and carbon in organic chicken were higher than those in conventional chicken; the organic group and conventional group could be better distinguished via principal component analysis (PCA) of stable isotope ratio and multi-element analysis data.[59] In the traceability study of meat, the stable isotope ratios of fat, defatted protein, feed and drinking water samples are often analyzed. Therefore, it is necessary to select a variety of appropriate reference materials for calibration. In the process of selecting standard samples for calibration, we also need to pay attention to the wide range of stable carbon isotope ratios in fat and protein due to the difference of animal feed sources. Therefore, for multi-point calibration, the selected reference material values should cover the values of all samples. However, due to the lack of standard samples of animal matrix, the values of many samples cannot be covered by the existing standard samples of biological matrix, so researchers have to choose the standard samples of single chemical compound matrix for calibration.

2.2.3 Other animal products

In addition to its application in traceability and authenticity of meat and dairy products, stable isotope technology has also been used in other animal products, such as honey and eggs. The application of stable isotope reference materials in traceability and adulteration analysis of other animal products was summarized in Table 4. Kawashima *et al*. used elemental analysis-isotope ratio mass spectrometry to determine the $\delta^{13}C$ value of 116 honeys as well as proteins extracted from honey. Reference materials (IAEA-CH-3, IAEA-600, USGS24 and IAEA-CH-6) were selected for calibration, and 111 of 116 samples were found to be pure honey. For pure honey samples, the average $\delta^{13}C$ values of honey and protein were $-26.0 \pm 0.9‰$ and $-25.9 \pm 0.8‰$ respectively.[60] These were close to that of pure honey samples ($-25.18 \pm 0.91‰$) and that of proteins extracted from honey around the world ($-24.99 \pm 0.87‰$) reported by Dong *et al*..[61] In the absence of reference materials of biological matrix, some researchers used their internal biological matrix to calibrate data. Rogers *et al*. analyzed the stable isotope ratios of carbon and nitrogen in whole yolk, delipidized yolk, albumen, and egg membrane in 18 different brands of eggs under cage, barn, free-range, and organic farming systems. Reference materials (NIST-N1 and IAEA-CH-6), internal leucine, wheat flour, and beet sugar reference materials were used to calibrate the data. Free range and organic egg components showed enrichment of ^{15}N values up to 4‰ relative to caged and barn laid eggs; the $\delta^{15}N$ value of eggs could reflect the nutritional level of chickens, which could distinguish caged eggs from barn eggs and free-range eggs.[62]

We find that isotope ratios of most reference materials can cover the isotope ratios of the samples to be measured when performing two-point or three-point calibration. This helps to reduce the linear error and improve the accuracy of data calibration. However, there still exist some problems. For example, when selecting reference materials, some laboratories choose NBS22 petroleum, USGS24 graphite, IAEA-N-1, IAEA-N-2 ammonium sulfate, and IAEA-CH-7 polyethylene for data calibration. The isotope composition of these materials is not optimal for some biological materials; some laboratories choose internal reference materials, although these internal reference materials were calibrated with reference materials, and they were not tested for uniformity and stability. Therefore, when selecting reference materials for data calibration, we should consider comprehensively and select the most suitable reference materials to ensure data accuracy. At the same time, it is urgent to prepare stable isotope standard samples of biological matrix.

表 4　稳定同位素标准物质在动物产品中的应用总结

Table 4　Summary of application of stable isotope reference materials in animal products.

Objects of study	Measuring parameters	Reference materials	Sample origin	Application area	Reference
Milk	$\delta^{13}C$	IAEA-CH-6, IAEA-CH-7, NBS 22	Germany	Authenticity discrimination	[36]
Milk	$\delta^{13}C$, $\delta^{15}N$, $\delta^{34}S$	IAEA-N1, IAEA-N2, IAEA-CH-6, IAEA-CH-7, IAEA-S1, IAEA-S2, NBS127	Germany	Authenticity discrimination	[37]
Milk	$\delta^{13}C$, $\delta^{15}N$	L-glutamic acid, glycine	Different producing areas in U.S.	Origin tracing	[38]
Milk	$\delta^{13}C$, $\delta^{15}N$, $\delta^{2}H$, $\delta^{18}O$	Home standards of R001, NBS18, NBS22	Different producing areas in Malaysia	Origin tracing	[39]
Milk	$\delta^{13}C$, $\delta^{15}N$	USGS41, IAEA-N2, urea	Different producing areas in Austria	Origin tracing	[40]
Milk	$\delta^{13}C$, $\delta^{15}N$, $\delta^{2}H$	USGS40, USGS41, internal EDTA, BWB, CBS and KHS	Different producing areas in New Zealand	Origin tracing	[41]
Milk	$\delta^{13}C$, $\delta^{15}N$	IAEA-N1, IAEA-N2, IAEA-N3, USGS40, USGS41, internal bovine liver and nylon 5	South Korea	Authenticity discrimination	[42]
Cheese	$\delta^{13}C$, $\delta^{15}N$, $\delta^{2}H$, $\delta^{18}O$	Internal urea, sucrose, fish, leucine and water	Different producing areas in Canada	Origin tracing	[46]
Cheese	$\delta^{13}C$, $\delta^{15}N$, $\delta^{2}H$, $\delta^{18}O$, $\delta^{34}S$	Internal casein and cereal, KHS, CBS	Different producing areas in Italy	Origin tracing	[47]
Beef	$\delta^{13}C$, $\delta^{15}N$, $\delta^{2}H$, $\delta^{18}O$, $\delta^{34}S$	IAEA-C1, IAEA-N1, GISP, SLAP, SMOW, IAEA-S1, IAEA-S2, NBS-127	Argentina, Chile, different producing areas in Germany	Origin tracing	[54]
Beef	$\delta^{13}C$, $\delta^{15}N$, $\delta^{2}H$, $\delta^{18}O$	USGS40, NBS22, IAEA-601	Europe, United States of America, South America, Australia, New Zealand	Origin tracing	[55]
Lamb	$\delta^{13}C$, $\delta^{15}N$, $\delta^{2}H$, $\delta^{18}O$	Internal casein, lamb delipidized protein and oil	Different producing areas in Italy	Origin tracing	[56]
Lamb	$\delta^{13}C$, $\delta^{15}N$	IAEA-CH-7, IAEA-CH-6, IAEA-N1, IAEA-N2	Italy	Authenticity discrimination	[57]
Pork	$\delta^{13}C$, $\delta^{15}N$, $\delta^{2}H$, $\delta^{18}O$	IAEA-CH-3, IAEA-CH-7, IAEA-N1, IAEA-NO3, IAEA-CH-7, USGS77, IAEA-601, IAEA-602	Denmark, Germany, France, Spain, Canada, Mexico, different producing areas in South Korea	Origin tracing	[58]
Chicken	$\delta^{13}C$, $\delta^{15}N$	Internal pork, USGS42, IAEA-CH-6, USGS43, USGS40	China	Authenticity discrimination	[59]

续表

Objects of study	Measuring parameters	Reference materials	Sample origin	Application area	Reference
Honey	$\delta^{13}C$	IAEA-CH-3, IAEA-600, USGS24, IAEA-CH-6	17 countries and regions including Japan, Spain, Italy and others	Authenticity discrimination	[60]
Egg	$\delta^{13}C$, $\delta^{15}N$	NIST-N1, IAEA-CH-6, internal leucine, wheat flour and beet sugar	New Zealand	Authenticity discrimination	[62]

3 Research Progress of Preparation of Stable Isotope Reference Materials

By summarizing the application progress of stable isotope reference samples, it was found that most researchers used reference samples of chemical matrix to calibrate the data when tracing agricultural products by stable isotope technology. The isotope composition of these materials is not optimal for many biological materials, there may be some errors in the data calibration with these materials. The isotope reference materials commonly used are expensive-especially for reference materials with biological matrixes. The existing stable isotope standard samples cannot meet the actual needs in terms of type and value range. Therefore, the preparation of reference materials of biological matrix is crucial to the accuracy of stable isotope data. More recently, many researchers have begun to develop its own reference materials to meet the demand and importance of isotope reference materials. Our laboratory has developed two stable isotope reference materials of carbon and nitrogen in beef protein.[63] These met the technical requirements of international reference materials and are approved by the National Standardization Administration. We summarized and analyzed the preparation process of stable isotope reference materials of biological matrixes based on the experience of our laboratory and some preparation methods of other reference materials (Table 5).

According to the principle of ISO Guide 35 (Reference materials-guidance for characterisation and assessment of homogeneity and stability), the preparation of standard samples usually requires pretreatment of sample, uniformity test, stability test, joint certification.[64] Through the preparation methods of stable isotope reference materials reported in Table 5, we found that only CAAS-1801 and CAAS-1802 prepared in our laboratory meet the principle of ISO Guide 35. In the preparation process of other reference materials, some principles are missing. Most reference materials of them have not been studied for stability, some are not even joint certification.[65-67]

In the pretreatment of stable isotope standard samples, special attention should be paid to the selection of matrix. When choosing the matrix, the principles of applicability, representativeness, and ease of repetition should be met first; the matrix should be consistent with or as close as possible to the sample to be tested. The uniformity, stability, and isotope ratio of the matrix should be suitable for use of the reference material; there should be sufficient quantity to be preserved for a long time to meet the needs of laboratories worldwide. It should have low volatility and toxicity and should be easy to handle.[9] Suitable preparation procedures are selected according to the properties of the matrix. These procedures may include drying, crushing, grinding, screening, mixing, sub-packaging, and sterilizing. The existing standard samples of animal matrix are CAAS-1801 (beef),[63] CAAS-1802 (beef),[63] USGS42 (Chinese Tibetan hair),[65, 66] USGS43 (Indian hair), [65,66] USGS56 (South African red ivory powder), [67] CBS (Reindeer antlers) and KHS (Antelope horn). The existing standard samples of plant matrix are USGS54 (Canadian black pine powder), [67] USGS55 (Mexican ziricote wood powder), [67] B2155 (protein), B2157 (wheat flour) and B2159 (sorghum flour). In the reported preparation methods of these standard samples, the pretreatment was introduced in detail, which provides an important reference for us to prepare standard samples of biological matrix.

When measuring sample by the stable isotopetechnique, the weight of sample needed is small, which puts forward a high requirement for the sample uniformity. Thus, almost all reference samples were analyzed for homogeneity. According to ISO Guide 35 uniformity test method and preparation experience of CAAS-1801 and CAAS1802, it is found that Variance (ANOVA) is usually used to test the uniformity of standard samples, the values of the F-statistic (F-value) are used to test the hypotheses. If F-value $<F\alpha$ (the critical of F-value at a 95% confidence level, $\alpha=0.05$), the reference materials are uniform; but F-value $>F\alpha$ does not mean that the reference materials are uneven, as long as uncertainty is within expectations, reference materials are also unified.

According toISO Guide 35, stability test is necessary during the preparation of reference samples. The stable isotope ratio of the sample is relatively stable and generally does not change with time, so most researchers have not tested the stability of the reference samples. At present, in addition to the stability test we carried out when preparing stable isotope standard samples CAAS-1801 and CAAS-1802, only during the preparation of USGS47, the stability test was carried out.[68] It is possible that the matrix of USGS47 is water, and the H isotope ratio is easily affected by the environment. Two types of stability should be considered when the reference material is certified: long-term stability (stability under specified storage conditions) and short-term stability (stability under specified transport conditions). The uncertainty of the standard sample we prepared is higher than that of the standard sample reported in the literature, which may be because we introduced stability when calculating the uncertainty. Thus, whether to test the stability of the reference materials is the key issue to be discussed in the preparation of stable isotope standard samples in future.

Joint certification exists in the preparation of most reference samples. Collaboration with multiple laboratories is needed. At least 6 to 8 laboratories with high technical expertise and national or departmental accreditation should be selected for joint value certification. According to ISO Guide 35, the Dixon criterion is used to test the maximum and minimum values of each laboratory separately by calculating range ratio, and eliminate the abnormal value; the Cochran criterion is used to test the data group with the largest variance. The weighted average of all the remaining certified values is taken as the reference value of the reference material. But for reference samples without joint certification, the reference value is the mean of repeated measurement.[67] Whether there is any difference between the reference values obtained by the two calculation methods is also the question we will discuss in the future.

表 5 部分标准物质的制备方法

Table 5 Preparation method of some reference materials.

Name	Matrix	Preparation method	Calculation of Uncertainty	Reference
USGS40	L-glutamic acid	Screening，mixing，and sub-packaging	Uniformity and joint certification	[10]
USGS41	L-glutamic acid	Adding，drying，screening，mixing，grinding，mixing，sub-packaging	Uniformity and joint certification	[10]
NBS22	Oil	Concentrating and sub-packaging	Uniformity and joint certification	[10]
CAAS-1801	Beef	Drying，crushing，defatting，mixing，screening，sub-packaging and Sterilizing	Uniformity，stability and joint certification	[63]
CAAS-1802	Beef	Drying，crushing，defatting，mixing，screening，sub-packaging and Sterilizing	Uniformity，stability and joint certification	[63]
USGS42	Chinese Tibetanhair	Cleaning，drying，crushing，mixing，screening and sub-packaging	Uniformity	[65，66]
USGS43	Indian hair	Cleaning，drying，crushing，mixing，screening and sub-packaging	Uniformity	[65，66]
USGS54	Canadian pine powder	Drying，crushing，mixing，screening and sub-packaging	Uniformity	[67]
USGS55	Mexican ziricote wood powder	Drying，crushing，mixing，screening and sub-packaging	Uniformity	[67]
USGS56	South African red ivory powder	Drying，crushing，mixing，screening and sub-packaging	Uniformity	[67]
USGS47	Water	Filtrating，mixing，sub-packaging and sterilizing	Uniformity and stability	[68]
USGS57	Biotite	Crushing，screening，mixing and sub-packaging	Uniformity and joint certification	[69]
USGS58	Muscovite	Crushing，screening，mixing and sub-packaging	Uniformity and joint certification	[69]
USGS61	Caffeine	Mixing，screening and sub-packaging	Uniformity and joint certification	[70]

续表

Name	Matrix	Preparation method	Calculation of Uncertainty	Reference
USGS64	Glycine	Dissolving, drying, sub-packaging	Uniformity and joint certification	[70]
USGS67	N-hexadecane	Mixing, stirring and sub-packaging	Uniformity and joint certification	[70]
USGS70	Methyl eicosanoate	Synthesizing, dissolving, drying and sub-packaging	Uniformity and joint certification	[70]
USGS73	L-valine	Mixing, screening and sub-packaging	Uniformity and joint certification	[70]
USGS76	Methyl heptadecanoate	Dissolving and sub-packaging	Uniformity and joint certification	[70]
USGS77	Polyethylene	Sub-packaging	Uniformity and joint certification	[70]
USGS78	Vacuum oil	Concentrating and sub-packaging	Uniformity and joint certification	[70]

4 Conclusion

Food safety is an important issue and stable isotope technologies are important tools to confirm the origin and authenticity of agricultural products. A key step of this procedure is to choose appropriate isotope reference materials. These materials calibrate the experimental data and ensure the reliability of the traceability results. Research about preparation of isotope reference materials started relatively late, and there are fewer biological reference materials. The purpose of this paper is, first of all, in the application of stable isotope technology to the study of food origin traceability and authenticity, multi-point calibration, especially hydrogen stable isotope correction, should be selected as much as possible. Secondly, with the development of stable isotope technology in food origin traceability and authenticity research, more and more standard samples of biological matrix (such as milk powder, tea, honey, etc.) should be developed to meet the accuracy of determination. Thirdly, based on the stability characteristics of stable isotopes, whether there are specific requirements for the development of stable isotope standard samples, such as whether the uncertainty of long-term stability needs to be added in the calculation of uncertainty, needs to be further determined in the future development process.

Acknowledgement:

This work was funded by theNational Key Research and Development Program of China (2016YFF0201804-4).

References:

[1] Almeida, C. M.; Vasconcelos, M. ICP-MS determination of strontium isotope ratio in wine in order to be used as a fingerprint of its regional origin. JAAS 2001, 16, 607-611.

[2] Zhao, Y.; Zhang, B.; Chen, G.; Chen, A.; Yang, S.; Ye, Z. Tracing the Geographic Origin of Beef in China on the Basis of the Combination of Stable Isotopes and Multielement Analysis. Journal of Agricultural and Food Chemistry 2013, 61, 7055-7060.

[3] Zhao, Y.; Yang, S.; Wang, D. Stable carbon and nitrogen isotopes as a potential tool to differentiate pork from organic and conventional systems. J Sci Food Agric 2016, 96, 3950-3955.

[4] Luo, D.; Dong, H.; Luo, H.; Xian, Y.; Guo, X.; Wu, Y. Multi-Element (C, N, H, O) Stable Isotope Ratio Analysis for Determining the Geographical Origin of Pure Milk from Different Regions. Food Anal. Methods 2015, 9, 437-442.

[5] Cabanero, A. I.; Recio, J. L.; Ruperez, M. Liquid chromatography coupled to isotope ratio mass spectrometry: A new perspective on honey adulteration detection. J. Agric. Food Chem. 2006, 54, 9719-9727.

[6] Chen, T.; Zhao, Y.; Zhang, W.; Yang, S.; Ye, Z.; Zhang, G. Variation of the light stable isotopes in the superior and inferior grains of rice (Oryza sativa L.) with different geographical origins. Food Chem. 2016, 209, 95-98.

[7] Luo, R.; Jiang, T.; Chen, X.; Zheng, C.; Liu, H.; Yang, J. Determination of geographic origin of Chinese mitten crab (Eriocheir sinensis) using integrated stable isotope and multi-element analyses. Food Chem. 2019, 274, 1-7.

[8] Werner, R. A.; Brand, W. A. Referencing strategies and techniques in stable isotope ratio analysis. Rapid Commun. Mass Spectrom. 2001, 15, 501-519.

[9] Ding, T. Present Status and Prospect of Analytical Techniques and Reference Materials for Stable Isotopes. Rock and Mineral Analysis 2002, 21, 291-300.

[10] Qi, H.; Coplen, T. B.; Geilmann, H.; Brand, W. A.; Böhlke, J. K. Two new organic reference materials for $\delta^{13}C$ and $\delta^{15}N$ measurements and a new value for the $\delta^{13}C$ of NBS 22 oil. Rapid Commun. Mass Spectrom. 2003, 17, 2483-2487.

[11] Brand, W. A.; Coplen, T. B.; Vogl, J.; Rosner, M.; Prohaska, T. Assessment of international reference materials for isotope-ratio analysis (IUPAC Technical Report). Pure Appl. Chem. 2014, 86, 425-467.

[12] Yuan, Y.; Zhang, Y.; Fu, H.; Han, W.; Li, S.; Yang, G.; Zhang, Z. APPLICATION OF PCA-LDA METHOD TO DETERMINE THE GEOGRAPHICAL ORIGIN OF TEA BASED ON DETERMINATION OF STABLE ISOTOPES AND MULTI-ELEMENTS. Acta Agriculturae Nucleatae Sinica 2013, 27, 47-55.

[13] Yuan, Y.; Hu, G.; Shao, S.; Zhang, Y.; Zhang, Y.; Zhu, J.; Yang, G.; Zhagn, Z. Progress in Analytical Methods for the Detection of Geographical Origin and Authenticity of Tea (Camellia sinensis). Acta Agriculturae Nucleatae Sinica 2013, 27, 452-457.

[14] Liu, Z.; Zhang, Y.; Zhou, T.; Shao, S.; Zhou, L.; Yuan, Y. Effects of Different Drying Techniques on Stable Isotopic Characteristics and Traceability of Tea. Journal of Nuclear Agricultural Sciences 2018, 32, 1408-1416.

[15] Murata, A.; Engelhardt, U. H.; Fleischmann, P.; Yamada, K.; Yoshida, N.; Juchelka, D.; Hilkert, A.; Ohnishi, T.; Watanabe, N.; Winterhalter, P. Purification and Gas Chromatography-Combustion-Isotope Ratio Mass Spectrometry of Aroma Compounds from Green Tea Products and Comparison to Bulk Analysis. J. Agric. Food Chem. 2013, 61, 11321-11325.

[16] Ni, K.; Wang, J.; Zhang, Q.; Yi, X.; Ma, L.; Shi, Y.; Ruan, J. Multi-element composition and isotopic signatures for the geographical origin discrimination of green tea in China: A case study of Xihu Longjing. J. Food Compost. Anal. 2018, 67, 104-109.

[17] Bertoldi, D.; Santato, A.; Paolini, M.; Barbero, A.; Camin, F.; Nicolini, G.; Larcher, R. Botanical traceability of commercial tannins using the mineral profile and stable isotopes. J. Mass Spectrom. 2014, 49, 792-801.

[18] Lou, Y.-x.; Fu, X.-s.; Yu, X.-p.; Ye, Z.-h.; Cui, H.-f.; Zhang, Y.-f. Stable Isotope Ratio and Elemental Profile Combined with Support Vector Machine for Provenance Discrimination of Oolong Tea (Wuyi-Rock Tea). Journal of Analytical Methods in Chemistry 2017.

[19] Pilgrim, T. S.; Watling, R. J.; Grice, K. Application of trace element and stable isotope signatures to determine the provenance of tea (Camellia sinensis) samples. Food Chem. 2010, 118, 921-926

[20] Zhang, L.; Pan, J.-r.; Zhu, C. Determination of the geographical origin of Chinese teas based on stable carbon and nitrogen isotope ratios. Journal of Zhejiang University-Science B 2012, 13, 824-830.

[21] Korenaga, T.; Musashi, M.; Nakashita, R.; Suzuki, Y. Statistical Analysis of Rice Samples for Compositions of Multiple Light Elements (H, C, N, and O) and Their Stable Isotopes. Anal. Sci. 2010, 26, 873-878.

[22] Gealy, D. R.; Fischer, A. J. C-13 Discrimination: A Stable Isotope Method to Quantify Root Interactions between C-3 Rice (Oryza sativa) and C-4 Barnyardgrass (Echinochloa crus-galli) in Flooded Fields. Weed Sci. 2010, 58, 359-368.

[23] Suzuki, Y.; Akamatsu, F.; Nakashita, R.; Korenaga, T. Characterization of Japanese Polished Rice by Stable Hydrogen Isotope Analysis of Total Fatty Acids for Tracing Regional Origin. Anal. Sci. 2013, 29, 143-146.

[24] Akamatsu, F.; Suzuki, Y.; Nakashita, R.; Korenaga, T. Responses of carbon and oxygen stable isotopes in rice grain (Oryza sativa L.) to an increase in air temperature during grain filling in the Japanese archipelago. Ecol Res 2014, 29, 45-53.

[25] Chung, I.-M.; Park, S.-K.; Lee, K.-J.; An, M.-J.; Lee, J.-H.; Oh, Y.-T.; Kim, S.-H. Authenticity testing of environment-friendly Korean rice (Oryza sativa L.) using carbon and nitrogen stable isotope ratio analysis. Food Chem. 2017, 234, 425-430.

[26] Yuan, Y.; Zhang, W.; Zhang, Y.; Liu, Z.; Shao, S.; Zhou, L.; Rogers, K. M. Differentiating Organically Farmed Rice from Conventional and Green Rice Harvested from an Experimental Field Trial Using Stable Isotopes and Multi-Element Chemometrics. J. Agric. Food Chem. 2018, 66, 2607-2615.

[27] Li, A.; Keely, B.; Chan, S. H.; Baxter, M.; Rees, G.; Kelly, S. Verifying the provenance of rice using stable isotope ratio and multi-element analyses: a feasibility study. Quality Assurance and Safety of Crops & Foods 2015, 7, 343-354.

[28] Wang, J.; Chen, T.; Zhang, W.; Zhao, Y.; Yang, S.; Chen, A. Tracing the geographical origin of rice by stable isotopic analyses combined with chemometrics. Food Chem. 2020, 313, 126093.

[29] Longobardi, F.; Casiello, G.; Sacco, D.; Tedone, L.; Sacco, A. Characterisation of the geographical origin of Italian potatoes, based on stable isotope and volatile compound analyses. Food Chem. 2011, 124, 1708-1713.

[30] Bontempo, L.; Camin, F.; Manzocco, L.; Nicolini, G.; Wehrens, R.; Ziller, L.; Larcher, R. Traceability along the production chain of Italian tomato products on the basis of stable isotopes and mineral composition. Rapid Commun. Mass Spectrom. 2011, 25, 899-909.

[31] Šturm, M.; Kacjan-Maršić, N.; Lojen, S. Can $\delta^{15}N$ in lettuce tissues reveal the use of synthetic nitrogen fertiliser in organic production? J Sci Food Agric 2011, 91, 262-267.

[32] Park, J. H.; Choi, S.-H.; Bong, Y.-S. Geographical origin authentication of onions using stable isotope ratio and compositions of C, H, O, N, and S. Food Control 2019, 101, 121-125.

[33] Schmidt, O.; Quilter, J. M.; Bahar, B.; Moloney, A. P.; Scrimgeour, C. M.; Begley, I. S.; Monahan, F. J. Inferring the origin and dietary history of beef from C, N and S stable isotope ratio analysis. Food Chem. 2005, 91, 545-549.

[34] Camin, F.; Perini, M.; Colombari, G.; Bontempo, L.; Versini, G. Influence of dietary composition on the carbon, nitrogen, oxygen and hydrogen stable isotope ratios of milk. Rapid Commun. Mass Spectrom. 2008, 22, 1690-1696.

[35] Chesson, L. A.; Valenzuela, L. O.; O'Grady, S. P.; Cerling, T. E.; Ehleringer, J. R. Hydrogen and Oxygen Stable Isotope Ratios of Milk in the United States. J. Agric. Food Chem. 2010, 58, 2358-2363.

[36] Molkentin, J. Authentication of Organic Milk Using delta C-13 and the alpha-Linolenic Acid Content of Milk Fat. J. Agric. Food Chem. 2009, 57, 785-790.

[37] Molkentin, J.; Giesemann, A. Follow-up of stable isotope analysis of organic versus conventional milk. Anal. Bioanal. Chem. 2010, 398, 1493-1500.

[38] Bostic, J. N.; Hagopian, W. M.; Jahren, A. H. Carbon and nitrogen stable isotopes in U.S. milk: Insight into production process. Rapid Commun. Mass Spectrom. 2018, 32, 561-566.

[39] Behkami, S.; Gholami, R.; Gholami, M.; Roohparvar, R. Precipitation isotopic information: A tool for building the data base to verify milk geographical origin traceability. Food Control 2020, 107, 106780.

[40] Scampicchio, M.; Eisenstecken, D.; De Benedictis, L.; Capici, C.; Ballabio, D.; Mimmo, T.; Robatscher, P.; Kerschbaumer, L.; Oberhuber, M.; Kaser, A.; Huck, C. W.; Cesco, S. Multi-method Approach to Trace the Geographical Origin of Alpine Milk: a Case Study of Tyrol Region. Food Anal. Methods 2016, 9, 1262-1273.

[41] Ehtesham, E.; Hayman, A. R.; McComb, K. A.; Van Hale, R.; Frew, R. D. Correlation of Geographical Location with Stable Isotope Values of Hydrogen and Carbon of Fatty Acids from New Zealand Milk and Bulk Milk Powder. J. Agric. Food Chem. 2013, 61, 8914-8923.

[42] Chung, I.-M.; Kim, J.-K.; Lee, K.-J.; Son, N.-Y.; An, M.-J.; Lee, J.-H.; An, Y.-J.; Kim, S.-H. Discrimination of organic milk by stable isotope ratio, vitamin E, and fatty acid profiling combined with multivariate analysis: A case study of monthly and seasonal variation in Korea for 2016-2017. Food Chemistry 2018, 261, 112-123.

[43] Giaccio, M.; Signore, A. d.; Giacomo, F. d.; Bogoni, P.; Versini, G. Characterization of cow and sheep cheeses in a regional scale by stable isotope ratios of casein (13C/12C, 15N/14N) and glycerol (18O/16O). Journal of Commodity Science 2003, 42, 193-204.

[44] Camin, F.; Wietzerbin, K.; Cortes, A. B.; Haberhauer, G.; Lees, M.; Versini, G. Application of multielement stable isotope ratio analysis to the characterization of French, Italian, and Spanish cheeses. J. Agric. Food Chem. 2004, 52, 6592-6601.

[45] Pillonel, L.; Butikofer, U.; Rossmann, A.; Tabacchi, R.; Bosset, J. O. Analytical methods for the detection of adulteration and mislabelling of Raclette Suisse and Fontina PDO cheese. Mitteilungen aus Lebensmitteluntersuchung und Hygiene 2004, 95, 489-502.

[46] Stevenson, R.; Desrochers, S.; Helie, J.-F. Stable and radiogenic isotopes as indicators of agri-food provenance: Insights from artisanal cheeses from Quebec, Canada. Int. Dairy J. 2015, 49, 37-45.

[47] Valenti, B.; Biondi, L.; Campidonico, L.; Bontempo, L.; Luciano, G.; Di Paola, F.; Copani, V.; Ziller, L.; Camin, F. Changes in stable isotope ratios in PDO cheese related to the area of production and green forage availability. The case study of Pecorino Siciliano. Rapid Commun. Mass Spectrom. 2017, 31, 737-744.

[48] Bong, Y.-S.; Shin, W.-J.; Lee, A. R.; Kim, Y.-S.; Kim, K.; Lee, K.-S. Tracing the geographical origin of beefs being circulated in Korean markets based on stable isotopes. Rapid Commun. Mass Spectrom. 2010, 24, 155-159.

[49] Guo, B.; Wei, Y.; Wei, S.; Sun, Q.; Zhang, L.; Shi, Z. The characters and influence factors of stable isotope fingerprints in yak muscle. Sci. Agric. Sin. 2018, 51, 2391-2397.

[50] Erasmus, S. W.; Muller, M.; Butler, M.; Hoffman, L. C. The truth is in the isotopes: Authenticating regionally unique South African lamb. Food Chem. 2018, 239, 926-934.

[51] Biondi, L.; D'Urso, M. G.; Vasta, V.; Luciano, G.; Scerra, M.; Priolo, A.; Ziller, L.; Bontempo, L.; Caparra, P.; Camin, F. Stable isotope ratios of blood components and muscle to trace dietary changes in lambs. Animal 2013, 7, 1559-1566.

[52] Park, Y. M.; Lee, C. M.; Hong, J. H.; Jamila, N.; Khan, N.; Jung, J. H.; Jung, Y. C.; Kim, K. S. Origin discrimination of defatted pork via trace elements profiling, stable isotope ratios analysis, and multivariate statistical techniques. Meat Sci 2018, 143, 93-103.

[53] Cruz, V. C.; Araujo, P. C.; Sartori, J. R.; Pezzato, A. C.; Denadai, J. C.; Polycarpo, G. V.; Zanetti, L. H.; Ducatti, C. Poultry offal meal in chicken: Traceability using the technique of carbon (C-13/C-12)-and nitrogen

(N-15/N-14)-stable isotopes. Poult. Sci. 2012, 91, 478-486.
[54] Boner, M.; Forstel, H. Stable isotope variation as a tool to trace the authenticity of beef. Anal. Bioanal. Chem. 2004, 378, 301-310.
[55] Heaton, K.; Kelly, S. D.; Hoogewerff, J.; Woolfe, M. Verifying the geographical origin of beef: The application of multi-element isotope and trace element analysis. Food Chem. 2008, 107, 506-515.
[56] Perini, M.; Camin, F.; Bontempo, L.; Rossmann, A.; Piasentier, E. Multielement (H, C, N, O, S) stable isotope characteristics of lamb meat from different Italian regions. Rapid Commun. Mass Spectrom. 2009, 23, 2573-2585.
[57] Moreno-Rojas, J. M.; Vasta, V.; Lanza, A.; Luciano, G.; Ladroue, V.; Guillou, C.; Priolo, A. Stable isotopes to discriminate lambs fed herbage or concentrate both obtained from C-3 plants. Rapid Commun. Mass Spectrom. 2008, 22, 3701-3705.
[58] Shin, W.-J.; Choi, S.-H.; Ryu, J.-S.; Song, B.-Y.; Song, J.-H.; Park, S.; Min, J.-S. Discrimination of the geographic origin of pork using multi-isotopes and statistical analysis. Rapid Communications in Mass Spectrometry 2018, 32, 1843-1850.
[59] Lv, J.; Zhao, Y. Combined Stable Isotopes and Multi-element Analysis to Research the Difference Between Organic and Conventional Chicken. Food Anal. Methods 2017, 10, 347-353.
[60] Kawashima, H.; Suto, M.; Suto, N. Stable carbon isotope ratios for organic acids in commercial honey samples. Food Chem. 2019, 289, 49-55.
[61] Dong, H.; Xiao, K.; Xian, Y.; Wu, Y. Authenticity determination of honeys with non-extractable proteins by means of elemental analyzer (EA) and liquid chromatography (LC) coupled to isotope ratio mass spectroscopy (IRMS). Food Chem. 2018, 240, 717-724.
[62] Rogers, K. M. Stable Isotopes as a Tool To Differentiate Eggs Laid by Caged, Barn, Free Range, and Organic Hens. J. Agric. Food Chem. 2009, 57, 4236-4242.
[63] Zhao, S.; Zhao, Y.; Rogers, K. M.; Chen, A.; Zhang, T.; Yang, S. Two new defatted beef reference materials, CAAS-1801 and CAAS-1802, for carbon and nitrogen stable isotope ratio measurements. Rapid Commun. Mass Spectrom. 2019, 33, 803-810.
[64] ISO Guide 35. Reference materials-guidance for characterisation and assessment of homogeneity and stability. International Organisation for Standardisation (ISO), Geneva, Switzerland. 2017.
[65] Coplen, T. B.; Qi, H. USGS42 and USGS43: Human-hair stable hydrogen and oxygen isotopic reference materials and analytical methods for forensic science and implications for published measurement results. Forensic Sci Int 2012, 214, 135-141.
[66] Coplen, T. B.; Qi, H. A revision in hydrogen isotopic composition of USGS42 and USGS43 human-hair stable isotopic reference materials for forensic science. Forensic Sci Int 2016, 266, 222-225.
[67] Qi, H.; Coplen, T. B.; Jordan, J. A. Three whole-wood isotopic reference materials, USGS54, USGS55, and USGS56, for δ^2H, $\delta^{18}O$, $\delta^{13}C$, and $\delta^{15}N$ measurements. ChGeo 2016, 442, 47-53.
[68] Qi, H.; Lorenz, J. M.; Coplen, T. B.; Tarbox, L.; Mayer, B.; Taylor, S. Lake Louise Water (USGS47): A new isotopic reference water for stable hydrogen and oxygen isotope measurements. Rapid Commun. Mass Spectrom. 2014, 28, 351-354.
[69] Qi, H.; Coplen, T. B.; Gehre, M.; Vennemann, T. W.; Brand, W. A.; Geilmann, H.; Olack, G.; Bindeman, I. N.; Palandri, J.; Huang, L. New biotite and muscovite isotopic reference materials, USGS57 and USGS58, for δ^2H measurements-A replacement for NBS 30. ChGeo 2017, 467, 89-99.
[70] Schimmelrnann, A.; Qi, H.; Coplen, T. B.; Brand, W. A.; Fong, J.; Meier-Augenstein, W.; Kemp, H. F.; Toman, B.; Ackermann, A.; Assonov, S.; Aerts-Bijma, A. T.; Brejcha, R.; Chikaraishi, Y.; Darwish, T.; Elsner, M.; Gehre, M.; Geilmann, H.; Groeing, M.; Helie, J.-F.; Herrero-Martin, S.; Meijer, H. A. J.; Sauer, P. E.; Sessions, A. L.; Werner, R. A. Organic Reference Materials for Hydrogen, Carbon, and Nitrogen Stable Isotope-Ratio Measurements: Caffeines, n-Alkanes, Fatty Acid Methyl Esters, Glycines, L-Valines, Polyethylenes, and Oils. AnaCh 2016, 88, 4294-4302.

Application and preparation progress of stable isotope reference materials in traceability of agricultural products

ZHAO Shan-shan, ZHAO Yan

(Institute of Quality Standard & Testing Technology for Agro-Products, Chinese Academy of Agricultural Sciences, Beijing 100081, China)

Abstract: In the field of food traceability analysis, stable isotope ratio analysis is a relatively new technology. The measurement and calibration of isotope data depends on stable isotope reference materials. The isotope reference materials commonly used are chemical matrix. These reference materials are inappropriate-especially for food matrix origin analysis. This review focuses on the research progress on stable isotope reference materials by (1) classification of stable isotope reference materials, (2) application of stable isotope reference materials and (3) research progress of preparation of stable isotope reference materials. Selecting appropriate isotope reference materials will help improve the effectiveness of stable isotope ratio analysis in food traceability. By cooperation with different laboratories, high-quality isotope reference materials can be prepared to add new food matrix types to provide more choices for users.

Key words: agricultural products; stable isotope technology; reference materials; traceability

热电离同位素质谱测定浙江杨梅中$^{87}Sr/^{86}Sr$同位素比值及其用于产地溯源

冯　睿[1,2],程玉文[3],钱　宁[4],马　明[1,2],
杨小爽[4],陈先锋[1,2],曹国洲[1,2],殷居易[1,2]
(1.宁波检验检疫科学技术研究院,浙江 宁波 315012;2.宁波海关技术中心,浙江 宁波 315012;
3.宁波市跨境电子商务促进中心,浙江 宁波 315000;4.宁波中盛产品检测有限公司,浙江 宁波 315000)

摘要:本研究利用热电离同位素质谱对浙江余姚、慈溪、仙居杨梅主产区的$^{87}Sr/^{86}Sr$同位素比值进行测定,利用SPSS软件对$^{87}Sr/^{86}Sr$同位素比值进行统计分析,结果表明:浙江省三个杨梅主产区的$^{87}Sr/^{86}Sr$同位素比值呈正态分布,其中余姚杨梅果实的$^{87}Sr/^{86}Sr$同位素比值最高,仙居杨梅果实$^{87}Sr/^{86}Sr$同位素比值最低,且浙江省三个杨梅主产区杨梅果实的$^{87}Sr/^{86}Sr$同位素比值具有显著性差异,可以通过$^{87}Sr/^{86}Sr$同位素比值对浙江省杨梅果实进行原产地溯源。

关键词:杨梅;稳定同位素;$^{87}Sr/^{86}Sr$同位素比值;产地溯源

随着人们对健康物质生活需求的提高,食品农产品安全越发受到重视,其中食品农产品溯源及其真实性成为食品农产品安全的重要分支领域,已成为反欺诈和消费者保护的一个主要问题,近年来,食品农产品产地溯源成为全世界共同关注的焦点[1-3]。

食品农产品产地同位素指纹溯源技术是在同位素自然分馏原理的基础上发展的一项新技术[4],不同地域的农产品受产地环境、气候、地形、饲料种类及动植物代谢类型的影响,其组织内同位素的自然丰度存在差异,利用此差异可判断农产品的原产地[5]。与碳、氢、氧、氮等元素相比,农产品中的锶同位素组成受季节和气候的影响不大,建立的数据库比较稳定[6],同时,相对于其他较轻稳定同位素,锶同位素在植物生长和新陈代谢过程中,不发生明显的同位素分馏作用,即在化学和生物学过程中,锶不会产生同位素分馏,其变化只与不同来源的锶混合作用有关[3],因此锶稳定同位素用于食品农产品产地溯源技术前景广阔,目前,已有部分研究采用锶同位素分析用于食品产地溯源,这些研究包括葡萄酒[7]、番茄[8]、芦笋[9]等,锶同位素比值的测定目前常用的方法有电感耦合等离子体质谱法[10]和多接受电感耦合等离子体质谱法[11,12]等。

本文采用热电离质谱(Thermal-ionization massspectrometry,TIMS)测定杨梅果实的锶同位素,并根据其规律对杨梅进行产地溯源,相比起MC-ICP-MS,TIMS具有样品使用量少、干扰少、精度更高等优势,结果表明,不同产地杨梅的$^{87}Sr/^{86}Sr$值有显著性差异,建立的数学模型可以用于浙江杨梅原产地溯源。

1　实验部分

1.1　仪器与设备

热电离质谱(Triton Plus,配焊带装置 Spot-Weld Device 及点样装置 Filament Loading Kit,ThermoFisher);分析天平(万分之一,Mettler Toledo XS205 DU, Mettler Toledo);微波消解仪(Multiwave PRO, Anton Paar);离心机(Sigma 3-18K, Sigma);质谱灯丝去气装置(北京艺冠箐仪科

作者简介:冯睿(1981—),女,山东滨州人,高级工程师,博士,主要从事稳定同位素溯源技术研究

基金项目:中华人民共和国海关总署科研项目(2019HK089);宁波市自然科学基金项目(2019A610440);宁波市公益性计划项目(2019C50032)

技）；电感耦合等离子体质谱仪（Agilent 7900，Agilent）；热风循环烘箱（FED400，Binder）；电热板（IKA C-MAG HP10，IKA）；酸纯化装置（Savillex DST-1000，Savillex）；移液器（1 μL、1000 μL，Eppendorf）；聚四氟乙烯溶样杯（Savillex）；塑料离心管（Eppendorf Tubes）。

所有玻璃及聚四氟乙烯容器使用前均用10%的硝酸浸泡过夜并用超纯水冲洗干净。

1.2 试剂与材料

硝酸（CMOS级，Fluka）；盐酸（CMOS级，沃凯）；磷酸（85%，Fluka）；氢氟酸（CMOS级，沃凯）；锶特效树脂（SR Resin-B，Triskem）；氯化钽（99.999%，Sigma-Aldrich）；硅酸（99.9%，Sigma-Aldrich）；碳酸锶同位素标准物质NBS 987（NIST）；铼带（ThermoFisher）。

硝酸、盐酸和氢氟酸均采用酸纯化装置亚沸蒸馏后使用；

五氟化钽发射剂的配制：称取0.02 g氯化钽于15 mL的聚四氟乙烯溶样杯中，加入300 μL水，使其水解，2 h后依次加入20 μL氢氟酸、20 μL浓磷酸、200 μL浓硝酸和800 μL水，盖上盖子在电热板上加热并使其溶解并平衡。

实验所用杨梅取自浙江省余姚、浙江省慈溪和浙江省仙居，样本数量和产地见表1。

表1 杨梅样本数量及原产地

产地	慈溪（CX）	余姚（YY）	仙居（XJ）
数量	22	21	20

试验用水均为经MilliQ纯化的超纯水，电阻率18.2 mΩ。

1.3 实验方法

1.3.1 样品的消解

分别称取1 g杨梅，加入10 mL硝酸；放入微波消解仪中进行消解升温程序为5 min升到400 W，保持5 min，再5 min升至800 W，保持25 min，降温。消解完成后，将液体转入15 mL聚四氟乙烯溶样杯，放置于电热板上150 ℃加热蒸干，用1 mL 3 mol/L硝酸溶解后离心备用。

1.3.2 锶的纯化

将锶特效树脂湿法装柱。用1+1的硝酸和水交替清洗柱子2～3次，然后依次以1+1硝酸、6 mol/L盐酸和水洗柱，再用3 mol/L硝酸平衡柱子，取1.3.1的样品0.5 mL上柱子，分别用3 mol/L硝酸淋洗，然后0.03 mol/L硝酸洗脱锶。收集锶洗脱液于聚四氟乙烯溶样杯中，置于电热板上蒸干。

1.3.3 $^{87}Sr/^{86}Sr$同位素比值分析

先将铼带置于乙醇中浸泡清洗，取出晾干后，将铼带点焊到插件上，然后置于质谱灯丝去气装置中去气。自然冷却铼带待用。

用3%的硝酸溶解1.3.2样品，用微量移液器移取1 μL的五氟化钽发射剂于铼带中央，然后再将锶样点于铼带的五氟化钽处，再滴加1 μL五氟化钽发射剂，蒸干后通电2.2 A红化样品带，插件安装到样品盘上，在安装至TIMS样品架中待测。

1.3.4 数据分析

检测数据用SPSS 26.0统计软件进行正态性验证、方差分析和相关性分析。

2 结果与讨论

2.1 热电离质谱测定$^{87}Sr/^{86}Sr$同位素比值精密度分析

由于TIMS测定$^{87}Sr/^{86}Sr$同位素比值时，热电离温度对同位素具有歧视效应，且样本的均一性对检测结果有显著影响，因此对TIMS测定$^{87}Sr/^{86}Sr$同位素比值进行了精密度分析，对样本采用1.3.1进行消解，采用1.3.2方法进行纯化，采用1.3.3进行$^{87}Sr/^{86}Sr$同位素比值检测，结果见表2。

表 2　TIMS 测定$^{87}Sr/^{86}Sr$同位素比值的精密度

原产地	$^{87}Sr/^{86}Sr$同位素比值均值	R.S.D./%
慈溪	0.710 619	0.106
余姚	0.712 168	0.047
仙居	0.707 479	0.063

由表 2 可知，杨梅果实的$^{87}Sr/^{86}Sr$同位素比值 R.S.D<0.106，说明 TIMS 检测杨梅果实的$^{87}Sr/^{86}Sr$同位素比值的稳定性良好，可以用于杨梅果实的$^{87}Sr/^{86}Sr$同位素比值的检测。

2.2　不同产地杨梅$^{87}Sr/^{86}Sr$同位素比值分析

采自浙江省慈溪市杨梅产区杨梅样本 22 个、余姚市杨梅产区杨梅样本 21 个和仙居县的杨梅产区杨梅样本 20 个，对测定$^{87}Sr/^{86}Sr$同位素比值利用 SPSS26.0 进行杨梅果实$^{87}Sr/^{86}Sr$同位素比值数据进行正态性检验，三个产区杨梅果实$^{87}Sr/^{86}Sr$同位素比值数据 Q-Q 图见图 1，结果见表 3。

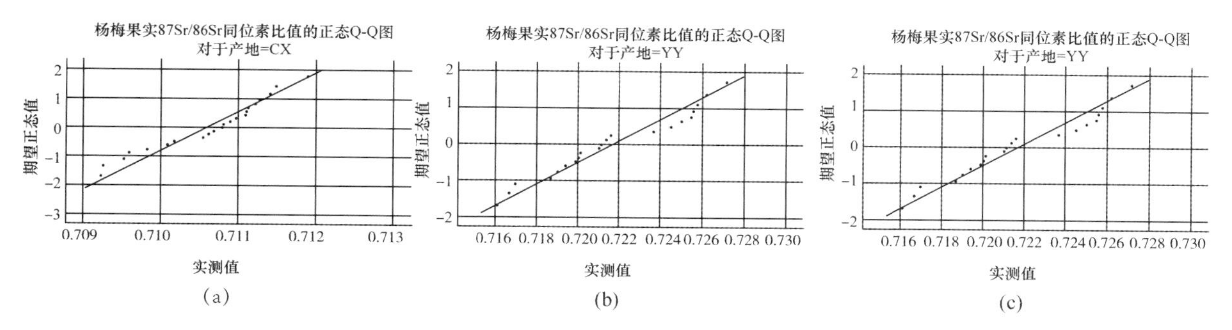

图 1　杨梅果实$^{87}Sr/^{86}Sr$同位素比值正态性 Q-Q 图(a：慈溪；b：余姚；c：仙居)

由图 2 可知，来自慈溪、余姚、仙居三个产区的杨梅果实$^{87}Sr/^{86}Sr$同位素比值数据均服从正态分布，因此可以进行方差分析。利用 SPSS26.0 软件对浙江三个产区的$^{87}Sr/^{86}Sr$同位素比值置信区间为 95%进行分析(见图 2)和单因素方差分析(见表 3)。

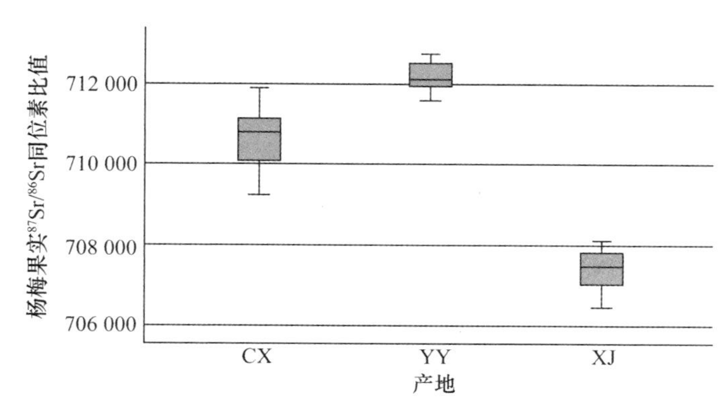

图 2　不同产地杨梅果实杨梅果实$^{87}Sr/^{86}Sr$同位素比值(CX：慈溪；YY：余姚；XJ：仙居)

由图 2 可知，慈溪、余姚、仙居三个浙江杨梅主产区，杨梅果实$^{87}Sr/^{86}Sr$同位素比值以余姚最高，仙居最低，基本具备产地鉴定的趋势，为了验证杨梅果实$^{87}Sr/^{86}Sr$同位素比值是否可以进行原产地溯源，对杨梅果实的$^{87}Sr/^{86}Sr$同位素比值分布于进行单因素方差分析(ANOVA)，结果见表 3。

表 3 不同产地杨梅果实中$^{87}Sr/^{86}Sr$同位素比值分布

产地	最大值	最小值	平均值	标准差	变异系数/%
CX	0.711 895	0.709 227	0.710 619	0.000 754	0.106
YY	0.712 716	0.711 612	0.712 168	0.000 338	0.047
XJ	0.708 146	0.706 466	0.707 479	0.000 448	0.063

由表 3 可以看出，余姚杨梅果实的$^{87}Sr/^{86}Sr$同位素比值最高，仙居杨梅果实$^{87}Sr/^{86}Sr$同位素比值最低，且从取样的 21 个余姚杨梅果实样本的$^{87}Sr/^{86}Sr$同位素比值最低值与慈溪的最高值不重叠，同样慈溪杨梅果实的$^{87}Sr/^{86}Sr$同位素比值最低值与仙居的最高值不重叠；进而对不同产地杨梅果实$^{87}Sr/^{86}Sr$同位素比值利用 SPSS26.0 进行 ANOVA：事后多重比较，三个浙江杨梅主产区相互显著性$P<0.05$，证明不同产地的杨梅果实中$^{87}Sr/^{86}Sr$同位素比值具有显著性差异，说明可以利用$^{87}Sr/^{86}Sr$同位素比值对杨梅果实的原产地进行溯源。

3 结论

本研究利用热电离同位素质谱对浙江三个杨梅主产区的$^{87}Sr/^{86}Sr$同位素比值进行测定，对浙江省三个杨梅主产区的$^{87}Sr/^{86}Sr$同位素比值进行分析的结果表明：浙江省三个杨梅主产区的$^{87}Sr/^{86}Sr$同位素比值呈正态分布，杨梅不同部位$^{87}Sr/^{86}Sr$同位素比值具有相关性，不同产地的杨梅果实的$^{87}Sr/^{86}Sr$同位素比值具有显著性差异，可以通过$^{87}Sr/^{86}Sr$同位素比值对浙江省杨梅果实进行原产地溯源。

参考文献：

[1] Li Li, Claude E. Boyd, Zhenlong Sun. Authentication of fishery and aquaculture products by multi-element and stable isotope analysis [J]. Food Chemistry, 194(2016):1238-1244. DOI: 10.1016/j.foodchem.2015.08.123.

[2] Simon Kelly, Karl Heaton, Jurian Hoogewerff. Tracing the geographical origin of food: The application of multi-element and multi-isotope analysis[J]. Trends in Food Science & Technology, 16(2005):555-567. DOI: 10.1016/j.tifs.2005.08.008.

[3] 王兵，李心清，杨放.元素-锶同位素技术在农产品原产地溯源中的应用[J].地球与环境，2012，40(3):391-396. DOI:CNKI:SUN:DZDQ.0.2012-03-015.

[4] 郭波莉，魏益民，潘家荣.同位素指纹分析技术在食品产地溯源中的应用进展[J]. 农业工程学报，2007，33(3)：284-289. DOI：10.3321/j.issn:1002-6819.2007.03.055.

[5] 郭波莉，魏益民，潘家荣.同位素溯源技术在食品安全中的应用. 核农学报，2006，20(2)：148-153. DOI：JournalArticle/5ae3ed77c095d70bd8176cdc.

[6] Andreas Rossmann. Determination of stable isotope rations in food analysis[J]. Food Reviews International, 2001,17(3):347-381. DOI: 10.1081/FRI-100104704.

[7] Ines Tescione, Sara Marchionni, Massimo Mattei, et al. A comparative $^{87}Sr/^{86}Sr$ study in Red and White wines to validate its use as geochemical tracer for the geographical origin of wine[J]. Procedia Earth and Planetray Science, 13(2015):169-172. DOI: 10.1016/j.proeps.2015.07.039.

[8] P. R. Trincherini, C. Baffi, P. Barbero, et al. Precise determination of strontium isotope ratios by TIMS to authenticate tomato geographical origin[J]. Food Chemistry, 145(2014):349-355. DOI: 10.1016/j.foodchem.2013.08.030.

[9] S. Swoboda, M. Brunner, S. F. Boulyga, et. al. Identification of Marchfeld asparagus using Sr isotope ratio measurements by MC-ICP-MS[J].Anal Bioanal Chem, 2008, 390:487-494. DOI: 10.1007/s00216-007-1582-7.

[10] 胡桂仙，邵圣枝，张永志，等.杨梅中稳定同位素和多元素特征在其产地溯源中的应用[J]. 核农学报，2017，31(12):2450-2459. DOI: 10.11869/j.issn.100-8551.2017.12.2450.

[11] 王琛，赵永刚，姜小燕，等.红酒中的$^{87}Sr/^{86}Sr$同位素比测定[J]. 化学分析计量，2009，18(6):21-23. DOI: 10.

3969/j.issn.1008-6145.2009.06.006.
[12] 康露,朱婧蓉,赵多勇,等.锶同位素溯源若羌灰枣产地的可行性研究[J]. 新疆农业科学,2017,54(6):1066-1075. DOI: 10.6048/j.issn.1001-4330.2017.06.013.

Research on traceablility of geographic origin for myrica rubra from zhejiang province by $^{87}Sr/^{86}Sr$ isotope ratios using thermal-ionization massspectrometry

FENG Rui[1,2], CHENG Yu-wen[3], QIAN Ning[4], MA Ming[1,2], YANG Xiao-shuang[4], CHEN Xian-feng[1,2], CAO Guo-zhou[1,2], YIN Ju-yi[1,2]
(1. Ningbo Institute of Inspection and Quarantine Science and Technology, Ningbo of Zhejiang 315012, China;
2. Ningbo Customs Technology Center, Ningbo of Zhejiang 315012, China;
3. Ningbo Cross Border E-commerce Promotion Center, Ningbo of Zhejiang 315000, China;
4. Ningbo Joysun Product Testing Co., Ltd, Ningbo of Zhejiang 315000, China)

Abstract: Isotope ratios of $^{87}Sr/^{86}Sr$ in Myrica rubra of Yuyao, Cixi, Xianju producing areas were determined by thermal-ionization massspectrometry. The $^{87}Sr/^{86}Sr$ isotopic ratios in Myrica rubra from different producing areas were statistically analyzed. The results show that $^{87}Sr/^{86}Sr$ isotope ratios in Myrica rubra from three main producing areas of Zhejiang Province were normal distribution, which the isotope ratio of $^{87}Sr/^{86}Sr$ in bayberry from Yuyao was the highest, and Xianju bayberry was the lowest. There are significant differences in $^{87}Sr/^{86}Sr$ isotopic ratios of Myrica rubra fruit from three main producing areas in Zhejiang Province. Therefore, the $^{87}Sr/^{86}Sr$ isotope ratio in Myrica rubra from Zhejiang Province can be used to trace the origin.

Key words: myrica rubra; isotope; $^{87}Sr/^{86}Sr$ isotope ratios; traceablility of geographic origin

辐照效应
Irradiation Effect

目　录

基于LVDT和波纹管的裂变气体释放压力在线测量技术研究

徐灵杰,斯俊平,张 慧,孙 胜,张文龙,宁 晨,刘 洋
(中国核动力研究设计院第一研究所,四川 成都 610213)

摘要:为实现反应堆内燃料元件裂变气体释放压力的实时在线测量,更好地反映燃料辐照性能的演变过程,本研究采用线性位移传感器(LVDT)搭载波纹管的设计来实现压力测量。气体释放压力均匀作用于U型波纹管端部,使得波纹管产生轴向位移,引起与其进行轴向连接的LVDT产生线性位移。压力值与LVDT输出位移值一一对应,从而实现压力的实时测量。堆外试验结果表明,在波纹管的线性工作区内,LVDT实时的输出位移与气体释放压力呈一定的线性关系。因此,本研究建立的LVDT和波纹管联用设计能够用于气体释放压力的实时在线测量。
关键词:LVDT;波纹管;气体释放压力;在线测量

在研究堆内进行燃料辐照试验时,实时监测燃料元件裂变气体释放的压力以及组成对于反应堆的安全运行和燃料元件的辐照性能研究有着十分重要的意义。针对气体释放压力的测量,近年来国外知名研究堆开展相关的研究日益增多。法国CEA研究所[1-2]利用差压传感器来进行测量,已在OSIRIS研究堆上通过试验验证,最高可测12 MPa。日本JAEA研究所[3]利用双弹簧、波纹管和耐高温的LVDT制作的压力测量装置通过堆内试验证明,最高可耐650 ℃、可测10 MPa。挪威IFE研究所[4,5]在HRP项目中结合波纹管和线性位移传感器实现测量,并在HBWR研究堆上进行了大量堆内试验,最高可测7 MPa。除此之外,荷兰的NRG、韩国的KAERI以及比利时的SCK・CEN研究所均参与了IFE/HRP项目[6],开展裂变气体释放压力测量研究。但目前国内关于燃料元件裂变气体释放压力测量的研究还较少,基本上还处于辐照后检验阶段,无法实现实时在线测量,远远滞后于国际知名研究堆在辐照试验传感技术领域的发展。

因此,本文基于线性位移传感器LVDT和波纹管联用的原理来实现气体释放压力的测量。通过波纹管和LVDT的耦合设计制成测量装置,利用氮气模拟裂变气体,并在堆外试验台架上进行试验验证。本研究的堆外试验结果可为后续的堆内燃料元件裂变气体释放压力试验提供理论基础和参考。

1 测量原理

本研究结合LVDT和U型波纹管作为压力传感器来实现燃料元件裂变气体释放压力的实时测量。图1为气体压力测量原理图。测压传感器主要由微型波纹管和线性位移传感器LVDT组成。波纹管一端固定在燃料元件端塞处,保持密封状态,防止裂变气体渗出;可移动的另一端和LVDT铁芯进行轴向连接,这样当波纹管产生轴向位移时,铁芯随之产生等量的线性位移,LVDT通过后端电缆实时输出位移变化值。下面将分别对波纹管和LVDT进行详细介绍。

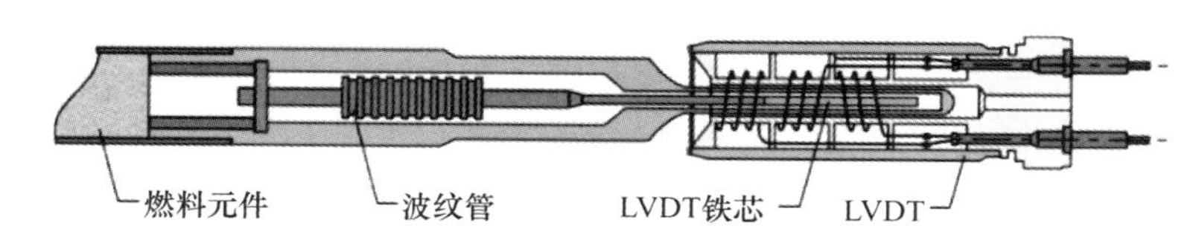

图1 测压原理图

作者简介:徐灵杰(1993—),女,研究生,现主要从事研究堆辐照试验在线测量技术研究等科研工作

1.1 波纹管

波纹管作为一种测压弹性敏感元件在仪器仪表中应用相当广泛。波纹管的主要性能指标有刚度、灵敏度、寿命等。波纹管刚度是指使波纹管产生单位位移所需要的力，尤其外形结构和材料属性决定，是波纹管补偿能力和稳定性能的重要指标，通常用 K 表示。K 值越小，波纹管柔性越好，但 K 值过小的话，波纹管可能因变形过大而失稳；K 值过大，波纹管则难以满足位移补偿的需求。波纹管刚度按照载荷及位移性质不同，可分为轴向刚度、径向刚度、弯曲和扭转刚度等。本文中波纹管的受力情况为轴向负荷，位移方式为线位移，因此只需要进行轴向刚度计算。波纹管结构图如图 2 所示。波纹管的轴向位移与轴向力之间的关系由经验公式可得[7-10]：

$$F = K \cdot x \tag{1}$$

式中，F 为轴向力，N/mm；x 为轴向位移；K 为轴向刚度。在波纹管的弹性范围内施加拉伸载荷。

而轴向刚度 K 的计算公式为：

$$K = \frac{\pi}{24n} \frac{D_m E_0 h_p^3 CZ}{H^3} \tag{2}$$

式中，D_m 为波纹管的平均直径，$D_m = \dfrac{D+d}{2}$，D 为波纹管外径，d 为波纹管内径；E_0 为材料在室温下的弹性模量，弹性模量与温度有关，由于本文在室温下做的试验，温度影响暂不考虑；h_p 为波纹管单层实际壁厚，$h_p = h_0 (d/D_m)^{0.5}$，h_0 为理论壁厚；n 为波数；Z 为层数；H 为波高，$H = \dfrac{D-d}{2}$；C 为形状修正参数，当波纹管结构参数确定时其为一常数。

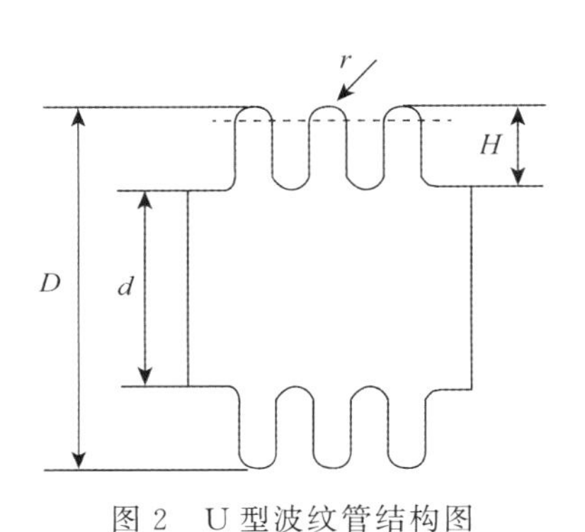

图 2 U 型波纹管结构图

由式(1)和式(2)可知，当 U 型波纹管的结构尺寸参数确定时，其轴向位移和轴向力之间呈线性正相关关系。而 $F = P \cdot S = P \cdot \frac{1}{4}\pi D^2$，其中，$P$ 为压强，S 为波纹管外径所对应的横截面积为压力计算面，D 为波纹管外径。因此，波纹管轴向位移和压强之间也呈线性正相关关系。知道波纹管的轴向位移值，根据相应的线性函数关系就可求出波纹管所受的压力值。本文中采用线性位移传感器 LVDT 联用来测量波纹管的实时位移值。

1.2 线性位移传感器 LVDT

线性位移传感器 LVDT 由于其精度高、动态性好、运行稳定、抗干扰能力强、使用寿命长等特点被广泛应用于航空航天、铁路工程等领域。在研究堆进行燃料及材料的辐照考验时，在线测量辐照形变参数所用的仪表也大多采用 LVDT。

LVDT 根据初、次级线圈排列不同及数量关系，可分为二段式、三段式、四段式和五段式等形式。其中，三段式采用差动输出，消除了一部分的高次谐波分量，使得零点残余电压较小，线性度较高。目前最为常用的便是三段式结构 LVDT，主要包含一个初级线圈、两个次级线圈、可动铁芯、线圈骨架、外壳等，两个次级线圈采用反向串联的接法，使得次级线圈的输出为差动输出，其结构示意图如图 3 所示。

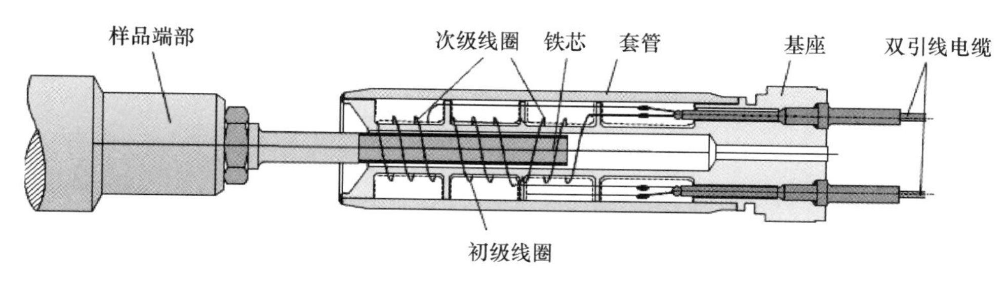

图 3　LVDT 结构示意图

LVDT 的主要性能指标包括灵敏度、线性误差等。灵敏度是指传感器在稳态条件下的输出与输入变化量之比，它可表征 LVDT 输出与输入信号之间的转换能力，即在理论线性范围内对位移—电压曲线拟合后直线的斜率。LVDT 的线性范围是指在理想状态下差动输出电压与位移变化量成正比的测量范围。LVDT 线性范围越大，则量程越大，其测量精度也能得到保证。非线性误差是指传感器的实际特性曲线和理想曲线之间的最大偏差与测量范围的比值，也被称为线性度[11]。

本文中选取的 LVDT 有效测量行程需不小于 10 mm，测量精度不低于 10 μm，输出标准 4～20 mA电流信号。

2　堆外试验

2.1　试验装置

试验装置主要由 U 型波纹管组件、LVDT、测量气室、导向杆组件、支撑组件以及 PLC 控制系统等组成。导向杆组件的作用是确保波纹管在被压缩时沿中心轴向移动减小摩擦力，以免其发生偏移，导致 LVDT 产生测量误差。支撑组件的作用在于固定试验装置。PLC 控制系统的作用是对 LVDT、压力传感器的输出信号进行采集、处理、显示及记录。U 型波纹管中心导向杆经直线轴承导向后与 LVDT 铁芯连接，将测量气室、LVDT 和波纹管组件沿竖直方向布置，并进行可靠固定。为模拟辐照孔道内的环境，装置径向尺寸不超过 ϕ63 mm，即不超过辐照孔道允许的径向尺寸。具体试验装置结构图如图 4 所示。试验装置整体可承压 7 MPa，U 型波纹管内外压差最高可承受 3 MPa，气体压力可在压力范围内随意调节。裂变气体采用氮气进行模拟，选取的 LVDT 线性位移传感器最大行程 13 mm。

试验步骤：首先设置内腔气压为 0 MPa，然后缓慢地向外腔气室内充入模拟气体氮气，期间始终保持波纹管内外压差不超过 3 MPa。气体释放压力均匀作用于 U 型波纹管端部，使得波纹管产生轴向位移。波纹管通过导向杆组件直接连接 LVDT 铁芯，带动 LVDT 产生等量的线性位移。分别在压差为 0.0 MPa、0.1 MPa、0.2 MPa、0.3 MPa、0.4 MPa、0.5 MPa、0.6 MPa、0.7 MPa、0.8 MPa、0.9 MPa、1.0 MPa 时，记录下 LVDT 的实时输出位移值。压力值与 LVDT 输出位移值一一对应，在波纹管的弹性工作区内通过函数拟合得出压力与位移之间的关系，从而实现气体压力的实时测量。

依次将内腔气室压力升高至 1 MPa、2 MPa，分别在这两种载荷情况下缓慢地向外腔气室内充入模拟气体氮气，期间始终保持波纹管内外压差不超过 3 MPa。然后重复上述步骤，并实时记录 LVDT 输出值。

2.2　试验结果

在三种载荷情况下，记录 LVDT 的输出位移值，如表 1 所示。压差与位移之间的关系见图 4。由图 5 可以看出在 0.4 MPa 压差范围内，波纹管的轴向位移与其所受压力呈线性正相关，随着压力增加

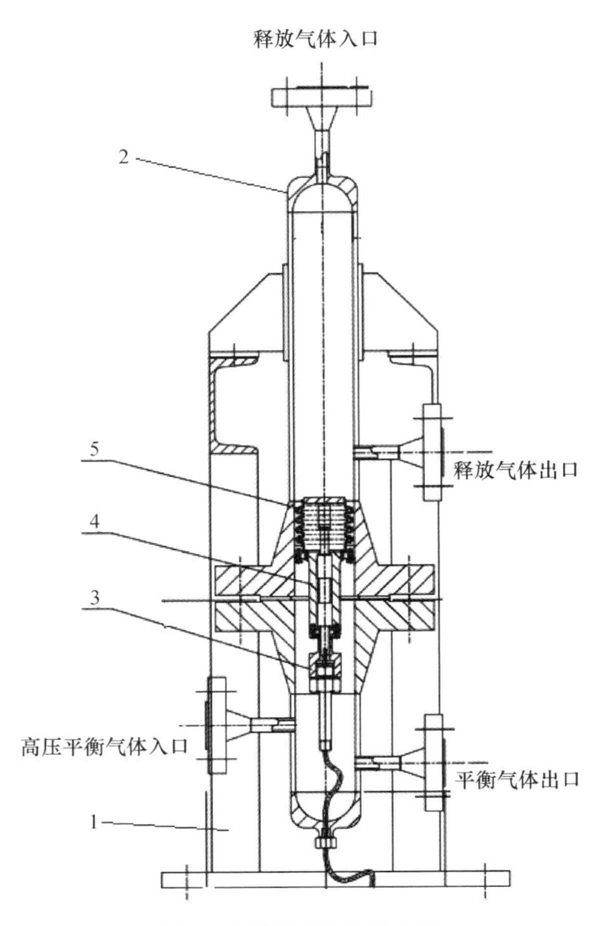

图4 堆外试验装置结构图

1—支撑组件；2—气室；3—LVDT 安装座；4—直线轴承；5—波纹管组件；6—LVDT

而伸长，此时还在波纹管的弹性范围内。但是当内外压差大于 0.4 MPa 后，轴向伸长不是很明显，呈非线性关系，此时超出了波纹管的弹性工作区。

表1 气体释放压力测量装置堆外试验结果

压差 \ 内腔气压	0 MPa	1 MPa	2 MPa
0.0 MPa	−0.746	−0.603	−0.244
0.1 MPa	0.482	0.534	0.869
0.2 MPa	1.571	1.568	1.710
0.3 MPa	2.588	2.688	2.780
0.4 MPa	3.289	3.277	3.399
0.5 MPa	3.556	3.607	3.655
0.6 MPa	3.737	3.758	3.795
0.7 MPa	3.788	3.810	3.825
0.8 MPa	3.809	3.834	3.859
0.9 MPa	3.846	3.848	3.872
1.0 MPa	3.863	3.892	3.902

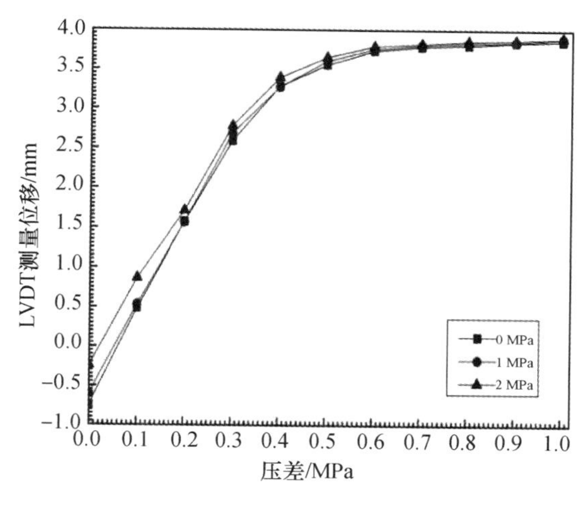

图 5　压差与位移的关系

在波纹管的弹性工作区内，通过线性函数拟合得到压强 P 与位移 x 之间的关系：

$$x = -0.137 + 9.197P \tag{3}$$

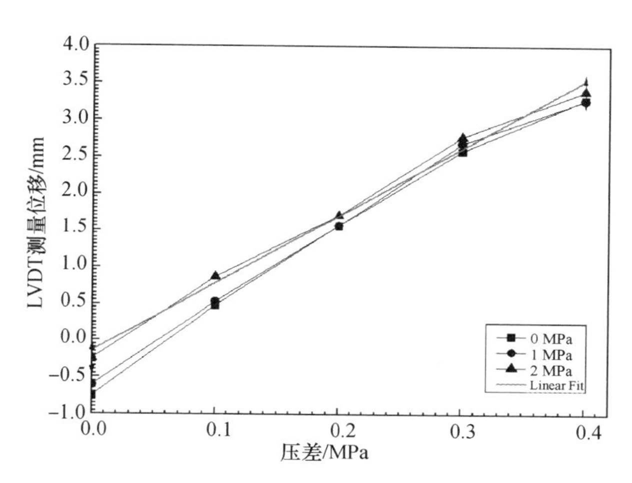

图 6　拟合后压差与位移的关系

3　结论

本研究结合 LVDT 和 U 型波纹管作为压力传感器来实现燃料元件裂变气体释放压力的实时测量。气体释放压力均匀作用于 U 型波纹管端部，压缩波纹管产生轴向位移，引起与其进行轴向连接的 LVDT 产生等量的线性位移。在波纹管弹性范围内，其所受轴向力与轴向位移呈线性正相关关系，从而实现压力的实时测量。依据该原理制成试验装置并在堆外进行试验，分别记录三种不同载荷情况下的压力与 LVDT 输出位移值，试验结果跟理论相符。因此，本研究建立的 LVDT 和波纹管设计能够用于燃料元件裂变气体释放压力的实时在线测量。

本研究建立的裂变气体压力测量方法仍需在堆内进行试验验证。不同于堆外试验，堆内试验的干扰因素较多，不仅要考虑温度对波纹管轴向刚度的影响，还得考虑 γ 辐射等对 LVDT 传感器精度的影响，需要进一步对波纹管压力和位移的线性关系式进行误差修正。

参考文献：

[1] J. F. Villard. State-of-the-Art and Improvement of Online Measurements in Present and Future French Research Reactors[R]. presented at INL, Idaho Falls, Idaho, September 15, 2009.

[2] J. F. Villard, G. Lemaitre, J. M. Chaussy, et al. High Accuracy Sensor for Online Measurement of the Fuel Rod Internal Pressure During Irradiation Experiments[C]. 7th Int. Topl. Mtg. Research Reactor Fuel Management (RRFM 2003), Aix-en-Provence, France, March 9-12, 2003.

[3] H.Hanakawa, A. Shibata, H. Nagata, et al. Development of Instrumentation for Fuel and Material Irradiation Tests in JMTR[C]. presented at IAEA Technical Meeting -In-pile Testing and Instrumentation for Development of Generation Ⅳ Fuels and Materials, Halden, Norway, 21-24 August 2012.

[4] C. Vitanza. On-line fuel rod performance measurements and fuel inspection applications[J]. Kerntechnik, 1991, 56: 124-130.

[5] S. Solstad, R. Van Nieuwenhove. Instrument Capabilities and Developments at the Halden Reactor Project[J]. Nucl. Technol.,2011, 173: 78.

[6] W. Wisenack. Overview of the Halden Reactor Project[C]. presented at IAEA Technical Meeting-In-pile Testing and Instrumentation for Development of Generation Ⅳ Fuels and Materials, Halden, Norway, 21-24 August 2012.

[7] 陆恩万，韩云武. 电缆金属波纹管护套的压力伸长特性的计算[J]. 电线电缆，2020，3：10-17.

[8] 张进国，吕英民，崔淑萍，等. 波纹管位移计算的等效梁法[J]. 机械工程师，1998，2：22.

[9] 万宏强，汪亮. 低温环境下波纹管的轴向刚度计算[J]. 机械强度，2009，31(5)：787-790.

[10] 樊大均. 波纹管设计学[M]. 北京:北京理工大学出版社，1988：128-140.

[11] 段少军.基于遗传算法的 LVDT 性能参数多目标优化[D].武汉科技大学，2016.

Research of on-line measuring technology of gas release pressure based on LVDT and bellows

XU Ling-jie, SI Jun-ping, ZHANG Hui, SUN Sheng,
ZHANG Wen-long, NING Chen, LIU Yang

(The First Institute, Nuclear Power Institute of China, Chengdu of Sichuan Prov. 610213, China)

Abstract: In order to realize the on-line measuring of fission gas release pressure of fuel pellets in reactor and reflect the evolution process of fuel irradiation performance, this study deploys Linear Variable Displacement Transformer (LVDT) combined with bellows to achieve pressure measuring. Gas pressure acts on the end of U-shaped bellows uniformly. The bellows produce axial displacement, which causes LVDT produces linear displacement. The values of pressure correspond to the values of LVDT output one by one, thus realize the pressure measurement. Results of out-of-pile test show that there is a linear relationship between LVDT output and gas release pressure. Hence, the design of LVDT combined with bellows proposed by this study can be employed to measure fission gas release pressure of fuel pellets real-time and on-line.

Key words: LVDT; bellows; fission gas release pressure; on-line measuring

基于评价核数据的多体核反应中子辐照损伤截面计算

陈胜利
(中山大学中法核工程与技术学院,广东 珠海 519082)

摘要: 反应堆材料受中子辐照会导致其性能发生改变,因此材料的辐照损伤一直是核能发展的重点研究内容。由于中子辐照损伤截面可直接编入在中子输运程序中,基于评价数据库的中子辐照损伤截面目前被广泛应用于辐照损伤评估。本文着重研究多体核反应引发的辐照损伤截面计算。由于现阶段国际上五大评价中子核数据库的服务对象主要是反应堆中子学研究以及中子诱发核反应的核物理相关研究,多体核反应中有部分辐照损伤截面评估所需的物理量并未被准确评估与收录,比如三体核反应的反冲能谱或角分布。目前通用的开源核数据处理代码 NJOY 可基于两体近似的处理方式计算多体核反应引发的辐照损伤截面,但其中的方法在 MacFarlane 与 Foster 于 1984 年提出之时就没有具体的描述。随着 MacFarlane 与 Foster 的相继退休,这其中的原理更是鲜有人知。因此,本文以 $^{56}Fe(n,2n)^{55}Fe$、$^{56}Fe(n,np)^{55}Mn$ 与 $^{56}Fe(n,n\alpha)^{52}Cr$ 三个核反应为例,着重研究 NJOY 对多体核反应辐照损伤截面的计算方法并评估其合理性。研究结果表明,在缺少反冲能谱的情况下,NJOY 中用于计算多体反应引起的损伤截面的方法是比较可信的。

关键词: 中子辐照损伤截面;多体核反应;评价核数据;NJOY

作为清洁、高效、稳定的能源,核能的安全利用有助于实验碳中和的目标。在核反应堆中,材料受中子等载能粒子辐照后会导致其性能发生重要改变。由于材料的性能是影响反应堆安全的关键指标,因此材料的辐照损伤一直是核能发展的重点研究内容。比如现役商用压水堆,其服役寿命主要由压力容器的辐照损伤程度决定。

对给定材料,其中子辐照损伤可通过两种方式评估:一是基于中子核反应数据,将中子能谱转化为初级碰撞原子(PKA)能谱,PKA 能谱结合辐照损伤模型可计算材料的辐照损伤;二是直接基于中子核反应数据库预先计算材料的辐照损伤截面,辐照损伤截面与中子通量结合可确定材料的中子辐照损伤。这两种方法中,由于中子辐照损伤截面可直接编入在中子输运程序中,基于评价数据库的中子辐照损伤截面目前被广泛应用于辐照损伤评估。此前我们已经系统性地回顾并研究了两体核反应(包括中子散射反应[1]与带电粒子出射反应[1])导致的辐照损伤截面计算方法,基于物理机理与数值方法提出了对先前方法的修正与改进[1,2]。因此,本文着重研究多体核反应引发的辐照损伤截面计算。

1 中子辐照损伤截面计算方法

1.1 初级辐照损伤模型的归一化

目前使用较为广泛的初级辐照损伤模型分别为 Kinchin-Pease 模型[3]、Norgett-Robinson-Torrens (NRT)模型[4],以及 Athermal Recombination-Corrected(ARC)模型[5]。其中 ARC 模型中的修正函数亦存在多种不同的可能形式[6,7]。但无论上述哪种模型,我们均可用统一的公式来描述材料中原子为个数:

$$v = 0.8\,\widetilde{E_a}(E)/2E_d \tag{1}$$

其中,E_d 为平均离位阈能,$\widetilde{E_a}$ 为广义的损伤能量,其定义为:

作者简介: 陈胜利(1991—),男,博士,助理教授,现主要从事辐照损伤评估、核数据评估、反应堆物理研究等科研工作

基金项目: 中山大学中央高校基本科研业务费专项资金资助(2021qntd12)

$$
\widetilde{E_a}(E)\begin{cases} 0 & 0 < E_a < E_d \\ 2E_d/0.8 & E_d < E_a < 2E_d/0.8 \\ E_a(E)\xi(E_a) & 2E_d/0.8 < E_a \end{cases} \tag{2}
$$

其中,E_a 为损伤能量[8,9],$\xi(E_a)$为 ARC 模型中的修正函数。

1.2 中子辐照损伤截面

基于上述的广义损伤能量,材料的中子辐照损伤截面可通过 $\sigma_D=\sigma\cdot[\widetilde{E_a}]$计算,其中 σ 为核反应截面,$[\widetilde{E_a}]$为上述广义损伤能量的期望值。由于反冲能量(即材料中的 PKA 能量)与核反应的角分布、能量分布等一系列的物理量相关,因此$[\widetilde{E_a}]$的计算中子辐照损伤截面计算的关键。

两体核反应诱发的辐照损伤截面计算方法已在先前工作中着重介绍[1,2],本文不再叙述。本文着重研究多体核反应引发的辐照损伤截面计算。由于篇幅有限,本文未包含的中子辐照损伤截面计算原理请参考[1,2,10]。

1.3 多体核反应引起的中子辐照损伤

本文主要讨论多个粒子出射的核反应,例如(n,np)反应。这种反应在下文中简称为多体核反应。因为该类型核反应之后会出现 $N(>2)$个粒子,动量守恒方程可获得 3 个方向投影的代数方程。如果该反应有确定的反应 Q 值,则有一个额外的能量守恒方程可用。因此,总未知数个数为 $3N$:N 个模长与 $2N$ 个角度。因此该系统的总自由度为 $3N-4$。对于两体反应而言,因为反应后的两个粒子和入射粒子总是处于同一平面,所以法向的动量投影为零。这个条件限制可转化为一个关于动量的方程。因此,对于二体反应,确定的反应 Q 值只有 1 个自由度,连续反应只有 2 个自由度,与此前的研究一致。

另外,多体反应引起的离位原子数量取决于粒子出射和原子级联碰撞(ADC)的顺序。以 ^{56}Fe(n,np)^{55}Mn 反应为例,核反应与 ADC 可以有以下顺序:^{56}Fe(n,n)^{56}Fe → ^{56}Fe(,p)^{55}Mn → ADC、^{56}Fe(n,n)^{56}Fe → ADC → ^{56}Fe(,p)^{55}Mn、^{56}Fe(n,p)^{56}Mn → ^{56}Mn(,n)^{55}Mn → ADC 或^{56}Fe(n,p)^{56}Mn → ADC → ^{56}Mn(,n)^{55}Mn。此外,还有另外可能是在 ADC 期间发射第二个光粒子。核反应的顺序应主要取决于发射粒子的分离能。连续核反应和 ADC 的顺序取决于 PKA 的动能和剩余核的半衰期。由于当前评价数据库(ENDF)中未包含多体核反应顺序的信息,我们假设暂时所有粒子都在 ADC 之前同时发射。

在 ENDF 文件中,除了反冲能量分布为已经给的情况,精确的辐照损伤截面计算需要 ENDF 给出 $3N-4$(若反应 Q 值未知则为 $3N-3$)个相互独立的角分布或者能量分布。然而,由于当前的 ENDF 主要用于粒子输运计算与核物理研究,大多数评价数据只给出了出射粒子的能量与/或角分布。在此情况下,不可能对损伤截面进行准确的计算。为了估算多体核反应的损伤截面,MacFarlane 与 Foster 提出了一个二体反应近似的方法:"… The same procedure is used for (n,2n), (n,nα), etc., with no account being taken of any extra charged particles emitted"[11]和"… for reactions like (n,n'p) or (n,n'α) … HEATR treats these reactions in the same way as (n,p) or (n,α)"[12]。但更加具体的方法并未明确。

为了明确 NJOY 计算多体反应对应的辐照损伤截面的方法,本文对基于 TENDL-2017 数据库[13]对^{56}Fe 的(n,2n)、(n,nα)与(n,np)反应进行了测试与验证。选择 TENDL-2017 是因为其在 MF6(ENDF 格式的能量-角分布模块)中包含了多体反应的反冲能谱分布。对于^{56}Fe 的(n,2n)、(n,nα)和(n,np)反应,TENDL-2017 中反冲原子核的角分布在实验室坐标系中是各向同性的。但是,在复合核理论中,剩余核的角分布在质心坐标系中是各向同性的,因此在实验室坐标系中应是各向异性的。另外应该注意的是,TALYS[14](TENDL 数据库计算所使用的核反应程序)中计算反冲能谱时不考虑方位角。对于具有两个以上出射粒子的反应而言,该近似是不真实的。此外,TALYS 计算反冲能量不考虑相对论效应,而相对论效应对于高入射中子能量是不可忽略的[15]。例如,20 MeV 和 200 MeV

中子诱发的(n,n')(或(n,p))反应的反冲能量修正约+1%和+10%[15,16]。尽管存在以上不足,TENDL 几乎是唯一包含剩余核微分横截面的数据库,因此本文仍采用 TENDL-2017 作为验证的例子。

2 结果与讨论

图1展示了 NJOY—2016.20(包含了文献[2]中给出的修正)基于 TENDL-2017 数据库计算的 $^{56}Fe(n,2n)$、$(n,n\alpha)$ 和 (n,np) 反应对应的损伤截面,包括使用 TENDL-2017 中不同粒子的双微分截面以及与完整双微分截面的计算。从图1中可以看出,如果有反冲能量分布,NJOY 直接取反冲能量分布计算损伤截面,这与我们对金属钨的研究结果[17]一致。如果数据库只包含出射中子或带电粒子的数据,NJOY 会通过两体近似的动力学公式(相关公式已在文献[1,11]中给出)使用这些数据。在出射中子和带电粒子微分截面数据都给出的情况下,NJOY 在近似处理两体运动学时,会优先使用带电粒子的微分截面而忽略中子的相关数据。

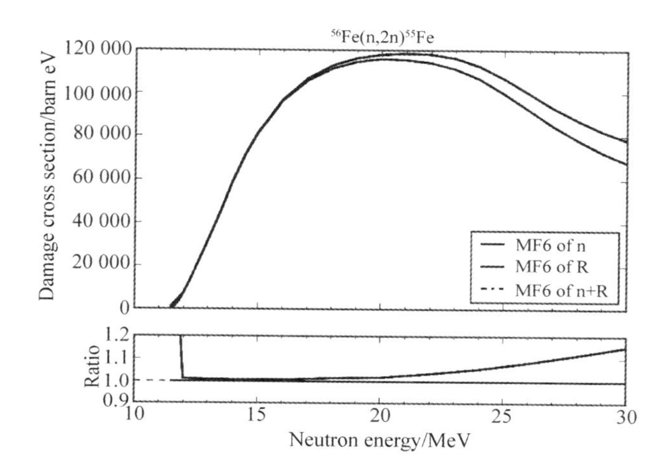

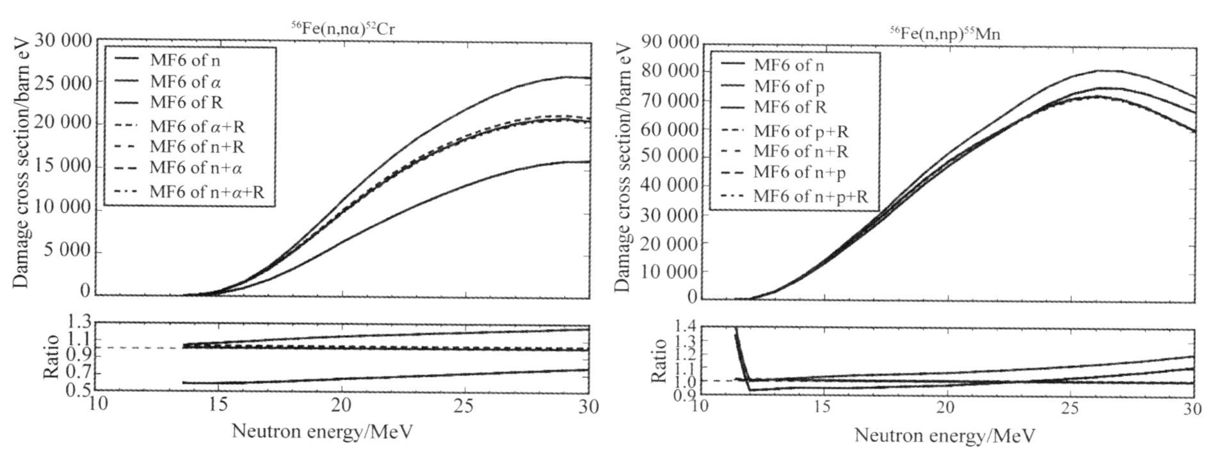

图1 NJOY-2016 基于 TENDL-2017 微分截面计算得到的 $^{56}Fe(n,2n)$,$(n,n\alpha)$ 与 (n,np) 反应对应的损伤截面以及与完整微分截面计算的比值

除了使用 NJOY 计算之外,我们基于 TENDL-2017 中的反冲能谱通过以下方式独立计算了上述三个反应的损伤截面:

$$\sigma_D(E)=\sigma(E)\int_0^{E_{R,\max}} f(E,E_R)E_a(E_R)E_R \tag{3}$$

其中,$f(E,E_R)$ 是 TENDL-2017 中给出的反冲能量 E_R 的分布。由于 TENDL-2017 中双微分

截面是以制表格式给出的,因此在两个相邻点之间需要插入未给出截面数据。TENDL-2017 所使用的插值模式为直方图插值(histogram)。

图 2 比较了^{56}Fe(n,np)反应所对应的损伤能量与反冲能谱乘积,包括 20 MeV 和 30 MeV 入射能量与反冲能量分布的线性和直方图插值。由于损伤能量是关于 PKA 能量的递增函数,直方图差值的反冲能量分布会导致每个区间的损伤能量和能谱乘积为递增函数。因此,使用线性和直方图两种插值方法计算的损伤截面是有所不同的。

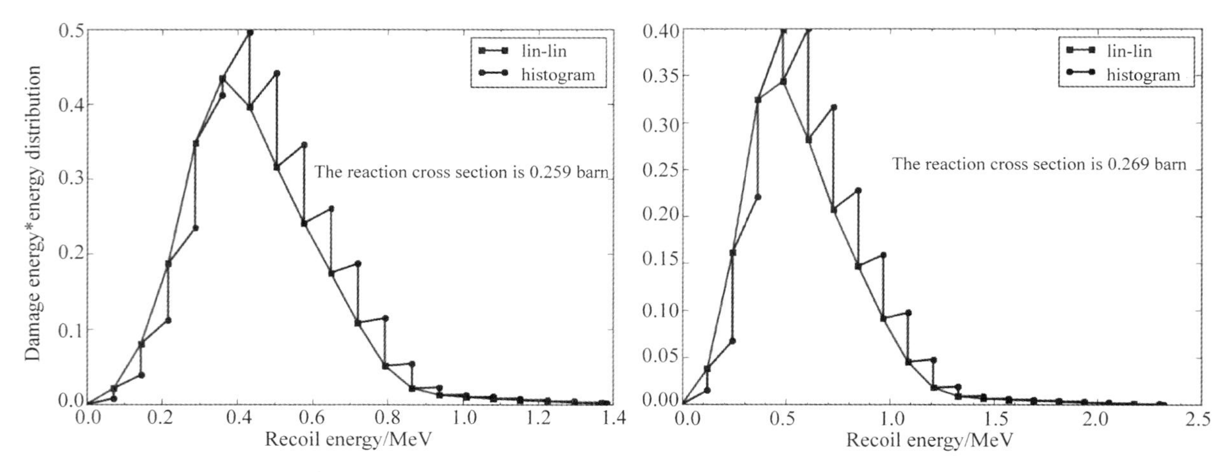

图 2 20 MeV(左)与 30 MeV(右)入射能量的^{56}Fe(n,np)反应对应的损伤能量与反冲能谱的乘积(即 $f(E,E_R)E_a(E_R)$),包括使用线性插值与直方图插值。损伤截面为对应曲线从 0 到最大反冲能量的积分。

图 3 展示了由 NJOY-2016 计算的上述三个多体核反应对应的损伤截面,以及在当前工作中直接基于反冲能谱的线性和直方图插值方式计算的损伤面。通常,与直方图插值相比,线性插值会使损伤截面减少约 5%。总体而言,NJOY 和我们计算的损伤截面符合度较高。对于(n,nα)反应,如果将其视为(n,α)反应(即 PKA 是^{53}Cr 而非^{52}Cr),则与 NJOY 的一致性更好。因此 NJOY 关于 PKA 的选择(即使用真实反冲核还是两体近似的反冲核)仍需进一步的研究与明确。NJOY 与当前计算之间其他微小小的偏差应主要来自数值计算。从以上比较可以总结 NJOY 中用于计算多体反应引起的损伤截面的方法是比较可信的。

3 结论

本文研究了 NJOY 对多体核反应引起的中子辐照损伤截面计算方法,明确了其使用微分截面的优先级。另外本文直接使用双微分截面对中子辐照损伤截面进行了计算并与 NJOY 结果对比,结果显示 NJOY 中用于计算多体反应引起的损伤截面的方法是比较可信的。其中仍不太明确的是 PKA 采用真实的反冲核还是两体近似的反冲核,但其对损伤截面结果的影响仅约 2%。

致谢:

该研究受中山大学中央高校基本科研业务费专项资金(项目批准号:2021qntd12)资助。

参考文献:

[1] CHEN S, BERNARD D, TAMAGNO P, et al. Calculation and verification of neutron irradiation damage with differential cross sections[J]. Nuclear Instruments and Methods in Physics Research Section B: Beam Interactions with Materials and Atoms, 2019, 456: 120-132.

[2] CHEN S, BERNARD D. Radiation damage calculations for charged particle emission nuclear reactions[J]. Chinese Journal of Physics, 2020, 66: 135-149.

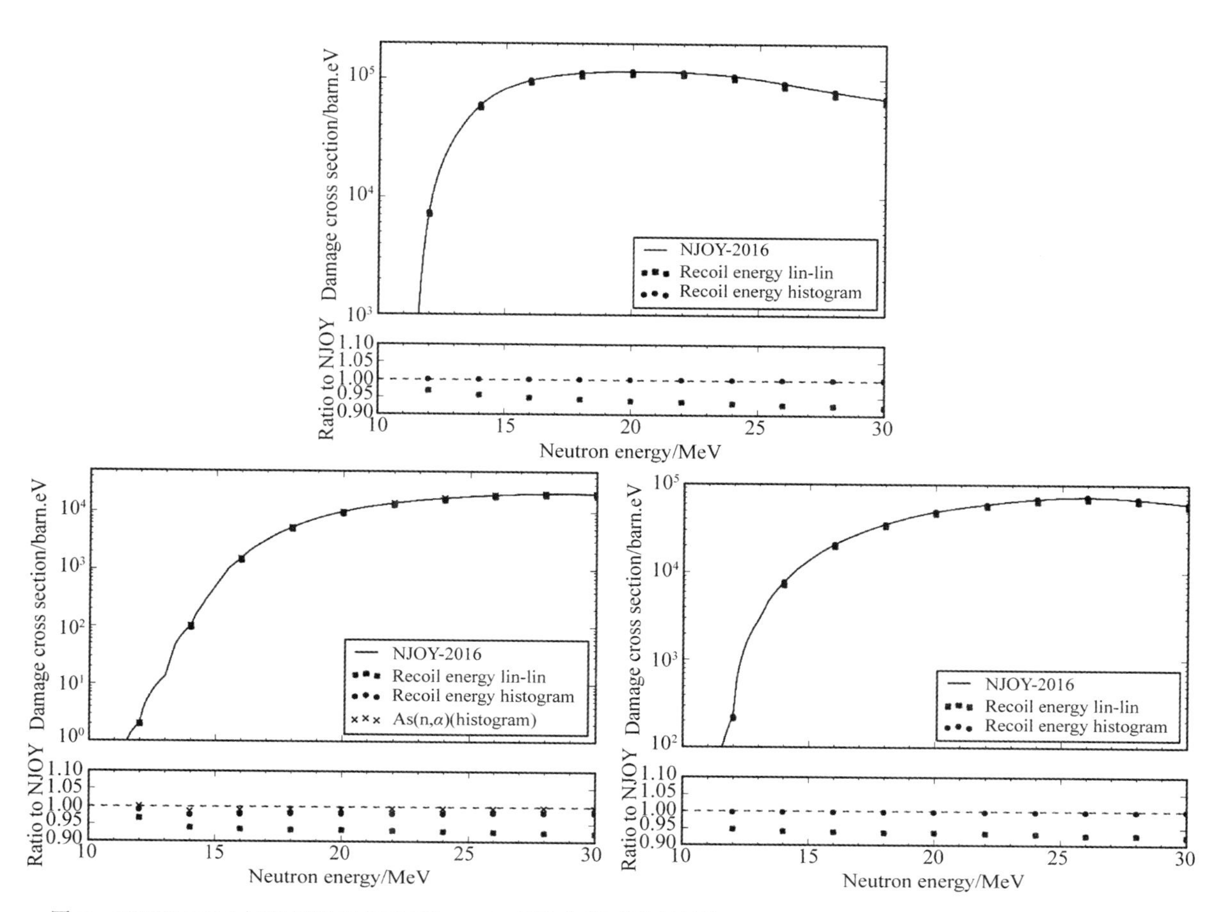

图 3　NJOY-2016 与我们基于 TENDL-2017 双微分截面数据的 ^{56}Fe (n,2n)，(n,nα)与(n,np)损伤截面的对比

[3]　KINCHIN G H, PEASE R S. The Displacement of Atoms in Solids by Radiation[J]. Reports on Progress in Physics, 1955, 18: 1-51.

[4]　NORGETT M J, ROBINSON M T, TORRENS I M. A proposed method of calculating displacement dose rates [J]. Nuclear Engineering and Design, 1975, 33(1): 50-54.

[5]　NORDLUND K, ZINKLE S J, SAND A E, et al. Improving atomic displacement and replacement calculations with physically realistic damage models[J]. Nature Communications, 2018, 9(1): 1084.

[6]　KONOBEYEV A Yu, FISCHER U, SIMAKOV S P. Improved atomic displacement cross-sections for proton irradiation of aluminium, iron, copper, and tungsten at energies up to 10 GeV[J]. Nuclear Instruments and Methods in Physics Research Section B: Beam Interactions with Materials and Atoms, 2018, 431: 55-58.

[7]　CHEN S, BERNARD D, TOMMASI J, et al. Improved model for atomic displacement calculation[J]. EPJ Web of Conferences, EDP Sciences, 2020, 239: 08003.

[8]　LINDHARD J, NIELSEN V, SCHARFF M, et al. Integral equations governing radiation effects [J]. Matematisk-Fysiske Meddelelser Konglige Danske Videnskabernes Selskab, 1963, 33(10): 1-42.

[9]　ROBINSON M T. The Energy Dependence of Neutron Radiation Damage in Solids[C]/Nuclear Fusion Reactors. British Nuclear Energy Society, 1970: 364-378.

[10]　CHEN S, BERNARD D, TAMAGNO L, et al. Uncertainty assessment for the displacement damage of a pressurized water reactor vessel[J]. Nuclear Materials and Energy, 2021, 28: 101017.

[11]　MACFARLANE R E, FOSTER D G. Advanced nuclear data for radiation damage calculations[J]. Journal of Nuclear Materials, 1984, 123(1): 1047-1052.

[12]　MACFARLANE R E, MUIR D W, BOICOURT R M, et al. The NJOY Nuclear Data Processing System, Version 2016[R]. LA-UR-17-20093, Los Alamos, NM, United States: Los Alamos National Laboratory

(LANL), 2016.

[13] KONING A J, ROCHMAN D, SUBLET J-Ch, et al. TENDL: Complete Nuclear Data Library for Innovative Nuclear Science and Technology[J]. Nuclear Data Sheets, 2019, 155: 1-55.

[14] KONING A J, HILAIRE S, DUIJVESTIJN M C. TALYS-1.0[C]/Proceedings of the International Conference on Nuclear Data for Science and Technology. Nice, France: EDP Sciences, 2007: 211-214.

[15] CHEN S, BERNARD D. Relativistic effect on two-body reaction inducing atomic displacement[J]. Journal of Nuclear Materials, 2019, 522: 236-245.

[16] CHEN S, BERNARD D, DE SAINT JEAN C. Relativistic effect on atomic displacement damage for two-body inducing discrete reactions[J]. EPJ Web of Conferences, EDP Sciences, 2020, 239: 08004.

[17] CHEN S, PENELIAU Y, BERNARD D. Comparison of evaluated nuclear data for neutron irradiation damage calculation in fusion spectra[J]. Fusion Engineering and Design, 2021, 171: 112594.

Calculation of many-body reactions inducing neutron irradiation damage cross sections based on evaluated nuclear data

CHEN Sheng-li

(Sino-French Institute of Nuclear Engineering and Technology, Sun Yat-sen University, Zhuhai of Guangdong Prov. 519082, China)

Abstract: Neutron irradiation damage of materials is of upmost importance for the R&D of nuclear energy because the properties of materials are changed by irradiation. Because the irradiation damage cross section can be simply implemented to neutron transport codes, it is widely used in neutron irradiation damage evaluation. Current damage cross sections are mainly calculated using evaluated nuclear data. We have thoroughly reviewed and investigated the methods for computing neutron irradiation damage induced by two-body nuclear reactions, e.g., neutron scattering and charged-particle emission reactions. Improved methods have been proposed to correct the physical reasoning and numerical issues of the previous methodology. The present work focuses on the studies of neutron irradiation damage cross sections induced by many-body nuclear reactions.

The five major evaluated nuclear data libraries are mainly used in neutronic studies and nuclear physics. Some mandatory data for damage cross section calculation have not been evaluated or collected, e.g., the energy-angular distributions of the residual nuclei in three-body reactions. The open-source nuclear data processing code NJOY is able to calculate the damage cross sections for many-body reactions by using two-body reaction approximations. However, detailed description of this method was not given when it was proposed by MacFarlane and Foster in 1984. After the retirement of MacFarlane and Foster, the methods used in NJOY become almost unknown. Therefore, the present work investigates the methods (used in NJOY) for computing neutron irradiation damage cross sections induced by many-body reactions by taking the $^{56}Fe(n,2n)^{55}Fe$, $^{56}Fe(n,np)^{55}Mn$, and $^{56}Fe(n,n\alpha)^{52}Cr$ reactions as examples.

Key words: neutron irradiation damage cross section; many-body nuclear reaction; evaluated nuclear data; NJOY

Xe离子辐照硼硅酸盐玻璃的宏观性质改变以及对应的微观机理

卯江江[1,2],陈丽婷[1,2],杨　帆[1,2],茆亚南[1,2],张晓阳[1,2],王天天[1,2],王铁山[1,2],彭海波[1,2]

(1.兰州大学核科学与技术学院,甘肃 兰州 730000;
2.兰州大学特殊功能材料与结构设计教育部重点实验室,甘肃 兰州 730000)

摘要:将不同组分的硼硅酸盐玻璃采用不同剂量的Xe离子辐照以模拟玻璃固化体在α衰变条件下的辐照效应,并测量了辐照前后硼硅酸盐玻璃的硬度和模量、表面损伤区的红外谱和拉曼谱。发现辐照后玻璃硬度和模量随剂量先下降后达到饱和,从红外光谱可以看出:辐照导致硼硅酸盐玻璃中[BO_3]结构增加。通过红外光谱的高斯拟合得到[BO_3]特征振动峰的强度与硬度和模量呈线性关系,而从拉曼谱中没有看到辐射导致的明显变化,由此可以得出结论:离子辐照导致的[BO_3]结构的增加是硼硅酸盐玻璃硬度和模量下降的主要原因。

关键词:硼硅酸盐玻璃;红外光谱;硬度;模量;离子辐照

核电是一种清洁能源,核电的发展对于缓和中国的环境问题和能源问题至关重要。截至2020年,中国大陆运行核电机组装机容量48 GW[1],到2025年由核电站产生的乏燃料将累计达到13 827吨[2],处理乏燃料产生的高放射性废物已然成为中国发展核电亟待解决的问题。用硼硅酸盐玻璃固化高放废物然后进行深地质处置是主要手段,然而在长期的地质处置过程中,固化体将面临恶劣的辐射环境,期间其宏观性质怎么变化将是人们不得不关心的问题。

玻璃固化体的长期地质处置伴随着α衰变、β衰变和γ放射,Weber指出α衰变主导了其结构和性质的改变[3]。由于直接研究玻璃固化体辐照效应的复杂性,离子辐照被广泛用来模拟真实固化体的自辐照[4]。Peuget[5]对比了α衰变和离子辐照对玻璃固化体的影响,发现离子辐照能够模拟辐照损伤过程。彭海波[6,7]指出硼原子在硼硅酸盐玻璃的离子辐照效应中起重要作用,随后发现可以用单能重离子辐照模拟反冲核的辐照损伤。Yuan[8]通过分子动力学模拟也证实硼原子在硼硅酸盐玻璃的离子辐照中的重要作用。相对于电子辐照以及伽马辐照,重离子的辐照效应往往更明显。C. Mendoza[9,10]等的研究表明,辐照导致了玻璃硅网络解聚、硼配位减少及无序度增加。通过分子动力学模拟,Kieu L.－H[11]指出辐照后玻璃断裂韧性增强,硬度减小。G.F. Zhang[12]用氩离子辐照硼硅酸盐玻璃,发现辐照后玻璃中产生了氧分子,并且硬度下降。Sun[14]发现随着离子辐照剂量增加,玻璃硬度先下降后达到饱和趋势。Guan[15]等用Xe离子辐照硼硅酸盐玻璃也发现相同现象。P. Lv[16]等对硼硅酸盐玻璃金离子辐照效应的研究发现辐照后玻璃的硬度和杨氏模量均减小,达到一定离子注量时硬度增加。Wang[13]则从能量沉积的角度指出,核能量沉积是重离子辐照中玻璃硬度和模量下降的主要原因。

对于硼硅酸盐玻璃宏观性能的辐照效应的研究已经很多,但仍然缺乏对背后的微观机制的研究。因此本工作采用不同剂量的Xe离子对不同组分的硼硅酸盐玻璃进行辐照,以更详细地了解重离子辐照对玻璃宏观性质的影响以及对应的微观机理。

1　材料和方法

硼硅酸盐玻璃分别命名为NBS4(组分为64 mol% SiO_2—16 mol% B_2O_3－20 mol% Na_2O)和

作者简介:卯江江(1995—),男,学士,在读研究生,主要从事核材料辐照效应研究

NBS5(组分为 67.26 mol% SiO_2—18.6 mol% B_2O_3—14.14 mol% Na_2O)。高温(1 200 ℃)熔融并搅拌 4 h 以去除气泡,自然冷却后再升温至 500 ℃退火 24 h 以去除残余应力。通过切割和抛光得到 10 mm×10 mm×1 mm 的原始样品。在中国科学院近代物理研究所 320 kV 平台上开展 5 MeV 的 Xe 离子辐照实验,辐照从 0.001 dpa 到 0.6 dpa,共 8 个剂量。通过 SRIM 计算得到 5 MeV Xe 离子在 NBS4 和 NBS5 玻璃中的最大射程分别为 1.7 μm 和 1.74 μm,这为之后的硬度测量和光谱表征提供依据。

2 测试方法

利用 Horiba 公司生产的 HORIBA labspec6 显微共聚焦拉曼光谱仪,在室温条件下对辐照前后的样品进行拉曼光谱测试。其中激发光波长为 532 nm,光栅刻度密度为 1 200 刻线/mm,激光功率为 10 mW,测量深度在微米量级。采用珀金埃尔默仪器公司生产的 Spectrum Two 傅里叶变换红外光谱仪的衰减全反射模式测量了辐照前后玻璃的红外光谱。每个红外谱重复测量 4 次,典型红外谱的分辨率为 2 cm^{-1},测量深度也在微米量级。采用 Nano Indenter G200 型纳米压痕装置测量样品的硬度和模量,测试温度为 24 ℃,相对湿度为 43%。所有测试均使用 Berkovich 金刚石压头在连续刚度模式下完成。鉴于用 SRIM 计算得到的离子辐照深度,测量时,压入深度约为 2 000 nm,最大载荷为 500 mN,玻璃的泊松比为 0.22。

3 实验结果和讨论

3.1 硬度和模量测量

实验时每个样品至少进行 5 次测量,对于每次测量均取 300～800 nm 范围的数据采用外推法处理得到用来表征 NBS 玻璃宏观性质的硬度和模量。图 1 展示了 NBS4 和 NBS5 玻璃的硬度和模量与辐照剂量的关系,随着辐照剂量的增加,NBS 玻璃的硬度和模量先降低后达到饱和。辐照后 NBS4 玻璃和 NBS5 玻璃硬度值分别下降了 37%、33%,模量值分别下降了 22%、16%,可以认为辐照导致了 NBS 玻璃极为明显的硬度和模量的变化。S. Peuget[17]用^{244}cm 掺杂 RT7T 玻璃研究 α 衰变效应时随着掺杂量的增加也发现类似的现象。Kilymis[18]等对三种硼硅酸盐玻璃的纳米压痕分子动力学模拟中看到辐照后玻璃硬度分别下降了 22.7%、29.1%以及 41.9%。Bonfils[19]等用多束能量的 Au 离子辐照硼硅酸盐玻璃也表明,辐照后玻璃硬度降低了 30%～35%。以上讨论说明了 Xe 离子辐照导致了 NBS 玻璃硬度和模量的降低,但在达到一定剂量时趋于饱和,这一点与其他研究者的工作相符合,由此可证明本工作的可靠性。

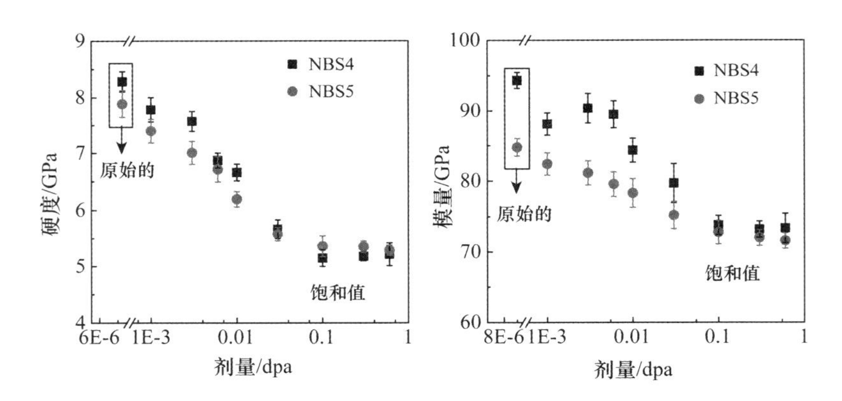

图 1 NBS 玻璃的硬度和模量随剂量的变化

3.2 红外光谱分析

图 2 是 NBS 玻璃在最高点处归一化的红外光谱。随着剂量增加，1 250～1 500 cm^{-1}区域有明显变化。而 1 250～1 500 cm^{-1}区域对应[BO_3]结构中 B-O 振动[20, 21]，从图中可以看出三个特征峰中 1 310 cm^{-1}和 1 390 cm^{-1}处的峰是主要的，1 310 cm^{-1}对应“松散”的[BO_3]单元，1 390 cm^{-1}对应[BO_3]单元与[BO_4]单元的连接，1 470 cm^{-1}对应[BO_3]单元与[BO_3]单元的键合[22]。

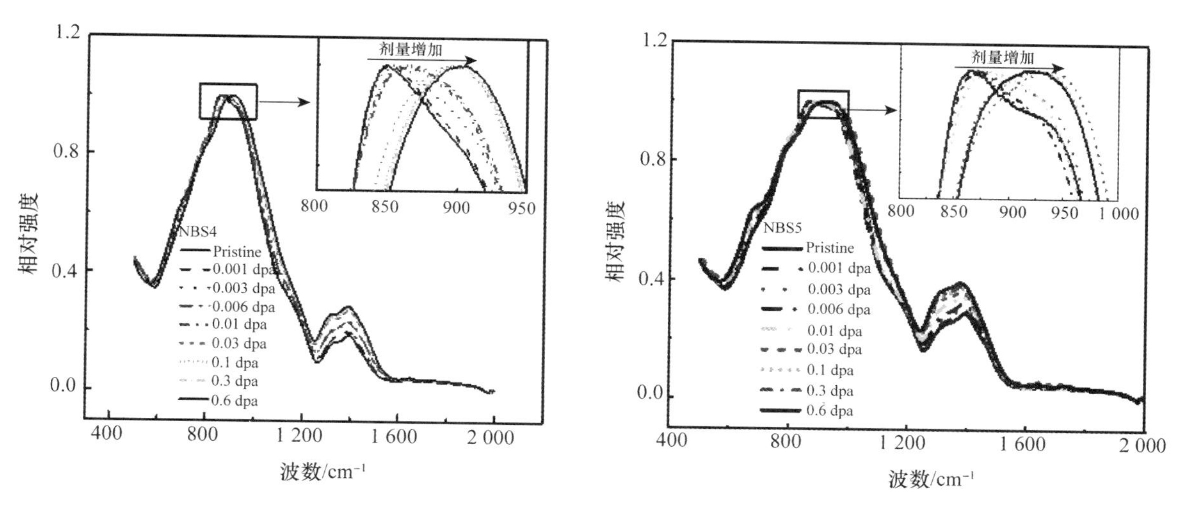

图 2　辐照前后 NBS 玻璃的红外光谱

图 3 是高斯拟合后得到的 1 310 cm^{-1}和 1 390 cm^{-1}处峰强度与辐照剂量的关系，拟合时将同一特征峰的峰位及半高宽设置为一致，拟合误差很小。从图中可以看出两处峰强度均随辐照剂量的增加呈单调上升趋势，说明辐照导致了 NBS4 和 NBS5 玻璃中[BO_3]单元的增加。

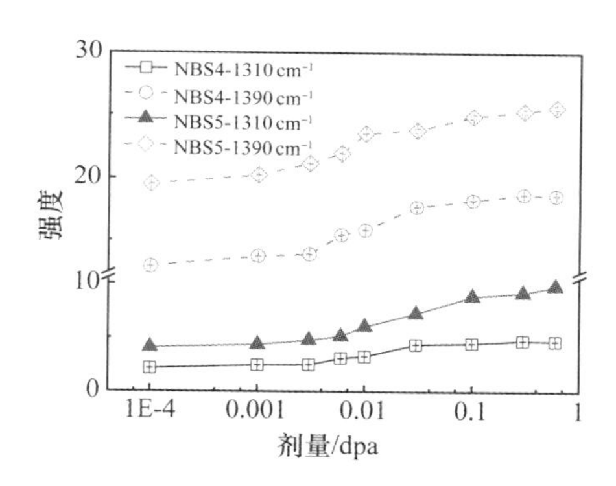

图 3　1 310 cm^{-1}和 1 390 cm^{-1}处的峰强度与辐照剂量的关系

图 4 展示了 1 390 cm^{-1}处峰强度与 NBS 玻璃的硬度和模量的关系，随着[BO_3]含量的增加 NBS 玻璃的硬度和模量呈现下降的趋势。由此推断辐照后 NBS 玻璃[BO_3]结构的增加是其硬度和模量降低的因素之一。J. de Bonfils[19]等的研究也表明，在金离子辐照下，R7T7 玻璃中会发生[BO_4]结构单元向[BO_3]结构单元的转变，而玻璃硬度下降正是来于这一原因，这一点与本文的论述一致。理论上可以知道[BO_3]结构单元一般是石墨层状结构，[BO_4]结构单元可以形成类金刚石结构从而加强玻璃网络。所以[BO_4]结构单元向[BO_3]结构单元的转变意味着玻璃网络结构被削弱，在本工作中体现为弹性模量和硬度的下降。

此外，从图 2 可以看出 700～1 200 cm^{-1}范围的红外光谱在辐照后出现较小变化，NBS4 玻璃的红外谱强度最高点从 850 cm^{-1}左右偏移到 907 cm^{-1}左右；NBS5 玻璃的红外谱强度最高点从 860 cm^{-1}

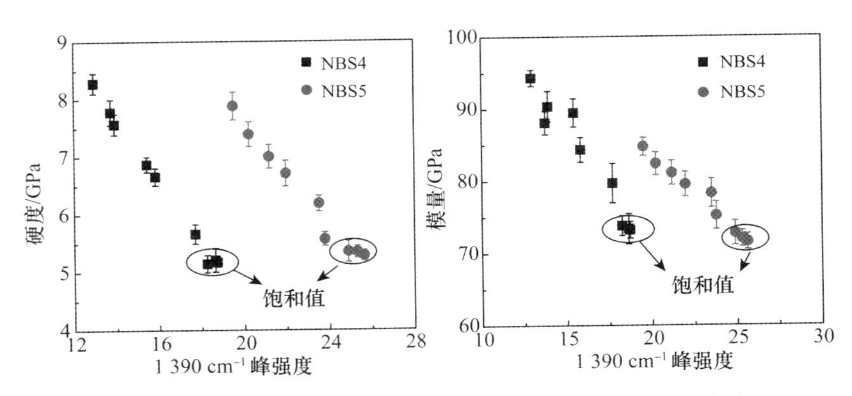

图 4　NBS 玻璃中[BO_3]结构含量与玻璃硬度和模量的关系

左右偏移到 940 cm^{-1}左右。而在 700～1 200 cm^{-1}区间的红外光谱中有硅的结构也有硼的结构，硅的结构对应 Q^n 族，硼的结构则对应[BO_4]结构中的 B-O 的非对称性振动[23-30]。Gautam[24] 等认为 940 cm^{-1}对应[BO_4]结构，Pisarski[31]等提出 950～1 050 cm^{-1}区间有对应[BO_4]结构伸缩振动的峰，而且硅结构也有贡献。因此 700～1 200 cm^{-1}范围的红外光谱在辐照后出现变化可能包含了硅结构和硼结构的变化。

3.3　拉曼光谱分析

图 5 是 NBS4 和 NBS5 玻璃在最高处归一化了的拉曼光谱。从图中可以看出随着辐照剂量增加，NBS 玻璃的拉曼光谱没有明显变化。而 NBS 玻璃的拉曼光谱主要是反映了玻璃网络中的硅结构[32-35]，因此可以认为 NBS 玻璃中的硅结构对本工作所达到的 Xe 离子辐照剂量并不敏感，这与 Yuan[8] 的分子动力学模拟所得到的辐照后硅的配位数没有改变的结论相符合。对比红外光谱的论述可以认为，NBS 玻璃红外光谱 700～1 200 cm^{-1}范围的变化主要是由硼结构的变化引起。

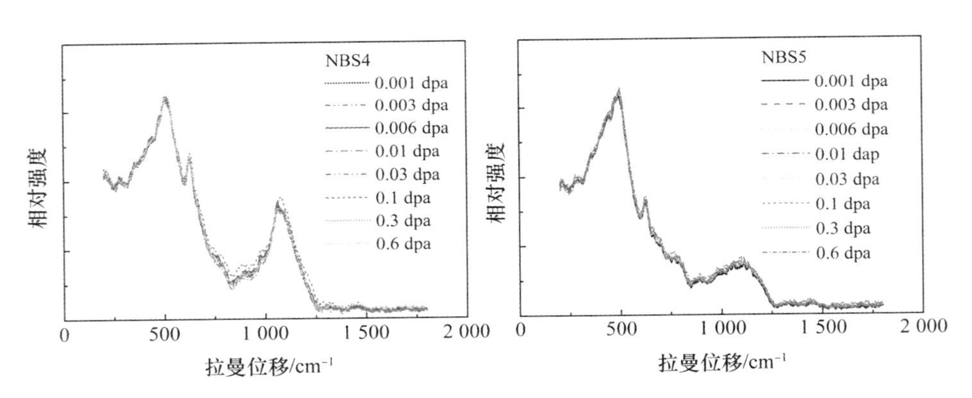

图 5　NBS 玻璃的拉曼光谱

4　结论

采用 5 MeV 的 Xe 离子辐照硼硅酸盐玻璃 NBS4 和 NBS5，并且在纳米压痕仪的连续刚度模式下测量了 NBS 玻璃的硬度和模量，在室温条件下测量了拉曼光谱，应用红外 ATR 模式测量了其红外光谱。实验发现随着辐照剂量的增加，NBS 玻璃的硬度和模量呈先下降后饱和趋势。辐照后 NBS4 和 NBS5 玻璃硬度分别下降了 37%、33%，模量分别下降了 22%、16%。通过红外谱分析发现辐照后 NBS 玻璃中[BO_3]结构增加，[BO_3]结构的特征峰强度与硬度和模量有较好的线性关系，但线性衰减后会达到一个饱和值。拉曼谱反映出本工作所用的辐照剂量还不足以引起硅结构的变化，当与红外谱对比时可以认为是硼结构的变化引起了 700～1 200 cm^{-1}范围的红外光谱在辐照后的变化。从红外谱和拉曼谱的对比分析可以认为辐照后[BO_3]结构的增加是 NBS 玻璃硬度和模量下降的主要原因。

致谢：

感谢中央高校基本科研业务费(lzujbky-2021-kb11)的资助。感谢中国科学院苏州纳米技术与纳米仿生研究所提供的硬度和模量测试条件。

参考文献：

[1] 王海洋.后疫情时代我国核能产业发展的挑战与机遇[J].中国核电，2020，13(04)：537-43.

[2] 肖雨生.中国核电发展与乏燃料贮存及后处理的关系[J].电工技术，2020(18)：24-5+57.

[3] WEBER W J.Radiation and Thermal Ageing of Nuclear Waste Glass[J].Procedia Materials Science，2014，7：237-46.

[4] MIR A H，PEUGET S.Using external ion irradiations for simulating self-irradiation damage in nuclear waste glasses：State of the art，recommendations and prospects[J].J. Nucl. Mater.，2020，539：152246.

[5] PEUGET S，DELAYE J M，JéGOU C.Specific outcomes of the research on the radiation stability of the French nuclear glass towards alpha decay accumulation[J].Journal of Nuclear Materials，2014，444(1)：76-91.

[6] 彭海波，刘枫飞，张冰焘，等.Xe离子束辐照硼硅酸盐玻璃和石英玻璃效应对比研究[J].物理学报，2018，67(03)：258-65.

[7] 彭海波，刘枫飞，孙梦利，等.硼硅酸盐玻璃离子辐照效应的研究[J].中国科学：物理学 力学 天文学，2019，49(11)：117-24.

[8] WEI YUAN H P，MENGLI SUN，XIN DU，et al. Structural origin of hardness decrease in irradiated sodium borosilicate glass[J].THE JOURNAL OF CHEMICAL PHYSICS，2017，147：234502.

[9] MENDOZA C，PEUGET S，BOUTY O，et al.Simplified Nuclear Glasses Structure Behaviour Under Various Irradiation Conditions：A Raman Spectroscopy Study[J].Procedia Chemistry，2012，7：581-6.

[10] MENDOZA C，PEUGET S，CHARPENTIER T，et al.Oxide glass structure evolution under swift heavy ion irradiation[J].NUCL INSTRUM METH B，2014，325：54-65.

[11] KIEU L H，KILYMIS D，DELAYE J M，et al.Discussion on the Structural Origins of the Fracture Toughness and Hardness Changes in Rapidly Quenched Borosilicate Glasses：A Molecular Dynamics Study[J].Procedia Materials Science，2014，7：262-71.

[12] ZHANG G F，WANG T S，YANG K J，et al.Raman spectra and nano-indentation of Ar-irradiated borosilicate glass[J].NUCL INSTRUM METH B，2013，316：218-21.

[13] WANG T-S，ZHANG D-F，CHEN L，et al.Irradiation-induced modifications in the mechanical properties of borosilicate glass[J].Wuli Xuebao/Acta Physica Sinica，2017，66(2).

[14] SUN M L，PENG H B，DUAN B H，et al.Comparison of hardness variation of ion irradiated borosilicate glasses with different projected ranges[J].NUCL INSTRUM METH B，2018，419：8-13.

[15] GUAN M，ZHANG X Y，YANG K J，et al.Difference in radiation effects of sodium borosilicate glass and vitreous silica with ions[J].J Non Cryst Solids，2019，518：118-22.

[16] LV P，CHEN L，ZHANG B T，et al.Composition-dependent mechanical property changes in Au-ion-irradiated borosilicate glasses[J].Journal of Nuclear Materials，2019，520：218-25.

[17] PEUGET S，CACHIA J N，JéGOU C，et al.Irradiation stability of R7T7-type borosilicate glass[J].Journal of Nuclear Materials，2006，354(1)：1-13.

[18] KILYMIS D A，DELAYE J M.Nanoindentation studies of simplified nuclear glasses using molecular dynamics[J].J Non Cryst Solids，2014，401：147-53.

[19] BONFILS J D，PEUGET S，PANCZER G，et al.Effect of chemical composition on borosilicate glass behavior under irradiation[J].J Non Cryst Solids，2010，356(6)：388-93.

[20] LAURENT CORMIER M，D. D. S.，NEUVILLE，D.R.ECHEGUT，P.In situ evolution of thestructure of alkali borate glasses and melts by infrared reflectance and Ramanspectroscopies[J]. Proc.Fifth Int.Conf. on Borate Glasses，Crystals and Melts，2006，47：430-4.

[21] MANARA，D. G，A.NEUVILLE，D. R. Advances in understanding the structure ofborosilicate glasses：A

Raman spectroscopy study[J].Amer. Miner.,2009,94 777-84.
[22] CHEN L T, REN X T, MAO Y N, et al.Radiation effects on structure and mechanical properties of borosilicate glasses[J].Journal of Nuclear Materials,2021,552:153025.
[23] MACDONALD S A, SCHARDT C R, MASIELLO D J, et al. Dispersion analysis of FTIR reflection measurements in silicate glasses[J].J Non Cryst Solids,2000,275(1):72-82.
[24] GAUTAM C Y A, SINGH A K. A Review on Infrared Spectroscopy of Borate Glasses with Effects of Different Additives. [J].ISRN Ceramics.,2012,2012:1-17.
[25] SAKURAI Y. Photoluminescence of oxygen-deficient-type defects in γ-irradiated silica glass[J].J Non Cryst Solids 2006,352(50):5391-8.
[26] SAKURAI Y N K.Correlation between the green photoluminescence band and the peroxy radical inγ-irradiated silica glass.[J].Journal of Applied Physics.,2000,88(1):168-71.
[27] GUAN M, ZHANG X Y, YANG K J, et al. Difference in radiation effects of sodium borosilicate glass and vitreous silica with ions[J].Journal of Non-Crystalline Solids,2019,518:118-22.
[28] SAKURAI Y N K. Green photoluminescence band in γ-irradiated oxygen-surplus silica glass. [J].Journal of Applied Physics.,1999,86(3):1377-81.
[29] CORMIER L M D, NEUVILLE D, ECHEGUT P. In situ evolution of the structure of alkali borate glasses and melts by infrared reflectance and Raman spectroscopies.[J].PHYS CHEM GLASSES-B,2006,47(4):430-4.
[30] MOTKE SG Y S, YAWALE S S. Infrared spectra of zinc doped lead borate glasses.[J]. Bulletin of Materials Science.,2002,25(1):75-8.
[31] PISARSKI W A, PISARSKA J, RYBA-ROMANOWSKI W. Structural role of rare earth ions in lead borate glasses evidenced by infrared spectroscopy:[BO3]↔[BO4]conversion[J].Journal of Molecular Structure,2005, 744-747:515-20.
[32] GONZáLEZ P, SERRA J, LISTE S, et al.Raman spectroscopic study of bioactive silica based glasses[J].J Non Cryst Solids,2003,320(1):92-9.
[33] MANARA D, GRANDJEAN A, NEUVILLE D R.Structure of borosilicate glasses and melts: A revision of the Yun, Bray and Dell model[J].J Non Cryst Solids,2009,355(50):2528-31.
[34] D.MANARA A G, D.R.NEUVILLE.Advances in understanding the structure ofborosilicate glasses: A Raman spectroscopy study[J].American Mineralogist,2009,94:777-84.
[35] BOIZOT B, PETITE G, GHALEB D, et al.Raman study of β-irradiated glasses[J].J Non Cryst Solids,1999, 243(2):268-72.

Changes in macroscopic properties of borosilicate glasses with irradiation of Xe ions and corresponding mechanism

MAO Jiang-jiang[1,2], CHEN Li-ting[1,2], YANG Fan[1,2], MAO Ya-nan[1,2], ZHANG Xiao-yang[1,2], WANG Tian-tian[1,2], WANG Tie-shan[1,2], PENG Hai-bo[1,2]

(1. School of Nuclear Science and Technology, Lanzhou University, Lanzhou of Gansu Prov. 730000, China;
2. Key Laboratory of Special Function Materials and Structure Design Ministry of Education, Lanzhou University, Lanzhou of Gansu Prov. 730000, China)

Abstract: In this work, to simulate radiation effect of alpha decay, the borosilicate glasses with different compositions were irradiated with different dose Xe ions. The hardness, modulus, Infrared and Raman spectroscopies of the damaged area of the sample surface after irradiation were measured. With irradiation of ion, the hardness and modulus of borosilicate glasses dropped and then saturated. After radiation, the [BO_3] units in borosilicate glasses increased which was obtained from infrared spectra. Intensity of peaks fitted by Gaussian, which are assign to vibration of [BO_3], is linear function of hardness of borosilicate glasses. However, from the Raman spectra, there is no obvious change caused by irradiation was observed. Therefore, we can conclude that the increase of [BO_3] structure caused by ion irradiation is the main reason for the decrease of hardness and modulus of borosilicate glasses.

Key words: borosilicate glass; infrared spectroscopy; hardness;modulus; ion irradiation

混合气体调节材料辐照试验温度过程关键过程参数分析与PI-PID控制系统的设计研究

张文龙,杨文华,孙 胜,赵文斌,金 帅,徐灵杰,徐 斌
(中国核动力研究设计院核一所,四川 成都 610213)

摘要:【目的】罐式辐照装置内受试样温度控制的准确与否直接体现于混合气体介质导热系数控制准确与否,为建立材料辐照试验温度自动调节控制的方法,以对实现辐照试样温度控制的先进过程控制提供新的辅助手段,【方法】基于混合气体调节辐照温度工艺模型,结合实验数据,首先针对混合气体控温过程中最重要的调节参数混合气体导热系数,研究了试验过程中混合气体中He占比、温度、压力对导热系数影响,进一步,利用系统辨识方法,建立了控制系统数学模型,最后,完成了混合气体调节辐照温度的闭环反馈控制模型分析与验证,对控制模型引入PID、P-PID、PI-PID、PID-PID控制进行对比。【结果】研究结果表明,影响混合气体导热系数变化最直接的因素是混合气体中He占比,相关性系数达到0.939 1,对导热系数变化贡献率达99.98%,温度对混合气体导热系数变化有微弱影响,相关性仅0.306 5,对导热系数变化贡献率仅0.02%;而压力对混合气体导热系数变化影响可忽略。故在基于混合气体调节辐照温度控制系统模型可考虑为单输入单输出(SISO)系统,利用系统辨识方法,建立的控制系统数学模型,模型测试准确率为96.2%,控制模型PID、P-PID、PI-PID、PID-PID控制对比结果表明,基于PI-PID控制的温度调节系统,调节输出响应的最大超调量仅为3.64%,上升时间仅为61.15 s,稳定时间为193 s,无稳态误差。【结论】因此,本研究的模型考虑输入因素合理,建立的控制系统方法能够在满足温度调节所需精度的情况下,既兼顾了温度的可调节范围,又最大程度避免温度调节超出试验要求的温度范围的风险,同时还保障了试验温度调节的快速响应和缩短温度达到设定所需温度时间,提高温度调节效率与水平。适用于基于气体混合控制的辐照试验温度调节系统,能够使系统获得较好的控制性能。对实现基于混合气体调节辐照温度的先进过程控制实现与研究具有很强的指导意义。

关键词:辐照试验温度;混合气体导热系数;系统辨识;双闭环反馈控制;PID控制

材料辐照试验温度是重要的指标参数,辐照试验过程中对辐照温度控制准确与否,直接影响材料辐照性能。针对不同的温度需要,同时受材料在堆内的释热量影响,改变辐照装置中的温度可以采用多种方式。通过在辐照装置试验段设置热阻间隙,可有效的通过改变间隙热阻使装置内部温度变化,而调节装置热阻间隙的方法主要有改变间隙大小和改变间隙内导热介质两种方法,前者典型的方式为在辐照罐辐照的区域内夹块和工艺管壁做成锥度,沿工艺管高度向上、下移动夹块,可以在较大范围内改变间隙大小,进而导致热阻变化使样品的温度变化,缺点在于反应堆运行时不能提取辐照罐,提升辐照罐能引起样品过热,且装置内机械结构复杂将增加装置不稳定性;后者可通过向气隙内充入不同种类或浓度的导热能力变化的气体、液体改变间隙热阻。

高通量工程试验堆(HFETR)仪表化辐照装置,结合两者特点,通过热工计算,指导装置加工,轴向采用不同间隙大小形成固定阶梯式热阻,径向采用混合气体介质形成可调热阻,使辐照温度控制满足轴向高均匀性和径向高精确性。

仪表化辐照试验可监测和控制受试件辐照温度参数。基于气体调节的辐照装置,受试件辐照温度可控制范围为60~400 ℃,辐照装置堆内运行期间,根据测控系统反馈的受试件辐照温度分布情况,通过调节试验段内导热性具有明显差异的惰性气体成分的技术手段使辐照温度达到辐照试验指标。惰性气体通常选用氦气氩气。仪表化辐照试验采用导管型辐照装置,通常包括导向段、试验段和下接头三部分[1]。试验段辐照环境可设计为惰性气体环境,受试件布置在试验段内,同时还在试验段内植入了热电偶以及气管等辐照参数测控单元。

作者简介:张文龙(1992—),男,云南人,硕士,助理研究员,现从事核燃料及材料辐照技术及相关测控技术研究工作

现阶段，针对于材料辐照温度可调控堆内辐照试验，国内外工程试验堆根据实际试验需要，辐照试验温度过程控制，均采用堆内调节罐式辐照装置内混合气体组分形成导热系数变化的气隙夹层，结合堆外基于测控调节系统远程监控“人工调节”的方法对辐照试验温度进行调控。然而堆内辐照温度变化复杂，具有大惯性、长滞后、多扰动等特性，随着辐照试验对温度指标控制精确的要求愈发提高，试验过程中需要针对温度的复杂频繁改变，做出快速，精确的响应调节，常规的基于试验人员主观经验认识的人工调控，难以取得满意的控制效果。随着材料辐照试验安全裕度内温度控制技术精细化、准确、迅速、可靠发展和转型升级的需求，辐照试验温度过程控制需由人机界面基本组态控制向先进过程控制方向发展。

针对上述问题，本文拟结合实验数据对影响调节混合气体控温的因素进行分析梳理，确定主要因素，简化并明确并构建基于气体调节的辐照温度调节工艺数学模型，基于模型采用控制功能策略算法，实现试验温度的精确自动调节模型模拟验证，提高辐照温度调节响应速率及准确率。

1 辐照试验段混合气体导热系数

辐照装置内受试样温度的变化情况直接体现于不同配比浓度下混合气体介质导热系数，作为堆内控制的输入，与堆外控制的输出。本研究基于混合气体调节辐照试验温度工艺模型，结合实验数据，首先研究试验过程中混合气体中 He 占比、温度、压力对导热系数影响。

1.1 辐照试验段传热模型

辐照装置试验段辐照罐外筒外部和内筒内部为辐照孔道内冷却水，其传热方式为自然对流换热，试验过程中水温约为 65 ℃，辐照罐内的传热方式为带内热源的导热，辐照罐气隙处为气体导热，辐照试验段热传递模型如图 1 所示。实验中通过调节气体间隙混合气体配比，改变混合气体导热系数，进而改变温度传递，控制样品夹块温度。

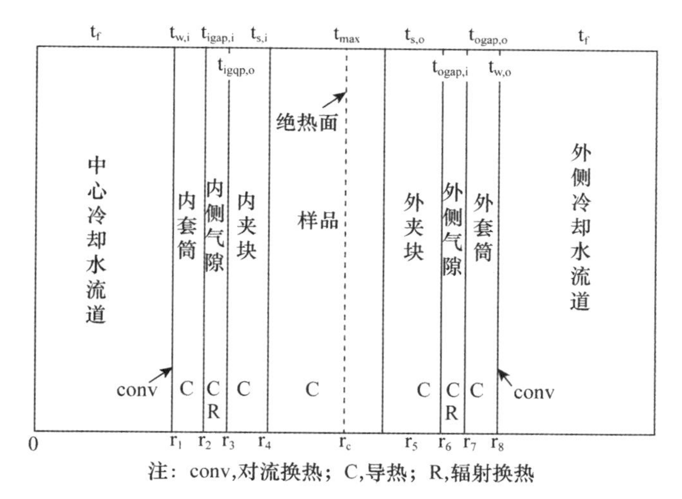

图 1 辐照试验段热传递模型

He 和 Ar 混合气体介质的综合传热系数，是影响试验过程中辐照罐内样品及夹块温度的直接关键因素，混合气体的耐导热系数不仅与混入其中的每种气体成分各自的导热系数有关，而且还和这些气体调节过程中所处环境的温度、压力有关。为正确分析混合气体对辐照温度影响情况，必须得到混合气体的导热物性参数，混合气体导热系数可由试验间接测量得到和计算得到。

为了使该模型直观反映混合气体导热控温的过程，简化的基于混合气体介质导热的材料辐照装置模型截面图，见图 2。图 2 中辐照罐外壳采用铝材料，其外径 $R_s=69$ mm，内径 $R_i=67$ mm。辐照罐内热源为辐照材料在堆内的释热，受试材料释热经夹块传递给混合气体介质，经混合气体介质，将热量经辐照罐外壳传递到堆内辐照孔道冷却水中。试验过程中分别在装置辐照罐外壳的内外表面安装传感器 A、B、C 测量管道温度，温度传感器为 K 型热电偶，精度为 0.1 ℃。实验中通过调节混合气体配比，改变混合气体导热系数，通过测控系统在线采集气体调节温度变化过程中各测量点温度、气体压力、流量等采集值。

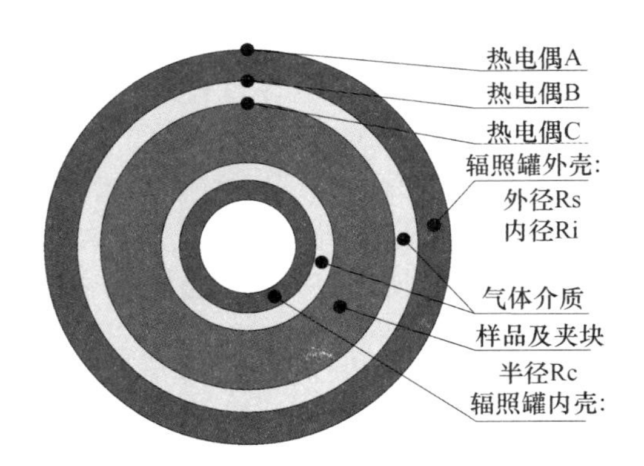

图 2　辐照装置简化模型截面

样品及夹块半径为 R_c，mm；辐照罐外壳的外径为 R_s，mm；内径为 R_i，mm，辐照罐垂直放置于辐照孔道冷却水中。当样品及夹块受辐照释热到热稳定时，夹块温度为 T_c，℃；辐照罐外壳内侧温度为 T_i，℃；外侧温度为 T_s，℃；辐照孔道冷却水温度为 T_{warte}，℃；λ_g 为气体介质的综合传热系数，W/(m·k)；λ_m 为辐照罐外壳材料的导热系数，W/(m·k)。散热达到稳定时，根据传热理论得[2-7]

$$\lambda_g = \frac{\ln \dfrac{R_i}{R_c}}{\dfrac{T_c - T_s}{R_s k(T_s - T_{warte})} - \dfrac{\ln \dfrac{R_i}{R_c}}{\lambda_m}} \tag{1}$$

参数 R_s、T_c、T_B、T_A、T_{warte} 由实验测量得到，h 由计算得到，并进一步由式(1)可得到气体介质的综合传热系数 λ_g。

混合气体介质的综合导热系数的也可以通过计算的方法得到，计算公式采用式为：

$$\begin{cases} \lambda = \dfrac{3.12\mu\phi}{M}(G_2^{-1} + B_6 y) + qB_7 y^2 T_r^{1/2} G_2 \\ G_2 = \dfrac{(B_1/y)[1 - e^{B_4 y}] + B_2 G_1 e^{B_5 y} + B_3 G_1}{B_1 B_4 + B_2 + B_3} \\ y = \dfrac{\rho v_c}{6} \\ G_1 = \dfrac{1 - 0.5y}{(1-y)^3} \end{cases} \tag{2}$$

式中，λ_g 为导热系数，W/(m·k)；μ 为混合气体黏度，Pa·s；V_c 为临界体积，cm^3/mol；$\phi = f(C_v, w, T_r)$；ρ 为摩尔密度，mol/cm^3；M 分子量，kg/mol；B_i 为偏心因子的函数，q 为特性参数。

1.2　辐照试验段混合气体导热系数分析

利用历史实验记录数据，通过辐照试验段传热模型计算公式(1)可得到导热氦氩混合系数，与直接利用混合气体导热系数计算方法(2)计算结果对比，计算误差为 2%。结合试验记录(温度、压力、氦气 He/氩气 Ar 占比)数据，在不同温度(15～400 ℃)、不同气压(0.1～0.4 MPa)及氦气占比(0～100%)下的导热系数。氦气占比为(0.0%、20.0%、50.0%、80.0%和 100%)温度和气压对导热系数的影响，如图 3～图 7 所示。

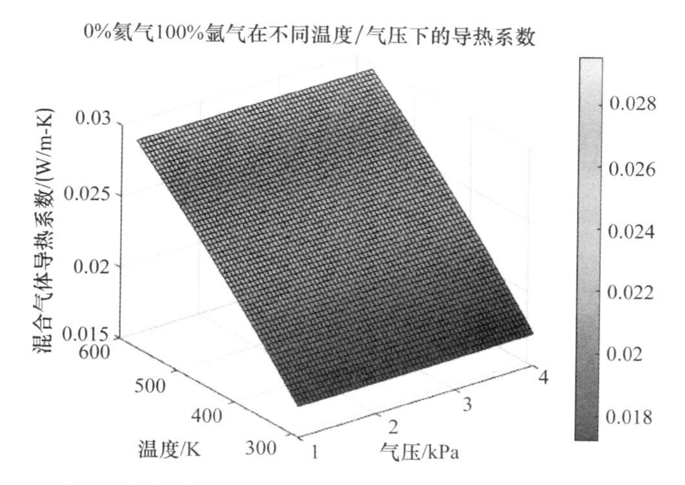

图 3 氦气占比为 0.0%时温度和气压对导热系数影响

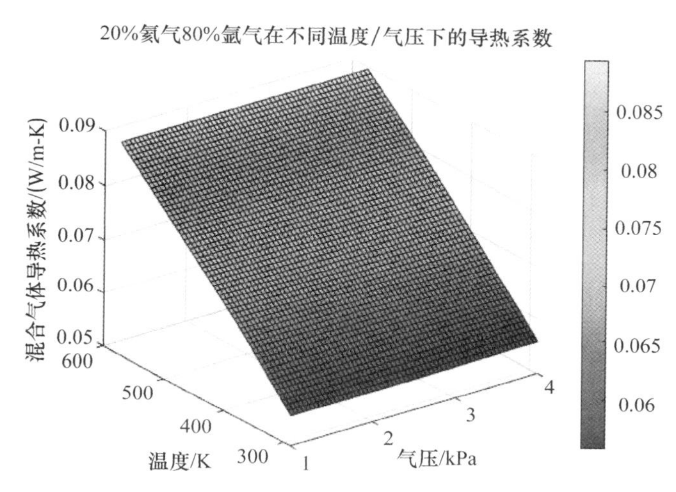

图 4 氦气占比为 20.0%时温度和气压对导热系数影响

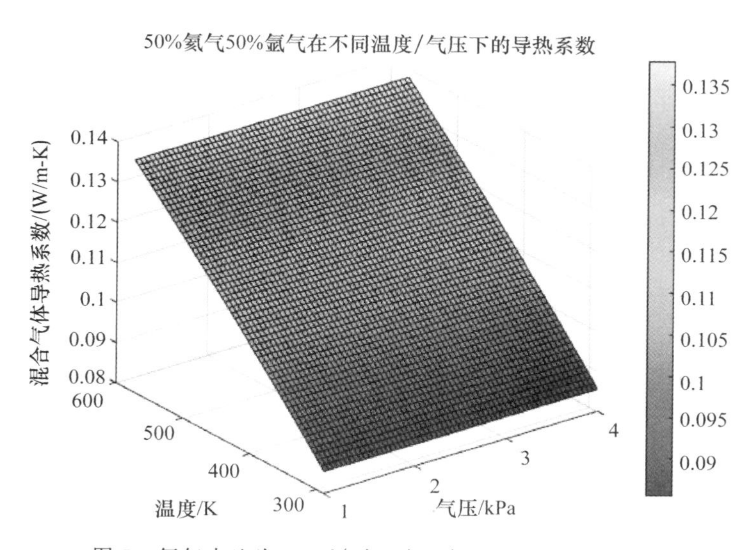

图 5 氦气占比为 50.0%时温度和气压对导热系数影响

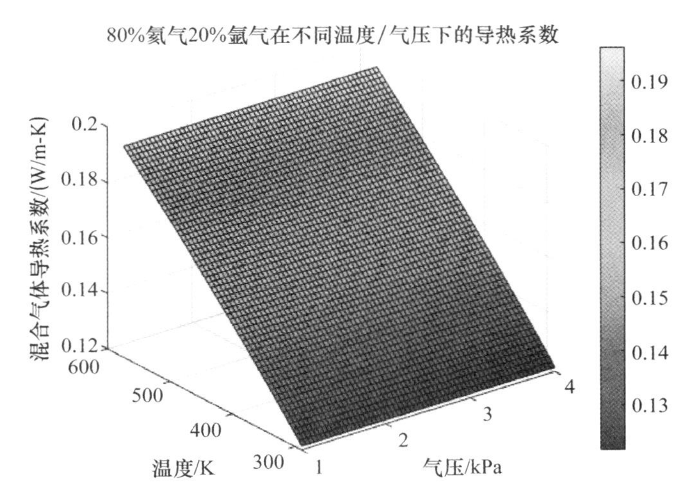

图 6　氦气占比为 80.0%时温度和气压对导热系数影响

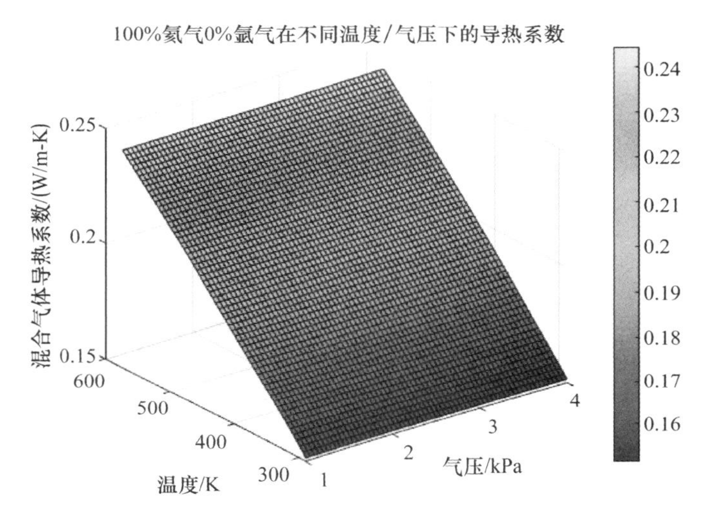

图 7　氦气占比为 100.0%时温度和气压对导热系数影响

可以得出相比于气压,不同温度对混合气体导热系数影响大,且随着温度的升高,混合气体导热系数也升高,而气压对混合气体导热系数几乎没有影响。同时可以得到,随着氦气占比不断增加,混合气体导热系数也增加。为探索混合气体氦气占比和温度对混合气体导热系数的影响,进一步得出气压为(0.1 MPa、0.2 MPa、0.3 MPa 和 0.4 MPa)下温度和氦气占比对混合气体导热系数的影响,如图 8～图 11 所示。

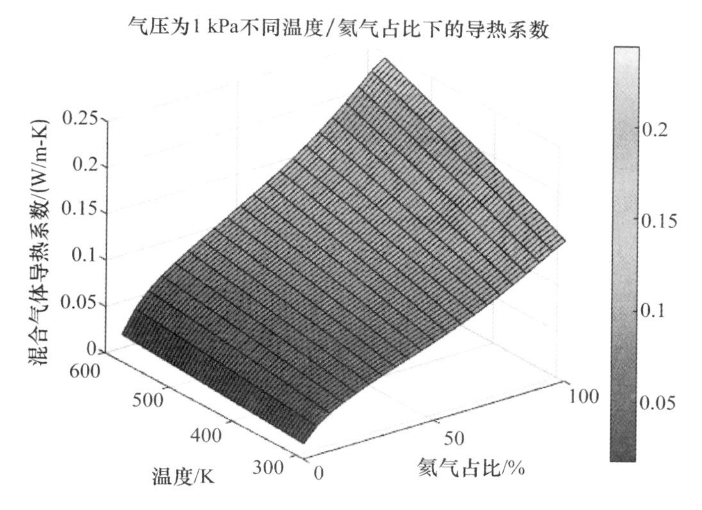

图 8　气压 0.1 MPa 下氦气占比和温度对导热系数影响

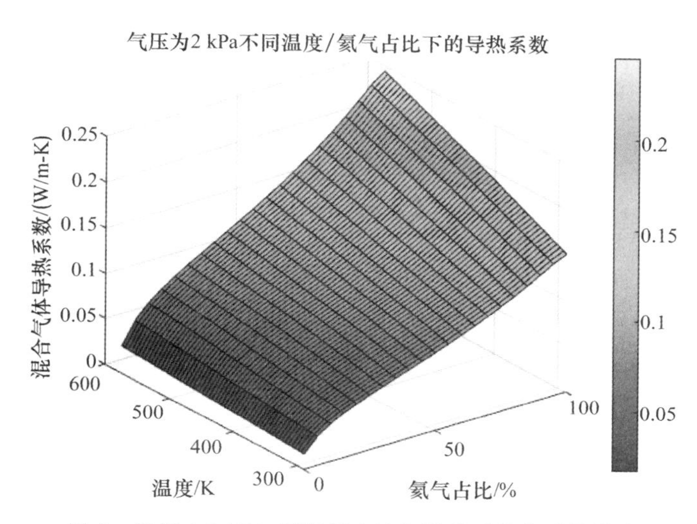

图 9　气压 0.2 MPa 下氦气占比和温度对导热系数影响

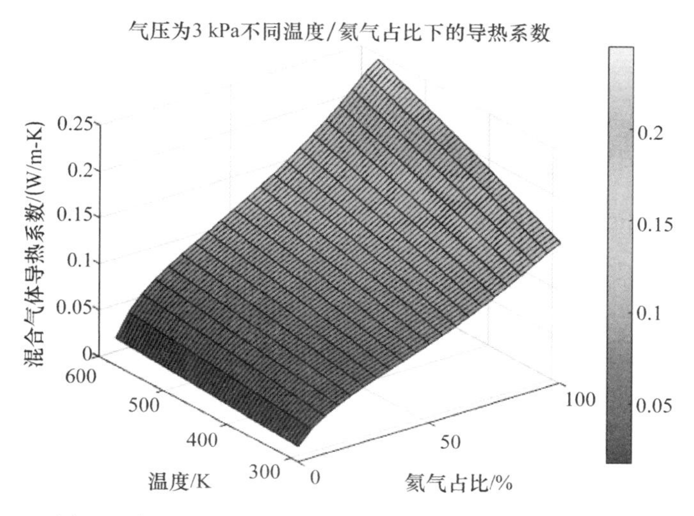

图 10　气压 0.3 MPa 下氦气占比和温度对导热系数影响

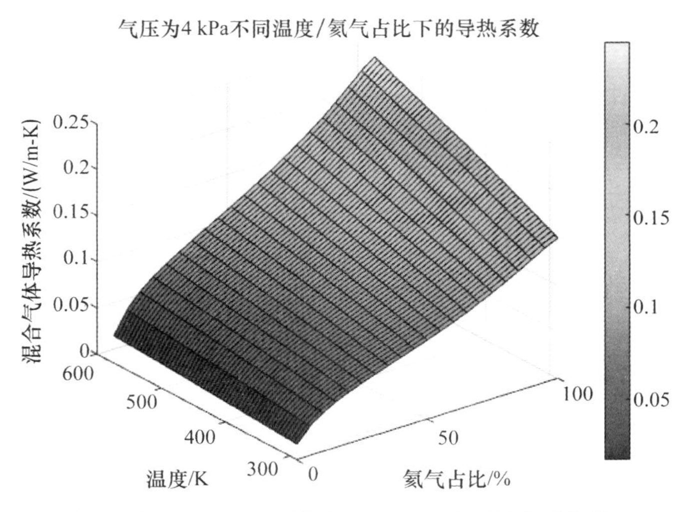

图 11　气压 0.4 MPa 下氦气占比和温度对导热系数影响

进一步得出相比于温度，不同氦气占比对混合气体导热系数影响大，且随着氦气占比的升高，混合气体导热系数也升高。而温度对混合气体导热系数影响较小，同时可以得到，随着氦气占比的增加，温度对混合气体导热系数影响增大。说明氦气占比、温度、压力对混合气体导热系数影响，氦气占比大于温度大于压力，混合气体温度对氦气的导热系数影响比对氩气导热系数影响大。

为定量表示氦气占比、温度、压力对混合气体导热系数的影响，采用主成分分析法研究变量之间的相关关系，通过变量相关矩阵内部结构的研究，找出控制所有变量的几个主成分，选取混合气体的氦气占比、温度、压力 3 个指标对混合气体导热系数影响状况进行分析，得出 3 个指标的相关系数矩阵和(见表 1)、特征值及贡献率(见表 2)。

表 1　评价指标的相关系数矩阵

相关系数	He 占比	温度	压力	导热系数
He 占比	1	3×10^{-18}	-1.3×10^{-19}	0.939 1
温度	3×10^{-18}	1	2.3×10^{-18}	0.306 5
压力	-1.3×10^{-18}	2.3×10^{-3}	1	5.5×10^{-4}
导热系数	0.939 1	0.306 5	5.5×10^{-4}	1

表 2　主成分特征值和累积贡献率

主成分	特征值	贡献率/%	累积贡献率/%
氦气占比	7 006.34	99.98	99.98
温度	0.775	0.02	99.998 8
压力	0.091	0	1

由表 1 可知，选取的指标变量之间的相关系数，其中氦气占比和导热系数之间相关系数达 0.939 1，表明氦气占比对导热系数产生直接影响。而温度和导热系数之间相关系数仅有 0.306 5，表明温度对导热系数影响较小。且压力和导热系数之间相关系数，氦气占比、温度、压力之间相关系数均约为 0，相互之间的影响可以忽略不计。表 2 是主成分个数的选取，一般情况下对于主成分个数的提取有两种方法：一种是提取特征值大于 1 的主成分，一种是提取累积贡献率达到 85%的主成分[8]。

用氦气占比主成分就能代表原有的 3 个原始变量，此时累积贡献率已经达到 99.98%，可以反映混合气体导热系数的变化趋势，达到了降维的目的[9]。仅考虑氦气占比、温度 2 个主成分就能完全反映混合气体导热系数的变化趋势。但温度贡献率仅有 0.02%，在控制系统设计过程中可以将温度导致的导热系数的变化忽略或考虑为小信号噪声干扰及后期补偿。

2 混合气体调节辐照温度控制系统模型

2.1 系统结构及控制参数

混合气体调节系统进行气体混合采用基于质量流量动态配置混合方法[10,11]，气体混合控制系统将通过质量流量控制器控制气体流量并进行实时检测，另外通过温度传感器实现检测由混合气体浓度改变引起的温度变化。本研究设计的气体混合系统的总体结构如图 12 所示。系统主要由气体流量控制模块、辐照装置以及测量控制系统三部分组成，其中了气体流量控制模块由电动阀和质量流量控制器组成，用于控制各路气体的开关以及流量大小；辐照试验温度检测部件集中在试验段辐照罐模块中，实时检测试验段测点温度值；测量控制系统主要由参数采集和气体流量控制系统两部分组成，满足试验人员及工程师人机交互和控制方法执行等功能。气体混合控制系统的混合配置原理是通过控制调节各路气体的实时流量，达到混合配置不同浓度混合气体的目的。

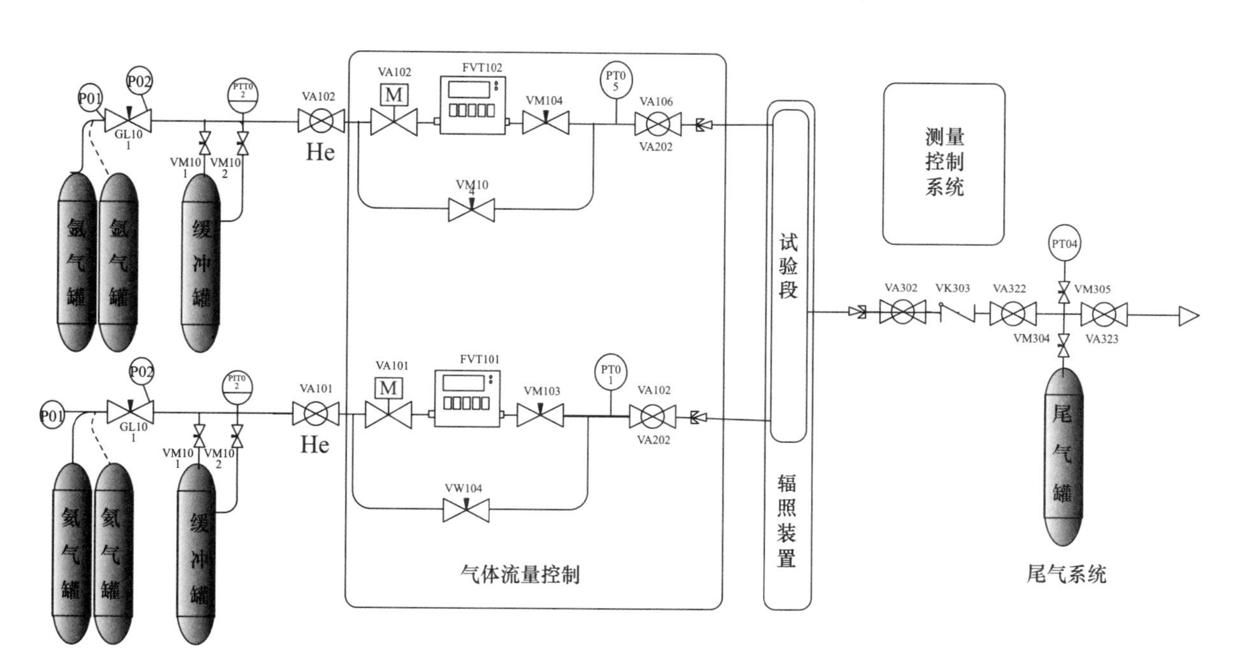

图 12 气体混合控制辐照温度系统的总体结构

本系统主要用于堆内材料实验，为试验过程提供理想配比气体介质环境而设计。因此，系统需要实现的主要功能是：

(1)配置不同浓度的氦气、氩气混合气体，以不同流量输出，满足各类材料辐照实验。

(2)实时检测混合后气体的输出流量和材料温度值。提高气体混合的控制精度，完善系统控制性能。

(3)实现温度实现闭环控制，在线自动调节，优化常规控制方法，提高系统控制性能，使系统能够快速输出高精度的温度。

根据材料堆内辐照试验特点，气体环境一般选用氦气、氩气的惰性混合气体。因此，本文选用以下参数作为气体混合控制系统的控制指标，如表 3 所示。

表 3 目标控制参数

参数	浓度		气体调节流量(SCCM)		温度范围	控制精度
	He	Ar	He	Ar		
指标	0～100%	0～100%	0～300	0～300	60～450 ℃	±1(%F.S)

(1)He 在混合气体中的浓度:0～100.0%,分辨率:0.1%;

(2)Ar 在混合气体中的浓度:0～100.0%,分辨率:0.1%;

(3)混合气体输入/出流量:0～30 mL/min,分辨率:0.1 SCCM;

(4) 各控制参数的精度均低于 1(%F.S)。

2.2 系统数学建模

在进行系统控制方法设计之前,需要建立系统数学模型对被研究系统的各类动态特性进行分析。由于设计的气体混合温度控制系统内部结构复杂,存在多个模块。故结合实验数据,采用系统辨识的方法进行控制系统建模。

系统模型建立实验是在上述设计的基于混合气体调节辐照试验温度平台上建立的,结合通过混合气体调节辐照试验温度工艺,分别对由调节 He/Ar 气体进气流量形成所需浓度配比的混合气体配比调节环节和对由调节混合气体配比形成所需试验温度的温度调节环节进行模型建立。实验过程采集正常工作状态下多组调节混合气体过程中实时反馈各路气体调节流量及温度值并记录。每一组采集时间是从系统开始气体调节工作到 He/Ar 混合气体配比值稳定和温度值稳定,采样时间为 1 s。然后将采集到的多组数据进行平均处理,分别绘制出混合气体配比和温度变化曲线。

混合气体配比调节环节设定的系统参数是混合气体配比,输入参数为 He 和 Ar 单独气体回路流量,气体混合控制系统的混合配置原理是通过控制调节各路气体的实时流量,达到混合配置不同浓度混合气体的目的。已知气瓶 1(氦瓶)中 Ar 占比为 C_1,气路流量为 M_1;气瓶 2(氩瓶)中 Ar 占比为 C_2,气路流量为 M_2;需要配置的混合气体中 Ar 占比为 C,输出流量为 M。可得到 $M_1=CM$,$M_2=(1-C)M$;以温升为例,选取混合气体 Ar 占比为某一确定值时后,绘制出 Ar 占比升高曲线如图 13 所示,纵坐标表示目标气体的 Ar 占比变化。

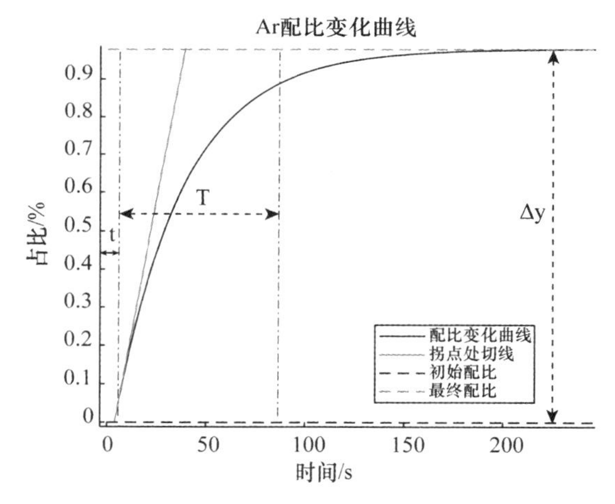

图 13 气体配比浓度变化曲线

得到的曲线图近似为 S 型,因此认为该系统具有一阶延迟系统的特点,数学模型的传递函数可以表示为:$G(s)=\frac{k}{Ts+1}e^{-\tau s}$,其中 K 为静态增益;时间常数为 T 和延迟时间为 τ [12]。一阶延迟系统的参数可以通过响应曲线法[13,14]获取，响应曲线法的实施过程是首先找到曲线的拐点，然后作该点的切线，τ 是切线与初始状态时间轴的交点，T 是从 τ 开始到切线和稳定状态的交点之间的差值[15]，$K=\frac{\Delta y}{\Delta u}$，$\Delta u$ 是输入信号的阶跃值。通过响应曲线法对图 13 进行处理得到调节混合气体导热系数导致温度变化的系统数学模型近似为：$G(s)=\frac{0.96}{36s+1}e^{-5s}$。

温度调节环节设定的系统参数是温度值，输入参数为 He/Ar 混合气体配比，选取混合气体 He 占比为某一确定值时后，绘制出温升曲线如图 14 所示，纵坐标表示目标气体的配比浓度引起导热系数改变后导致温度变化。

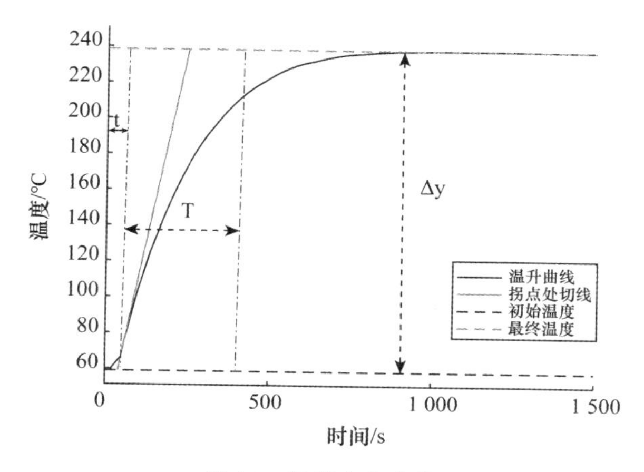

图 14　温度变化曲线

同理通过响应曲线法对图 14 进行处理可得到调节混合气体 Ar 配比导致温度变化的系统数学模型近似为：$G(s)=\frac{0.000\ 484}{s+0.002\ 189}e^{-19s}$。

结合实际基于混合气体调节辐照温度的工艺，混合气体配比调节环节和温度调节环节构成的串级控制模型为一个二阶滞后系统，模型为：

$$G(s)=\frac{0.000\ 474\ 3}{35s^2+1.077s+0.002\ 189}e^{-13s}$$

2.3　混合气体调节辐照温度 PID 串级控制

基于混合气体控制辐照试验样品温度主要是为辐照试验罐内气隙夹层提供实验所需浓度的混合气体，进而改变导热系数，控制温度传递。在辐照试验中需要快速获得理想温度下对应的混合气体配比（导热系数），因此控制系统主要需要解决两方面问题：一是配置混合气体速度问题，二是混合控温过程中目标参数的精度问题。

气体混合控制系统的工作原理是通过精确控制各路气体流量实现不同配比的混合气体。系统的配比混合精度和调节时间主要受到质量流量计及和阀等流量控制器件的影响，但是这些器件本身存在非线性和延迟特性。目前，工业上常采用 PID 对这类气体混合装置进行控制。

PID 控制是一种被广泛应用的线性控制方法，其控制原理如图 15 所示，通过期望输出 $r(t)$ 和实际输出的 $y(t)$ 获得它们的偏差值 $e(t)$，然后将偏差值 $e(t)$ 和比例 P、积分 I 和微分 D 系数进行线性组合得到控制输出量 $u(t)$，如式(3)所示，控制输出量对被控系统进行调控，改善实际输出值，最终实现期望输出。

$$u(t)=k_p e(t)+k_i\int_0^t e(t)\mathrm{d}t+k_d\frac{\mathrm{d}e(t)}{\mathrm{d}(t)} \tag{3}$$

基于混合气体控制辐照试验样品温度的系统，是由混合气体配比调节环节和温度调节环节构成的串级控制系统，设计的双闭环 PID 串级控制系统结构图表示如图 15 所示。

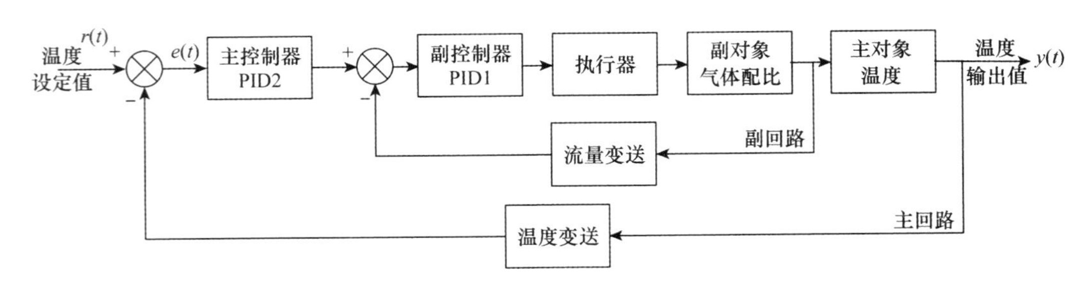

图 15　系统闭环串级控制结构图

图 15 中，主对象为辐照罐温度调节，副对象为混合气体配比调节，将主对象温度的给定值和反馈值做偏差后作为主控制器的输入，经过主控制器运算后其输出为副控制器的气体配比给定值，并将此给定值与调气系统的出口配比反馈值做偏差作为副控制器的输入信号，内部回路的主要作用是尽可能快的消除气体配比的扰动和其他进入副回路的二次扰动，其影响可以通过副回路加以克服，外回路的控制器，确保温度保持稳定，并克服一次扰动的影响，主副回路协调配合可使控制效果达到最优。

本文拟采用在响应曲线法求取系统模型的基础上实现改进的 ZN 公式法方法取代人工调节 PID 参数作为仿真实验研究的对照。基于 ZN 公式法优化 PID 参数与系统数学模型参数的对应关系是：$k_p=\frac{1}{\delta}=\frac{T}{0.85K\tau}$；$k_i=\frac{k_p}{\tau_i}=\frac{T}{1.7K\tau^2}$；$k_d=k_pT_d=\frac{T}{1.7K}$，其中 k、T、τ 分别是系统的静态增益、时间常数和延迟时间。结合调气控温数学模型，先对副回路（气体配比调节环）参数整定，得到 PID1 参数为 $k_{p1}=3.8$，$k_{i1}=0.11$，$k_{d1}=34.4$。后对主回路（温度调节环）参数整定，得到 PID2 参数为 $k_{p2}=2.5$，$k_{i2}=0.04$，$k_{d2}=5.3$。

2.4　模型仿真实验结果分析

以 He/Ar 混合系统为对象进行仿真实验时，输入信号 r(t)选取的单位阶跃信号，这是模拟试验温度设定瞬间，采样时间 t 为 1 s。主副回路分别引入 P、PI、PID 不同方法控制系统的输出阶跃响应曲线，结果如图 16 所示。对实验结果曲线进行量化分析得到表 4。

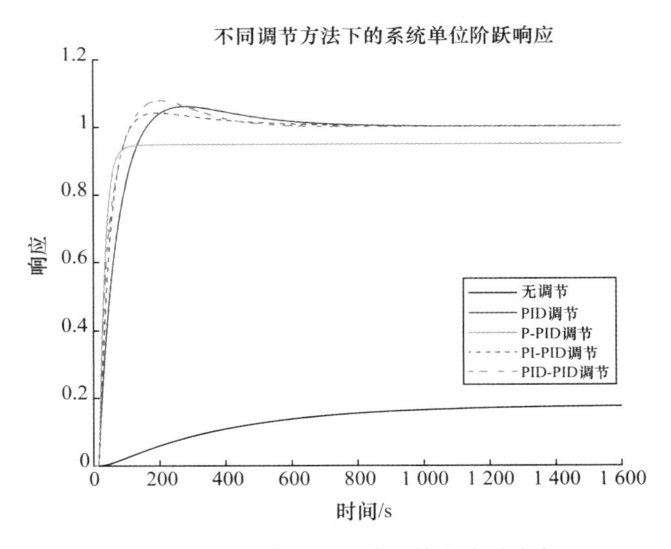

图 16　不同控制方法系统的输出阶跃响应

表 4　不同控制方法系统仿真实验量化特性参数

调节方式	最大超调量/%	上升时间/s	稳定时间/s	稳定态误差/%
无调节	0	836	1121	82.46
PID	5.851	97.58	279	0
P-PID	0	37.265	200	5.29
PI-PID	3.64	61.150	193	0
PID-PID	8.152	61	203	0

对比图 14 与表 4 可知，不加 PID 输出阶跃响应的最大超调量为 0，但上升时间(即第一次到达设定值的 90%[16])为 836 s，系统温度响应时间慢，稳定时间达到 1 121 s，温度响应需要很长时间才达到稳定，且存在 82.46%的误差，在串级系统中加入 PID 调节后，上升时间为减少为 97.58 s，很大程度提高温度调节速度，同时稳定时间减小为 279 s，能够快速达到稳定温度，在温度主回路添加 P 调节，调气副回路为 PID 调节时，上升时间进一步减少为 37.265 s，同时稳定时间减小为 200 s，温度稳定后任然存在 5.29%的温度误差，进一步主回路引入 PI 调节，调气副回路为 PID 调节时，相比于 P 调节，PI 调节消除了温度调节温度后的误差，系统仍具有一定程度的超调量为 3.64%，上升时间减少为 61.15 s，稳定时间减小为 193 s，继续在主回路引入 PID 调节，调气副回路为 PID 调节时，系统的超调量为 8.152%，上升时间为 61 s，稳定时间减小为 203 s。结合实际辐照试验过程中材料的辐照温度是在一定温度区间内调节的，过大的超调量无疑会增加温度调节的范围，使试验温度调节过程中，温度容易超出试验要求范围，且控温精度要求系统不能存在稳态误差，而 PI-PID 调节输出响应的最大超调量约为 3.64%，另外，上升时间仅为 61.15 s，稳定时间为 193 s，且没有稳态误差，能够在没有调节后偏差的情况下，既兼顾了温度的可调节范围，又最大程度避免温度调节超出试验要求的温度范围，同时还保障了试验温度调节的快速响应和缩短温度达到设定所需温度时间，是最优选择。

基于 PI-PID 控制温度的模型，以初始设定温度为 250 ℃，进过 500 s 后，将温度调整到 300 ℃，经过 1 200 s 后，将温度调整到 150 ℃为例，进行控制方法验证实验，温度自动调节的结果如图 17 所示。温度的变化能够迅速跟随设定输入的变化，说明利用 PI-PID 控制试验温度方法可行，适用于基于气体混合控制的辐照试验温度调节系统，能够使系统获得较好的控制性能。

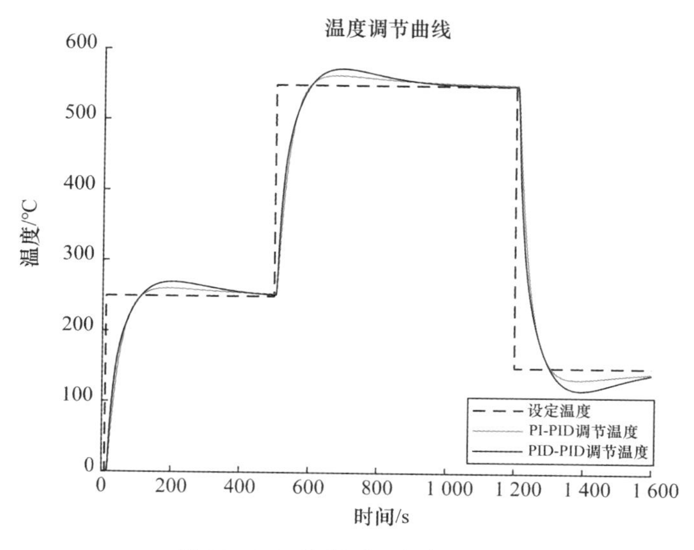

图 17　PID 控制下温度自动调节

3 结论

本研究基于混合气体调节辐照试验温度工艺模型，结合实验数据，首先研究了试验过程中混合气体中 He 占比、温度、压力对导热系数影响，利用主成分分析（PCA）方法分析试验数据表明，影响混合气体导热系数变化最直接的因素是混合气体中 He/Ar 配比，相关性系数达到 0.939 1，对导热系数变化贡献率达 99.98%，温度对混合气体导热系数变化有微弱影响，相关性仅 0.306 5，对导热系数变化贡献率仅 0.02%；而压力对混合气体导热系数变化影响可忽略。故在基于混合气体导热系数调节辐照温度系统模型可仅考虑为混合气体中 He/Ar 配比单输入导致温度变化单输出（SISO）系统，利用系统辨识方法，建立了控制系统数学模型，模型测试准确率为 95.2%，同时，完成了混合气体调节辐照温度的闭环串级反馈控制模型分析与验证，对控制模型引入 PID、P-PID、PI-PID、PID-PID 控制进行对比，结果表明基于 PI-PID 控制的温度调节系统，调节输出响应的最大超调量仅为 3.64%，上升时间仅为 61.15 s，稳定时间为 193 s，消除了稳态误差，能够在满足温度调节所需精度的情况下，既兼顾了温度的可调节范围，又最大程度避免温度调节超出试验要求的温度范围的风险，同时还保障了试验温度调节的快速响应和缩短温度达到设定所需温度时间，提高温度调节效率与水平。故本研究利用 PI-PID 控制试验温度方法可行，适用于基于气体混合控制的辐照试验温度调节系统，能够使系统获得较好的控制性能。对实现基于混合气体调节辐照温度的先进过程控制实现与研究具有很强的指导意义。

参考文献：

[1] 杨文华，赵国正，张亮，等. 高通量工程试验堆辐照试验能力和辐照试验技术[J]. 核动力工程，2018，06(1)：168-172.

[2] KREPPERE，RZEHAK R. CFD for subcooled flow boiling：Simulation of DEBORA experiments[J]. Nuclear Engineering and Design，2011，241：3851-3866.

[3] XING Weijun，LI Kang，ZHANG Guoqiang，et al. Experimental study on the cooling performances of gas mixtures with Fluorocarbon used in gas Insulated transmission line[C]//Proceedings of the 13th International Conference on Electrical Machines and Systems（ICEMS2010）.Incheon：IEEE，2010：1469-1472.

[4] KOCH H，CHAKIR A. Thermal calculations for buried gas-insulated transmission lines and XLPE-cable[C]//Power Engineering Society summer meeting. [S.l.]：IEEE，2001(2)：857-862.

[5] XING Weijun，LI Kang，ZHANG Guoqiang，et al. Partial discharge performances under non-uniform electric field in gas mixtures with small fluorocarbons[C]//Proceedings of the 12th International Conference on Electrical Machines and Systems 2009（ICEMS2009）.Tokyo：IEEE，2009：1-4.

[6] CHAKIR A，KOCH H. Turbulent natural convection and thermal behavior of cylindrical gas-insulated transmission lines[C]//Power Engineering Society summer meeting. [S.l]：IEEE，2001：162-167.

[7] 张学学，李桂馥.热工基础[M].北京：高等教育出版社，2000.

[8] 郃淑彩，孙韫玉，何娟娟. 应用数理统计[M]. 武汉：武汉大学出版社，2005：248-256.

[9] XUE Wei. SPSS Statistical Analysis Method and Its Application[M]. Beijing：Publishing House of Electronics Industry，2013：262-279.

[10] 李银华，朱志鹏，部松海.基于 mfc 自动配气系统设计与仿真[J]. 仪表技术与传感器，2016，(5)：76-8.

[11] 王成鑫，余愚，梁佐兴，等.动态可调配气控制系统的设计[J]. 液压与气动，2013，(10)：50-3.

[12] Bagheri P，Khaki SedighA.AnalyticalApproach to Tuning of Model Predictive Control for First-Order Plus Dead Time Models[J]. Iet Control Theory & Applications，2013，7(14)：1806-17.

[13] Shi D，Chen T. On Finite-Horizon Optimal Control of First-Order Plus Time Delay Systems[C]//Control and Decision Conference，2015：156-62.

[14] Padula F，VisioliA. On the Fragility of Fractional-Order Pid Controllers for Fopdt Processes[J]. Isa Transactions，2016，60(228.

[15] 欣斯基，萧德云，吕伯明.过程控制系统——应用、设计与整定(第 3 版)[M]. 清华大学出版社，2004.

[16] Franklin G F, Powell J D, Emami-NaeiniA.自动控制原理与设计[M]. 电子工业出版社，2014.

Analysis of key physical parameters and PI-PID control system for irradiation temperature process of gas-regulated nuclear material

ZHANG Wen-long, YANG Wen-hua, SUN Sheng,
ZHAO Wen-bin, JIN Shuai, XU Ling-jie, XU Bin
(Nuclear Power Institute of China, Chengdu of Sichuan 610213, China)

Abstract: The accuracy of the sample temperature control in the tank irrational device is directly reflected in the accuracy of the thermal conductivity control of the mixed gas medium, In order to establish the method of automatic adjustment and control of the material irradiation test temperature, a new ausiliary means is provided for the advanced process control of the irradiation test temperature control. Based on the process model of adjusting irratiation temperature of mixed gas and the experimental data, the thermal conductivity of mixed gas temperature and pressure on the thermal conductivity of mixed gas was studied. Further, the mathematical model of the control system is established by using the system identification method. Finally, the closed-loop feedback control model of the mixed gas adjusting irradiation temperature is analyzed and verified, and the control model is introduced into the PID, P-PID, PI-PID, PID-PID control to compare. According to the results, the most direct factor affecting the change of thermal conductivity of mixed gas is the proportion of He in mixed gas, the correlation coefficient is 0.9391, the contribution rate is 99.98, and the temperature has a weak effect on the change of thermal conductivity of mixed gas, the correlation is 0.3065, the contribution rate is only 0.02. The influence of pressure on the change of thermal conductivity of mixed gas is negligible. As a result, the control system model based on the mixed gas regulated irradiation temperature control system can be considered as a single input single output (SISO) system, and the mathematical model of the control system established by the system identification method is used. The accuacy of the model test is 96.2%. The control model PID, P-PID, PI-PID, PID-PID control comparison results show that the maximum overshoot of the output response is only 3.64%, the rise time is only 61.15s, the stability time is 193s, and there is no steady-state error. Therefore, the model of this study is reasonable to consider the input factors, and the established control system method can not only take into account the adjustable range of temperature, but also avoid the risk of temperature regulation exceeding the temperature range required by the test to the maximum extent, at the same time, it also ensures the rapid response of the test temperature regulation, shortens the temperature time to reach the set temperature, and improves the efficiency and level of the temperature regulation. It is suitable for irradiation test temperature regulation system based on gas mixing control, which can make the system obtain better control performance. It has strong guiding significance for the realization and research of advanced process control based on mixed gas adjusting irradiation temperature.

Key words: irradiation test temperature; mixing gas thermal conducticity; system identification; closed loop feedback control; PID control

HFETR 2 000 kW 回路稳压器波动管数值分析

和佳鑫,金　帅,戴钰冰,孙　胜,汪　海,张　亮,毕姗杉
(中国核动力研究设计院,四川 成都 610005)

摘要:稳压器波动管中的热分层及疲劳效应是限制2 000 kW辐照考验回路运行参数的重要原因之一。为评价参数调整后回路安全特性,通过流固耦合分析和有限元分析,获得了波动管在缓慢波出条件下的温度场及应力分布,分析了波动管两端流体温差及流速对管道流场及温度的影响。在此基础上,结合疲劳效应评估了不同温差条件下波动管应力强度水平。结果表明,提高温差后波动管在缓慢波出工况下仍满足应力安全限制。本研究为考验回路运行参数调整及波动管设计优化提供了一定参考。

关键词:稳压器波动管;热分层;流场分析;应力分析

HFETR(高通量工程试验堆)2 000 kW考验回路中的稳压器波动管具有缓冲压力波动、过度流体温差及补充稳压器水量的重要作用,是考验回路关键压力边界,属于核安全一级设备。但其特殊结构及流动传热特性易导致热分层、湍流穿透及热冲击等现象,产生非预期形变及支撑载荷并加重疲劳损伤,对系统安全性造成威胁。NRC于1988年发布88－08[1]公告及88－11[2]公告,要求业主按美国最新ASME规范,对热分层下稳压器波动管的完整性进行评定。

国内外对波动管的研究分数值及实验两种。数值研究中存在计算流体力学(CFD)的k-ω或SST模型计算三维流场[3]、流-固耦合计算应力分布[4]和流-热-固耦合计算瞬态应力[5]等多种研究方式,流-热-固多场耦合方式计算结果更接近实际;实验研究中,美国和法国通过大量实验及理论研究均开发了工程级热分层快速分析方法[6],我国也进行了波动管实验监测及理论分析[7,8],也开发过结构评价分析程序[9],但还未形成规范的分析评定标准。

本文采用CFD方法及低雷诺数k-ε模型,以高温高压辐照考验回路稳压器波动管为对象建立了三维全尺寸数值分析模型;采用单向流固耦合法对稳态波出工况波动管流场、温度场进行了计算,并分析了流体温差、主流速度变化对温度场影响;通过对波动管整体及局部应力分析、疲劳分析验证了其可靠性。分析结果在实际运行和工程设计中发挥了重要作用。

1　波动管结构及工况介绍

1.1　波动管物理模型

高温高压辐照考验回路稳压器波动管几何结构和管道及流体材料特性分别如图1和表1所示。图1中标注A、B、C并圈出展示部分分别为与主流相连竖直T型管段、与稳压器相连水平管段和半圆弯头管段示意图。

表1　稳压器波动管材料及流体特性

参数	值
管道材料	06Cr18Ni9Ti
管道内径 D_i/mm	37
管道壁厚 d/mm	5.5

作者简介:和佳鑫(1995—),男,研究实习员,硕士生,现主要从事研究堆辐照试验热工水力分析科研工作

续表

参数	值
管材弹性模量 E/MPa	1.832×10^{5}
管材泊松比 ν	0.3
管材线膨胀系数 α	1.695×10^{-5}
管道热导率 k/[W/(m·K)]	18.7
稳压器水温 T_a/K	608.15
热管段水温 T_b/K	523.15
稳压器压力 P_1/MPa	13.3
主冷却剂流速 V/(t/h)	5.3

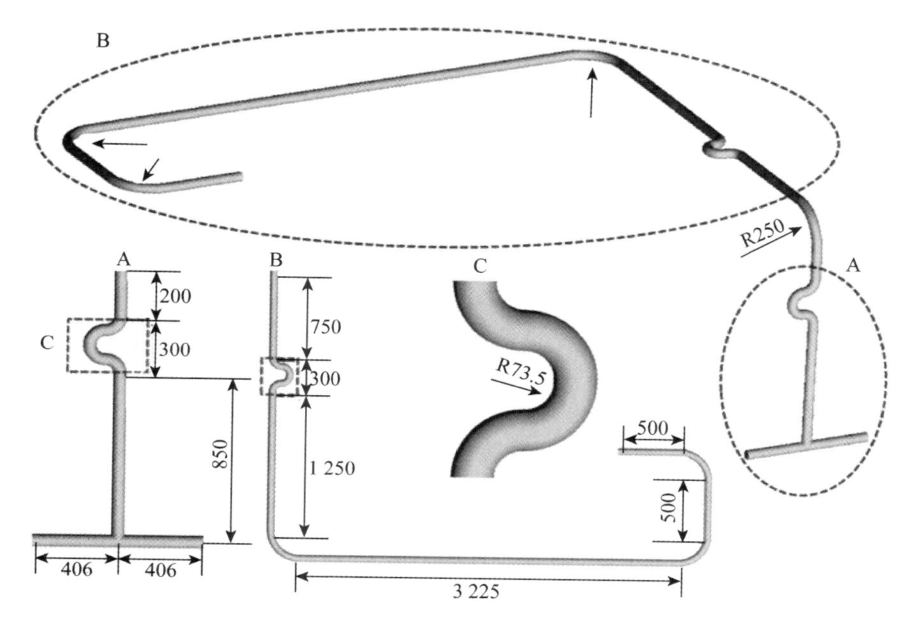

图 1 稳压器波动管结构示意图(mm)

1.2 模拟工况

根据高温高压辐照考验回路运行方式及运行数据可知,运行中波动管内主要存在两种流动状态,一种是由于稳压器补水造成的热管段低温冷却剂快速波入,一种是正常条件下稳压器高温流体小流量缓慢波出。由于快速波入工况的流速较快,不易形成热分层现象,故选取缓慢波出工况作为主要计算工况。

缓慢波出工况下,由于波动管内流速远远小于热管段内冷却剂流速,热管段和波动管之间将存在较强的湍流冲击作用,涡流的作用下热管段内的冷流体有少量进入波动管。来自热管段的冷流体成为热分层效应的冷流体源。根据运行需求设定初始状态下,波动管内充满与稳压器相同温度的608.15 K流体,来自稳压器的高温流体以 8×10^{-4} m/s 的速度涌入与之相连的波动管水平部分,主冷却剂热管段的 523.15 K 冷流体流量保持 5.3 t/h。此时主冷热管段雷诺数约为 3.6×10^{5},波动管内流体雷诺数约为 207.4。

2 流场分析

2.1 网格划分

采用 CFD 法对稳压器波动管流场进行数值模拟。由于热膨胀导致的形变相对于管道整体长度来讲较小，不足以对管内流场产生明显改变，而波动管两端流体较大温差导致的管道热应力却较大，因此将问题简化为单向耦合传热情况。

在综合考虑时间成本、模型的收敛性以及模型的应用成熟度后，选择低雷诺数 模型进行计算。由于稳压器波动管壁外保温层的存在，因此将管外壁进行绝热处理，并且不考虑流体进出口端面对流体温度的影响。

2.2 模拟结果及分析

经过数值仿真软件计算得到相关的温度分布云图如图 2 和图 3 所示，其中图 2 为 FLUENT 采用不可压缩流体模型计算得出的 85 ℃温差条件下波动管的温度分布云图，图 3 为采用可压缩流体模型计算得出的 85 ℃温差条件下温度分布云图。

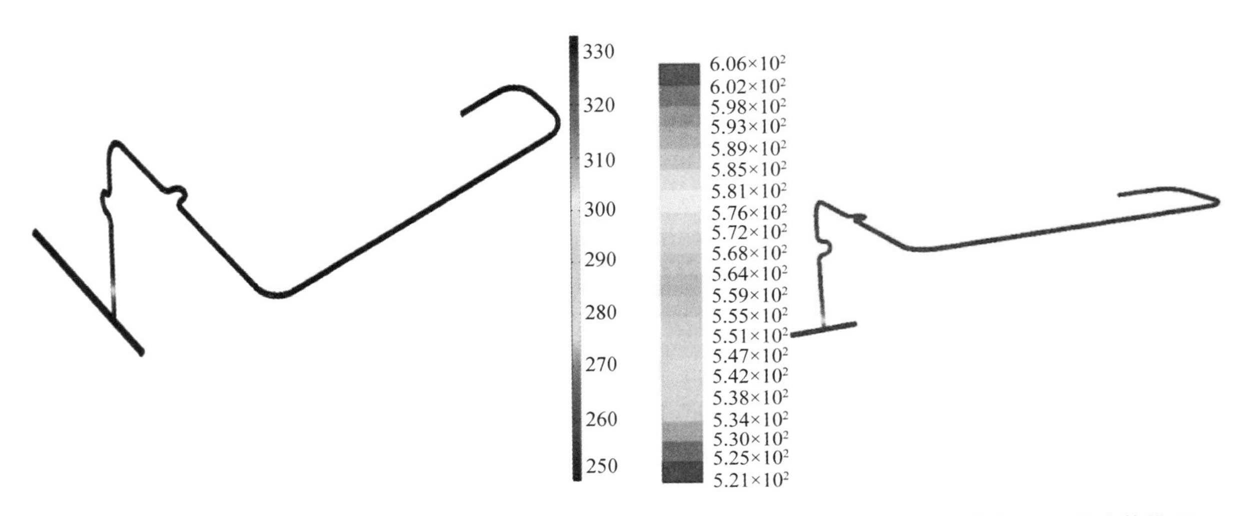

图 2　85 ℃温差波动管温度分布(不可压缩模型)　　图 3　85 ℃温差波动管温度分布(可压缩流体模型)

从云图上可以看出两者温度云图的分布基本相同。由于垂直管段的存在，图 2 和 3 中水平管段处均未出现温度热分层现象，而温度梯度最大值出现在 T 型管的垂直管段处。坐标原点定于波动管于稳压器接口端面中心处，图 4 为竖直方向分别选取－1.29 m、－1.32 m、－1.35 m 和－1.38 m 处的管截面温度分布云图。

从图 4 更为直观的看到流体冷热的交界面，分析可知管壁的温度梯度要小于流体之间的温度梯度，这主要是因为管壁金属导热系数大于水的，从而削弱了温度梯度。

波动管竖直 T 型管段流场分布如图 5 所示，在主管和支管的交界处确实存在湍流涡，冷热流体进行了热量和动量的交换。但由于波动管与主冷却剂热管段连接处存在一段足够长的竖直管段，此状态下湍流冲击效应仅作用于竖直段内，而来自主冷热管段的冷流体对水平段流场及温度影响较小，无法提供水平段热分层所需的足够冷源，可以极大减弱热分层现象。

3 应力分析

3.1 有限元模型

在流场分析基础上，综合考虑稳压器波动管与相关装置间连接关系及载荷，利用 ANSYS_

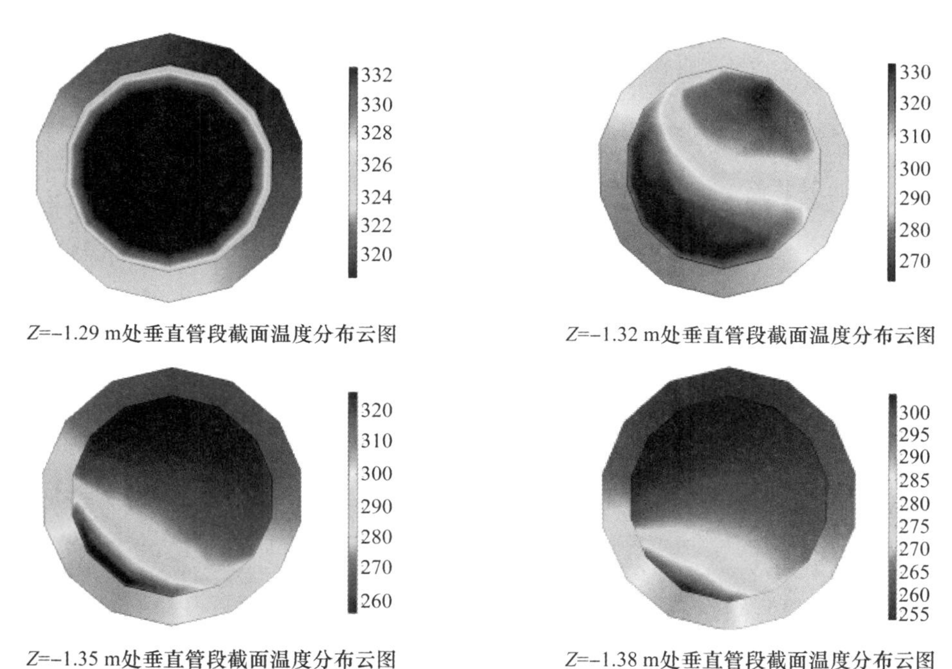

图 4　垂直段处管截面温度分布云图

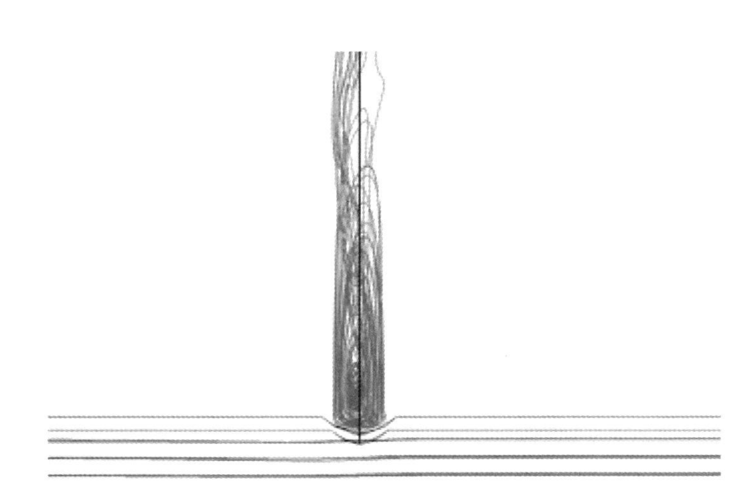

图 5　T 型接管处的局部流线

Mechanical APDL 对波动管进行有限元建模，在设定的极限热分层条件和不同温差条件下进行了应力计算及疲劳分析。由于波动管与稳压器中部和主管道热段相连，根据实际安装情况和管道支架布置，分别在波动管与稳压器接口处及主管道热段两端设置了约束条件。

3.2　应力分析结果

虽然上述缓慢波出工况流场分析中未出现明显热分层现象，但由于计算未能覆盖复杂瞬态工况，出于保守考虑仍对回路波动管进行了一种极端工况下高温差的热分层效应分析。经过文献调研和热工水力分析，选取的极端热分层典型工况为：初始时刻回路冷却剂流量较大且波动管正波入速率较大，T 型三通管处湍流冲击可将较冷水冲入上端水平管段，之后波动管流量反转并保持较小的波出速率。此时将在靠近垂直管的水平管段出现热分层现象，设定条件下波动管局部温度分布如图 6 所示，波动管热膨胀应力分布如图 7 所示。

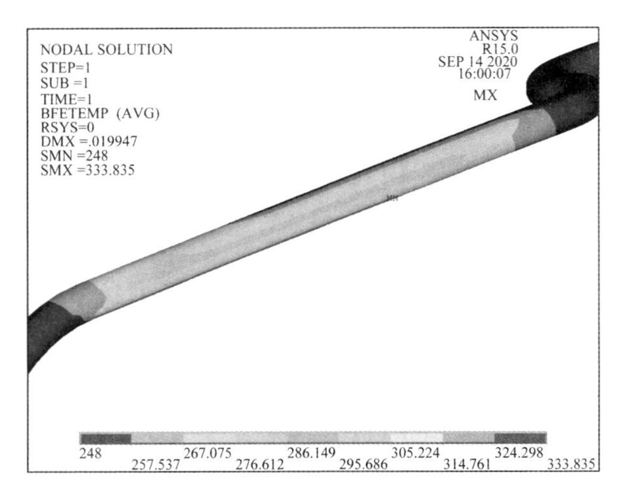

图 6　波动管局部温度分布

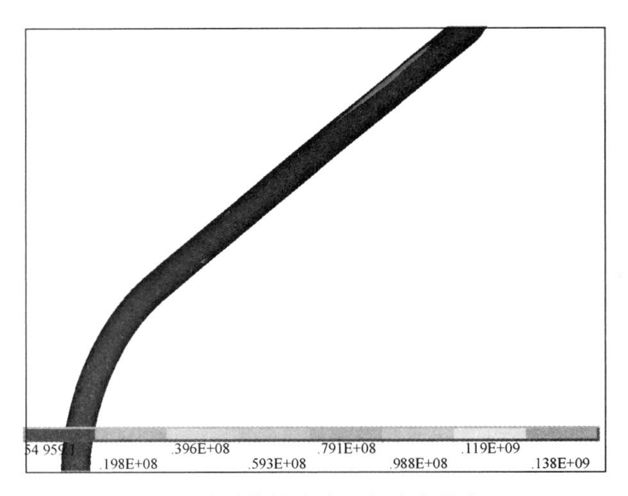

图 7　波动管热膨胀局部应力分布

在考虑热分层的温度载荷、内部压力载荷以及自重载荷等条件各自作用下，波动管整体产生应力结果按照 RCCM 规范[10]中 C-3652 和 C-3653 准则进行评定。其中温度变化载荷分启停堆和运行两种。由于启停堆温度变化速率较小，故不考虑变化载荷；运行工况下温度变化主要由于补水操作，依据考验回路运行记录统计分析，稳压器液位变化一个周期约 20 h。

自 1998 年以来，按照共 80 炉段、每炉段运行 30 天、波动管补水所承受的温差 60 ℃冷热各一次、可用系数为 2，则温度循环次数为 80×30×2×2=9 600 次；则在高温高压辐照考验回路服役期间，温差载荷载荷次数为 9 600 次。波动管材料均为 0Cr18Ni9Ti，无由异种材料所引起的循环载荷。故循环载荷共 9 760 次，对应应力范围减弱系数为 0.9，为保留工程裕度取减弱系数为 0.8。

表 2　各工况下最大热应力 σ_m 及总应力 $\sigma_m+\sigma_b$　　MPa

工况	85 ℃极限热分层		85 ℃正常稳态		120 ℃正常稳态	
应力	σ_m	$\sigma_m+\sigma_b$	σ_m	$\sigma_m+\sigma_b$	σ_m	$\sigma_m+\sigma_b$
波动管	39.99	84.6	41.85	86.46	66.95	111.56
安全裕度	133.2	244.2	133.2	244.2	133.2	244.2
安全裕度%	69.9	65.35	68.6	64.6	49.73	54.31

缓慢波出工况下，波动管两端流体温差 85 K 时结构最大位移约为 21.2 mm，整体最大热应力 39.99 MPa，总应力为 84.6 MPa，仍满足工程设计寿期要求。为探究流体温差对管道安全性能影响，将波动管调整为 120 K，也进行了缓慢波出工况下应力计算及评定。各条件下波动管最大热应力、总体载荷应力及限值大小见表 2。

4　结论

本文通过对高温高压辐照考验回路波动管的三维流-固耦合计算和有限元分析，对缓慢波出工况下流场及应力场进行了计算，并探究了两端流体流速和温差对波动管温场的影响。通过分析得出以下结论：

(1)缓慢波出工况下回路波动管的竖直段足以减弱湍流冲击影响，能有效减少热分层效应的产生。

(2)波动管热应力载荷随两端流体温差增加而变大，85 ℃温差仍可满足文中计算工况安全限值。

(3)在较大温差运行方式下需考虑材料疲劳失效及瞬态热冲击影响。

参考文献：

[1] NRC U.S., Bulletin 88-08:Thermal Stresses in Piping Connected to Reactor Coolant Systems [R].1988.

[2] NRC U.S., Bulletin 88-11: Pressurizer Surge Line Thermal Stratification[R]. 1988.

[3] Povarov V.P, Urazov O.V, Bakirov M.B., Levchuk V I. Design and experimental assessment of thermal stratification effects on operational loading of surge line of Unit5, Novovoronezh NPP[J]. Nuclear Energy and Technology, 2017. 3(2): 92-97.

[4] 刘彤，王雪彩，衣书宾. 压水堆稳压器波动管热分层现象的流固耦合传热数值模拟[J]. 中国电机工程学报，2013，33(2)：79-85.

[5] 张越，压水堆波动管流动与传热及热-力耦合结构应力、变形与疲劳研究[D]. 北京化工大学，2017.

[6] Framatome. Stress Analysis Report Pressurizer Surge Line French 900 MWe Plants [R]. EER-01.720, 2001.

[7] 李澍，压水堆核电站稳压器波动管热分层现象热工水力分析研究[D]. 上海交通大学，2014.

[8] 唐鹏，等. 稳压器波动管热分层应力强度可靠性分析[J]. 核动力工程，2019,40(增刊 1).

[9] 张毅雄，余晓菲，艾红雷. 针对热分层现象的稳压器波动管结构评价方法研究及分析程序应用开发[J].核动力工程,2014(05)：31-35.

[10] AFCEN. RCC-M 规范[S]. 2000 版加 2002 补遗.

Numerical analysis for pressurizer surge line in HFETR 2 000 kW test loop

HE Jia-xin, JIN Shuai, DAI Yu-bing,
SUN Sheng, WANG Hai, ZHANG Liang, BI Shan-shan

(Nuclear Power Institute of China, Chengdu of Sichuan Prov. 610005, China)

Abstract: The thermal stratification and the fatigue effects in pressurizer surge line is one of the important reasons to limit the operating parameters of HFETR 2 000 kW test loop. In order to evaluate the safety characteristics of the test loop after parameter adjustment, the temperature field and stress distribution of the surge line under the condition of slow wave outflow were obtained by fluid-structure coupling analysis and finite element analysis. And the influence of temperature difference and velocity of fluid at both ends of the surge line on the flow field and temperature was analyzed. On this basis, combined with the fatigue effect, the stress intensity levels of surge line under different temperature differences were evaluated. The results show that the surge line still meets the stress safety limit under the slow wave emergence condition with higher temperature difference. The results can be used in the operation parameter adjustment of 2 000 kW test loop and the design of surge line.

Key words: pressurizer surge line; thermal stratification; flow field analysis; stress analysis

伽马辐照对硼硅酸盐玻璃微观和宏观性能的影响

陈丽婷[1,2],卯江江[1,2],茆亚南[1,2],张晓阳[1,2],
王天天[1,2],孙梦利[1,2],王铁山[1,2],彭海波[1,2]
(1.兰州大学核科学与技术学院,甘肃 兰州 730000;
2.兰州大学特殊功能材料与结构设计教育部重点实验室,甘肃 兰州 730000)

摘要:硼硅酸盐玻璃作为固化核电运行产生乏燃料的玻璃体基材,处置过程中硼硅酸盐玻璃可能受到α、β和γ的辐照影响,因此硼硅酸盐玻璃中的辐照效应引起了广泛关注。本文使用γ能量为1.33 MeV和1.17 MeV的^{60}Co放射源模拟固化体条件下γ射线(剂量为10^4~10^7 Gy)对硼硅酸盐玻璃的辐照效应,利用纳米压痕仪、紫外分光光度计和拉曼光谱仪表征辐照前后硼硅酸盐玻璃的硬度、模量和微观缺陷的变化。结果表明:γ辐照后,吸收剂量达到10^7 Gy时,样品的硬度和模量并没有明显变化,说明玻璃网络体结构没有明显变化。通过荧光光谱发现了微观缺陷(非桥氧空位色心)的存在,且辐照产生的非桥氧空位色心数目随着吸收剂量的变大逐渐增加。硼硅酸盐玻璃的带隙减小,且样品的Urbach能量随着吸收剂量的增加而变大,这说明γ辐照会在硼硅酸盐玻璃中产生缺陷并且无序度增大。硼硅酸盐玻璃无序度变大导致了Urbach能量的增加,这与非桥氧空位色心产生相关,这些缺陷可能主要来源于网络体末端与钠相连键的断裂,而网络体末端的断裂不影响硼硅酸盐玻璃的网络体结构,所以γ辐照产生的缺陷不会引起硼硅酸盐玻璃硬度和模量的变化。

关键词:硼硅酸盐玻璃;伽马辐照;紫外可见光谱;荧光光谱;纳米压痕

研发一种合适的固化体材料用来固定乏燃料后处理产生的高放射性废物(HLW)是一个非常具有挑战性的问题[1]。硼硅酸盐玻璃主要由硅、硼和氧化钠组成。在国际上,硼硅酸盐玻璃作为玻璃固化体的主要成分已经被广泛采用。高放射性核素衰变主要通过α、β和γ三种方式,在最初的几百年中,γ和β占主导地位。因此,研究γ射线对硼硅酸盐玻璃的影响具有重要意义[2-3]。

目前,玻璃固化体辐照效应的研究已经在各国广泛开展。此外,了解辐照处理过程中玻璃固化体的微观结构和宏观性能之间的关系显得至关重要。国际上,很多科研人员已经对硼硅酸盐玻璃进行了大量的辐照实验。Marshall对比了中子、γ和紫外光辐照二氧化硅玻璃的辐照效应,发现γ辐照可以在玻璃中产生E'(≡Si·)缺陷[4]。Wang使用ESR和吸收谱分析了γ辐照的硼硅酸盐玻璃的微观结构,发现辐照产生了点缺陷,同时看到带隙随吸收剂量减少的现象[5]。以上研究有助于探讨γ辐照后硼硅酸盐玻璃的损伤机理。

虽然已经有很多学者对γ的辐照效应进行了研究,但是目前为止,几乎没有同时进行点缺陷、微观性能和力学性能的研究。本文使用γ辐照硼硅酸盐玻璃,通过紫外吸收光谱、荧光光谱和纳米压痕表征样品的微观和宏观性质的改变,并进一步讨论其内部的联系。

1 样品准备

本文制备了一种密度为2.44 g/cm³的硼硅酸盐玻璃,命名为NBS5。样品的摩尔百分比为SiO_2(67.26 %),B_2O_3(18.6 %),Na_2O(14.14 %)。将样品安装在四棱柱靶架上,在20 ℃、^{60}Co(GIK-A6)放射性同位素中进行伽马射线照射,伽马射线能量分别为1.17 MeV和1.33 MeV,吸收剂量范围为1×10^4~1×10^7 Gy,剂量率为5 560 Gy/h。紫外可见光谱可由分辨率为0.1 nm的紫外可见分光

作者简介:陈丽婷(1993—),女,学士,现从事材料辐照效应方面研究

基金项目:自然科学基金(No. U1867207)资助

光度计 EU-2800D 获得。荧光光谱由 Horiba 公司生产的 HORIBA labspec6 显微共聚焦拉曼光谱仪测得。为了分析样品的力学性能:硬度和模量,本文采用 Nano Indenter G200 型纳米压痕仪在连续刚度测量模式下进行了纳米压痕实验。

2 实验结果

本工作研究了 γ 辐照前后(吸收剂量为 $0\sim1\times10^7$ Gy)NBS5 样品的硬度和模量。本文将纳米压痕曲线主要分为两个部分:0～300 nm 区域;300～1 600 nm 区域。其中,0～300 nm 区域曲线波动较大,这是因为纳米压痕仪的金刚石压头存在钝化和表面效应[6],故 0～300 nm 区域所测的硬度和模量值误差很大,无法真正的反映玻璃的机械性能,本文不做讨论。本文采用 Sun 等[14]提出的外推法,获得了 300～800 nm 范围内样品的硬度和模量实验值,对应玻璃的硬度和模量值。

图 1 显示了 NBS5 玻璃的硬度和模量随吸收剂量的变化图。其中,横坐标代表吸收剂量,左侧纵坐标代表硬度,右侧纵坐标代表模量,图中实心方块代表硬度、实心圆圈代表模量。与重离子辐照硼硅酸盐玻璃相比[7-8],γ 辐照前后硼硅酸盐玻璃的硬度和模量在 $0\sim1\times10^7$ Gy 的范围内几乎没有变化。

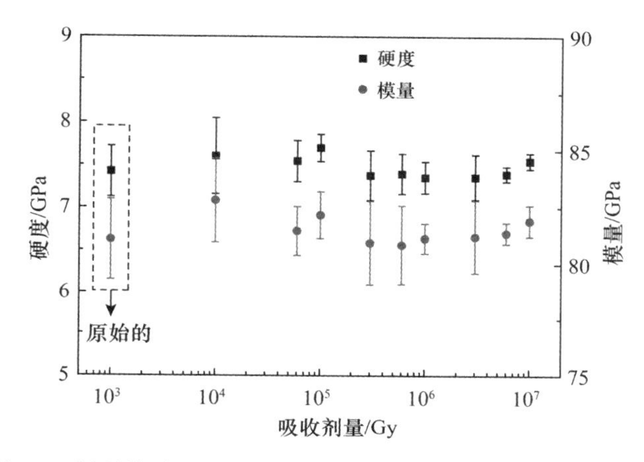

图 1 γ 辐照前后 NBS5 玻璃的硬度和模量随吸收剂量的变化图

图 2 表示 NBS5 玻璃的荧光光(PL)谱随吸收剂量的变化图。在吸收剂量小于 6×10^4 Gy 的样品中,在 2.15 eV 处出现小峰,当吸收剂量为 $6\times10^4\sim1\times10^7$ Gy 时,小峰消失。对样品的荧光光谱进行高斯拟合,荧光光谱主要可分解为四个波段,均属于 NBOHC(峰位 1.405 eV、1.5 eV、1.7 eV 和 1.85 eV[9])。图 3 表示在 NBS5 玻璃中 NBOHC(非桥氧空位色心)缺陷浓度与吸收剂量正相关。

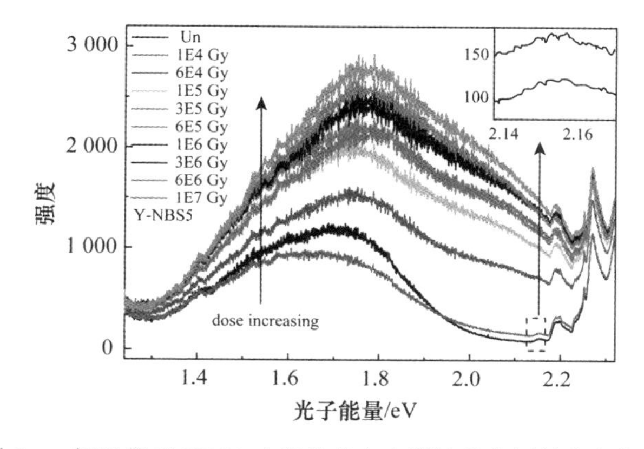

图 2 γ 辐照前后 NBS5 玻璃的荧光光谱随吸收剂量的变化图

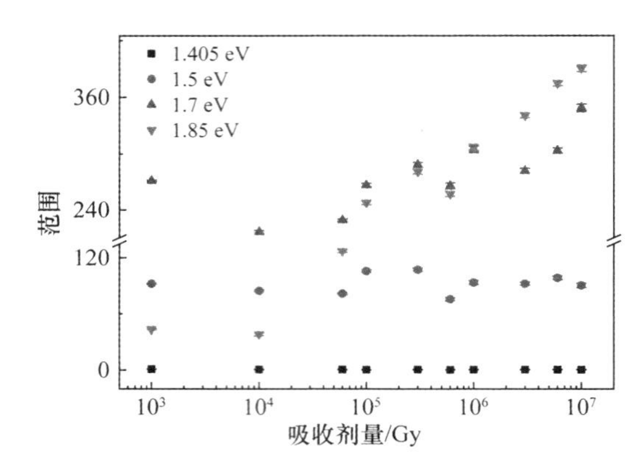

图 3　NBS5 玻璃中 NBOHC 缺陷浓度与吸收剂量的变化关系图

图 4 表示了 γ 辐照前后 NBS5 玻璃的紫外吸收谱随吸收剂量的变化曲线，覆盖了 1.3～6.5 eV 的紫外可见区域。从图 4 可以看出，原始样品在可见光区域没有吸收，但随着吸收剂量的增加，可以观察到该区域有较强的吸收，且吸光度与吸收剂量正相关。吸光度与玻璃色心浓度相关，由 γ 辐照前后玻璃的吸光度变化可知，γ 辐照会使玻璃产生色心[10]。辐照后在 2.0 eV、3.0 eV 和 3.8 eV 处出现 3 个特征吸收峰，且随辐照剂量的增加强度增大。这三个波段的出现可归因于玻璃在相关区域[11]的带间跃迁所产生的光学吸收。此外，图 4 还表明，光谱显示吸收限随着吸收剂量的增加而向低能量方向轻微移动。Sandhu[12]认为，玻璃中的吸收限偏移与氧离子的价电子从基态跃迁到激发态的过程有关。当电子被束缚得越弱，吸收就越容易发生。

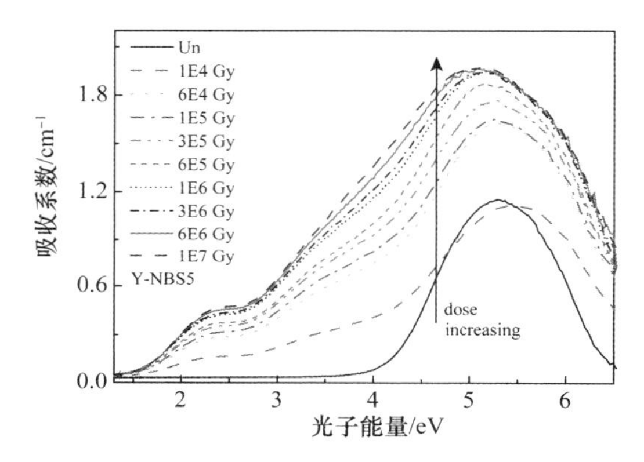

图 4　γ 辐照前后 NBS5 玻璃的紫外吸收谱随吸收剂量的变化图

测量紫外吸收谱的吸光度，可用于计算玻璃中带隙（E_g）的变化和 Urbach 能量的信息。作为识别结构变化的一种直接方法，样品的 E_g 可通过以下公式推导[13]：

$$(\alpha h\upsilon)^{1/2}=\beta(h\upsilon-E_g) \tag{1}$$

式(1)中 α 是玻璃材料的吸收系数，E_g 是玻璃的带隙，υ 是光子频率，α 是普朗克常数，β 是一个常数。

样品的 E_u 可由文献[14]给出的经验公式计算得出：

$$\alpha=\alpha_0\exp(h\upsilon/E_u) \tag{2}$$

式(2)中 α_0 是常数，E_u 是 Urbach 能量。根据本课题组之前的工作[15]，可以从紫外吸收谱中获得 E_g 和 E_u。图 5 表示了 NBS5 玻璃的 E_u 和 E_g 随吸收剂量的变化图（其中未辐照玻璃的 E_u 无法根据经验公式计算得出）。从图 5 可以看出：随着吸收剂量的增加，样品的 E_u 从 0.53 eV 逐渐上升到 0.79 eV，E_g 从 3.8 eV 下降到 1.2 eV。

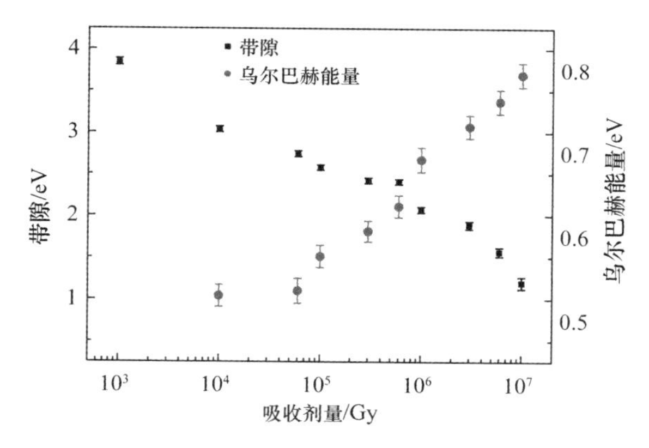

图 5　γ 辐照后 NBS5 玻璃的 E_u 和 E_g 随吸收剂量的变化图

3　讨论

E_u 是描述材料无序程度的重要参数[16]。根据 Davis 和 Mott[17] 的研究可知，Urbach 能量可以通过紫外吸收谱计算得到，随着 γ 辐照剂量的增加而增大，且与无序度有关。Urbach 能量的扩展使玻璃价带和导带分别延低能与高能方向延伸，又因为能量带隙是价带和导带之间的能量差值，所以玻璃能量带隙减少。如图 6 所示，γ 辐照后，NBOHC 随 E_u 的增加而增大。因此，E_u 的增加反应了 γ 辐照后玻璃结构无序度的增加，且此变化归因于辐照导致材料中缺陷的产生。

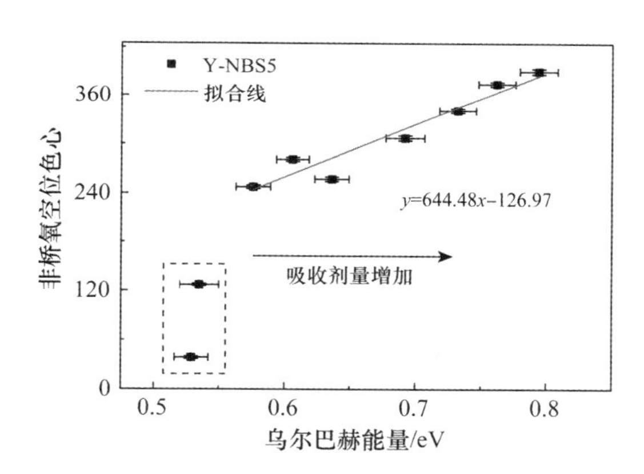

图 6　γ 辐照后 NBS5 玻璃的 E_u 与 NBOHC 的关系图

另一方面，从荧光光谱中得到 NBOHC 浓度随吸收剂量的增加而增大。NBOHC 的产生归因于 Si—O—Na[18] 键断裂，如式(3)所示：

$$\equiv Si-O-Na\equiv+\gamma\rightarrow\equiv Si-O\cdot+Na^{+} \quad (3)$$

其中(≡)代表与三个氧原子连接的化学键，(·)代表未配对电子。大量 Na^+ 产生后可能部分与 $[BO_3]$ 结合生成 $[BO_4]$，认为 $[BO_3]$ 减少，$[BO_4]$ 增多。由图 2 知，$[BO_3]$ 的数目及其微量，且最后消失了，这说明 $[BO_3]$ 的结构改变了，但是变化微乎其微，因此样品的网络体结构几乎没有被破坏。所以，γ 辐照后硼硅酸盐玻璃的硬度和模量几乎没有变化。

4　结论

本文研究了 γ 辐照前后的 NBS5 玻璃。通过紫外吸收谱、荧光光谱和纳米压痕分析了 γ 辐照对其微观结构和力学性能的影响。γ 辐照后，样品的硬度和模量在吸收剂量 $0\sim1\times10^7$ Gy 的范围内几乎没有变化，说明样品的网络体结构没有明显变化。由PL可知，辐照产生的NBOHC浓度随着吸收剂量的增加而增大。样品经过γ辐照后，随着吸收剂量的增加，E_g减少，E_u增加，反应出辐照导致样品无序度的增加。样品无序度变大导致了Urbach能量的增加，这归因于NBOHC的产生，NBOHC的产生可能主要来源于网络体末端Si—O—Na键的断裂，而网络体末端的断裂与样品的网络体结构无关，所以γ辐照产生的点缺陷不会引起样品硬度和模量的变化。

致谢：

本工作受到自然科学基金(No. U1867207)及中央高校基本科研业务费Fundamental Research Funds for the Central Universities of China (lzujbky-2021-kb11)的资助。彭海波受到国际原子能机构(Ion Beam Irradiation for High Level Nuclear Waste Form Development, F11022)的资助。作者感谢中国科学院苏州纳米技术与纳米仿生研究所提供的硬度和模量测试条件。

参考文献：

[1] W. J. Weber, R. C. Ewing, C. A. Angell, et al. Price, Radiation Effects in Glasses Used for Immobilization of High-Level Waste and Plutonium Disposition[J]. Journal of Materials Research, 1997,12: 1948-1978.

[2] D. Manara, A. Grandjean, D. Neuville. Advances in understanding the structure of borosilicate glasses: A Raman spectroscopy study[J]. American Mineralogist, 2009, 94: 777-784.

[3] A. H. Mir, I. Monnet, B. Boizot, et al. Electron and electron-ion sequential irradiation of borosilicate glasses: Impact of the pre-existing defects[J]. Journal of Nuclear Materials, 2017, 489: 91-98.

[4] C. D. Marshall, J. A. Speth, S. A. Payne, Induced optical absorption in gamma, neutron and ultraviolet irradiated fused quartz and silica[J]. Journal of Non-Crystalline Solids, 1997, 212: 59-73.

[5] T. T. Wang, et al., γ-Irradiation effects in borosilicate glass studied by EPR and UV-Vis spectroscopies[J]. Nuclear Instruments and Methods in Physics Research Section B: Beam Interactions with Materials and Atoms, 2020, 464: 106-110.

[6] Sun, M.L., et al., Comparison of hardness variation of ion irradiated borosilicate glasses with different projected ranges[J]. Nuclear Instruments and Methods in Physics Research Section B: Beam Interactions with Materials and Atoms, 2018, 419: 8-13.

[7] Du X, Wang T T, Duan B H, Effects of energy deposition on mechanical properties of sodium borosilicate glass irradiated by three heavy ions: P, Kr, and Xe. Nuclear ence and Techniques, 2019, 30: 7.

[8] P. Paufler, S. K. Filatov, I. P. Shakhverdova, et al. Mechanical properties and structure of a nanoporous sodium borosilicate glass[J]. Glass Physics&Chemistry, 2007.

[9] Glinka Y D, Lin S H, Hwang L P, et al. Photoluminescence from mesoporous silica: Similarity of properties to porous silicon[J]. Applied Physics Letters, 2000, 77: 3968-3970.

[10] Tie-Shan W, Bing-Huang D, Feng T, et al. Visible to deep ultraviolet range optical absorption of electron irradiated borosilicate glass[J]. Chinese Physics B, 2015, 24: 76-102.

[11] Griscom D L. Trapped-electron centers in pure and doped glassy silica: A review and synthesis[J]. Journal of Non-Crystalline Solids, 2011, 357: 1945-1962.

[12] Sandhu A K, Singh S, Pandey O P. Neutron irradiation effects on optical and structural properties of silicate glasses[J]. Materials Chemistry & Physics, 2009, 115: 783-788.

[13] A. Ghosh, S. Bhattacharya, A. Ghosh, Optical and other physical properties of semiconducting cadmium vanadate glasses[J]. Journal of Applied Physics, 2007, 101: 903.

[14] Natsume Y, Sakata H, Hirayama T. Low - temperature electrical conductivity and optical absorption edge of ZnO films prepared by chemical vapour deposition[J]. Physical Status Solidi, 1995, 148: 485-495.

[15] T T W, X Y Z, M L S, et al. γ-Irradiation effects in borosilicate glass studied by EPR and UV-Vis spectroscopies[J]. Nuclear Instruments and Methods in Physics Research Section B: Beam Interactions with Materials and Atoms, 2020, 464: 106-110.

[16] V. Arbuzov, Fundamental absorption spectra and elementary electronic excitations in oxide glasses[J]. Glass

physics and chemistry, 1996, 22: 477-489.

[17] Davis E A, Mott N F. Conduction in non-crystalline systems V. Conductivity, optical absorption and photoconductivity in amorphous semiconductors[J]. Philosophical Magazine, 1970, 22: 0903-0922.

[18] Revesz A G, Fehlner F P. The role of noncrystalline films in the oxidation and corrosion of metals Oxidation of Metals, 1980, 15: 297-321.

The effect of gamma irradiation on the micro and macro properties of borosilicate glass

CHEN Li-ting[1,2], MAO Jiang-jiang[1,2], MAO Ya-nan[1,2],
ZHANG Xiao-yang[1,2], WAGN Tian-tian[1,2],
SUN Meng-li[1,2], WANG Tie-shan[1,2], PENG Hai-bo[1,2]

(1. School of Nuclear Science and Technology, Lanzhou University, Lanzhou of Gansu Prov. 730000, China;
2. Key Laboratory of Special Function Materials and Structure Design
Ministry of Education, Lanzhou University, Lanzhou of Gansu Prov. 730000, China)

Abstract: The borosilicate glass is used as a glass substrate for solidifying spent fuel produced by nuclear power operations. During the solidifying process, the borosilicate glass may be affected by the radiation of α, β, and γ. Therefore, the radiation effect in the borosilicate glass attracts extensive attention. In this paper, ^{60}Co radiation sources with γ energy of 1.33 MeV and 1.17 MeV was used to simulate γ rays (dose $10^4 \sim 10^7$ Gy) under solidified conditions. Three methods, Nano indentor, Ultraviolet-visible Spectrophotometer and Raman spectrometer, were used to characterize the changes in hardness, modulus and micro-defects of borosilicate glass before and after irradiation. After γ-irradiation, when the absorbed dose reached 10^7 Gy, the hardness and modulus of the sample did not change significantly, indicating that the glass structure did not change significantly. The micro-defects, NBOHC, were detected by Photoluminescence spectrum. The number of NBOHC produced by irradiation gradually increased with the increase of absorbed dose. Also, as the absorbed dose added, the Urbach energy of the sample increases, but the band gap of the borosilicate glass decreases. This indicates that gamma irradiation can produce defects in the borosilicate glass and increase the degree of disorder. The increased disorder of borosilicate glass leads to the increase of Urbach energy, which is related to the generation of NBOHC. These defects may be mainly caused by the breaking of bond, which is at the end of network and connect with sodium. But, the breaking does not affect the network structure of the borosilicate glass. So, the defects caused by γ-irradiation will not cause changes in the hardness and modulus of the borosilicate glass.

Key words: borosilicate glass; gamma irradiation; ultraviolet visible spectrum; photoluminescence spectrum; nano-indentation

辐照后反应堆压力容器钢退火回复微观机制研究进展

王海东,伍晓勇,孙　凯,雷　阳,肖文霞,刘莎莎,朱俐霓
(中国核动力研究设计院,四川 成都 610041)

摘要:辐照脆化是反应堆压力容器安全运行的主要威胁之一。但在高于辐照温度条件下退火,辐照缺陷处于热不稳定状态,发生部分或者完全回复,使得劣化的性能得到恢复。本文通过综述辐照缺陷在退火过程中的演化规律,分析我国今后开展退火研究的重点。

关键词:反应堆压力容器;退火;回复;缺陷

反应堆压力容器(Reactor Pressure Vessel, RPV)长期服役于高温、高压和快中子辐照等恶劣环境下,其材料性能劣化严重,辐照脆化效应是限制 RPV 安全服役运行的主要威胁之一[1]。但退火处理可有效地使得辐照后 RPV 钢劣化的性能部分或者完全恢复,从而保证核电的安全和经济性[2]。

RPV 钢辐照前后、退火前后宏观性能的变化是一种表观现象,而辐照缺陷的变化是内在联系。开展辐照后退火回复微观机制研究不仅有助于理解退火回复微观机制,建立性能恢复预测模型,也可指导优化 RPV 钢的成分与工艺,提高抗辐照性能。本文重点综述退火回复的研究手段与内容,并对国内的研究方向进行讨论。

1　辐照后退火简介

本文涉及的"退火"与传统材料学中的退火热处理有所区别,具体是指采用外部热源对辐照后反应堆压力容器钢加热至一定温度(一般高于辐照温度 50～200 ℃),使劣化的韧性部分或者完全恢复至冷态水平[3][4](见图 1)。美国计划在 Palisades 核电站开展退火工程研究过程中,针对退火处理程序、技术要求相继提出了标准,例如:10 CFR 50.66[6]、ASME Code Case N－557[7]、ASTM E509[8]。俄罗斯已将退火处理技术应用东欧及本国的 VVER 堆型,但未提出具有普适应的标准。

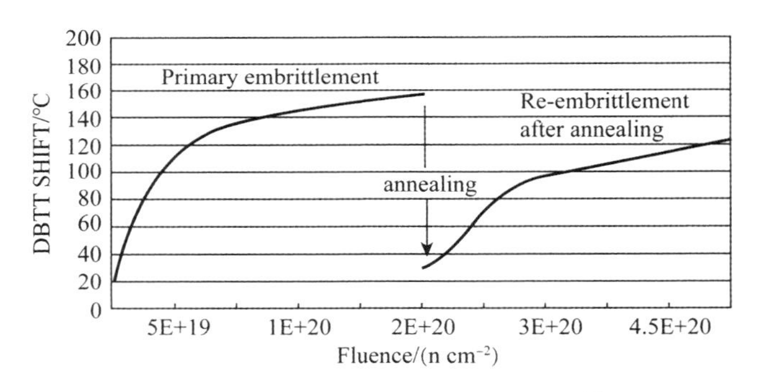

图 1　初始辐照与再辐照脆化示意图[5]

2　退火回复微观机制研究现状

当快中子(堆内平均能量为 2 MeV)辐照铁基材料时,中子传递给基体 Fe 原子的能量为 0.14 MeV,此能量值远高于 Fe 原子的离位阈能(约 25 eV),且远高于使 Fe 原子离位所需入射中子阈

作者简介:王海东(1994—),男,四川巴中人,研究实习员,硕士,主要从事材料辐照效应研究

能(约 325 eV)。最初离位的 Fe 原子具有足够高的能量,使得其余晶格点阵原子离位,在此过程中产生大量的空位与间隙原子。空位与间隙原子在辐照过程中,通过聚集等行为形成位错、空洞、位错环、溶质原子析出物和晶界偏析等。此类辐照缺陷通过阻碍位错的运动(见图 2),导致材料性能劣化[9]。

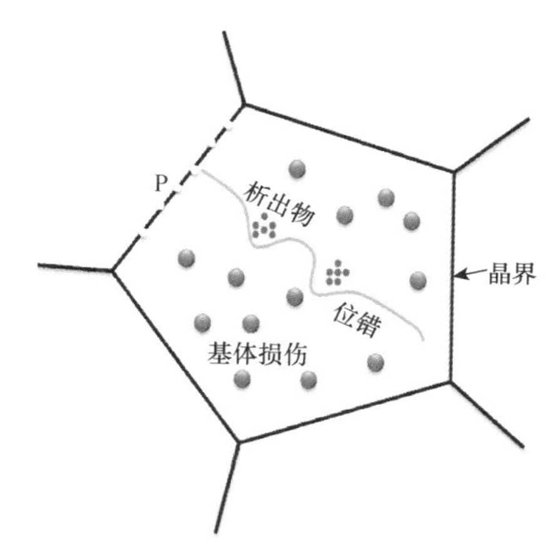

图 2 辐照脆化机制示意图[11]

在大量微观分析的基础上,国际上常将 RPV 钢辐照缺陷分为 3 类:(1)稳定基体缺陷,如位错环、空洞、空位-间隙原子对等;(2)溶质原子析出,如富 Cu 析出物(Copper Rich Precipitation,CRP)、Ni-Mn-Si 析出等;(3)元素晶界偏析,如 P 原子晶界偏析[10-11]。以下分别叙述 3 类辐照缺陷在退火过程中的演化情况。

2.1 基体缺陷

国内苏州热工研究院、中国科学院大学等机构基于纳米压痕、透射电子显微镜研究离子模拟辐照后国产 A508-Ⅲ钢微观结构与力学性能演化规律。J.J. Shi 等[12]采用慢正电子束、透射电子显微镜(Transmission Electron Microscope, TEM)和纳米压痕技术研究国产 A508-Ⅲ钢微观结构演化,发现质子辐照(1.6 dpa)导致材料产生数密度和平均尺寸分别为约 10^{22} m^{-3}、约 3 nm 间隙型位错环,而退火(500 ℃×1 h)使得位错环基本分解于晶格点阵中(见图 3)。Ding Zhaonan 等[13]基于纳米压痕技术研究了国产 A508-Ⅲ钢辐照后退火回复动力学,根据阿累尼乌斯方程进行曲线拟合,得到辐照缺陷激活能为(0.10±0.01) eV,自间隙原子团簇迁移能为(0.55±0.05) eV。

图 3 明场与暗场像:(a)、(b)为辐照后,(c)、(d)为辐照后退火[12]

Shtrombakh 等[14,15]采用 TEM 研究中子辐照导致 RPV 材料产生的位错环的演化情况，退火使得位错环完全湮灭于晶格点阵中。随后 B.Gurovich 等[16]对位错环的温度敏感性进行了深入研究，在 400 ℃以上退火 100 h，高温使位错环完全回复。综上所述，国内外在基体缺陷在退火过程的演化方面研究结论基本一致，即位错环在退火过程中完全分解于晶格点阵中。

2.2 析出物

常规 RPV 钢中 Cu 元素含量介于 0.05%～0.3%，少部分高于 0.3%[17]。在 290 ℃下，杂质元素 Cu 在铁素体钢中的溶解度约为 0.01%[18]。因此，在正常服役温度下，Cu 元素在 RPV 钢中处于过饱和，将逐渐析出以降低点阵中 Cu 含量。Cu 原子与空位交换点阵位置以实现自身的迁移，但在未辐照条件下点阵中空位含量较少，Cu 的扩散速率不足以聚集形成 CRP。中子轰击使铁素体钢产生了大量的空位，极大地提高了 Cu 原子的扩散速率，使其相互聚集形成 CRP。

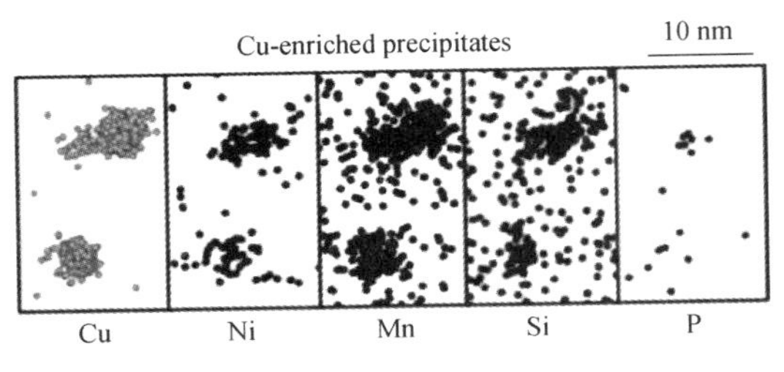

图 4　富 Cu 析出物[19]

Miller 等[20−22]采用三维原子探针技术观察分析在退火过程中辐照缺陷的演化情况，未辐照 JRQ 钢内无 CRP，且点阵中 Cu 原子浓度为(0.12±0.01) at.%；中子辐照(5×10^{23} n/m^2)导致材料内部析出高密度的微小 CRP，其数密度约为 3×10^{23} m^{-3}，尺寸约为(1.1±0.1) nm，点阵中 Cu 原子含量为(0.07±0.01) at.%；退火(460 ℃/100 h)使晶粒内 CRP 大量减少，但晶界位置 CRP 仍然存在，此时 CRP 数密度约为 2×10^{22} m^{-3}，尺寸约为(1.5±0.1) nm，点阵中 Cu 原子含量约为(0.06±0.01) at.%。Ulbricht 等[23−25]利用小角中子散射技术分析 VVER-440 堆型 RPV 焊缝材料在未辐照、辐照后和辐照后退火状态下辐照缺陷的演化，退火使尺寸介于 0.5～2.5 nm 的析出物分解，同时尺寸介于 2.5～4.5 nm的析出物增加。因此，CRP 在退火过程大部分分解于晶格点阵中，少部分长大粗化。Ir Marc Deprez 等[26]利用正电子湮灭多普勒展宽分析技术研究了 CRP 的温度敏感性，在 600～650 ℃范围内，CRP 分解于晶格点阵。

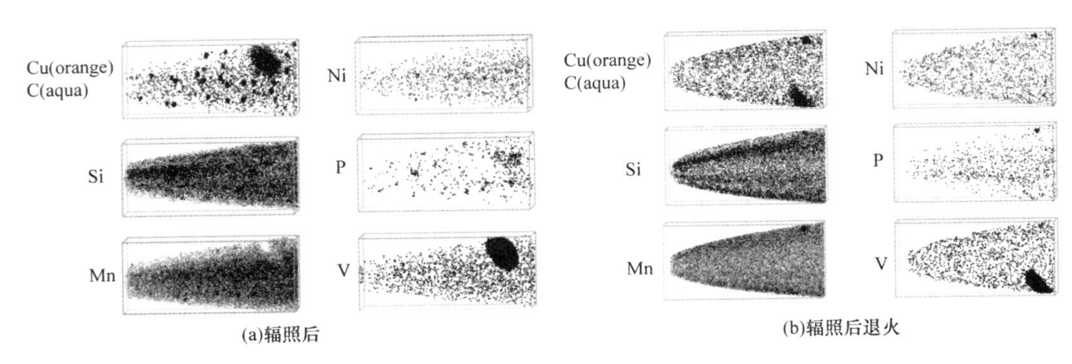

图 5　退火前后原子图[27]

一般将质量分数 0.072%称富 Cu 析出物的析出阈值，在高于此阈值时，Cu 原子易于汇聚形核；在 Cu 含量低于 0.05%时，Cu 原子不易形核长大，在中子注量条件下，RPV 材料内部迅速形成 Ni-Mn-Si 析出物[28](见图 6)。

图 6　Ni-Mn-Si 析出物[29]

在退火过程中 Ni-Mn-Si 析出物的演化行为，国内外尚无统一认识。一部分研究人员认为退火使得 Ni-Mn-Si 析出物完全分解于点阵之中，另一部分人员认为 Ni-Mn-Si 析出物的退火回复行为与 CRP 相似，即大部分分解于点阵中，少部分长大粗化。Wells 等[29]对 Ni-Mn-Si 析出物的特征与热稳定进行了研究，低 Cu、高 Ni 的 CM6 合金经 1.1×10^{21} n/cm^2 中子辐照后形成了(1.5±0.11) nm 的 Ni-Mn-Si 析出物，其数密度为($19.5\pm1.47\times10^{23}$) m^{-3}。在 425 ℃下退火 168 h、1 176 h、2 856 h 和 4 872 h后，Ni-Mn-Si 析出物的尺寸分别为(1.41±0.19) nm、(1.63±0.42) nm、(2.13±0.22) nm 和(2.78±0.13) nm，且其数密度分别为($11.8\pm2.72\times10^{23}$) m^{-3}、($2.19\pm0.70\times10^{23}$) m^{-3}、($0.3\pm0.08\times110^{23}$) m^{-3}和($0.14\pm0.07\times10^{23}$) m^{-3}(见图 7)。因此，Ni-Mn-Si 析出物为稳定的平衡相而非团簇，且退火使析出物大部分分解于点阵，少部分粗化。Miller 等[30-33]对 VVER-1000 RPV 钢退火回复进行研究，发现 Ni-Mn-Si 析出物在 450 ℃退火 24 h 全部分解于点阵中，未观察到粗化的析出物。其原因可能为 APT 的视场范围较小，未观察到已粗化的析出物。

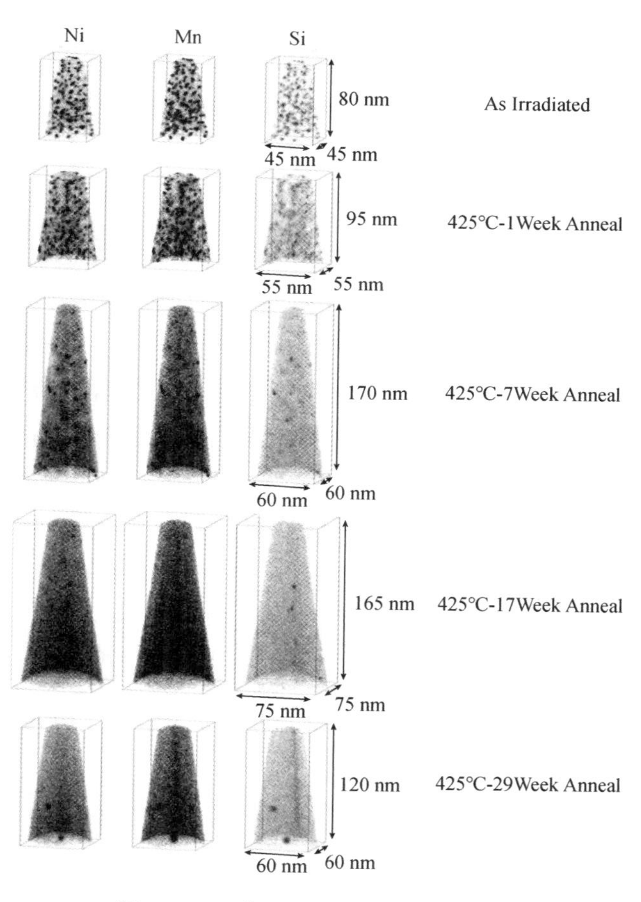

图 7　CM6 合金退火前后的原子图[29]

2.3 晶界偏析

P元素在晶界偏聚会降低晶界的强度(见图8),导致材料产生非硬化脆化效应。原子探针场离子显微镜(Atom probe field ion microscope, APFIM)结果显示退火使得晶格点阵中的P元素浓度基本恢复至未辐照水平[34]。A. Kryukov等[35-38]采用三维原子探针技术统计分析未辐照、初始辐照后、辐照后退火和再辐照四种状态下RPV钢晶格点阵中P原子浓度(见图9),快中子辐照使得P元素偏析于晶界,导致晶格点阵中P元素浓度降低;退火使偏析于晶界P原子、富P析出物等全部分解,P元素浓度得到恢复。

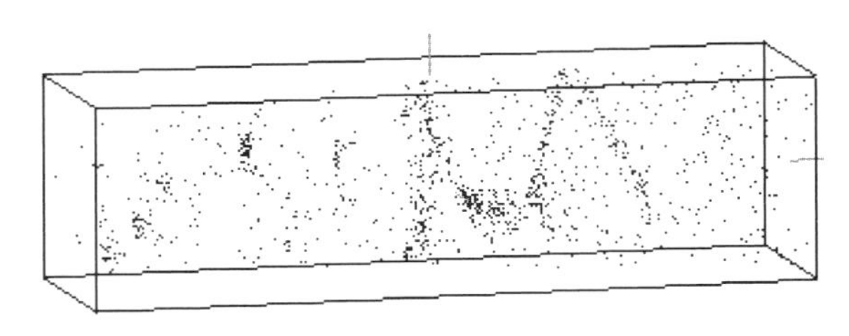

图8 P元素沿晶界偏析[34]

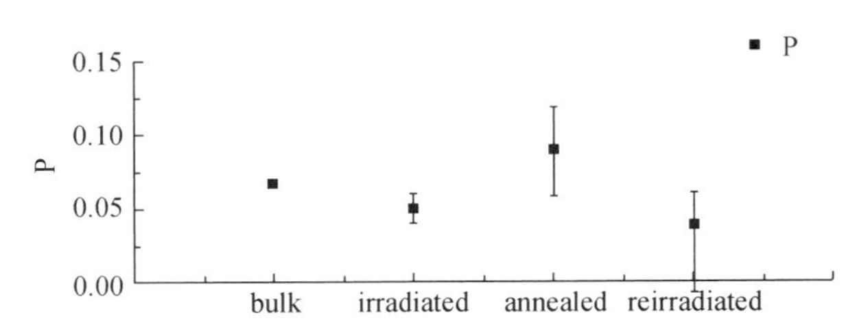

图9 未辐照、辐照后、辐照后退火和再辐照四种状态下晶格点阵P元素浓度[35]

3 结束语

综上所述,作为核电延寿领域重要的应用技术之一,退火是一种有效措施消除辐照脆化效应,并被业界重视。国外对辐照后退火回复微观机制、宏观性能等方面开展了深入的研究,并多次将该项技术应用于核电站延寿。但国内对此领域的研究较少。基于增加核电经济性和安全性,以及核心技术的掌握等方面,需要对辐照后退火回复的微观机制、宏观性能变化规律等方面开展进一步的研究。因此,今后的研究重点包括:(1)退火参数前期研究;(2)宏观性能规律;(3)退火回复微观机制;(4)退火区域确定。随着我国在役核电站的数量持续增加,退火在核电延寿领域可得到广泛应用。

参考文献:

[1] 杨文斗. PWR核压力容器钢辐照效应综述[J]. 核安全,2012, 3(6):1-11.

[2] A. A. Chernobaeva. Post-irradiation annealing and re-irradiation review [J]. Int. J. Nuclear Knowledge Management, 2011, 5(1):4-39.

[3] E. D. Eason, J. E. Wright, E. E. Nelson, et al. Embrittlement recovery due to annealing of reactor pressure vessel steels[J]. Nuclear Engineering and Design, 1998, 179: 257-265.

[4] Reijo Pelli, Kari Törrönen. On thermal annealing of irradiated PWR pressure vessels[J]. Internationl Journal of Pressure Vessels and Piping, 1998, 75: 1075-1095.

[5] Debarberis L. VVER Re-embrittlement issues for VVER [R]. Energy Networking for Effective R&D Petten, 2003.

[6] NRC Regulations 10 CFR Part 50.66-Requirements for thermal annealing of the reactor pressure vessels[S]. U.S.

NRC, 1996.
[7] Case of ASEM boiler and pressure vessel code N557-1. In-place dry annealing of a PWR nuclear reactor vessel Section XI, Division 1[S]. 1996.
[8] E509. Standard Guide for In-Service Annealing of Light-Water Moderated Nuclear Reactor Vessels[S]. U.S. 2014.
[9] 杨文斗. 反应堆材料学[M]. 2版.北京:原子能出版社,2006.
[10] 徐刚. 热时效对RPV模拟钢的微结构与冲击性能的影响[D]. 上海:上海大学. 2012.
[11] 吕国才. 富Cu析出物对RPV钢硬化和脆化影响的计算模拟研究[D]. 北京:北京科技大学.2016.
[12] J.J. Shi, W.Z. Zhao, Y.C. Wu, et al. Evolution of microstructures and hardening property of initial irradiated, post-irradiation annealed and re-irradiated Chinese-type low-Cu reactor pressure vessel steel[J]. Journal of Nuclear Materials, 2019, 523:333-341.
[13] Ding Zhaonan, Zhang Chonghong, Zhang Xianlong, et al. Post-irradiation annealing behavior of irradiation hardening of China low-Cu RPV steel[J]. Nuclear Materials and Energy, 2020, 22: 100727.
[14] Ya. I. Shtrombakh, B. A. Gurovich, E. A. Kuleshova, et al. Experimental assessment of the effectiveness of recovery annealing of VVER-1000 Vessels[J]. Atomic Energy, 2011, 109(4):257-265.
[15] E. A. Kuleshova, B. A. Gurovich, D. A. Maltsev, et al. Phase and structural transformations in VVER-440 RPV base metal after long-term operation and recovery annealing[J]. Journal of Nuclear Materials, 2018, 501: 261-274.
[16] B. Gurovich, E. Kuleshova, Ya, Shtrombakh, et al. Evolution of microstructure and mechanical properties of VVER-1000 RPV steels under re-irradiation[J]. Journal of Nuclear Materials, 2015, 456:373-381.
[17] Odette G R, Lucas G E. Recent progress in understanding reactor pressure vessel embrittlement[J]. Radiation Effects and Defects in Solids, 1998, 144:189-231.
[18] M. Perez, F. Perrard, V. Massardier, et al. Low-temperature solubility of copper in iron: experimental study using thermoelectric power, small angle X-ray scattering and tomographic atom probe[J]. Philosophical Magazine, 2005, 85(20):2197-2210.
[19] P.D. Edmondson, M.K. Miller, K.A. Powers, et al. Atom probe tomography characterization of neutron irradiated surveillance samples from the R. E. Ginna reactor pressurevessel[J]. Journal of Nuclear Material, 2016,470:147-154.
[20] M. K. Miller, R. K. Nanstad, M. A. Sokolov, et al. The effects of irradiation, annealing and reirradiation on RPV steels[J]. Journal of nuclear materials, 2006, 351:216-222.
[21] Miller M K, Russell K F. Embrittlement of RPV steels: An atom probe tomography perspective[J]. Journal of Nuclear Materials, 2007, 371: 145-160.
[22] Pareige P, Auger P, Weizei S, et al. Annealing of a Low Copper Steel: Hardness, SANS, Atom Probe and Thermoelectric Power Investigation[J]. ASTM Special Technical Publication, 2000, 1366:435-447.
[23] Ulbricht A, Bergner F, Boehmert J, et al. SANS response of VVER 440-type weld material after neutron irradiation, post-irradiation annealing and reirradiation[J]. Philosophical Magazine, 2007,87:1855-1870.
[24] F. Bergner, A. Ulbricht, P. Lindner, et al. Post-irradiation annealing behavior of neutron-irradiated FeCu, FeMnNi and FeMnNiCu model alloys investigated by means of small-angle neutron scattering[J]. Journal of Nuclear Materials, 2014, 454: 22-27.
[25] F. Bergner, A. Ulbricht, A. Gokhman, et al. Nature of defects clusters in neutron-irradiated iron-based alloys deduced from small-angle neutron scattering[J]. Journal of Nuclear Materials, 2008, 373: 199-205.
[26] Ir Marc Deprez. Effect of Post-irradiationannealing on defects in irradiated model alloys by means of Positron Annihilation Coincidence Doppler Broadening Spectroscopy[D]. Belgium: SCK • CEN, 2010.
[27] A. Kuramoto, T. Toyama, Y. Nagai, et al. Microstructural changes in a Russian-type reactor weld material after neutron irradiation, post-irradiation annealing and re-irradiation studied by atom probe tomography and positron annihilation spectroscopy[J]. Acta Materialia, 2013, 5(16):1-11.
[28] 李承亮,吴昊,刘飞华,等. 反应堆压力容器钢质子辐照研究进展[J]. 中国材料进展,2019,38(2):138-147.
[29] P. B Wells. The Character, Stability and Consequences of Mn-Ni-Si Precipitates in Irradiated Reactor Pressure Vessel Steels[D]. Santa Barbara: University of California, 2010.

[30] M.K.Miller, A.A. Chernobaeva, Y.I. Shtrombakh, et al. Evolution of the nanostructure of VVER-1000 RPV materials under neutron irradiation and post irradiation annealing[J]. Journal of Nuclear Materials, 2009, 385: 615-622.

[31] B. Gurovich, E. Kuleshova, Ya. Shtrombakh, et al. Evolution of weld metals nanostructure and properties under irradiation and recovery annealing of VVER-type reactors[J]. Journal of Nuclear Materials, 2013, 434: 72-84.

[32] P.D. Styman, J.M. Hyde, D.Parfitt, et al. Post-irradiation annealing of Ni-Mn-Si-enriched clusters in a neutron-irradiated RPV steel weld using Atom Probe Tomography[J]. Journal of Nuclear Materials, 2015, 459: 127-134.

[33] Ya.I. Shtrombakh, B.A. Gurovich, E.A. Kuleshova, et al. Experimental Assessment of the Effectiveness of Recovery Annealing of VVER-1000 Vessels[J]. Atomic Energy, 2011, 109(4): 257-265.

[34] Milan Brumovsky, Ralf Ahlstrand, Jiri Brynda, et al. Annealing and Re-embrittlement of RPV Materials[R]. AMES Report N.19, 2008.

[35] A. Kryukov, L. Debarberis, A. Ballesteros, et al. Integrated analysis of WWER-440 RPV weld re-embrittlement after annealing[J]. Journal of Nuclear Materials, 2012, 429: 190-200.

[36] Zabusov O.O, Krasikov E.A, Kozodaev M.A, et al. Redistribution of impurity and alloying elements in WWER-440 reactor pressure vessel steel due to the operating factors[J]. VANT, 2003, 3(83): 66-72.

[37] Miller M K, Sokolov M A, Nanstad R K, et al. APT characterization of high nickel RPV steels[J]. Journal of Nuclear Materials, 2006, 351: 187-196.

[38] Pareige D P, Radiguet B, Suvorov A, et al. Three-dimensional atom probe study of irradiated, annealed and re-irradiated VVER 440 weld metals[J]. Surface and Interface Analysis, 2004, 36(5-6):581-584.

Research progress in mechanism of post irradiation annealing for reactor pressure vessel steels

WANG Hai-dong, WU Xiao-yong, SUN Kai, LEI Yang, XIAO Wen-xia, LIU Sha-sha, ZHU Li-ni

(Nuclear Power Institute of China, Chengdu of Sichuan Prov. 610041, China)

Abstract: The safety of reactor pressure vessel is threatened by irradiation embrittlement. As a result of radiation defect elimination by annealing, mechanical properties recover to unirradiated level. Evolution of irradiation defect is discussed. Finally, the key points of carrying on related research are analysed.

Key words: reactor pressure vessel; annealing; recover; defect

LT21铝合金纵向弧形试样的拉伸试验不确定度分析

杨万欢,钟巍华,宁广胜,鱼滨涛,古宏伟,杨　文
(中国原子能科学研究院 反应堆工程技术研究部,北京 102413)

摘要:目前我国正在对退役重水研究堆的辐照孔道和工艺管材料(LT21)进行拉伸性能研究。由于退役部件的坯料为薄壁管,测试样品只能加工成纵向弧形试样,而无法使用常见的标准板状或棒状拉伸试样。为评估该样品测试数据的可靠性,本文针对未辐照LT21铝合金弧形样品的拉伸试验不确定度进行了分析。为便于与标样的测试不确定度进行对比,首先利用与LT21材质相似的6061Al,分析了板状试样的测试不确定度,并对比标样测试不确定度进行验证;接着开展6061Al纵向弧形与板状样品测试数据相对偏差的分析,进一步得到纵向弧形样品的测量不确定度,最终结合LT21测试数据合成得到了LT21纵向弧形试样测量不确定度的综合评定结果。研究结果表明,对于LT21纵向弧形试样,屈服强度($R_{p0.2}$)、抗拉强度(R_m)和延伸率(A)的最终不确定度分别为±1.292%,±2.331%和±4.131%,测试不确定度均低于5%。

关键词:研究堆;LT21铝合金;纵向弧形试样;拉伸;不确定度

LT21铝合金是我国第一座重水研究堆——101堆的辐照孔道、工艺管等堆内结构用材。目前101堆正在做退役处理,利用当前试验技术对其辐照工艺管LT21进行力学性能再认识,对于现役研究堆部件老化状态评估和材料改进都具有重要意义。

退役部件的LT21坯料为直径53.00 mm、厚度1.00 mm(或1.50 mm)的薄壁管,测试样品只能加工成纵向弧形试样,而无法使用常见的标准板状或棒状拉伸试样。为评估该样品测试数据的可靠性,本文对纵向弧形样品拉伸性能测试数据进行不确定度分析。

由于LT21铝合金受坯料尺寸限制仅能制成纵向弧形试样,标准样品(以下统称标样)为板材试样,为便于利用标样测试数据进行验证,本文将利用6061Al(与LT21材质相似的)的拉伸数据作为桥梁,综合标样、6061Al板材试样、6061Al纵向弧形试样和LT21纵向弧形试样共4种试样的拉伸数据,逐步推导、验证得到LT21纵向弧形试样的测试最终合成不确定度。具体过程如下:首先分析了6061Al板状试样的测试偏差,并对比标样的测试结果进行验证;接着开展6061Al纵向弧形试样与6061Al板状试样测试数据转换的相对偏差分析,得到适用于纵向弧形样品的、考虑了与板状试样数据转换偏差的相对合成不确定度;最终再结合LT21测试数据,合成得到LT21纵向弧形样品的不确定度分析结果。

1　试验内容

本试验对板材和纵向弧形拉伸试样(见图1)进行室温单轴拉伸试验,四种试样分别为:LT21纵向弧形试样、6061Al纵向弧形试样、6061Al板材及标准板材样品。试验首先测量试样的原始截面尺寸:宽度(b)和厚度(t),并计算原始横截面积;然后在GB/T 228.1—2010标准下进行拉伸试验,最大力之前的加载速度为0.000 25 s^{-1},最大力之后的加载速度为0.006 7 s^{-1},三种试样加载速率一致;最后利用拉伸曲线计算得到屈服强度($R_{p0.2}$)、抗拉强度(R_m)及断后伸长率(A)。

1.1　依据文件和标准

GB/T 228.1—2010《金属材料 拉伸试验 第1部分:室温试验方法》[1]

JJF 1059.1—2012《测量不确定度评定与表示》[2]

作者简介:杨万欢(1992—),男,硕士生,从事反应堆材料服役行为方面的研究

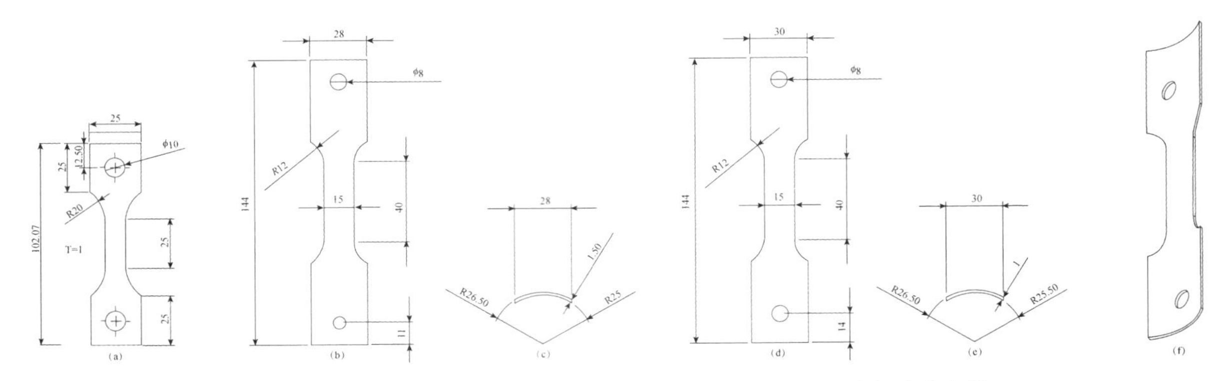

图 1　板材和纵向弧形拉伸试样尺寸图(a. 板材试样;b－f. 纵向弧形试样)

1.2　测试设备

拉伸试验机为 Zwick/Roell Z100 TEW＋HT 电子万能试验机(见图 2)。试验机量程 100 kN,载荷不确定度≤0.5%,同轴度偏差 3.0%。

试验机配备激光引伸计(见图 3):LaserXtens extensometer,精度等级:0.5;分辨率:0.11 μm;标距范围:单镜头:＜20 mm;双镜头:20～200 mm。

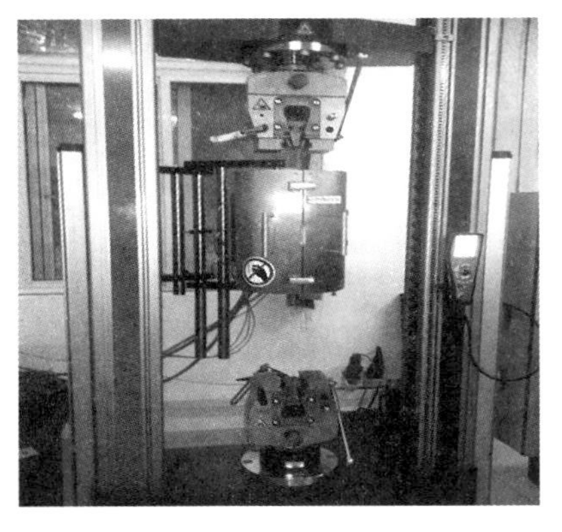

图 2　Zwick/Roell Z100 拉伸机

图 3　激光引伸计

1.3　拉伸性能测试结果

针对四种材料的拉伸测试数据,计算其算数平均值和标准偏差,计算公式如下:

$$S_i = \sqrt{\frac{\sum_{i=1}^{n} (X_i - \overline{X})^2}{n-1}} \tag{1}$$

式(1)中,

$$\overline{X} = \frac{1}{n}\sum_{i=1}^{n} X_i \tag{2}$$

具体结果见表 1。

表 1　钢研院标准拉伸样品

	尺寸参数			屈服强度 $R_{p0.2}$/MPa	抗拉强度 R_m/MPa	断后伸长率 A/%
	厚度 t/mm	宽度 b/mm	横截面积 S_0/mm²			
1	1.18	20.08	23.694 4	147	293	45.8
2	1.17	20.05	23.458 5	148	297	47.1
3	1.17	20.08	23.493 6	149	296	47.7
平均值 $\overline{X}$	1.17	20.07	23.549 0	148	295	46.9

表 2　6061Al 板材重复性试验结果

序号	尺寸参数			屈服强度 $R_{p0.2}$/MPa	抗拉强度 R_m/MPa	断后伸长率 A/%
	厚度 t/mm	宽度 b/mm	横截面积 S_0/mm			
1	1.05	10.00	10.500 0	319	354	18.9
2	1.05	10.01	10.511 0	303	347	19.1
3	1.06	10.02	10.621 0	307	346	19.4
4	1.07	10.04	10.743 0	306	349	19.3
5	1.05	10.06	10.563 0	303	349	17.8
6	1.07	10.00	10.700 0	302	345	19.3
7	1.05	10.03	10.532 0	307	349	18.5
平均值 $\overline{X}$	1.06	10.02	10.596 0	307	349	18.9
试验标准偏差 S_i	—	—	0.096	5.852	3.022	0.580
相对标准偏差 S_{rel}/%	—	—	0.902	1.908	0.867	3.072

由于弧形样品与板状样品横截面积的计算方法不一样，GB/T 228.1—2010《金属材料拉伸试验第1部分：室温试验方法》规定，管材纵向弧形试样的面积计算公式为：

$$S_0 = tb\left[1 + \frac{b^2}{6D_0(D_0 - 2t)}\right] \tag{3}$$

式中，S_0为试样面积，t 为试样厚度，b 为试样宽度，D_0为管材直径。

表 3　6061Al 弧形样品重复性试验结果(D_0=53 mm)

序号	样品参数			屈服强度 $R_{p0.2}$/MPa	抗拉强度 R_m/MPa	断后伸长率 A/%
	厚度 t/mm	宽度 b/mm	横截面积 S_0/mm²			
1	1.51	15.08	23.097 0	309	362	18.5
2	1.52	15	23.123 0	306	361	17.2
3	1.51	15.02	23.002 0	306	363	17.3

续表

序号	样品参数			屈服强度 $R_{p0.2}$/MPa	抗拉强度 R_m/MPa	断后伸长率 A/%
	厚度 t/mm	宽度 b/mm	横截面积 S_0/mm^2			
平均值 $\bar{X}$	1.51	15.033	23.074 0	307	362	17.6
试验标准偏差 S_i	0.006	0.042	0.064	1.503	0.989	0.740
相对标准偏差 S_{rel}/%	0.382	0.277	0.276	0.489	0.273	4.194

表 4　LT21 弧形样品重复性试验结果(D_0=53 mm)

序号	样品参数			屈服强度 $R_{p0.2}$/MPa	抗拉强度 R_m/MPa	断后伸长率 A/%
	壁厚 t/mm	宽度 b/mm	横截面积 S_0/mm^2			
1	1.53	14.88	23.084 0	160	264	28.7
2	1.48	14.95	22.437 0	159	262	28.8
3	1.51	14.99	22.955 0	157	261	28.9
平均值 $\bar{X}$	1.51	14.94	22.825 0	158	262	28.826
试验标准偏差 S_i	0.025	0.056	0.342	1.390	1.531	0.093
相对标准偏差 S_{rel}/%	1.670	0.373	1.500	0.877	0.584	0.324

2　不确定度评定

力学测试的不确定度一般包括 3 个分量:相对标准不确定度、相对合成不确定度的评定和相对扩展不确定度[3,4]。此外,由于本文验证用的标准样品为板材试样,因此还需要分析弧形-板材拉伸数据转化带来的不确定度,然后与 LT21 铝合金纵向弧形试样本身的相对不确定度叠加,以最终得到 LT21 弧形试样的测试不确定度的评定结果。

2.1　相对标准不确定度的评定

根据本文试验的过程,可得纵向弧形试样的相对标准不确定度的分量主要包括:测量重复性不确定度、原始横截面积引入的标准不确定度、测量力值引入的标准不确定度、引伸计测量引入的标准不确定度和数据修约引入的标准不确定度。

2.1.1　测量重复性不确定度的评定

本次拉伸试验共涉及两种试样:板材和纵向弧形试样,试验温度为室温。

试验标准偏差按贝塞尔公式计算样本的标准偏差可用上述公式(1)进行计算。

因此,相对偏差 RSD 的计算公式为:

$$RSD=\frac{s_i}{\bar{X}}\times 100\%=\frac{\sqrt{\frac{\sum_{i=1}^{n}(X_i-\bar{X})^2}{n-1}}}{\bar{X}}\times 100\% \tag{4}$$

拉伸结果的重复性属于A类相对标准不确定度分项，从而可以获得3个样品测量平均值的不确定度 $u_{rel}(rep)$ 为：

$$u_{rel}(rep)=\frac{RSD}{\sqrt{3}} \tag{5}$$

综上计算，可以得到本文拉伸试验测量重复性不确定度结果如表5所示。

表5　三种材料重复性引入的相对不确定度

		屈服强度 $R_{p0.2}/R_{eL}$	抗拉强度 R_m	断后伸长率 A/%
$u_{rel}(rep)$	6061Al 板材	1.102%	0.501 %	1.161
	6061Al 弧形	0.282%	0.158%	2.421
	LT21	0.711%	0.355%	0.342

2.1.2　原始横截面积引入的标准不确定度评定

测定试样原始横截面积时，需要测量管材及板材的宽度(b)和厚度(t)，试验时使用数显游标卡尺测量示值偏差为0.02 mm，按均匀分布估计，则

$$u(b)=u(t)=\frac{0.02}{\sqrt{3}}=0.011\ 5\ \text{mm} \tag{6}$$

对于板材，原始横截面积引入的相对标准不确定度为：

$$u_{rel}(S_0)=\frac{u(S_0)}{\bar{S}}=\frac{\sqrt{\left(\frac{\partial S_0}{\partial b}\right)^2 u^2(t)+\left(\frac{\partial S_0}{\partial t}\right)^2 u^2(b)}}{\bar{b}\bar{t}} \tag{7}$$

对于弧形样品，原始横截面积引入的相对标准不确定度为：

$$u_{rel}(S_0)=\frac{u(S_0)}{\bar{S}}=\frac{\sqrt{\left(\frac{\partial S_0}{\partial b}\right)^2 u^2(t)+\left(\frac{\partial S_0}{\partial t}\right)^2 u^2(b)}}{\bar{b}\bar{t}\left[1+\frac{\bar{b}^2}{6D_0(D_0-2\bar{t})}\right]} \tag{8}$$

综上计算，可以得到三种材料原始横截面积引入的相对不确定度结果如表6所示。

表6　三种材料原始横截面积引入的相对不确定度

	6061Al 板材	6061Al 弧形样品	LT21 弧形样品
$u_{rel}(S_o)$	1.094%	0.765%	0.768%

2.1.3　测量力值引入的标准不确定度评定

试验过程中力值测量的引入的标准不确定度主要分为三个方面：测力系统示值、力值标定仪和计算机采集系统引入的相对标准不确定度。

试验机测力系统示值带来的相对标准不确定度 $u_{rel}(F_1)$：

0.5级的ZWICK拉伸试验机精度为±0.5%，按均匀分布考虑 $k=\sqrt{3}$，则

$$u_{rel}(F_1)=\frac{0.5\%}{\sqrt{3}}=0.289\% \tag{9}$$

标准测力仪的相对标准不确定度 $u_{rel}(F_2)$：

使用0.1级的标准测力仪对试验设备进行检定，重复性 $R=0.1\%$，可以看作重复极限，则其相对标准不确定度为[3,4]：

$$u_{\mathrm{rel}}(F_2)=\frac{0.1\%}{2.83}=0.035\% \tag{10}$$

计算机数据采集系统板来的相对标准不确定度 $u_{\mathrm{rel}}(F_3)$：

根据 JJF 1103—2003 计量技术规范 B3 中给出，计算机采集系统所引入的 B 类相对标准不确定度为 0.2×10^{-2}：

$$u_{\mathrm{rel}}(F_3)=0.2\% \tag{11}$$

力的相对标准不确定度分项 $u_{\mathrm{rel}}(F)$：

$$u_{\mathrm{rel}}(F)=\sqrt{u_{\mathrm{rel}}^2(F_1)+u_{\mathrm{rel}}^2(F_2)+u_{\mathrm{rel}}^2(F_3)}=0.353\% \tag{12}$$

2.1.4 引伸计测量引入的标准不确定度评定

试验用视频引伸计(Zwick/Roell LaserXtens)精度等级为 0.5 级，标距偏差范围为±0.5%，应变示值偏差范围为±0.5%，两者出现在误差区间满足均匀分布($k=\sqrt{3}$)，且两者引起的相对标准不确定度相对独立，所以引伸计测量应变引入的相对标准不确定度为：

$$u_{\mathrm{rel}}(\varepsilon)=\frac{\sqrt{(0.5\%)^2+(0.5\%)^2}}{\sqrt{3}}=0.4\% \tag{13}$$

2.1.5 数据修约引入的标准不确定度评定

抗拉强度和屈服强度的修约间隔为 1 MPa，延伸率的修约间隔为 0.5%，按照均匀分布考虑 $k=\sqrt{3}$，则数据修约带来的强度相对标准不确定度分项为：

$$u_{\mathrm{rel}}(R,\mathrm{off})=\frac{1}{2\sqrt{3}\bar{\sigma}} \tag{14}$$

数据修约带来的延伸率相对标准不确定度分项为：

$$u_{\mathrm{rel}}(A,\mathrm{off})=\frac{0.5\%}{2\sqrt{3}\bar{A}} \tag{15}$$

综上计算，可以得到三种试样数据修约引入的标准不确定度如表 7 所示。

表 7 三种试样数据修约引入的标准不确定度

	6061Al 板材	6061Al 弧形样品	LT21 弧形样品
$u_{\mathrm{rel}}(R_{p0.2},\mathrm{off})$	0.094%	0.094%	0.181%
$u_{\mathrm{rel}}(R_m,\mathrm{off})$	0.083%	0.080%	0.110%
$u_{\mathrm{rel}}(A,\mathrm{off})$	0.764%	0.818%	0.504%

2.2 相对合成不确定度的评定

屈服强度和抗拉强度的相对合成不确定度主要受测量重复性、力值、面积和数据修约等因素影响，则

$$u_{\mathrm{crel}}(R_{p0.2})=\sqrt{u_{\mathrm{rel}}^2(\mathrm{rep})+u_{\mathrm{rel}}^2(F)+u_{\mathrm{rel}}^2(S_0)+u_{\mathrm{rel}}^2(R_{p0.2},\mathrm{off})} \tag{16}$$

$$u_{\mathrm{crel}}(R_m)=\sqrt{u_{\mathrm{rel}}^2(\mathrm{rep})+u_{\mathrm{rel}}^2(F)+u_{\mathrm{rel}}^2(S_0)+u_{\mathrm{rel}}^2(R_m,\mathrm{off})} \tag{17}$$

延伸率的相对合成不确定度主要受测量重复性、原始标距、断后伸长和数据修约等因素影响，则

$$u_{\mathrm{crel}}(A)=\sqrt{u_{\mathrm{rel}}^2(\mathrm{rep})+u_{\mathrm{rel}}^2(\varepsilon)+u_{\mathrm{rel}}^2(A,\mathrm{off})} \tag{18}$$

综上公式计算，可以得到三种试样屈服强度、抗拉强度和延伸率的相对合成不确定度如表 8 所示。

表 8　三种试样屈服强度、抗拉强度和延伸率的相对合成不确定度

	屈服强度 $R_{p0.2}/R_{eL}$	抗拉强度 R_m	延伸率 $A/\%$
6061Al 板材	1.595%	1.256%	1.973
6061Al 弧形	0.893%	0.861%	2.587
LT21 弧形	1.119%	0.923%	0.729

2.3　相对扩展不确定度的评定

对于相对扩展不确定度，取包含概率 $p=95\%$，按 $k=2$ 进行计算，则

$$U_{rel}(R_m)=k\times u_{crel}(R_m) \tag{19}$$

$$U_{rel}(R_{p0.2})=k\times u_{crel}(R_{p0.2}) \tag{20}$$

$$U_{rel}(A)=k\times u_{crel}(A) \tag{21}$$

综上公式计算，可以得到三种试样相对扩展不确定度如表 9 所示。

表 9　三种试样相对扩展不确定度

	屈服强度 $R_{p0.2}/R_{eL}$	抗拉强度 R_m	延伸率 $A/\%$
6061Al 板材	3.190%	2.513%	3.945
6061Al 弧形	1.787%	1.722%	5.173
LT21 弧形	2.238%	1.847%	1.457

2.4　弧形—板状样品拉伸数据转化不确定度分析

综合考虑板状与弧形样品试验数据之间的转化关系，可得到样品形状转化板来的相对偏差结果，计算公式如下：

$$u_{tr}(R_{p0.2})=\frac{R_{p0.2}(6061\text{ 板状})-R_{p0.2}(6061\text{ 弧形})}{R_{p0.2}(6061\text{ 弧形})}\times 100\% \tag{22}$$

$$u_{tr}(R_m)=\frac{R_m(6061\text{ 板状})-R_m(6061\text{ 弧形})}{R_m(6061\text{ 弧形})}\times 100\% \tag{23}$$

$$u_{tr}(A)=\frac{A(6061\text{ 板状})-A(6061\text{ 弧形})}{A(6061\text{ 弧形})}\times 100\% \tag{24}$$

综上计算，可以得到三种试样弧形—板状转化误差分析结果如表 10 所示。

表 10　弧形—板状试样转化误差分析

	屈服强度 $R_{p0.2}/R_{eL}$	抗拉强度 R_m	延伸率 $A/\%$
6061 板材	307	349	18.880
6061 弧形	307	362	17.644
相对偏差 u_{tr}	0%	3.591%	7.005

由于试验的不确定度与弧形—板状拉伸数据转化偏差相对独立，误差区间满足均匀分布($k=\sqrt{3}$)，则 LT21 纵向弧形试样最终合成不确定度为：

$$u_{tol}=\frac{\sqrt{u_{tr}^2+u_{crel}^2}}{\sqrt{3}} \tag{25}$$

表 11　LT21 试样弧形最终合成不确定度

	屈服强度 $R_{p0.2}/R_{eL}$	抗拉强度 R_m	延伸率 A/%
LT21 弧形 u_{tol}	1.292%	2.331%	4.131

3　结论

本文综合标样、6061Al 板材试样、6061Al 纵向弧形试样和 LT21 纵向弧形试样共 4 种试样的拉伸数据，逐步推导、验证得到 LT21 纵向弧形试样的测试不确定度。以上分析过程涉及的不确定度分量包括：相对标准不确定度、相对合成不确定度的评定、相对扩展不确定度和弧形一板状样品拉伸数据转化不确定度。对于 LT21 纵向弧形试样，综合得到的屈服强度($R_{p0.2}$)、抗拉强度(R_m)和延伸率(A)的最终不确定度分别为±1.292%，±2.331%和±4.131%。

参考文献：

[1]　金属材料拉伸试验 第 1 部分：室温试验部分：GB/T 228.1—2010[S].

[2]　测量不确定度评定与表示：JJF1059.1—2012[S].

[3]　柯浩，张道刚，吴楠，等. 管材弧形试样抗拉强度测量不确定度评定方法 [J]. 河北电力技术，2009，28(6)，35-38.

[4]　苏英群，甄晓川，李佑彬. 拉伸试验测量不确定度评定 [J]. 天津冶金，2004，6，4-47.

Uncertainty analysis of tensile test of longitudinal arc sample of LT21 aluminum alloy

YANG Wan-huan, ZHONG Wei-hua, NING Guang-sheng, YU Bin-tao, GU Hong-wei, YANG Wen

(Division of Reactor Engineering Technology Research, China Institute of Atomic Energy, Beijing 102413, China)

Abstract: At present, the tensile properties of irradiation channel and irradiation capsule tube material (LT21) for decommissioned heavy water research reactor are studied in China. Due to the thin-walled tube stock of the decommissioned components, the test samples can only be processed into longitudinal arc-shaped specimens rather than the standard plate or bar tensile specimens commonly used.In order to evaluate the reliability of the test data, the tensile test uncertainty of the unirradiated LT21 aluminum alloy arc sample was analyzed in this paper.In order to compare the test error with the standard sample, the 6061Al material, which is similar to LT21 material, is used to analyze the test uncertainty of the plate sample and verify the test uncertainty by comparing with the standard sample.Then, the relative deviation analysis of 6061Al longitudinal arc sample and plate sample test data was carried out to further synthesize the measurement uncertainty of longitudinal arc sample, and finally the comprehensive evaluation results of LT21 longitudinal arc sample measurement error were obtained. The results show that the final uncertainties of yield strength ($R_{p0.2}$), tensile strength (R_m) and elongation (A) are ±1.292%, ±2.331% and ±4.131%, respectively, for the LT21 longitudinal arc specimen, and the test error is less than 5%.

Key words: research reactor; LT21 aluminum alloy; longitudinal arc sample; tensile test; uncertainty

中子吸收毒物在国内乏燃料贮存水池的实际应用

吴亚贞，席　航，余飞杨，张海生，莫华均，李国云
(中国核动力研究设计院，四川 成都 610000)

摘要：我国在运在建核电机组数量均已处在世界前列，核电机组商业运行经验也即将达到 30 年。我国早期建造的大亚湾核电厂和秦山二期核电厂的乏燃料贮存水池也已经完成扩容改造。本文从我国核电厂乏燃料贮存水池中子吸收毒物的实际使用情况出发，重点阐述了含硼聚乙烯、镉金属板、含硼不锈钢和 B4C/Al 复合材料四种中子吸收毒物的特点以及在新建核电机组上的应用。本文还介绍了国内中子吸收毒物研发主流—B4C/Al 复合材料的中子辐照考验验证的情况，国产材料研发取得了显著的成果。为应对中子吸收材料的降级问题，国内新建核电厂均在乏池中设置了中子毒物有效性验证装置，用于监测新型中子吸收毒物的老化情况，本文最后阐述了中子吸收毒物的在役监督情况。

关键词：乏燃料贮存格架；中子吸收毒物；在役监督

已在商业核反应堆中使用过的核燃料组件虽然不能再经济地维持核反应，从反应堆卸出后仍具有一定剩余反应性，需暂存在反应堆厂房内的乏燃料水池中冷却几年(一般为 5～20 年)，待其衰变热和放射性降低到适当水平后再进行外运。据了解，我国第一台商运的大亚湾核电厂 1 号机组乏燃料水池已经满容，由于无法将乏燃料运输至后处理厂，只能将部分乏燃料暂存在岭澳核电厂 4 号机组，同时也在进行乏燃料贮存设施改造，扩大乏燃料贮存容量，以保证正常运行[1]。

乏燃料贮存水池通常是带有不锈钢衬里的钢筋混凝土结构，燃料贮存在格架中。格架中设置中子吸收毒物，用于吸收热中子，以控制乏燃料组件的反应性，使其保持在次临界状态。在核电站中，为了实现密集贮存，加大乏燃料水池的贮存量，一般包括两种规格的燃料贮存格架：Ⅰ区格架和Ⅱ区格架，通过采用不同构型和不同浓度的中子吸收剂来提高贮存容量[2]。为有效监督中子毒物材料的使用性能，确保乏燃料元件贮存的安全性，一般会在乏燃料贮存格架中设置中子毒物有效性验证装置，在核电厂运行期间定期从乏池中取出样片进行在役检查，以便对乏池格架的中子毒物的性能进行实时监测。本文从含硼聚乙烯、镉金属板、含硼不锈钢、B_4C/Al 复合材料四种中子吸收材料的特点出发，总结了其在国内乏燃料水池的实际应该情况，这对中子毒物材料国产化和中子毒物在役监督有重要意义。

1　实际应用情况

截至 2019 年 12 月底，我国运行核电机组达到 47 台，仅次于美国、法国，位列全球第三，在建核电机组 13 台，在建机组装机容量继续保持全球第一。在运在建核电机组类型广泛，乏燃料水池结构与使用的中子吸收毒物各有不同，具体见表 1。实际使用的中子吸收毒物主要有镉金属板、碳化硼聚乙烯、含硼不锈钢、B_4C/Al 复合材料，新一代核电站主要使用高性能的含硼不锈钢和 B_4C/Al 复合材料。

表 1　乏池格架中子毒物实际使用状况

核电厂	机组	商运时间	机型	设计寿命/年	中子毒物类型
大亚湾核电厂	1 号	1994.2.1	法国 M310	40	金属镉板[3]
	2 号	1994.5.6			

作者简介：吴亚贞(1988—)，女，助理研究员，目前主要研究领域为核燃料及材料的中子辐照效应

续表

核电厂	机组	商运时间	机型	设计寿命/年	中子毒物类型
岭澳核电厂	1号	2003.1	中国 CPR1000	40	硼不锈钢[4]
	2号				
	3号	2010.9.20	中国改进型 CPR1000	40	
	4号	2011.8.7			
秦山核电厂	/	1994.4	中国 CNP300	30	碳化硼聚乙烯
秦山第二核电厂	1号	2002.4	中国 CNP650	40	金属镉板[4]
	2号	2004.5			
	3号	2010.10.5			
	4号	2011.12.30			
方家山核电厂	1号	2014.12.15	二代改进型 百万千瓦级压水堆	40	硼不锈钢
	2号	2015.2.12			
福清核电厂	1号	2014.11.22	CNP/1000 压水堆	60	硼不锈钢
	2号	2015.10.16			
	3号	2016.10.24			
	4号	2017.9.17			
	5号	2015.5.7 开工建设	“华龙一号”	60	硼不锈钢[5]
	6号	2015.12.22 开工建设			
田湾核电厂	1号	2007.5.17	俄罗斯 AES/91	40	硼不锈钢[6]
	2号	2007.8.16			
	3号	2018.2.15	俄罗斯 VVER/ 1000/428	/	
	4号	2018.10.27 首次并网			
	5号	2015.12.27 开工建设	中国 CNP1000	60	/
	6号	2016.10.29 开工建设			
昌江核电厂	1号	2015.12.25	中国 CNP650	40	/
	2号	2016.8.12			
防城港核电厂	1号	2016.1.1	CPR1000	60	/
	2号	2016.10.1			
	3号	2015.12.23 开工建设	“华龙一号”		硼不锈钢
	4号	2016.12.23 开工建设			
阳江核电厂	1号	2014.3.25	CPR1000	60	B_4C/Al
	2号	2015.6.5			
	3号	2016.1.1			
	4号	2017.3.15			
	5号	2018.7.12			
	6号	2019.7			

续表

核电厂	机组	商运时间	机型	设计寿命/年	中子毒物类型
红沿河核电厂	1号	2013.6.6	CPR1000	60	B_4C/Al
	2号	2014.5.13			
	3号	2015.8.16			
	4号	2016.9.19			
	5号	2015.3.29 开工建设	ACPR1000		
	6号	2015.7.24 开工建设			
海阳核电厂	1号	2018.10.22	美国 AP1000	60	B_4C/Al
	2号	2019.1.9			
三门核电厂	1号	2018.9.21	美国 AP1000	60	B_4C/Al
	2号	2018.11.15			
宁德核电厂	1号	2013.4.18	CPR1000	60	B_4C/Al
	2号	2014.5.5			
	3号	2015.6.1			
	4号	2016.7.21			
台山核电厂	1号	2018.12.13	欧洲 EPR1 750 MW	60	/
	2号	2019.9.7			
漳州核电厂	1号	2019.10.16 开工建设	“华龙一号”	60	硼不锈钢
	2号	/			
石岛湾核电厂	/	2012.12.9	高温气冷堆核电站示范工程	/	/

1.1 铝基碳化硼(B_4C/Al)

B_4C/Al 复合材料具有良好的机械力学性能、热稳定性、抗腐蚀性能和耐辐照性能，是一种很好的新型结构功能材料，广泛用于核辐射屏蔽领域。目前该材料常用于燃料湿法贮存的格架，不仅能够降低水池建造成本，还可以提高贮存密度。

在乏燃料水池中使用最广泛的格架材料是 Boral，这是一种将 B_4C 和 Al 粉热压得到的复合材料，其外包覆有一层约 0.3 mm 厚的铝包套。在经历了多年的应用后，部分 Boral 曾出现起泡和点蚀现象，虽然材料中的 B/10 面密度并未因局部腐蚀和起泡而降低，但包覆层的起泡可能会导致格架用结构材料（不锈钢）往里（燃料侧）变形，使燃料不易移除。Boral™ 材料的起泡问题目前已引起 EPRI（美国电力研究院）和多家格架制造商的注意。目前此问题还未得到完全解决，新建电站一般不再采用此材料作为乏燃料储存格架，某些旧电站也正对此材料进行更换。美国电力研究学会对水池中的 Boral 材料研究后认为，起泡现象对格架的影响甚微，不影响硼的中子吸收性能，仍可继续安全使用 25 年以上[7,8]。

美国 Holtec 公司研制的新型 Metamic 材料已应用于乏燃料的水池格架和干式贮存，这也是一种用于中子辐照屏蔽领域的 B_4C 颗粒增强铝基的 B_4C/Al 复合材料。与 Boral 相比，Metamic 材料没有铝包套，从而避免了水池辐照环境下气体肿胀现象。我国第三代核电厂乏燃料贮存格架普遍采用 B_4C 质量分数为 31% 的 $B_4C/6061Al$ 复合材料，目前世界第一座 AP1000 非能动先进压水堆核电厂（浙江三门核电厂）采用美国 Metamic® 牌号的 B_4C/Al 金属基复合材料作为乏燃料贮存格架的中子吸收材料。

2013 年之前，我国用于核电的 B_4C/Al 中子吸收材料主要依靠从英美等国进口。为了突破国外技术垄断，实现新型中子吸收材料的自主国产化，国内中国核动力研究设计院、清华大学、中国工程物理研究院及中国核电工程有限公司等开展了颗粒增强铝基复合材料的制备及性能研究，并进行中子辐照考验等一些系列验证。国产的 B_4C/Al 中子吸收材料各项性能指标已经达到国外同类产品的技术水平。2016 年国内的 CAP1400、AP1000 核电厂乏燃料水池贮存格架已采用国产的 B_4C/Al 中子吸收材料[9]。

1.2 含硼不锈钢

根据 EPRI 对乏燃料水池所应用的中子吸收材料的调研报告[10]，硼不锈钢的稳定及耐蚀性是应对电站寿期增加或电站延寿可能带来的中子吸收材料老化问题的优质材料。

用作中子吸收材料的硼钢通常采用高硼钢（含硼质量分数大于 0.1%），其强度高、耐蚀性优良、吸收中子能力良好。西门子已采用了 2 000 多吨含硼不锈钢作为高密度乏燃料贮存架的结构材料。这些贮存格架已安装在 28 座核电站中，提供的贮存容量为 36 000 多个乏燃料组。从 1977 年建造第一批贮存架以来，已积累了 15 年以上的无故障运行经验[11]。根据 ASTM A887－89 标准，将 B 质量分数为 0.20%～2.25%的硼钢根据成分不同分为 8 个牌号，每个牌号根据性能不同分为 A、B 两级[12]。A 级硼钢既可用作中子吸收材料又可作结构材料，而 B 级硼钢仅用作中子吸收材料。第三代压水堆“华龙一号”，乏燃料贮存格架由中国核电工程有限公司自主设计[3]，采用含硼不锈钢作为中子吸收毒物。

1.3 含硼有机聚合物

有机聚合物含氢量高，对快中子有良好的慢化作用，为进一步增强其吸收中子的效果，通常向有机聚合物中加入含硼的中子吸收剂，如聚乙烯就是在辐射屏蔽工程中常用的一种聚合物材料，聚乙烯加硼处理后，碳和氢俘获热中子放出二次 γ 射线的强度会大大降低而吸收热中子的能力增强。

Boraflex 曾是在美国部分核电厂乏燃料水池中广泛使用的一种聚合物基中子吸收材料，但不能作为结构材料使用，目前 Boraflex 已经不再使用[13]。一般与金属材料相比，有机聚合物中子吸收材料更易遭受辐射损伤。长期辐照一般使聚合物的分子量减少，软化温度下降，而溶解度增加，同时由于该类材料使用温度通常有一定限度，因此有机聚合物材料在高放射性的乏燃料贮存水池或运输容器的应用中受到一定限制。

国内使用碳化硼聚乙烯作为中子吸收毒物材料的是秦山核电厂。由中国工程物理研究院设计研制，中子吸收体板外围由 1Cr18Ni9Ti 不锈钢包附，该中子吸收体组件在秦山 1# 乏燃料水池 1994 年开始使用，目前仍在服役中。

1.4 金属镉板

由高纯度镉轧制出一定厚度的板材作为贮存格架的中子毒物材料。镉本身易与乏燃料贮存水池中的池水发生化学反应。因此它不能单独使用，其内外表面必须包覆一定厚度的不锈钢材料.以便构成“三明治”夹层结构的镉套管。镉乏燃料贮存格架在法国已运行多年，在我国核电站的乏燃料水池内最长运行时间也已有 20 余年，均未收到镉板中子吸收性能降级的反馈，但由于镉毒性高、制造过程中污染严重，在焊接等高温场合就必须注意镉的高蒸汽压及毒性。因此，我国核电厂乏燃料水池在逐步用其他类型的中子吸收材料取代目前使用的镉。

镉乏燃料贮存格架在我国最早应用于大亚湾核电站，设计上采用了法国的成熟技术，用金属镉作为控制临界安全的中子吸收材料。2019 年大亚湾 1/2 号机组完成乏燃料水池高密度格架的升级改造，高密度格架由法国 REEL 公司设计制造，采用了 304 B grand B7（含硼不锈钢）作为中子吸收毒物。

秦山核电二期工程设有两座 60 万 kW 的机组，考虑国外（法国）及大亚湾核电站已有成熟的经验，乏燃料贮存格架结构自主设计，采用了镉金属板作为其中子毒物材料[4]。秦山 3/4 号机组乏燃料贮存水池也进行了扩容改造。高密度格架由中国核动力研究设计院完成安装，中子吸收毒物采用了B_4C/Al复合材料。

2 中子吸收毒物辐照考验验证

乏燃料贮存水池的冷却剂温度正常运行工况下为35～40 ℃，全堆芯卸料工况下最高为80 ℃，在强制冷却回路全部丧失等事故工况下最高为100 ℃。由于贮存在格架中的乏燃料组件具有剩余反应性，燃料水池中子吸收材料在寿期末(70年)所受到的最大中子注量照射量仅为10^{14} n/cm^2，γ射线照射量为10^9 Gy。

美国Holtec公司研制的新型Metamic材料(B_4C/Al复合材料)，为保证Metamic材料适用于乏燃料贮存格架和运输容器，Reynold公司和EPRI共同出资对15%和31%(质量分数)碳化硼的Metamic™合金进行了加速辐照试验(γ射线和快中子辐照剂量分别达到3.8×10^9 Gy和1.5×10^{20} nvt)[14]。上海核工程研究设计院联合安泰核原新材料科技有限公司开展了B_4C颗粒增强铝基复合材料的国产化研制，在中国原子能科学研究院49-2游泳池式反应堆内进行中子辐照。中国核电工程公司、清华大学、中国核动力研究设计院等单位均开展了B_4C/Al中子吸收材料的研制，国产B_4C/Al中子吸收材料加速辐照试验参数均参考了Metamic材料。同时，已在国内部分核电厂乏池应用的进口含硼不锈钢也开展加速辐照试验，对其使用寿命进行了评估，辐照试验情况见表2。

表2 中子吸收毒物辐照验证情况

材料来源	材料成分	试验堆	辐照时间	中子注量 n/cm^2 (E>1 MeV)	γ射线剂量/rad	辐照试验温度/℃
国产	B_4C/Al	HFTER	2014/3—2014/6	$(1\sim9)\times10^{19}$	$(3\sim6)\times10^{11}$	<85.5
国产	B_4C/Al	HFTER	2015/7—2015/8	$(1\sim9)\times10^{19}$	$(3\sim6)\times10^{11}$	<120
国产	B_4C/Al	HFTER	2016/6—2016/7	$(1\sim9)\times10^{19}$	$(3\sim6)\times10^{11}$	<120
奥地利伯乐公司	304B7 Grand B	HFTER	2017/12—2018/3	$(1\sim9)\times10^{19}$	$(3\sim6)\times10^{11}$	<120
上海核工程研究设计院联合安泰核原新材料科技有限公司[5]	B_4C/Al	49/2	2015—2016	4.22×10^{19}	4.75×10^{11}	<43.3
美国Boral™[14]	B_4C/Al	/	/	2.7×10^{19}	10^{11}	55
美国Metamic™[9]	B_4C/Al	/	/	5.8×10^{19}	1.5×10^{11}	/

表3是国内安泰核原新材料科技有限公司生产的B_4C/Al材料与METAMIC©的各项指标对比。可以看出，国产的B_4C/Al中子吸收材料各项性能指标已经达到国外同类产品的技术水平。

表3 国产B_4C/Al与METAMIC®性能对比复合材料[9]

复合材料	B_4C质量分数/%	试样厚度/mm	^{10}B面密度/(g·cm^2)	抗拉强度/MPa	腐蚀性考核	热老化考核	辐照考核
国产B_4C/Al	31	3	0.036～0.040	289～330	40.0 ℃/93.0 ℃、10 000 h	400 ℃ 8 000 h	r:4.75×10^{11} rad；快中子:7.09×10^{19} n/cm^2
METAMIC	31	3	0.035	263～289	90.5 ℃ 9 020 h	400 ℃ 8 000 h	r:1.50×10^{11} rad；快中子:5.80×10^{19} n/cm^2

3 中子吸收毒物在役监督

自20世纪70年代以来，美国NRC就非金属基体中子吸收材料及早期硼铝的中子吸收降级问题发出了多个Information Notice，并在2016年向所有按10CFR50取证的动力堆和非动力堆业主发出了一封通用信件(GL 2016/01)[16]，要求提交乏燃料水池内中子吸收材料降级问题的有关信息。基于美国的经验反馈，我国对中子吸收材料的降级问题十分重视，在设计上采取了针对性的监督预防措施/水池内设置监督试样，以反映中子吸收材料的老化状况。目前国内宁德、阳江、三门、福清等多个机组的乏燃料贮存格架，均按检查计划完成了首次中子毒物样片在役检查。

中子毒物有效性验证装置一般会放置于燃料厂房乏燃料水池Ⅱ区格架的一个贮存小室内，布置于燃料组件的活性段区域以保证其受到的辐照量均匀一致，要求验证装置周围的贮存小室均存放有乏燃料组件，且燃耗深度尽量大。电厂可以根据燃料管理策略对验证装置的放置位置进行调整，但原则上需满足上述要求。在核电厂寿期内，中子毒物有效性验证装置的放置位置保持不变，无需更换。但是电厂也可以根据实际需要进行变更，对其安全和功能没有影响。在核电厂的整个寿期内通过对样片的定期取样检查，实现对格架中的中子吸收材料在役运行期间有效性的有效跟踪。

中子毒物有效性验证装置包括中子毒物悬挂样片树及中子毒物样片，中子毒物样片分别放置在中子毒物悬挂样片树上的相应包壳内，样片数量一般设置10～20片，试验样片与乏燃料贮存格架的中子毒物应为同批次材料，样片在入池之前进行全部检查并保留原始数据，同时至少留存2个试验样片作为原始对比对象水外存放。在安全分析报告中需给出建议性的检查周期及取样数量，检查周期覆盖核电厂机组全寿期，在寿期初、末检查频率略高。一般在第1循环、第2循环、第3循环、第5循环、第10循环、第20循环、第30循环、第40循环结束时，在试样树取出一片试样进行检查评估，同时样片树中还需留存一定数量的样片作为备用。后续执行时需根据实际情况适时调整：如果样片的特性参数没有明显变化，则可以适当减少取样检查频率；一旦发现样片的特性参数劣化明显，则需要增加取样检查频率。降质监督测量包括外观检查、尺寸测量、重量及密度测量、^{10}B含量测量。最重要的测量是厚度(用于监测样片膨胀情况)和中子衰减(用于测定^{10}B浓度)，一般要求B_4C/Al中子毒物样片厚度变化不超过初始厚度10%和^{10}B含量降低不超过5%。如果发现检查结果不能满足以上验收准则的要求，应立即取出试验样片的备件进行检查，以便对其影响进行进一步的评估或根据需要采取必要的行动。

4 结论

国内核电厂乏燃料贮存水池在用的中子毒物主要有镉金属板、碳化硼聚乙烯、含硼不锈钢、B_4C/Al复合材料。目前无论是改进型二代压水堆，还是第三代AP1000和“华龙一号”，乏燃料贮存水池均采用了新型高性能B_4C/Al复合材料和含硼不锈钢。

国产B_4C/Al复合材料进行了多次中子辐照验证，各项性能指标已经达到国外同类产品的技术水平，国产B_4C/Al复合材料中子辐照试验已在新一代压水堆建设中得到了应用。

国内新建核电厂一般设置有中子毒物有效性验证装置，用于监测新型中子吸收毒物的降级情况，以反映中子吸收材料的老化状况。目前国内多个机组的乏燃料贮存格架按监督大纲检查计划完成了首次中子毒物样片在役检查。

参考文献：

[1] 徐鹏，张正，张建普. AP1000乏燃料贮存设施研究[J].核科学与工程. 2018，38 (144)，718-723.

[2] 张建普，徐鹏，张正.两种新型的乏燃料贮存格架对比分析[J].机械研究与应用，2016，29 (04)，47-50.

[3] 刘慧芳.新型硼不锈钢乏燃料贮存格架结构设计与研制[J].核科学与工程，2018，38 (2)，307-312.

[4] 谢亮，李建奇.秦山核电二期工程乏燃料贮存格架的设计[J].核工程研究与设计，2005，6 (23)23-28.

[5] 唐兴贵，李建奇，李均，等.“华龙一号”燃料操作与贮存系统关键设备设计[J].中国核电. 2017，10(4)，499-504.

[6] 夏兆东，周小平，李晓波，等.田湾核电站乏燃料水池采用燃耗信任制的计算研究[J].原子能科学技术. 2013,47(11),2098-2102.

[7] Kristopher C. Industry view on neutron absorber degradation [R].US: Nuclear Energy Institute,2014.

[8] Albert M. Neutron absorber Materials degradation issues/Ongoing &planned R&D projects [R]. US: NRC/Industry Meeting,2010.

[9] 刘桂荣，裴燕斌.含 B 中子吸收材料的研究进展[J]. 粉末冶金工业. 2018, 28(5), 1-5.

[10] EPRI. Handbook of Nneutron absorber materials for spent nuclear fuel transportation and storage application [R].California:EPRI, 2008.

[11] Joaching B,Lothar S,Karl W. 西门子应用含硼不锈钢的经验[J]. 国外核动力,1999(3):30-39.

[12] ASTM, Standard specification for borated stainless steel plate, sheet, and strip for nuclear application, A887-94 [S].

[13] 李 刚，简 敏，王美玲等.反应堆乏燃料贮运用中子吸收材料的研究进展[J]材料导报 A :综述篇, 2011,25(7), 110-113.

[14] 谭功理，卢可可，石立波. 轻水堆核电站乏燃料贮存格架及运输容器用硼铝材料介绍[J]. 材料导报,2014,28.

[15] 石悠，刘桂荣，张亚东等.国产 B_4C 颗粒增强铝基复合材料的耐辐照性能研究[J]. 粉末冶金工业. 2018,28(2), 30-34.

[16] NRC. Generic Letter 2016/01:Monitoring of Eutron/Absorbing Materials in Spent Fuel Pool [EB/OL].

The application of neutron absorbing material in spent fuel storage racks in a pool environment in China

WU Ya-zhen, XI Hang, YU Fei-yang, ZHANG Hai-sheng, MO Hua-jun, LI Guo-yun

(Nuclear Power Institute of China, Chengdu of Sichuan Prov. 610000, China)

Abstract: The number of nuclear power plants in operation and under construction in China has been in the forefront of the world, and the commercial operation experience of nuclear power plants is about to reach 30 years. For the early commercial operation nuclear power plants, the Daya Bay and Qinshan Ⅱ Nuclear Power Plants, the spent fuel storage pools of which have already been expanded and upgraded. In this paper, the characteristics of four kinds of neutron absorbing materials, namely B_4C/Al,boron stainless steel,boron containing polymers and cadmium-containing material and their application in spent fuel storage pool are expounded in China. Currently,

B_4C/Al composite is the mainstream of neutron absorbing material research and development in China. In this paper, the neutron irradiation test and verification of B_4C/Al composite are also introduced. The coupon monitoring program has been set up in the spent fuel storage pools of newly built nuclear power plants in China, which is used to detect the degradation of neutron absorbing material. At the end of this paper, the surveillance of neutron absorbing material is described.

Key words:spent fuel storage racks; neutron absorber materials; irradiation surveillance

基于电加热调控的辐照装置温度特性分析

金　帅,孙　胜,张　亮,赵文斌,戴钰冰,和佳鑫
(中国核动力研究设计院 四川 成都 610005)

摘要:本文以气隙控温的中心布置式辐照装置为研究对象,并依据之前外围低注量孔道的释热率的轴向分布规律确定了热源的大小。使用有限元仿真软件对辐照装置进行了全尺寸模拟,得出了辐照装置的温度场分布,分析了试验段不同层温差较大的原因。为了解决试验段温度分布不均的问题,本研究采用首尾两层内置电加热棒的方法对辐照装置的温度进行调控,并分析不同加热功率对辐照装置温度分布的影响,计算发现增加电加热棒能够很好的展平试验段的温度。最后,在本文设定的工况条件下结合试验段壁面以及电加热表面的温度的限制,给出了电加热棒的功率建议值。

关键词:数值计算;辐照装置;温度特性

涉核使用的新材料在正式投入使用之前,必须要经过辐照试验来验证新材料的辐照性能是否满足使用要求,其中辐照温度是材料辐照的一个是重要指标[1]。在材料辐照试验过程中,常出现试验段的温度分布呈现中间高两端低的问题。造成这种现象出现的主要原因有以下两点:第一,试验段轴向方向的释热率从中间向两端按照余弦函数衰减;第二,试验段两端的散热面积要大于中间层的散热面积[2]。

常规的解决办法有分层设计气隙大小以及调节气隙中混合气体的比例,但是随着研究堆控制棒位、燃料燃耗、堆芯装载方案的变化,对试验段的释热率分布的影响是难以评估的[3]。这就需要采用一个能够更为灵活并且能够随着反应堆的变化及时调节的温度补偿手段,故本文探究在试验段第一层和最后一层内置电加热棒,分析对整个试验段温度分布的影响。

1　计算模型及输入

1.1　计算模型

因为辐照试验通过调节惰性气体氦气和氩气的混合比例来调控温度,所以试验样品不能用一次水直接冷却,需与反应堆冷却水隔离,故试验段采用密闭的辐照罐型式,样品采用中心布置,并在试验段轴向方向上布置七层样品。试验装置辐照罐外筒外部和内筒内部为反应堆一次水,其传热方式为自然对流换热,辐照罐内的传热方式为带内热源的导热;装置气隙处仅考虑气体导热。辐照装置试验段三维热工计算模型见图1,其中图1(a)为试验段的横截面,主要包括了内外套筒、铝夹块、辐照样品、定位环、垫块等。图1(b)为试验段的纵截面,夹块与外套筒之间的间隙为惰性气体区域。

1.2　计算输入参数

外围低注量率孔道样品和铝的释热率如表1所示,冷却水的温度取50 ℃,轴线方向上材料的释热率按照经验公式进行衰减。

作者简介:金帅(1997—),男,硕士研究生,实习研究员,现主要从事辐照装置热工水力、安全分析等科研工作

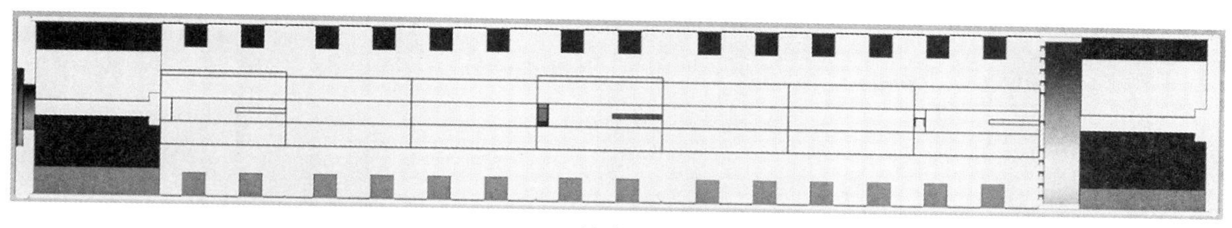

(a)试验段的横截面

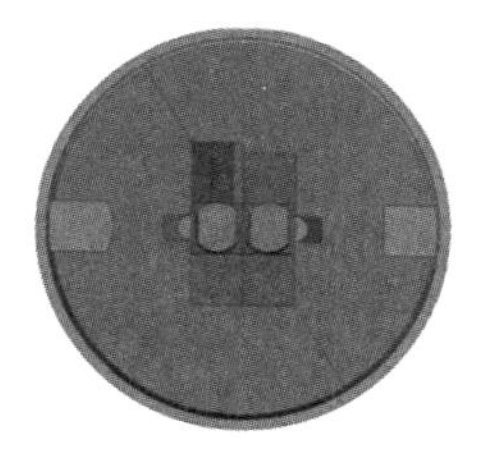

(b)试验段的纵截面

图 1　辐照装置试验段

表 1　辐照装置考验段每一层材料及铝夹块的释热率

	第一层	第二层	第三层	第四层	第五层	第六层	第七层
不锈钢	0.581	0.622	0.648	0.656	0.646	0.618	0.575
铝夹块	0.492	0.529	0.554	0.563	0.555	0.531	0.494

结合表 1 中的释热率分布，通过一维计算程序，把辐照罐内的试验样品与本段的固定铝块作均匀化处理计算得到试验段每一层气隙的大小如表 2 所示。

表 2　辐照装置考验段每一层气隙尺寸

mm

	第一层	第二层	第三层	第四层	第五层	第六层	第七层
气隙	0.35	0.25	0.25	0.25	0.27	0.27	0.27

因为本文主要研究首尾两层内置电加热棒对试验段温度均匀性的影响，氦气与氩气的混合比例不是决定电加热对试验段温度展平的规律的主要影响因素，所以选择气隙中的氩气占比 80%(假定的调温上限)进行后续的分析计算。

2　数值计算结果分析

2.1　原有结构无加热棒

将轴向分布的释热率编写成与轴向位置相关的分段函数，计算得到的内热源分布如图 2(a)所示，中间截面的温度分布云图如图 2(b)所示，从图中可以明显的看出首尾两端的温度是偏低的，具体的温度分布如图 2(c)和图 2(d)所示。

图 3 为试验段纵截面的温度分布云图，从图中可以看出由于混合气体的导热性能很差，远低于铝夹块的导热系数，所以温度在狭小的气体间隙内急剧下降，从而实现了样品控温的目的。图 4 为试验段中轴线上的温度分布线图，取值位置如图 3 中红色虚线位置所示。从线图可以看出，第一层样品的温度低于较大，在 0～55 mm 的范围内温度下降了约 60 ℃，样品的最高温度与最低温度相差近 100 ℃，分析其主要原因在于：第一，最上层的垫块与第一层样品和夹块良好接触，从而将第一层的样品热量通过上垫块快速的传导出去；第二，气管的存在也不可避免的带走试验段的热量，尤其对第一

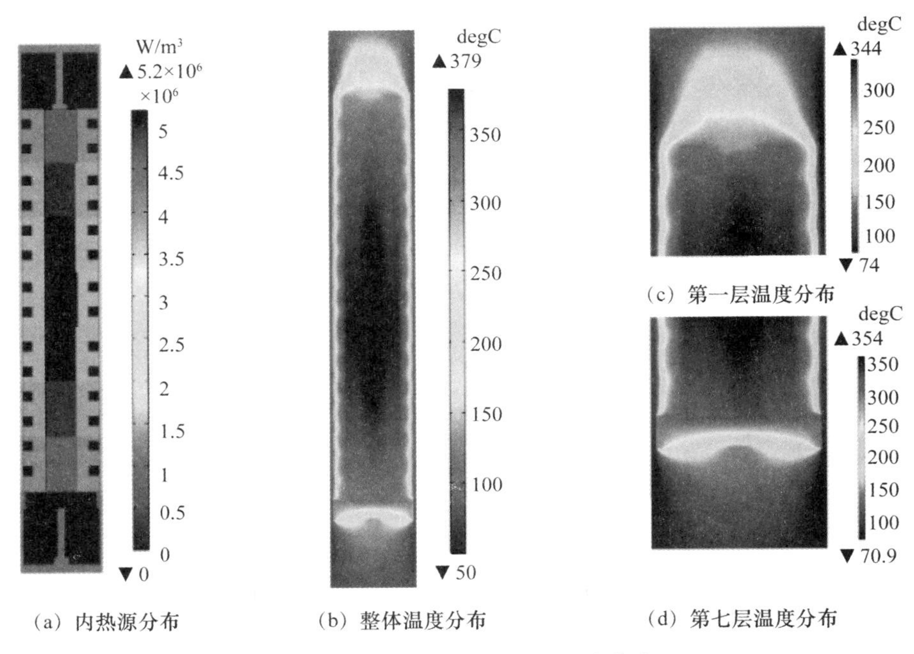

(a) 内热源分布　(b) 整体温度分布　(c) 第一层温度分布　(d) 第七层温度分布

图 2　试验段横截面内热源及温度分布

层的影响最为明显。通过图 3 对比第一层与第八层的垫块的温度分布可知，前者的温度要明显高于后者。这主要是因为第八层的垫块与其接触面非常小，从装置控温的角度来讲，希望第一层与第八层边界状态尽可能的绝热，这样才能最大限度的保证试验段内部不同层的温度分布均匀。

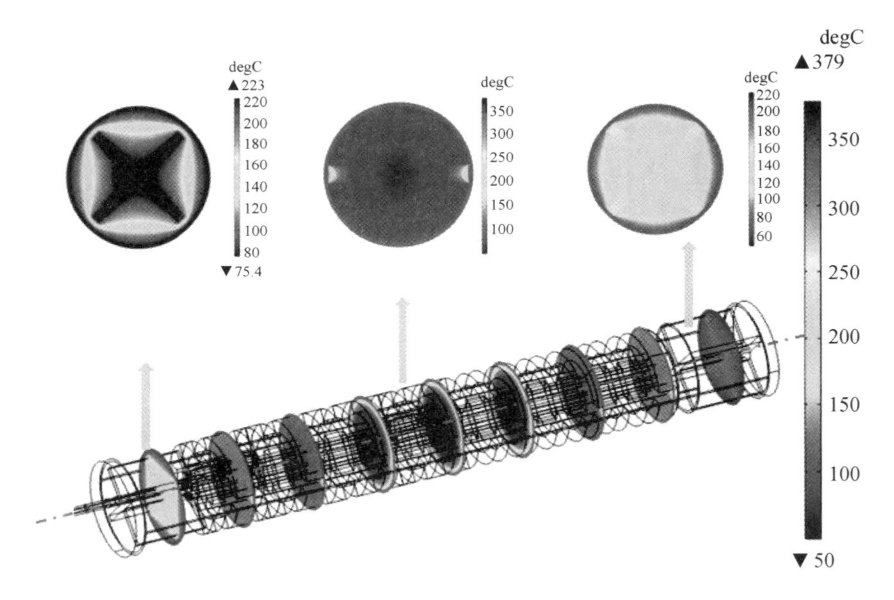

图 3　试验段纵截面温度分布

2.2　增加电加热棒对试验段温度的影响

为了解决上述材料辐照试验过程中不同层样品温度分布不均的问题，本研究首先采用在两端增加电加热棒的方法，对试验段两端的温度进行补偿。所采用的电加热棒的直径为 10 mm，长度为 35 mm，为了研究不同功率条件下电加热的温度补偿效果，本研究选取了八组工况进行计算。相关工况如表 3 所示。

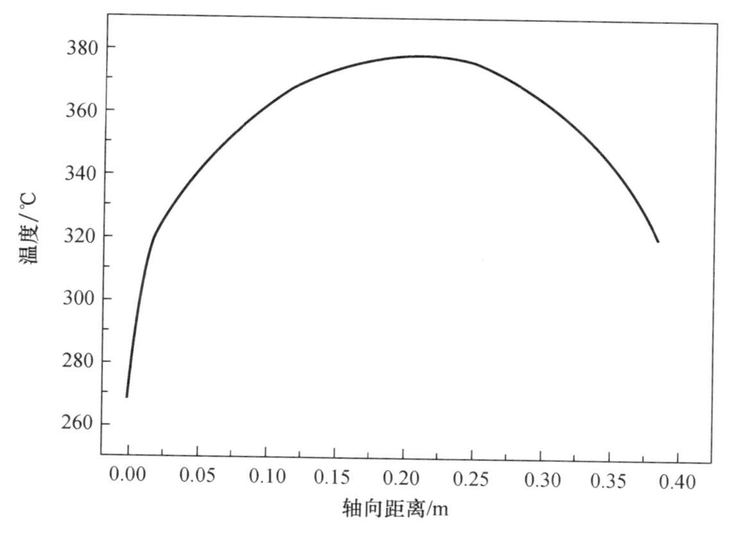

图 4　试验段中轴线上的温度分布

表 3　计算工况表

表面热流密度/(W/cm²)	6	8	10	12	14	16	18	20
功率/W	65.94	87.92	109.90	131.88	153.86	175.84	197.82	219.80

图 5 为在试验段两端插入电加热棒之后，整个试验段中轴线上的温度分布线图，可以看出随着功率的增加，试验段样品的温度逐渐的变得均匀，但是当热流密度超过 12 W/cm²，样品的最高温度开始往下移动，不再是中间温度最高，此时样品温度的均匀性反而变差。并且从该线图上可以看出，在第一层加电加热棒并不能很好的解决该层温度梯度较大的问题。

为了解决第一层内温度梯度较大的问题，在第一层加 5 mm 厚的玻璃垫片，其导热系数为 1.4 W/(m·K)，可以起到很好的隔热作用。计算相同的八组工况进行对比发现，增加玻璃垫片将第一层内的温差从原来的约 60 ℃降到了现在的约 30 ℃，可知该措施起到了良好的作用。并且整个试验段样品的温度也有所提升，从样品的最高温度来看，加玻璃垫片之后电加热的热流密度 6 W/cm² 就可以达到之前接近 14 W/cm² 的效果。加入玻璃垫片之后，在首尾两端给相同的补偿功率，第一层的温度增加要更快，所以接下来研究第一层与最后一层的变功率调节。

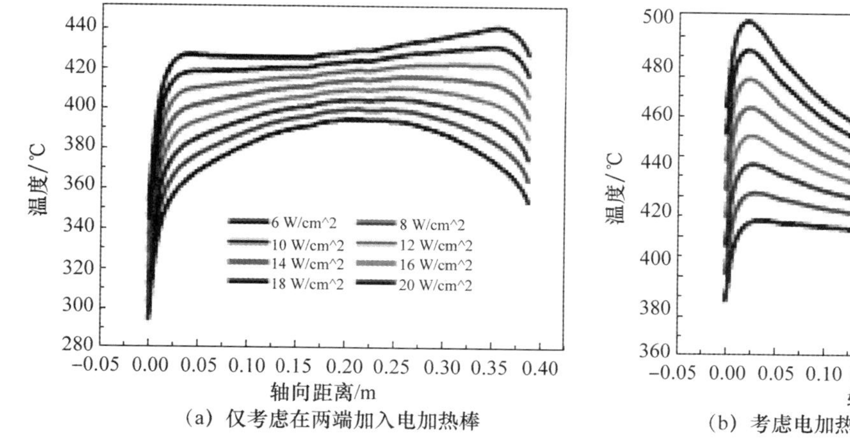

(a) 仅考虑在两端加入电加热棒

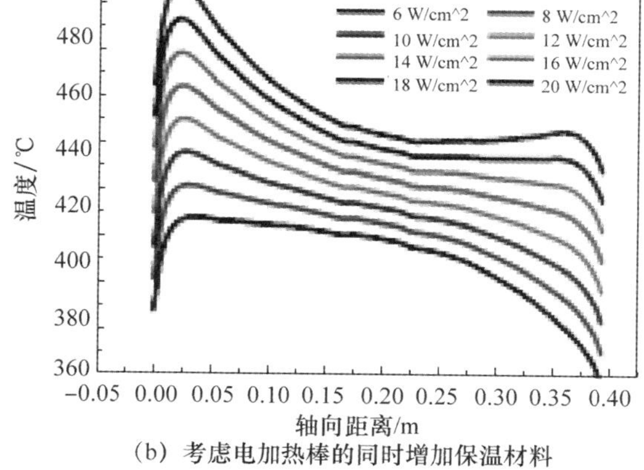

(b) 考虑电加热棒的同时增加保温材料

图 5　考虑电加热棒和增加保温材料

在不改变上层电加热棒的表面热流密度选用 6 W/cm² 的条件下，增加最后一层的电加热棒的功率，共计算了 11 种工况，计算结果如图 6 所示。分析可知当末层表面热流密度提升 2.2 倍时，即表面热流密度为 13.2 W/cm²，此时试验段内样品的分布十分的均匀（此时试验段壁面最高温度为 119.5 ℃）。综上所述可知，在增加绝热垫片以及首尾层分开调节，可以得到一个较为理想的结果。

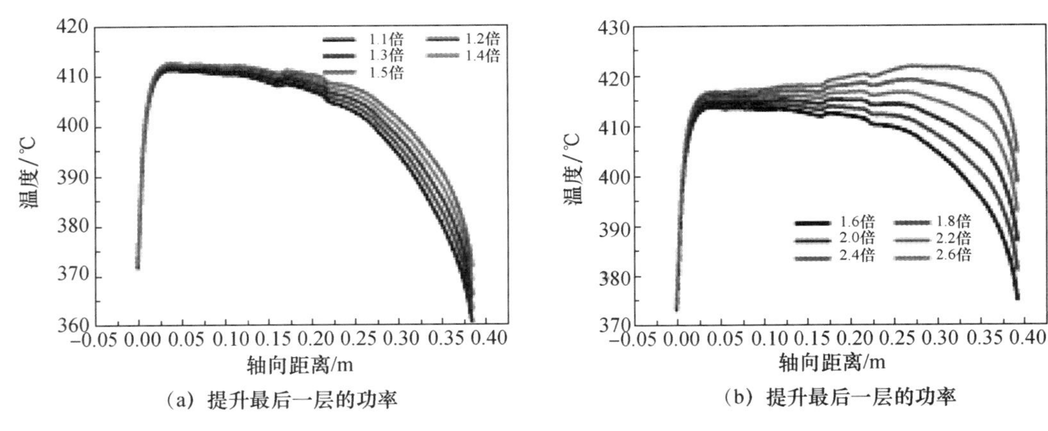

(a) 提升最后一层的功率　　(b) 提升最后一层的功率

图 6　改变最后一层电加热棒的功率

2.3　考虑电加热棒和铝夹块之间存在接触气隙

为了更加接近实际的电加热棒的使用情况，本小结的计算模型将电加热棒由原来的 35 cm 延长到了 55 cm，为了便于对比分析保证第一层样品层的功率仍为 65.94 W，此时的面热流密度为 4.2 W/cm²。选取上述计算的第一层单根功率为 65.94 W（第一层总补偿 131.88 W），最后一层的单根功率 145.07 W（最后一层总补偿 290.14 W）的工况进行计算，选取的接触气隙分别为 0.05 mm、0.1 mm、0.15 mm，相关计算结果图如图 7 所示。因为最后一层的电加热棒的功率要高于第一层，所以温度最大值出现在最后一层电加热棒处，峰值分别为 440 ℃、469 ℃、491 ℃，可见气隙每增加 0.05 mm 温度约增加 20 ℃。此时铝夹块的温度约为 400 ℃，低于其熔点 660 ℃，故仍处于安全的工作范围内。

接下来选取气隙为 0.15 mm 的工况进行提升功率计算，探究保证安全工作前提下的电加热棒的功率上限。所选取的计算工况如表 4 所示。

表 4　计算工况表

	工况 1	工况 2	工况 3	工况 4	工况 5
首层面热流密度/(W/cm²)	4.2	6.2	8.2	15.2	30
首层单根补偿功率/W	65.94	97.34	128.74	238.64	471
末层面热流密度/(W/cm²)	9.24	13.64	18.04	33.44	66
末层单根补偿功率/W	145.07	214.15	283.23	525.01	1 036.2

通过计算得到电加热棒表面的最高温度、电加热棒中心的最高温度、铝夹块的最高温度、壁面的最高温度如表 5 所示。装置试验段上部水柱高度约 8 m，因此取装置试验段压力为 0.18 MPa 对应的饱和温度 117 ℃，并且起始沸腾点的壁面过热度为 4 ℃，因此沸腾时壁面局部温度应超过 121 ℃。根据壁面温度限制，工况 1 符合要求，但是此时的壁面温度已经十分接近限值。

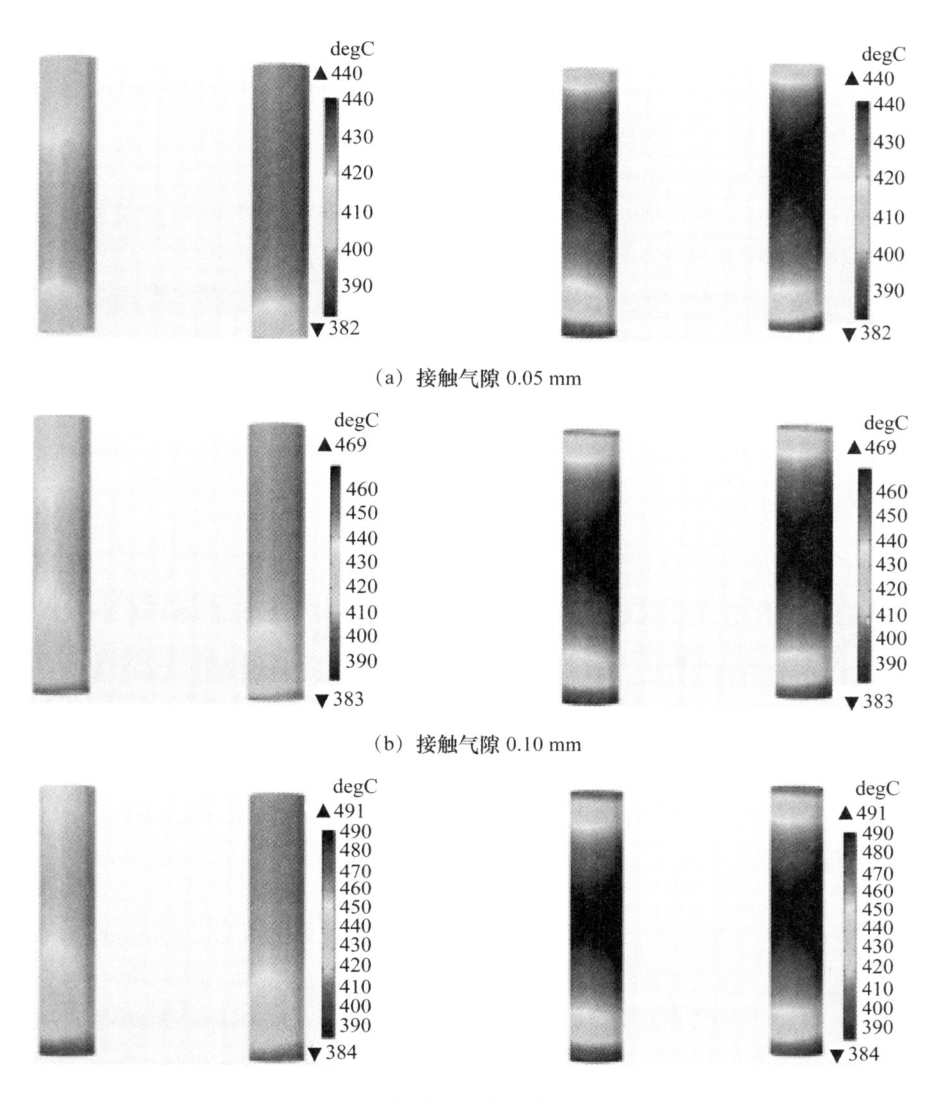

（a）接触气隙 0.05 mm

（b）接触气隙 0.10 mm

（c）接触气隙 0.15 mm

图 7　气隙增加对电加热棒表面温度的影响

表 5　不同区域温度峰值表

	工况 1	工况 2	工况 3	工况 4	工况 5
首层电加热棒表面最高温度/℃	460	504	546	693	1 000
首层电加热棒中心最高温度/℃	524	592	658	890	1 377
末层电加热棒表面最高温度/℃	491	561	630	864	1 360
末层电加热中心最高温度/℃	586	700	800	1 174	1 954
铝夹块的最高温度/℃	394	438	461	557	754
壁面最高温度/℃	119.7	122.4	125.1	138.8	179.3

3　结论

本文考虑了增加隔热垫片、首尾两层分开变功率调节、考虑加热棒的接触气隙等方面，对试验段温度补偿效果进行分析计算，可以得到以下结论。

(1)在电加热棒与夹块接触良好时，首层补偿功率 132 W，末层补偿功率 290 W，在充入 80%Ar 的条件下，可将样品整体温度控制在 415 ℃左右，此时的壁面温度为 119.5 ℃(已经接近起始沸腾温度)。

(2)在电加热棒与夹块之间存在 0.15 mm 间隙时，在首层补偿功率 195 W，末层补偿功率 428 W(对应表 5 的工况 2)，在充入 80%Ar 的条件下，此时的壁面温度为恰好超过起始沸腾温度 1 ℃，继续提高功率会致试验段壁面产生气泡。

参考文献：

[1] 聂良斌，杨文华，童明炎.独立温度补偿型高温材料辐照考验装置设计研究[J].核动力工程，2017，38(S1)：163-166.

[2] 莫华均，刘晓松，李国云.国产反应堆压力容器材料辐照效应研究[J].核动力工程，2015，36(0z1)：198-200.

[3] 孙胜.HFETR 高注量率区域辐照装置研制与应用[J].核动力工程，2016，37(3)：99-102.

Analysis of temperature characteristics of irradiator based on electric heating control

JIN Shuai, SUN Sheng, ZHANG Liang,
ZHAO Wen-bin, DAI Yu-bing, HE Jia-xin

(Nuclear Power Institute of China, Chengdu of Sichuan Prov. 610213, China)

Abstract: This paper takes the centrally arranged irradiator with gas gap temperature control as the research object, and determines the size of the heat source based on the previous axial distribution of the heat release rate of the peripheral low injection channels. In this paper, Finite element simulation software is used to simulation the irradiator in full scale, and the temperature field distribution of the irradiator is calculated, and the reason for the large temperature difference in different layers of the test section is analyzed. In order to solve the problem of uneven temperature distribution in the test section, this paper uses the method of adding electric heating rods in the first and last layers to adjust the temperature of the irradiation device, and analyzes the influence of different heating powers on the temperature distribution of the irradiation device. The calculation found that adding the electric heating rod can well flatten the temperature of the test section. Finally, under the working conditions set in this paper, combined with the temperature limits of the test section wall and the electric heating wall, the recommended power value of the electric heating rod is given.

Key words: numerical calculation; irradiation device; temperature characteristics

新型燃料组件辐照考验装置设计研究

卢孟康
(中国核动力研究设计院,四川 成都 610213)

摘要:为获得新型燃料组件在堆内水化学效应、辐照效应、流体冲刷效应等作用下的综合性能,对辐照考验装置开展设计研究。根据燃料组件辐照考验要求,确定辐照考验装置的结构主体为绝热管组件、压力管组件和分流管组件,其中新型燃料组件安装于分流管组件底部方盒内,在方盒上下两个位置布置热电偶以监控燃料组件的入口温度和出口温度。按照RCC-M B3000标准进行力学分析和评价,评价范围包括强度计算、模态分析和静力学分析,结果表明辐照考验装置结构设计合理,满足标准要求。对辐照考验装置与燃料组件结构进行优化设计,评价其在工作温度下旁流率。最后开展辐照考验装置研制与试验研究,该装置能够满足试验条件要求。

关键词:燃料组件;辐照考验装置;力学分析;旁流控制;试验研究

燃料组件是反应堆的核心部件,长期处于高温、高压与强腐蚀环境中,受到反应堆冷却剂腐蚀、热疲劳、水流冲击、大温差、振动等因素综合作用,其结构完整性与强度直接影响反应堆的运行安全[1-4]。

为了解燃料组件的综合性能,在实际应用前需对其进行辐照考验,考验参数也为燃料组件后续设计、制造、优化提供重要支撑。新型燃料组件是一种新型燃料组件,试验过程中要求燃料组件与反应堆不发生热交换,产生的热量由回路冷却系统带出。与回路冷却系统连接的辐照装置需承受15 MPa的压力和350 ℃的高温,并且能够实时监测燃料元件进出口温度和辐照考验装置的进出口温度。

近年来关于辐照考验装置的研究日益增多。张帅等[5]对辐照装置总体结构和关键组件进行了介绍,建立了高温高压辐照装置应力分析模型,结果符合RCC-M规范要求,结构设计合理。段世林[6]等采用MCPN程序模拟研究辐照装置的关键物理参数,并考虑超临界水热物理特性对物理参数的反馈效应,计算得到热中子注量率为$4.72\times10^{13}\ cm^{-2}$,快中子注量率为$1.55\times10^{14}\ cm^{-2}$。徐西安[7]等通过在辐照装置内部设置不同气息尺寸的辐照罐实现了在快堆不同功率稳态运行条件下对材料样品不同辐照温度的要求。张帅[8]等通过堆芯物理计算设计出瞬态辐照考验装置并进行力学分析和评价,结果表明该装置设计合理,满足标准要求。刘磊[9]等设计了在泳池式轻水反应堆内在线测量电磁线圈电性能的可控温辐照装置并进行了中子物理计算、CFX数值模拟、垂直度测试、气压测试和检漏测试,辐照试验验证了该辐照装置可对电磁线圈进行实时温度控制。张亮[10]等采用物理-热工耦合计算方法,得到燃料芯块释热率随^{3}He气体压力的减小而单调递增。孙胜[11]等结合中国高通量工程试验堆得特点,成功研制HFETR高注量率区的辐照装置,解决了在ϕ63 mm辐照孔道中辐照装置温度控制的难题,大幅度缩短材料的辐照试验周期。

目前国内关于新型燃料组件的辐照考验研究已经铺开,辐照考验装置是该燃料组件走向工程应用的关键装置之一。本文对新型燃料组件辐照考验装置进行设计研究。

1 新型燃料组件辐照考验要求

以新型燃料组件为对象开展堆内辐照考验试验,获得其在堆内水化学效应、辐照效应、流体冲刷效应等作用下的综合性能。试验条件及技术要求如下:堆内辐照考验装置与堆外回路连接,燃料组件产生的热量由回路冷却剂带出,装置应满足燃料组件的接口要求、实现轴向与径向定位并能对考验参数和运行水质进行检测、控制和调节。

作者简介:卢孟康(1994—),男,硕士研究生,现主要从事辅助装置设计工作

2 辐照考验装置结构设计

辐照考验装置结构见图1,主要由三部分组成:绝热管组件、压力管组件、分流管组件。其中燃料组件安装于分流管组件底部方盒内,在方盒上下两个位置布置热电偶,以监控燃料组件的入口温度和出口温度。

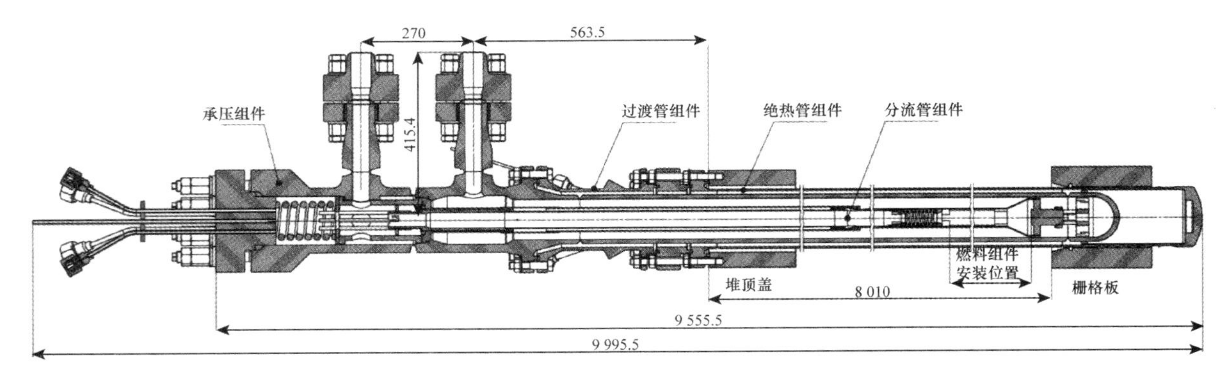

图1 辐照考验装置

辐照考验运行工况下,压力管组件进、出口分别与高温高压考验回路出、入口连接,回路冷却剂从装置的入水口进入,沿分流管外壁流下,流到压力管组件下封头后折返,流经燃料组件、分流管内孔,从承压组件上端头出水口流出。

2.1 绝热管组件

绝热管组件由绝热管法兰、绝热管、绝热管下接头组成。绝热管法兰和绝热管下接头为不锈钢锻件,与绝热管采取对接焊。绝热管组件外壁为反应堆冷却水,承受大堆压力。绝热管组件底部与压力管组件底部间预留一定的空间用于压力管组件轴向热膨胀。绝热管组件对压力管组件起到隔绝保护作用。绝热管组件外壁承受水压为1.2 MPa,内壁充满氮气,压力为0.1 MPa,通过氮气湿度变化判断压力管是否破损。

2.2 压力管组件

压力管组件主要由平板法兰组件、压力管上端头组件、中间法兰组件、压力管、球形下接头组件组成。平板法兰组件由平板法兰、弯管、热电偶密封头、中心直管、球形接头组成。

热电偶密封头与弯管角焊,焊接后与平板法兰焊接。球形接头与中心直管对焊,焊接后与平板法兰焊接。平板法兰的凸槽与压力管上端头的凹槽配合,由主螺栓螺母拧紧实现密封。压力管上端头组件、中间法兰组件、压力管、球形下接头组件采取对接环焊。装置的进水口设置在中间法兰组件处,出水口设置在上端头组件处。

2.3 压力管组件

分流管主要由吊装头组件、内分流管、外分流管、接管、方圆接头、方盒、下方圆接头、小弹簧组成。

分流管上部分通过接管把吊装头、内分流管、外分流管连接在一起,下部分通过方圆接头把内分流管、外分流管、方盒连接在一起。方盒底部与下方圆接头对接焊,利用小弹簧轴向伸缩与下方圆接头的圆柱面配合实现辐照考验过程中轴向热膨胀和径向旁流控制。

3 辐照考验装置结构设计

3.1 强度计算

3.1.1 压力管组件强度计算

辐照考验装置中压力管组件为承压部件,设计压力位15 MPa,设计温度为350 ℃,需对其强度进行校核计算。

压力管组件壁厚最薄处为压力管筒节，根据 B3320 圆柱形壳体最小厚度计算公式：

$$t=\frac{PD_0}{2(S_m+P)} \tag{1}$$

式中，P 为设计内压，$P=15$ MPa；D_0 为压力管外径，$D_0=120$ mm；S_m 为许用应力强度，在设计温度 350 ℃下查表得 $S_m=130$ MPa。

带入数据计算得到：$t=6.21$ mm；

制造下偏差：$C_1=0.36$ mm；

腐蚀余量：$A=1$ mm；

则筒体名义厚度 $t_m=t+A+C_1=7.57$ mm。

筒体的设计壁厚为 10 mm，满足强度要求。压力管组件其他部位壁厚均大于 10 mm，设计强度满足要求。

3.1.2 分流管组件压紧力计算

分流管组件在运行工况下受到的自身浮力与水流冲刷力方向竖直向上，需采用大弹簧压紧。且分流管组件依靠锥形密封面与压力管组件配合起到分流导向作用，在紧急工况下锥形密封面不可有泄露风险，分流管组件压紧力计算如下：

$$F_1=F_{11}+F_{12}+k\cdot F_{13} \tag{2}$$

式中，F_{11}为分流管组件浮力；F_{12}为分流管组件受到竖直向上的水流冲刷力；F_{13}为锥形密封面最小轴向压紧力；k 为压紧系数。

其中分流管浮力计算如下：

$$F_{11}=\rho gV_1 \tag{3}$$

水流冲刷力计算如下：

$$F_{12}=\rho Sv^2 \tag{4}$$

式中：ρ 为冷却剂密度；V_1 为分流管体积；S 分流管组件内流道截面积；v 为冷却剂流速。

计算得到分流管组件压紧力：$F_1=4\ 900$ N。

3.1.3 燃料组件压紧力计算

为保证辐照考验装置在工作状况下发生轴向热膨胀后燃料组件轴向位置可柔性伸缩，在分流管组件方盒顶部设有小弹簧，试验过程中可压紧燃料组件且不会形成刚性连接体，避免冲刷造成的振动。燃料组件压紧力计算如下：

$$F_2=F_{21}+F_{22}+k\cdot F_{23} \tag{5}$$

式中，F_{21}为燃料组件浮力；F_{22}为燃料组件受到竖直向上的水流冲刷力；F_{23}为防止燃料组件共振最小轴向压紧力；k 为压紧系数。

计算得到燃料组件压紧力：$F_2=397$ N。

3.2 模态分析

燃料组件在运行工况下受水流冲击可能发生振动。组件在竖直方向上被分流管内小弹簧压紧，且预留了伸缩余量，柔性连接下不会发生共振。组件在径向被分流管组件接口约束，且与压力管组件接触，受到一定的径向摩擦力 $f_{径向}$，其中：

$$f_{径向}=\mu(F_2+mg) \tag{6}$$

经计算，摩擦力大小为 55.38 N。在 Workbench 的 Modal 模块下分析分流管与燃料组件的径向模态特性，得到燃料组件的前 6 阶模态特性见表 1。

表 1 径向模态特性

模态阶数	X 方向	Y 方向	径向频率
1	0.19	7.45	1.13
2	7.26	−0.19	1.18
3	−0.19	−4.26	5.34
4	−3.62	0.20	5.44
5	−0.07	−5.08	7.13
6	−4.86	0.07	7.40

分流管组件(含燃料组件)前六阶模态结果见图 2。

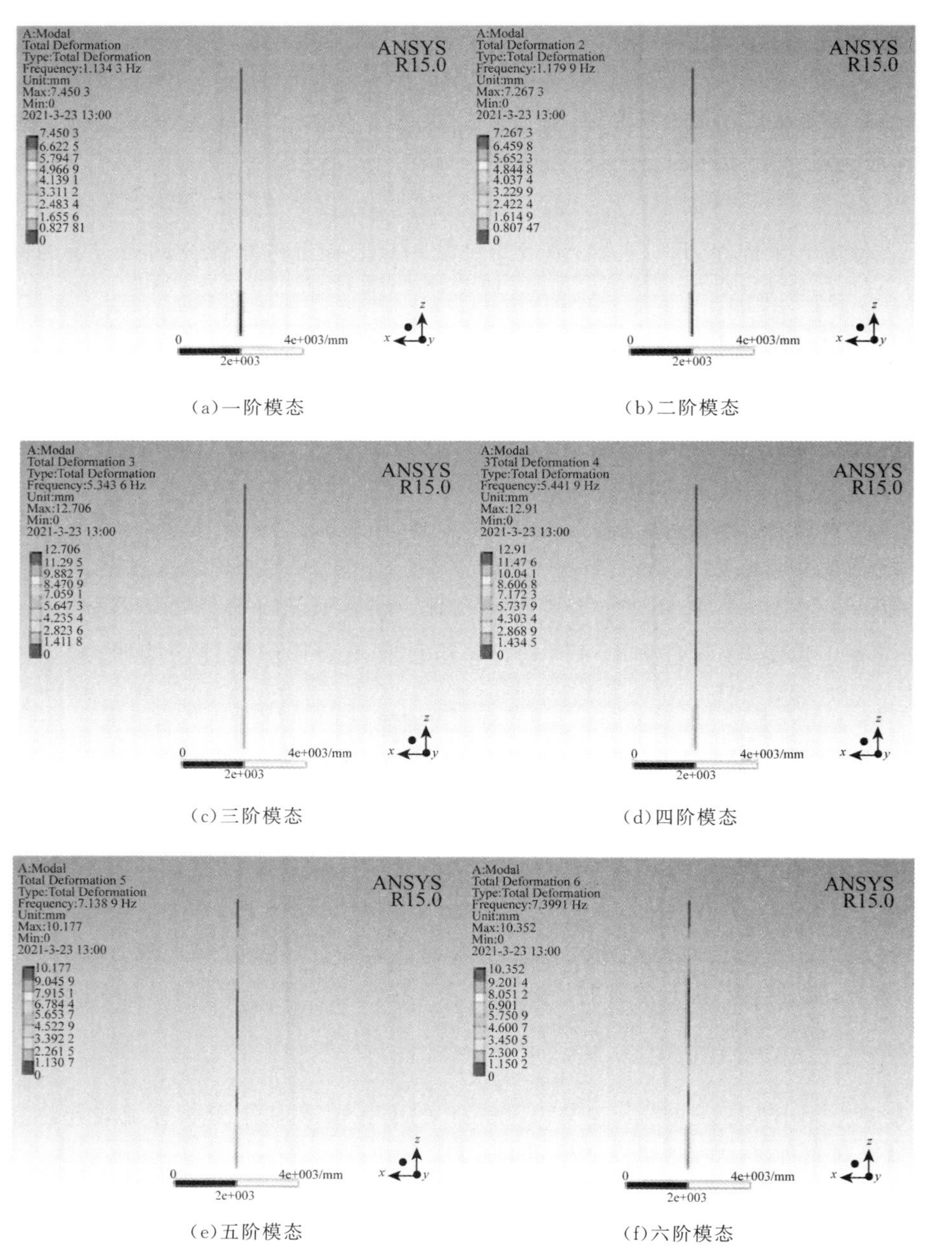

(a)一阶模态　(b)二阶模态

(c)三阶模态　(d)四阶模态

(e)五阶模态　(f)六阶模态

图 2　组件前六阶模态结果

3.3 静力学分析

3.3.1 在 OBE 地震作用下的应力分析

辐照考验装置在 OBE 地震用下的最大应力强度为 39.0 MPa,其应力分布见图 3。

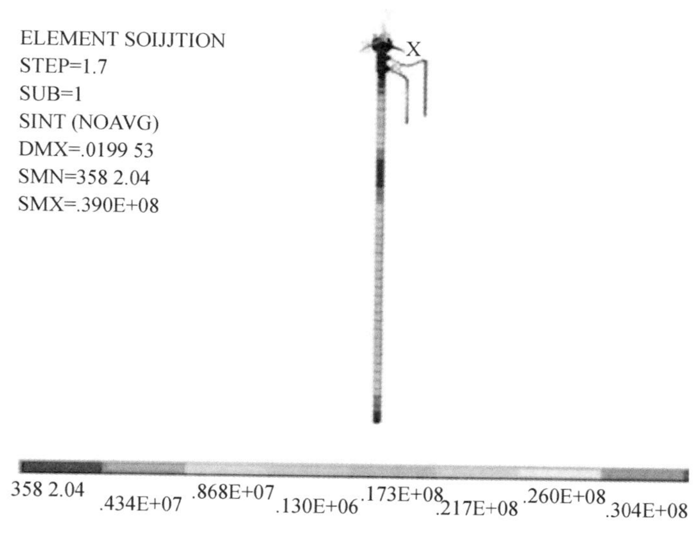

图 3 在 OBE 地震作用下的应力分布

3.3.2 在 SSE 地震作用下的应力分析

辐照考验装置在 SSE 地震用下的最大应力强度为 90.3 MPa,其应力分布见图 4。

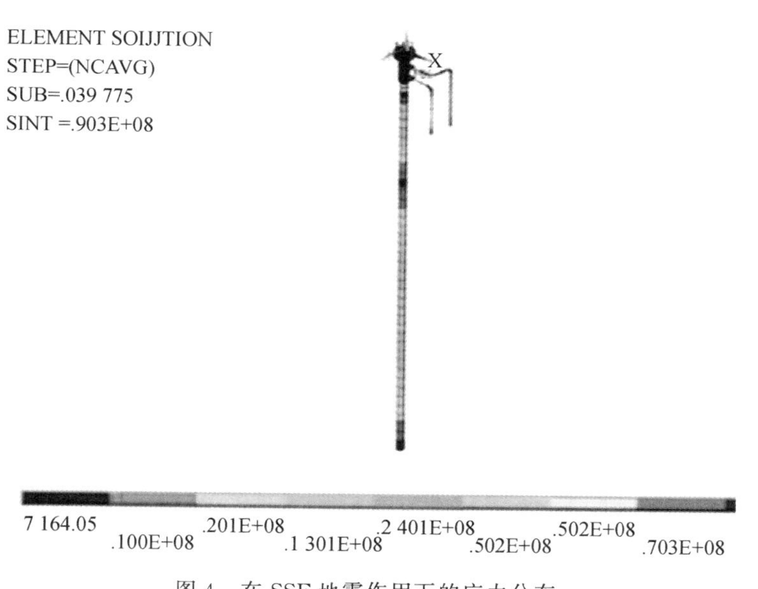

图 4 在 SSE 地震作用下的应力分布

3.3.3 在设计温度作用下的热应力分析

辐照考验装置在 350 ℃设计温度下的最大热应力为 10.1 MPa,其应力分布见图 5。

3.3.4 接管应力分析评定

在压力管组件中包含两个接管,其几何尺寸相同,接管载荷见表 2。

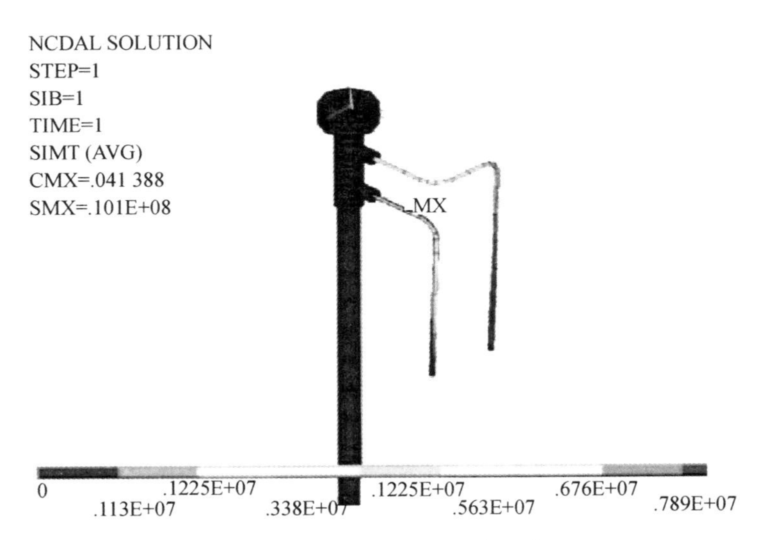

图 5　在设计温度作用下的热应力分布

表 2　接管载荷

		接管 1		接管 2	
		设计工况	紧急工况	设计工况	紧急工况
主管	FXJ	−2180	−6 190	−2 306	−7 526
	FYJ	−499	−1700	−798	−3 489
	FZJ	−404	−828	−758	−1 803
	MXJ	0	0	−117	−155
	MYJ	−80	−250	−344	−582
	MZJ	−81	−312	−554	−1 299
支管	FXJ	−189	−225	−965	−1 335
	FYJ	452	295	2 799	2 251
	FZJ	171	107	−171	−403
	MXJ	78	62	−9	−25
	MYJ	−76	−110	−43	−127
	MZJ	129	87	670	486

注：FXJ（轴向力）、FYJ（剪力）、FZJ（剪力），单位为 N；MXJ（扭矩）、MYJ（弯矩）、MZJ（弯矩），单位为 N・m。

接管在设计工况与紧急工况下应力分布见图 6。接管 1 在设计工况下最大应力强度为 98.38 MPa，紧急工况下为 78.48 MPa；接管 2 在设计工况下最大应力强度为 98.61 MPa，紧急工况下为 78.46 MPa。

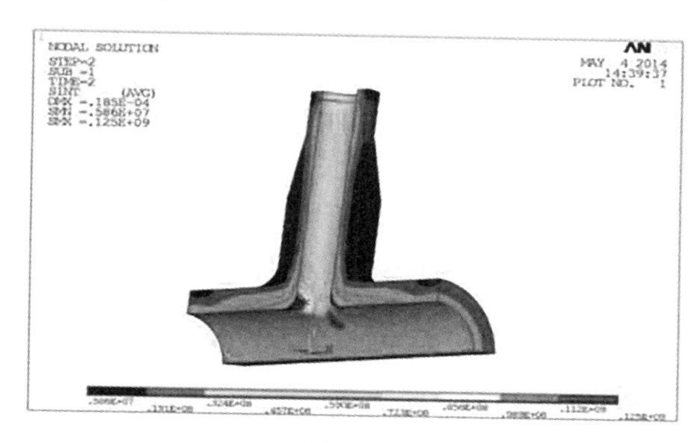

(a)接管 1 设计工况

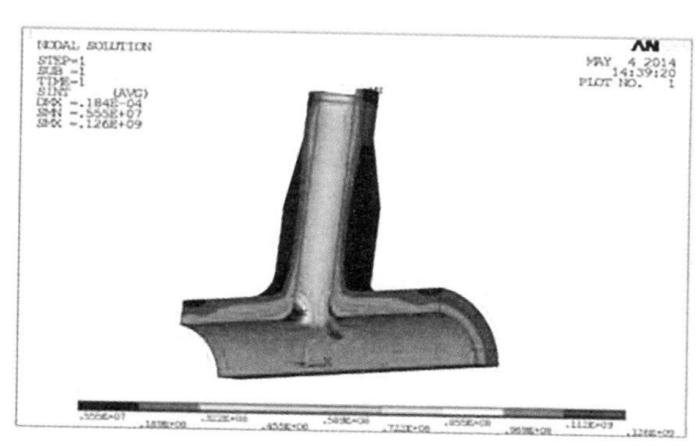

(b)接管 1 紧急工况

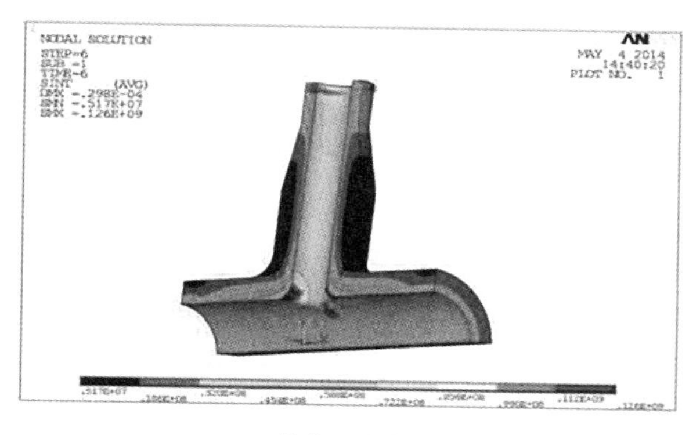

(c)接管 2 设计工况

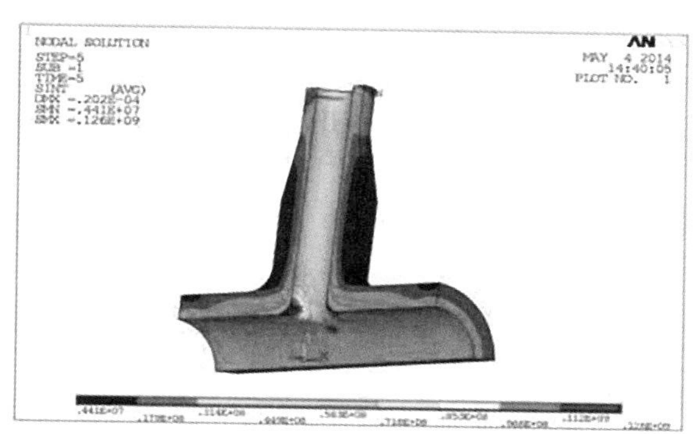

(d)接管 3 紧急工况

图 6　接管应力图

4　旁流控制

传统燃料组件与辐照考验装置间接口为方形，结构形式见图 7。该接口缺点有：①方盒尺寸较长，难以加工；②配合面精度较差，间隙不均匀；③方形截面在热态下变形不均匀。上述因素导致在燃料组件辐照考验过程中回路冷却剂的旁流比例较大，且热态下旁流量波动较大，不利于准确计算流过燃料组件的冷却剂流量。

本文采用焊接方式在方盒底部增设方变圆接头，将燃料组件与分流管间方形配合改为圆柱配合，接口形式见图 8。该接口优点有：①圆形面易于控制配合间隙与精度；②吊装操作中圆形面较方形面更易装配；③圆柱体在热态下变形呈现各项同性，有利于保持辐照考验过程中间隙均匀、控制旁流率在小范围内波动。

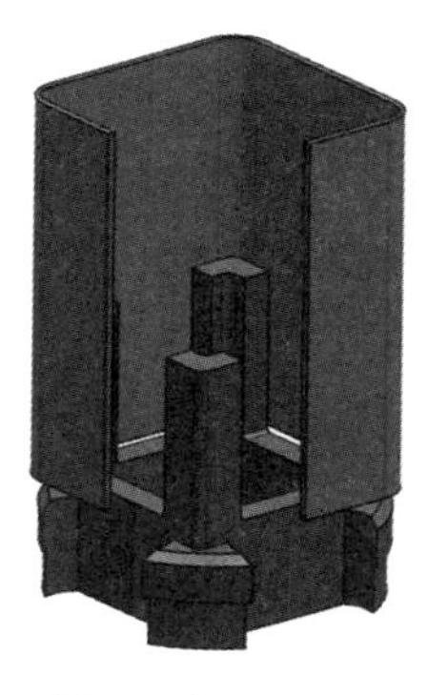

图 7　方形接口

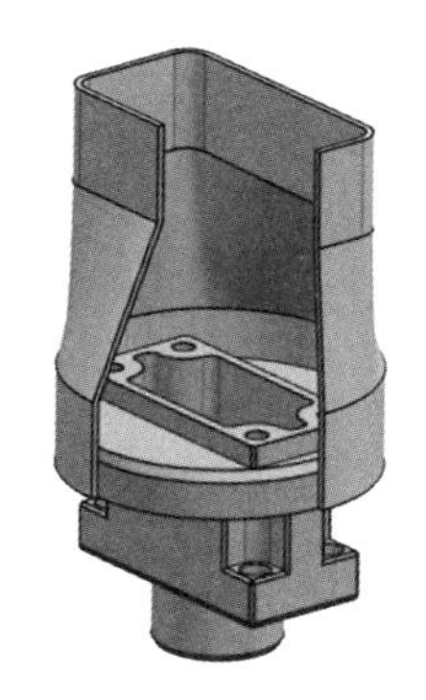

图 8　圆形接口

在 Workbench 建立如图 9 所示热力耦合分析模块，分析燃料组件接口热应力与旁流缝隙热态效应下变形情况。

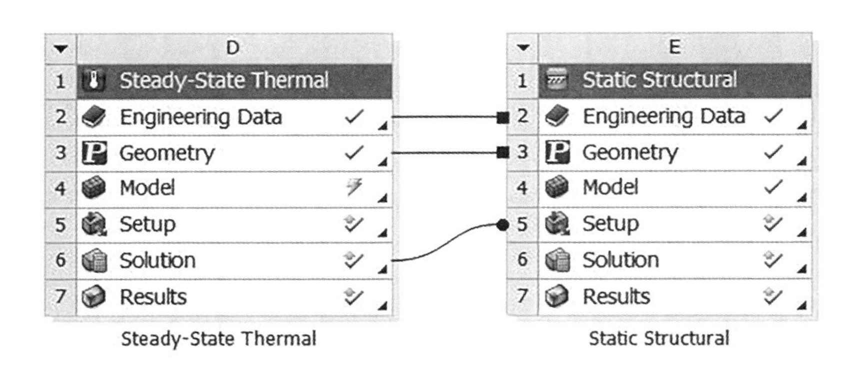

图 9　热力耦合分析模块

在 350 ℃设计温度下接口的热应变与热应力分布见图 10。在水平 X 方向与 Y 方向接口最大变形均为 0.18 mm。

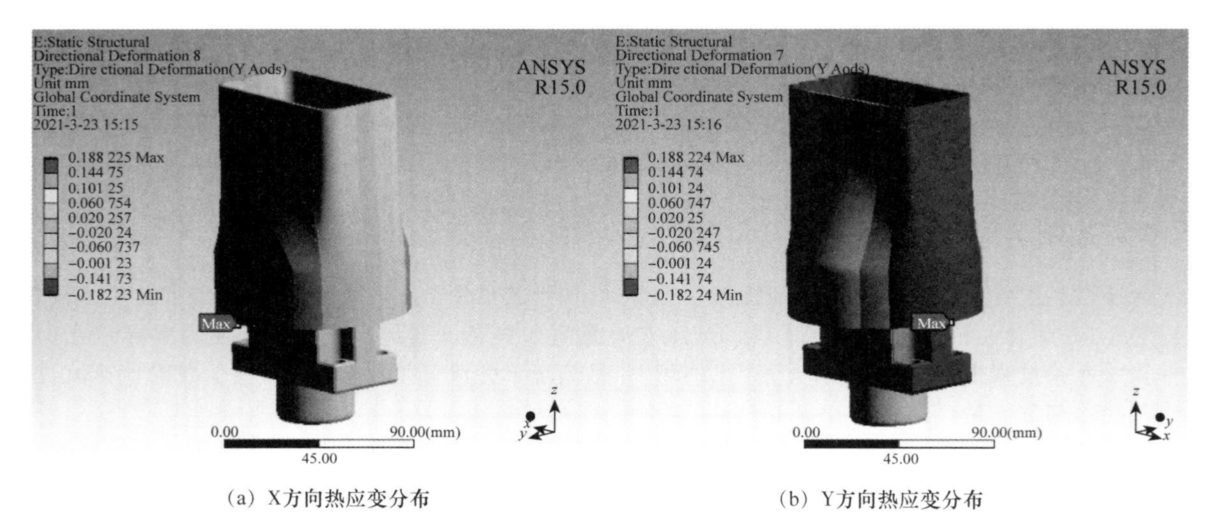

(a) X方向热应变分布　　(b) Y方向热应变分布

图 10　接口热应变分布

在接口配合面位置水平面建立路径 Path1(X 方向)与 Path1(Y 方向)，分析旁流间隙在热态效应下变形情况见图 11，得到分流管组件接口直径由 ϕ88.60 mm 变为 ϕ89.07 mm，燃料组件接口直径由 ϕ88.40 mm 变为 ϕ82.62 mm，配合间隙由 0.1 mm 变为 0.225 mm。在设计间隙 0.1 mm 下计算得到旁流速度约为 5 m/s，旁流率为 5.2%～6.3%，符合辐照考验要求。

5　试验研究

5.1　通过性试验

加工完成后，绝热管组件、压力管组件、分流管组件、过渡管组件进行通过性试验，分别单独制造工装，验证各组件是否能够顺利通过，对产生卡组的组件，焊缝余高进行打磨，确保装配时各组件能够顺利组装。燃料组件安装结果见图 12，辐照考验装置试装结果见图 13。

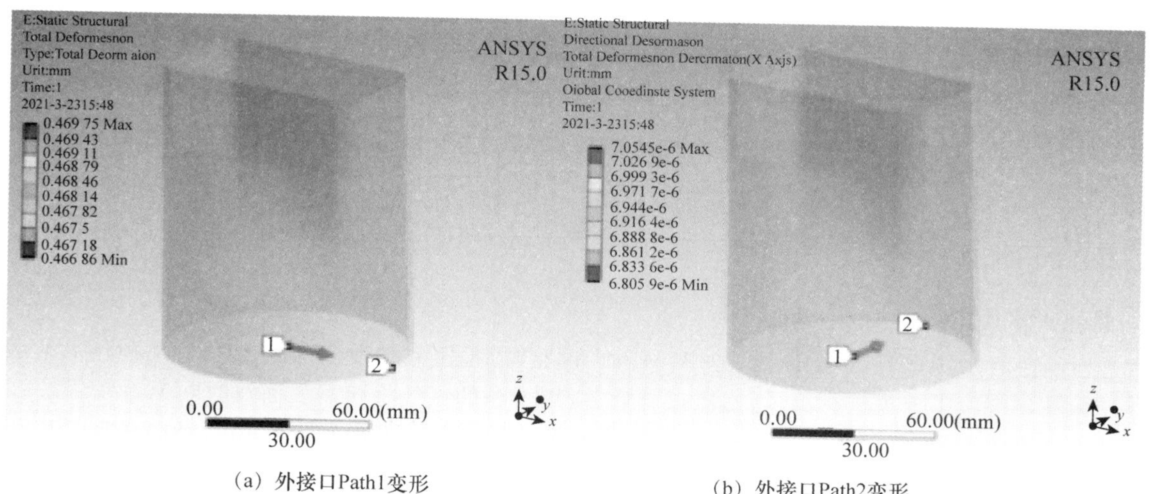

(a) 外接口Path1变形

(b) 外接口Path2变形

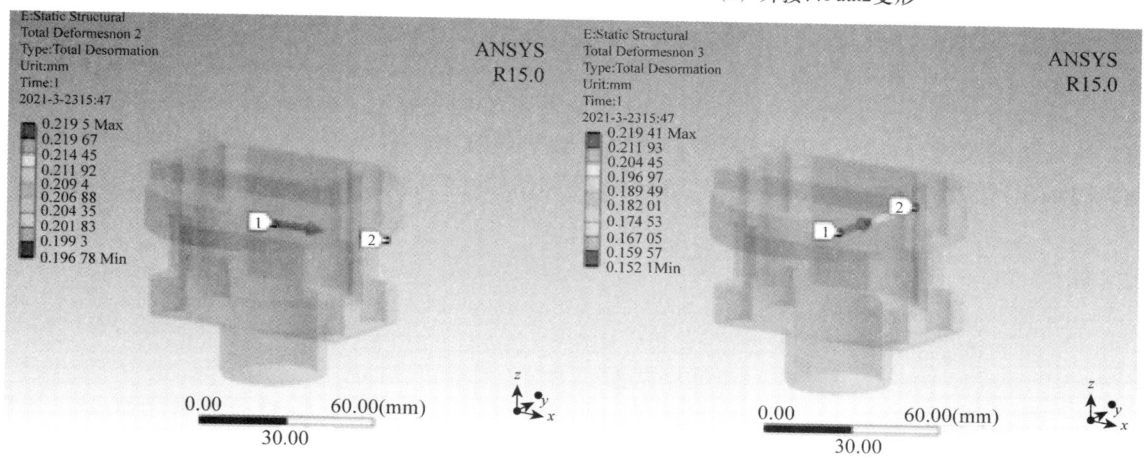

(c) 内接头Path1变形

(d) 内接头Path2变形

图 11 旁流间隙变形

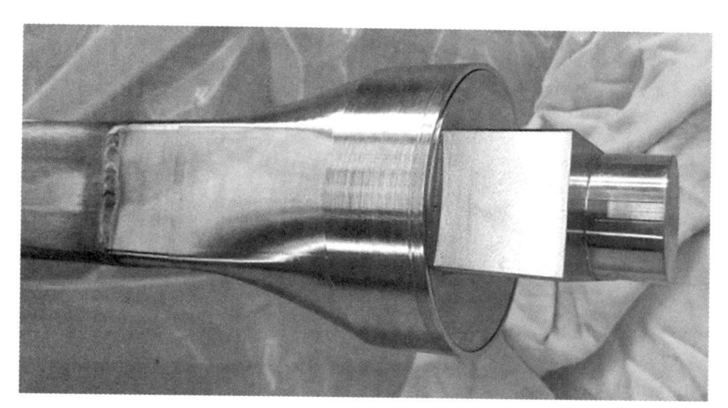

图 12 燃料组件试装

图 13 辐照考验装置试装

5.2 压力管内压试验

对压力管组件进行内压试验，要求试验过程无异常变形、渗漏、冒汗和其他异常现象，轴向变形量不大于 1 mm，径向变形量不大于 0.5 mm。试验要求见表 3。

表 3　压力管内压试验要求

水质要求	去离子水，2 级，常温
预压力	5 MPa，5 min
二级压力	14 MPa，5 min
最大压力	21.5 MPa

5.3　绝热管水压试验

进行绝热管水压试验，试验压力为 2.6 MPa。试验时，将压力缓慢上升至 2.6 MPa；泄压后对装置的外径和轴向应用千分表进行测量；水压试验后，应用干净的氮气将容器表面及时吹干。

试验过程无异常变形、渗漏、冒汗和其他异常现象，轴向变形量不大于 1 mm，径向变形量不大于 0.2 mm。

6　结论

本文从新型燃料组件辐照考验要求出发进行辐照考验装置设计，采用理论计算与数值模拟相结合的方法对装置关键部件进行强度校核，对燃料组件与装置接口进行优化设计，开展通过性试验、内压试验和水压试验。得到该辐照考验装置的功能性和结构强度满足辐照考验要求。

参考文献：

[1]　MCINTOSH A B, HEAL T J. Materials for Nuclear Engineers [M]. London: Temper Press, 1960.

[2]　谭忠文，王海涛，何树延. 核电厂大型组合结构的有限元抗震分析方法研究[J].核科学与工程，2008(2)：188-192.

[3]　李朋洲，李琦. 压水堆燃料组件研发中的力学问题[J].核动力工程，2015(5)：136-139.

[4]　茹俊，庞华，焦拥军，等. 压水堆燃料组件辐照考验技术研究[J].核动力工程，2017(增刊 1)：175-177.

[5]　张帅，戴钰冰，孙胜，等. 高温高压辐照装置结构设计及分析[J].机械工程师，2018(9)：140-143.

[6]　段世林，刘汉钢，张之华，等. 堆内超临界水回路辐照装置物理参数模拟研究[J].原子能科学技术，2013(12)：2313-2316.

[7]　徐西安，张培升，黄晨，等. 中国试验快堆结构材料辐照装置设计[J].原子能科学技术，2015(8)：1440-1444.

[8]　张帅，付源杰，刘晓松，等. 瞬态辐照考验装置设计及分析[G].高通量工程试验堆(HFETR)运行 40 周年(1980-2020)论文集.北京：中国原子能出版社，2020.

[9]　刘磊，张金山，赵民富，等. 泳池式轻水反应堆内电磁线圈可控温辐照装置设计[J].原子能科学技术，2020(2)：313-319.

[10]　张亮，邱立青，邓才玉，等. 采用 3He 回路的功率跃增辐照装置物理特性研究[J].核动力工程，2016(4)：13-18.

[11]　孙胜，杨文华，童明炎，等. HFETR 高注量率区辐照装置研制与应用[J].核动力工程，2016(6)：99-102.

Design and research of irradiation test device for new fuel components

LU Meng-kang

(Nuclear Power Institute of China, Chengdu of Sichuan Prov. 610213, China)

Abstract: In order to obtain a comprehensive performance of the new fuel assembly in the pile of water chemical effect, irradiation effect, fluid flushing effect, etc. Design and study the corresponding test device. According to the irradiation test requirements of fuel components, determining the structural body of the irradiation test device is the heat insulation tube assembly, pressure tube assembly, and diversion tube assembly. The fuel component is installed in the square box which located in the bottom of the shunt assembly. Arrange thermocouples in two locations on the square box to monitor the inlet temperature and outlet temperature of the fuel assembly. Mechanical analysis and evaluation according to RCC-M B3000 standards, the scope of the evaluation includes intensity calculation, modal analysis and static analysis. The results show that the structural design of irradiation test devices is reasonable and meets standard requirements. Optimize the structure of the irradiation test device and the fuel assembly. Evaluate it bypass flow rate at the operating temperature. Finally, the development and experimental study of irradiation test devices were carried out. The device can meet the requirements of the test conditions.

Key words: fuel assembly; irradiation test device; mechanical analysis; bypass control; test research

一种新型材料辐照装置结构设计及有限元分析

许怡幸,黄 岗,汪 海,孙 胜,卢孟康,赵文斌,张 慧
(中国核动力研究设计院,四川 成都 610213)

摘要:阐述了高温高压材料辐照装置结构设计的目的与重要性,设计了一种能够实现材料试样在堆内高温高压环境下辐照的装置,介绍了辐照装置总体结构和关键组件,解决了气环境下辐照温度不易控制的问题,建立了高温高压辐照装置应力分析模型并进行了分析。研究结果表明,该材料辐照装置结构设计合理,满足温度准确调节的需求。
关键词:辐照装置;结构设计;有限元分析

随着核反应堆功率的不断提高,结构材料的辐照损伤问题,如辐照肿胀与蠕变现象、辐照硬化与脆化、辐照疲劳与蠕变相互作用、断裂韧度与裂纹生长以及微观结构变化、相稳定性、偏析现象、辐照应力腐蚀/侵蚀等开始显现出来,成为影响反应堆运行安全的重要因素。获得辐照下的材料性能对聚变材料的研发和认证至关重要[1-6]。

为进一步了解堆内结构材料的性能,为后续材料的选择提供重要参考数据,需要对材料在高温高压环境下进行辐照试验,获得其辐照后的性能。试验过程中要求辐照装置能够承受高温和高压,并且装置的冷却剂与反应堆冷却剂不发生热交换。为了满足试验对装置的要求,本文进行了辐照装置的结构设计和力学分析。

1 辐照装置

1.1 结构特点

辐照试验装置采用多层环绕结构,其三维结构如图1所示,主要由试验区、套紧组件、承压组件、分流管组件、过渡管组件、绝热管组件、弹簧、法兰和螺栓螺母组成,装置的设计压力为23.5 MPa,设计温度均为360 ℃,主体材料为Z8CNT18-11锻件和Z6CNNb18-11无缝钢管。

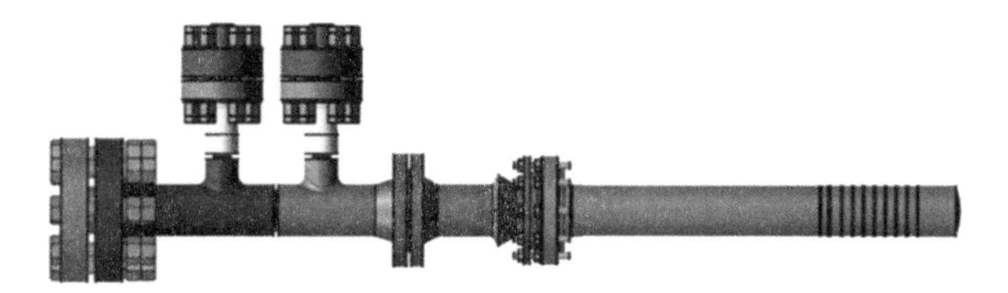

图1 整体结构图

1.2 技术特点

该辐照装置具有以下技术特点:①辐照装置能够承受23.5 MPa的压力和360 ℃的高温;②试验区轴向放置多层材料样品,方便操作;③多层环绕结构,实现装置冷却剂与反应堆冷却剂的隔离;④样品紧密布置在中心,减少样品径向温差。

作者简介:许怡幸(1996—),女,硕士,现从事辐照装置设计研发工作

1.3 主要组件结构设计

1.3.1 试验区

试验区由多层样品模块组成。单层样品模块由多个固定板、固定管和样品板组成,结构上可以实现材料样品板的方便抓取。

1.3.2 套紧组件

套紧组件由套紧法兰、套紧弹簧、固定钉、套紧管和上下套紧座组成。通过弹簧可使套紧管移动,实现试验区的固定。

1.3.3 承压组件

承压组件由平板法兰、中间法兰、承压管和支撑托架组成。承压组件主要用于支撑试验区,并对试验区进行固定,并且能够通过高温高压的冷却剂。

1.3.4 分流管组件

分流管组件由分流管和接头组成,主要是为冷却剂提供导向,使冷却剂可以从进口流入通过试验区带走释热最后从出口流出。

1.3.5 过渡管组件

过渡管组件由过渡管、连接头、氮气管组成。过渡管组件两端分别与绝热管组件和承压组件连接固定。通过在承压组件和绝热组件之间通入氮气来判断承压组件是否破损。

1.3.6 绝热管组件

绝热管组件由绝热管法兰、绝热管和定位下接头组成,用来隔绝反应堆冷却剂和装置内冷却剂的组件。

1.4 工作方式

高温高压的冷却剂从装置的入口进入,沿分流管组件分流管外壁流下,流到承压组件下段后折返,流经试验区,从承压组件平板法兰出口流出。

2 强度计算

本辐照装置的强度计算依据 RCC－M 压水堆核岛机械设备设计和建造规则(2000 年版＋2002 补遗),计算结果为装置的设计提供依据。

2.1 承压组件强度计算

承压组件主要包括:平板法兰、中间法兰、承压管、支撑托架。

2.1.1 平板法兰强度计算

试验区由多层样品模块组成。单层样品模块由多个固定板、固定管和样品板组成,结构上可以实现材料样品板的方便抓取。

根据 B3320 最小厚度的确定公式:

$$t=\frac{pR}{S_{m}-0.5p} \tag{1}$$

式中:t——壳体或封头的厚度,mm;p——设计内压力,MPa;R——壳体或封头的内半径,mm;S_m——设计温度下材料的基本许用应力强度,MPa。

承压组件设计压力为 23.5 MPa;平板法兰主体内半径 42.5 mm,支路内半径为 17.5 mm;设计温度为 360 ℃,查表 ZI 1.0 得到基本许用应力强度为 111 MPa。

代入数据计算得到:$t_1=10.06$ mm;$t_2=4.14$ mm。

平板法兰主体部分最小壁厚应大于 10.06 mm,支路壁厚应大于 4.14 mm,平板法兰主体壁厚设计为 14 mm,支路壁厚设计为 19 mm,强度满足使用要求。

2.1.2 中间法兰强度计算

承压组件设计压力为 23.5 MPa;中间法兰主体内半径 42.5 mm 和 36.5 mm,支路内半径为

17.5 mm;设计温度为 360 ℃,查表 ZI 1. 0 得到基本许用应力强度为 133.8 MPa。

根据式(1)代入数据计算得到:$t_1=10.06$ mm;$t_2=8.64$ mm;$t_2=4.14$ mm。

中间法兰主体部分 R42.5 对应的最小壁厚应大于 10.06 mm,R36.5 对应的最小壁厚应大于 8.64 mm,支路壁厚应大于 4.14 mm,中间法兰主体部分 R42.5 对应的壁厚设计为 14 mm,R36.5 对应的壁厚设计为 11 mm;支路壁厚设计为 19 mm,强度满足使用要求。

2.1.3 承压管强度计算

承压组件设计压力为 23.5 MPa;中间法兰主体内半径 42.5 mm 和 36.5 mm,支路内半径为 17.5 mm;设计温度为 360 ℃,查表 ZI 1. 0 得到基本许用应力强度为 133.8 MPa。

根据式(1)代入数据计算得到:$t_1=10.06$ mm;$t_2=8.64$ mm;$t_2=4.14$ mm。

中间法兰主体部分 R42.5 对应的最小壁厚应大于 10.06 mm,R36.5 对应的最小壁厚应大于 8.64 mm,支路壁厚应大于 4.14 mm,中间法兰主体部分 R42.5 对应的壁厚设计为 14 mm,R36.5 对应的壁厚设计为 11 mm;支路壁厚设计为 19 mm,强度满足使用要求。

2.1.4 下接头强度计算

根据 B3320 球形壳体最小厚度计算公式:

$$t=\frac{pR_0}{2S_m} \tag{2}$$

式中:p——设计内压力;R_0——下封头外半径,$R_0=47.5$ mm;S_m——设计温度下材料的基本许用应力强度,MPa。

代入数据计算得到:$t=5.02$ mm。

下接头设计最小壁厚应大于 5.02 mm,实际设计最窄处壁厚为 11 mm,强度满足使用要求。

2.2 绝热管组件强度计算

2.2.1 绝热管强度计算

(1)许用外压计算

根据 ZIV130 柱形壳体许用外压计算公式:

$$P_a=\frac{4B}{3(D_0/T)} \tag{3}$$

式中:P_a——绝热管许用外压;B——待确定系数;D_0——绝热管等效圆柱外径取,$D_0=\phi$ 114 mm;T——壳体最小壁厚,需考虑腐蚀余量(+1 mm)与加工偏差(+0.34 mm)。

(2)确定系数 A

系数 A 取 A_1 和 A_2 中的最大值,计算公式如下:

$$A_1=\frac{1.3(T/D_0)^{3/2}}{\left(\frac{L}{D_0}\right)-0.45(T/D_0)^{1/2}}-0.23(T/D_0)^2 \tag{4}$$

$$A_2=1.1(T/D_0)^2 \tag{5}$$

式中:T——绝热管壁厚,$T=4$ mm;L——绝热管长度,$L=7\ 925$ mm。

代入数据计算得到:$A_1=-1.60\times10^{-4}$;$A_2=1.35\times10^{-3}$。

分析得到系数 $A=A_2=1.35\times10^{-3}$。

(3)确定系数 B

计算系数 B 需先求得下列参数:

$$A_1=0.60\frac{S_y}{E} \tag{6}$$

$$A_2=1.8\frac{S_y}{E} \tag{7}$$

$$A_3 = 0.02 - 2\frac{S_y}{E} \tag{8}$$

式中：S_y——屈服强度，在设计温度150 ℃下查表得 $S_y = 155$ MPa；E——弹性模量，在设计温度150 ℃下查表得 $E = 191.5$ GPa。

代入数据计算得到：$A_1 = 4.9 \times 10^{-4}$；$A_2 = 1.46 \times 10^{-3}$；$A_3 = 1.84 \times 10^{-2}$。

在满足条件 $A_1 < A < A_2$ 时，系数 B 应采用公式如下：

$$B = 0.3 S_y \left(\frac{A}{A_1}\right)^{0.37} \tag{9}$$

代入数据计算得到：$B = 67.66 \times 106$。

代入数据计算得到：$P_a = 3.16$ MPa。

根据式(2)代入数据计算得到：$t_m = 2.65$ mm。

承压管的设计壁厚应大于2.65 mm，实际设计尺寸为4 mm，强度满足使用要求。

2.2.2 绝热管法兰强度计算

根据B3320最小厚度的确定公式(1)代入数据计算得到：$t = 1.23$ mm。

绝热管法兰主体部分最小壁厚应大于1.23 mm，实际设计最窄处壁厚为4 mm，强度满足使用要求。

2.2.3 定位下接头强度计算

根据B3320球形壳体最小厚度计算公式(3)：

式中：p——设计内压力，这里指许用外压 $P_a = 3.16$ MPa；R_0——下封头外半径，$R_0 = 164$ mm；S_m——设计温度下材料的基本许用应力强度。

代入数据计算得到：$t = 1.88$ mm。

下接头设计最小壁厚应大于1.88 mm，实际设计最窄处壁厚为4 mm，强度满足使用要求。

2.3 小结

经计算在设计温度下，承压组件，绝热管组件等设计强度均满足要求。

3 应力分析

3.1 工况及载荷

辐照装置在垂直方向施加重力加速度值 $g = 9.81$ m/s^2。承压组件承受内压，其压力载荷为设计压力23.5 MPa，工作压力为18.66 MPa，水压试验压力为29.4 MPa，设计温度为360 ℃。

3.2 模型分析

建立承压组件模型，并进行有限元分析。在结构与反应堆承压组件连接处，施加固定约束（约束全部6个自由度）。

3.2.1 平板法兰有限元分析

平板法兰在23.5 MPa设计压力下的应力分布和位移分布见图2，由图中可知，装置在设计压力下的最大应力为94.13 MPa，最大位移为0.209 mm，满足应力限制要求。

3.2.2 中间法兰有限元分析

中间法兰在23.5 MPa设计压力下的应力分布和位移分布见图3，由图中可知，装置在设计压力下的最大应力为74.75 MPa，最大位移为0.071 1 mm，满足应力限制要求。

4 结论

通过对辐照装置结构的说明及详细的力学计算分析评定后得出以下结论：①辐照装置主要由试验区、套紧组件、承压组件、分流管组件、过渡管组件、绝热管组件；②辐照装置在设计工况下的应力满足RCCM规范的应力限制，且具有一定裕量；③辐照装置能够满足高温高压工况。

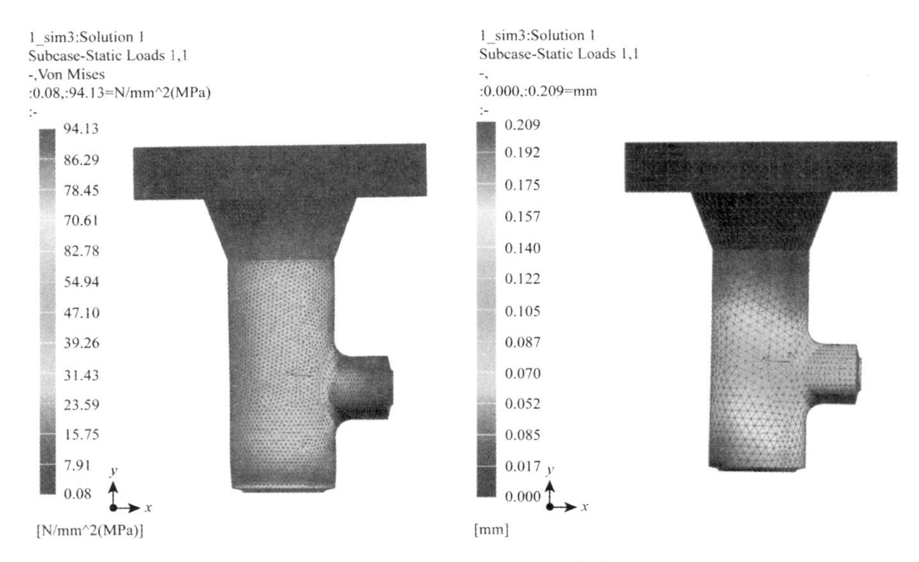

图 2　平板法兰有限元分析图

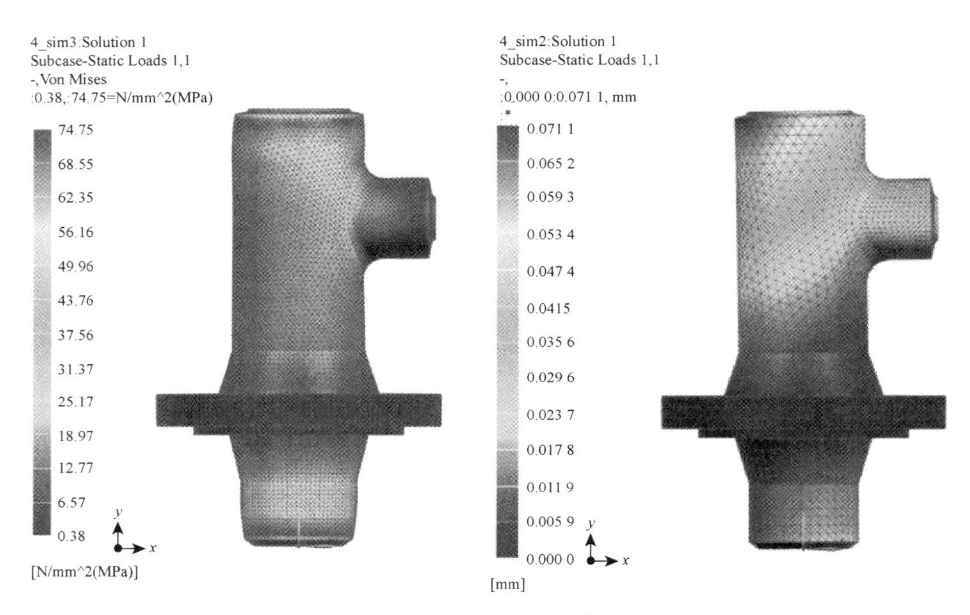

图 3　中间法兰有限元分析图

参考文献：

[1] TANAKA T, SHIKAMA T, NARUI M, et al. Evaluation of insulating property of ceramic materials for V/Li blanket system under fission reactor irradiation[J]. Fusion Engineering and Design, 2005, 75/79: 933-937.

[2] JIMENEZ-REY D, MOTA F, VILA R, et al. Simulation for evaluation of the multi-ion-irradiation Laboratory of Technofusion facility and its relevance for fusion applications [J]. Journal of Nuclear Materials, 2011, 417(1/3): 1352-1355.

[3] LEE E H, MANSUR L K. Fe-15Ni-13Cr austenitic stainless steels for fission and fusion reactor applications. Ⅲ phase stability during heavy ion irradiation[J]. Journal of Nuclear Materials, 2000, 278(a): 20-29.

[4] OGOYSKI A, SOMEYA T, SASAKI T, et al. Heavy ion beam irradiation non-uniformity in inertial fusion[J]. Physics Letters A, 2003, 315(5):372-377.

[5] SOMEYA T, MIYAZAWA K, KIKUCHI T, et al. Direct-indirect mixture implosion in heavy ion fusion[J]. Physics Letters A, 2003, 315(5): 372-377.

[6] NABEREJNEV D G, SALVATORES M. Irradiation of structureal materials in spallation neutron sources[J]. Transactions of the American Nuclear Society, 2002, 86, 425-427.

Structure design and finite element analysis of a new material irradiation device

XU Yi-xing, HUANG Gang, WANG Hai,
SU Sheng, LU Meng-kang, ZHAO Wen-bin, ZHANG Hui
(Nuclear Power Institute of China, Chengdu of Sichuan Prov. 610213, China)

Abstract: Material of high temperature and high pressure is expounded the purpose and importance of irradiation device structure design, design a kind of material sample can be implemented in a pile of irradiation device of high temperature and high pressure environment, introduces the general structure and key components, irradiation device solves the irradiation temperature gas environment is not easy to control, irradiation device of high temperature and high pressure stress analysis model is established and analyzed. The results show that the structure design of the material irradiation device is reasonable and meets the needs of accurate temperature regulation.

Key words: irradiation device; structural design; finite element analysis

^{40}Ar—^{39}Ar 定年样品入MJTR辐照物理热工分析

郭雨非,刘 畅[1],马立勇[1],邓才玉[1],李军杰[2],孙寿华[1],宋霁阳[1],张 亮[1]
(1.中国核动力研究设计院,四川 成都 610005;2.核工业北京地质研究院,北京 100029)

摘要:^{40}Ar—^{39}Ar 定年样品入MJTR辐照时,为增加目标反应$^{39}K(n,p)^{39}Ar$的反应率并减少副反应的干扰,需要对辐照孔道进行选取,并对定年样品入堆对反应堆物理和热工安全的影响进行分析。本文首先研究了^{40}Ar—^{39}Ar定年样品入堆对MJTR反应性的影响;在保证安全的前提下计算了定年样品分别位于1#孔道、5#孔道及F07栅元时的$^{39}Ar_K$产率及辐射时间,综合各因素选取了较优的辐照孔道;最后计算了不同装置部件的温度场,进行了热工安全评估。研究结果表明,^{40}Ar—^{39}Ar定年样品在MJTR内辐照宜选用1#孔道,辐照时间为3EFPD,并能满足MJTR物理热工安全要求。

关键词:^{40}Ar—^{39}Ar定年技术;MJTR;辐照;物理热工安全

作为研究地球历史演化、地质构造等地质活动的一种重要的技术手段,高精度含钾矿物^{40}Ar—^{39}Ar定年技术是同位素地质年代学重要的研究问题之一。样品在核反应堆内经过快中子照射,使^{39}K发生核反应产生^{39}Ar,是^{40}Ar—^{39}Ar定年技术的基本前提。但在辐照过程中,还会发生会对定年结果造成干扰的副反应,主要有$^{40}K(n,p)^{40}Ar$和$^{40}Ca(n,n\alpha)^{36}Ar$两种,其中$^{40}K(n,p)^{40}Ar$对于能量$E<0.01$ MeV的热中子具有较大的吸收截面;$^{40}Ca(n,n\alpha)^{36}Ar$反应发生的中子能垒大约为7.5 MeV;而目标反应$^{39}K(n,p)^{39}Ar$在中子能量>1 MeV时即可发生,并在中子能量为7 MeV左右吸收截面达到最大。因此,为了保证^{39}Ar的产率并减少副反应的干扰,需要选择中子能谱中1~7 MeV占比较高的辐照孔道[1-5]。本文旨在对^{40}Ar—^{39}Ar定年样品入岷江试验堆辐照进行分析计算,选择较优的辐照孔道,并评估辐照时间和样品入堆对于反应堆安全的影响。

1 辐照装置简介

如图1,图2所示,辐照装置为1个内/外径51/55 mm、高110 mm的铝罐,铝罐内侧壁覆有1 mm厚的Cd皮,用于屏蔽热中子。铝罐内布置1个C管和8个M管,其中C管位于铝罐中心,M管中心距C管中心15 mm。然后将铝罐焊接密封并进行X射线探伤检漏,确认焊接完好,放入辐照孔道内辐照。

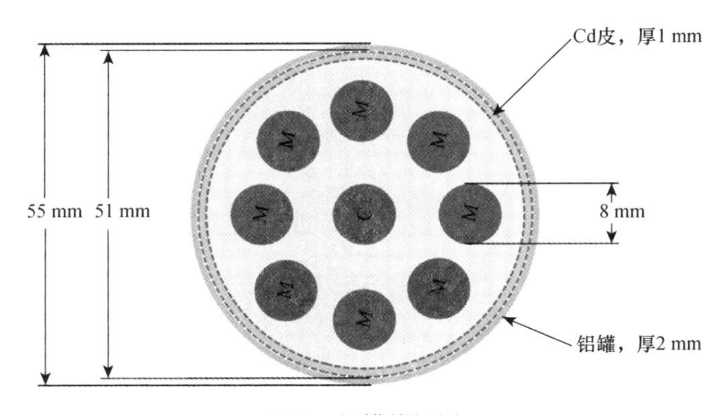

图1 铝罐俯视图

作者简介:郭雨非(1995—),女,四川南充人,研究实习员,工学硕士,现主要从事反应堆物理分析工作

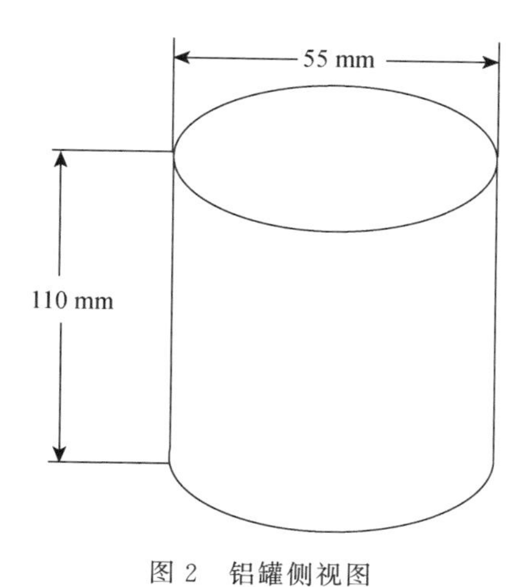

图 2　铝罐侧视图

如图 3 所示，将样品在真空条件下熔封于石英管内。石英管外径 8 mm，内径 6 mm。铝柱为 5052 型铝，主要为了固定样品，并有利于更准确测试样品在石英管内的轴向位置。中子注量率监测物质为黑云母矿物，其化学成分见表 1，用于监测轴向和径向中子注量率分布。K_2SO_4、CaF_2 分别用于测量获得 $^{40}K(n,p)^{40}Ar$、$^{40}Ca(n,n\alpha)^{36}Ar$ 的副反应校正因子。黑云母、K_2SO_4 和 CaF_2 三种材料样品的尺寸均为 ϕ5 mm×1 mm，C 管铝柱尺寸为 ϕ5 mm×10 mm，M 管铝柱尺寸为 ϕ5 mm×7 mm。C 管和 M 管内上部填充石英棉，用于减少样品和铝柱在管内的晃动。样品量见表 2。

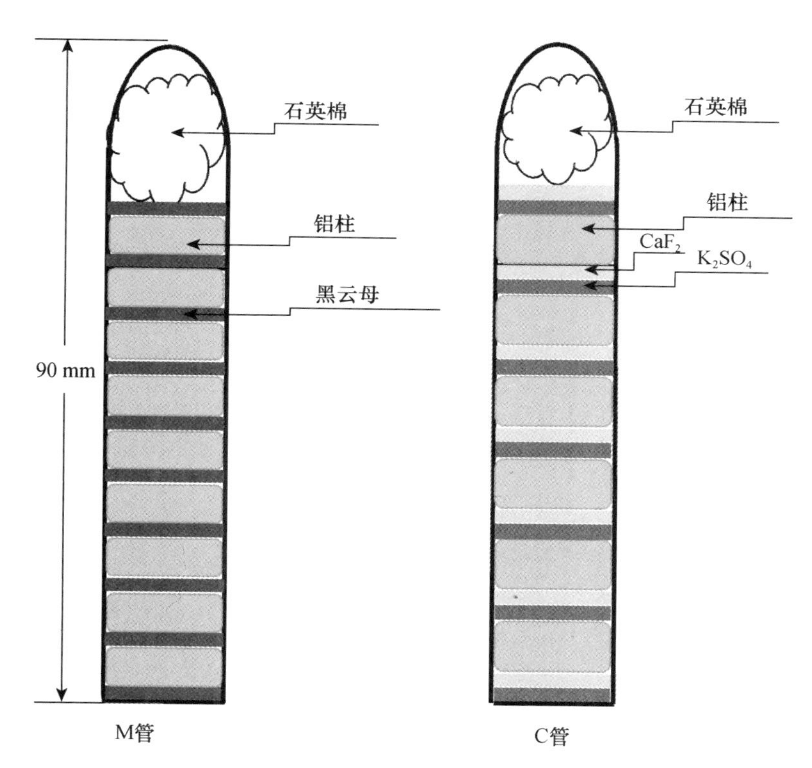

图 3　M 管和 C 管的样品布置图

表 1　黑云母矿物的化学成分

元素	O	Si	Fe	K	Al	Mg	Ti	Ca	P	Mn	Na
质量分数/%	42.69	17.02	15.03	7.44	7.35	6.57	2.47	0.70	0.28	0.23	0.22

表 2　辐照样品量

样品名称	黑云母	K_2SO_4	CaF_2
样品量	10 个/管×8 管	7 个/管×1 管	7 个/管×1 管

2　计算模型

2.1　物理计算模型

将 C 管右侧的 M 管编号为 1，沿逆时针方向将其余 M 管依次编号为 2～8。使用岷江试验堆 28-3 炉的堆芯布置，将辐照装置分别放置于 1＃孔道、5＃孔道及 F07 栅元，使用 MCNP5 软件进行物理部分的计算。根据与核工业北京地质研究院的沟通，黑云母、K_2SO_4 和 CaF_2 三种样品的密度分别为 3.0 g/cm^3、2.7 g/cm^3 和 3.2 g/cm^3。由于样品尺寸很小，仅为 ϕ5 mm×1 mm，因此 MCNP5 建模时将样品放大到了 ϕ8 mm×3 mm，以缩短计算时间。每代统计 250 000 个粒子，共 4 000 代，前 200 代不纳入计数[6]。MCNP5 建模如图 4 所示。

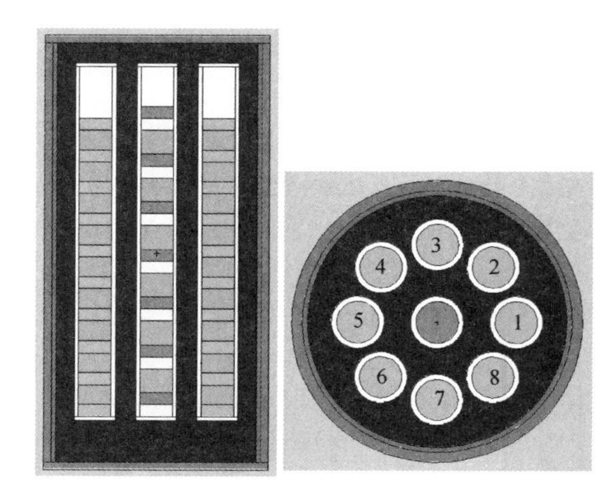

图 4　辐照装置 MC 建模图

2.2　热工计算模型

采用软件 STAR-CCM 对 $^{40}Ar-^{39}Ar$ 定年样品进行建模计算，划分网格如图 5、图 6 所示。

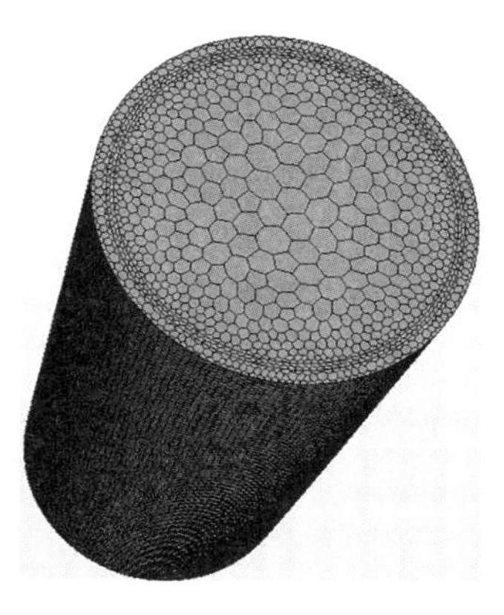

图 5　装置网格划分示意图

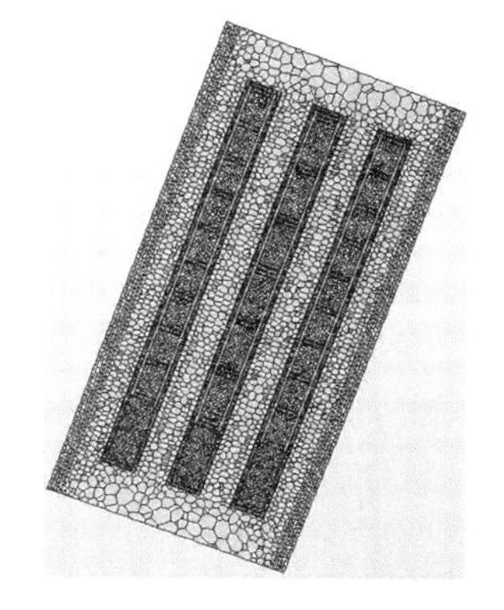

图 6　装置横截面网格示意图

3 辐照计算

3.1 反应性影响分析

根据辐照要求，需要在MJTR运行过程中进行定年样品的出入堆操作。利用MCNP5程序分别对1#孔道、5#孔道、F07栅元带定年样品和不带定年样品的情况建立几何模型进行计算，求得反应堆有效增殖系数k_{eff}如表3所示。可以看出，装置入堆引入负反应性。按装置出入堆所用吊车最大速度14.5 m/min速率估算，装置出堆操作引入的反应性速率如表3所示。而根据《MJTR安全分析报告》核设计的计算结果"1、2ZB的单棒最大可控反应性引入速率为6.4×10^{-4}(Δk/k)/s"，可见该辐照装置出入堆操作对MJTR的反应性影响速率小，在自动棒的调节范围之内，不影响MJTR正常运行[7]。

表3 反应性影响计算

	1#孔道	5#孔道	F07栅元
不带定年样品k_{eff}	1.005 51	1.005 51	1.003 80
带定年样品k_{eff}	1.005 47	1.005 44	1.003 01
引入反应性(β_{eff})	-5.57×10^{-3}	-9.75×10^{-3}	-1.11×10^{-1}
引入反应性速率(($\Delta k/k$)/s)	1.72×10^{-5}	3.01×10^{-5}	3.42×10^{-4}

3.2 $^{39}Ar_K$产率与辐照时间计算

使用MCNP5软件统计3号M管(C管正上方)中间样品的中子注量率ϕ和目标反应$^{39}K(n,p)^{39}Ar$的微观反应率$\sigma\phi$，进而求得$^{39}Ar_K$的产率。地研院给出黑云母中的放射成因$^{40}Ar*$(指矿物中由于衰变链产生的^{40}Ar，辐照定年的基础理论就是根据矿物中$^{40}Ar*$与^{39}K的比值来定年)的含量为1.81×10^{-10} mol/(g黑云母)。根据$^{39}Ar_K$的产量高于7.78×10^{-12} mol/(g K)的要求，以及$^{40}Ar*/^{39}Ar_K$的值在1～300之间的要求，即可得出辐照时间。表4～表6给出了辐照装置分别位于1#孔道、5#孔道、F07栅元时的中子注量率、微观反应率、$^{39}Ar_K$产率(按Total反应率计算)及辐照时间。

表4 样品位于1#孔道时的计算结果

3号M管中间样品	中子注量率ϕ/[n/(cm^2·s)]	微观反应率$\sigma\phi$/s	统计偏差/%	$^{39}Ar_K$产率/[mol/(g黑云母·s)]	$^{39}Ar_K$产率/[mol/(g K·s)]
0～0.625 eV	3.75×10^{11}	0.00	0.00	0.00	0.00
0.625 eV～1 MeV	1.72×10^{12}	0.00	0.00	0.00	0.00
1～7 MeV	5.54×10^{11}	8.17×10^{-14}	5.96	1.45×10^{-16}	1.95×10^{-15}
7～20 MeV	7.91×10^{9}	2.73×10^{-15}	42.17	4.86×10^{-18}	6.54×10^{-17}
Total	2.66×10^{12}	8.44×10^{-14}	5.92	1.50×10^{-16}	2.02×10^{-15}
$^{39}Ar_K$产量达到7.78×10^{-12} mol/(g K)时的辐照时间/h				1.07	
$^{40}Ar*/^{39}Ar_K=1$时的辐照时间/h				334.71	
$^{40}Ar*/^{39}Ar_K=300$时的辐照时间/h				1.12	

表 5　样品位于 5#孔道时的计算结果

3 号 M 管中间样品	中子注量率ϕ/[n/(cm² · s)]	微观反应率σϕ/s	统计偏差/%	$^{39}Ar_K$产率/[mol/(g 黑云母 · s)]	$^{39}Ar_K$产率/[mol/(g K · s)]
0～0.625 eV	3.68×10^{11}	0.00	0.00	0.00	0.00
0.625 eV～1 MeV	1.98×10^{12}	0.00	0.00	0.00	0.00
1～7 MeV	4.56×10^{11}	6.61×10^{-14}	6.05	1.18×10^{-16}	1.58×10^{-15}
7～20 MeV	1.64×10^{10}	5.08×10^{-15}	32.41	9.04×10^{-18}	1.22×10^{-16}
Total	2.82×10^{12}	7.12×10^{-14}	6.09	1.27×10^{-16}	1.70×10^{-15}
$^{39}Ar_K$产量达到 7.78×10^{-12} mol/(g K)时的辐照时间/h				1.27	
$^{40}Ar*/^{39}Ar_K=1$ 时的辐照时间/h				396.83	
$^{40}Ar*/^{39}Ar_K=300$ 时的辐照时间/h				1.32	

表 6　样品位于 F07 栅元时的计算结果

3 号 M 管中间样品	中子注量率ϕ/[n/(cm² · s)]	微观反应率σϕ/s	统计偏差/%	$^{39}Ar_K$产率/[mol/(g 黑云母 · s)]	$^{39}Ar_K$产率/[mol/(g K · s)]
0～0.625 eV	1.06×10^{12}	0.00	0.00	0.00	0.00
0.625 eV～1 MeV	1.46×10^{13}	0.00	0.00	0.00	0.00
1～7 MeV	4.52×10^{12}	6.45×10^{-13}	2.13	1.15×10^{-15}	1.54×10^{-14}
7～20 MeV	6.13×10^{10}	2.00×10^{-14}	15.14	3.56×10^{-17}	4.79×10^{-16}
Total	2.02×10^{13}	6.65×10^{-13}	2.12	1.19×10^{-15}	1.59×10^{-14}
$^{39}Ar_K$产量达到 7.78×10^{-12} mol/(g K)时的辐照时间/h				0.14	
$^{40}Ar*/^{39}Ar_K=1$ 时的辐照时间/h				42.48	
$^{40}Ar*/^{39}Ar_K=300$ 时的辐照时间/h				0.14	

从表中可以看出，$^{39}Ar_K$的产量达到 7.78×10^{-12} mol/(g K)所需的辐照时间很短，这是因为 7.78×10^{-12} mol/(g K)的产量要求是由质谱仪能够分辨出^{39}Ar的含量要求提出的，所以该指标是一个最低的产量要求。同时可以看到，虽然 1#孔道的总中子注量率比 5#孔道低，但由于慢化和反射充分，1#孔道中 1～7 MeV 的中子占比 5#孔道高，因此样品位于 1#孔道时的辐照时间比 5#孔道更短。由于距堆芯中心较近，F07 栅元的中子注量率比外围的 1#和 5#孔道高出约 1 个量级，因此辐照时间也缩短了约 1 个量级；但 Φ63 孔道内的辐照件仅能在停堆时取出，这意味着 MJTR 运行 42.48 个满功率时左右后即需停堆，与 15 天一炉段的运行计划不符，不利于辐照资源统筹，经济性也较低。综上，宜选择 1#孔道作为辐照孔道，其目标能量(1～7 MeV)中子占比较高，副反应干扰较少，辐照时间较短同时经济性也较好。根据辐照指标要求，$^{40}Ar*/^{39}Ar_K$的值应为 1～300，但从表 4 可以看出，此时的辐照时间为 1.12～334.71 h，跨度较大。为了避免辐照时间过长造成样品长期处于高温状态，也为了减少副反应的干扰便于后续分析实验的进行，$^{40}Ar*/^{39}Ar_K$的值宜为 5 左右，则样品位于 1#孔道时的辐照时间约为 67 h；结合计算误差，辐照时间宜定为 72 h，即 3 天。

3.3　热工安全分析

$^{40}Ar-^{39}Ar$定年样品放置于 1#孔道时，受到中子和 γ 辐照产生热量。为了计算定年样品置于 1#孔道辐照时的温度，首先采用 MCNP5 程序计算各材料释热率如表 7 至表 10 所示。

表 7　三种样品材料的释热率/(W/g)

释热率	C 管 CaF_2	C 管 K_2SO_4	黑云母							
			1 号 M 管	2 号 M 管	3 号 M 管	4 号 M 管	5 号 M 管	6 号 M 管	7 号 M 管	8 号 M 管
从下到上	0.119	0.120	0.109	0.109	0.114	0.120	0.127	0.133	0.124	0.117
	0.112	0.113	0.103	0.102	0.109	0.118	0.122	0.128	0.122	0.110
	0.109	0.111	0.099	0.101	0.104	0.115	0.124	0.123	0.117	0.107
	0.109	0.111	0.099	0.097	0.103	0.110	0.120	0.125	0.116	0.106
	0.107	0.107	0.101	0.095	0.103	0.112	0.121	0.120	0.112	0.100
	0.106	0.108	0.096	0.095	0.102	0.110	0.118	0.122	0.113	0.104
	0.107	0.109	0.094	0.094	0.101	0.107	0.115	0.116	0.115	0.102
			0.097	0.095	0.098	0.109	0.113	0.117	0.117	0.102
	—	—	0.096	0.095	0.097	0.107	0.113	0.120	0.109	0.101
			0.098	0.095	0.098	0.108	0.115	0.119	0.112	0.101

表 8　铝柱的释热率/(W/g)

释热率	C 管	1 号 M 管	2 号 M 管	3 号 M 管	4 号 M 管	5 号 M 管	6 号 M 管	7 号 M 管	8 号 M 管
从下到上	0.108	0.100	0.101	0.105	0.110	0.119	0.121	0.117	0.106
	0.106	0.098	0.094	0.102	0.107	0.117	0.119	0.114	0.105
	0.103	0.093	0.096	0.097	0.108	0.116	0.117	0.111	0.102
	0.102	0.094	0.092	0.096	0.107	0.113	0.117	0.109	0.100
	0.101	0.094	0.091	0.097	0.104	0.113	0.114	0.106	0.098
	0.099	0.093	0.090	0.097	0.104	0.111	0.116	0.107	0.098
		0.091	0.090	0.093	0.103	0.114	0.112	0.108	0.098
	—	0.092	0.092	0.092	0.105	0.111	0.113	0.109	0.098
		0.091	0.087	0.093	0.102	0.110	0.111	0.105	0.097

表 9　石英的释热率/(W/g)

释热率	C 管	1 号 M 管	2 号 M 管	3 号 M 管	4 号 M 管	5 号 M 管	6 号 M 管	7 号 M 管	8 号 M 管
石英管侧面	0.107	0.097	0.096	0.099	0.108	0.117	0.119	0.113	0.103
石英管下底	0.118	0.106	0.108	0.110	0.116	0.127	0.131	0.123	0.115
石英管上底	0.106	0.097	0.096	0.099	0.107	0.115	0.112	0.111	0.101
石英棉	0.104	0.094	0.093	0.096	0.105	0.113	0.113	0.109	0.102

表 10　其他材料的释热率/(W/g)

	Cd 皮	铝罐内空气	铝罐侧面	铝罐下底	铝罐上底
释热率	2.022	0.112	0.108	0.118	0.105

然后用软件 STAR-CCM 进行热工计算，计算条件如下：

(1)C 管和 M 管内真空段考虑辐射换热；

(2)C 管和 M 管上部石英棉导热系数取 0.01 W/(m·K)；

(3)C 管、M 管与铝罐之间只考虑空气导热；

(4)铝罐上下绝热，外侧取对流边界条件，考虑 1＃孔道内的水是死水，水温 50 ℃，根据大空间自然对流计算可得对流换热系数为 628 W/(m^2·K)[8-9]。

考虑 C 管、M 管、空气、Cd 皮和铝筒的释热，得到不同装置部件的温度场如图 7 所示，对应的最高温度如表 11 所示。其中 Cd 皮的最高温度为 77 ℃，小于 Cd 的熔点 321 ℃；铝柱最高温度为 346 ℃，小于其熔化温度 660 ℃；C 管和 M 管最高温度为 338 ℃，小于石英管的熔化温度(>1 000 ℃)；C 管样品的最高温度为 346 ℃，小于 CaF_2 的熔点 1 403 ℃和 K_2SO_4 的熔点 1 067 ℃；M 管样品的最高温度为 321 ℃，小于黑云母的熔点 1800 ℃。综上，样品、石英管、铝柱、Cd 皮等装置各部件均不会熔化。

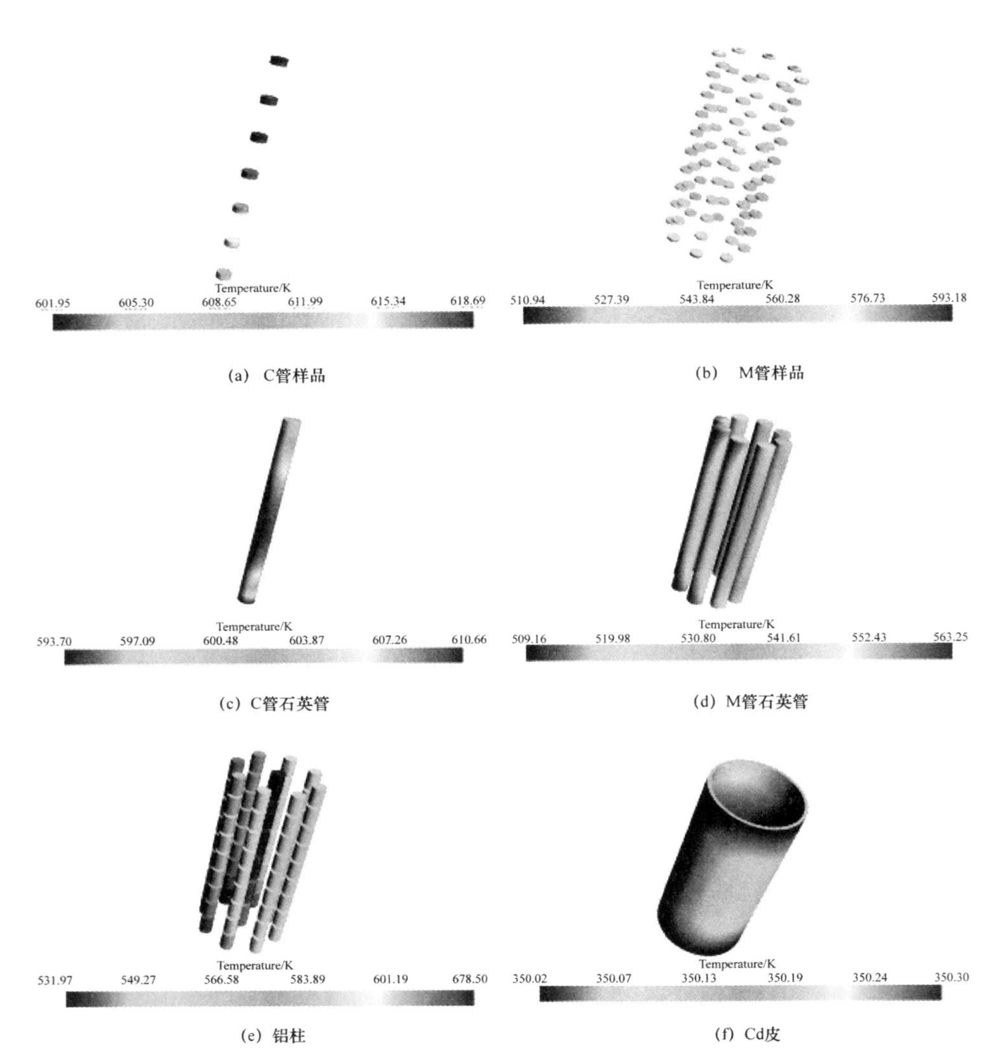

图 7　装置温度场示意图

表 11　装置不同部分最高温度

装置部件	Cd 皮	铝柱	M 管石英管	M 管样品	C 管石英管	C 管样品
最高温度/℃	77	346	291	321	338	346

4 结论

(1)靶件辐照装置出入堆操作在活性区中部引入的反应性速率最大为 $3.42\times10^{-4}(\Delta k/k)/s$,处于自动棒自动调节能力限值以内,不影响 MJTR 正常运行;

(2)综合考虑副反应的影响、辐照时间和经济性,建议选择 1#孔道用于辐照定年样品;

(3)结合辐照指标和计算误差,样品在 1#孔道内的辐照时间建议定为 3 天;

(4)装置内 Cd 皮的最高温度为 77 ℃,小于 Cd 的熔点 321 ℃;铝柱最高温度为 346 ℃,小于其熔化温度 660 ℃;C 管和 M 管最高温度为 338 ℃,小于石英管的熔化温度(>1 000 ℃);C 管样品的最高温度为 346 ℃,小于 CaF_2的熔点 1 403 ℃和 K_2SO_4的熔点 1 067 ℃;M 管样品的最高温度为 321 ℃,小于黑云母的熔点 1 800 ℃。综上,样品、石英管、铝柱、Cd 皮等装置各部件均不会熔化。

由于 MJTR 的辐照任务安排,该辐照装置目前尚未入堆,以上结论可为入堆辐照试验提供指导。

参考文献:

[1] 刘汉彬,李军杰,张佳,等. Argus Ⅵ型多接收稀有气体质谱仪在 $^{40}Ar/^{39}Ar$ 高精度定年中的应用[J]. 质谱学报,2018(4).

[2] 卢磊勋,杜萌,邵瀚石. K-Ar 法和 Ar-Ar 法两种定年方法的差异性对比及讨论[J]. 辽宁化工,2015(8).

[3] 谭绿贵,周涛发,袁峰. $^{40}Ar/^{39}Ar$ 同位素体系及其在地学上的应用[J]. 合肥工业大学学报(自然科学版),2004(12).

[4] 华杉,薛生升. $^{40}Ar/^{39}Ar$ 同位素体系及其在地质中的应用[J]. 资源环境与工程,2013(2).

[5] 张有瑜,Horst Zwingmann,刘可禹,罗修泉. 自生伊利石 K-Ar、Ar-Ar 测年技术对比与应用前景展望——以苏里格气田为例[J]. 石油学报 2014(3).

[6] Briesmeister J F E. MCNP-A General Monte Carlo N-Particle Transport Code[C]/2010.

[7] 谢仲生, 吴宏春, 张少泓. 核反应堆物理分析[M]. 北京:原子能出版社, 2004.

[8] 杨世铭, 陶文铨. 传热学[M]. 4 版.北京:高等教育出版社, 2006.

[9] 孔珑. 工程流体力学[M]. 北京:中国电力出版社, 2007.

The physical and thermal analysis for the $^{40}Ar-^{39}Ar$ dating samples in MJTR

GUO Yu-fei[1], LIU Chang[1], MA Li-yong[1], DENG Cai-yu[1],
LI Jun-jie[2], SUN Shou-hua[1], SONG Ji-yang[1], ZHANG Liang[1]

(1.Nuclear Power Institute of China, Chengdu Sichuan Province. 610005, China;
2.Beijing Research Institute of Uranium Geology, Beijing 100029, China)

Abstract: When the $^{40}Ar-^{39}Ar$ dating samples are irradiated in MJTR, in order to increase the reaction rate of the target reaction $^{39}K(n, p)^{39}Ar$ and reduce the interferences caused by side reactions simultaneously, it is necessary to select the irradiation channel, and analyze the influence of the dating samples on the physical and thermal safety of the reactor. In this paper, the effect of the $^{40}Ar-^{39}Ar$ dating samples on the reactivity of MJTR was studied firstly; besides, the productivity of $^{39}Ar_K$ and irradiation time while the dating samples were placed in Channel 1#, Channel 5# and Cell F07 respectively were calculated on the premise of safety, and then the optimal irradiation channel was selected based on various factors; lastly, the temperature fields of different components were calculated and the thermal safety was evaluated. The results show that Channel 1# should be utilized for the irradiation of the $^{40}Ar-^{39}Ar$ dating samples in MJTR and the irradiation should last for 3 EFPD; what's more important, the requirements for the physical and thermal safety of MJTR can be met.

Key words: $^{40}Ar-^{39}Ar$ dating technology; MJTR; irradiation; physical and thermal safety

基于改进热工测量法的燃料组件燃耗跟踪计算方法与应用分析

张 亮,孙 胜,刘晓松,邓才玉,康长虎
(中国核动力研究设计院,四川 成都 610213)

摘要:利用燃料辐照考验回路在研究堆内进行燃料辐照考验时,必须对试验燃料组件的核功率和燃耗进行跟踪计算,以确定燃料组件的出堆时间。研究堆内高注量率的中子和伽马射线,会使得考验装置的结构材料产生较大的释热;直接热工测量法得到的是燃料组件裂变功率与结构材料释热之和,无法直接用于燃料组件裂变功率与累积燃耗的计算。本文利用MCNP程序计算考验装置考验段各结构的相对伽马释热率,合并考虑压力管外侧漏热,建立了改进的考验装置热工计算模型。基于实际的燃料辐照考验试验数据,应用改进的热工测量法,得到了结构材料的伽马释热率和燃料组件的核功率,进而获得相应辐照时间下的燃料组件燃耗。计算结果的不确定性分析表明,外流道温升测量误差是材料伽马释热率与组件核功率测量误差的主要来源;采用高测温精度的铂电阻测量装置进出口水温,或减小装置结构材料伽马释热与装置总释热功率比例的方法,可有效降低热工测量法的误差,减小燃料组件核功率与燃耗测量值的不确定度。

关键词:燃料辐照考验;燃耗计算;热工测量法;不确定性分析;MCNP程序

利用研究堆的燃料考验回路开展燃料组件辐照考验,是反应堆燃料组件研发过程中的重要一环。准确确定燃料组件的核功率和累积燃耗,不仅关系到燃料组件的安全也关系到辐照考验目标燃耗是否达到。在考验过程中对燃料组件燃耗进行跟踪计算通常采用物理理论计算和热工测量同时进行。物理计算法是利用堆芯燃料管理程序,对研究堆堆芯进行中子学计算,得到任意时刻的燃料组件计算燃耗。热工测量法是基于考验回路内冷却水的热工测量数据,得到燃料组件的释热功率,再利用释热功率与时间的累加得到组件燃耗值。

由于研究堆体积小且堆芯布置复杂,基于扩散理论的燃料管理程序的燃耗计算结果存在一定偏差;另外,研究堆内中子和伽马射线的注量率较大,与考验装置结构材料作用而产生可观的能量沉积(一般称之为材料伽马释热),直接热工测量法测得的是燃料组件裂变功率与结构材料的释热之和,无法在不引入材料伽马释热假设的情况下直接用于燃料组件核功率与累积燃耗的计算[1]。本文提出了一种基于改进热工测量法的燃料组件燃耗计算方法,可直接利用热工测量数据得出不同结构处材料的伽马释热率,准确得到试验燃料组件的核功率,进而用于考验过程中的实时燃耗跟踪计算以及最终考验燃耗的计算。

1 考验装置

类似高通量工程试验堆(HFETR)[2]的压力管式研究堆,由于反应堆结构限制,燃料辐照考验回路的考验装置一般采用U形冷却水流道[3];考验装置由外而内分别为绝热管、氮气绝热层、压力管、外流道冷却水、方盒、内流道水和燃料组件[3]。绝热管外为研究堆冷却水。回路内冷却水沿压力管与方盒组成的外侧流道向下流道,在方盒底部流向折返向上流经试验燃料组件,带走燃料组件与考验段各结构的释热。

为获得考验装置的热工水力数据,在燃料组件进出口以及方盒上部外流道位置设置了热电偶测点,分别用于测量燃料组件进出口水温和方盒上部外流道入口水温。在考验装置外部设置了冷却水

作者简介:张亮(1990—),男,助理研究员,现主要从事研究堆辐照试验与反应堆物理分析相关的工作

压力、流量测量仪表，在考验装置进出口处各布置了测量水温的铂电阻。

2　基于改进热工测量法的燃料组件燃耗计算方法

2.1　考验装置的热工计算模型

燃料组件中芯体的核裂变释热称为燃料组件核功率，燃料组件核功率与考验时间的积分值除以燃料组件的初始重金属质量即为燃料组件燃耗。需要排除考验段各结构的材料（压力管、方盒、冷却水、燃料包壳、燃料芯体、其他结构等）均伽马释热，考虑考验装置自身漏热等因素的影响，建立准确的考验装置计算模型以计算考验时的燃料组件核功率，从而用于燃耗的实时跟踪计算。文献[1]基于热工测量法的考验装置计算模型，在利用伽马释热功率与相应结构质量成正比的假设后，成功得到了考验燃料组件的最大允许功率。不过，该方法的伽马释热功率假设较为粗略，忽略了压力管通过氮气绝热层的显著漏热的影响；由于该模型中缺少材料释热率的信息，使得方盒漏热功率的计算模型较为粗糙[1]，也难以依据测量数据开展计算结果的不确定度分析。因此，有必要采用考虑更为周全的考验装置计算模型，以更为准确的计算燃料组件核功率。

考验装置的热工计算模型如图1所示。利用试验组件出口与方盒上部外流道的温度数据，可得考验段的测量功率 $P_{测,1}$；利用试验组件进口与方盒上部外流道的温度数据，可得外流道的测量功率 $P_{测,2}$。忽略压力管的轴向导热散热，考验段压力管外壁面散热 $P_{散}$ 由其外壁的热辐射、气隙内氮气导热两者组成。利用相关热工测量数据与结构参数，采用一维圆柱导热模型计算气隙径向导热功率 Φ_R，采用灰体封闭腔辐射传热模型计算气隙内、外两壁面间的辐射换热功率 Φ_C。

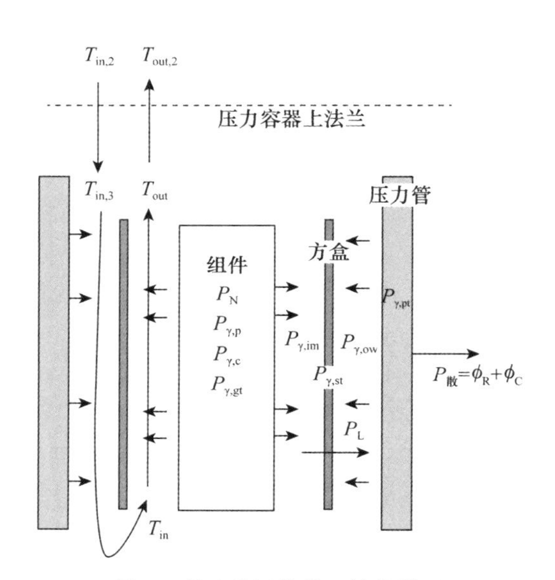

图1　考验装置的热工计算模型

$P_{测,1}$ 和 $P_{测,2}$ 有如下关系式。

$$P_{测,1}=P_N+P_{\gamma,p}+P_{\gamma,c}+P_{\gamma,gt}+P_{\gamma,iw}+P_{\gamma,st}+P_{\gamma,ow}+P_{\gamma,pt}-P_{散} \tag{1}$$

$$P_{测,2}=P_L+P_{\gamma,st}+P_{\gamma,ow}+P_{\gamma,pt}-P_{散} \tag{2}$$

上式中，P_N 为组件内燃料芯块的核功率，P_L 为由方盒内冷却水传递至方盒的功率（即方盒漏热功率）；$P_{\gamma,p}+P_{\gamma,c}+P_{\gamma,gt}+P_{\gamma,iw}+P_{\gamma,st}+P_{\gamma,ow}+P_{\gamma,pt}$ 分别为燃料芯块、燃料包壳、其他组件结构、方盒内冷却水、方盒、方盒外冷却水以及压力管的伽马释热功率。需要指出的是，若利用考验装置进出口铂电阻的冷却水温度数据，可得考验装置的测量功率 $P_{测,3}$；此数据替代（1）中的 $P_{测,1}$，并将 $P_{散}$ 的计算由压力管考验段的散热改为针对整个压力管的散热，则可利用测温精度较高的数据带入考验装置计算模型求解燃料组件核功率。

方盒内、外流道采用Gnielinski公式计算 Nu 数，从而得到方盒内、外壁面处的对流换热表面传热系数 h。采用含内热源的平板导热模型计算方盒自身内部的温度场，内、外流道的冷却水平均温差 ΔT 与 P_L、方盒体积释热率 Φ 的关系可由(3)式标示。式中 λ_{SS} 为方盒所用不锈钢材料的导热系数，S_1、S_2 分别为方盒内外壁面的面积，δ 为方盒的实际厚度，h_1、h_2 分别为方盒内外壁面的对流换热系数。

$$\Delta T=\frac{P_L}{S_1h_1}+\frac{\delta P_L}{\lambda_{SS}S_2}+\frac{\Phi\delta^2}{2\lambda_{SS}}+\frac{P_L+P_{\gamma,st}}{S_2h_2} \tag{3}$$

若已知方盒材料的伽马释热率，即得到 $P_{\gamma,st}$ 和 Φ；依据热工测量数据以及公式(3)，即可到方盒漏热功率 P_L。

2.2 材料伽马释热率的计算

按照实际的堆芯装载，利用MCNP[4]程序对进行中子-光子耦合输运计算，可以得到考验段各结构材料的伽马释热率。伽马释热率计算方法与文献[5]一致。由于堆内材料伽马释热率的MCNP程序计算值与实际测量值存较大的偏差[6]。本文仅采用MCNP计算得到的材料伽马释热率的相对值。计算燃料芯体的伽马释热率时，将燃料组件内的 ^{235}U 核素全部置换为 ^{238}U，从而可得到仅由研究堆的中子和伽马射线在试验组件燃料芯体处产生的释热，而燃料芯体本身裂变产生的中子与伽马射线在自身的沉积能量得到保留。

针对某次燃料辐照考验的HFETR堆芯，利用MCNP程序计算考验段各结构相对伽马释热率；以压力管(考验段)的平均伽马释热率为基准值，其余结构伽马释热率与压力管的比值如表1所示。

表1　考验段各结构相对伽马释热率的MCNP计算结果

结构名称	材料名称	质量/kg	相对值
压力管	不锈钢	16.33	1
方盒	不锈钢	2.50	1.0
方盒外的水	水	1.13 *	2.0
方盒内的水	水	1.56 *	1.6
其他组件结构	锆4合金	0.83	1.9
燃料包壳	锆4合金	1.19	1.3
燃料芯体	UO_2	3.85	1.3

注：1. 对于方盒内、外流道内水，其密度采用相应冷却流道进、出口测量温度的平均值经查表得到。

设考验段部分压力管的伽马释热率为 $H_{\gamma,pt}$，$H_{\gamma,pt}$ 与压力管质量的乘积即为 $P_{\gamma,pt}$。考虑到 $P_{散}$ 和 P_L 的计算中涉及随温度的变化材料导热系数以及 $H_{\gamma,pt}$ 影响的压力管外壁面温度，采用迭代计算求解考验段的压力管伽马释热率 $H_{\gamma,pt}$。先假设一个压力管伽马释热率的初值，由表1得到各结构的伽马释热率，再由(3)式得到 P_L；利用式(2)和表1的数据得到 $P_{\gamma,pt}$，从而得到 $H_{\gamma,p}$ 的更新值；利用更新值进行下一次的迭代计算。当相邻两次迭代计算的相对偏差小于0.1%时，则迭代终止，得到最终的 $H_{\gamma,pt}$。

利用表1和 $H_{\gamma,pt}$，由公式(1)得到燃料组件的核功率 P_N。

2.3 燃料组件燃耗的计算

在燃料辐照考验时，一般间隔2个小时记录一次测量数据。利用每组测量数据，均可得到相应时刻的燃料组件核功率。累加组件核功率数据与相应运行时间的乘积，即得到燃料组件的积分核功率；利用燃料组件初始铀金属装量的数据，最终得到相应辐照时间下基于热工测量法的燃料组件燃耗值。

3 方法应用与不确定度分析

3.1 方法应用的计算结果

以 HFETR 堆某炉段的燃料辐照考验试验为例，应用改进热工测量法进行相应的燃料组件核功率计算。HFETR 以 80 MW 功率稳定运行时，方盒外流道的温升、考验段压力管伽马释热率随时间的变化如图 2 所示。外流道的冷却水温升为 4～5 ℃，其平均值为 4.5 ℃；考验段压力管伽马释热率为 1.05～1.12 W/g，其平均值为 1.09 W/g。外流道冷却剂温升的波动范围为 10%，而压力管伽马释热率的波动范围小于 4%。

压力管考验段外壁面散热功率 $P_{散}$ 为 1.08～1.15 kW，平均值为 1.11 kW；方盒漏热功率 P_L 为 8.4～9.4 kW，平均值为 8.9 kW；两者的波动范围分别为 3.6%和 5.6%。通过累加整个辐照过程中 P_N 与相应时间的乘积，得到不同辐照时间时的燃料组件累积燃耗值。

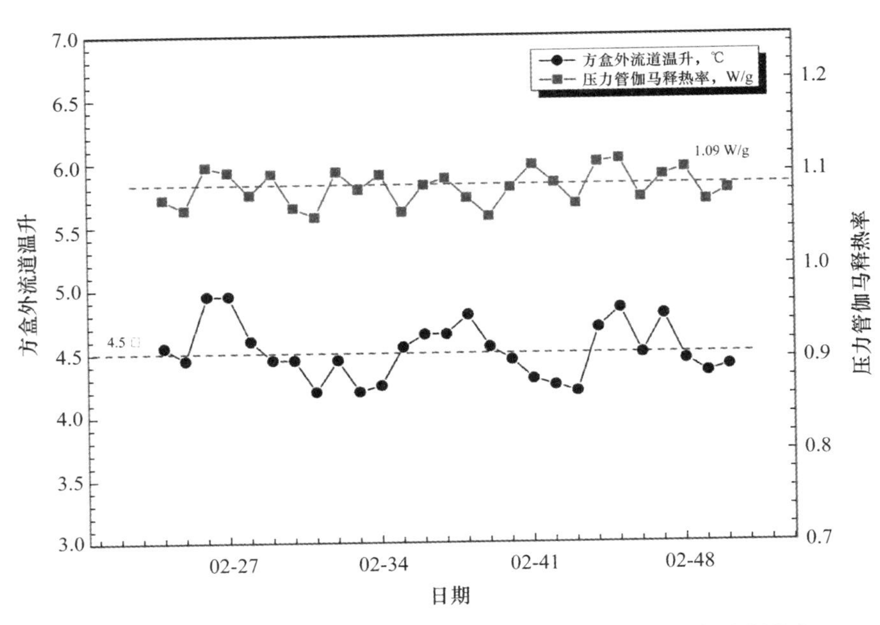

图 2 HFETR 某炉段辐照考验时方盒外流道温升与压力管伽马释热率

3.2 计算结果的不确定度分析

燃耗跟踪计算与反应堆的运行历史有关，以组件核功率的计算为核心；组件燃耗计算值的相对不确定度可认为近似等于组件核功率的相对不确定度。基于改进热工测量法计算的组件核功率，其计算误差来自于测量仪表、测量方法与计算模型等环节，对每个环节均须进行不确定性分析。热工测量数据中温度、压力与流量的不确定度由探测器误差与二次仪表误差组成，以合成不确定度公式计算测量数据的仪表误差。

对于考验装置内 a、b 两个位置，每个位置处均包括 2 个温度测量点，则 a 与 b 之间的冷却水温差 ΔT_{b-a} 采用算术平均值计算。利用 4 个温度数据的不确定度，由(4)式计算温差 ΔT_{b-a} 的合成不确定度。式中 $u(T_i)$ 为每个温度测量数据的不确定度。冷却水进、出口压力、冷却水流量各包含 2 个测量数据，同样采用线性平均值进行表征，平均值的合成不确定计算与温差类似。经计算，外流道冷却水温差、考验段进出口温差、冷却水流量、回路系统压力的相对不确定度分别为 20.2%、4.60%、0.37%和 0.22%。

$$u(\Delta T_{b-a})=\sqrt{\frac{1}{4}\sum_{i=1}^{4}u^2(T_i)} \tag{4}$$

采用(5)式计算测量功率 $P_{测,1}$ 与 $P_{测,2}$。式中 $P_{测}$ 为 a、b 位置冷却水温升对应的测量功率，G 为冷却水流量，$\overline{C_p}$ 为采用冷却水平均温度与系统压力插值得到的定压比热，ΔT_{b-a} 为位置 a 至 b 的冷却水温升；$P_{系统}$ 为考验装置内冷却水系统压力，$\overline{T_{a,b}}$ 为位置 a、b 间冷却水的平均温度。

$$P_{测}=G\,\overline{C_p}\Delta T_{b-a}=G\,\overline{C_p}(\overline{T_{a,b}},P_{系统})\Delta T_{b-a} \tag{5}$$

若 Y 是多个互相独立变量 X_i 的函数$[y=f(x_1,x_2,\cdots,x_i)]$，作为间接测量量 Y 的不确定度 $u(y)$ 可用式(6)计算[7]。式中$\frac{\partial f}{\partial x_i}$为 X_i 的灵敏系数，$u(x_i)$ 为 x_i 的标准不确定度。

$$u(y)=\sqrt{\sum\nolimits_{i=1}^{n}\left(\frac{\partial f}{\partial x_i}\right)^2 u^2(x_i)} \tag{6}$$

$\overline{C_p}$ 为两个独立变量 $\overline{T_{a,b}}$ 和 $P_{系统}$ 的函数，采用式(6)计算其合成不确定度。$\overline{C_p}$ 不确定度计算中，两个灵敏系数的计算采用微元近似求商法得到。在辐照考验时的冷却水参数范围内，$\overline{C_p}$ 不确定度的最大值仅为 0.007 4 kJ/(kg· ℃)，相对不确定度仅为 0.15%。

$P_{测}$ 为 G、$\overline{C_p}$、ΔT_{b-a} 3 个独立变量的函数，采用式(6)计算其合成不确定度。$P_{测,1}$ 和 $P_{测,2}$ 的相对不确定度分别为 4.6%、20.2%。$P_{测}$ 不确定度的 3 个来源中，ΔT_{b-a} 不确定度的贡献占绝对主要地位，其余两者的贡献极小。

将(2)式整理为 P_L 的表达式，代入(3)式后经整理成为(7)式。式中 C_{st}、C_{ow} 分别为方盒与外流道水的相对伽马释热率，m_{st}、m_{ow} 和 m_{pt} 分别为方盒、外流道水和压力管的质量。

$$\begin{aligned}
&\Delta T-(P_{测,2}+P_{散})\cdot M=H_{\gamma,pt}\cdot N\\
&M=\frac{1}{S_1h_1}+\frac{\delta}{\lambda_{SS}S_2}+\frac{1}{S_2h_2}\\
&N=\frac{C_{st}\rho_{st}\delta^2}{2\lambda_{SS}}+\frac{C_{st}m_{st}}{S_2h_2}-M\cdot(C_{st}m_{st}+C_{ow}m_{ow}+1\cdot m_{pt})
\end{aligned} \tag{7}$$

由(4)式计算的 ΔT 相对不确定度为 7.5%；不锈钢导热系数 λ_{SS} 的相对不确定度取 5%，$P_{散}$ 的相对不确定度取 5%。考虑到换热关系式的误差，方盒内外壁面换热系数的相对不确定度均取 20%。利用(7)式中 M、N 和($H_{\gamma,pt}\cdot N$)的表达式，依次按照(6)式计算得到对应的相对不确定度为 9.2%、9.9%和 33.8%，最终得到 $H_{\gamma,pt}$ 的相对不确定度为 35.2%。$H_{\gamma,pt}$ 的不确定度几乎由 $P_{测,2}$ 的不确定度决定，其他变量的影响很小。

将(1)式整理为(8)式；式中 m_i 和 C_i 分别为表 1 中最后两列所示的考验段各结构的质量与相对伽马释热率。

$$P_{测,1}+P_{散}=P_N+H_{\gamma,pt}\sum\nolimits_{i=1}^{i=n}C_i\cdot m_i \tag{8}$$

$\sum\nolimits_{i=1}^{i=n}C_i\cdot m_i$ 的相对不确定度取 5%，再由(6)式得到 P_N 的相对不确定度为 12.3%。在 P_N 的不确定来源中，$P_{散}$ 与 $\sum\nolimits_{i=1}^{i=n}C_i\cdot m_i$ 的影响可以忽略，$H_{\gamma,pt}$ 对 P_N 不确定度的贡献超过 75%。

3.3 减小不确定度的策略

由 3.2 节的分析可知，$P_{测}$ 不确定度的的来源主要是温差测量数据的不确定性。若利用铂电阻测量的考验装置进出口温差，则其相对不确定度仅 0.83%；使用铂电阻测量水温计算(8)式中的 $P_{测,1}$，对整个考验装置压力管外壁面计算新的 $P_{散}$(此处 $P_{散}$ 的相对不确定度取 10%)，则 P_N 的相对不确定度下降为 10.2%。此时，$H_{\gamma,pt}$ 对 P_N 不确定度的贡献超过 95%。

鉴于 $H_{\gamma,pt}$ 对 P_N 不确定度的主要来源，而方盒外流道的温差测量不确定度又是前者的主要来源，因此，采用增加相应测点处的热电偶数量、使用更高精度等级的热电偶或者采用短时间内多次重复测量方盒外流道温差等方法，用于降低 $H_{\gamma,pt}$ 的不确定度。由于外流道小温升与热电偶测温数据的测量误差的固有特性，$H_{\gamma,pt}$ 的不确定度扔难以大幅度降低。

若在辐照试验方案设计时，将材料伽马释热占测量功率的份额由算例中的约 20%下降至 10%，则分别采用热电偶和铂电阻测量 $P_{测,1}$ 得到的 P_N，其相对不确定度分别下降至 6.9%和 4.6%，从而有效降低计算结果的不确定度。

4 结论

通过建立考验装置的热工计算模型，利用 MCNP 程序计算装置考验段各结构的相对伽马释热率，改进热工测量法计算可用于结构材料的伽马释热率、燃料组件核功率和相应辐照周期下的燃耗跟踪计算。

HFETR 某炉段算例的方法应用计算与结果的不确定性分析表明，在反应堆稳定运行时，考验装置的结构材料伽马释热率、压力管外壁面散热功率、方盒漏热功率的波动范围很小。由于外流道小温升与热电偶测温数据的固有测量误差，材料伽马释热率相对不确定较大。该算例中应用热电偶或铂电阻单次测温数据的组件核功率相对不确定分别为 12.3%和 10.2%，基本满足组件燃耗测量要求。

经不确定度分析可知，外流道温升测量误差是材料伽马释热率与组件核功率测量误差的主要来源，且压力管平均伽马释热率的不确定度占组件核功率不确定度来源的绝大部分。采用高测温精度的铂电阻测量装置进出口水温，增加高精度温度测点并采用多次重复测量法测量方盒外流量温升，或在辐照考验设计时减小结构材料伽马释热占装置总释热份额，可有效降低改进热工测量法的计算误差，从而减小组件核功率与组件燃耗测量值的不确定度。

参考文献：

[1] 孙寿华. HFETR 4×4－4 燃料组件考验功率计算模型[G]. 高通量工程试验堆运行二十周年(1980—2000)论文集，成都：四川科学技术出版社，2000：104-105.

[2] 徐传效，周永茂，钱锦辉，等. 高通量工程试验堆(HFETR)[M].高通量工程试验堆(HFETR)运行十年(1980—1990)论文集[C]. 成都：四川科学技术出版社，1991：1-12.

[3] 孙胜，童明炎. 水冷反应堆燃料组件辐照考验装置设计研究[J]. 机械工程师，2016(06)：21-23.

[4] X-5 Monte Carlo Team. MCNP -A General Monte Carlo N-Particle Transport Code, Version 5 Volume I: Overview and Theory[R]. Los Alamos National Laboratory，2003.

[5] 张亮，邱立青，邓才玉，等. 采用氦-3 回路的功率跃增辐照装置物理特性研究[J]. 核动力工程，2016，37(2)：13-18.

[6] Blanchet D，Huot N，Sireta P，et al. Qualification of a gamma-ray heating calculation scheme for the future Jules Horowitz Material Testing Reactor(RJH)[J]. Annals of Nuclear Energy，2008，35：731-745.

[7] 吕崇德. 热工参数测量与处理[M].2 版.北京：清华大学出版社，2001：26-27.

Calculation method and application analysis of fuel assembly burnup tracking based on improved thermal measurement method

ZHANG Liang, SUN Sheng, LIU Xiao-song,
DENG Cai-yu, KANG Chang-hu
(Nuclear power institute of Chian, Chengdu of Sichuan Prov. 610213, China)

Abstract: The fission power and fuel burnup of the test fuel assembly must be tracking calculated during an in-pile irradiation test with a Fuel Qualification Test Loop in a research reactor, in order to determine the fuel assembly discharge time. The high fluence rate of neutrons and gamma rays in the research reactor will produce considerable heat release in the structural materials of the test device. The heat balance method measures the sum of the fission power of the fuel assembly and the heat release of the structural materials, so it cannot be directly used in the calculation of fission power and cumulative fuel burnup of the test fuel assembly. In this paper, the MCNP program is used to calculate the relative gamma heat release rate of each structure of the test section of the test device, combined with the heat leakage outside the pressure cooker, and an improved thermal calculation model of the test device is established. Based on the actual fuel irradiation test data, this improved thermal measurement method is applied to obtain the gamma heating rate of the structural material and the fission power of the fuel assembly, and then the fuel assembly burnup under the corresponding irradiation time is obtained.The uncertainty analysis of the calculation results shows that the measurement error of the temperature rise of the outer flow channel is the main error source of the gamma heating rate and the fuel assembly fission power. The application of platinum resistance temperature probe with high measurement accuracy to measure the inlet and outlet water temperature, or reducing the ratio of the gamma heating power to the total heat release power of the test device can effectively reduce the error of the thermal measurement method and reduce the uncertainty of the fission power and burnup values of the test fuel assembly.

Key words: fuel irradiation test; burnup calculation; thermal measurement method; uncertainty analysis; MCNP code

放射性药物
Radiopharmaceutical Science

目　录

^{68}Ga 及其标记药物放射化学纯度分析方法研究进展

吴福海，秦红斌
(原子高科股份有限公司，北京 102413)

摘要：^{68}Ga 发生 β^+ 衰变，半衰期适中，具有优良的核性质。^{68}Ga 标记药物可作为 PET 显像药物，是近年来的研究和应用热点。放射化学纯度(简称放化纯)是 ^{68}Ga 及其标记药物质量研究的重点内容，合适的分析方法能够准确测定其放化纯，保证 ^{68}Ga 及其标记药物的安全性和有效性。通过调研国内外 ^{68}Ga 及其标记药物的放化纯分析方法，为 ^{68}Ga 及其标记药物质量标准的建立提供参考。首先简介了 ^{68}Ga 及其标记药物和放化纯分析方法；其次介绍了 $^{68}GaCl_3$ 溶液放化纯和 ^{68}Ga 标记药物放化纯分析的研究现状，重点关注薄层色谱/纸色谱法和高效液相色谱法；最后给出 ^{68}Ga 及其标记药物放化纯分析的建议。

关键词：^{68}Ga；放射化学纯度；质量控制

放射性药物是核医学的重要组成部分，其可分为诊断用药物和治疗用药物，放射性药物的靶向性可以实现精准诊断和特异性治疗。^{11}C、^{18}F、^{68}Ga 是标记 PET 诊断药物的常用核素，^{11}C、^{18}F 依赖回旋加速器生产，^{68}Ga 可由 ^{68}Ge/^{68}Ga 发生器制备，具有使用方便、成本低廉的优势。用于神经内分泌肿瘤显像的 PET 药物 ^{68}Ga-DOTATATE 已在美国获批上市，进一步推动了 ^{68}Ga 及其标记药物的研究与应用[1-2]。放射化学纯度(简称放化纯)是 ^{68}Ga 及其标记药物质量研究的重点内容。《美国药典》(USP42-NF37)中还未收录 ^{68}Ga-DOTATATE，《欧洲药典》(EP9.0)收录了 $^{68}GaCl_3$ 和 ^{68}Ga-DOTATOC，其中涵盖了放化纯分析的内容[3]。^{68}Ga 不同的标记药物具有不同的结构、溶液体系及 pH，放化纯分析方法和放化纯质量标准均有所不同。通过调研国内外 ^{68}Ga 及其标记药物放化纯分析研究现状，为 $^{68}GaCl_3$ 溶液和 ^{68}Ga 标记药物放化纯分析方法开发与质量标准建立提供参考。

1　^{68}Ga 及其标记药物简介

镓在自然界中有 ^{69}Ga 和 ^{71}Ga 两种稳定同位素，有 20 种放射性同位素，其中 ^{67}Ga 和 ^{68}Ga 在核医学中应用广泛。^{67}Ga (γ，$t_{1/2}=78$ h) 是回旋加速器生产的核素，衰变时放出 γ 射线，用于 SPECT 显像[4]。^{68}Ga (β^+，$t_{1/2}=68$ min) 主要由 ^{68}Ge-^{68}Ga 发生器生产，用于 PET 显像[5]，^{68}Ge 的半衰期长达 275 天，因此 ^{68}Ge-^{68}Ga 发生器具有较长的使用寿命。此外，其淋洗效率高、成本低、使用方便、淋洗出的 $^{68}GaCl_3$ 可直接用于药物的标记，这些优点有利于促进 ^{68}Ga 的应用。

溶液中的 ^{68}Ga 以 ^{68}Ga(Ⅲ)离子形式存在，通过双功能螯合剂可将 ^{68}Ga(Ⅲ)螯合至其基团上。^{68}Ga 的螯合剂主要有非环状双功能螯合剂，如二乙三胺五乙酸(DTPA)，1，2-二甲基-3-羟基-4-吡啶酮(去铁酮)等；以及目前常见的双功能螯合剂如 1，4，7，10-四氮杂环十二烷-1，4，7，10-四乙酸(DOTA)及其系列的衍生物，1，4，7-三氮杂环壬烷-1，4，7-三乙酸(NOTA)及其衍生物等[6-8]。其中研究最多的螯合剂为 DOTA 奥曲肽衍生物，代表性的标记药物有 ^{68}Ga-DOTATOC、^{68}Ga-DOTATATE、^{68}Ga-DOTANOC。

2　放化纯分析方法简介

放化纯是放射性药物质量控制的重要内容。放化纯测定结果不准确会影响放射性药物的疗效和用药安全。放射性杂质无法检出会影响放射性药物在体内的生物分布，进而导致诊断用药物的影像

作者简介：吴福海(1995—)，男，山东郓城人，研究实习员，硕士，现主要从事放射性药物质量研究

结果失真，对于治疗用放射性药物，会影响治疗效果，导致辐照过度或不足[9]。放射性药物中放化杂质可能从其自身分解或制备过程中产生。放化纯测定时，先用合适的分离方法将待测物质与杂质分开，然后使用放射性检测器测出其各自的放射性活度。对各国药典中收载的放化纯测定方法进行对比分析，发现《中国药典》(2020 版)四部 1401 放射性药品鉴定法中对放射性药物的放化纯测定分为薄层色谱/纸色谱法和电泳法。同时指出，也可采用经过验证，确能有效分离各种放化杂质的其他方法，如高效液相色谱法、柱色谱法[3,10,11]。《美国药典》(USP42-NF37)和《欧洲药典》(EP9.0)中均指出，放化纯测定可采用薄层色谱/纸色谱法、电泳法、高效液相色谱法。高效液相色谱法测定放化纯是利用色谱柱分离出不同放射性物质，然后用放射性检测器测出不同组分的活度。放射性检测器与紫外检测器等常规检测器串联起来，可同时测定其含量和放化纯，这种方法具有分析速度快、可在线测量、分离效能高的优点，分析短半衰期的核素更具有独特的优势。采用高效液相色谱法测定放化纯是未来的发展趋势。薄层色谱/纸色谱法操作简便、分析速度快、结果准确，目前在临床上使用仍较为广泛。和《中国药典》相比较而言，《美国药典》和《欧洲药典》中对于放化纯测定描述的更为详细，给出了参考色谱条件和具体分析过程，《欧洲药典》(EP9.0)中还对每种放化杂质的成分和分析方法进行描述。

3 $^{68}GaCl_3$溶液放化纯研究现状

^{68}Ge-^{68}Ga 发生器淋洗出的$^{68}GaCl_3$溶液可直接用于标记，因此需首先对$^{68}GaCl_3$溶液进行质量控制。$^{68}GaCl_3$溶液中可能会存在^{68}Ga(Ⅲ)离子和^{68}Ga 胶体。关于$^{68}GaCl_3$溶液放化纯的报道较少。《欧洲药典》(EP9.0)收录了薄层色谱法测定$^{68}GaCl_3$溶液的放化纯，具体参数见表 1 方法 1，调整$^{68}GaCl_3$溶液中 HCl 浓度至 10.3 g/L 作为供试品；0.2 mL 供试品中加入 0.3 mL 4 g/L 的 NaOH 作为系统适用性溶液 a；1 mL 供试品中加入 1 mL 10 g/L DTPA 溶液(DTPA 溶于 4 g/L NaOH 溶液)作为系统适用性溶液 b。系统适用性溶液 a 的 R_f值≤0.1 且系统适用性溶液 b 的 R_f值≥0.7 时满足要求，$^{68}GaCl_3$放化纯应≥95%。IAEA 放射性药物质量控制文件中给出一种纸色谱法，见表 1 方法 2，采用 Whatman 3 mm 色谱纸做为固定相，10 mmol/L EDTA 作为展开剂，对$^{68}GaCl_3$溶液进行纸色谱分析[12]。在该体系中，^{68}Ga(Ⅲ)向溶剂前沿移动(R_f=0.9～1.0)，^{68}Ga 胶体和其他放化杂质仍在原点，限度为^{68}Ga(Ⅲ)放化纯≥95%。Aghanejad 等人对制备的柠檬酸[^{68}Ga]镓进行质量研究时，采用不同的展开剂和固定相来分析$^{68}GaCl_3$和柠檬酸[^{68}Ga]镓[13]。如表 1 方法 3、方法 4 所示，采用 Whatman No.1 色谱纸做固定相，10 mM DTPA 溶液(pH=4)作为展开剂，^{68}Ga(Ⅲ)的 R_f=0.8，^{68}Ga 胶体和其他放化杂质在原点附近，测定的^{68}Ga(Ⅲ)的放化纯≥99%；采用硅胶板作为固定相，甲醇：10%乙酸铵=1：1 (V/V)作为展开剂，测定的^{68}Ga(Ⅲ)的放化纯≥99%。柠檬酸根和^{68}Ga(Ⅲ)离子有较强的络合能力，$^{68}GaCl_3$和柠檬酸钠在 50 ℃温水浴下反应 10～15 min 后生成柠檬酸[^{68}Ga]镓的放化纯>97%，为采用柠檬酸[^{68}Ga]镓作为$^{68}GaCl_3$溶液放化纯分析方法验证的系统适用性溶液提供思路。

表 1　薄层色谱/纸色谱法测定$^{68}GaCl_3$溶液放化纯

方法	固定相	展开剂	主成分 R_f 值	杂质 R_f 值	参考文献
1	玻璃纤维硅胶板	甲醇：1 mol/L 乙酸铵=1：1 (V/V)	0.0～0.2	—	[3]
2	Whatman 3 mm 色谱纸	10 mmol/L EDTA	0.9～1.0	原点处	[12]
3	Whatman No.1 色谱纸	10 mmol/L DTPA 溶液(pH=4)	0.8	原点处	[13]
4	硅胶板	甲醇：10%乙酸铵=1：1 (V/V)	0.1	—	[13]

4 ^{68}Ga 标记药物放化纯研究现状

^{68}Ga 标记的 DOTA 奥曲肽衍生物、PSMA 等多肽的制备与应用有较多的报道，其中包括其质量研究。此外，还有学者对^{68}Ga 标记药物的放化纯进行专门研究，对比分析了薄层色谱/纸色谱法和高

效液相色谱法的区别及^{68}Ga不同标记药物放化纯结果的异同。^{68}Ga标记的药物中一般存在游离^{68}Ga(Ⅲ)离子、^{68}Ga标记多肽和^{68}Ga胶体。^{68}Ga标记药物放化纯分析最好同时采用薄层色谱/纸色谱法和高效液相色谱法，可以互相对比与佐证，这在文献中有较多的报道[14-17]。采用高效液相色谱法分析时，^{68}Ga胶体在色谱柱上被吸附，到达不了检测器，因而只能检测到^{68}Ga(Ⅲ)离子，会使得样品放化纯测定结果偏高。Larenkov[18]研究了薄层色谱法和高效液相色谱法测定^{68}Ga标记药物的放化纯的一致性，采用0.2 mol/L醋酸钠和0.1 mol/L的HEPES来调节样品(^{68}Ga-DOTATATE，^{68}Ga-PSMA-617)的pH，测定它们在不同色谱柱上的放化纯，并与薄层色谱法测出的放化纯对比。在pH＝2.5～3.0时，色谱柱上吸附的^{68}Ga胶体≤15%，pH＝4.0时平均吸附约65%，pH＝6.0时平均吸附约87%。

4.1 薄层色谱/纸色谱法

表2为薄层色谱/纸色谱法测定^{68}Ga标记药物放化纯方法汇总，其中方法1应用成熟，有较好的分析效果。《欧洲药典》(EP9.0)收录了^{68}Ga-DOTATOC放化纯分析方法，首先用薄层色谱法测出^{68}Ga-DOTATOC中^{68}Ga胶体的放化纯，再用高效液相色谱法测出^{68}Ga-DOTATOC中^{68}Ga(Ⅲ)离子放化纯，^{68}Ga-DOTATOC的放化纯为总量(100%)扣除^{68}Ga胶体放化纯后再乘以液相色谱法测出的放射性主峰百分比。其质量标准为：^{68}Ga-DOTATOC的放化纯≥91%，^{68}Ga胶体的放化纯≤3%，^{68}Ga(Ⅲ)离子放化纯≤2%。《欧洲药典》(EP9.0)薄层色谱法测定^{68}Ga-DOTATOC放化纯的实验参数见表2方法1-1。固定相为玻璃纤维硅胶板，标记后的^{68}Ga-DOTATOC作为供试品；调整$^{68}GaCl_3$淋洗液中HCl浓度至10 g/L，各取其1 mL，加入1.5 mL 4 g/L NaOH作为系统适用性溶液a、加入1 mL 10 g/L DTPA溶液(DTPA溶于4 g/L NaOH溶液)作为系统适用性溶液b。系统适用性溶液a的R_f≤0.1，系统适用性溶液b的R_f≥0.7时满足要求。将其和《欧洲药典》(EP9.0)收录的$^{68}GaCl_3$溶液放化纯分析方法对比可以发现，二者的系统适用性溶液基本一致，其R_f值标准也一致。薄层色谱法可以测出^{68}Ga胶体和^{68}Ga(Ⅲ)离子的放化纯，但《欧洲药典》(EP9.0)认为薄层色谱法测定^{68}Ga-DOTATOC放化纯时测出的杂质仅为^{68}Ga胶体，这会使其计算出的放化纯杂质含量偏高。文献[12]提出，可采用Whatman 3 mm色谱纸进行纸色谱分析^{68}Ga-DOTATOC，展开剂条件不变，具体参数见表2方法1-2。

3A公司^{68}Ga-DOTATATE说明书中只采用薄层色谱法分析^{68}Ga-DOTATATE放化纯[19]，具体方法见表2方法1-3。采用iTLC-SG/SA硅胶板，展开距离为10 cm/6 cm，该方法可将^{68}Ga-DOTATATE和其他放化杂质分开。若采用iTLC-SG硅胶板，展开距离为10 cm时，分析时间约40 min；展开距离为6 cm时，分析时间约20 min。质量标准为：^{68}Ga-DOTATATE放化纯≥95%，杂质放化纯≤5%。该法与《欧洲药典》(EP9.0)收录的^{68}Ga-DOTATOC放化纯分析方法基本一致。Michael[20]等人为缩短^{68}Ga-DOTATATE放化纯的分析时间，采用iTLC-SG硅胶板及甲醇-1 mol/L乙酸铵展开剂体系，研究了展开剂中甲醇和1 mol/L乙酸铵的比例及不同展开距离对^{68}Ga-DOTATATE的放化纯测试结果的影响。结果表明，提高展开剂中甲醇的比例或缩短展开距离可以缩短展开时间。兼顾峰形和分辨率的最佳实验条件为甲醇：1 mol/L乙酸铵＝4：1(V/V)，展开距离为8 cm，分析时间约为13 min。

Alesya[15]实现了薄层色谱对^{68}Ga(Ⅲ)离子、^{68}Ga胶体及^{68}Ga标记多肽(^{68}Ga-DOTA-TATE/PSMA、^{68}Ga-DOTA/NOTA等)的分离，展开剂采用4%TFA溶液，展开距离75 mm，分析时间较短(4～6 min)即可分离出三种形态的^{68}Ga，具体参数见表2方法2。如表2方法3所示，文献[17,18]采用柠檬酸/柠檬酸钠为展开剂，将^{68}Ga(Ⅲ)离子和柠檬酸根形成络合物，从而将柠檬酸[^{68}Ga]镓、^{68}Ga胶体、^{68}Ga标记多肽(^{68}Ga-DOTA-TATE/PSMA)三者分离，该方法分析速度快(75 mm的展开距离用时2～4 min)。文献[15]采用方法3的分析条件，结果表明^{68}Ga胶体和^{68}Ga标记多肽(^{68}Ga-DOTATATE)的峰会有重叠，未能有效分离。

Davids[14]采用活化(80 ℃，2 h)和未活化的iTLC硅胶板，以0.1 mol/L柠檬酸钠(pH＝5)和甲醇：1 mol/L乙酸铵＝1：1(V/V)为展开剂，测试添加2%$^{68}GaCl_3$的^{68}Ga标记药物的放化纯，采用活化和未活化的iTLC硅胶板测试对结果并无明显影响。文献[15]实验结果表明，固定相为iTLC-SG，展开剂为甲醇：生理盐水＝5：1；$^{68}GaCl_3$溶液中的盐酸浓度在0.05～0.1 mol/L时，^{68}Ga(Ⅲ)离子R_f值为0.0～0.1；当体系盐酸浓度为0.2 mol/L时，约30%～40%的^{68}Ga(Ⅲ)离子的R_f值为0.9～1.0；当体系盐酸浓度为0.5 mol/L时，90% ^{68}Ga(Ⅲ)离子的R_f值为0.9～1.0。虽然$^{68}GaCl_3$溶液中不可能达到如此高的酸度，但应注意到^{68}Ga(Ⅲ)离子在不同固定相—展开剂体系中，其R_f值会有较大差异。

表2　薄层色谱/纸色谱法测定^{68}Ga标记药物放化纯

方法	固定相	展开剂	R_f值			参考文献
			^{68}Ga(Ⅲ)离子	^{68}Ga胶体	^{68}Ga标记多肽	
1-1	玻璃纤维硅胶板	甲醇：1 mol/L乙酸铵＝1：1（V/V）	0.0～0.1	0.0～0.1	0.8～1.0（^{68}Ga-DOTATOC）	[3]
1-2	Whatman 3 mm	甲醇：1 mol/L乙酸铵＝1：1（V/V）	0.0～0.1	0.0～0.1	0.8～1.0（^{68}Ga-DOTATOC）	[12]
1-3	iTLC－SG/SA	甲醇：1 mol/L乙酸铵＝1：1（V/V）	0.0～0.1	0.0～0.1	0.8～1.0，iTLC－SG/ 0.6～0.8，iTLC－SA （^{68}Ga-DOTATATE）	[19]
2	iTLC－SG	4%TFA溶液（V/V）	0.9～1.0	0.0	0.3～0.6（^{68}Ga-DOTA-TATE/PSMA、^{68}Ga-DOTA/NOTA）	[15]
3	iTLC－SG	0.05 mol/L柠檬酸溶液/0.1 mol/L柠檬酸钠溶液（pH＝4～5）	0.9～1.0	0.0	0.0～0.2（^{68}Ga-DOTA－TATE/PSMA） 0.9～1.0（^{68}Ga-DOTA/NOTA）	[15][17] [18]

4.2　高效液相色谱法

表3为高效液相色谱法测定^{68}Ga标记药物放化纯方法汇总。方法1以0.1% TFA溶液和0.1% TFA乙腈（或纯乙腈）为流动相的分析方法，方法2以0.05 mol/L柠檬酸和乙腈为流动相的分析方法。其中方法1较为成熟，报道较多，方法2可以测出样品中^{68}Ga胶体的放化纯，测定结果更准确。《欧洲药典》(EP9.0)收录的高效液相色谱法测定^{68}Ga-DOTATOC中^{68}Ga(Ⅲ)的放化纯即为方法1，具体参数见表3方法1-1，流速为0.6 mL/min，进样体积20 μL，测出的^{68}Ga-DOTATOC的保留时间约为4.2 min。不同学者以此法为模板，做出一定的修改，见方法1-2至1-6，如改变色谱柱参数、改变流速、改变梯度洗脱时间及组分变化、等度洗脱等，均取得了较好的效果。其中等度洗脱的重复性好，在测试后不需要稳定系统，对于批量分析样品具有优势。

Mu[16]等采用长度为50 mm的色谱柱，流动相为0.1% TFA溶液和0.1% TFA乙腈，分析^{68}Ga-DOTATATE放化纯，见方法1-3。该法梯度平缓，流速快，所用色谱柱短，分析时间短，峰形对称，可分析出多种放化杂质。Alesya[18]等用高效液相色谱法分析^{68}Ga-DOTATATE放化纯时，采用柠檬酸和乙腈做流动相，同时采用薄层色谱法对比结果并评估该方法的适用性。柠檬酸根与^{68}Ga(Ⅲ)离子和^{68}Ga胶体形成柠檬酸[^{68}Ga]镓络合物，可以溶解在流动相中，避免被色谱柱吸附，采用的0.05 mol/L柠檬酸水溶液pH约2.5，具体参数见表3方法2-1，2-2。在吸收波长254 nm、278 nm处分析效果较好，满足需求。

对高效液相色谱法测定^{68}Ga标记药物放化纯的方法及测试结果分析可知，如果梯度洗脱和等度洗脱在峰形、保留时间等结果差别不大，采用等度洗脱更有优势。虽然文献中报道的方法很多，但大部分文献中给出的信息不完整，可能会导致无法重复出文献中的结果。在同一液相色谱分析方法中，由于多肽分子结构的相似性，^{68}Ga-DOTATOC 和^{68}Ga-DOTATATE 等不同标记药物的保留时间非常接近。开发出好的高效液相色谱方法，既可以分析多肽含量、杂质，又可以准确测定放化纯。

表 3　高效液相色谱法测定^{68}Ga 标记药物放化纯

方法	色谱柱	洗脱方法及流动相	保留时间/min		参考文献
			^{68}Ga(Ⅲ)离子	^{68}Ga 标记多肽	
1-1	C18 柱，150 mm×3.0 mm，粒径 3 μm	梯度洗脱（0.6 mL/min）：0-8-9-14 min = 76%-76%-40%-40% A（A—0.1% TFA 水，B—0.1% TFA 乙腈）	0.3	4.2（^{68}Ga-DOTATOC）	[3]
1-2	C18 柱，柱温 25 ℃	梯度洗脱（1.0 mL/min）：0-4-20～30 min = 95%-95%-5%-95% A（A—0.1% TFA 水，B—0.1% TFA 乙腈）	3.3 ±0.33	18.3±1.83（^{68}Ga-DOTATOC）	[12]
1-3	C18 柱，50 mm×4.6 mm，粒径 3 μm	梯度洗脱（2.0 mL/min）：0-10 min=83%～75%A，（A—0.1% TFA 水，B—0.1% TFA 乙腈）	1.9-4.7，多种放化杂质	5.3（^{68}Ga-DOTATATE）	[21]
1-4	C18 柱，100 mm×4.6 mm，粒径 5 μm，孔径 100 Å，柱温 40 ℃	梯度洗脱（1.0 mL/min）：0-10 min=80%～70% A（A—0.1% TFA 水，B—乙腈）	—	4.5（^{68}Ga-DOTATATE）	[18]
1-5	C18 柱，100 mm×4.6 mm，粒径 5 μm，孔径 100 Å，柱温 40 ℃	等度洗脱（2.0 mL/min）：80% A，20% B（A—0.1% TFA 水，B—乙腈）	—	5.3（^{68}Ga-DOTATATE）	[18]
1-6	C18 柱，150 mm × 3.0 mm，粒径 5 μm，孔径 100 Å，柱温 40 ℃	梯度洗脱（0.6 mL/min）：0-8-9-14 min = 76%-76%-40%-40% A（A—0.1% TFA 水，B—0.1% TFA 乙腈）	—	4.3（^{68}Ga-DOTATATE）	[18]
2-1	C18 柱，150 mm×4.6 mm，粒径 5 μm，孔径 100 Å，柱温 40 ℃	等度洗脱（1.5 mL/min）：80% A，20% B（A—0.05 M 柠檬酸，B—乙腈）	—	4.1（^{68}Ga-DOTATATE）	[18]
2-2	C18 柱，150 mm×4.6 mm，粒径 5 μm，孔径 100 Å，柱温 40 ℃	梯度洗脱（1.2 mL/min）：0-3-6-8-9-15 min = 100%-100%-0%-0%-100%-100% A（A—0.05 M 柠檬酸，B—乙腈）	2.40±0.16（^{68}Ga(Ⅲ)离子及胶体）	6.46±0.06（^{68}Ga-DOTATATE）	[18]

5　总结

$^{68}GaCl_3$溶液放化纯分析方法，《欧洲药典》(EP9.0)已经有详细的介绍，应优先采用此方法。采用

DTPA/EDTA 的稀溶液做展开剂也有较好的分析效果，但在方法验证时需要找到合适的系统适用性溶液。

对于薄层色谱/纸色谱法测定^{68}Ga 标记药物放化纯，以甲醇：1 mol/L 乙酸铵＝1：1(V/V)为展开剂，采用 iTLC 硅胶板或者色谱纸为固定相的方法比较成熟，不同文献的报道结果较为一致。该法虽未能实现^{68}Ga(Ⅲ)离子、^{68}Ga 胶体的分离，但可以实现杂质和^{68}Ga 标记药物的有效分离，从而准确测出主成分的放化纯。该法通过减小展开距离能有效缩短分析时间。采用 4％TFA 水溶液做展开剂分析时间短，可同时分析出三种组分，但需要进一步优化测试条件来改善峰形。采用其他展开剂的薄层色谱/纸色谱法可见于报道，不同学者的测试结果有所不同，某些测试结果不甚理想，可以参考其中分析效果较好的方法，用于和成熟的分析方法对比。

高效液相色谱法测定^{68}Ga 标记药物放化纯，采用 0.1％ TFA 溶液和 0.1％ TFA 乙腈作为流动相是较成熟的方法，不同色谱柱和洗脱方法会影响其主成分保留时间，该法只能测出^{68}Ga(Ⅲ)离子，因此放化纯测试结果会有所偏高。采用柠檬酸和乙腈作流动相可以避免^{68}Ga 胶体被色谱柱吸附，从而准确测出各组分的放化纯，具有一定的优势。

在^{68}Ga 标记药物溶液体系中，pH 会影响^{68}Ga 在溶液中的行为和状态，进而影响其放化纯结果。pH 小于 3 时，溶液中只存在^{68}Ga(Ⅲ)离子和 $[Ga(H_2O)_6]^{3+}$，pH 在 3～7 时，^{68}Ga(Ⅲ)离子水解形成胶体，即$^{68}Ga(OH)_3$，在分析时应重点关注此问题。对于^{68}Ga 标记药物的放化纯，应优先采用薄层色谱/纸色谱法测定，并采用高效液相色谱法或电泳法来对比，以验证测试结果的准确性。一般来说，^{68}Ga 标记药物主成分放化纯应≥95％。

致谢：

沈浪涛研究员在论文撰写过程中提出了宝贵的意见，在此对沈老师表示衷心的感谢。

参考文献：

[1] 王正，徐建锋，蔡玉婷，等.中国放射性药物的现状及发展趋势[J]. 中国食品药品监管，2018(07):44-49.

[2] 陈思，史继云，王凡. 加强我国核医学分子影像技术的自主创新发展[J]. 中国科学:生命科学，2020，50(11)：40-49.

[3] European Directorate for the Quality of Medicines &HealthCare. European Pharmacopoeia 9.0[M].London ：European Directorate for the Quality of Medicines &HealthCare，2016.

[4] 熊荷蕾，韩梅，李丹，等. PET 核素药物临床应用流程中质量控制要点的国内外对比——以^{68}Ga 为例的系列质量控制[J]. 肿瘤综合治疗电子杂志，2020(3)：64-68.

[5] 李恒，吴志文，武文超，等.用于正电子发射断层技术的^{68}Ga 双功能螯合剂的研究进展[J]. 化学试剂，2020，42(10)：1160-1168.

[6] 江雪清，王明召. 潜在放射性药物——镓配合物的研究进展[J]. 化学试剂，2014，36(8)：705-712.

[7] 郭志德，张现忠，杜进. ^{68}Ga 标记药物研究进展[J]. 同位素，2019，32(5)：360-374.

[8] 董琳琳，沈浪涛.3-羟基-4-吡啶酮类螯合剂在镓放射性药物中的研究进展及展望[J]. 核化学与放射化学，2019，41(5)：418-431.

[9] 刘胜兰，邓启民.放射性药品质量标准浅析[J]. 同位素，2020，33(4)：226-233.

[10] 国家药典委员会.中华人民共和国药典 2020 年版[M].北京：化学工业出版社，2020.

[11] The United States Pharmacopeia Convention. United States Pharmacopeia/National Formulary (USP42-NF37)[M].Washington：United States Pharmacopeia Origination Press，2018.

[12] International Atomic Energy Agency. Quality control in the production of radiopharmaceuticals[R].Vienna ：IAEA Publishing Section，2018，57-77.

[13] Aghanejad A，Jalilian A R，Ardaneh K，et al. Preparation and quality control of ^{68}Ga-citrate for PET applications[J].Asia Oceania Journal of Nuclear Medicine and Biology，2015，3(2)：99-106.

[14] Davids C R. Monitoring various eluate characteristics of the iThemba LABS SnO_2-based ^{68}Ge/^{68}Ga generator

over time and validation of quality control methods for the radiochemical purity assessment of ^{68}Ga-labelled DOTA peptide formulations[D].Stellenbosch: Stellenbosch University,2017:1-64.

[15] Larenkov A A,Maruk A Y. Radiochemical purity of ^{68}Ga-BCA-peptides: separation of all ^{68}Ga species with a single iTLC strip [J]. International Journal of Chemical, Molecular, Nuclear, Materials and Metallurgical Engineering,2016,10(9):1120-1127.

[16] Mu LJ,Hesselmann R, Oezdemir U. Identification, characterization and suppression of side-products formed during the synthesis of high dose ^{68}Ga-DOTA-TATE[J].Applied Radiation and Isotopes,2013,76:63-69.

[17] Larenkov A A, Maruka A Y, Kodina G E. Intricacies of the determination of the radiochemical purity of ^{68}Ga preparations: possibility of sorption of ionic ^{68}Ga specieson reversed-phase columns [J].Radiochemistry,2018, 60(6):535-542.

[18] Maruk A Y, Larenkov A A. Determination of ionic ^{68}Ga impurity in radiopharmaceuticals: major revision of radioHPLC methods[J].Journal of Radioanalytical and Nuclear Chemistry,2019,3(23):189-195.

[19] Advanced Accelerator Applications USA, Inc. NETSPOT-68ga-dotatate [Z].NewYork: Advanced Accelerator Applications USA, Inc.2018.

[20] Bornholdt M, Woelfel K, Fang P,et al. Rapid iTLC system for determining the radiochemical purity of ^{68}Ga-DOTATATE[J]. Journal of Nuclear Medicine Technology, 2018, 46(3):285-287.

[21] Zhernosekov K P,Filosofov D V,Baum R P,et al.Processing of generator-produced ^{68}Ga for medical application [J].Journal of Nuclear Medicine 2007,48:1741-1748.

Research progress of radiochemical purity analysis of ^{68}Ga and ^{68}Ga-labeled radiopharmaceuticals

WU Fu-hai, QIN Hong-bin

(HTA Co., Ltd., Beijing, 102413, China)

Abstract: ^{68}Ga undergoes β^+ decay, has a moderate half-life, and has excellent nuclear properties. As a PET imaging drug, ^{68}Ga-labeled radiopharmaceuticals are a hotspot in recent years. Radiochemical purity (abbreviated as RCP) is the focus of the quality research of ^{68}Ga and ^{68}Ga-labeled radiopharmaceuticals. Appropriate analysis methods can accurately determine the RCP, ensure the safety and effectiveness of ^{68}Ga and ^{68}Ga-labeled radiopharmaceuticals. By investigating the RCP analysis methods of ^{68}Ga and its labeled radiopharmaceuticals at home and abroad, it provides a reference for the establishment of ^{68}Ga and ^{68}Ga-labeled radiopharmaceuticals RCP quality standards. Firstly, it introduces ^{68}Ga and ^{68}Ga-labeled radiopharmaceuticals and RCP analysis methods; Secondly, it introduces the current research status of $^{68}GaCl_3$ solution and ^{68}Ga-labeled radiopharmaceuticals RCP analysis, focusing on thin layer chromatography/paper chromatography and high performance liquid chromatography; Finally, suggestions for the analysis of the RCP of ^{68}Ga and its labeled radiopharmaceuticals are given.

Key words: ^{68}Ga; radiochemical purity; quality control

注射用双半胱乙酯有关物质含量的HPLC分析研究

孙钰林,黄旭虎,张 丛,秦祥宇,孙明月
(原子高科股份有限公司,北京 102413)

摘要:【目的】建立测定注射用双半胱乙酯有关物质的高效液相方法。【方法】采用 Alilent ZORBAX NH_2 色谱柱[(4.6×250) mm,5 μm],以7.5 mmol三氟乙酸-乙腈(50:50)为流动相,流速1.0 mL/min,柱温25 ℃,紫外检测波长200 nm。【结果】该方法系统适用性试验符合要求,盐酸双半胱乙酯与相邻杂质峰之间分离度大于1.5。在浓度范围1.05~1 050 μg/mL内线性关系良好(r=0.999 8)。【结论】该方法准确、快速、专属性强,可用于注射用双半胱乙酯的有关物质检查,为该制剂的质量控制提供参考。

关键词:注射用双半胱乙酯;有关物质;高效液相色谱法;质量控制

注射用双半胱乙酯属于静脉注射用放射性药物,于1998年批准上市,用于制备锝[^{99m}Tc]双半胱乙酯注射液。锝[^{99m}Tc]双半胱乙酯注射液能穿透血脑屏障,在脑内有固定的分布,脑摄取高,滞留时间长,并且体外稳定,适合临床使用,是理想的脑灌注SPECT显像剂。在临床上用于各种脑血管性疾病(梗塞、出血、短暂性缺血发作等),癫痫和痴呆、脑瘤等疾病的脑血流灌注SPECT显像[1-3]。

注射用双半胱乙酯已上市多年,但中国药典尚未收录,美国、日本和欧洲药典也未收录。其现行质量标准为中华人民共和国卫生部颁标准WS-387(X-333)-97[4],该标准中没有有关物质检查项。为了更好地控制该产品的质量,完善质量标准,在参考文献的基础上[5-8],对该制剂的有关物质测定方法进行了研究。

1 试验材料

1.1 试验仪器

Waters QSM-R型高效液相色谱仪;METTLER Newclassic MF型电子天平。

1.2 试药

盐酸双半胱乙酯(批号20180101)购自德国ABX公司;尿素购自湖南芙蓉制药有限公司;注射用双半胱乙酯(市售,批号20201117);缩二脲对照品溶液(100 mg/L于乙腈:水=1:1)、三氟乙酸、乙腈(色谱级)购自国药化学集团有限公司。

2 方法与结果

2.1 色谱条件

采用键合氨基的亲水作用色谱柱(Alilent ZORBAX NH_2,4.6 mm×250 mm,5 μm);以7.5 mmol三氟乙酸(称取0.855 g三氟乙酸,加水稀释至1 000 mL)-乙腈(50:50)为流动相;检测波长为200 nm;流速为1.0 mL/min;柱温25 ℃;进样体积10 μL。

2.2 溶液的配制

2.2.1 空白溶液的制备 将水和乙腈按1:1混合,即得。

2.2.2 空白辅料溶液的制备 称取尿素20 mg,精密加10 mL空白溶液,摇匀,得空白辅料溶液。

2.2.3 供试品溶液的制备 称取0.5 mg盐酸双半胱乙酯和20 mg尿素,精密加0.5 mL空白溶

作者简介:孙钰林(1982—),男,辽宁本溪人,高级工程师,博士,现从事放射性药物方面研究

液，充分摇匀，得供试品溶液。

2.2.4　对照溶液的制备　精密量取供试品溶液 0.5 mL，置 50 mL 量瓶中，用空白溶液稀释定容至刻度，摇匀，即得对照溶液。

2.2.5　盐酸双半胱乙酯定位溶液的制备　称取盐酸双半胱乙酯 1 mg，精密加 1 mL 溶剂，摇匀，即得。

2.3　系统适用性试验

取"2.2.4"项下对照溶液，按"2.1"项下色谱条件进行测定，记录色谱图(见图 1)，盐酸双半胱乙酯峰的理论塔板数大于 3 000，对照溶液重复进样 3 针盐酸双半胱乙酯峰面积的 RSD 不大于 4.0%。

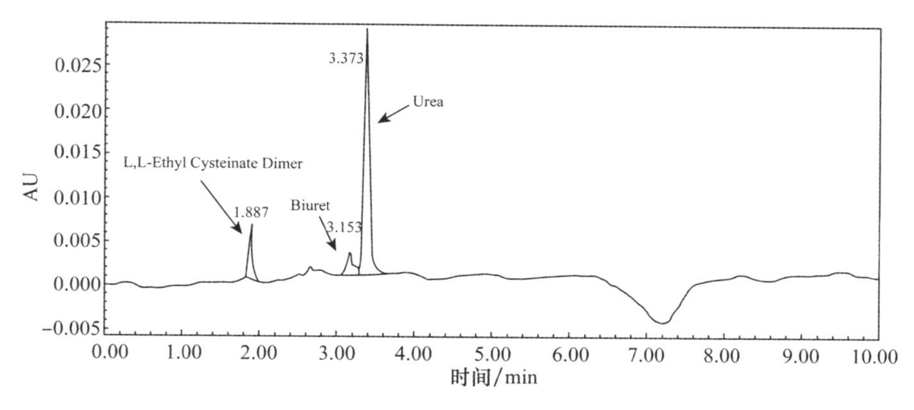

图 1　注射用双半胱乙酯质量检测系统适用性色谱图

2.4　专属性试验

取"2.2"项下空白溶液、空白辅料溶液、供试品溶液、盐酸双半胱乙酯定位溶液、缩二脲对照品溶液，精密量取 10 μL 注入液相色谱仪，记录色谱图(见图 2)。在此条件下空白溶液和空白辅料均不干扰主峰测定，盐酸双半胱乙酯与空白辅料色谱峰得到很好的分离。专属性良好，方法可行。

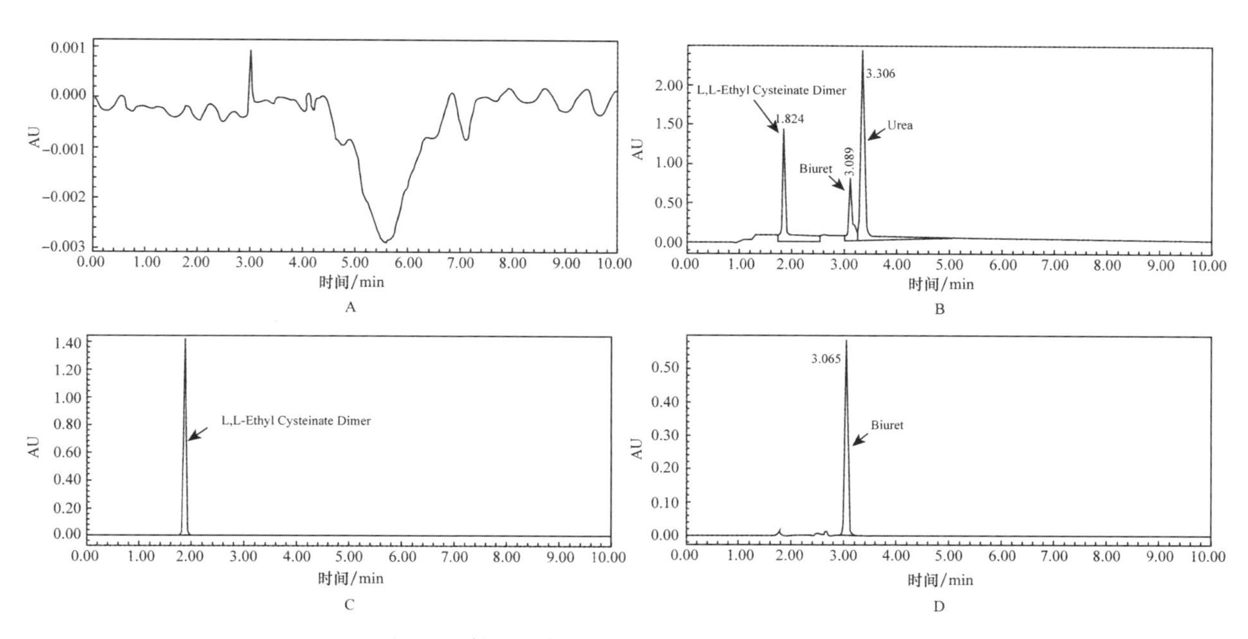

图 2　注射用双半胱乙酯质量检测专属性色谱图

A—空白溶液；B—供试品溶液；C—双半胱乙酯定位溶液；D—缩二脲对照品溶液

2.5 精密度试验

2.5.1 重复性

由一位检验员独立操作。取“2.2.3”项下供试品溶液，精密量取 10 μL 注入液相色谱仪，平行测样 6 次，记录色谱图。盐酸双半胱乙酯峰面积 RSD 为 1.3%。

2.5.2 中间精密度

由两位检验员使用不同滴定器具进行操作。按“2.2.3”项下制备供试品溶液，两位检验员分别平行测样 3 次，记录色谱图。盐酸双半胱乙酯峰面积 RSD 为 1.2%。

2.6 准确性试验

精密称取盐酸双半胱乙酯 5 mg，置 10 mL 量瓶中，加空白溶液溶解并稀释至刻度，摇匀。精密量取上述溶液 0.8 mL、1 mL、1.2 mL，分别置于已经加有 20 mg 尿素的 100 mL 量瓶中，加空白溶液溶解并稀释至刻度，摇匀，作为准确性溶液。精密量取 10 μL 注入液相色谱仪，每种浓度平行测定 3 次，记录色谱图。平均回收率为 98.5%，RSD 为 8.3%。

2.7 线性和范围

精密称取盐酸双半胱乙酯 10 mg，置 10 mL 量瓶中，加空白溶液溶解并稀释至刻度，制成线性母液（1 mg/mL）。精密量取线性母液 5 mL 于 50 mL 量瓶中，加空白溶液稀释至刻度，制成线性储备液（0.1 mg/mL）。精密量取线性母液和线性储备液适量，用空白溶液稀释制成浓度分别为线性母液的 0.1%、0.5%、1.0%、5.0%、10.0%、20%、50%、100%的标准曲线溶液。分别精密量取 10 μL 注入液相色谱仪，记录色谱图。以峰面积对盐酸双半胱乙酯浓度进行线性回归分析。结果表明，线性回归方程为 $Y=3\,422.4X+13\,586$（$r=0.999\,8$，$n=8$），在 1.05～1 050 μg/mL（即限度 0.1%～100%）范围内线性关系良好。

2.8 定量限和检测限

精密量取尿素 10 mg，置 100 mL 量瓶中，加空白溶液稀释至刻度，作为对照储备液。量取储备液，用空白溶液逐级稀释成系列浓度，量取 10 μL 注入液相色谱仪，记录色谱图。以信噪比（S/N）＝3 计算检测限，以信噪比（S/N）＝10 计算定量限。检测限为 0.3 μg（供试品溶液浓度的 0.075%），定量限浓度为 0.8 μg（供试品溶液浓度的 0.2%）。

2.9 耐用性

2.9.1 流动相耐用性　调整 7.5 mmol 三氟乙酸－乙腈流动相比例分别为 45∶55、50∶50、55∶45，其他色谱条件保持不变，取“2.2.3”项下供试品溶液 10 μL 注入液相色谱仪，记录色谱图。结果表明，流动相（7.5 mmol 三氟乙酸－乙腈）比例在 45∶55～55∶45 内，分离度均大于 1.5，方法对流动相比例耐用性强。

2.9.2 柱温耐用性　将柱温分别设定为 20 ℃、25 ℃、30 ℃，其他色谱条件保持不变，取“2.2.3”项下供试品溶液 10 μL 注入液相色谱仪，记录色谱图。结果表明，柱温在 20～30 ℃内，分离度均大于 1.5，方法对柱温耐用性强。

2.9.3 流速耐用性　将流速分别设定为 0.8 mL/min、1.0 mL/min、1.2 mL/min，其他色谱条件保持不变，取“2.2.3”项下供试品溶液 10 μL 注入液相色谱仪，记录色谱图。结果表明，流速在 1.0 mL/min±20%内，分离度均大于 1.5，方法对流速耐用性强。

2.10 有关物质测定

按“2.1”项下的色谱条件，精密量取“2.2.4”项下对照溶液 10 μL 注入液相色谱，盐酸双半胱乙酯的理论塔板数大于 3 000，3 针盐酸双半胱乙酯峰面积的 RSD 不大于 4.0%。杂质峰与主峰之间的分离度不低于 1.5，依次出峰顺序为盐酸双半胱乙酯、杂质（缩二脲）、尿素。按“2.2.3”项下方法配制市售注射用双半胱乙酯供试品溶液，精密量取各 10 μL 注入液相色谱，记录色谱图（见图 3），检测结果见表 1。

表 1　市售注射用双半胱乙酯有关物质检测结果

序号	名称	保留/min	面积/%	拖尾因子	理论塔板数	分离度	信噪比
1	盐酸双半胱乙酯	1.83	26.50	0.92	6 123.12	/	494.31
2	杂质	3.08	5.20	/	11 039.27	12.09	87.89
3	尿素	3.30	68.31	1.31	11 044.79	17.10	1 046.55

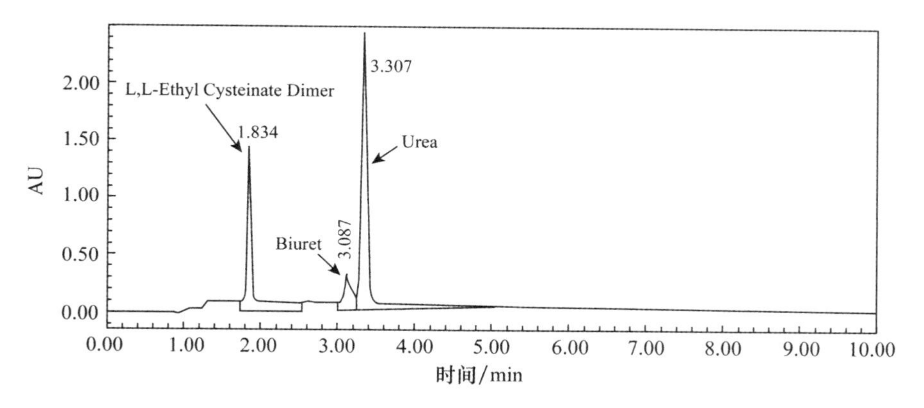

图 3　市售注射用双半胱乙酯有关物质检测色谱图

3　讨论

3.1　检测波长的选择

本品组分中分子结构无共轭双键，经紫外吸收测定，各组分均在紫外吸收末端区域具有较强的吸收，故本实验中选择 200 nm 为本品检测波长。

3.2　有关物质测定结果

采用本实验有关物质测定方法，对市售注射用双半胱乙酯的有关物质进行检测，结果表明，有关物质仅有缩二脲检出，未检出其他杂质。缩二脲为尿素生产过程中生成的副产物[7,8]，经原辅料有关物质检测证实，缩二脲来于辅料尿素。因此，辅料杂质含量与制剂杂质含量呈正相关，为选择不同生产商的辅料提供质量参考。

3.3　小结

本文建立了一种用高效液相色谱法测定注射用双半胱乙酯有关物质的方法，该方法系统适用性符合可接受标准；专属性良好，无溶剂及辅料干扰；检测限为供试品溶液浓度的 0.075%，定量限浓度为供试品溶液浓度的 0.2%；在浓度范围 1.05～1 050 μg/mL(即限度 0.1%～100%)内，溶液浓度与峰面积间有良好的线性关系；精密度和耐用性良好。该方法的建立为注射用双半胱乙酯质量控制和质量标准的进一步提高、完善提供参考。

致谢：

本研究由原子高科股份有限公司提供经费资助和仪器支持。得到了本司研发部和质量部多位同事的热情指导和大力帮助，谨此致谢。

参考文献：

[1] Jean Leveille. Characterization of Technetium-99m-l，l-ECD for Brain perfusion Imaging，Part 2：Biodistribution and Brain Imaging in Humans [J]. J Nucl Med，1989，30：1902-1910.

[2] Fumiko Tanaka. Normal Patterns on ^{99m}Tc-ECD Brain SPECT Scans in Adults [J]. J Nucl Med，2000，41：1456-1464.

[3] 张小祥. 新的脑显像剂^{99m}Tc-ECD的研制 [J]. 同位素，1990，3(2)：73-78.

[4] 注射用双半胱乙酯（试行）：WS-387(X-333)-97[S].

[5] Oliver Wahl. Impurity profiling of N，N'-ethylenebis-l-cysteine diethyl eater(Bicisate) [J]. J PHARMACEUT BIOMED，2018，150：132-136.

[6] 沈丹丹. HPLC测定盐酸氨基葡萄糖有关物质与含量 [J]. 中国药学杂质，2017，52(4)：314-318.

[7] 赵恂. 尿素及其有关物质含量的HPLC-CDA分析研究 [J]. 中国药品标准，2018，19(6)：453-458.

[8] 王帅. HPLC法测定原料药尿素-^{13}C及有关物质含量 [J]. 化学试剂，2018，40(2)：155-158.

Determination of related substance in L，L-Ethyl Cysteinate for injection by HPLC

SUN Yu-lin，HUANG Xu-hu，ZHANG Cong，
QIN Xiang-yu，SUN Ming-yue

（HTA Co.，Ltd.，Beijing，102413，China）

Abstract：Objective To establish an HPLC method for the determination of related substance in L，L-Ethyl Cysteinate for injection. 【Methods】The determination method was developed on a Alilent ZORBAX NH_2 column[(4.6×250) mm，5 μm]，with 7.5 mmol TFA-acetonitrile(50 ∶ 50)as mobile phase at a flow rate of 1.0 mL/min. The column temperature was maintained at 25 ℃ and detection wavelength was set at 200 nm. 【Results】The system suitability test met requirement，and the resolution between the peaks of L，L-Ethyl Cysteinate and the impurities were greater than 1.5. Good linearity was shown for L，L-Ethyl Cysteinate in concentration range of 1.05～1 050 μg/mL(r＝0.999 8). 【Conclusion】This method is accurate and rapid with high specificity，It is applicable for the determination of related substances in L，L-Ethyl Cysteinate for injection and provide reference for the quality control.

Key words：L，L-Ethyl Cysteinate Dimer for injection；related substances；HPLC；quality control